MATEMÀTIQUES 2
SECUNDÀRIA BAULA

AUTORS
Damaris Mejía Sánchez-Bermejo
José Manuel Ocaña Fernández
Rosana Romero Torralba

ESPAI *MAKER*
Rafaela Gallardo Madueño
José Antonio Muriel Zafra

REVISOR TÈCNIC
Vidal Quiralte Fuentes

El 0,7 % de la venda d'aquest llibre es destina a projectes de desenvolupament de l'ONGD SED
www.sed-ongd.org

El paper utilitzat en aquest llibre procedeix de boscos gestionats de manera sostenible. Edelvives Talleres Gráficos compta amb la certificació PEFC i FSC®.

FEM

CREACIONS
SORPRESES
DESCOBRIMENTS
DIÀLEGS

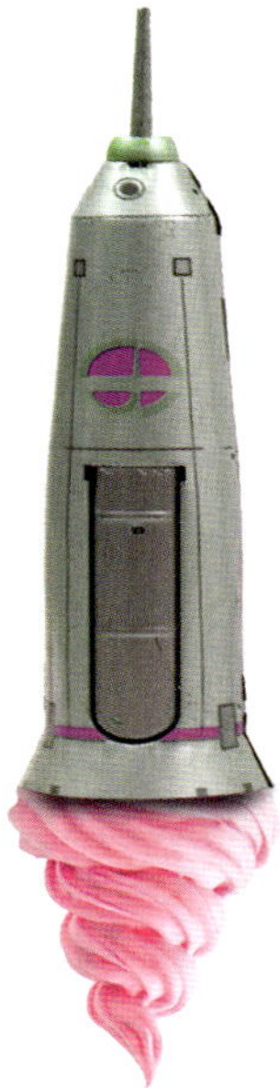

QUE

CUIDEM EL PLANETA
SIGUEM IGUALS
SIGUEM DIFERENTS
HI GUANYEM TOTS

COSES

SORPRENENTS
RELLEVANTS
CURIOSES
AL·LUCINANTS

LES

MUSES ENS INSPIRIN
INJUSTÍCIES CESSIN
CROQUETES TRIOMFIN
CIUTATS SIGUIN SOSTENIBLES

PASSIN

AIXÍ ÉS AQUEST LLIBRE
FEM QUE LES COSES PASSIN

Cada unitat s'estructura en dues parts: una teòrica i una altra pràctica.

Teoria

Les pàgines de teoria presenten els continguts d'una manera **senzilla**, **concreta** i **visual**. Hi són tan importants els **textos explicatius** com els **elements gràfics** i els exemples o models que els acompanyen i els complementen.

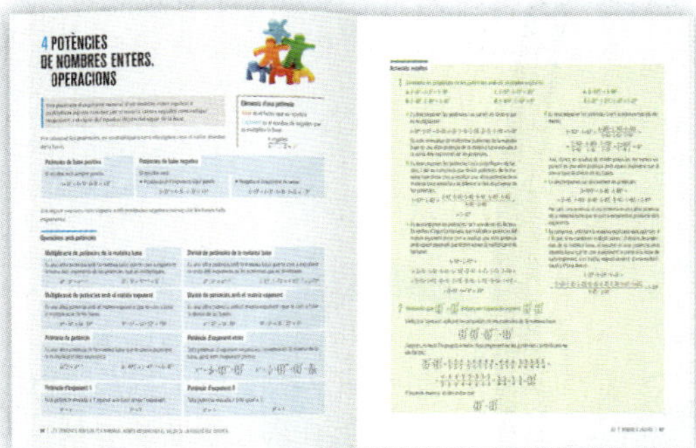

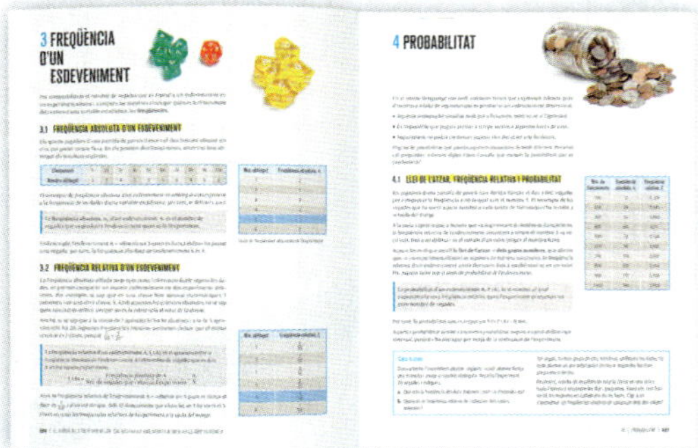

Pràctica

Les pàgines de la part pràctica s'organitzen en **quatre apartats**, cada un dels quals planteja **activitats**, **tasques** o **preguntes** que complementen, ajuden a investigar, responen i repassen els continguts de la unitat treballada, organitzades segons l'epígraf al qual corresponen. Aquests apartats són: ACTIVITATS, TREBALLEM LES COMPETÈNCIES, APLIQUEM LES TIC i AVALUACIÓ.

El desenvolupament de la **competència digital** es destaca en algunes de les activitats, tasques o preguntes proposades amb un marcador amb la sigla **TIC** (tecnologies de la informació i la comunicació).

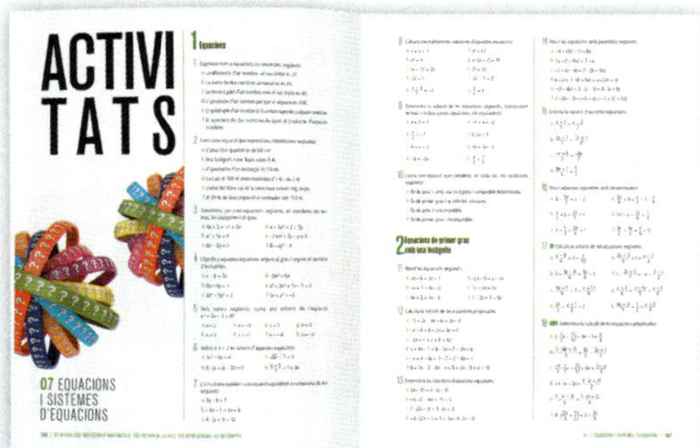

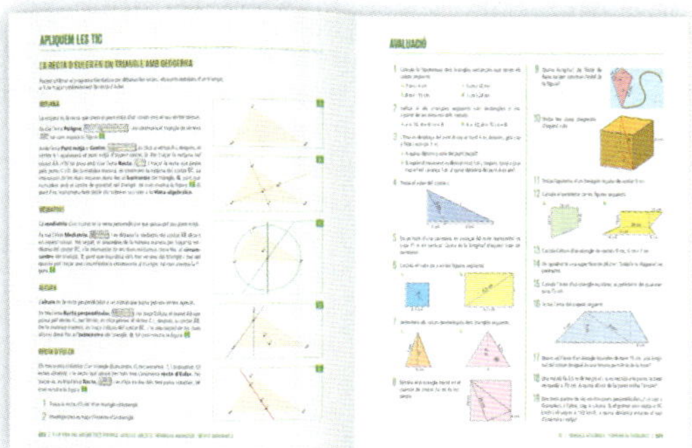

La novetat de cada unitat és que comença per un espai *maker*, on es plantegen diverses feines per practicar les moltes habilitats i capacitats, en funció dels continguts que s'hi treballin.

02 NOMBRES ENTERS

LES PERSONES SÓN COM ELS NOMBRES: NOMÉS ADQUIREIXEN EL VALOR DE LA POSICIÓ QUE OCUPEN

NAPOLEÓ BONAPARTE

PRESENTAR

EN CLAU D'HUMOR!

El vostre institut organitzarà un esdeveniment multicultural. Entre els actes previstos n'hi ha un de programat que porta per nom «Curiositats poligonals». Per participar-hi, heu de preparar un monòleg sobre els nombres poligonals que sigui divertit i a la vegada il·lustratiu, de manera que després de la vostra intervenció els assistents marxin amb una idea clara d'aquest concepte i hagin après la manera d'aconseguir aquest tipus de nombres.

CREAR

EL JOC DE LES POTÈNCIES I LES ARRELS

Amb la idea de participar a la campanya de recollida de joguines, heu pensat de construir un joc de taula. Per fer-ho, creareu un tauler amb 30 caselles, en cadascuna de les quals escriureu una potència o una arrel d'un nombre enter. Els jugadors, quan cauen en una casella, s'han de moure el nombre de llocs que indiqui el resultat. Quan poseu l'arrel parella d'un nombre positiu, heu d'indicar l'acció que correspon a aquesta casella (avançar o recular), ja que l'operació pot tenir com a resultat un valor positiu o negatiu. Bufeu el dau i que comenci la partida!

CONÈIXER

CORRE, CORRE QUE T'ENXAMPO!

Ara us proposem que feu, per equips, una gimcana matemàtica que consta de dues fases: la primera consisteix a recopilar una bateria de cinc problemes que tinguin com a solucions nombres enters compresos entre −10 i 10. En la segona jugareu per torns a resoldre aquests problemes de manera aleatòria. Tots els equips comencen el joc situats a la mateixa distància de l'arribada. Per cada problema resolt amb solució positiva, l'equip al qual correspongui el torn avançarà cap a la meta fent tants passos com indiqui el nombre obtingut. En canvi, si el resultat és negatiu, decidirà quin grup ha de retrocedir el nombre de passos corresponent. Per cada problema mal resolt, l'equip en joc retrocedirà cinc passos. Guanya l'equip que arribi abans a la meta.

INVESTIGAR

FRED, FRED! CALENT, CALENT!

Una agència de viatges vol fer promoció de la venda de paquets turístics amb destinacions internacionals. Per atraure clients futurs, us han demanat que assenyaleu la diferència entre la temperatura mínima i màxima anual de deu capitals sobre un gran mapa mundial. Tot seguit, heu de comparar les temperatures de cada capital amb les de la vostra. Com afecta la latitud a aquestes diferències? Què passa amb aquestes diferències quan es comparen els dos hemisferis? Poseu en comú els treballs dels diferents grups de la classe en un gran mapa per oferir a l'agència una informació global. On aniries tu?

Frase

La frase que introdueix la unitat permet reflexionar sobre el pensament o idea que s'hi exposa. També és una oportunitat de conèixer les aportacions fetes per l'home o la dona que va dir la citació.

Presentar

És una feina en la qual es posen en joc les habilitats i destreses comunicatives, especialment les relacionades amb l'expressió oral, a partir d'una proposta vinculada amb algun contingut de la unitat.

Conèixer

És una feina enfocada a estudiar, repassar, consolidar, relacionar... certs continguts de la unitat. Pretén ser, també, una eina per aprendre a aprendre.

Crear

És una tasca que implica l'elaboració d'un producte aplicant alguns dels continguts que es proposen a la unitat. La seva finalitat és desenvolupar la creativitat i la imaginació per aprendre tot fent.

Investigar

L'objectiu principal d'aquesta feina és experimentar, recopilar informació, comprovar o refutar hipòtesis, treballar diverses fonts... Amb aquesta proposta es desenvolupa sobretot la competència digital.

EL QUE APRENDREM

FEM QUE LES COSES PASSIN

MATEMÀTIQUES

01 DIVISIBILITAT

02 NOMBRES ENTERS

03 NOMBRES FRACCIONARIS

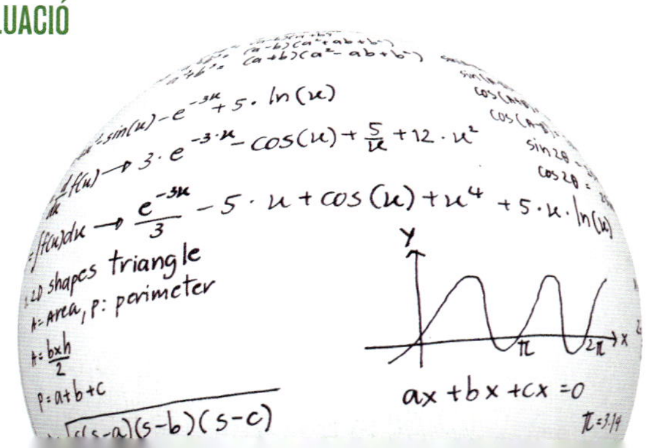

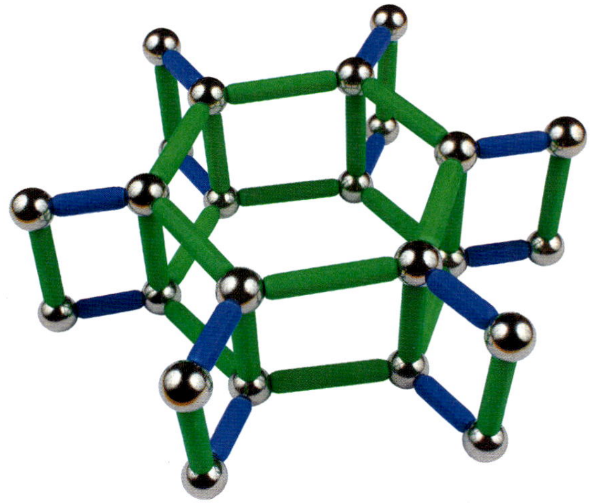

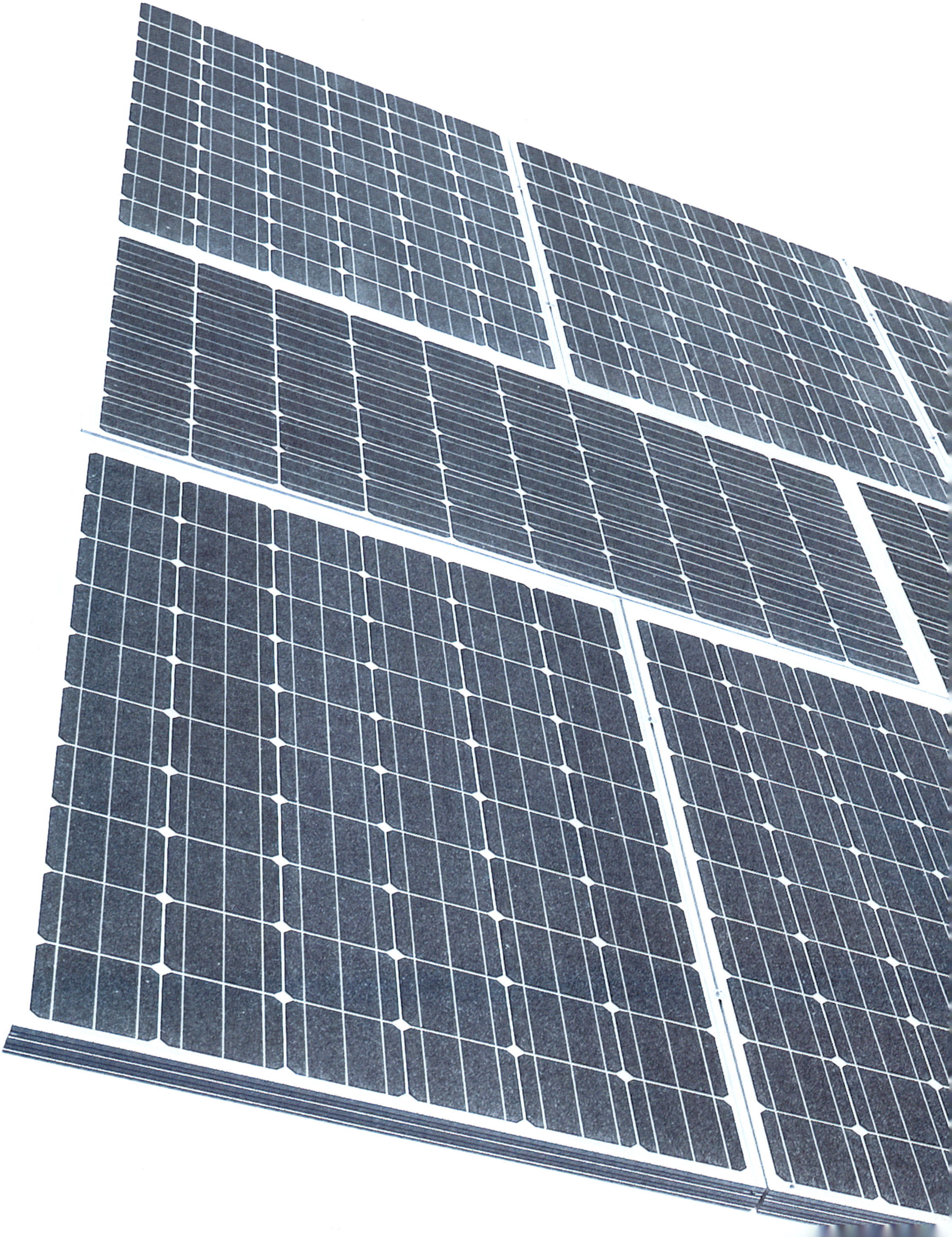

01 DIVISIBILITAT

LES FORCES QUE S'ASSOCIEN PER AL BÉ

NO SE SUMEN, ES MULTIPLIQUEN

CONCEPCIÓN ARENAL

PRESENTAR

PROGRAMA DE DIVISIBILITAT

A5MediaTV, una reconeguda productora de televisió, s'ha adreçat a vosaltres perquè estan buscant idees per realitzar un programa de matemàtiques a l'hora de més audiència. Està previst que la temàtica per a aquesta primera maqueta se centri en els criteris de divisibilitat, però encara no s'ha decidit quin format donar-hi: el d'un concurs, una taula rodona, un monòleg, etc. Amb aquest programa volen atreure, no només els aficionats a les matemàtiques, sinó també el sector de l'audiència que no se sent atret per aquesta disciplina. Us atreviu a dissenyar el programa?

CREAR

DÒMINO MATEMÀTIC

Els patrocinadors del Torneig de Dòmino Matemàtic que s'ha organitzat al barri us han demanat que n'elaboreu les fitxes. Cadascuna ha de tenir dos nombres: l'un farà de múltiple, i l'altre, de divisor, perquè la idea del joc és que les peces es vagin connectant segons aquesta relació. Desenvolupeu les normes del torneig i intercanvieu les vostres fitxes amb les d'altres equips. Intenteu jugar seguint també les regles que hagin elaborat els altres grups.

CONÈIXER

MÀXIM O MÍNIM: VET AQUÍ LA QÜESTIÓ

L'avi de la Sandra us ha visitat aquest matí i us ha explicat com eren les seves classes de matemàtiques. Quan li parleu del contingut que esteu treballant a l'aula aquesta setmana, el m. c. m. i el m. c. d., us diu que, a parer seu, no serveix per a res. Demostreu-li com pot fer servir aquests conceptes en el seu dia a dia mitjançant una presentació que inclogui exemples.

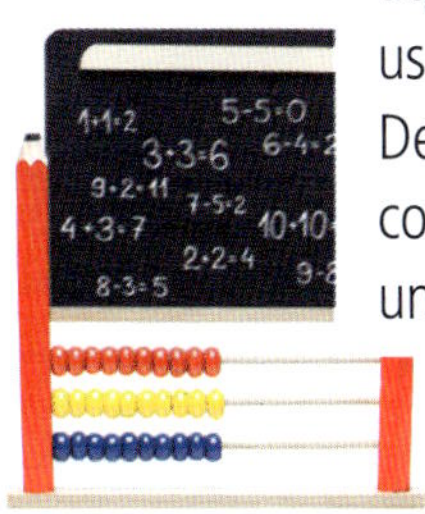

INVESTIGAR

EL SAC DELS NOMBRES

El professor de matemàtiques ha arribat avui a classe amb un sac ple de boles, cadascuna de les quals té un nombre diferent. El professor us demana que, per grups, en tragueu una quantitat determinada de boles, les classifiqueu i indiqueu a quin grup pertanyen. Per fer-ho, haureu d'investigar i preparar un glossari que reculli el significat dels conceptes de *nombre primer, compost, múltiple sincer, bessó, amic, màgic, perfecte...*

1 MÚLTIPLES I DIVISORS D'UN NOMBRE

Un nombre natural, *a*, és **múltiple** d'un altre nombre natural, *b*, quan és el resultat de multiplicar *b* per qualsevol altre nombre natural, *c*:

$$a \text{ múltiple de } b \Leftrightarrow \text{existeix } c \text{ tal que } a = b \cdot c$$

Així, per exemple, 42 és múltiple de 7 perquè $42 = 7 \cdot 6$.

Per indicar el conjunt dels múltiples d'un nombre natural, es posa un punt sobre aquest nombre. Per exemple, el conjunt dels múltiples de 4 és:

$$\dot{4} = \{4, 8, 12, 16, 20, 24, 28, 32, 36, 40, 44, \ldots\}$$

El conjunt de múltiples d'un nombre és infinit.

Infinit

El concepte d'**infinit** es refereix a allò que no té fi, que és interminable.

En contraposició al concepte d'infinit, allò que té fi es diu que és **finit**.

Un nombre natural, *a*, és **divisor** d'un altre nombre natural, *b*, quan dividim *b* entre *a* i el residu és zero:

$$a \text{ divisor de } b \Leftrightarrow b : a \text{ és exacta}$$

Així, 4 és divisor de 12, perquè la divisió $12 : 4 = 3$ és exacta.

Per trobar els divisors d'un nombre, es divideix aquest nombre entre els nombres naturals més petits que ell, de manera que la divisió sigui exacta.

Quan s'ordenen de més petit a més gran i es multiplica el primer divisor per l'últim, el segon pel penúltim, i així successivament, s'obté com a resultat el nombre inicial:

$$D(30) = \{1, 2, 3, 5, 6, 10, 15, 30\} \qquad D(49) = \{1, 7, 49\}$$

$$1 \cdot 30 = 2 \cdot 15 = 3 \cdot 10 = 5 \cdot 6 = 30 \qquad 1 \cdot 49 = 7^2 = 49$$

Fixa't que un nombre té una quantitat finita de divisors.

Recorda

Tot nombre té almenys dos divisors, l'1 i ell mateix; excepte l'1, que només es divideix per si mateix.

Si un nombre té una quantitat senar de divisors, es tracta d'un **quadrat perfecte**.

A partir del que acabem de veure, es poden establir algunes propietats dels múltiples i dels divisors:

Propietats dels múltiples		Propietats dels divisors	
Tot nombre és múltiple de si mateix i d'1.	$6 = 6 \cdot 1$	Tot nombre és divisor de si mateix; l'1 és divisor de qualsevol nombre.	$6 : 6 = 1$ $6 : 1 = 6$
El zero és múltiple de qualsevol nombre.	$0 = 5 \cdot 0$	El zero no és divisor de cap nombre, perquè no existeix la divisió entre zero.	$5 : 0$ no es pot efectuar.
La suma o la resta de dos múltiples d'un nombre és un altre múltiple d'aquest nombre.	$4 + 6 = 2 \cdot 2 + 2 \cdot 3 =$ $= 2 \cdot (2 + 3) = 2 \cdot 5 = 10$	Si un nombre és divisor de dos altres nombres, també ho és de la seva suma i de la seva diferència.	$27 - 18 = 3 \cdot 9 - 3 \cdot 6 =$ $= 3 \cdot (9 - 6) = 3 \cdot 3 = 9$

Activitat resolta

De quantes maneres es poden agrupar 40 taules? Tingues en compte que els grups han de ser iguals.

Per veure quins conjunts de nombres *a* i *b* compleixen que $a \cdot b = 40$, s'esbrinen els divisors de 40:

$$D(40) = \{1, 2, 4, 5, 8, 10, 20, 40\}$$

Així, els conjunts que compleixen que $a \cdot b = 40$ són:

$$\{1, 40\}, \{2, 20\}, \{4, 10\} \text{ i } \{5, 8\}$$

Així, doncs, les taules es poden col·locar de les maneres següents:

Grups	1	2	4	5	8	10	20	40
Nre. de taules	40	20	10	8	5	4	2	1

Hi ha, doncs, vuit maneres d'agrupar-les.

Els tretze objectes

Per parelles, prepareu-vos per jugar a «Els tretze objectes». Per fer-ho, cal que disposeu de tretze objectes, per exemple, retoladors. La dinàmica del joc és la següent: cada jugador, per torns, va agafant 1, 2 o 3 objectes fins que només en queda un. Perd precisament el jugador que ha d'agafar aquest últim objecte.

Un exemple de partida seria el següent:

- La Júlia i el Marc trien jugar amb 13 retoladors.
- La Júlia comença la partida i agafa 2 retoladors, així que en queden 11.
- Tot seguit, el Marc agafa 3 retoladors, de manera que en sobren 8.
- La Júlia escull ara 3 retoladors i en deixa 5.
- En aquest moment, el Marc s'adona que acaba de perdre, perquè:
  - Si agafa 1 retolador, la Júlia en traurà 3 i li deixarà l'últim a ell.
  - Si agafa 2 retoladors, la Júlia n'agafarà 2 i li deixarà l'últim.
  - I si, finalment, agafa 3 retoladors, la Júlia n'agafarà 1 i el Marc perdrà igualment.

Ara prova de jugar amb el teu company i respon les preguntes següents:

a. Saps que, per guanyar, has de deixar 5 objectes al teu company en el teu penúltim torn. Però, quants objectes li hauries de deixar en els torns anteriors?

b. Què té a veure tot això amb la divisibilitat?

c. Té la mateixa probabilitat de guanyar el jugador que comença respecte al que tria en segon lloc?

2 RELACIÓ I CRITERIS DE DIVISIBILITAT

Si una divisió és exacta, s'estableix una **relació de divisibilitat** entre els nombres que la componen:

Si a : b = c és exacta → *a* és **múltiple** de *b* i *c*.
→ *b* i *c* són **divisors** de *a*.

> **Observa**
>
> En aquesta divisió:
>
> 20 | 5
> 0   4
>
> 20 és múltiple de 4 i 5.
>
> 4 i 5 són divisors de 20.

2.1 CRITERIS DE DIVISIBILITAT

Els **criteris de divisibilitat** són regles que indiquen de manera immediata si un nombre és divisor d'un altre sense que calgui efectuar-ne la divisió.

Els criteris de divisibilitat principals són:

Un nombre és divisible per...	Criteri de divisibilitat	Exemple
2	Si acaba en 0 o xifra parella.	**8** és divisible per 2 perquè acaba en xifra parella. **50** és divisible per 2 perquè acaba en 0.
3	Si la suma de les xifres és 3 o múltiple de 3.	**33** és divisible per 3 perquè la suma de les xifres, 3 + 3 = 6, és múltiple de 3.
5	Si acaba en 0 o en 5.	**350** és divisible per 5 perquè acaba en 0. **275** és divisible per 5 perquè acaba en 5.
7	Si la diferència entre el nombre sense la xifra de les unitats i el doble de la xifra de les unitats és 0 o un múltiple de 7.	**301** és divisible per 7 perquè la diferència entre el nombre sense la xifra de les unitats, 30, i el doble de la xifra de les unitats, 2 · 1, és múltiple de 7: $30 - 2 \cdot 1 = 28$ 28 és múltiple de 7.
9	Si la suma de les xifres és 9 o múltiple de 9.	**927** és divisible per 9 perquè la suma de les xifres és múltiple de 9: $9 + 2 + 7 = 18$ 18 és múltiple de 9.
10	Si acaba en 0.	**340** és divisible per 10 perquè acaba en 0.
11	Si la diferència entre la suma de les xifres que ocupen el lloc parell i la suma de les xifres que ocupen el lloc senar és 0 o múltiple d'11.	**74 426** és divisible per 11 perquè la diferència entre la suma de les xifres que ocupen el lloc senar, 6 + 4 + 7, i la suma de les xifres que ocupen el lloc parell, 2 + 4, és múltiple d'11: 74426 $(7 + 4 + 6) - (4 + 2) = 17 - 6 = 11$ 11 és múltiple d'11.
25	Si les dues últimes xifres són zeros o múltiples de 25.	**6 875** és divisible per 25 perquè les dues últimes xifres, 75, són múltiple de 25.

Activitat resolta

Indica si els nombres següents són divisibles per 2, 3, 5, 7, 10, 11 i 25.

Construïm una taula per ajudar-nos a visualitzar totes les possibilitats:

Divisible per...	935	462	375	70
2		X		X
3		X	X	
5	X		X	X
7		X		X
10				X
11	X	X		
25			X	

3 NOMBRES PRIMERS I COMPOSTOS

Els divisors d'un nombre poden ser de dos tipus:

- **Divisors impropis:** són l'1 i el nombre mateix.
- **Divisors propis:** la resta dels divisors que no són impropis.

Per exemple, els divisors de 20 són:

propis

1, 2, 4, 5, 10, 20

impropis

Un nombre és **primer** si no té divisors propis, és a dir, si només té dos divisors, l'1 i ell mateix:

$$a \text{ és primer si } D(a) = \{1, a\}$$

Així, per exemple, el 5 és primer, perquè D (5) = {1, 5}.

Un nombre és **compost** si, a més dels divisors impropis, té divisors propis.

Així, doncs, el 8 és compost, atès que D (8) = {1, 2, 4, 8}.

Eratòstenes, matemàtic, astrònom i geògraf grec (200 aC), famós pel seu treball sobre el mesurament de la longitud de la circumferència de la Terra.

Recorda

L'1 no és primer, perquè només té un divisor, ell mateix:

D (1) = {1}

Activitat resolta

Escriu al teu quadern una taula de deu files i deu columnes i numera cada casella de l'1 al 100. Tot seguit, ves ratllant nombres amb diferents colors seguint la dinàmica del sedàs d'Eratòstenes.

El **sedàs d'Eratòstenes** és un algorisme per obtenir nombres primers, que rep el nom d'aquest savi grec.

1. Ratlla l'1, perquè no és primer, i després elimina tots els múltiples de 2, excepte el 2.
2. Després, treu tots els múltiples de 3, excepte el 3.
3. Posteriorment, ratlla tots els múltiples de 5, excepte el 5.
4. Finalment, suprimeix tots els múltiples de 7, excepte el 7.
5. El procediment s'acaba quan arribes a un nombre no ratllat el quadrat del qual és superior a 100.

Així, per exemple, el següent nombre no ratllat després del 7 és l'11: $11^2 = 121 > 100$.

Per tant, tots els nombres no ratllats fins al 100 són primers.

1	**2**	**3**	4	**5**	6	**7**	8	9	10
11	12	**13**	14	15	16	**17**	18	**19**	20
21	22	**23**	24	25	26	27	28	**29**	30
31	32	33	34	35	36	**37**	38	39	40
41	42	**43**	44	45	46	**47**	48	49	50
51	52	**53**	54	55	56	57	58	**59**	60
61	62	63	64	65	66	**67**	68	69	70
71	72	**73**	74	75	76	77	78	**79**	80
81	82	**83**	84	85	86	87	88	**89**	90
91	92	93	94	95	96	**97**	98	99	100

4 DESCOMPOSICIÓ FACTORIAL D'UN NOMBRE

Tot nombre es pot expressar de manera única com a producte de factors primers. Així, per exemple:

$$18 = 2 \cdot 3^2 \qquad 20 = 2^2 \cdot 5 \qquad 21 = 3 \cdot 7$$

> La **descomposició factorial** és el procés mitjançant el qual s'expressa qualsevol nombre com a producte de factors de **nombres primers.**

Aquest procediment consisteix a anar dividint successivament els quocients entre els divisors primers ordenats de més petit a més gran, fins a obtenir el quocient 1.

Activitat resolta

Efectua la descomposició factorial de 132.

Per descompondre un nombre en factors primers, es divideix entre el divisor primer més petit del nombre i es repeteix el procés fins que el quocient de la divisió sigui 1. De manera paral·lela es pot efectuar la divisió.

132	2					
12	66	2				
0	06	33	3			
	0	03	11	11		
		0	0	1		

132	2
66	2
33	3
11	11
1	

La descomposició factorial seria:

$$132 = 2 \cdot 2 \cdot 3 \cdot 11 = 2^2 \cdot 3 \cdot 11$$

Es pot representar la factorització d'un nombre de manera gràfica mitjançant els anomenats **diagrames de nombres factoritzats**: es tracta d'anar dibuixant cercles que indiquin els nombres en els quals es descompon el nombre donat.

Activitat resolta

Dibuixa el diagrama de nombres factoritzats de 20.

Primer es descompon el nombre en producte de factors primers i després es representa gràficament aquesta descomposició:

$$20 = 2 \cdot 2 \cdot 5$$

2 cercles: | Repetits 2 vegades: | El conjunt 5 vegades:

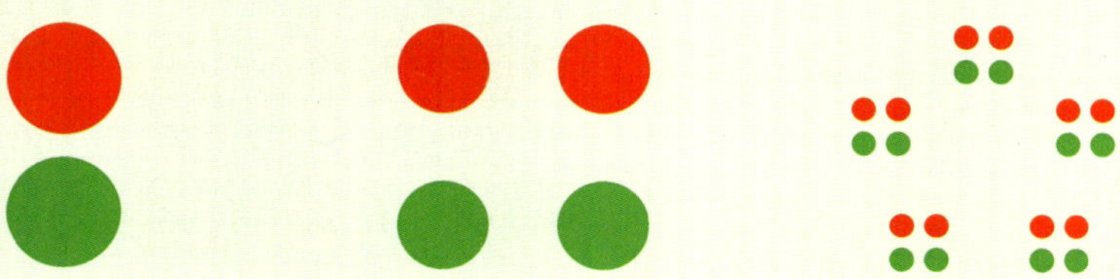

Observa

Tot nombre primer només es descompor en el producte de si mateix i l'1.
Així, per exemple, 3 és primer, ja que només té per divisors 1 i 3.

El diagrama de nombres factoritzats és:

4.1 QUANTITAT DE DIVISORS D'UN NOMBRE

És possible calcular la quantitat de divisors d'un nombre de la manera següent:

1 Es descompon el nombre en producte de factors primers.

2 S'afegeix una unitat a cada exponent resultant de la descomposició.

3 Es multipliquen els exponents incrementats una unitat, i així s'obté la quantitat de divisors del nombre que es busca.

Activitat resolta

Calcula el nombre de divisors del nombre 240.

1 Es descompon el nombre en factors primers: $240 = 2^4 \cdot 3 \cdot 5$

2 i **3** S'augmenten una unitat els exponents i es multipliquen:

Els exponents són 4, 1 i 1. $(4 + 1) \cdot (1 + 1) \cdot (1 + 1) = 5 \cdot 2 \cdot 2 = 20$

Es constata, d'aquesta manera, que 240 té 20 divisors. Són aquests:

D (240) = {1, 2, 3, 4, 5, 6, 8, 10, 12, 15, 16, 20, 24, 30, 40, 48, 60, 80, 120, 240}

Desglossar la informació

La Lucía té un pot ple de bales. L'Àlex, un amic seu, li pregunta si sap quantes bales hi ha al pot. Ella li respon:

–El nombre de bales del pot és entre 300 i 400. A més, aquest nombre és divisible per 3 i 7.

L'Àlex replica:

–Em falten dades.

I la Lucía contesta:

–És veritat: també és divisible per 4.

Pots ajudar l'Àlex a trobar el nombre de bales que hi ha al pot?

El nombre en qüestió té tres xifres: *xyz*.

Es desglossa la informació del problema i es van reduint les possibilitats:

El nombre que busquem	Nombres possibles
És un nombre entre 300 i 400.	Tots entre 300 i 400.
És divisible per 3, i per això la suma de les xifres, $x + y + z$, és un múltiple de 3.	303, 306, 309, 312, 315, 318, 321, 324, 327, 330, 333, 336, 339, 342, 345, 348, 351, 354, 357, 360, 363, 366, 369, 372, 375, 378, 381, 384, 387, 390, 393, 396, 399
És divisible per 7 si la diferència entre el nombre sense la xifra de les unitats i el doble de la xifra de les unitats, és a dir, $xy - 2z$, és 0 o múltiple de 7.	315, 336, 357, 378, 399
És divisible per 4; així, doncs, les dues últimes xifres acaben en 0 o en múltiple de 4.	336

Així, doncs, al pot hi ha 336 bales.

5 MÀXIM COMÚ DIVISOR

El **màxim comú divisor (m. c. d.)** de dos nombres o més és el més gran dels divisors comuns d'aquests nombres.

Per calcular el m. c. d. de dos nombres o més, se segueixen aquests passos:

1. Es descomponen els nombres en factors primers.
2. Es prenen els factors que siguin comuns a totes les descomposicions, elevats a l'exponent més petit.
3. El m. c. d. és el producte d'aquests factors.

Recorda

Propietats

- Si m. c. d. (a, b) = 1, es diu que *a* i *b* són **primers entre ells**.
- El m. c. d. és un nombre comprès entre 1 i el més petit dels nombres donats.

Activitat resolta

Calcula el m. c. d. dels nombres 78, 60 i 54.

1. En primer lloc, es descomponen els nombres en factors primers:

$$78 = 2 \cdot 3 \cdot 13 \qquad 60 = 2^2 \cdot 3 \cdot 5 \qquad 54 = 2 \cdot 3^3$$

2. Tot seguit, se seleccionen els factors que siguin comuns i estiguin elevats a la potència més baixa.

   En aquest cas, són el 2 i el 3.

3. Finalment, es multipliquen aquests factors per calcular el m. c. d.:

$$\text{m. c. d. } (78, 60, 54) = 2 \cdot 3 = 6$$

Euclides, al llibre VII dels *Elements*, va descriure un algorisme, conegut actualment com a **algorisme d'Euclides**, per calcular el màxim comú divisor:

1. Donats dos nombres, a > b, s'efectua la divisió a : b.
2. Cada pas successiu consisteix en una nova divisió en la qual el dividend és el divisor anterior, i el divisor nou és el residu de la divisió anterior.
3. Quan s'arriba a una divisió que té com a residu 0, el nombre que en aquell moment és el divisor és el màxim comú divisor dels nombres inicials, *a* i *b*.

Activitat resolta

Calcula el m. c. d. de 84 i 68 mitjançant l'algorisme d'Euclides.

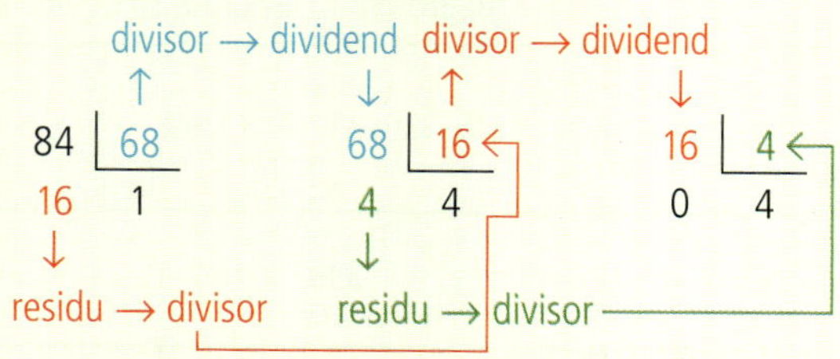

m. c. d. (84, 68) = m. c. d. (68, 16) = m. c. d. (16, 4) = 4

Activitat resolta

L'hort de l'institut de la Paula té unes dimensions de 560 cm de llarg per 420 cm d'ample. S'hi volen fer parcel·les quadrades iguals tan grans com sigui possible per conrear-hi diferents hortalisses.

a. Quines mesures tindran aquestes parcel·les?

b. Quantes parcel·les hi haurà?

a. Com que les parcel·les han de ser quadrats iguals tan grans com sigui possible, cal calcular el m. c. d. (560, 420):

$$560 = 2^4 \cdot 5 \cdot 7 \text{ i } 420 = 2^2 \cdot 3 \cdot 5 \cdot 7$$

$$\text{m. c. d. } (560, 420) = 2^2 \cdot 5 \cdot 7 = 140$$

Cada parcel·la tindrà, doncs, 140 cm de costat.

b. Per calcular el nombre de parcel·les, es divideix la superfície de l'hort entre la d'una parcel·la.

Superfície d'una parcel·la =
$= 140 \cdot 140 = 19\,600 \text{ cm}^2$

Superfície total de l'hort =
$= 560 \cdot 420 = 235\,200 \text{ cm}^2$

$235\,200 : 19\,600 = 12$

Hi haurà, doncs, 12 parcel·les.

6 MÍNIM COMÚ MÚLTIPLE

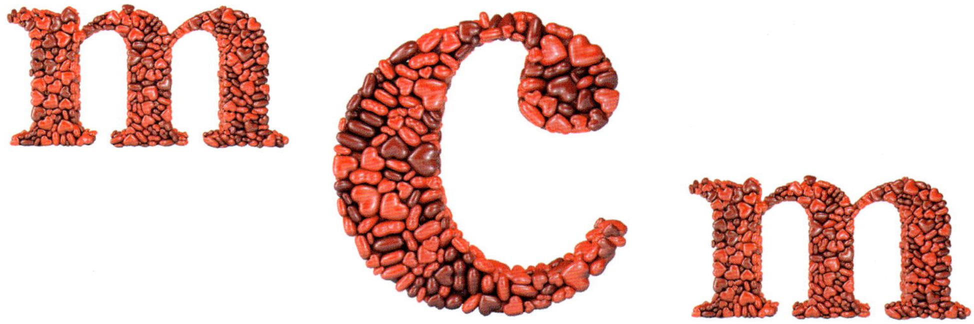

El **mínim comú múltiple (m. c. m.)** de dos nombres o més és el més petit dels múltiples comuns d'aquests nombres.

Per calcular el m. c. m. de dos nombres o més, se segueixen aquests passos:

1 Es descomponen els nombres en factors primers.

2 S'agafen tots els factors que apareguin a les descomposicions, elevats a l'exponent més gran.

3 El m. c. m. és el producte d'aquests factors.

Recorda

Propietats

El m. c. m. de dos nombres, *a* i *b*, és més gran o igual que el més gran d'aquests dos nombres. A més a més, es compleix que:

$$a \cdot b = \text{m. c. m. } (a, b) \cdot \text{m. c. d. } (a, b)$$

Activitats resoltes

1 Calcula el m. c. m. dels nombres 20, 15 i 12.

1 En primer lloc es descomponen els nombres en factors primers:

$$20 = 2^2 \cdot 5 \qquad 15 = 3 \cdot 5 \qquad 12 = 2^2 \cdot 3$$

2 Després se seleccionen els factors que no siguin comuns i els que siguin comuns elevats a la potència més gran.

En aquest cas són el 2^2, el 3 i el 5.

3 Es multipliquen aquests factors per trobar el m. c. m.:

$$\text{m. c. m. } (20, 15, 12) = 2^2 \cdot 3 \cdot 5 = 60$$

2 La Laia té festa a la feina cada 8 dies, i el Pol, cada 9.

a. Cada quants dies tenen festa alhora els dos amics?

b. Quantes vegades podran coincidir en un any?

c. Si tinguessin festa tots dos l'1 de setembre, quan tornarien a coincidir?

a. Com que un dels amics té festa cada 8 dies i l'altre cada 9, cal trobar el mínim comú múltiple, que serà el primer múltiple comú de tots dos nombres:

$8 = 2^3$ i $9 = 3^2 \Rightarrow \text{m. c. m. } (8, 9) = 2^3 \cdot 3^2 = 72$

Així, doncs, tenen festa alhora cada 72 dies.

b. Com que coincideixen cada 72 dies, en un any:

$\frac{365}{72} = 5{,}07$. És a dir, tenen festa el mateix dia cinc vegades l'any.

c. Si coincidissin l'1 de setembre, caldria sumar-hi 72 dies; per tant, el 12 de novembre tornarien a tenir tots dos el dia lliure.

Activitat resolta

Sabent que m. c. m. (*a*, 90) = 270 i m. c. d. (*a*, 90) = 15, esbrina el valor de *a*.

$$a \cdot b = \text{m. c. m. } (a, b) \cdot \text{m. c. d. } (a, b) \Rightarrow$$

$$\Rightarrow a = \frac{\text{m. c. m. } (a, b) \cdot \text{m. c. d. } (a, b)}{b} \Rightarrow$$

$$\Rightarrow a = \frac{270 \cdot 15}{90} = 45$$

Així, doncs, el valor de *a* és 45.

ACTIVITATS

01 DIVISIBILITAT

1 Múltiples i divisors d'un nombre

1 Copia i completa al teu quadern amb les paraules *múltiple* o *divisor.*

a. 204 és ..... de 17.

b. L'1 és ..... de qualsevol nombre.

c. 13 és ..... de 91.

d. 56 és ..... de 2.

2 Indica si aquests nombres són múltiples o divisors de 24:

a. 168 **b.** 216 **c.** 5 **d.** 24 **e.** 264 **f.** 3 **g.** 8 **h.** 600

3 Escriu els múltiples dels nombres següents que estiguin compresos entre 50 i 150:

a. 17 **b.** 32 **c.** 45 **d.** 9

4 Calcula tots els divisors dels nombres proposats.

a. 27 **b.** 150 **c.** 36 **d.** 40 **e.** 17 **f.** 28 **g.** 200 **h.** 30 **i.** 110 **j.** 75 **k.** 225 **l.** 450

5 Si tenim el producte $a \cdot b = c$:

a. Quin nombre divideix a *c*? Quin és el resultat d'aquesta divisió?

b. El nombre *c* és múltiple o divisor del nombre *a*? I *b* de *c*?

6 Respon de manera raonada les preguntes següents:

a. Els divisors d'un nombre poden ser més grans que aquest nombre?

b. Els múltiples d'un nombre poden ser més petits que aquest nombre?

c. El producte de dos múltiples d'un nombre també és múltiple d'aquest nombre?

d. La divisió de dos múltiples d'un nombre també és múltiple d'aquest nombre?

e. Si un nombre és múltiple d'un altre, i aquest altre ho és d'un tercer, el primer és múltiple del tercer?

f. Si un nombre és divisor d'un altre, ho és també de qualsevol múltiple del primer?

7 Comprova si aquestes afirmacions són veritables o falses:

a. El nombre 2 555 és múltiple de 7.

b. El nombre 274 és múltiple d'11.

c. El nombre 9 440 és múltiple de 4 i de 25.

d. El nombre 170 és múltiple de 7 i de 10.

8 Utilitzant el concepte de *divisor d'un nombre*, escriu totes les parelles de nombres que tinguin com a producte:

a. 60 b. 350 c. 48 d. 110

9 El Pau vol introduir peixos a la seva peixera, però només hi caben un màxim de 40 exemplars.

a. Quants n'hi podria posar si els individus de l'espècie formen grups de 7 peixos?

b. I si s'uneixen en grups de 8?

c. I si ho fan en grups de 6?

10 El David vol col·locar tots els seus soldadets de fusta en files, de manera que hi hagi el mateix nombre de figures a cada fila. Si té 200 soldadets:

a. De quantes maneres els pot situar si vol que cada fila inclogui més de 10 soldats?

b. Quantes files i figuretes hi ha a cadascuna de les formacions possibles?

11 Els múltiples sincers d'un nombre són aquells les xifres dels quals, sumades, donen com a resultat aquest mateix nombre. Per exemple, 24 és múltiple sincer de 6 perquè $2 + 4 = 6$. D'acord amb això, cerca quatre múltiples sincers dels nombres següents:

a. 5
b. 6
c. 7
d. 8
e. 9
f. 10
g. 11
h. 12

12 La Maria té 250 llapis de colors i els vol repartir en estoigs, de manera que cadascun tingui la mateixa quantitat de llapis, però un mínim de 10.

a. De quantes maneres creus que pot guardar els llapis de colors als estoigs?

b. Quines combinacions de llapis i estoigs podrà fer?

2 Relació i criteris de divisibilitat

13 Verifica si en els parells de nombres següents hi ha relació de divisibilitat i indica, en cas afirmatiu, quins serien els múltiples, i quins, els divisors:

a. 340 i 27 b. 40 i 120 c. 66 i 3 d. 15 i 7

14 Reprodueix i completa al teu quadern la taula següent, utilitzant els criteris de divisibilitat:

Divisible per...	924	65	175	594	200
2					
3					
4					
5					
7					
10					
11					
25					

15 Indica quins dels nombres següents són divisibles per 7:

a. 41 272 b. 7 712 c. 4 820 d. 1 623

16 Copia i completa al teu quadern la taula següent, aplicant els criteris de divisibilitat que has estudiat, i després respon les preguntes:

Divisible per...	35	45	100	18	22	80
2						
3						
5						
10						
15						

a. Què tenen en comú els criteris de divisibilitat per 2, 5 i 10?

b. Enuncia el criteri de divisibilitat per 15.

c. Tots els nombres divisibles per 15 també ho són per 3?

d. També són divisibles per 15 els nombres divisibles per 3?

17 TIC A més dels criteris de divisibilitat que hem enunciat en aquesta unitat, n'hi ha molts altres. Fes una cerca a internet sobre els criteris de divisibilitat dels nombres que et proposem. Il·lustra amb exemples l'explicació d'aquests criteris de divisibilitat.

a. 8 b. 13 c. 17 d. 4

18 Enuncia els criteris de divisibilitat dels nombres 18, 12 i 20.

19 Indica al teu quadern el valor de R perquè els nombres següents siguin divisibles per 11:

a. 1 R14
b. 6 8R1
c. R 268
d. 8 36R
e. 6R 823
f. R0 393
g. 7 6R8
h. 9 07R

20 Copia aquestes expressions al teu quadern i esbrina el valor de R perquè els nombres següents siguin divisibles per 15:

a. 21 R45
b. 6R 210
c. 6 R25
d. 3 57R
e. 9 R50
f. 4 06R
g. R 310
h. 7 R75

21 Copia al teu quadern les expressions següents i determina el valor de les lletres perquè els nombres següents siguin divisibles pels nombres que s'indiquen:

a. 34 A5B, divisible per 3 i 5.
b. A3 47B, divisible per 3 i 10.
c. 1 A8B, divisible per 11 i 9.
d. 1 8AB, divisible per 2 i 25.
e. 5AB, divisible per 4 i 9.

22 + Esbrina els nombres divisibles per 7 i per 13 més petits que 1 000 i que compleixin una de les condicions següents:

a. Són múltiples de 5.
b. Tenen el 2 com a únic divisor primer (a part del 7 i del 13).
c. Tenen dos divisors primers diferents (a part del 7 i del 13).

23 + Indica tots els nombres compresos entre 200 i 1 000 que compleixin alhora les condicions següents:

- Són múltiples d'11 i 7.
- No són divisibles per 3.
- El nombre 4 és un dels seus divisors.

Algun d'aquests nombres podria ser múltiple de 15? Per què?

24 ++ Troba un nombre que compleixi aquestes condicions:

- És entre 400 i 1 000.
- És múltiple de 5.
- És múltiple de 9.
- És divisible per 11.
- No es pot dividir per 2.

3 Nombres primers i compostos

25 Indica quins dels nombres següents són primers i quins són compostos:

26 Elabora una taula amb dues columnes, una per als nombres primers i una altra per als nombres compostos, i ordena-hi els nombres que identifiquis a la imatge següent:

27 Assenyala si aquests nombres són compostos o primers:

a. 409
b. 456
c. 565
d. 443
e. 891
f. 277
g. 869
h. 637

28 Copia la taula següent al teu quadern per aplicar-hi el sedàs d'Eratòstenes i després escriu els nombres primers entre el 100 i el 200:

191	192	193	194	195	196	197	198	199	200
181	182	183	184	185	186	187	188	189	190
171	172	173	174	175	176	177	178	179	180
161	162	163	164	165	166	167	168	169	170
151	152	153	154	155	156	157	158	159	160
141	142	143	144	145	146	147	148	149	150
131	132	133	134	135	136	137	138	139	140
121	122	123	124	125	126	127	128	129	130
111	112	113	114	115	116	117	118	119	120
101	102	103	104	105	106	107	108	109	110

29 ⊞ La Carla vol arribar a l'institut tan aviat com pugui. Per arribar-hi, ha de travessar el laberint de nombres següent, amb la condició de no trepitjar cap nombre compost. La pots ajudar a traçar el camí que va de casa seva a l'institut passant només per nombres primers? Copia al teu quadern la taula amb els nombres i resol l'activitat.

6	244	85	99	56	245
122	135	27	55	88	2 → Institut
243	15	38	330	354	31
6	83	199	625	29	181
Casa → 5	109	127	105	59	100
256	80	47	25	137	196
60	81	13	193	11	175
49	320	90	47	23	16
72	335	450	121	33	56

30 ⊞ Dos nombres són bessons quan són primers senars consecutius; per exemple, el 3 i el 5 són bessons. Cerca quatre parelles de nombres bessons.

31 ⊞⊞ La conjectura de Goldbach és un dels problemes matemàtics oberts més antics. Aquesta conjectura fa l'afirmació següent:

> *Tot nombre parell més gran que 2 es pot escriure com a suma de dos nombres primers.*

Per exemple: $4 = 2 + 2$ i $8 = 3 + 5$

Actualment, encara no s'ha pogut demostrar aquesta conjectura per a tots els nombres parells, però sí per a un gran grup de nombres parells.

Comprova aquesta conjectura per als nombres parells següents:

a. 6 **c.** 44 **e.** 110 **g.** 170
b. 22 **d.** 64 **f.** 136 **h.** 196

4 Descomposició factorial d'un nombre

32 Descompon mentalment els nombres següents en producte de factors primers:

a. 250 **g.** 240
b. 490 **h.** 280
c. 630 **i.** 1 440
d. 800 **j.** 3 200
e. 190 **k.** 6 250
f. 1 280 **l.** 2 700

33 Efectua la descomposició factorial d'aquests nombres:

a. 1 720 **f.** 4 416 **k.** 26 208
b. 378 **g.** 7 480 **l.** 11 880
c. 902 **h.** 1 512 **m.** 24 150
d. 1 065 **i.** 8 525 **n.** 9 234
e. 860 **j.** 5 370 **o.** 7 812

34 Indica a quins nombres corresponen aquestes descomposicions factorials.

a. $2^5 \cdot 3^2 \cdot 5^5$ **e.** $3^4 \cdot 5^2 \cdot 23$
b. $3^2 \cdot 7^2$ **f.** $2^4 \cdot 13 \cdot 19$
c. $3^2 \cdot 41$ **g.** $2^2 \cdot 3 \cdot 13$
d. $2^3 \cdot 3^2 \cdot 11$ **h.** $3 \cdot 5^2 \cdot 7^3$

35 Copia i completa al teu quadern aquestes descomposicions en producte de factors primers perquè siguin correctes:

a. $2 \cdot A^B \cdot 5 \cdot C = 630$ **e.** $A^B \cdot 3^2 \cdot 5 \cdot C = 5\,580$
b. $5^A \cdot B = 725$ **f.** $A^B \cdot C \cdot 167 = 7\,515$
c. $2^A \cdot B \cdot C = 1\,040$ **g.** $2^A \cdot B^2 \cdot C = 700$
d. $2^2 \cdot A \cdot B = 620$ **h.** $A^2 \cdot B^2 \cdot C \cdot D = 3\,300$

36 Indica com seria la descomposició factorial del nombre $2^3 \cdot 3^2 \cdot 5^4$ si:

a. Es multiplica per 12.
b. Es divideix per 60.
c. Es multiplica per 21.

37 Descompon factorialment els nombres següents:

2 640 46 230 71 995 108 900

Tenint en compte aquesta descomposició factorial:

a. Indica si són múltiples de 25.
b. Determina si es poden dividir per 24.
c. Assenyala si són múltiples d'11.
d. Quins divisors primers tenen en comú?
e. Quins divisors primers no tenen en comú?
f. Calcula el nombre de divisors de cadascun.

38 Calcula el nombre de divisors que tenen aquests nombres:

a. 70 **e.** 246
b. 81 **f.** 89
c. 110 **g.** 180
d. 215 **h.** 75

39 Elabora els diagrames de nombres factoritzats dels nombres següents:

a. 7 **b.** 15 **c.** 21 **d.** 42

40 Indica a quines descomposicions i, per tant, a quins nombres corresponen aquests diagrames:

a.

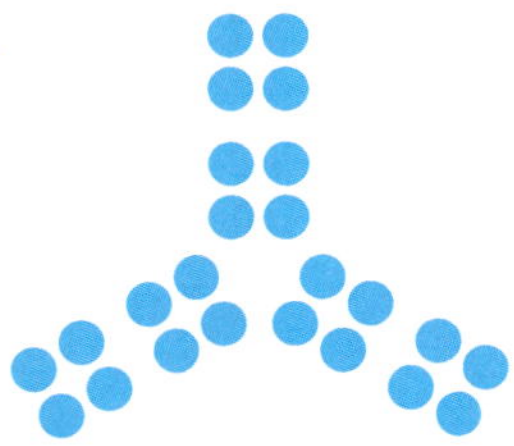

c.

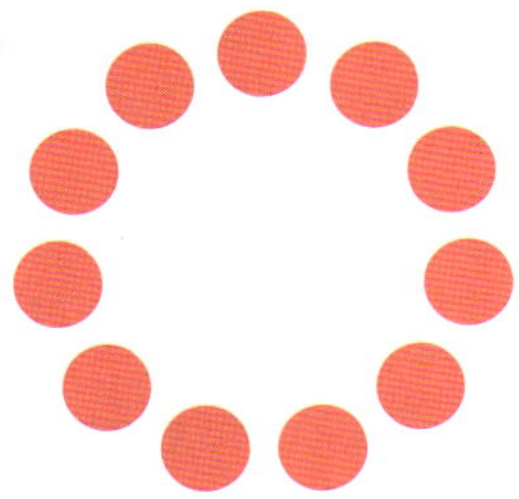

b.

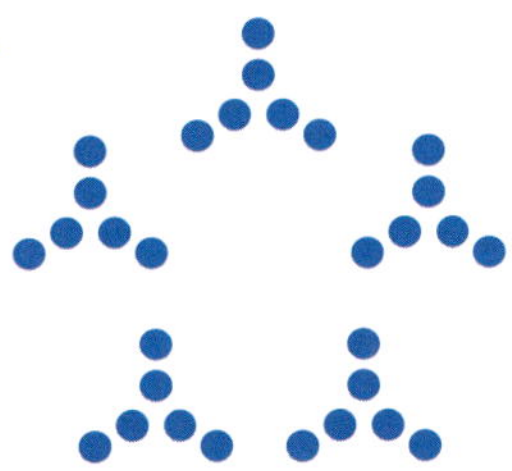

d.

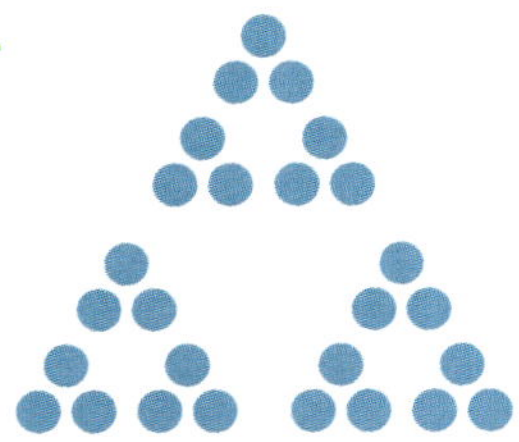

Quin tipus de nombre és el de l'apartat c.?

5-6 Màxim comú divisor Mínim comú múltiple

41 Efectua la descomposició factorial dels nombres següents i calcula'n el m. c. m. i el m. c. d.:

a. 36 i 27
b. 64 i 25
c. 56 i 68
d. 889 i 756
e. 156 i 624
f. 700 i 350
g. 130 i 70
h. 748 i 638
i. 918 i 612
j. 390 i 832
k. 450 i 320
l. 646 i 513

42 Determina el m. c. d. i el m. c. m. d'aquests nombres:

a. 34, 78 i 26
b. 12, 80 i 62
c. 180, 240 i 320
d. 525, 175 i 105
e. 625, 150 i 75
f. 324, 300 i 225
g. 483, 294 i 363
h. 585, 845 i 620

43 Comprova si els nombres de les parelles proposades són primers entre ells.

a. 64 i 81
b. 220 i 165
c. 80 i 33

44 Calcula el m. c. d. de les parelles de nombres següents mitjançant l'algorisme d'Euclides:

a. 674 i 546
b. 240 i 570
c. 808 i 132
d. 550 i 600
e. 176 i 66
f. 315 i 182

45 Calcula el m. c. m. de les parelles de l'activitat anterior mitjançant la propietat següent:

$$a \cdot b = m.\,c.\,m.\,(a, b) \cdot m.\,c.\,d.\,(a, b)$$

46 ⊞ En una rellotgeria hi ha 3 rellotges de cucut. El rellotge groc toca cada 60 min; el vermell, cada 45 min, i el blau, cada 90 min. Si han coincidit els tres rellotges a les 12.00 h:

a. A quina hora tornaran a coincidir?

b. Quantes vegades tocarà cada rellotge fins que tornin a coincidir tots tres?

47 ⊞ L'Arnau té 3 560 cromos de futbol i 6 420 d'animals, i els vol repartir en sobres iguals tan grans com sigui possible.

a. Quants cromos posarà a cada sobre?

b. Quants sobres necessitarà de cada tipus?

48 ⊞ La Martina vol fer bossetes amb gominoles de colors per convidar els seus amics de classe pel seu aniversari. Té 120 gominoles grogues, 200 de vermelles i 350 de verdes. Vol que totes les bosses siguin iguals i tan grans com es pugui.

a. Quantes bosses de cada tipus necessitarà?

b. Quantes gominoles hi haurà a cada bossa?

49 ⊞ La Clàudia tarda 5 minuts a fer la volta a un circuit corrent, i l'Alba, 7 minuts. Si les dues amigues comencen a córrer alhora, quant tardaran a coincidir a la sortida? Quantes vegades coincidiran en dues hores?

50 ⊞ A la pastisseria de l'Èric volen repartir les magdalenes que han fet en capses tan grans com sigui possible i amb el mateix nombre d'unitats. Hi ha 560 magdalenes de llimona, 220 magdalenes de taronja i 640 magdalenes de xocolata.

a. Quantes magdalenes hauran de posar a cada capsa?

b. Quantes capses necessitaran?

51 ⊞ El Daniel surt a caminar pel parc cada dissabte durant mitja hora, mentre que al Jan li agrada passejar per aquest parc cada dues setmanes i la Sara prefereix fer-hi un volt cada deu dies. Si avui han anat tots tres al parc, quants dies passaran fins que hi tornin a coincidir?

52 El Martí vol repartir 390 cigrons i 120 mongetes en bols, de manera que tots continguin el nombre més gran possible de llegums i en la mateixa quantitat.

a. Quants llegums posarà a cada bol?

b. Quants bols necessitarà?

53 Una emissora de ràdio emet el nou senzill del grup Classic Rock cada 40 minuts. Una altra emissora posa el del grup Little Things cada hora i mitja. Una tercera emissora fa sonar el del grup The Memories cada 2 hores. Els tres senzills s'han emès alhora a cada emissora a les 7.00 h.

a. Quantes vegades al dia es podrà sentir cada cançó?

b. Cada quant temps tornaran a coincidir?

c. Quantes vegades hauran coincidit les tres cançons al cap de 24 hores?

54 En una empresa treballen en torns de matí i torns de tarda. Hi ha 120 treballadors de pràctiques, 200 treballadors de tancament i 50 treballadors de gestió. Els treballadors de pràctiques tenen torn de tarda cada 4 setmanes, els de tancament en tenen cada 2 setmanes, i els de gestió, cada 5 setmanes.

a. Si l'Iker està de pràctiques, la Laura està de tancament i el Joel està de gestió i avui coincideix que tots tres treballen al torn de tarda, quan tornaran a coincidir en aquest torn?

b. Es volen fer grups del mateix nombre de participants per assistir a cursos de formació amb el nombre màxim de persones. Quants empleats hi haurà a cada grup? Quants grups hi haurà en total? Quants seran de cada tipus de treballadors?

55 Esbrina els valors desconeguts *a, b, c, d, e* i *f* a les situacions següents:

a. m. c. m. (a, 56) = 280 i m. c. d. (a, 56) = 4

b. m. c. d. (270, b) = 10 i m. c. m (270, b) = 3 150

c. m. c. d. (c, d) = 14 i $c \cdot d = 43\,120$, si $20 < c < 100$

d. m. c. d. (e, f) = 1 i $e \cdot f = 10\,648$

56 Copia i completa al teu quadern aquestes descomposicions perquè el m. c. m. i el m. c. d. siguin correctes:

a. $\left.\begin{array}{l} a = A^2 \cdot 2^5 \\ b = 5 \cdot B^2 \end{array}\right\} \Rightarrow$ m. c. d. (a, b) = 1

b. $\left.\begin{array}{l} a = 2^2 \cdot 3^2 \cdot 5 \\ b = 2^A \cdot 3^2 \cdot B^C \end{array}\right\} \Rightarrow$ m. c. m. (a, b) $= 2^3 \cdot 3^D \cdot E^2$

c. $\left.\begin{array}{l} a = 2^2 \cdot 5 \\ b = 3^2 \cdot A \end{array}\right\} \Rightarrow$ m. c. m. (a, b) $= 2^2 \cdot B^2 \cdot C \cdot 7$

d. $\left.\begin{array}{l} a = A^2 \cdot B \cdot 11^2 \\ b = 11^3 \cdot 13 \end{array}\right\} \Rightarrow$ m. c. m. (a, b) $= 5^2 \cdot 7 \cdot 11^C \cdot D$

e. $\left.\begin{array}{l} a = 2^A \cdot 3^2 \cdot 7 \\ b = 2 \cdot 3^3 \cdot 5 \\ c = 3 \cdot 5 \cdot B \end{array}\right\} \Rightarrow$ m. c. m. (a, b, c) $= 2^5 \cdot 3^C \cdot 5 \cdot D \cdot 11$

f. $\left.\begin{array}{l} a = 5^3 \cdot 11^2 \cdot A \\ b = B^3 \cdot 5^C \cdot 11 \\ c = 3 \cdot 5^4 \cdot D^2 \end{array}\right\} \Rightarrow$ m. c. d. (a, b, c) $= 3 \cdot 5^2 \cdot 11$

g. $\left.\begin{array}{l} a = 2^7 \cdot 5^3 \cdot 11 \cdot A^3 \\ b = 2^5 \cdot B \cdot 11^2 \cdot 13^2 \\ c = 2^C \cdot 5^2 \cdot 11^3 \cdot 13 \end{array}\right\} \Rightarrow$ m. c. d. (a, b, c) $= 2^4 \cdot 5 \cdot D^2 \cdot 13$

57 Determina els nombres *a, b* i *c* sabent que:

- a és múltiple de 5, però no de 3.
- $b < 30$ i $c < 600$.
- m. c. d. (a, b) = 10 i m. c. d. (b, c) = 20
- m. c. d. (a, b, c) = 10 i m. c. m. (a, b, c) = 600

58 En un tauler d'escacs, la Jana posa una fitxa vermella cada dues caselles, una fitxa verda cada 5 caselles i una fitxa blava cada 7 caselles. Si a la primera casella hi ha posat una fitxa de cada color:

a. Quantes caselles contindran dues fitxes? De quins colors seran aquestes fitxes?

b. Cada quantes caselles coincidiran els tres colors?

c. Quantes caselles contindran tres fitxes?

TREBALLEM LES COMPETÈNCIES

L'ALMÀSSERA D'OLI

El procés d'elaboració d'oli d'oliva és, avui dia, bàsicament el mateix que feien els nostres avantpassats. Han canviat només les eines i la maquinària, que permet mecanitzar la producció i estalvia temps i esforç.

Quan es recull l'oliva, es porta a l'almàssera per netejar i rentar, i es classifica segons la qualitat i la varietat. A continuació, les olives es molen el mateix dia que s'han recollit, per evitar que fermentin i s'oxidin. S'introdueixen en una trituradora que allibera l'oli i els altres líquids continguts als teixits vegetals. S'obté així una pasta amb les restes de l'oliva triturada, que es premsa en fred. Després se centrifuga i es decanta per separar l'oli dels altres líquids (bàsicament, aigua).

L'almàssera d'una cooperativa agrícola ha produït avui 845 L d'oli verge extra de la varietat arbequina i 990 L d'oli de la varietat picual. L'oli s'ha emmagatzemat en dipòsits d'acer inoxidable per aïllar-lo de la llum i mantenir-lo a una temperatura de 15 °C mentre es prepara l'envasament per a la venda.

1 Per abaratir costos, decideixen envasar l'oli que han produït en el nombre més petit possible de garrafes de la mateixa capacitat. Quina capacitat han de tenir aquestes garrafes?

2 Al cap d'una setmana, embalen les garrafes de la varietat arbequina en caixes de sis unitats, i les de la varietat picual, en caixes de vuit. Es decideix comercialitzar-les en paquets amb el mateix nombre de garrafes de cada varietat. Quin és el nombre més petit de garrafes que anirà a cada paquet?

LA COL·LECCIÓ DE MINERALS

L'Aina té una col·lecció de 225 minerals. La vol repartir en capses amb el mateix nombre d'exemplars a cada una.

1 De quantes maneres és possible fer-ho, si no hi pot haver més de 20 minerals per capsa?

2 Hi ha un segon tipus de capsa que permet col·locar 50 minerals a cada una. Quines possibilitats de col·locar els minerals té ara l'Aina?

3 L'Aina calcula que, d'aquí a un any, la seva col·lecció haurà augmentat fins a les 500 peces. Quines possibilitats té de repartir-los si no poden haver-hi més de 20 minerals per capsa?

ELS GLOBUS

L'Oriol i l'Ariadna han comprat globus. Ell ha escollit globus verds a 20 cèntims d'euro cada un, i ella, globus vermells a 25 cèntims d'euro cada un. Han gastat exactament la mateixa quantitat de diners.

1 Quant ha gastat cadascú?

2 Quants globus ha comprat cada un si se sap que cada un ha gastat més de 2 € i menys de 4 €?

EL RELLOTGE

L'Anna és infermera en un centre de gent gran. S'ha programat diferents alarmes al rellotge perquè l'avisin quan cal preparar la medicació d'un grup de pacients determinat.

Una de les alarmes sona cada 60 minuts; la segona, cada 90 minuts; i, la tercera, cada 150 minuts. Totes tres han sonat alhora a les 9 del matí, quan ha començat el torn de treball.

1 Quina és la quantitat mínima d'hores que ha de passar perquè tornin a coincidir?

2 A quina hora tornaran a sonar un altre cop juntes?

EL JARDÍ

La Noa té un jardí rectangular de 60 m de llarg i 48 m d'ample. Vol plantar xiprers per tancar la parcel·la, utilitzant el nombre més petit d'arbres possible, de manera que quedi la mateixa distància entre un xiprer i un altre.

1 Quants metres ha de deixar entre arbre i arbre?

2 Els pares de la Noa han pensat d'ampliar una mica el jardí fins a 80 × 75 m. Quina distància s'haurà de deixar entre arbre i arbre en les mateixes condicions que les de l'activitat 1?

LA CURSA

El Biel i l'Hugo s'entrenen per competir en una cursa d'atletisme. El Biel tarda 45 s a completar cada volta, i l'Hugo, 36.

1 Si surten al mateix temps de la línia de meta, després de quants segons tornen a coincidir-hi?

2 Cada volta de la pista d'atletisme és de 400 m. Quants metres haurà recorregut cada corredor la primera vegada que coincideixen a la línia de meta?

APLIQUEM LES TIC

DIVISIBILITAT AMB GEOGEBRA

GeoGebra és un programa lliure per a la inserció dinàmica de la geometria, l'àlgebra, l'estadística i recursos d'anàlisi i càlcul.

Quan s'obre l'aplicació, apareix la pantalla de la figura (A).

Si es clica a la icona , situada a la dreta de la barra d'**Entrada**, es desplega el menú **Ajuda d'ordres** que podem introduir en aquesta barra. S'activa el desplegable d'**Àlgebra** i apareixen les ordres que es poden utilitzar.

A

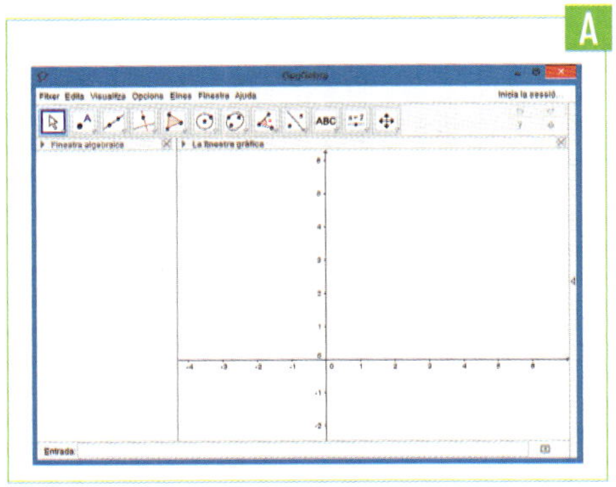

NOMBRES PRIMERS

Amb l'ordre **ÉsPrimer**, GeoGebra indica si el nombre introduït és primer (*true*) o no (*false*). Per això, es fa doble clic sobre aquesta ordre, que apareixerà a la barra d'**Entrada** (B), i s'hi escriu el nombre. Es prem *intro* i a la **Finestra algebraica** apareixerà el resultat (C).

B

Entrada: ÉsPrimer[<19>]

C

Booleà
a = true

B

Entrada: ÉsPrimer[<22>]

C

Booleà
b = false

DIVISORS

Amb l'ordre **DivisorsLlista**, GeoGebra escriu tots els divisors d'un nombre donat, ordenats de més petit a més gran. Es fa doble clic sobre aquesta ordre, que apareixerà a la barra d'**Entrada** (D), i s'hi escriu el nombre. Es prem *Intro* i a la **Finestra algebraica** apareixerà el resultat (E).

D

Entrada: DivisorsLlista[250]

E

Llista
llista1 = {1, 2, 5, 10, 25, 50, 125, 250}

DESCOMPOSICIÓ FACTORIAL

Per fer la descomposició factorial d'un nombre amb GeoGebra, s'utilitza l'ordre **FactorsPrimers**. Quan es fa doble clic sobre aquesta ordre, apareix a la barra d'**Entrada**, (F), i s'hi escriu el nombre. Es prem *intro* i a la **Finestra algebraica** es mostrarà el resultat (G).

F

Entrada: FactorsPrimers[120]

G

Llista
llista2 = {2, 2, 2, 3, 5}

MÀXIM COMÚ DIVISOR I MÍNIM COMÚ MÚLTIPLE

Amb les ordres **MCD** i **MCM**, es pot calcular el m. c. d. i el m. c. m. de dos nombres o més, respectivament. Es fa doble clic a l'ordre de l'operació que es vol fer i apareixerà a la barra d'**Entrada**, (H). Per escriure-hi els nombres, s'introdueix prèviament una clau, «{», i el programa afegirà la de tancament, amb una coma entre els nombres. A la **Finestra algebraica** es mostrarà el resultat (I).

H

Entrada: MCD[{45,60,90}]

I

Nombre
a = 15

H

Entrada: MCM[{45,60,90}]

I

Nombre
a = 180

Utilitza GeoGebra per dur a terme les activitats següents:

1 Indica si els nombres següents són primers: 4 567, 1 759, 6 542 i 771.

2 Calcula els divisors dels nombres 280, 130, 689 i 245.

3 Fes la descomposició factorial dels nombres següents: 170, 650, 855 i 564.

4 Calcula el m. c. d. i el m. c. m. de:

a. 935, 72 i 50 **b.** 140, 220 i 410

AVALUACIÓ

1 Indica si les afirmacions següents són certes o falses. Raona'n les respostes.

a. 3 és divisor de – 15.

b. 4 és múltiple de 12.

c. 25 és divisible per – 5.

d. 2 és divisor de 53.

2 Escriu els múltiples més petits que 45 dels nombres que segueixen:

a. 9
b. 18
c. 22
d. 15
e. 32
f. 12

3 Calcula els divisors d'aquests nombres. Tenen alguna cosa en comú?

a. 2
b. 43
c. 17
d. 83
e. 29
f. 131

4 Escriu els divisors d'aquests nombres. Indica si tenen res en comú:

a. 8
b. 60
c. 100
d. 180
e. 210
f. 450

5 Copia i completa la taula següent aplicant els criteris de divisibilitat:

	Divisible per 2	Divisible per 3	Divisible per 5	Divisible per 10
300	X			
1 025				
9 312				
5 262				

6 Quin és el divisor més petit que pot tenir un nombre? I el més gran? Raona'n les respostes.

7 Escriu la llista dels 20 primers nombres primers.

8 Descompon factorialment els nombres següents:

a. 83
b. 43ç
c. 225
d. 735

9 Fes la descomposició factorial dels nombres 24 i 18 i calcula'n el màxim comú divisor. A continuació, efectua la descomposició factorial dels nombres 84 i 105 i calcula'n el mínim comú múltiple.

10 Calcula el m. c. d. i el m. c. m. dels parells de nombres següents:

a. 16 i 25
b. 19 i 23
c. 37 i 300
d. 30 i 45

11 Calcula el m. c. d. i el m. c. m. de:

a. 12, 18 i 26
b. 15, 36 i 54

12 Si m. c. d. (a, 12) = 6, troba el valor de *a*.

13 Escriu dos parells de nombres que tinguin com a mínim comú divisor el nombre 28. Escriu després dos parells de nombres que tinguin com a màxim comú divisor el nombre 10.

14 En un magatzem volen posar 84 ampolles en caixes sense que en sobri cap. De quantes maneres possibles les poden encaixar posant el mateix nombre d'ampolles a cada caixa?

15 Una classe de 32 alumnes s'ha de separar en grups de convivència. Si el mínim de components de cada grup ha de ser de dos, i el màxim, de quatre, i no es vol que cap alumne quedi sol, quin és el nombre més petit de grups que es poden formar? I el més gran?

16 L'Alejandro viatja cada 15 dies a Londres, i la Irene, cada 21. Considerant que tots dos han anat avui a l'aeroport, quan tornaran a coincidir?

17 En una estació surten autobusos cap a Lleida cada 25 minuts; en direcció a Girona, cada 45, i cap a Tarragona, cada hora. Si a les 8 del matí ha sortit el primer del dia cap a cada ciutat, a quina hora tornaran a sortir els tres autobusos plegats?

18 L'empresa de l'Izan fabrica paquets de galetes de diferents tipus de 78, 130 i 156 unitats. Les volen empaquetar en caixes que continguin el màxim nombre de paquets possible. Totes les caixes han de tenir el mateix nombre de paquets i no es poden barrejar diferents paquets en una caixa.

a. Quants paquets de galetes han de ficar a cada caixa?

b. Quantes caixes necessitarien en cada cas?

19 La Marta té entre 20 i 40 llibres de lectura a casa. Si els organitza de 3 en 3 li'n sobren dos, i si ho fa de 5 en 5, li'n sobra un. Quants llibres té en total?

02 NOMBRES ENTERS

LES PERSONES SÓN COM ELS NOMBRES: NOMÉS ADQUIREIXEN EL VALOR DE LA POSICIÓ QUE OCUPEN

NAPOLEÓ BONAPARTE

PRESENTAR

EN CLAU D'HUMOR!

El vostre institut organitzarà un esdeveniment multicultural. Entre els actes previstos n'hi ha un de programat que porta per nom «Curiositats poligonals». Per participar-hi, heu de preparar un monòleg sobre els nombres poligonals que sigui divertit i a la vegada il·lustratiu, de manera que després de la vostra intervenció els assistents marxin amb una idea clara d'aquest concepte i hagin après la manera d'aconseguir aquest tipus de nombres.

CONÈIXER

CORRE, CORRE QUE T'ENXAMPO!

Ara us proposem que feu, per equips, una gimcana matemàtica que consta de dues fases: la primera consisteix a recopilar una bateria de cinc problemes que tinguin com a solucions nombres enters compresos entre –10 i 10. En la segona jugareu per torns a resoldre aquests problemes de manera aleatòria. Tots els equips comencen el joc situats a la mateixa distància de l'arribada. Per cada problema resolt amb solució positiva, l'equip al qual correspongui el torn avançarà cap a la meta fent tants passos com indiqui el nombre obtingut. En canvi, si el resultat és negatiu, decidirà quin grup ha de retrocedir el nombre de passos corresponent. Per cada problema mal resolt, l'equip en joc retrocedirà cinc passos. Guanya l'equip que arribi abans a la meta.

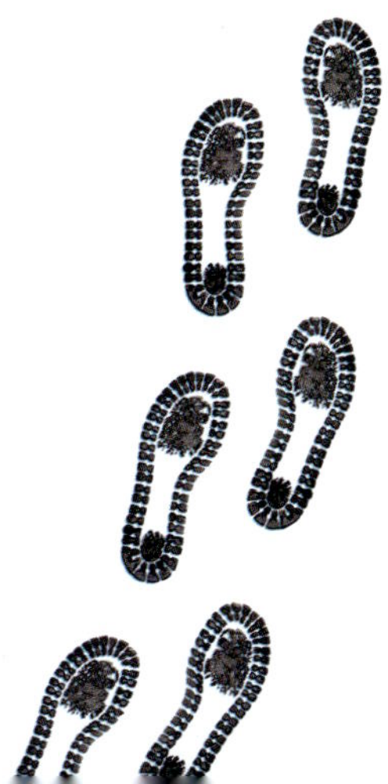

CREAR

EL JOC DE LES POTÈNCIES I LES ARRELS

Amb la idea de participar a la campanya de recollida de joguines, heu pensat de construir un joc de taula. Per fer-ho, creareu un tauler amb 30 caselles, en cadascuna de les quals escriureu una potència o una arrel d'un nombre enter.
Els jugadors, quan cauen en una casella, s'han de moure el nombre de llocs que indiqui el resultat.
Quan poseu l'arrel parella d'un nombre positiu, heu d'indicar l'acció que correspon a aquesta casella (avançar o recular), ja que l'operació pot tenir com a resultat un valor positiu o negatiu. Bufeu el dau i que comenci la partida!

INVESTIGAR

FRED, FRED! CALENT, CALENT!

Una agència de viatges vol fer promoció de la venda de paquets turístics amb destinacions internacionals. Per atraure clients futurs, us han demanat que assenyaleu la diferència entre la temperatura mínima i màxima anual de deu capitals sobre un gran mapa mundial. Tot seguit, heu de comparar les temperatures de cada capital amb les de la vostra.
Com afecta la latitud a aquestes diferències?
Què passa amb aquestes diferències quan es comparen els dos hemisferis? Poseu en comú els treballs dels diferents grups de la classe en un gran mapa per oferir a l'agència una informació global. On aniries tu?

1 NOMBRES ENTERS

Els **nombres enters** són nombres precedits del signe «+» (positiu) o «–» (negatiu), més el nombre zero. Es representen amb la lletra $\mathbb{Z}$:

$$\mathbb{Z} = \{\ldots, -3, -2, -1, 0, +1, +2, +3, \ldots\}$$

Aquest conjunt de nombres el comprenen:

- Els nombres **enters positius**, que són els nombres naturals, $\mathbb{N}$, precedits del signe «+»: $\mathbb{Z}^+ = \mathbb{N} = \{+1, +2, +3, \ldots\}$
- El nombre **zero**, 0, que no és ni positiu ni negatiu.
- Els nombres **enters negatius**, que són els nombres naturals precedits del signe «–»: $\mathbb{Z}^- = \{\ldots, -3, -2, -1\}$

Activitat resolta

Indica quan faries servir, en les situacions següents, nombres enters positius o bé nombres negatius:

a. Temperatura. **b.** Anys. **c.** Diners.

a. Per expressar temperatures que estan per sobre dels 0 °C, s'empren nombres enters positius, mentre que si les temperatures estan per sota dels 0 °C, es recorre als nombres enters negatius.

b. Per representar els anys anteriors a la mort de Crist (aC), es podrien fer servir els nombres enters negatius; si els anys són posteriors a aquest moment (dC), es fa ús dels nombres enters positius.

c. Si es disposa d'una certa quantitat de diners, aquesta quantitat s'expressa amb nombres enters positius; per contra, si es deuen diners, s'indica amb nombres enters negatius.

1.1 VALOR ABSOLUT I OPOSAT D'UN NOMBRE ENTER

El **valor absolut**, |a|, d'un nombre enter, *a*, que es llegeix *valor absolut de a*, és aquest nombre sense signe.

Així, per exemple, el valor absolut de (–3) o (+3) és $|-3| = |+3| = 3$.

Dos nombres enters s'anomenen **oposats** si tenen el mateix valor absolut, però diferent signe.

A l'exemple anterior, +3 i –3 són oposats: op(+3)= –3, ja que $|+3| = |-3| = 3$

Recorda

Tots els nombres naturals són enters, però no tots els nombres enters són naturals. Es diu, per tant, que $\mathbb{N}$ està contingut en $\mathbb{Z}$.

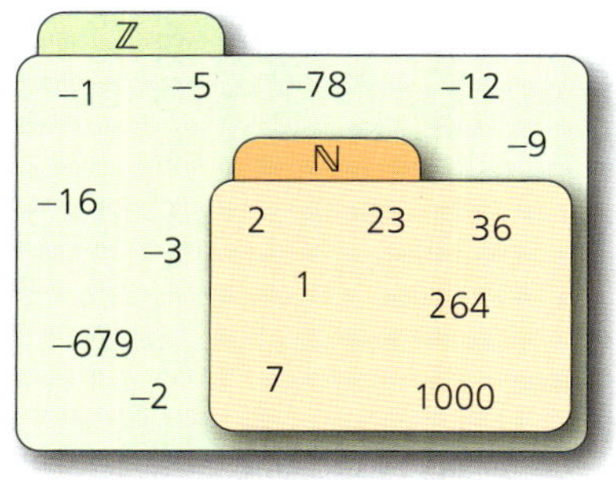

Observa

Els nombres enters positius se solen escriure sense el signe «+» precedint-los:

$$+7 = 7$$

Activitat resolta

Determina el valor absolut i l'oposat segons cada cas:

a. op(+28) **c.** |op(+12)|

b. |+9| **d.** op(|–10|)

Per calcular els oposats, es canvia el signe. Per calcular els valors absoluts, es treu el signe.

A l'apartat **c.** primer es calcula l'oposat i després el valor absolut, mentre que a l'apartat **d.** es procedeix de manera inversa.

a. op(+28) = –28

b. |+9| = 9

c. |op(+12)| = |–12| = 12

d. op(|–10|) = op(10) = –10

1.2 REPRESENTACIÓ I ORDENACIÓ DELS NOMBRES ENTERS

Els nombres enters es representen a la recta numèrica mitjançant punts equidistants. Al centre s'hi situa el zero; a la dreta s'hi posen els nombres enters positius, i a l'esquerra, els negatius.

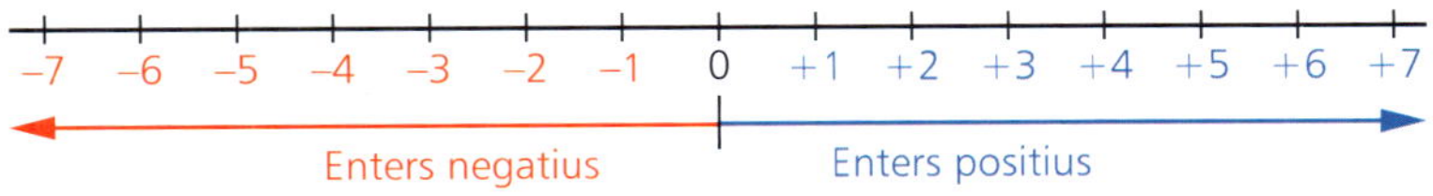

Un nombre enter és **més gran** que un altre nombre enter si està situat a la seva dreta a la recta numèrica. Per contra, un nombre enter és **més petit** que un altre enter si és a la seva esquerra a la recta numèrica.

De tot això, se'n dedueixen les propietats següents:

1 El zero és més gran que qualsevol nombre negatiu i més petit que qualsevol nombre positiu. En conseqüència, qualsevol nombre positiu és més gran que qualsevol nombre negatiu.	$-a < 0 < b$ $-7 < 0 < 4$
2 Entre dos nombres enters positius és més gran el que té el valor absolut més gran, és a dir, el que està més allunyat del zero a la recta numèrica.	$+a > +b$, si $\|+a\| > \|+b\|$ $+7 > +4$, perquè $\|+7\| > \|+4\|$
3 Si es consideren dos nombres enters negatius, serà més gran el que tingui el valor absolut més petit, és a dir, el que estigui més a prop del zero a la recta numèrica.	$-a > -b$, si $\|-a\| < \|-b\|$ $-4 > -7$, perquè $\|-4\| < \|-7\|$

Tingues en compte

A l'exemple de la pàgina anterior, tots dos nombres, +3 i −3, són a la mateixa distància del zero: +3 està 3 unitats a la dreta del zero, i −3, 3 unitats a l'esquerra del zero.

Per tant, estan situats a la mateixa distància respecte del zero, distància que és el seu **valor absolut**.

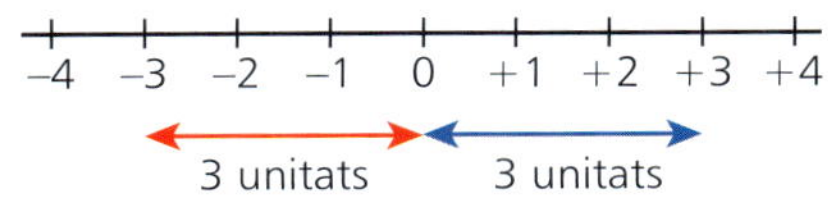

La invenció dels nombres negatius

El «creador» dels nombres negatius va ser probablement Brahmagupta, un matemàtic indi que va viure al segle VII dC, que també va ser el primer a posar per escrit la idea de *nombre zero*. Una vegada definits els nombres positius i negatius, va poder deduir ràpidament la regla dels signes de les operacions amb nombres enters.

El primer ús que es va donar als nombres negatius a Europa va ser a les matemàtiques financeres i de comptabilitat, per indicar les pèrdues d'una transacció o els diners que es devien.

Activitats resoltes

1 Compara els nombres següents:

a. 0 i −4 **c.** −12 i −35 **e.** −51 i −22

b. +7 i +10 **d.** +8 i 0 **f.** +15 i −12

a. $0 > -4$, perquè el zero és més gran que qualsevol nombre negatiu.

b. $+7 < +10$, ja que $|+7| < |+10|$

c. $-12 > -35$, ja que $|-12| < |-35|$

d. $+8 > 0$, atès que qualsevol nombre positiu és més gran que el zero.

e. $-51 < -22$, ja que $|-51| > |-22|$

f. $+15 > -12$, perquè qualsevol nombre positiu és més gran que qualsevol nombre negatiu.

2 Ordena els nombres següents de més petit a més gran i representa'ls a la recta numèrica:

$$-4, +7, 0, +10, -9, +8, -3$$

El nombre més petit serà el nombre negatiu de valor absolut més gran. El nombre més gran serà el nombre positiu de valor absolut més gran. Així, doncs, si s'ordenen de més petit a més gran:

$$-9 < -4 < -3 < 0 < +7 < +8 < +10$$

Per representar-los a la recta numèrica, es divideix la recta en parts que representin tots els nombres compresos entre −9 i +10 i se senyalen amb un punt els nombres que es demanen:

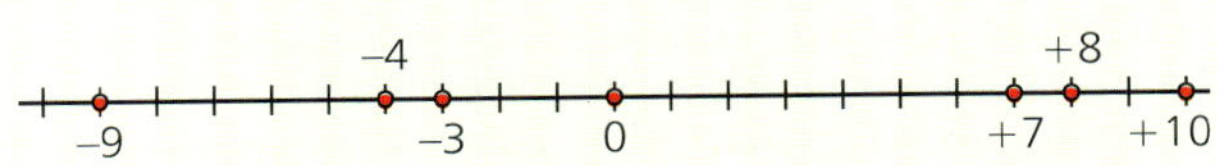

2 SUMA I RESTA DE NOMBRES ENTERS

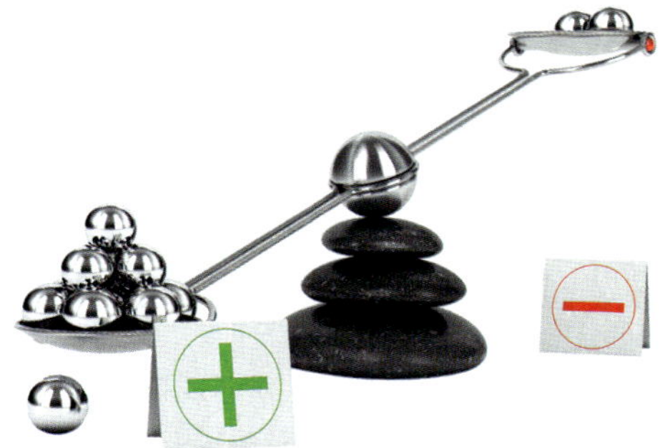

Quan se **sumen** o **resten** nombres enters, s'obté un altre nombre enter. Quan s'efectuen aquestes operacions, convé simplificar les expressions reduint-ne els parèntesis. A l'hora d'operar, cal tenir en compte aquestes condicions:

- Si davant d'un parèntesi hi ha un «+», es conserva el signe: $+(-4) = -4$.
- Si davant d'un parèntesi hi ha un «−», es canvia el signe: $-(-4) = +4$.

Suma de dos nombres enters

Es poden donar dos casos:

- Si són del mateix signe, se sumen els seus valors absoluts i al resultat s'hi posa el signe comú:

$$(+5) + (+4) = +9 \qquad (-4) + (-6) = -10$$

- Si són de diferent signe, es resten els seus valors absoluts i al resultat s'hi posa el signe del nombre de valor absolut més gran:

$$(+6) + (-7) = -1 \qquad (-15) + (+17) = +2$$

Resta de dos nombres enters

Restar dos nombres enters equival a sumar al minuend l'oposat del subtrahend:

$$(+3) - (+7) = +3 + op(+7) = +3 + (-7) = -4$$

Sumes i restes combinades

Si hi ha una combinació de sumes i restes de diversos nombres enters, es pot procedir d'una d'aquestes maneres:

- Operant d'esquerra a dreta:

$$6 + 4 - 2 + 1 - 7 = 10 - 2 + 1 - 7 =$$
$$= 8 + 1 - 7 = 9 - 7 = 2$$

- Agrupant els positius i els negatius:

$$6 + 4 - 2 + 1 - 7 =$$
$$= 6 + 4 + 1 - 2 - 7 = 11 - 9 = 2$$

La suma i la resta de nombres enters compleixen les propietats següents:

	Commutativa	Associativa	Element neutre	Element oposat o simètric
Suma	$a + b = b + a$	$(a + b) + c = a + (b + c)$	$a + 0 = a$	op(a) = −a, tal que:
Resta	$a - b \neq b - a$	$(a - b) - c \neq a - (b - c)$	$a - 0 = a$	$a + op(a) = 0$ i $a - op(a) = 2a$

Activitat resolta

L'Adrià té estalviats 35 €. Aquesta setmana es proposa comprar un regal de 20 € a un amic, anar al cinema, que val 9 €, i berenar en una cafeteria, on sol gastar 8 €. Quant li han d'avançar els seus pares de la seva paga setmanal perquè pugui fer front a totes les despeses?

S'identifiquen les dades: els diners que rep es representen mitjançant nombres enters positius, i el que paga, amb nombres enters negatius:

- Positius: 35 € estalviats i l'avançament de la paga.
- Negatius: −20 € del regal, −9 € del cinema i −8 € de la cafeteria.

S'efectua l'operació combinada: $\boxed{+35 - 20}\ \boxed{-9 - 8} = +15 - 17 = -2$.

Així, doncs, li falten diners, perquè el resultat és negatiu, −2 €, que són els que li han d'avançar els seus pares.

Activitat resolta

Efectua l'operació combinada següent amb sumes i restes de nombres enters:

$$-(-6) + (-3) - (+9) + (+5)$$

Primer, se n'eliminen els parèntesis:

$$-(-6) + (-3) - (+9) + (+5) =$$
$$= +6 - 3 - 9 + 5$$

Ara es pot procedir de dues maneres:

- 1r procediment: s'opera de dos en dos (tenint en consideració si els enters són del mateix signe o de signes diferents):

$$= \boxed{+6 - 3}\ \boxed{-9 + 5} = +3 - 4 = -1$$

- 2n procediment: s'opera agrupant, d'una banda, els nombres positius i, de l'altra, els negatius:

$$= \boxed{+6 + 5}\ \boxed{-3 - 9} = +11 - 12 = -1$$

3 MULTIPLICACIÓ I DIVISIÓ DE NOMBRES ENTERS

Amb els nombres enters també és possible efectuar les operacions de multiplicació i divisió.

- Per **multiplicar** nombres enters, se'n multipliquen els valors absoluts, tenint en compte que el signe del resultat ha de ser:
  - Positiu, si els nombres són del mateix signe: $(-22) \cdot (-4) = +88$.
  - Negatiu, si els nombres són de diferent signe: $(+22) \cdot (-4) = -88$.
- Per **dividir** nombres enters, se'n divideixen els valors absoluts, tenint en compte que el signe del resultat ha de ser:
  - Positiu, si els nombres són del mateix signe: $(-93) : (-3) = +31$.
  - Negatiu, si els nombres són de diferent signe: $(+93) : (-3) = -31$.

La multiplicació i la divisió de nombres enters compleixen les propietats que segueixen:

Recorda

Regla dels signes per a la multiplicació i la divisió:

$(+) \cdot (+) = (+)$ $(-) \cdot (-) = (+)$

$(+) : (+) = (+)$ $(-) : (-) = (+)$

$(+) \cdot (-) = (-)$ $(-) \cdot (+) = (-)$

$(+) : (-) = (-)$ $(-) : (+) = (-)$

	Commutativa	Associativa	Element neutre	Element absorbent
Multiplicació	$a \cdot b = b \cdot a$	$(a \cdot b) \cdot c = a \cdot (b \cdot c)$	$a \cdot 1 = a$	$a \cdot 0 = 0$
Divisió	$a : b \neq b : a$	$(a : b) : c \neq a : (b : c)$	$a : 1 = a$	No es pot dividir per 0.

	Distributiva respecte de la suma o la resta	Extreure factor comú (conseqüència de la propietat distributiva)
Multiplicació	$a \cdot (b \pm c) = a \cdot b \pm a \cdot c$	$a \cdot b \pm a \cdot c = a \cdot (b \pm c)$
Divisió	$a : (b \pm c) \neq a : b \pm a \cdot c$	$a : b \pm a : c \neq a : (b \pm c)$

Activitats resoltes

1 La Berta es gasta 36 € al mes en classes de cuina. El mes de juliol han duplicat les classes i per això també s'ha doblat l'import de la mensualitat. Quant haurà de pagar la Berta al juliol? El resultat és un nombre negatiu o positiu?

Com que és una despesa, es tracta d'un nombre enter negatiu: $(-36) \cdot 2 = -72$.

Així, doncs, la Berta haurà de pagar 72 € el mes de juliol.

2 Extreu factor comú en l'expressió següent i opera per simplificar el resultat: $-15 + 20 + 5 - 35 + 100$.

Es descompon en factors per buscar el factor comú:

$$-15 + 20 + 5 - 35 + 100 = -3 \cdot 5 + 4 \cdot 5 + 1 \cdot 5 - 7 \cdot 5 + 20 \cdot 5 = 5 \cdot (-3 + 4 + 1 - 7 + 20) = 5 \cdot 15 = 75$$

S'identifica el factor comú i s'extreu. Per fer-ho, aquest factor se situa fora del parèntesi i es deixen a dins la resta dels termes amb els signes corresponents.

S'opera i se simplifica el resultat.

4 POTÈNCIES DE NOMBRES ENTERS. OPERACIONS

Una **potència** d'exponent natural d'un nombre enter equival a multiplicar aquest nombre per si mateix tantes vegades com indiqui l'exponent, i el signe del resultat depèn del signe de la base.

Per calcular les potències, es multipliquen tant els signes com el valor absolut de la base.

Elements d'una potència

Base: és el factor que es repeteix.

Exponent: és el nombre de vegades que es multiplica la base.

$$\overbrace{a \cdot \ldots \cdot a}^{n \text{ vegades}} = a^n$$

Potències de base positiva

El resultat serà sempre positiu:

$$(+3)^2 = (+3) \cdot (+3) = +3^2$$

Potències de base negativa

El resultat serà:

- Positiu quan l'exponent sigui parell:

$$(-3)^2 = (-3) \cdot (-3) = +3^2$$

- Negatiu si l'exponent és senar:

$$(-3)^3 = (-3) \cdot (-3) \cdot (-3) = -3^3$$

Tot seguit veurem com s'opera amb potències segons com siguin les bases i els exponents:

Operacions amb potències

Multiplicació de potències de la mateixa base

És una altra potència amb la mateixa base que té com a exponent la suma dels exponents de les potències que es multipliquen:

$$a^m \cdot a^n = a^{m+n} \qquad 5^4 \cdot 5^3 = 5^{4+3} = 5^7$$

Divisió de potències de la mateixa base

És una altra potència amb la mateixa base que té com a exponent la resta dels exponents de les potències que es divideixen:

$$a^m : a^n = a^{m-n} \qquad (-7)^6 : (-7)^2 = (-7)^{6-2} = (-7)^4$$

Multiplicació de potències amb el mateix exponent

És una altra potència amb el mateix exponent que té com a base la multiplicació de les bases:

$$a^m \cdot b^m = (a \cdot b)^m \qquad 3^4 \cdot 5^4 = (3 \cdot 5)^4 = 15^4$$

Divisió de potències amb el mateix exponent

És una altra potència amb el mateix exponent i que té com a base la divisió de les bases:

$$a^m : b^m = (a : b)^m \qquad 6^5 : 3^5 = (6 : 3)^5 = 2^5$$

Potència de potència

És una altra potència de la mateixa base que té com a exponent la multiplicació dels exponents:

$$(a^m)^n = a^{m \cdot n} \qquad [(-4)^4]^3 = (-4)^{4 \cdot 3} = (-4)^{12}$$

Potència d'exponent enter

Tota potència d'exponent negatiu es converteix en la inversa de la base, però amb l'exponent positiu:

$$a^{-m} = \frac{1}{a^m} \text{ i } \left(\frac{a}{b}\right)^{-m} = \left(\frac{b}{a}\right)^m \qquad 3^{-7} = \frac{1}{3^7} \text{ i } \left(\frac{5}{3}\right)^{-4} = \left(\frac{3}{5}\right)^4 = \frac{81}{625}$$

Potència d'exponent 1

Tota potència elevada a 1 equival a la base sense l'exponent:

$$a^1 = a \qquad 7^1 = 7$$

Potència d'exponent 0

Tota potència elevada a 0 és igual a 1:

$$a^0 = 1 \qquad 3^0 = 1$$

Activitats resoltes

1 Demostra les propietats de les potències amb els exemples següents:

a. $(-3)^4 \cdot (-3)^2 = (-3)^6$

b. $(-6)^6 : (-6)^2 = (-6)^4$

c. $(-5)^4 \cdot (-7)^4 = 35^4$

d. $(-30)^3 : (-6)^3 = 5^3$

e. $[(-8)^2]^3 = (-8)^6$

f. $(-2)^3 \cdot (-2)^5 : (-2)^2 = (-2)^6$

a. Es descomponen les potències i se sumen els factors que es multipliquen:

$$(-3)^4 \cdot (-3)^2 = [(-3) \cdot (-3) \cdot (-3) \cdot (-3)] \cdot [(-3) \cdot (-3)] = (-3)^6$$

És a dir, el resultat de multiplicar potències de la mateixa base és una altra potència de la mateixa base elevada a la suma dels exponents de les potències.

b. Es descomponen les potències i se'n simplifiquen els factors, i així es comprova que dividir potències de la mateixa base dona com a resultat una altra potència de la mateixa base elevada a la diferència dels exponents de les potències:

$$(-6)^6 : (-6)^2 = \frac{(-6) \cdot (-6) \cdot (-6) \cdot (-6) \cdot \cancel{(-6)} \cdot \cancel{(-6)}}{\cancel{(-6)} \cdot \cancel{(-6)}} =$$

$$= (-6)^4$$

c. Es descomponen les potències i se'n reordenen els factors. Es verifica, d'aquesta manera, que multiplicar potències del mateix exponent dona com a resultat una altra potència amb aquest exponent que té com a base la multiplicació de les bases:

$$(-5)^4 \cdot (-7)^4 =$$

$$= [(-5) \cdot (-5) \cdot (-5) \cdot (-5)] \cdot [(-7) \cdot (-7) \cdot (-7) \cdot (-7)] =$$

$$= [(-5) \cdot (-7)] \cdot [(-5) \cdot (-7)] \cdot [(-5) \cdot (-7)] \cdot [(-5) \cdot (-7)] =$$

$$= [(-5) \cdot (-7)]^4 = 35^4$$

d. Es descomponen les potències i se'n reordenen tots els elements:

$$(-30)^3 : (-6)^3 = \frac{(-30) \cdot (-30) \cdot (-30)}{(-6) \cdot (-6) \cdot (-6)} =$$

$$= \frac{(-30)}{(-6)} \cdot \frac{(-30)}{(-6)} \cdot \frac{(-30)}{(-6)} = \left(\frac{-30}{-6}\right)^3 = 5^3$$

Així, doncs, el resultat de dividir potències del mateix exponent és una altra potència amb aquest exponent que té com a base la divisió de les bases.

e. Es descomponen successivament les potències:

$$[(-8)^2]^3 = [(-8) \cdot (-8)]^3 =$$

$$= [(-8) \cdot (-8)] \cdot [(-8) \cdot (-8)] \cdot [(-8) \cdot (-8)] = (-8)^6$$

Per tant, una potència d'una potència és una altra potència de la mateixa base que té com a exponent el producte dels exponents.

f. Es comprova, utilitzant la mateixa explicació dels apartats **a** i **b**, que, si es combinen multiplicacions i divisions de potències de la mateixa base, el resultat és una potència amb aquesta base que té com a exponent la suma o la resta de cada exponent, si es tracta, respectivament, d'una multiplicació o d'una divisió:

$$(-2)^3 \cdot (-2)^5 : (-2)^2 =$$

$$= \frac{[(-2) \cdot (-2) \cdot (-2)] \cdot [(-2) \cdot (-2) \cdot (-2) \cdot \cancel{(-2)} \cdot \cancel{(-2)}]}{\cancel{(-2)} \cdot \cancel{(-2)}} = (-2)^6$$

2 Demostra que $\left(\frac{4}{5}\right)^{-2} = \left(\frac{5}{4}\right)^2$ mitjançant l'operació següent: $\left(\frac{4}{5}\right)^3 : \left(\frac{4}{5}\right)^5$

S'efectua l'operació aplicant les propietats de les potències de la mateixa base:

$$\left(\frac{4}{5}\right)^3 : \left(\frac{4}{5}\right)^5 = \left(\frac{4}{5}\right)^{3-5} = \left(\frac{4}{5}\right)^{-2}$$

Després, es resol l'expressió anterior descomponent-ne les potències i simplificant-ne els factors:

$$\left(\frac{4}{5}\right)^3 : \left(\frac{4}{5}\right)^5 = \frac{4 \cdot 4 \cdot 4}{5 \cdot 5 \cdot 5} : \frac{4 \cdot 4 \cdot 4 \cdot 4 \cdot 4}{5 \cdot 5 \cdot 5 \cdot 5 \cdot 5} = \frac{4 \cdot 4 \cdot 4}{5 \cdot 5 \cdot 5} \cdot \frac{5 \cdot 5 \cdot 5 \cdot 5 \cdot 5}{4 \cdot 4 \cdot 4 \cdot 4 \cdot 4} =$$

$$= \frac{\cancel{4} \cdot \cancel{4} \cdot \cancel{4} \cdot \cancel{5} \cdot \cancel{5} \cdot \cancel{5} \cdot 5 \cdot 5}{\cancel{5} \cdot \cancel{5} \cdot \cancel{5} \cdot \cancel{4} \cdot \cancel{4} \cdot \cancel{4} \cdot 4 \cdot 4} = \frac{5 \cdot 5}{4 \cdot 4} = \frac{5}{4} \cdot \frac{5}{4} = \left(\frac{5}{4}\right)^2$$

D'aquesta manera, es demostra que:

$$\left(\frac{4}{5}\right)^{-2} = \left(\frac{5}{4}\right)^2$$

Activitats resoltes

1 **Demostra que $a^1 = a$ mitjançant l'operació següent: $(-2)^3 : (-2)^2$.**

Primer s'efectua l'operació amb les propietats de les potències i després s'opera descomponent les potències:

$$(-2)^3 : (-2)^2 = (-2)^{3-2} = (-2)^1$$

$$(-2)^3 : (-2)^2 = \frac{\cancel{(-2)} \cdot \cancel{(-2)} \cdot (-2)}{\cancel{(-2)} \cdot \cancel{(-2)}} = (-2) \Rightarrow (-2)^1 = (-2)$$

2 **Demostra que $a^0 = 1$, mitjançant l'operació següent: $(-4)^3 : (-4)^3$.**

Primer de tot es fa l'operació aplicant les propietats de les potències i tot seguit s'opera descomponent les potències:

$$(-4)^3 : (-4)^3 = (-4)^{3-3} = (-4)^0$$

$$(-4)^3 : (-4)^3 = \frac{\cancel{(-4)} \cdot \cancel{(-4)} \cdot \cancel{(-4)}}{\cancel{(-4)} \cdot \cancel{(-4)} \cdot \cancel{(-4)}} = 1 \Rightarrow (-4)^0 = 1$$

3 **Descompon 49 249 de manera polinòmica.**

Es descompon el nombre de manera additiva i després s'escriu cada sumand utilitzant una potència de 10:

$$49\,249 = 40\,000 + 9\,000 + 200 + 40 + 9 =$$
$$= 4 \cdot 10^4 + 9 \cdot 10^3 + 2 \cdot 10^2 + 4 \cdot 10 + 9$$

4 **Resol l'operació combinada amb potències següent:**

$$(-5)^7 \cdot (+3)^7 : [(+60)^2 : (-4)^2]$$

Es resol el primer parell de potències abans que el claudàtor, el contingut del qual, com que té l'exponent en comú, s'aborda operant amb les bases:

$$\boxed{(-5)^7 \cdot (+3)^7} : \boxed{[(+60)^2 : (-4)^2]} = (-15)^7 : (-15)^2 =$$

Com que les potències resultants tenen la mateixa base i es tracta d'una divisió, se'n resten els exponents:

$$= (-15)^5$$

Desglossar la informació

Un institut integrat per un total de 1 000 professors i alumnes es disposa a homenatjar la directora. La idea l'ha tinguda un dels professors a les 9 del matí. Al cap d'un quart d'hora, s'havia transmès a 5 persones més del centre, cadascuna de les quals l'ha comentada a 5 persones més al cap d'un altre quart d'hora, i així successivament. Al cap d'una hora i mitja, quantes persones estaven al corrent de la idea?

- **Desglossem la informació pas a pas**

  Per facilitar la feina, convé completar una taula com la del marge.

  Es podria prosseguir així fins a les 10.30; tanmateix, si s'analitzen detalladament els resultats, és possible arribar a un algorisme que simplifica els càlculs.

Hora	Període	Persones que coneixen la idea	Total
9 h		1	1
9.15 h	1	$1 + 5$	6
9.30 h	2	$1 + 5 + (5 \cdot 5)$	31
9.45 h	3	$1 + 5 + (5 \cdot 5) + (5 \cdot 5 \cdot 5)$	156
10 h	4	$1 + 5 + (5 \cdot 5) + (5 \cdot 5 \cdot 5) + (5 \cdot 5 \cdot 5 \cdot 5)$	781
10.15 h	5	...	
10.30 h	6	...	

- **Traduïm al llenguatge matemàtic**

  Es comença per expressar el procés en potències de base 5:

$$1 \rightarrow 5^0$$
$$1 + 5 \rightarrow 5^0 + 5^1$$
$$1 + 5 + (5 \cdot 5) \rightarrow 5^0 + 5^1 + 5^2$$
$$1 + 5 + (5 \cdot 5) + (5 \cdot 5 \cdot 5) \rightarrow 5^0 + 5^1 + 5^2 + 5^3$$
$$1 + 5 + (5 \cdot 5) + (5 \cdot 5 \cdot 5) + (5 \cdot 5 \cdot 5 \cdot 5) \rightarrow 5^0 + 5^1 + 5^2 + 5^3 + 5^4$$

Tal com veiem, es tracta d'una suma de potències de 5. Per tant, al cap d'una hora i mitja hauran passat 6 períodes d'un quart d'hora, és a dir:

$$5^0 + 5^1 + 5^2 + 5^3 + 5^4 + 5^5 + 5^6 = 19\,531$$

Per tant, les persones que estarien al corrent de la idea serien 19 531, moltes més de les que hi ha a l'institut.

5 ARRELS QUADRADES EXACTES I ENTERES

Quan s'eleva un nombre al quadrat, s'obté un altre nombre, que rep el nom de **quadrat perfecte**. Així, 16 és un quadrat perfecte perquè:

$$16 = (+4) \cdot (+4) = (+4)^2 \qquad 16 = (-4) \cdot (-4) = (-4)^2$$

5.1 ARREL QUADRADA EXACTA I ENTERA

L'arrel quadrada exacta d'un nombre, *a*, és un altre nombre enter, *b*, tal que, si s'eleva al quadrat, s'obté el nombre *a*:

$$\sqrt{a} = \pm b \Leftrightarrow a = (\pm b)^2$$

Els **nombres enters positius** tenen dues arrels quadrades, una de positiva i una altra de negativa. Així, per exemple: $\sqrt{256} = \pm 16$, perquè $16^2 = 256$ i $(-16)^2 = 256$.

Els **nombres enters negatius** no tenen arrel quadrada. Per exemple, $\sqrt{-25}$ no existeix, perquè no hi ha cap nombre que, elevat al quadrat, pugui tenir signe negatiu.

Una arrel quadrada és entera quan no és exacta, sinó que té un residu:

$$\sqrt{a} = \pm b \text{ i residu } r \Leftrightarrow a = (\pm b)^2 + r$$

Amb les arrels quadrades es poden efectuar les operacions següents:

Multiplicació o divisió d'arrels amb el mateix índex		
És una arrel amb el mateix índex i que té com a radicand la multiplicació o la divisió, respectivament, dels radicands.	$\sqrt{a} \cdot \sqrt{b} = \sqrt{a \cdot b}$ $\sqrt{a} : \sqrt{b} = \sqrt{a : b}$	$\sqrt{16} \cdot \sqrt{121} = 4 \cdot 11 = 44$ i $\sqrt{16 \cdot 121} = \sqrt{1936} = 44$ $\sqrt{100} : \sqrt{4} = 10 : 2 = 5$ i $\sqrt{100 : 4} = \sqrt{25} = 5$
Potència d'una arrel		
És una arrel del mateix índex i el radicand de la qual queda elevat a aquesta potència.	$\left(\sqrt{a}\right)^b = \sqrt{a^b}$	$\left(\sqrt{9}\right)^3 = 3^3 = 27$ i $\sqrt{9^3} = \sqrt{729} = 27$

5.2 ARREL ENÈSIMA

Es pot generalitzar el concepte d'arrel quadrada a arrel d'índex *n*:

L'arrel enèsima d'un nombre, *a*, $\sqrt[n]{a}$, és un altre nombre enter, *b*, que, elevat a la potència *n*, dona com a resultat *a*; és a dir:

$$\sqrt[n]{a} = b \Leftrightarrow a = b^n$$

Elements d'una arrel

$$\sqrt[n]{a} = b$$

Índex: n; Radicand: a; Arrel: b

El primer que va fer servir el símbol de les arrels quadrades va ser el matemàtic alemany Christoph Rudolff, cap al 1525.

Activitat resolta

Calcula l'arrel quadrada entera següent: $\sqrt{136}$.

Es procedeix a buscar el quadrat perfecte que s'aproximi més al radicand sense excedir-lo:

$$11^2 = 121 < 136;\ 12^2 = 144 > 136$$

Per tant, $\sqrt{136} = 11$, amb residu 15, ja que:

$$136 - 11^2 = 136 - 121 = 15$$

Activitat resolta

Calcula l'arrel següent, $\sqrt[3]{-1728}$, descomponent prèviament el radicand en factors:

$$\sqrt[3]{-1728} = \sqrt[3]{-2^6 \cdot 3^3} =$$
$$= \sqrt[3]{-2^3 \cdot 2^3 \cdot 3^3} = -2^2 \cdot 3 = -12$$

6 OPERACIONS COMBINADES AMB NOMBRES ENTERS

Sense oblidar que les operacions s'efectuen d'esquerra a dreta, cal respectar l'ordre següent:

1. Es resolen les operacions entre parèntesis i/o claudàtors, del més intern al més extern.
2. Es calculen les potències i les arrels.
3. Es fan les multiplicacions i les divisions.
4. S'efectuen les sumes i les restes.

Jerarquia d'operacions

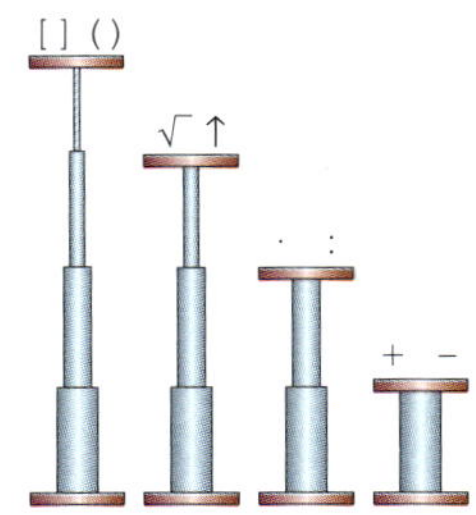

Activitat resolta

Efectua l'operació següent amb nombres enters: $-(+5) \cdot [(-2) - (-6)] + 3^3 \cdot 2^3 : \sqrt{36}$.

Quan hi ha parèntesis i claudàtors, es procedeix de l'interior a l'exterior:

$$-(+5) \cdot [(-2) - (-6)] + 3^3 \cdot 2^3 : \sqrt{36} =$$
$$= -(+5) \cdot [-2 + 6] + 3^3 \cdot 2^3 : \sqrt{36} =$$

Es fa l'operació amb potències del mateix exponent i se'n calcula l'arrel:

$$= -(+5) \cdot [+4] + 3^3 \cdot 2^3 : \sqrt{36} = -(+5) \cdot [+4] + 6^3 : 6 =$$

Tot seguit, es redueixen les potències amb la mateixa base:

$$= -(+5) \cdot [+4] + 6^2 =$$

Es calcula la potència, s'efectua la multiplicació i, finalment, es resolen les sumes i les restes:

$$= -(+5) \cdot [+4] + 36 = -20 + 36 = +16$$

La calculadora i els nombres enters

Fes servir la calculadora científica per resoldre operacions amb nombres enters. Depenent del tipus de calculadora, s'empren les tecles d'una manera o d'una altra. Fixa't en aquests exemples:

	Exemple	Pantalla senzilla	Pantalla descriptiva
Canvi de signe	-8	8 [+/−]	[(−)] 8
Potències de nombres enters			
Potències quadrades	3^2	3 [x^2]	
Altres potències	3^4	3 [x^i] 4 o 3 [^] 4	
Arrels de nombres enters			
Quadrades i cúbiques	$\sqrt{6}$; $\sqrt[3]{5}$	6 [$\sqrt{\ }$]; 5 [$\sqrt[3]{\ }$]	[$\sqrt{\ }$] 6; [$\sqrt[3]{\ }$] 5
Altres índexs	$\sqrt[5]{-243}$	243 [+/−] [$\sqrt[x]{\ }$] 5	5 [$\sqrt[x]{\ }$] [(−)] 243
		243 [+/−] [$x^{\frac{1}{y}}$] 5	5 [$x^{\frac{1}{y}}$] [(−)] 243

Efectua les operacions següents amb la calculadora i indica les tecles que has premut:

a. $5 - 6 \cdot (-7) - (+9)$

b. $(-12)^3 + (-44) : (-2)$

c. $-34 + (-12) - \sqrt{529}$

d. $\sqrt[3]{-4\,913} - \sqrt[5]{-1\,024}$

e. $-(-678) : (-6) \cdot \sqrt{-225}$

f. $3^4 \cdot (-4)^4 : [9 - (-18) : (-2)]$

- De quin tipus és la teva calculadora?
- Has pogut resoldre totes les operacions? Quin error es produeix en algun dels casos? Explica què indica la calculadora i on et sembla que hi ha l'error.

7 NOMBRES FIGURATS. NOMBRES POLIGONALS

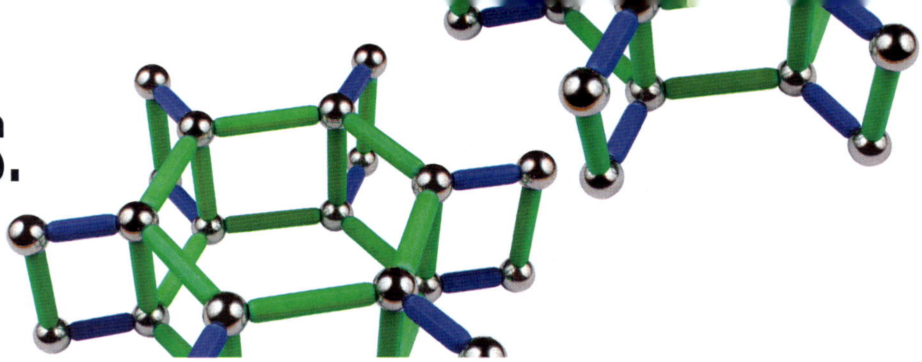

Els **nombres figurats** són els que es poden representar mitjançant punts equidistants que formen figures geomètriques.

Quan els nombres figurats donen lloc a un polígon regular, s'anomenen **nombres poligonals**, que es classifiquen en nombres **triangulars**, **quadrats**, **pentagonals**, etc., segons els costats que tingui el polígon regular en qüestió.

Així, els **nombres triangulars** són els que formen triangles equilàters. Els primers nombres triangulars són 1, 3, 6, 10, ...

Construcció dels nombres triangulars

Per construir nombres triangulars farem servir plastilina i escuradents.

Aquests nombres es formen representant cada unitat amb boletes de plastilina, que s'uneixen mitjançant escuradents.

El primer nombre triangular està constituït per 1 boleta.	 1
Per construir el nombre triangular següent, cal afegir 2 boletes a l'anterior i unir les 3 boles amb escuradents.	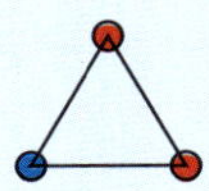 3
El nombre triangular que ve a continuació necessita 3 boletes més, que s'uneixen amb 4 escuradents més.	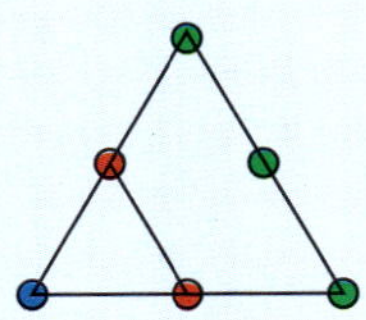 6
El nombre triangular següent requereix 4 boletes més unides amb 5 escuradents més.	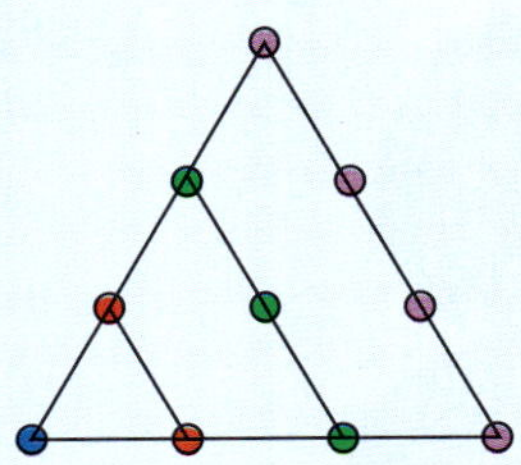 10

- L'1 és el primer nombre triangular, si bé, per conveni, ho és també de qualsevol altre tipus de nombre poligonal.
- Per formar cada nombre nou, s'afegeix el nombre natural següent al que s'ha incorporat anteriorment.
- La resta dels nombres poligonals es construeixen de manera anàloga.

$$1$$
$$1 + 2 = 3$$
$$1 + 2 + 3 = 6$$
$$1 + 2 + 3 + 4 = 10$$
$$\dots$$

Nombres poligonals a l'edat mitjana

Les referències gràfiques dels nombres poligonals es remunten a l'edat mitjana, com el manuscrit de Boeci, del segle XV.

La imatge següent, que pertany a un altre manuscrit medieval, també representa nombres poligonals:

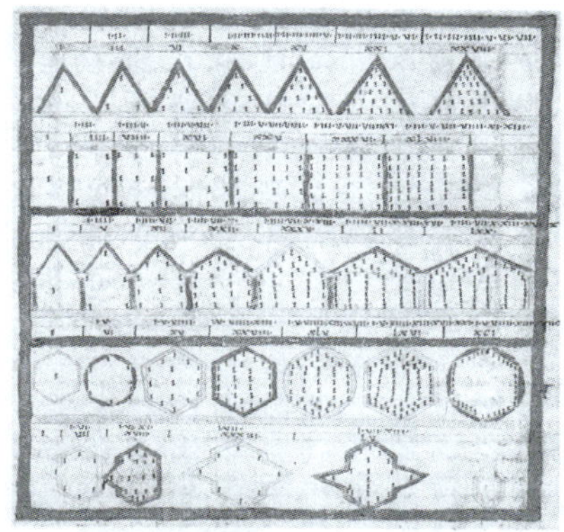

ACTIVITATS

02 NOMBRES ENTERS

1 Nombres enters

1 Expressa les situacions següents mitjançant nombres enters:

a. Aquesta nit hem arribat a 10 °C sota zero.

b. Ens han marcat 3 gols.

c. La longitud del meridià de Greenwich és de 0°.

d. Albert Einstein va néixer l'any 1879.

e. La fossa de les Mariannes té una profunditat aproximada d'11 000 m.

f. La Pica d'Estats té una altitud de 3 143 m.

g. Plató va néixer l'any 427 aC.

h. La Marina deu 6 € i en paga 34.

i. Hi ha un cotxe aparcat al segon soterrani.

2 Escriu els nombres enters amb els valors absoluts que segueixen:

a. 7 b. 18 c. 29 d. 0

3 La Núria afirma que un nombre que té un valor absolut més gran que un altre és més gran que aquest nombre. El Joan assegura que no té raó, ja que això no sempre passa. Pots explicar per què la Núria està equivocada?

4 Quin nombre és igual que el seu oposat? Per què?

5 Calcula l'oposat dels nombres següents:

a. +6
b. −28
c. +9
d. −4
e. −2 + 7
f. −4 − 6
g. +9 − 14
h. +3 + 8

6 Representa aquests nombres a la recta numèrica.

+7 −8 −2 +4 0 −1

7 Escriu tots els nombres enters compresos entre aquests parells de nombres enters:

a. −7 i −2

b. +1 i −6

c. 0 i +4

d. 0 i −9

8 Indica quins nombres enters es representen a la recta numèrica següent:

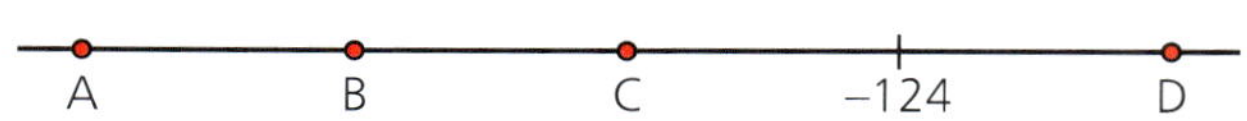

9 Representa a la recta numèrica tots els nombres enters que tenen un valor absolut més gran o igual que 3 i més petit que 6.

10 Ordena de més gran a més petit els nombres següents:

a. −7 328 985, +8 692 638, +8 693 532, −7 238 408

b. −67 753, +98 643, −76 842, +98 432, −67 609

c. +8 827, −2 893, −2 372, +8 264, −2 921

d. +9 284, +9 237, −3 203, +9 258, −3 111

e. −72 374, −74 274, −47 274, −47 742, − 37 736

11 Substitueix la lletra R pel signe adequat: >, < o =, com correspongui.

a. op(−3) R |−3|

b. |−7| R op[op(−5)]

c. |+8| R |−10|

d. |+3| R |op(|−1|)|

e. op(+4) R op(+12)

f. |op(+7)| R op(|+7|)

12 TIC La Terra té una temperatura mitjana d'uns 15 °C. Això és degut a les grans diferències tèrmiques que hi ha a les diverses regions del nostre planeta al llarg de les estacions.

Dividiu la classe en quatre grups per buscar indrets amb una temperatura mitjana determinada.

- Per sota dels 15 °C
- Entre −15 °C i 0 °C
- Entre 0 °C i 15 °C
- Per sobre dels 15 °C

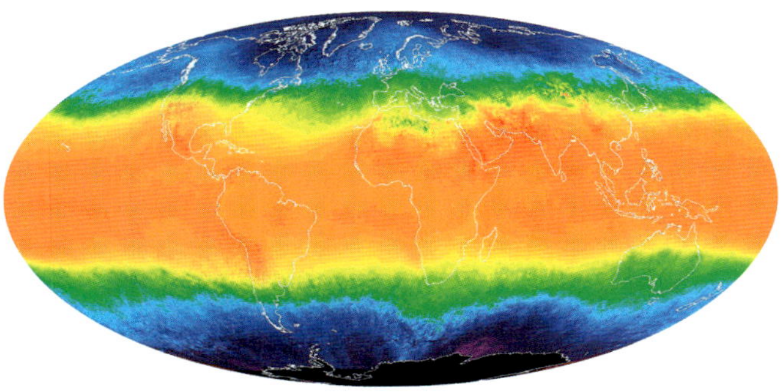

Recopileu tota la informació en un mural i incloeu-hi fotografies d'aquests llocs.

13 L'Abril té 5 cosins: el Jordi és 2 anys més petit que ella, la Mar té 3 anys menys que el Víctor, que és 4 anys més gran que l'Abril; la Marina té 4 anys menys que l'Abril, i el Gerard està entre la Marina i el Jordi.

a. Indica'n les edats mitjançant variacions de nombres enters, considerant que l'Abril és el zero o origen.

b. Si l'Abril tingués 10 anys, quina és l'edat que tindria cadascun dels cosins?

14 TIC Investiga a internet quin va ser l'origen dels nombres enters i l'evolució que van seguir al llarg de la història. Organitza la informació i fes-la servir per preparar una presentació que hauràs d'exposar després davant la resta de companys de la classe.

2 Suma i resta de nombres enters

15 Efectua mentalment les sumes i les restes següents de nombres enters. Després, comprova'n el resultat eliminant prèviament els parèntesis:

a. (+8) + (−15)

b. (−56) − (−78)

c. (+99) − (−51)

d. −(+46) − (+77)

e. (+29) + (−32)

f. −(−120) + (+9)

g. −(−76) − (+89)

h. (−34) + (−105)

16 Comprova si les igualtats següents són certes:

a. (+17) + (−41) = (−41) + (+17)

b. (−16) − (+69) = (+69) − (−16)

c. (+4) + [(−7) + (−2)] = [(+4) + (−7)] + (−2)

d. (+4) − [(−7) − (−2)] = [(+4) − (−7)] − (−2)

Quines conclusions obtens sobre la propietat commutativa de sumes i restes de nombres enters? I sobre la propietat associativa de sumes i restes de nombres enters?

17 Efectua aquestes operacions amb sumes i restes:

a. (−12) + (+20) + (−33) + (−4) + (+14) − (−19)

b. (+9) + (+673) + (−65) + (−89) + (−32) + (+7)

c. (−764) + (+78) + (−274) + (−2 563) − (−123)

d. (−63) + (−21) + (+85) − (+95)

e. −(−213) − (+675) + (−536) − (+894) + (+29)

18 Resol aquestes operacions combinades de sumes i restes amb nombres enters:

a. −[(−32) + (−49)] + [(+78) − (−28) − (−83)]

b. −(−23 + 28 − 183) − (29 − 284 + 274 − 32)

c. −617 − (+352) − [(−323) − (−839)] + (+372)

d. [982 − (+284) + (−726)] − (274 − 482 + 27)

e. −[(+361) − (−273) + 562] + (−138 + 89)

f. [(+722) − (+938)] − [(−284) − (−273)] + [(−173) − (+26)]

19 Calcula les operacions següents:

a. op(−3 + 7 − 9) + |+5| − op(|−6 + 8|)

b. |928 − (+294) + 2| + (+123) + (−864)

c. +(−937) − (−524) − (+233) + op(+280)

d. |−(−271) + op(−23 − 163)| − |−62|

e. op[−(+273) + (−381)] − |283 − 833|

20 Determina l'altitud total de la muntanya que hi ha representada al dibuix. Indica-la com a operació de nombres enters i resol-la.

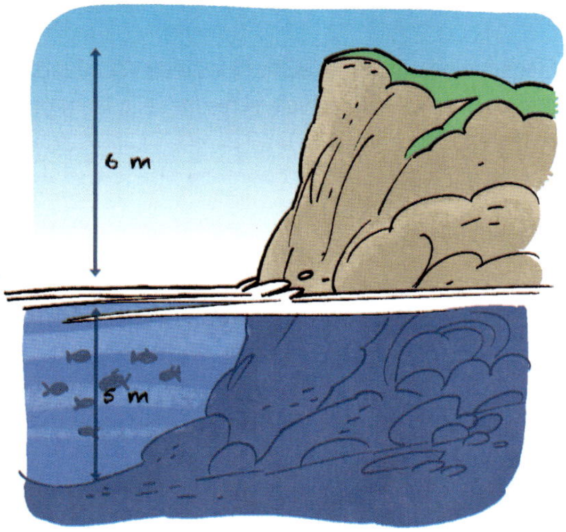

3 Multiplicació i divisió de nombres enters

21 En l'antiguitat, els xinesos no feien servir el signe «–» per representar els nombres negatius, sinó que els escrivien amb color vermell per diferenciar-los dels positius, que s'escrivien amb negre. D'aquí ve l'expressió «números vermells», que s'utilitza quan una persona, empresa o institució deu diners, és a dir, quan el seu saldo és un nombre negatiu.

Sense fer les operacions, marca amb vermell les que hagin de tenir signe negatiu, i de negre, les que donin un resultat positiu.

a. $(-4) \cdot 3 \cdot (+15)$
b. $-(-5) \cdot (+6) \cdot (-3)$
c. $(+5) \cdot (-7) \cdot (-3)$
d. $(+50) : (+2) \cdot (-4)$
e. $-150 : 3 : (-5)$
f. $-(+8) : (-2) \cdot (+6)$

22 Efectua les operacions de l'activitat anterior i comprova els signes que has indicat.

23 Resol les multiplicacions i les divisions següents de nombres enters:

a. $(-5) \cdot (+7) \cdot (-2)$
b. $-(-3) \cdot 9 \cdot (+2)$
c. $(-75) : (+5)$
d. $-(-30) : (+2)$
e. $-(+2) \cdot (+28) \cdot 8$
f. $50 \cdot (+3) \cdot (-21)$
g. $-(+42) : (+7)$
h. $50 : (+10)$

24 Fes aquestes operacions combinades de multiplicacions i divisions de nombres enters:

a. $(-255) : (-3) \cdot (+46) \cdot (-6) : (-12)$
b. $-(-18) \cdot 9 : (+2) \cdot (-60) : (+15)$
c. $(-891) \cdot (+48) : (+11) : (-27) \cdot (-3)$
d. $(-372) \cdot (+20) : (+15) : (-8) \cdot (-23)$

25 Efectua mentalment les operacions proposades. Després, comprova'n el resultat.

a. $(+12) \cdot (-4)$
b. $(-4) \cdot (+12)$
c. $(-20) : (-5)$
d. $(-5) : (-20)$
e. $[(-2) \cdot (-3)] \cdot (+5)$
f. $(-2) \cdot [(-3) \cdot (+5)]$
g. $[(-90) : (-15)] : (+3)$
h. $(-90) : [(-15) : (+3)]$

Explica les conclusions que obtens respecte a les propietats commutativa i associativa de la multiplicació i la divisió de nombres enters.

26 Calcula el resultat de les operacions següents amb multiplicacions i divisions de nombres enters:

a. $op[op(-12)] : |-3|$
b. $+(-93) : (-3) \cdot (-5)$
c. $|(-7) \cdot (-4) : (+2)|$
d. $op(+3) \cdot op(-15)$
e. $-(-10) : (-5) \cdot (+9)$
f. $(-150) : 30 \cdot (+16)$

27 Una botiga va tenir 30 000 € de pèrdues el primer any de funcionament. El segon any va registrar la meitat d'aquestes pèrdues. Finalment, el tercer any va obtenir un benefici que va ascendir al triple de la suma de les pèrdues dels dos anys anteriors. Indica amb nombres enters les situacions financeres per les quals ha passat la botiga al llarg d'aquests tres anys.

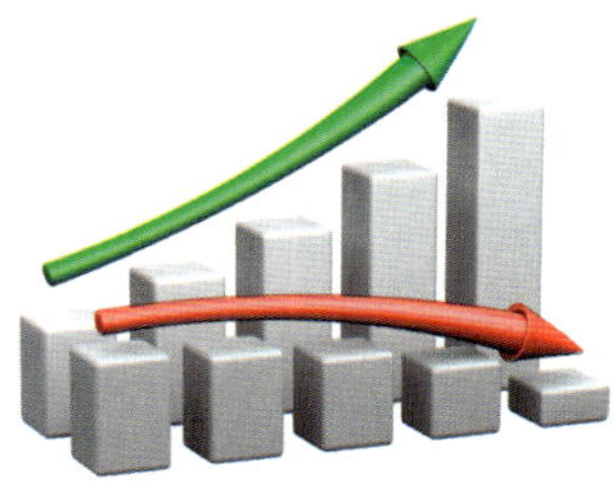

28 Extreu factor comú i opera.

a. $18 - 27 - 36 + 12$
b. $64 + 32 + 40 - 88$
c. $-75 - 35 + 55 - 5$
d. $-242 + 726 - 66$
e. $-465 - 837 + 744$
f. $209 - 684 + 152$

29 Efectua aquestes operacions extraient factor comú:

a. $(-8) \cdot 3 - 8 \cdot (-6) + 5 \cdot (-8) + 8 \cdot (+6)$
b. $-(-7) \cdot (+12) + (-3) \cdot 8 - (-24) \cdot 15$
c. $(+16) \cdot (-30) + 20 \cdot 12 + (-24) \cdot (-6)$
d. $(-25) \cdot (-4) + 20 \cdot (-9) - 15 \cdot 26$

4 Potències de nombres enters. Operacions

30 Indica, sense fer cap càlcul, el signe de les potències següents, tenint en compte la paritat de l'exponent:

a. $(-345)^{13} \cdot (-820)^{76}$
b. $(-472)^{99} \cdot (-9\,527)^{67}$
c. $(-579)^{24} \cdot (-314)^{12}$
d. $(-123)^{16} \cdot (-74)^{71}$

31 Una casa té 3 habitacions a cadascuna de les seves 3 plantes; cada habitació disposa de 3 llits, i a cada llit hi ha 3 coixins. Quants coixins hi ha a tota la casa? Indica-ho mitjançant una potència.

32 Calcula mentalment aquestes operacions amb potències de nombres enters. Després, comprova'n el resultat expressant-les prèviament en forma de potència única:

a. $(-3)^2 \cdot (-3)^3$
b. $(+12)^{30} : (+12)^{30}$
c. $(+3)^{14} : (+3)^{10}$
d. $(+10)^4 \cdot (+10)^3$
e. $(-5)^{30} : (-5)^{27} \cdot (-5)^2$
f. $(+4)^8 : (+4)^7 \cdot (+4)^2$
g. $(-7)^{15} \cdot (-7)^3 : (-7)^{16}$
h. $(-2)^2 \cdot (-2)^3 \cdot (-2)$

33 Expressa, com a potència única, el resultat d'aquestes operacions amb potències de nombres enters:

a. $(+8)^5 \cdot (-7)^5$
b. $(+27)^6 : (-3)^6$
c. $(+84)^2 : (-12)^2$
d. $(-10)^3 \cdot (-50)^3$
e. $(-4)^2 \cdot (-5)^2 \cdot (+3)^2$
f. $(+14)^8 : (+7)^8 \cdot (+2)^8$
g. $(-8)^9 \cdot (+9)^9 : (+6)^9$
h. $(-18)^7 : (-9)^7 \cdot (-6)^7$

34 TIC Escriu aquestes potències de potència com a potència única i determina'n el valor amb l'ajuda de la calculadora:

a. $[(-5)^2]^3$
b. $[(+8)^2]^2$
c. $[(-10)^4]^3$
d. $[(+3)^2]^4$
e. $[(-2)^3]^3$
f. $[(+100)^2]^2$

35 Efectua mentalment les operacions amb potències següents, en les quals apareixen exponents enters. Després, comprova'n el resultat:

a. $(-5)^{-2} \cdot (-5)^3$
b. $(-2)^2 : (-2)^{-3}$
c. $[(-3)^{-2}]^{-2}$
d. $[(+17)^{-1}]^{-2}$
e. $(+60)^{-2} : (+10)^{-2} \cdot 6^4$
f. $(-8)^{-3} : (-8)^{-3}$
g. $(-4)^{-6} \cdot (-4)^{10} : (-4)^3$
h. $(-2)^6 \cdot (-2)^6 \cdot (+4)^{-2}$

36 TIC Redueix a potència única les expressions següents i esbrina'n el valor amb ajuda de la calculadora:

a. $(-2)^3 \cdot [(-2)^4]^3$
b. $8^3 \cdot (-15)^3 : 6^3$
c. $5^8 : 5^2 \cdot (-6)^6$
d. $(3^3)^5 : (3^2 \cdot 3^4 \cdot 3)$
e. $(12^3)^2 : (6^{13} : 6^7)$
f. $10^6 : (2^2)^3 \cdot 5^{-3}$

37 Escriu les unitats de mesura astronòmiques següents fent servir potències de 10:

> 1 any llum ≈ 9 461 000 000 000 km
> 1 unitat astronòmica ≈ 150 000 000 km

a. 630 UA
b. 5 anys llum
c. 2 690 UA
d. 40 anys llum

38 Descompon aquests nombres en forma polinòmica:

a. −837 284
b. 10 382 037
c. 29 247 927
d. −183 283 181
e. 90 273 282
f. −280 209 230

39 TIC ⊞ Efectua les operacions combinades següents amb potències de nombres enters i estableix-ne el resultat amb ajuda de la calculadora:

a. $(-3)^9 : (-3)^7 + (+8)^5 : (-2)^5 - (2^2)^4$
b. $(-45)^4 : (+9)^4 : (-5)^2 + [(-3)^2]^3 : (-3)^4$
c. $[(-10)^2]^3 : [(-2)^3 \cdot (-2)^2 \cdot (-2)] : (+5)^3$
d. $(-27)^3 \cdot (-27)^6 : (-27)^5 + 9^3 \cdot (-8)^3$
e. $(-12)^3 : 4^3 \cdot [(-3)^2]^3 : [36^2 : (-12)^2]$

40 ⊞ Escriu en forma de potència única les expressions proposades, utilitzant les propietats de les potències.

a. $\dfrac{5^2 \cdot 3^7 \cdot (5^2)^3 \cdot 3^{-2}}{5 \cdot 3^2}$

b. $\dfrac{(3^5)^3 \cdot (-5^7)^2 \cdot (-2^3)^3}{(-10)^3 \cdot 15^2}$

c. $\dfrac{10^3 \cdot 18^3 \cdot 40^2}{20^2 \cdot 30^3 \cdot 2^3}$

d. $\dfrac{(-132)^4 \cdot (-225)^3 \cdot (-147)}{150^3 \cdot (-112) \cdot 363^2}$

5 Arrels quadrades exactes i enteres

41 Assenyala si les arrels quadrades següents són exactes o enteres, calcula'n el valor i indica'n el residu en el cas que siguin enteres:

a. $\sqrt{232}$
b. $\sqrt{400}$
c. $\sqrt{196}$
d. $\sqrt{121}$
e. $\sqrt{324}$
f. $\sqrt{456}$
g. $\sqrt{674}$
h. $\sqrt{412}$
i. $\sqrt{933}$
j. $\sqrt{457}$
k. $\sqrt{763}$
l. $\sqrt{961}$
m. $\sqrt{199}$
n. $\sqrt{900}$
o. $\sqrt{169}$
p. $\sqrt{371}$
q. $\sqrt{64}$
r. $\sqrt{628}$

42 Opera amb les arrels quadrades exactes següents aplicant la descomposició factorial:

a. $\sqrt{1296}$ e. $\sqrt{676}$ i. $\sqrt{129\,600}$

b. $\sqrt{1600}$ f. $\sqrt{1225}$ j. $\sqrt{7\,056}$

c. $\sqrt{9\,801}$ g. $\sqrt{729}$ k. $\sqrt{67\,600}$

d. $\sqrt{5\,625}$ h. $\sqrt{24\,336}$ l. $\sqrt{81\,225}$

43 Calcula aquestes arrels amb ajuda de la descomposició factorial:

a. $\sqrt[3]{-125}$ d. $\sqrt[5]{243}$ g. $\sqrt[5]{1\,024}$

b. $\sqrt[4]{256}$ e. $\sqrt[3]{216}$ h. $\sqrt[3]{-1\,331}$

c. $\sqrt[4]{-64}$ f. $\sqrt[4]{-625}$ i. $\sqrt[4]{1\,296}$

44 Efectua aquestes arrels utilitzant la descomposició factorial si cal:

a. $\sqrt[3]{-2\,744}$ d. $\sqrt[3]{-5\,832}$ g. $\sqrt[3]{-166\,375}$

b. $\sqrt[3]{2\,197}$ e. $\sqrt[4]{10\,000}$ h. $\sqrt[4]{20\,736}$

c. $\sqrt[4]{2\,401}$ f. $\sqrt[5]{-7\,776}$ i. $\sqrt[5]{-59\,049}$

45 Resol les operacions amb arrels quadrades següents:

a. $\left(\sqrt{5^3}\right)^4$

b. $\left(\sqrt{2}\right)^4$

c. $\sqrt{6}\cdot\sqrt{8}\cdot\sqrt{3}$

d. $\sqrt{75}:\sqrt{3}\cdot\sqrt{16}$

e. $\sqrt{15}\cdot\sqrt{45}\cdot\sqrt{3}$

f. $\left(\sqrt{3024}:\sqrt{21}\right)\cdot\left(\sqrt{18}:\sqrt{2}\right)$

g. $\sqrt{288}\cdot\sqrt{648}:\sqrt{144}$

h. $\left(\sqrt{90}\cdot\sqrt{40}\right):\left(\sqrt{9}\cdot\sqrt{25}\right)$

i. $\sqrt{201}\cdot\sqrt{30}\cdot\sqrt{105}$

j. $\sqrt{156}\cdot\sqrt{1248}\cdot\sqrt{288}$

46 Determina aquestes longituds:

a. L'aresta d'un cub que té un volum de 1 331 cm^3.

b. El costat d'un quadrat de 1 444 cm^2 de superfície.

47 Efectua les operacions amb arrels següents aplicant la descomposició factorial:

a. $\dfrac{\sqrt{49}+\sqrt{25}}{\sqrt{16}-\sqrt{225}}$

b. $\dfrac{\sqrt[3]{-125}+\sqrt{81}}{\sqrt[5]{32}}$

c. $\dfrac{\sqrt[3]{125}}{\sqrt{16}\cdot\sqrt[3]{-8}}$

d. $\dfrac{\sqrt{169}\cdot\sqrt[3]{343}}{\sqrt{64}}+\sqrt{64}$

6 Operacions combinades amb nombres enters

48 Resol les operacions combinades següents amb nombres enters:

a. $(-5)\cdot(+7)-(-3)\cdot(+10)$

b. $-6+2\cdot[9+2\cdot(-3)]$

c. $(+4)-(-8):2-(-9+13)$

d. $15-(-3)\cdot[-6:(-2)]$

e. $18:(-6)+9\cdot(-4)+47-5\cdot(-3)$

f. $(-33):11+(-27):3-(-5)\cdot 4$

g. $(39-9\cdot 6)+(-30):(-15)\cdot(-43)$

h. $4-(93-194)-105:(-15)-(-3)$

49 TIC Organitzeu grups a classe i reuniu diferents tipus de calculadores. Amb aquestes calculadores, efectueu les operacions següents i anoteu al vostre quadern la seqüència de tecles que premeu:

a. $-3-5$ e. $(-35)^2$ i. $\sqrt[3]{4\,913}$

b. $5\cdot(-15)$ f. $(-8)^5$ j. $\sqrt[6]{-729}$

c. $(-27):(-3)$ g. $\sqrt{225}$ k. $\sqrt[4]{625}$

d. $(-12)\cdot(+3):9$ h. $\sqrt{3\,844}$ l. $\sqrt[7]{-2187}$

50 L'Ainhoa és propietària d'una botiga d'electrodomèstics. Aquesta setmana ha venut una rentadora per 347 €, una nevera per 529 € i un televisor de 359 €. Però també ha hagut de fer front a algunes despeses, com ara 823 € d'impostos i 560€ pel transport dels articles. Al final de la setmana, el balanç ha estat positiu o negatiu? Indica el problema amb una operació combinada i resol-lo.

51 En un concurs de televisió, els participants guanyen 100€ per cada resposta encertada i perden 30 € per cada resposta incorrecta. L'Andrea ha encertat 12 preguntes i n'ha fallat 8, l'Emma s'ha equivocat en 15 i n'ha contestat bé 5, i la Nerea n'ha fallat 6 i n'ha encertat 14. Quants diners guanyarà cadascuna de les concursants? Escriu-ho mitjançant operacions combinades.

52 Resol la situació següent mitjançant una operació combinada: l'Aleix compra 18 kg de taronges. En dona 3 kg a la seva mare i el doble a la seva germana. Els quilos que queden els reparteix a parts iguals entre els seus tres fills. Quants quilos de taronges rep cada fill?

53 Una línia d'autobús fa un trajecte amb cinc parades. En l'últim viatge han pujat 5 persones a la primera parada. A la segona n'hi han pujat 10 i n'han baixat 3. A la tercera parada hi han pujat el doble de viatgers que havien baixat a la parada anterior, i n'han baixat 5. A la quarta parada hi han pujat 12 persones i n'han baixat la meitat d'aquest nombre. Amb quants viatgers arribarà l'autobús a la cinquena parada, que és el final del trajecte? Expressa-ho en forma d'operació combinada i calcula'n el resultat.

54 ⊞ Efectua aquestes operacions combinades de nombres enters:

a. $2^3 \cdot 5^3 + \sqrt{196} - (-4) \cdot (-5) + (-34 + 12)$

b. $8 : (-2) \cdot (-3)^2 - (-7) \cdot (-12) : 6 - 3$

c. $(3^2)^3 : 3^2 \cdot (-4) + (-19 - 7 + 53) \cdot (-2)$

d. $8^{-3} : 8^{-7} : (2^3)^3 - 4^3 : 2^3$

e. $4^2 : (-2)^2 + 5^3 : 5 - \sqrt{18} \cdot \sqrt{2}$

55 ⊞⊞ Escriu parèntesis, si cal, perquè les igualtats següents siguin certes:

a. $(-6) \cdot 3 - (-9) = -72$

b. $(+20) : (-5) + 1 = -5$

c. $3 \cdot 4 - 6 \cdot 5 = -30$

d. $(-4) + 3 \cdot (-6) - 12 : (-4) - 2 = 5$

e. $17 - 3 : (-7) \cdot 2 - 12^2 : 3^2 \cdot 2^2 = -8$

7 Nombres figurats. Nombres poligonals

56 Per formar els nombres triangulars, se sumen nombres naturals consecutius:

$$1 = 1;\ 3 = 1 + 2;\ 6 = 1 + 2 + 3;\ \ldots$$

De quins nombres estan compostes les sumes dels nombres quadrats?

57 Construeix els 6 primers nombres quadrats al teu quadern de la mateixa manera que s'han construït els triangulars. Fes servir les representacions següents com a ajuda:

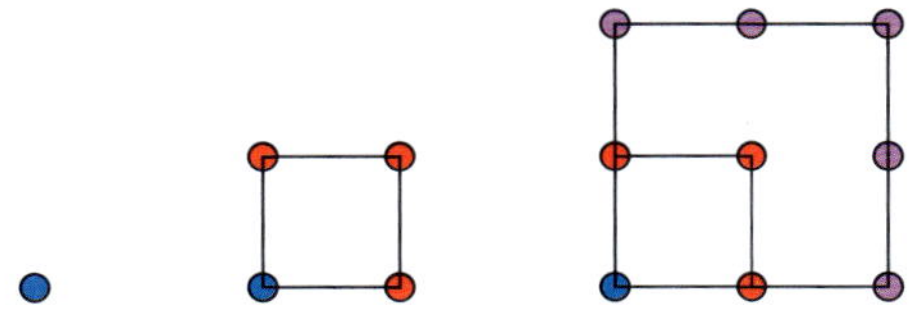

58 Copia aquesta taula al teu quadern i completa-la amb els 10 primers nombres quadrats (Q_n) i els 10 primers nombres triangulars (T_n), en què *n* és el lloc que ocupen:

n	1	2	3	4	5	6	7	8	9	10
Q_n	1	4								
T_n	1	3								

Esbrina què és el que passa quan se sumen dos nombres triangulars consecutius.

59 Amb ajuda de les figures següents, construeix els 5 primers nombres pentagonals i els 5 primers hexagonals:

Nombres pentagonals

Nombres hexagonals

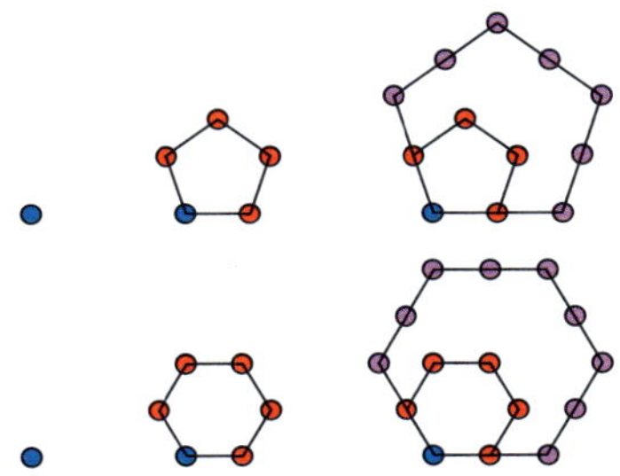

Quines són les sumes que componen els nombres pentagonals? I els hexagonals?

60 Copia al teu quadern la taula següent i completa-la amb els 8 primers nombres pentagonals (P_n) i hexagonals (H_n), en què *n* és el lloc que ocupen:

n	1	2	3	4	5	6	7	8
P_n	1							
H_n	1							

61 ⊞ Compara els nombres triangulars amb els hexagonals i determina quina relació hi ha entre aquests.

n	1	2	3	4	5	6	7	8
T_n	1							
H_n	1							

62 ⊞⊞ Escriu la successió dels sis primers nombres heptagonals i dels octogonals.

TREBALLEM LES COMPETÈNCIES

FEM ESTIMACIONS

En moltes ocasions, una bona estratègia per resoldre un problema és fer-ne una estimació abans de calcular-ne la solució exacta. Per exemple, has estimat alguna vegada les dimensions de la teva aula? Una cosa que comprovaràs és que, per fer bones estimacions, és convenient haver practicat molt.

Fes una estimació de les solucions dels problemes següents:

1 Si la teva paga setmanal és de 10 € i l'estalvies sencera durant un mes, podries comprar-te un ordinador portàtil que val uns 900 €? I amb totes les pagues d'un any?

2 Pensa en una piscina on hagis anat alguna vegada. Estima les dimensions (llargada, amplada i profunditat) que té i, a partir d'aquests valors, la capacitat en litres.

3 A les notícies han informat que una manifestació ha tingut 500 000 participants. Com que no els poden haver comptat tots, quin procediment creus que han fet servir?

4 Si tota la població mundial es posés en fila donant-se la mà, quina longitud tindria la fila si la població mundial és d'un set mil milions de persones?

5 Quantes llenties pot haver-hi en un paquet d'un quilo de pes?

ELS BACTERIS

Els bacteris es reprodueixen per bipartició. A partir d'una cèl·lula, que s'anomena *cèl·lula mare*, es formen dues cèl·lules, anomenades *cèl·lules filles*, amb aproximadament la meitat del material cel·lular. En el temps posterior a la bipartició, cada cèl·lula filla augmenta de volum fins a tenir-ne un de semblant a la cèl·lula original.

En un laboratori, una científica ha observat que un bacteri es reprodueix per bipartició cada hora, i ha elaborat el diagrama del costat.

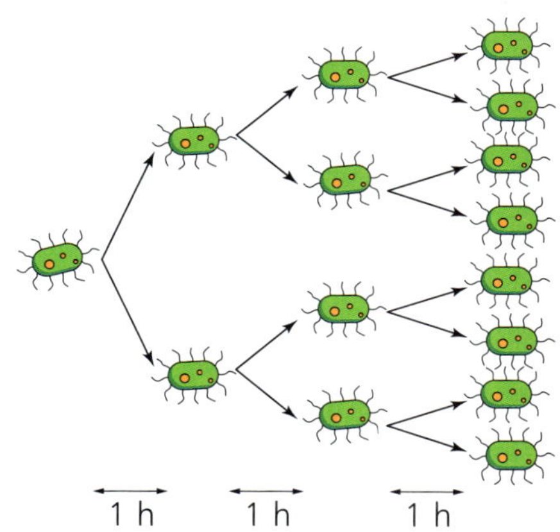

1 Quantes cèl·lules hi haurà al cap d'una hora? I de dues? I de quatre? I de cinc?

2 Pots escriure els resultats anteriors en forma de potència amb la mateixa base? Justifica l'afirmació i fes-ho.

3 Quant de temps ha de passar perquè hi hagi 32 768 cèl·lules? I perquè n'hi hagi 1 048 576?

4 Quantes cèl·lules hi haurà al cap d'un dia? I de dos?

L'ESCALA KELVIN DE TEMPERATURA

Una escala molt utilitzada en la ciència per mesurar la temperatura és l'escala absoluta de temperatura, que es mesura en graus Kelvin.

En aquesta escala no hi ha signes negatius, per això es diu absoluta. A la temperatura més baixa possible se li atribueix 0 K (0 kelvin) i correspon a –273 °C. La temperatura de solidificació de l'aigua, a 0 °C, correspon a 273 K, i la temperatura d'ebullició d'aquest líquid és 373 K en l'escala absoluta de temperatura.

1 Expressa en l'escala Kelvin les temperatures centígrades següents:

a. –7 °C b. –28 °C c. 147 °C d. –57 °C

2 Escriu en l'escala centígrada les següents temperatures expressades en l'escala Kelvin:

a. 3 K b. 95 K c. 298 K d. 369 K

LA PLATAFORMA PETROLIERA

Una plataforma petroliera marina se sosté mitjançant flotadors a 55 m sobre la superfície de l'aigua. Està ancorada al llit oceànic, que es troba a una profunditat de 470 m.

A sobre de la plataforma hi ha una grua de 35 m d'alçada, de la qual penja un cable que aguanta a l'extrem un batiscaf auxiliar per fer les feines de manteniment de la plataforma.

En aquest moment la grua ha deixat anar 120 metres de cable i continua baixant el batiscaf a una velocitat d'un metre cada 3 segons.

1 Quina o quines de les expressions següents representen la distància del batiscaf al fons en aquest moment?

a. $470 + 55 + 35 - 120$ b. $470 - [120 - (55 + 35)]$ c. $(470 + 55) - (120 - 35)$

2 Calcula quant tarda el batiscaf a arribar al fons marí.

3 Quant de temps tardarà la grua a hissar el batiscaf fins a la superfície de la plataforma si puja a la mateixa velocitat que baixa?

EL CAIXER AUTOMÀTIC

El Roger ha consultat en un caixer automàtic els últims moviments del seu compte corrent, i ha vist el següent:

Data	Concepte	Saldo
10/07	Reintegrament caixer	−301 €
04/07	Compra targeta	−30 €
02/07	Reintegrament caixer	−120 €
29/06	Nòmina	+2 284 €
12/06	Pagament rebut	−45 €
05/06	Pagament targeta	−48 €
01/06	Saldo c/c	4 150 €

1 Quin és el saldo que li queda el 10 de juliol?

2 Quant ha gastat en aquest període?

EL SECRET

La Lia ha explicat un secret a tres persones. A l'hora següent, cada una d'aquestes persones l'ha explicat a tres persones més, i una hora més tard, cadascuna d'aquestes l'ha dit a tres persones noves més.

A la taula lateral apareix la quantitat de persones que coneixen el secret durant cada nova hora que passa.

Hores	Nombre de persones
1	3
2	$3 \cdot 3 = 3^2$
3	$3 \cdot 3 \cdot 3 = 3^3$
4	
5	
6	

1 Completa la taula.

2 Quantes persones més sabran el secret durant la vuitena hora?

3 Si el secret ha començat a difondre's a les 15 hores, quantes persones el sabran a les 7 de la tarda?

4 Com es podria expressar en forma de potència de base 3 el nombre de persones que coneixien el secret abans de començar a explicar-lo?

APLIQUEM LES TIC

ELS NOMBRES ENTERS I LA CALCULADORA CIENTÍFICA

Hi ha dues menes principals de calculadores científiques segons el tipus de pantalla:

- Les de **pantalla senzilla**, en les quals apareix l'últim nombre teclejat o el resultat de l'operació efectuada (A).
- Les de **pantalla descriptiva**, en les quals es mantenen tots els nombres i les operacions teclejats (B).

A

B

CANVI DE SIGNE

Per canviar el signe d'un resultat que apareix a la pantalla o per escriure-hi un nombre negatiu, s'utilitza la tecla [+/-] (pantalla senzilla) o la tecla [(-)] (pantalla descriptiva), que és diferent de la tecla de la resta [–].

Així, doncs, per escriure el nombre –8, cal teclejar:

- En les calculadores de pantalla senzilla: [8] [+/-].
- En les calculadores de pantalla descriptiva: [(-)] [8].

POTÈNCIES DE NOMBRES ENTERS

La majoria de les calculadores científiques inclouen la tecla [x^2] per a les potències quadrades, i les tecles [x^y] o [^], per a la resta de les potències.

En el cas de les potències quadrades, s'escriu primer el nombre i després es prem la tecla:

[3] [x^2] equival a 3^2

Per escriure qualsevol altra potència, primer es posa la base, després es prem la tecla i, finalment, s'introdueix l'exponent:

[3] [x^y] [4] o [3] [^] [4] equival a 3^4

Per calcular potències de nombres enters, s'han d'utilitzar els parèntesis en les calculadores de pantalla descriptiva, [(] [)].

Per exemple, per introduir $(-4)^3$, cal teclejar:

- En calculadores de pantalla senzilla: [4] [+/-] [x^y] [3]
- En calculadores de pantalla descriptiva: [(] [(-)] [4] [)] [x^y] [3]

ARRELS DE NOMBRES ENTERS

Arrels de nombres enters

Quadrades	Cúbiques	Altres índexs
[$\sqrt{\ }$]	[$\sqrt[3]{\ }$]	[$\sqrt[x]{\ }$] [$x^{1/y}$]

De vegades, la tecla d'arrel cúbica o la de les arrels de qualsevol índex no són en primer pla, sinó que, per seleccionar-les, cal prémer primer la tecla [$\sqrt{\ }$].

Per exemple, per escriure $\sqrt[5]{-243}$, cal seleccionar:

- En calculadores de pantalla senzilla:

  [2] [4] [3] [+/-] [$\sqrt[x]{\ }$] [5]

- En calculadores de pantalla descriptiva:

  [5] [$\sqrt[x]{\ }$] [(-)] [2] [4] [3]

Utilitza GeoGebra per dur a terme l'activitat següent:

1 Organitzeu grups a classe i porteu diferents tipus de calculadores. Feu-les servir per efectuar les operacions següents, i anoteu al quadern quina és la seqüència de tecles que heu utilitzat.

a. $-3 - 5$

b. $5 \cdot (-15)$

c. $(-27) : (-3)$

d. $(-12) \cdot (+3) : 9$

e. $(-35)^2$

f. $(-8)^5$

g. $\sqrt{225}$

h. $\sqrt{3844}$

i. $\sqrt[3]{4913}$

j. $\sqrt[6]{-729}$

k. $\sqrt[4]{625}$

l. $\sqrt[7]{-2187}$

AVALUACIÓ

1 Expressa les situacions següents amb nombres enters:

a. El nostre cotxe està aparcat al soterrani 4.

b. El cim de Sant Jeroni té una alçada de 1 236 m.

c. En Guillem deu 10 € a la seva germana.

d. Plató va néixer l'any 428 abans de Crist.

2 Busca una situació de la vida quotidiana que correspongui a cadascun d'aquests nombres enters:

a. -5 b. $+15$ c. $+8$ d. -25

3 Un termòmetre marca -2 °C. Si la temperatura ha pujat 5 °C, quina era la temperatura inicial?

4 Quants anys van passar des del naixement d'una persona 250 anys abans de Crist fins al naixement d'una altra l'any 46 dC?

5 Resol aquestes operacions:

a. $(+3) + (+6) + (-5)$

b. $(+10) - (-5) - (-7)$

c. $(-3) - (+7) + (-1)$

d. $(-4) - (-6) + (+8)$

6 Elimina els parèntesis i calcula:

a. $5 - (3 + 4) - (6 - 5)$

b. $-(10 + 4 - 3) + 8$

c. $12 - (6 - 3) - (-2 + 7)$

d. $-(-1 + 14 - 2) - (1 - 6)$

7 Resol les operacions següents:

a. $(-5) \cdot (-6)$

b. $(-10) \cdot (+3)$

c. $(-3) \cdot (-2) \cdot (-8)$

d. $(+15) \cdot (-3)$

e. $(+12) \cdot (+4)$

f. $(+7) \cdot (-4) \cdot (+2)$

8 Calcula les operacions següents:

a. $(-25) : (-5)$

b. $(+27) : (-9)$

c. $(-36) : (-2) : (+3)$

d. $(+18) : (+6)$

e. $(+12) : (+4)$

f. $(+16) : (+2) : (-8)$

9 Resol les multiplicacions i les divisions següents:

a. $(+18) : (-2) : (-3) \cdot (-5)$

b. $(-15) \cdot 3 : (-9) : 5$

c. $[(-12) : 3] \cdot [(+8) : (-4)]$

d. $[(+4) : (-2) \cdot (+8)] : [(+2) + (+6)]$

10 Calcula extraient factor comú:

a. $(-2) \cdot (+6) + (-5) \cdot (-2)$

b. $(-3) \cdot (+4) + (+4) \cdot (-1)$

c. $(+4) \cdot (-1) + (-7) \cdot (+4)$

d. $(-6) \cdot (-3) + (-6) \cdot (+2)$

11 Expressa en forma de potència i calcula:

a. $(-3) \cdot (-3) \cdot (-3) \cdot (-3)$

b. $(-2) \cdot (-2) \cdot (-2)$

c. $5 \cdot 5 \cdot 5 \cdot 5 \cdot 5$

d. $6 \cdot 6 \cdot 6$

12 Expressa el resultat com una sola potència:

a. $4^2 \cdot 4^3$

b. $(-3)^0 \cdot (-3)^2$

c. $2^5 : 2^2$

d. $(-3)^6 : (-3)^2$

e. $(-2)^3 \cdot (-2)^4$

f. $5^4 \cdot 5^2 \cdot 5^3$

g. $(-2)^4 : (-2)^3$

h. $3^6 : 3^2 : 3^3$

13 Calcula el resultat amb un únic exponent:

a. $(2^4)^3$

b. $[(-5)^4]^2$

c. $[(3^3)^4]^2$

d. $[(-5^2)^3]^2$

14 Expressa com una sola potència si és possible:

a. $8^4 \cdot (-4)^4$

b. $(-5)^5 \cdot (-5)^2$

c. $(-8)^2 \cdot 2^2$

d. $(-4^2)^3 : (-4)^3$

e. $(-9)^6 : (-9)^2$

f. $(-3)^2 : (-2)^3$

15 Escriu els quadrats perfectes compresos entre 60 i 170.

16 Quin és el residu més gran que pot tenir un nombre si l'arrel quadrada entera és 9? Quin és aquest nombre?

17 Resol les operacions següents:

a. $-2 \cdot (-6) - 5 \cdot (-3)$

b. $(-6) \cdot 2 + 3 \cdot (-4)$

c. $2 + 3 \cdot (-4) - (-2) + 2 \cdot 7 - (-3)$

d. $(-10) : (-5) + 2 : (-1)$

e. $3 \cdot (-5) - 4 : (-2) + 3$

18 Calcula el resultat de les operacions següents:

a. $(-6) \cdot [-(-2) - 3 \cdot (-4)]$

b. $[(-6) \cdot 2 - 3] \cdot (-4)$

c. $2 \cdot [(-2) - (-3) \cdot 5] + (-10) : (-2)$

d. $2\,[(-5) \cdot 3 + 8] \cdot 4 - (-2)$

19 Resol les operacions i considera només el resultat positiu de l'arrel:

a. $(-3)^3 : (-9) + \sqrt{64} : (-2) \cdot 5^2$

b. $(-2) \cdot (-3)^2 : \sqrt{9} - (-8)^4 : 2^3 - \sqrt{100}$

c. $[(-1) \cdot 5 \cdot 3 - 8] \cdot \sqrt{16} - (-2)^3$

20 Expressa al teu quadern els deu primers nombres triangulars en un esquema.

21 Dibuixa els deu primers nombres quadrats.

03 NOMBRES FRACCIONARIS

DONARIA TOT EL QUE SÉ PER LA MEITAT DEL QUE IGNORO

RENÉ DESCARTES

PRESENTAR

TOTS SOLS AMB LES FRACCIONS

Responsables del canal MatesOn s'han posat en contacte amb vosaltres per demanar-vos que participeu, en grup, en l'elaboració d'un monòleg d'un parell de minuts. Hi heu de fer servir i exposar diferents exemples trets del llenguatge quotidià en què apareguin, d'una manera fresca, divertida i creativa, expressions relacionades amb els nombres fraccionaris.

CONÈIXER

UNA CLASSE COMBINADA

Amb motiu de la Setmana dels Museus decorareu la classe amb quadres que incloguin diferents operacions combinades. Per fer-ho, cada grup prepararà quatre obres, darrere de les quals n'amagaran les solucions, que seran correctes només en tres casos. Tot seguit, tots els grups buscaran i comprovaran les solucions vàlides. L'equip que localitzi abans les solucions errònies deixarà exposades les seves obres a l'aula.

CREAR

ÉS HORA D'ORDENAR-SE!

Al pati de l'escola s'hi ha posat una urna amb els dorsals per a la Cursa dels Nombres d'enguany. Cada alumne haurà d'agafar un d'aquests dorsals a l'atzar i situar-se a la sortida en l'ordre corresponent de més petit a més gran (d'esquerra a dreta) segons el valor que tingui el dorsal que hagi extret.

INVESTIGAR

FRACCIONS DIGITALS

Avui dia disposem d'una gran diversitat de programes informàtics per representar les diferents fraccions i poder-les veure representades de diferents maneres. Indagueu i busqueu diverses propostes per tal de comprovar com es fan servir aquests programes. Prepareu un vídeo tutorial per a la resta de la classe.

1 NOMBRES FRACCIONARIS

Amb el conjunt dels nombres enters no és possible representar divisions que no siguin exactes. Per això, ens cal un nou conjunt numèric: el dels **nombres fraccionaris.**

El conjunt dels nombres fraccionaris està format pels nombres enters, $\mathbb{Z}$; els nombres naturals, $\mathbb{N}$, i les divisions no exactes que hi ha entre aquests nombres. El conjunt dels nombres fraccionaris es representa amb la lletra $\mathbb{Q}$.

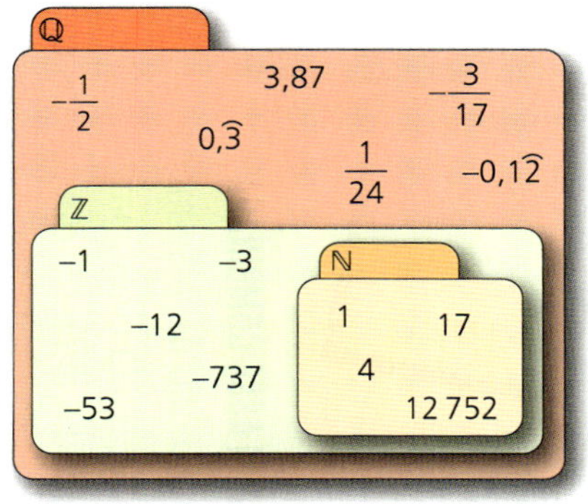

Una **fracció** és el quocient indicat entre dos nombres enters, *a* i *b*, en què el divisor és diferent de zero. S'escriu $\frac{a}{b}$.

- El **denominador**, *b*, indica les parts iguals en què es divideix la unitat.
- El **numerador**, *a*, assenyala les parts que es prenen d'aquesta divisió.

Fixa't en aquesta fracció:

$$\frac{3}{5}$$

Indica que, de les 5 parts en què es divideix la unitat, se n'agafen 3.

1.1 TIPUS DE FRACCIONS

Les fraccions es divideixen en **pròpies**, **impròpies** i **unitat**:

Fracció pròpia	És la que és més petita que la unitat. És a dir, el numerador és més petit que el denominador en valor absolut.	$\frac{1}{3}$
Fracció impròpia	És la que és més gran que la unitat. És a dir, el numerador és més gran que el denominador en valor absolut.	$\frac{7}{3}$
Fracció unitat	És aquella que és igual que la unitat. És a dir, el numerador és igual que el denominador.	$\frac{3}{3}$

1.2 NOMBRE MIXT I FRACCIONS IMPRÒPIES

Un **nombre mixt** està compost d'una part entera i una altra de fraccionària. És possible passar d'un nombre mixt a una fracció impròpia, i a l'inrevés.

Activitat resolta

Escriu la fracció impròpia $\frac{14}{5}$ com a nombre mixt.

Es busca la part entera, i per fer-ho es descompon el numerador en sumands:

$$\frac{14}{5} = \frac{5+5+4}{5} = \frac{10}{5} + \frac{4}{5} = 2 + \frac{4}{5}$$

Així: $\frac{14}{5} = 2\frac{4}{5}$

Una manera senzilla de trobar el nombre mixt és dividir el numerador entre el denominador:

$$\begin{array}{r|l} 14 & 5 \\ \hline 4 & 2 \end{array}$$

5 → Fracció pròpia

2 ← Part entera

El resultat és: $\frac{14}{5} = 2\frac{4}{5}$

Activitat resolta

Escriu el nombre mixt $3\frac{2}{7}$ com a fracció impròpia.

S'ha de passar la part entera a fracció per poder operar:

$$3\frac{2}{7} = \frac{3 \cdot 7 + 2}{7} = \frac{23}{7}$$

Així, doncs: $3\frac{2}{7} = \frac{23}{7}$.

2 FRACCIONS EQUIVALENTS

Dues **fraccions** són **equivalents** quan representen la mateixa quantitat. A les fraccions equivalents es compleix que el producte dels extrems és igual al producte dels mitjans, és a dir: $\frac{a}{b} = \frac{c}{d}$ si $a \cdot d = b \cdot c$.

Observa

Les fraccions $\frac{6}{8}$ i $\frac{15}{20}$ són equivalents, ja que:

$$\frac{6}{8} \times \frac{15}{20} \Rightarrow$$

$$\Rightarrow 6 \cdot 20 = 8 \cdot 15 \Rightarrow 120 = 120$$

2.1 AMPLIFICACIÓ I SIMPLIFICACIÓ D'UNA FRACCIÓ

Per tal d'obtenir **fraccions equivalents** a una fracció, es pot amplificar o simplificar aquesta fracció.

Amplificació d'una fracció

Per amplificar una fracció, es multipliquen el numerador i el denominador per un mateix nombre natural diferent de la unitat i de zero.

- La **fracció amplificada** d'una fracció determinada és una fracció equivalent en què els **termes** són **més grans**.
  Així, doncs, una fracció amplificada de $\frac{10}{15}$ és $\frac{20}{30}$, ja que:

$$\frac{10}{15} \xrightarrow{\cdot 2} \frac{20}{30}$$

- La **quantitat** de **fraccions amplificades** que es poden trobar a partir d'una fracció determinada és **infinita**.

Simplificació d'una fracció

Per simplificar una fracció, es divideixen el numerador i el denominador entre un mateix nombre natural diferent de la unitat i de zero.

- La **fracció simplificada** d'una fracció donada és una fracció equivalent en què els **termes** són **més petits**.
  Així, una fracció simplificada de $\frac{10}{15}$ és $\frac{2}{3}$, ja que:

$$\frac{10}{15} \xrightarrow{:5} \frac{2}{3}$$

- La **quantitat** de **fraccions simplificades** que té una fracció determinada és **finita**, ja que s'arriba a una fracció que no es pot simplificar més, anomenada **fracció irreductible**.

Activitat resolta

Calcula la fracció irreductible de $\frac{30}{72}$.

L'activitat es pot resoldre de dues maneres:

- **1a manera.** Se simplifica la fracció successivament fins a arribar a la fracció irreductible:

$$\frac{30}{72} \xrightarrow{:2} \frac{15}{36} \xrightarrow{:3} \frac{5}{12}$$

- **2a manera.** Es determina directament la fracció irreductible dividint numerador i denominador entre el màxim comú divisor de tots dos:

$$\text{m. c. d. } (30, 72) = 6 \Rightarrow \frac{30}{72} = \frac{5}{12}$$

Fixa't que, si es multipliquen els dos nombres que simplifiquen la fracció en el primer procediment, 2 i 3, s'obté 6.

Activitat resolta

Esbrina cinc fraccions ampliades de la fracció $\frac{2}{3}$.

$$\frac{2}{3} = \frac{4}{6} = \frac{20}{30} = \frac{140}{210} = \frac{420}{630} = \ldots$$

S'han multiplicat numerador i denominador pels nombres 2, 5, 7 i 3, respectivament. Es podrien obtenir infinites fraccions equivalents.

3 REPRESENTACIÓ, ORDENACIÓ I COMPARACIÓ DE FRACCIONS

Tal com passa amb els nombres enters, els nombres fraccionaris es poden representar, ordenar i comparar.

3.1 REPRESENTACIÓ DE FRACCIONS A LA RECTA NUMÈRICA

Les fraccions es representen a la **recta numèrica** de la manera següent:

- Si la **fracció** és **pròpia**, es divideix la unitat en les parts que indiqui el denominador i després s'agafen tantes parts com assenyali el numerador.

  Així, la fracció $\frac{1}{3}$ queda representada de la manera següent:

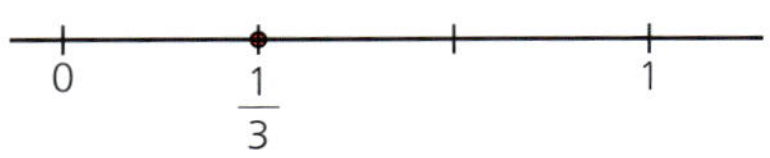

- Si la **fracció** és **impròpia**, es converteix en un nombre mixt, i es representa la fracció pròpia corresponent entre la unitat que indiqui la part entera i la unitat següent.

  Per exemple, la fracció $\frac{7}{3}$ es pot expressar com a nombre mixt així:

  $\frac{7}{3} = 2 + \frac{1}{3} = 2\frac{1}{3}$, ja que $7 : 3 = 2$, amb residu 1.

  Per tant, la fracció $\frac{7}{3}$ queda representada així:

Activitat resolta

Indica les fraccions que es representen tot seguit i assenyala si són pròpies o impròpies:

a.

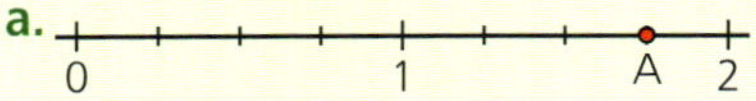

b.

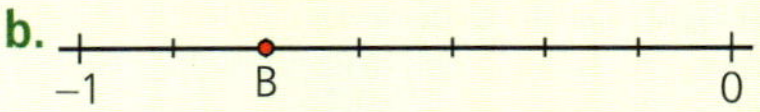

a. Es tracta d'una fracció impròpia, perquè és més gran, en valor absolut, que la unitat. Com que cada unitat té 4 divisions i se n'agafen 7, es tracta de la fracció $\frac{7}{4}$.

b. En aquest cas, tenim una fracció pròpia perquè és més petita, en valor absolut, que la unitat. Com que la unitat entre 0 i −1 s'ha dividit en 7 parts i se n'han agafat 5, es tracta de la fracció $-\frac{5}{7}$.

3.2 ORDENACIÓ DE FRACCIONS

Una fracció és més gran que una altra si està situada a la seva dreta a la recta numèrica. Així, doncs, es compleix que:

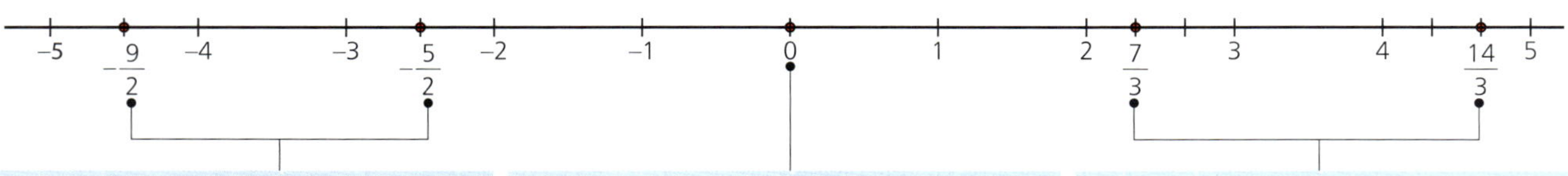

Si dues fraccions són negatives, és més gran la que tingui el valor absolut més petit.

El zero és més gran que qualsevol fracció negativa i més petit que qualsevol fracció positiva, i d'això es dedueix que tota fracció positiva és més gran que tota fracció negativa.

Si dues fraccions són positives, és més gran la que té el valor absolut més gran.

3.3 COMPARACIÓ DE FRACCIONS

Per comparar fraccions, cal distingir-ne tres casos, segons els numeradors i els denominadors:

Fraccions amb el mateix denominador

És més gran la que té el numerador més gran:

$$\frac{3}{7} > \frac{1}{7}$$

Fraccions amb el mateix numerador

És més gran la que té el denominador més petit:

$$\frac{5}{2} > \frac{5}{7}$$

Fraccions amb diferent numerador i denominador

Es redueixen les fraccions a comú denominador, és a dir, es busquen fraccions equivalents amb el mateix denominador, i es comparen com en el primer cas:

$$\frac{7}{2} \text{ i } \frac{4}{3} \text{ equivalen a } \frac{21}{6} \text{ i } \frac{8}{6}$$

Com que $\frac{21}{6} > \frac{8}{6}$, aleshores $\frac{7}{2} > \frac{4}{3}$.

Activitats resoltes

1 Representa i ordena, de més petita a més gran sobre la recta numèrica, les fraccions següents: $\frac{3}{2}, -\frac{1}{2}, -\frac{9}{5}$ i $\frac{4}{5}$. Indica si són pròpies o impròpies.

- La fracció $\frac{3}{2}$ és positiva i impròpia:

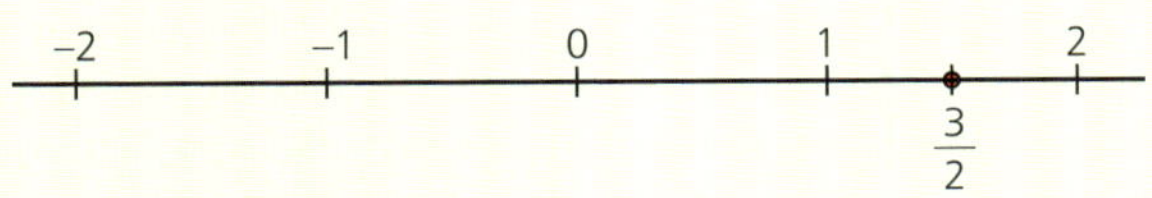

- La fracció $-\frac{9}{5}$ és negativa i impròpia:

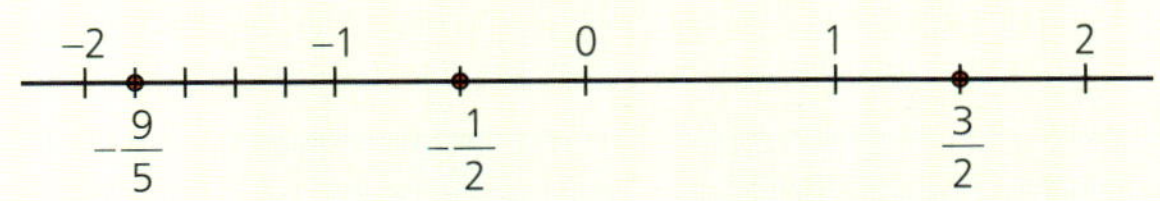

- La fracció $-\frac{1}{2}$ és negativa i pròpia:

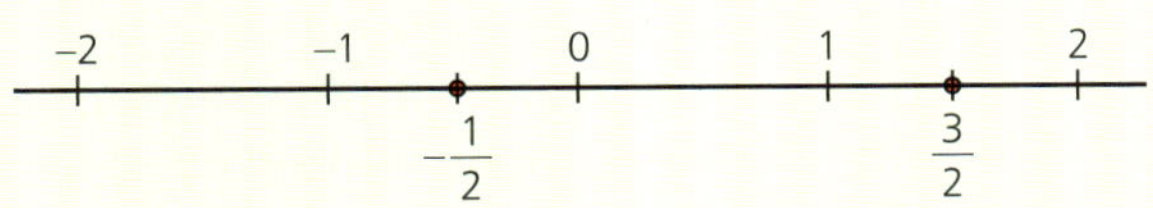

- La fracció $\frac{4}{5}$ és positiva i pròpia:

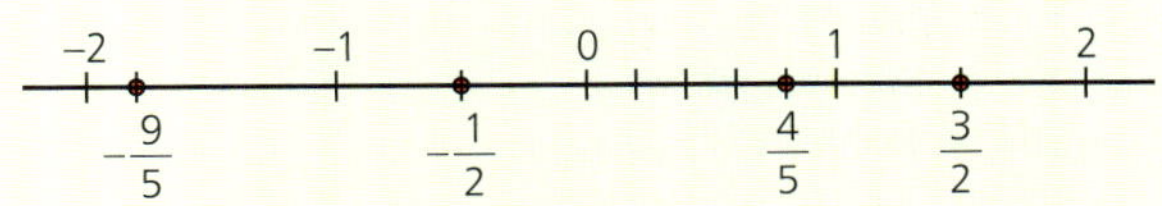

Així, doncs: $-\frac{9}{5} < -\frac{1}{2} < \frac{4}{5} < \frac{3}{2}$.

2 Ordena de més gran a més petita les fraccions següents:

$$-\frac{2}{3} \quad -\frac{14}{9} \quad -\frac{8}{15} \quad -\frac{7}{5}$$

Es redueixen a comú denominador:

$$-\frac{2}{3} = -\frac{30}{45} \qquad -\frac{14}{9} = -\frac{70}{45} \qquad -\frac{8}{15} = -\frac{24}{45} \qquad -\frac{7}{5} = -\frac{63}{45}$$

S'ordenen les fraccions de més gran a més petita, tenint en compte que, com que són negatives, serà més gran la que tingui el valor absolut més petit:

$$-\frac{24}{45} > -\frac{30}{45} > -\frac{63}{45} > -\frac{70}{45}$$

Finalment, s'ordenen les fraccions inicials corresponents:

$$-\frac{8}{15} > -\frac{2}{3} > -\frac{7}{5} > -\frac{14}{9}$$

4 SUMA I RESTA DE FRACCIONS

En la **suma** i la **resta** de fraccions es poden presentar dos casos:

- **Fraccions amb el mateix denominador.** Es deixa el mateix denominador i se sumen o es resten els numeradors:

$$\frac{4}{7}+\frac{8}{7}=\frac{12}{7} \qquad \frac{9}{5}-\frac{3}{5}=\frac{6}{5}$$

- **Fraccions amb diferent denominador.** S'han de seguir aquests passos:

  1. Es calcula el denominador comú.
  2. S'obtenen les fraccions equivalents de cadascuna que tinguin com a denominador el m. c. m. dels denominadors.
  3. Es procedeix a efectuar la suma o la resta de les fraccions amb el mateix denominador:

$$-\frac{7}{15}+\frac{5}{3}+\frac{2}{5}-\frac{9}{2}=-\frac{14}{30}+\frac{50}{30}+\frac{12}{30}-\frac{135}{30}=\frac{36}{30}-\frac{123}{30}=-\frac{87}{30}=-\frac{29}{10}$$

Els resultats de les operacions amb fraccions s'expressen sempre en forma de fracció irreductible.

La suma i la resta de fraccions tenen les propietats següents:

Propietat	Suma	Resta
Commutativa Si es canvia l'ordre dels nombres, el resultat no varia.	Es compleix per a la suma: $\frac{a}{b}+\frac{c}{d}=\frac{c}{d}+\frac{a}{b}$ $\frac{7}{5}+\frac{2}{5}=\frac{9}{5}=\frac{2}{5}+\frac{7}{5}$	No es compleix per a la resta: $\frac{a}{b}-\frac{c}{d}\neq\frac{c}{d}-\frac{a}{b}$ $\frac{7}{5}-\frac{3}{5}=\frac{4}{5}\neq-\frac{4}{5}=\frac{3}{5}-\frac{7}{5}$
Associativa Si s'agrupen les fraccions de manera diferent, el resultat no varia.	Es compleix per a la suma: $\left(\frac{a}{b}+\frac{c}{d}\right)+\frac{e}{f}=\frac{a}{b}+\left(\frac{c}{d}+\frac{e}{f}\right)$ $\left(\frac{7}{5}+\frac{2}{5}\right)+\frac{3}{5}=\frac{12}{5}=\frac{7}{5}+\left(\frac{2}{5}+\frac{3}{5}\right)$	No es compleix per a la resta: $\left(\frac{a}{b}-\frac{c}{d}\right)-\frac{e}{f}\neq\frac{a}{b}-\left(\frac{c}{d}-\frac{e}{f}\right)$ $\left(\frac{7}{5}-\frac{12}{5}\right)-\frac{3}{5}\neq\frac{7}{5}-\left(\frac{12}{5}-\frac{3}{5}\right)\Rightarrow-\frac{8}{5}\neq-\frac{2}{5}$
Element neutre És l'element que, si hi operem, no modifica el resultat.	Tant per a la suma com per a la resta, l'element neutre és el zero: $\frac{a}{b}+0=\frac{a}{b}$ $\frac{2}{7}+0=\frac{2}{7}$	$\frac{a}{b}-0=\frac{a}{b}$ $\frac{9}{4}-0=\frac{9}{4}$
Element oposat o simètric És aquell que té el mateix valor absolut, però signe contrari: $op\left(\frac{a}{b}\right)=-\frac{a}{b}$	Si se suma una fracció i la seva oposada, el resultat és l'element neutre: $\frac{a}{b}+op\left(\frac{a}{b}\right)=0$ $\frac{3}{4}+op\left(\frac{3}{4}\right)=\frac{3}{4}-\frac{3}{4}=0$	Si es resta d'una fracció la seva oposada, s'obté el doble de la primera fracció: $\frac{a}{b}-op\left(\frac{a}{b}\right)=2\frac{a}{b}\neq 0$ $\frac{3}{4}-op\left(\frac{3}{4}\right)=\frac{3}{4}-\left(-\frac{3}{4}\right)=\frac{3}{4}+\frac{3}{4}=2\cdot\frac{3}{4}=\frac{6}{4}=\frac{3}{2}$

Activitat resolta

Efectua les operacions següents amb fraccions i simplifica'n el resultat:

$$\frac{7}{18}-\left(\frac{21}{5}+\frac{8}{9}\right)+\frac{17}{15}$$

Es resol el parèntesi reduint primer les fraccions a comú denominador:

$$\frac{7}{18}-\left(\frac{21}{5}+\frac{8}{9}\right)+\frac{17}{15}=$$
$$=\frac{7}{18}-\left(\frac{189}{45}+\frac{40}{45}\right)+\frac{17}{15}$$

Se suma el parèntesi i es torna a reduir a comú denominador, s'opera amb les fraccions resultants i se simplifica:

$$\frac{7}{18}-\frac{229}{45}+\frac{17}{15}=\frac{35}{90}-\frac{458}{90}+\frac{102}{90}=$$
$$=-\frac{423}{90}+\frac{102}{90}=-\frac{321}{90}=-\frac{107}{30}$$

5 MULTIPLICACIÓ I DIVISIÓ DE FRACCIONS

Per **multiplicar** fraccions, es multipliquen entre ells els numeradors, per tal d'obtenir el numerador nou, i els denominadors, per aconseguir el denominador nou.

Així, per exemple: $\frac{7}{12} \cdot \frac{3}{5} = \frac{21}{60} = \frac{7}{20}$

Dividir dues fraccions equival a multiplicar la primera per la fracció inversa de la segona.

Així, per exemple: $\frac{7}{10} : \frac{2}{6} = \frac{7}{10} \cdot \frac{6}{2} = \frac{42}{20} = \frac{21}{10}$.

La multiplicació i la divisió de fraccions tenen les propietats següents:

Propietat	Multiplicació	Divisió
Commutativa Si es canvia l'ordre dels nombres, el resultat no varia.	Es compleix per a la multiplicació: $\frac{a}{b} \cdot \frac{c}{d} = \frac{c}{d} \cdot \frac{a}{b}$ $\quad \frac{7}{5} \cdot \frac{4}{3} = \frac{28}{15} = \frac{4}{3} \cdot \frac{7}{5}$	No es compleix per a la divisió: $\frac{a}{b} : \frac{c}{d} \neq \frac{c}{d} : \frac{a}{b}$ $\quad \frac{7}{5} : \frac{4}{3} = \frac{21}{20} \neq \frac{20}{21} = \frac{4}{3} : \frac{7}{5}$
Associativa Si s'agrupen les fraccions de manera diferent, el resultat no varia.	Es compleix per a la multiplicació: $\left(\frac{a}{b} \cdot \frac{c}{d}\right) \cdot \frac{e}{f} = \frac{a}{b} \cdot \left(\frac{c}{d} \cdot \frac{e}{f}\right)$ $\left(\frac{7}{5} \cdot \frac{1}{2}\right) \cdot \frac{1}{3} = \frac{7}{30} = \frac{7}{5} \cdot \left(\frac{1}{2} \cdot \frac{1}{3}\right)$	No es compleix per a la divisió: $\left(\frac{a}{b} : \frac{c}{d}\right) : \frac{e}{f} \neq \frac{a}{b} : \left(\frac{c}{d} : \frac{e}{f}\right)$ $\left(\frac{7}{5} : \frac{1}{2}\right) : \frac{1}{3} \neq \frac{7}{5} : \left(\frac{1}{2} : \frac{1}{3}\right) \Rightarrow \frac{42}{5} \neq \frac{14}{15}$
Element neutre És l'element que, quan hi operem, no modifica el resultat.	Tant en el cas de la multiplicació com en el de la divisió, l'element neutre és l'1: $\frac{a}{b} \cdot 1 = \frac{a}{b}$ $\quad \frac{7}{4} \cdot 1 = \frac{7}{4}$	$\frac{a}{b} : 1 = \frac{a}{b}$ $\quad \frac{3}{8} : 1 = \frac{3}{8}$
Element absorbent És aquell que, quan hi operem, dona com a resultat zero.	Per a la multiplicació és el zero: $\frac{a}{b} \cdot 0 = 0$ $\quad \frac{4}{3} \cdot 0 = 0$	No existeix per a la divisió, ja que no es pot dividir entre zero.

En el cas de la multiplicació, també es verifica la **propietat distributiva respecte de la suma o la resta**, que no es compleix per al cas de la divisió.

Com a conseqüència de la propietat distributiva, resulta l'operació d'**extreure factor comú**.

Activitat resolta

Efectua aquesta operació combinada amb multiplicacions i divisions de fraccions i simplifica'n el resultat: $\frac{4}{5} : \left[\frac{3}{7} \cdot \left(-\frac{10}{6}\right)\right]$.

S'efectua primer la multiplicació del claudàtor; després, es canvia la divisió per la multiplicació per la fracció inversa, s'opera i se'n simplifica el resultat:

$$\frac{4}{5} : \left[\frac{3}{7} \cdot \left(-\frac{10}{6}\right)\right] = \frac{4}{5} : \left[-\frac{30}{42}\right] = \frac{4}{5} \cdot \left[-\frac{42}{30}\right] = -\frac{168}{150} = -\frac{28}{25}$$

Recorda

La fracció inversa d'una fracció donada és una altra fracció en la qual s'han intercanviat numerador i denominador:

La inversa de $\frac{a}{b}$ és $\frac{b}{a}$, de manera que:

$$\frac{a}{b} \cdot \frac{b}{a} = 1$$

Tingues en compte

$$\frac{a}{b} \cdot \left(\frac{c}{d} + \frac{e}{f}\right) = \frac{a}{b} \cdot \frac{c}{d} + \frac{a}{b} \cdot \frac{e}{f}$$

$$\frac{a}{b} \cdot \left(\frac{c}{d} - \frac{e}{f}\right) = \frac{a}{b} \cdot \frac{c}{d} - \frac{a}{b} \cdot \frac{e}{f}$$

$$\frac{a}{b} \cdot \frac{c}{d} + \frac{a}{b} \cdot \frac{e}{f} = \frac{a}{b} \cdot \left(\frac{c}{d} + \frac{e}{f}\right)$$

6 POTÈNCIES DE FRACCIONS

Per calcular la **potència** d'una fracció, s'eleven a l'exponent corresponent tant el numerador com el denominador de la fracció que forma la base:

$$\left(\frac{a}{b}\right)^n = \overbrace{\frac{a}{b} \cdot \ldots \cdot \frac{a}{b}}^{n \text{ vegades}} = \frac{a^n}{b^n}$$

En les potències en què la base és una fracció negativa:

- Si l'**exponent** és **parell**, el resultat és positiu:

$$\left(-\frac{3}{2}\right)^2 = \frac{3^2}{2^2} = \frac{9}{4}$$

- Si l'**exponent** és **senar**, el resultat és negatiu:

$$\left(-\frac{3}{2}\right)^3 = -\frac{3^3}{2^3} = -\frac{27}{8}$$

Les operacions que es poden efectuar amb les potències de fraccions són:

Operacions amb potències de fraccions		
Multiplicació i divisió de potències amb la mateixa base	**Multiplicació i divisió de potències amb el mateix exponent**	**Potència d'una potència**
Per multiplicar (dividir) potències amb la mateixa base, es deixa la base i se sumen (resten) els exponents: $\left(\frac{a}{b}\right)^m \cdot \left(\frac{a}{b}\right)^n = \left(\frac{a}{b}\right)^{m+n} = \frac{a^{m+n}}{b^{m+n}}$ $\left(\frac{a}{b}\right)^m : \left(\frac{a}{b}\right)^n = \left(\frac{a}{b}\right)^{m-n} = \frac{a^{m-n}}{b^{m-n}}$	Per multiplicar (dividir) potències amb el mateix exponent, es deixa l'exponent i es multipliquen (divideixen) les bases: $\left(\frac{a}{b}\right)^m \cdot \left(\frac{c}{d}\right)^m = \left(\frac{a}{b} \cdot \frac{c}{d}\right)^m$ $\left(\frac{a}{b}\right)^m : \left(\frac{c}{d}\right)^m = \left(\frac{a}{b} : \frac{c}{d}\right)^m$	Per calcular la potència d'una potència, es deixa la base i es multipliquen els exponents: $\left[\left(\frac{a}{b}\right)^m\right]^n = \left(\frac{a}{b}\right)^{m \cdot n} = \frac{a^{m \cdot n}}{b^{m \cdot n}}$
Potència d'exponent enter	**Potència d'exponent 0**	**Potència d'exponent 1**
La potència d'exponent enter és igual a la inversa de la fracció, canviant de signe l'exponent: $\left(\frac{a}{b}\right)^{-m} = \left(\frac{b}{a}\right)^m$	Qualsevol potència elevada a 0 és igual a la unitat: $\left(\frac{a}{b}\right)^0 = 1$	Qualsevol potència elevada a 1 és igual a aquesta potència: $\left(\frac{a}{b}\right)^1 = \frac{a}{b}$

Activitat resolta

Efectua les operacions següents amb potències de fraccions:

a. $\left(-\frac{1}{2}\right)^3 \cdot \left(-\frac{1}{2}\right)^2$ **b.** $\left(-\frac{2}{7}\right)^2 : \left(-\frac{2}{7}\right)^3$ **c.** $\left(\frac{6}{11}\right)^2 \cdot \left(-\frac{2}{3}\right)^2$ **d.** $\left(\frac{10}{15}\right)^2 : \left(\frac{1}{6}\right)^2 + \left[\left(\frac{1}{10}\right)^3\right]^{-1}$

S'apliquen les propietats de les potències en cadascun dels apartats i se'n simplifica el resultat.

a. $\left(-\frac{1}{2}\right)^3 \cdot \left(-\frac{1}{2}\right)^2 = \left(-\frac{1}{2}\right)^{3+2} = \left(-\frac{1}{2}\right)^5 = -\frac{1}{32}$

b. $\left(-\frac{2}{7}\right)^2 : \left(-\frac{2}{7}\right)^3 = \left(-\frac{2}{7}\right)^{2-3} = \left(-\frac{2}{7}\right)^{-1} = -\frac{7}{2}$

c. $\left(\frac{6}{11}\right)^2 \cdot \left(-\frac{2}{3}\right)^2 = \left(-\frac{12}{33}\right)^2 = \left(-\frac{4}{11}\right)^2 = \frac{16}{121}$

d. $\left(\frac{10}{15}\right)^2 : \left(\frac{1}{6}\right)^2 + \left[\left(\frac{1}{10}\right)^3\right]^{-1} = \left(\frac{60}{15}\right)^2 + \left(\frac{1}{10}\right)^{-3} = 4^2 + 10^3 = 1\,016$

7 ARRELS DE FRACCIONS

L'arrel quadrada d'una fracció és igual a la fracció formada per l'arrel del numerador i la del denominador:

$$\sqrt{\frac{a}{b}} = \frac{\sqrt{a}}{\sqrt{b}}$$

Arrel de qualsevol índex

$$\sqrt[n]{\frac{a}{b}} = \frac{\sqrt[n]{a}}{\sqrt[n]{b}}$$

Activitat resolta

Comprova la igualtat següent: $\sqrt{\frac{400}{25}} = \frac{\sqrt{400}}{\sqrt{25}}$.

Per dur-ne a terme la comprovació, es desenvolupen els dos costats de la igualtat:

1 Es resol l'arrel del quocient: $\sqrt{\frac{400}{25}} = \sqrt{16} = 4$.

2 Es resol el quocient de les arrels: $\frac{\sqrt{400}}{\sqrt{25}} = \frac{20}{5} = 4$.

Igual que en el cas dels nombres enters, amb les arrels quadrades de les fraccions es poden efectuar diverses operacions.

Operacions amb arrels de fraccions		
Multiplicació d'arrels	**Divisió d'arrels**	**Potència d'arrels**
El producte d'arrels de fraccions és igual a l'arrel del producte d'aquestes fraccions: $\sqrt{\frac{a}{b}} \cdot \sqrt{\frac{c}{d}} = \sqrt{\frac{a}{b} \cdot \frac{c}{d}}$	La divisió d'arrels de fraccions és igual a l'arrel de la divisió d'aquestes fraccions: $\sqrt{\frac{a}{b}} : \sqrt{\frac{c}{d}} = \sqrt{\frac{a}{b} : \frac{c}{d}}$	La potència d'una arrel de fraccions és igual a l'arrel de la potència de la fracció: $\left(\sqrt{\frac{a}{b}}\right)^n = \sqrt{\left(\frac{a}{b}\right)^n}$

Activitat resolta

Comprova les igualtats següents:

a. $\sqrt{\frac{100}{4}} \cdot \sqrt{\frac{25}{9}} = \sqrt{\frac{100}{4} \cdot \frac{25}{9}}$

b. $\sqrt{\frac{100}{4}} : \sqrt{\frac{25}{9}} = \sqrt{\frac{100}{4} : \frac{25}{9}}$

c. $\left(\sqrt{\frac{4}{9}}\right)^3 = \sqrt{\left(\frac{4}{9}\right)^3}$

La comprovació es duu a terme desenvolupant els dos costats de la igualtat:

a. $\sqrt{\frac{100}{4}} \cdot \sqrt{\frac{25}{9}} = \frac{10}{2} \cdot \frac{5}{3} = \mathbf{\frac{25}{3}}$

$\sqrt{\frac{100}{4} \cdot \frac{25}{9}} = \sqrt{\frac{2500}{36}} = \frac{50}{6} = \mathbf{\frac{25}{3}}$

Per tant:

$$\sqrt{\frac{100}{4}} \cdot \sqrt{\frac{25}{9}} = \sqrt{\frac{100}{4} \cdot \frac{25}{9}}$$

b. $\sqrt{\frac{100}{4}} : \sqrt{\frac{25}{9}} = \frac{10}{2} : \frac{5}{3} = \frac{30}{10} = \mathbf{3}$

$\sqrt{\frac{100}{4} : \frac{25}{9}} = \sqrt{\frac{900}{100}} = \sqrt{9} = \mathbf{3}$

Així:

$$\sqrt{\frac{100}{4}} : \sqrt{\frac{25}{9}} = \sqrt{\frac{100}{4} : \frac{25}{9}}$$

c. $\left(\sqrt{\frac{4}{9}}\right)^3 = \left(\frac{2}{3}\right)^3 = \mathbf{\frac{8}{27}}$

$\sqrt{\left(\frac{4}{9}\right)^3} = \sqrt{\frac{64}{729}} = \mathbf{\frac{8}{27}}$

D'aquesta manera:

$$\left(\sqrt{\frac{4}{9}}\right)^3 = \sqrt{\left(\frac{4}{9}\right)^3}$$

8 OPERACIONS COMBINADES AMB FRACCIONS

Quan s'ha de resoldre una operació combinada, cal respectar una jerarquia per tal de determinar en quin ordre s'han d'efectuar les operacions:

Tenint en compte que, si la jerarquia és la mateixa, el càlcul s'efectua d'esquerra a dreta, la seqüència que s'ha de seguir serà aquesta:

1 Es resolen les operacions entre parèntesis i/o claudàtors, començant pel més intern.

2 Es calculen les potències i/o les arrels.

3 S'efectuen les multiplicacions i/o les divisions.

4 Finalment, es duen a terme les sumes i/o les restes.

Recorda

Convé simplificar les fraccions en les operacions intermèdies que es van efectuant en el càlcul d'una operació combinada.

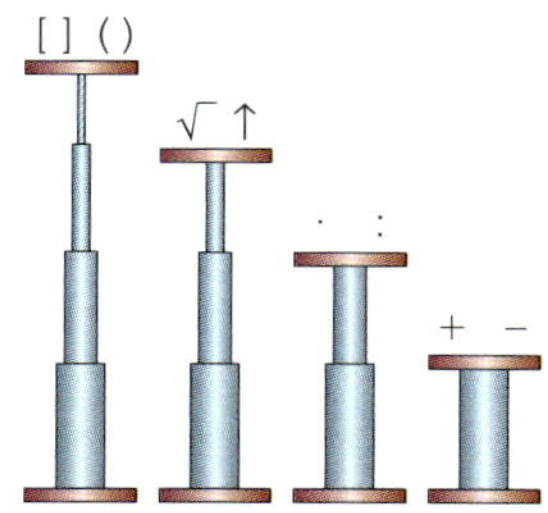

Activitat resolta

Resol l'operació combinada següent: $\frac{1}{4}\cdot\left(\frac{2}{5}-\frac{2}{3}\right)+\left(\frac{2}{3}\right)^{4}\cdot\left(\frac{2}{3}\right)^{-6}$.

1 Se'n calcula el parèntesi: $\frac{1}{4}\cdot\left(\frac{6}{15}-\frac{10}{15}\right)+\left(\frac{2}{3}\right)^{4}\cdot\left(\frac{2}{3}\right)^{-6}=\frac{1}{4}\cdot\left(-\frac{4}{15}\right)+\left(\frac{2}{3}\right)^{4}\cdot\left(\frac{2}{3}\right)^{-6}=$

2 S'efectuen les potències: $=\frac{1}{4}\cdot\left(-\frac{4}{15}\right)+\left(\frac{2}{3}\right)^{-2}=\frac{1}{4}\cdot\left(-\frac{4}{15}\right)+\left(\frac{3}{2}\right)^{2}=\frac{1}{4}\cdot\left(-\frac{4}{15}\right)+\frac{9}{4}=$

3 i **4** Es resol la multiplicació i s'acaba amb les sumes i les restes:

$$=\frac{1}{4}\cdot\left(-\frac{4}{15}\right)+\frac{9}{4}=-\frac{4}{60}+\frac{9}{4}=-\frac{4}{60}+\frac{135}{60}=\frac{131}{60}$$

En els problemes en què intervenen nombres fraccionaris, es fan servir operacions combinades per resoldre'ls correctament.

Activitat resolta

L'Ivan vol practicar una rutina diària al gimnàs. El temps que hi emprarà el pensa repartir de la manera següent: dedicarà $\frac{1}{12}$ a escalfar a la cinta de córrer, $\frac{1}{3}$ a fer musculació a la sala de pesos, $\frac{2}{5}$ a exercicis de càrdio a la sala de *spinning*, $\frac{1}{10}$ en el desplaçament d'una sala a una altra, i la resta a fer estiraments. Quina fracció dedicarà als estiraments?

Se sumen les fraccions del temps que dedica l'Ivan a cadascuna de les activitats i es resta de la unitat.

$$1-\left(\frac{1}{12}+\frac{1}{3}+\frac{2}{5}+\frac{1}{10}\right)=1-\left(\frac{5}{60}+\frac{20}{60}+\frac{24}{60}+\frac{6}{60}\right)=\frac{60}{60}-\frac{55}{60}=\frac{5}{60}=\frac{1}{12}$$

Així, doncs, l'Ivan dedicarà $\frac{1}{12}$ a fer estiraments.

Analitzar les dades

L'import de la factura d'un telèfon mòbil és de 19,32 €, amb el 16 % d'IVA ja inclòs. Quina és la despesa que s'ha fet amb el telèfon abans d'aplicar-hi l'IVA?

Llegim detingudament el problema i n'analitzem les dades.

Cal determinar la despesa de telèfon abans d'aplicar-hi l'IVA.

Despesa + 16 % de IVA = 19,32 €

Qualsevol **tant per cent** és realment una **fracció** que té com a denominador 100, i com a numerador, el percentatge corresponent. Així, l'IVA (16 %, en aquest cas) es correspon amb la fracció:

$$16\,\% = \frac{16}{100}$$

Aplicar un percentatge a una quantitat coincideix amb multiplicar la fracció equivalent del percentatge per aquesta quantitat:

$$16\,\% \text{ de la despesa} = \frac{16}{100} \cdot \text{Despesa}$$

Resolem el problema

$$\text{Despesa} + \frac{16}{100} \cdot \text{Despesa} = 19{,}32 \Rightarrow \text{Despesa} + 0{,}16 \cdot \text{Despesa} = 19{,}32 \Rightarrow$$

$$\Rightarrow 1{,}16 \cdot \text{Despesa} = 19{,}32 \Rightarrow \text{Despesa} = \frac{19{,}32}{1{,}16} = 16{,}66$$

Per tant, la despesa de telèfon és de 16,66 € sense IVA.

Se'n comprova el resultat: 16,66 + 0,16 · 16,66 = 16,66 + 2,66 = 19,32 €

Joc de cartes de fraccions

Per tal de dur a terme aquesta activitat, es divideix la classe en 4 grups, de manera que cadascun prepari un joc de cartes amb el qual després jugaran la resta dels companys.

Per començar, cada grup triarà cartolines d'un color diferent. Després, les retallarà fins a obtenir-ne 40 cartes, cadascuna de les quals es dividirà en dues parts, una a dalt i una altra a baix:

- A la part de dalt s'hi inclourà el text següent: «La meva fracció és: ...», seguit d'una fracció.
- La part de baix inclourà una pregunta la resposta de la qual serà la fracció escrita a la part de dalt d'una altra carta.

Així, s'aniran creant cartes encadenades de manera que cada pregunta en una carta tingui associada la seva resposta en una altra. Cal fer aquesta feina amb cura per procurar que totes les preguntes tinguin només una resposta.

A la dreta, posem uns quants exemples de cartes possibles.

Desenvolupament del joc

Una vegada preparades les baralles, primer es reparteixen els jocs de cartes entre els grups i després cada grup remena i reparteix les cartes entre els seus integrants.

Per torns, cada alumne del grup llegirà la seva pregunta, i el company que tingui la carta amb la resposta corresponent dirà: «La meva fracció és...». Tot seguit, li tocarà a ell llegir la seva pregunta perquè un altre company la contesti amb la seva carta, i així successivament fins que es completi el cercle de preguntes.

La meva fracció és: $\frac{7}{30}$

Calcula el resultat simplificat de l'operació següent:

$$\frac{3}{6} + \frac{11}{7} \cdot \frac{5}{2}$$

La meva fracció és: $\frac{31}{7}$

Indica una fracció equivalent a la inversa de la fracció:

$$\frac{468}{72}$$

La meva fracció és: $\frac{2}{13}$

Quina és la tercera part del total d'un terç més dos cinquens menys un mig?

La meva fracció és: $\frac{7}{90}$

De les fraccions següents, quina és més gran?

$$\frac{3}{8}, \frac{2}{5}, \frac{1}{4}$$

La meva fracció és: $\frac{2}{5}$

Efectua les operacions següents:

$$\sqrt{\frac{36}{144}} - \left(\frac{2}{3}\right)^4 : \left(\frac{2}{3}\right)^2$$

La meva fracció és: $\frac{1}{18}$

Quina part de l'herència correspon a l'Adrià si els seus germans n'han rebut un sisè i tres cinquens, respectivament?

ACTIVI TATS

03 NOMBRES FRACCIONARIS

1 Nombres fraccionaris

1 Indica quines de les fraccions següents són pròpies; quines, impròpies, i quines, fraccions unitat:

a. $\frac{14}{3}$ b. $\frac{4}{13}$ c. $\frac{5}{8}$ d. $\frac{6}{6}$ e. $\frac{16}{6}$

2 Escriu aquestes fraccions impròpies com a nombres mixtos:

a. $\frac{19}{3}$ b. $\frac{49}{11}$ c. $\frac{58}{5}$ d. $\frac{89}{6}$ e. $\frac{65}{7}$

3 Escriu els nombres mixtos següents en forma de fraccions impròpies:

a. $4\frac{1}{5}$ b. $3\frac{10}{13}$ c. $2\frac{6}{7}$ d. $9\frac{1}{2}$ e. $5\frac{7}{12}$

2 Fraccions equivalents

4 Indica si els parells de fraccions següents són equivalents:

a. $\frac{1}{3}$ i $\frac{2}{5}$ c. $\frac{3}{7}$ i $\frac{9}{21}$ e. $\frac{6}{9}$ i $\frac{3}{2}$

b. $\frac{4}{5}$ i $\frac{12}{15}$ d. $\frac{11}{132}$ i $\frac{12}{144}$ f. $\frac{6}{13}$ i $\frac{2}{4}$

5 Esbrina el valor que té R perquè aquestes fraccions siguin equivalents:

a. $\frac{42}{28} = \frac{18}{R}$ d. $\frac{35}{6} = \frac{R}{18}$ g. $\frac{120}{R} = \frac{40}{24}$

b. $\frac{120}{R} = \frac{72}{60}$ e. $\frac{24}{13} = \frac{72}{R}$ h. $\frac{80}{32} = \frac{R}{6}$

c. $\frac{19}{21} = \frac{76}{R}$ f. $\frac{R}{18} = \frac{25}{45}$ i. $\frac{143}{121} = \frac{13}{R}$

6 Copia al teu quadern aquestes fraccions i completa-les amb nombres perquè siguin equivalents:

a. $\frac{12}{8} = \frac{A}{18} = \frac{9}{B} = \frac{C}{2} = \frac{15}{D} = \frac{E}{16} = \frac{F}{108}$

b. $\frac{A}{9} = \frac{B}{2} = \frac{85}{17} = \frac{15}{C} = \frac{225}{D} = \frac{E}{12} = \frac{40}{F}$

c. $\frac{A}{4} = \frac{B}{6} = \frac{77}{C} = \frac{D}{50} = \frac{35}{E} = \frac{21}{6} = \frac{F}{2}$

7 Escriu dues fraccions ampliades de les fraccions següents: $\frac{1}{4}$, $\frac{9}{5}$ i $\frac{7}{10}$.

8 Determina fraccions equivalents a la fracció $\frac{3}{7}$ que compleixin les condicions següents:

a. El denominador és un múltiple de 6.

b. El numerador és divisor de 84.

9 Simplifica les fraccions que segueixen fins a arribar a la fracció irreductible:

a. $\frac{125}{350}$ e. $\frac{645}{810}$ i. $\frac{1728}{6912}$ m. $\frac{180}{260}$

b. $\frac{728}{1092}$ f. $\frac{121}{242}$ j. $\frac{456}{600}$ n. $\frac{672}{360}$

c. $\frac{744}{1128}$ g. $\frac{1980}{9504}$ k. $\frac{945}{405}$ o. $\frac{2535}{4290}$

d. $\frac{130}{600}$ h. $\frac{520}{3900}$ l. $\frac{620}{840}$ p. $\frac{475}{985}$

10 Calcula directament la fracció irreductible d'aquestes fraccions:

a. $\frac{850}{833}$ d. $\frac{378}{567}$ g. $\frac{1716}{1320}$ j. $\frac{1800}{2925}$

b. $\frac{900}{675}$ e. $\frac{490}{588}$ h. $\frac{345}{270}$ k. $\frac{2480}{4280}$

c. $\frac{561}{594}$ f. $\frac{5040}{4375}$ i. $\frac{130}{390}$ l. $\frac{7420}{3200}$

11 Una ampolla mig plena és igual que una ampolla mig buida? Explica-ho mitjançant nombres fraccionaris.

12 La Mireia ha gastat $\frac{9}{12}$ de la seva paga al cinema, el seu amic Nil ha utilitzat el $\frac{15}{25}$ per comprar-se un llibre, i el Sergi ha adquirit una entrada per a un concert amb el $\frac{21}{28}$ dels seus estalvis. Dels tres amics, quins s'han gastat els mateixos diners?

13 El Mohamed ha de fer diferents proves de tipus test amb diversos nombres de preguntes. A matemàtiques ha respost de manera correcta 4 preguntes de 10, i a català n'ha encertat 6 de 15.

a. Ha tingut el mateix percentatge d'encerts a totes dues assignatures? Per què? Utilitza fraccions per explicar-ho.

b. Si a l'examen de socials ha tingut el mateix percentatge d'encerts i la prova constava de 35 preguntes, quantes n'ha contestat correctament?

c. Quantes preguntes tenia el test que ha fet d'anglès si ha contestat bé 12 preguntes i ha tingut el mateix percentatge d'error que als exàmens anteriors?

3 Representació, ordenació i comparació de fraccions

14 Representa a la mateixa recta numèrica les fraccions proposades. Després, ordena-les de més gran a més petita.

a. $\frac{4}{3}, -\frac{3}{4}, -\frac{5}{3}, \frac{1}{4}$

b. $-\frac{11}{3}, -\frac{5}{2}, -\frac{11}{6}, -\frac{19}{4}$

15 Identifica els nombres fraccionaris que hi ha representats en aquestes rectes numèriques:

a.

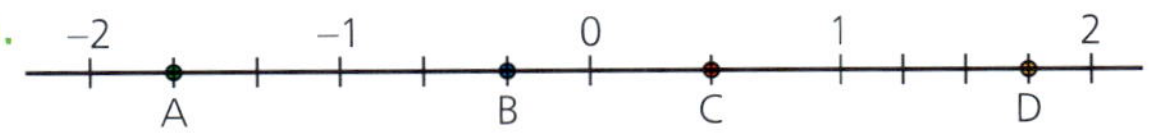

b.

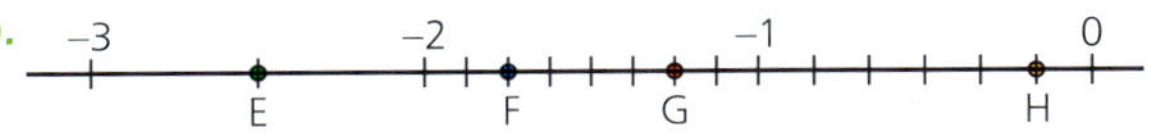

16 Ordena les fraccions següents de més gran a més petita:

a. $\frac{27}{18}, \frac{31}{36}, \frac{5}{3}, \frac{13}{9}$

b. $-\frac{11}{10}, -\frac{3}{5}, -\frac{13}{25}, -\frac{9}{5}$

c. $\frac{6}{11}, \frac{2}{5}, \frac{3}{2}, \frac{8}{15}$

d. $-\frac{6}{21}, -\frac{2}{35}, -\frac{11}{15}, -\frac{3}{10}$

e. $\frac{5}{18}, -\frac{2}{15}, -\frac{1}{9}, \frac{5}{36}$

f. $\frac{7}{18}, \frac{7}{4}, \frac{23}{15}, \frac{17}{8}$

17 Copia al teu quadern les expressions següents i substitueix la lletra R pels signes < o >, tal com correspongui.

a. $-\frac{3}{7}$ R $-\frac{2}{3}$

b. $\frac{8}{15}$ R $\frac{33}{45}$

c. $\frac{6}{18}$ R $\frac{9}{20}$

d. $-\frac{4}{75}$ R $-\frac{1}{6}$

18 Copia i completa al teu quadern les fraccions següents perquè l'ordre sigui el correcte:

a. $-\frac{2}{5} > -\frac{A}{35} > -\frac{4}{7}$

b. $\frac{1}{4} > \frac{B}{15} > \frac{4}{9}$

c. $-\frac{2}{7} > -\frac{C}{2} > -\frac{4}{7}$

d. $\frac{2}{3} > \frac{D}{10} > \frac{4}{5}$

e. $\frac{8}{3} > \frac{E}{2} > \frac{9}{4}$

f. $-\frac{3}{5} < -\frac{F}{10} < -\frac{1}{4}$

g. $-\frac{4}{9} > -\frac{G}{3} > -\frac{7}{6}$

h. $\frac{4}{11} < \frac{H}{2} < \frac{2}{3}$

19 La Judith ha repartit una part dels seus estalvis entre els seus quatre nets. A la Sofia n'hi ha correspost un divuitè; al Xavier, un cinquè; a la Natàlia, quatre onzens, i l'Àdam s'ha quedat amb tres vint-i-cinquens.

a. Ordena les fraccions de més gran a més petita.

b. Quin net és el que ha rebut més diners?

c. I el que n'ha rebut menys?

20 La Mariona, l'Hèctor, el Pablo i la Clara han fet una prova de tipus test per comprovar els seus coneixements de matemàtiques. La Mariona ha respost bé tres cinquens de les preguntes; l'Hèctor, quatre setens; el Pablo, cinc sisens, i la Clara, un terç. Qui ha tingut més respostes encertades? I menys?

21 Quatre missatgers s'han repartit un cert nombre de paquets per lliurar. L'Albert s'ha encarregat d'un terç dels paquets; l'Ona, de cinc vint-i-cinquens; l'Ainara, de tres desens, i el Raül, de dos dotzens. Ordena de més gran a més petita la quantitat de paquets lliurats i indica qui ha portat més paquets i qui menys.

22 L'Aitana, l'Òscar i la Daniela han encarregat tres pizzes. L'Aitana se n'ha menjat dos terços del total; l'Òscar, un mig, i la Daniela, cinc sisens.

a. Ordena de més gran a més petita la quantitat de pizza que han consumit els tres amics.

b. Qui ha menjat més pizza?

c. I menys?

23 L'Aya vol anar de casa seva al cinema. Per fer-ho, només pot trepitjar rajoles que estiguin en ordre creixent. Copia el laberint següent al teu quadern i indica el camí que ha de seguir la nostra amiga de manera que la rajola per on passi sigui una fracció més gran que la fracció on era.

	$\frac{4}{9}$	$\frac{6}{30}$	$\frac{2}{3}$	$\frac{5}{6}$	$\frac{14}{12}$	Cinema →
	$\frac{1}{9}$	$\frac{5}{15}$	$\frac{7}{14}$	$\frac{11}{33}$	$\frac{12}{55}$	
Casa →	$\frac{1}{6}$	$\frac{3}{13}$	$\frac{2}{24}$	$\frac{7}{5}$	$\frac{8}{9}$	
	$\frac{1}{12}$	$\frac{3}{15}$	$\frac{13}{29}$	$\frac{23}{3}$	$\frac{17}{36}$	

24 ⊞ Demostra les expressions següents amb exemples:

a. Si $\frac{a}{b} < \frac{a}{c} < \frac{a}{d}$, es pot afirmar que $\frac{b}{a} > \frac{c}{a} > \frac{d}{a}$?

b. Si $\frac{a}{b} < \frac{c}{d} < \frac{e}{f}$, seria possible que $\frac{b}{a} > \frac{d}{c} > \frac{f}{e}$?

4 Suma i resta de fraccions

25 Efectua les operacions següents i indica'n el resultat com a fracció irreductible:

a. $\frac{3}{18} + \frac{4}{15} + \frac{10}{3}$

b. $-\frac{45}{20} - \frac{90}{50} - \frac{39}{9}$

c. $\frac{2}{18} + \frac{6}{12} - \frac{4}{15}$

d. $-\frac{10}{35} - \frac{20}{50} + \frac{15}{140}$

e. $\frac{240}{135} + \frac{630}{585} + \frac{120}{25}$

f. $\frac{19}{4} - \frac{5}{12} - \frac{9}{20}$

g. $5 - \frac{4}{9} - 3 + \frac{12}{30}$

h. $\frac{9}{12} - \frac{12}{20} - \frac{18}{15} + 3$

i. $\frac{16}{3} - 4 + \left(-\frac{5}{2}\right)$

j. $-\frac{3}{7} - \left(-\frac{2}{8}\right) + \frac{7}{4}$

26 Efectua aquestes sumes i restes de nombres fraccionaris i simplifica'n el resultat:

a. $\frac{26}{75} - \frac{76}{30} - \left(\frac{7}{6}\right) - 2$

b. $\left(\frac{9}{10} - \frac{13}{32}\right) - \left(\frac{3}{5} - \frac{1}{6}\right)$

c. $\frac{6}{7} - \frac{4}{2} + \frac{21}{5} - \left(-\frac{3}{8}\right)$

d. $-3 - \left(\frac{11}{10} - \frac{5}{12}\right)$

e. $-\left(\frac{5}{6} + \frac{21}{8} - \frac{19}{12}\right)$

f. $\frac{3}{4} - \frac{2}{3} - \left(\frac{15}{22} + \frac{12}{33}\right)$

g. $-\left(-\frac{7}{8}\right) + \left(-\frac{4}{5} - \frac{6}{18}\right)$

h. $-\left(-\frac{3}{20}\right) - \left(\frac{12}{15} - \frac{3}{8}\right)$

i. $\frac{6}{7} - \left(\frac{3}{4} + \frac{5}{6}\right) - \left(-\frac{7}{5}\right)$

j. $\left(5 - \frac{3}{8}\right) - \left(-\frac{8}{5} - \frac{3}{20}\right)$

27 Tres amics s'han repartit un treball de matemàtiques de la manera següent: l'Èric s'encarregarà de dos cinquens; la Carlota, de tres setens, i el Dídac farà la resta. Quina fracció li toca fer al Dídac? I si la Carlota en fes els tres vuitens?

28 L'Ana vol repartir 300 € entre les seves tres filles, de manera que la Nora rebi dos cinquens del total; la Naiara, dos terços, i la Cristina, un quart.

a. Es pot fer el repartiment tal com vol l'Ana?

b. I si a la Nora li'n corresponguessin dos cinquens; a la Naiara, un mig, i a la Cristina, un desè?

c. Si finalment s'ho pensés millor i en repartís dos novens a la Nora, dos setens a la Naiara i un setè a la Cristina, quants diners rebria cada filla?

d. En quina de les tres situacions sobren diners o en falten?

29 L'Álvaro necessita comprar tres quarts de quilo de mongeta tendra per fer el dinar. El dependent li comenta que només n'hi queda un terç, ja que és gairebé l'hora de plegar.

a. Quant li'n falta per tenir-ne la quantitat que necessita?

b. L'Helena, que acaba de comprar també mongeta tendra, li diu que ella n'hi pot donar dos cinquens de quilo. N'hi haurà prou amb això perquè l'Álvaro arribi a casa amb els seus tres quarts de quilo de mongeta tendra? Quant n'hi faltarà o n'hi sobrarà?

30 La Ivet planifica els deures del cap de setmana. Dissabte en farà un terç al matí i només un sisè a la tarda, perquè després té previst sortir amb els amics. Diumenge al matí, després d'ajudar els pares a endreçar la casa, s'encarregarà de fer dos novens del total dels deures. Quina fracció dels deures s'ha reservat la Ivet per a la tarda de diumenge?

5 Multiplicació i divisió de fraccions

31 Escriu com a fracció les expressions següents i escriu-ne el valor en les unitats que s'indiquen:

a. Un quart d'hora en minuts.

b. Mig dia en hores.

c. Un sisè d'any en mesos.

d. Un cinquè de litre en centilitres.

32 Efectua les operacions següents i simplifica'n el resultat:

a. $\left(\frac{30}{7} \cdot \frac{5}{24}\right) \cdot \left(\frac{8}{9} \cdot \frac{21}{6}\right)$

b. $-\left(\frac{3}{24}\right) : \left(-\frac{18}{15}\right) \cdot \frac{10}{9}$

c. $\left(\frac{9}{10} : \frac{36}{40}\right) \cdot \left(\frac{85}{7} : \frac{15}{21}\right)$

d. $\left(\frac{19}{3} \cdot \frac{27}{25} : \frac{5}{6}\right) : \left(-\frac{4}{3}\right)$

e. $\frac{58}{32} : (-6) : \frac{7}{8} : (-4)$

f. $\frac{4}{5} : \left[\frac{3}{7} \cdot \left(-\frac{10}{6}\right)\right]$

g. $\left(\frac{72}{39} \cdot \frac{26}{12}\right) : (-3)$

h. $-\left(\frac{16}{6} : \frac{2}{14} : \frac{49}{20}\right)$

i. $\frac{100}{250} : \frac{45}{75} \cdot \left(-\frac{2}{3}\right)$

j. $-\frac{75}{40} : \left(\frac{35}{60} \cdot \frac{38}{28}\right)$

33 Fes una estimació dels resultats d'aquestes operacions, en les quals les fraccions apareixen com a operador. Després, comprova'n el resultat.

a. $\frac{5}{15}$ de 450

b. $\frac{8}{42}$ de 945

c. $\frac{12}{20}$ de 820

d. $\frac{3}{23}$ de 966

e. $\frac{1}{4}$ de 64

f. $\frac{5}{7}$ de 84

34 Fes aquests operacions amb nombres fraccionaris mentalment. Després, determina'n la fracció irreductible:

a. $-\frac{12}{7} \cdot \left(-\frac{9}{2}\right)$

b. $\frac{20}{45} : \left(-\frac{24}{75}\right)$

c. $\frac{8}{12} : \frac{10}{3}$

35 Efectua les operacions proposades com en l'exemple, és a dir, resolent les divisions com a multiplicacions per la inversa i simplificant-ne el resultat.

$$\frac{3}{10} \cdot \frac{25}{9} \cdot \frac{6}{7} = \frac{\cancel{3}}{\cancel{2} \cdot \cancel{5}} \cdot \frac{\cancel{5} \cdot 5}{\cancel{3} \cdot \cancel{3}} \cdot \frac{\cancel{2} \cdot \cancel{3}}{7} = \frac{5}{7}$$

a. $\frac{69}{88} \cdot \frac{16}{3} : \left(-\frac{4}{121}\right)$

b. $\frac{55}{90} : (-33) \cdot \left(-\frac{18}{10}\right)$

c. $\frac{98}{72} : \frac{48}{66} : \left(-\frac{30}{45}\right)$

d. $-\frac{300}{75} : \frac{115}{95} : \frac{6}{10}$

e. $-\frac{147}{20} : \frac{70}{9} \cdot \frac{10}{7}$

f. $\frac{72}{75} \cdot \frac{15}{20} : \left(-\frac{4}{3}\right)$

g. $\left(\frac{1}{5} \cdot \frac{9}{12}\right) : \left(-\frac{35}{60}\right)$

h. $-\frac{88}{30} : \left(-\frac{16}{15}\right) \cdot \frac{35}{132}$

36 La Blanca té estalviats 180 €. Se n'ha gastat un vintè en una entrada per al cinema, un terç en un joc per a la videoconsola, quatre quaranta-cinquens en un llibre d'aventures i dos quinzens en una motxilla. Si després s'ha comprat una brusa i uns pantalons i li han sobrat 21 €:

a. Quina fracció s'ha gastat en roba?

b. Quants diners li ha costat cada compra?

37 Una empresa empra els dos setens dels seus beneficis per pagar els empleats, tres vuitens per adquirir maquinària i un sisè per emprendre projectes nous. Si els seus beneficis ascendeixen a 21 000 000 €:

a. Quina fracció dels beneficis quedaria?

b. Quants diners s'han emprat per al pagament dels empleats, per a l'adquisició de maquinària i per als projectes nous?

38 Del menjar que hi ha en una nevera, un terç són aliments sòlids. D'aquests, un mig són vegetals, dels quals tres cinquens són fruites, dos cinquens de les quals són pomes.

a. Quina fracció del total són pomes?

b. Si a la nevera hi ha 150 aliments, indica quants són sòlids; quants, vegetals; quants, fruites, i quants, pomes.

6 Potències de fraccions

39 Expressa en forma de potència única les operacions amb potències següents i esbrina'n el valor amb ajuda de la calculadora:

a. $\left(-\frac{3}{2}\right)^5 \cdot \left(-\frac{3}{2}\right)^2 : \left(-\frac{3}{2}\right)^3$

b. $-\left(\frac{2}{9}\right)^3 : \left[\left(\frac{1}{6}\right)^2 \cdot \left(\frac{1}{6}\right)\right]$

c. $\left[\left(\frac{4}{5}\right)^2\right]^3 : \left(\frac{4}{5}\right)^2 \cdot \left(\frac{10}{3}\right)^4$

d. $\left(\frac{8}{9}\right)^3 : \left(\frac{8}{9}\right)^5 : \left(\frac{3}{2}\right)^{-2}$

e. $\left[\left(\frac{2}{3}\right) \cdot \left(\frac{2}{3}\right)^{-4}\right] : \left(\frac{2}{3}\right)^{-3}$

f. $\left(\frac{4}{5}\right)^4 \cdot \left(\frac{5}{3}\right)^4 : \left(\frac{4}{3}\right)^7$

g. $\left(\frac{8}{11}\right)^3 \cdot \left(\frac{8}{11}\right)^2 : \left(\frac{8}{11}\right)^7$

h. $\left[\left(\frac{5}{3}\right)^2\right]^{-3} : \left(\frac{10}{9}\right)^{-6}$

i. $\left(\frac{5}{7}\right)^2 \cdot \left[\left(\frac{7}{5}\right)^{-1}\right]^{-2}$

j. $\left(\frac{6}{5}\right)^{-2} : \left(\frac{5}{6}\right)^{-2} \cdot \left[\left(\frac{5}{6}\right)^3\right]^0$

40 Copia al teu quadern i substitueix les lletres pel valor corresponent perquè les expressions següents siguin correctes:

a. $\left(\frac{2}{9}\right)^3 \cdot \left(\frac{2}{9}\right)^9 : \left(\frac{A}{B}\right)^4 = \left(\frac{2}{9}\right)^4$

b. $\left[\left(\frac{36}{90}\right)^2\right]^3 : \left(\frac{36}{90}\right)^8 = \left(\frac{C}{2}\right)^D$

c. $\left[\left(\frac{5}{6}\right)^4\right]^{10} : \left[\left(\frac{E}{F}\right)^5\right]^8 = \left[\left(\frac{6}{21} \cdot \frac{15}{4}\right)^{20}\right]^2$

d. $\left(\frac{10}{7}\right)^{-3} \cdot \left(\frac{10}{7}\right)^5 \cdot \left(\frac{G}{H}\right)^2 = 5^2$

e. $\left(\frac{4}{5}\right)^{-3} \cdot \left(\frac{16}{25}\right)^{-2} : \left(\frac{I}{J}\right)^5 = \left(\frac{5}{4}\right)^2$

7 Arrels de fraccions

41 Efectua les arrels de nombres fraccionaris proposades, utilitzant la definició d'*arrel de fraccions*. Recorda indicar el resultat com a fracció irreductible.

a. $\sqrt{\frac{169}{676}}$

b. $\sqrt{\frac{484}{784}}$

c. $\sqrt{\frac{625}{100}}$

d. $\sqrt{\frac{324}{400}}$

e. $\sqrt[3]{-\frac{729}{216}}$

f. $\sqrt[3]{\frac{512}{1000}}$

42 Calcula les expressions plantejades, aplicant les operacions amb arrels estudiades, i indica'n el resultat com a fracció irreductible.

a. $\sqrt{\frac{18}{125}} \cdot \sqrt{\frac{10}{9}}$

b. $\sqrt{\frac{26}{105}} : \sqrt{\frac{39}{70}}$

c. $\sqrt{\frac{18}{30}} \cdot \sqrt{\frac{45}{363}}$

d. $\left(\sqrt{\frac{8}{243}}\right)^2$

e. $\sqrt{\frac{255}{20}} : \left(\sqrt{\frac{10}{9}} : \sqrt{\frac{40}{51}}\right)$

f. $\left(\sqrt{\frac{7}{5}}\right)^3 \cdot \left(\sqrt{\frac{1}{14}}\right)^5 \cdot \sqrt{\frac{9}{10}}$

g. $\sqrt{\frac{45}{26}} \cdot \sqrt{\frac{70}{39}} \cdot \sqrt{\frac{8}{42}}$

h. $\sqrt{\frac{38}{33}} \cdot \sqrt{\frac{66}{8}} : \sqrt{\frac{22}{15}}$

8 Operacions combinades amb fraccions

43 Determina la fracció irreductible resultant de les operacions amb nombres fraccionaris següents:

a. $\frac{3}{8} - \frac{15}{16} : \frac{3}{4} + \frac{7}{20}$

b. $\frac{3}{8} - \frac{4}{7} + \frac{10}{6} \cdot \frac{12}{7}$

c. $\left(\frac{90}{35} + \frac{54}{28}\right) : \left(\frac{16}{20} - 3\right)$

d. $-\left(-\frac{8}{5}\right) \cdot \left(\frac{3}{12} + \frac{9}{18}\right)$

44 Calcula la fracció irreductible.

a. $-\frac{5}{9} - \left(\frac{2}{5}\right)^2 + 3$

b. $\frac{6}{45} : \left(\frac{5}{25} + \frac{7}{75}\right)$

c. $5 \cdot \left(\frac{6}{5} - \frac{9}{8} : \frac{1}{12}\right)$

d. $\frac{12}{10} \cdot \frac{9}{24} : \frac{3}{8} : \left(-\frac{1}{2}\right)$

e. $\frac{6}{32} : \frac{5}{8} - \frac{5}{4} : \left(\frac{8}{7} - \frac{10}{8}\right)$

f. $-\frac{3}{20} - \left(\frac{12}{9} : \frac{5}{12} - \frac{40}{18}\right)$

45 Efectua aquestes operacions combinades amb fraccions i simplifica'n el resultat obtingut si és possible:

a. $\frac{5}{6}\cdot\left(\frac{11}{20}-\frac{12}{30}\right)-\frac{7}{8}:\left(\frac{4}{3}+12\right)-\frac{4}{5}$

b. $\frac{9}{12}-\frac{2}{15}:\frac{6}{30}+\left(\frac{35}{55}-\frac{1}{11}\right)-4:\frac{2}{3}$

c. $\frac{5}{6}-\left[\frac{1}{6}:\left(\frac{1}{5}-\frac{1}{6}\right)-\frac{12}{5}\right]-\left(\frac{9}{8}-\frac{1}{3}:2\right)$

d. $\left(\frac{7}{5}+\frac{3}{4}-3-\frac{2}{8}\right):\left(\frac{5}{6}+\frac{2}{15}\right):\frac{4}{5}-\frac{2}{3}$

46 Efectua aquestes operacions combinades amb fraccions i arrels, i simplifica'n el resultat si és possible:

a. $\left(\frac{6}{5}\right)^5:\left(\frac{6}{5}\right)^3-\sqrt{\frac{15}{6}}\cdot\sqrt{\frac{49}{40}}+\left[\left(\frac{5}{4}\right)^2\right]^{-1}$

b. $\frac{3}{4}:5+\left(\frac{7}{2}\right)^3:\left(\frac{14}{6}\right)^3-\left(\frac{1}{5}\right)^2\cdot\left(\frac{1}{5}\right)^{-3}$

c. $\left(-\frac{5}{2}\right)^3-\left[\frac{7}{4}-\frac{8}{9}:\frac{18}{12}+\left(\frac{1}{2}\right)^2\right]\cdot\left(\frac{4}{6}-\frac{6}{4}\right)$

d. $\sqrt{\frac{9}{121}}+\frac{5}{12}\cdot\frac{24}{25}-\frac{1}{2}:\left(-\frac{2}{3}+\frac{1}{4}\right)$

e. $\frac{28}{60}-\frac{5}{36}\cdot\left(-\frac{27}{75}\right)+\sqrt{\frac{256}{625}}+20:(-8)$

f. $\left(\frac{6}{7}\right)^3:\left(\frac{6}{7}\right)^2-\frac{65}{18}\cdot\frac{12}{39}+\left(-\frac{9}{5}\right)^3\cdot\left(-\frac{9}{5}\right)^{-5}$

g. $\left[\left(-\frac{12}{9}\right)^{-6}\cdot\left(-\frac{12}{9}\right)^5\right]:\left[\left(\frac{10}{7}\right)^4\cdot\left(\frac{10}{7}\right)^{-5}\right]$

47 En les eleccions a delegat de classe, l'Ian ha aconseguit dos cinquens dels vots; la Salma, un terç; l'Elsa, un quinzè, i l'Aroa, la resta. Si en total s'han comptabilitzat 30 vots:

a. Quina fracció de vots ha obtingut l'Aroa?

b. Quants vots ha rebut cadascú?

48 Simplifica les expressions següents fins a trobar la fracció irreductible:

a. $\dfrac{\frac{4}{7}+\frac{1}{3}\cdot\frac{2}{4}-\frac{10}{3}:\left(\frac{1}{5}-\frac{1}{3}\right)}{\frac{19}{2}-\left(\frac{25}{6}-\frac{33}{9}\right)+3}$

b. $\dfrac{-\frac{3}{7}:\left(\frac{7}{9}:\frac{35}{9}\right)\cdot\frac{1}{5}}{\left(-\frac{45}{30}+\frac{6}{12}\right):\left(\frac{6}{15}-\frac{7}{30}\right)}$

c. $\dfrac{\left(\frac{36}{56}-\frac{5}{75}\right):\frac{11}{5}-\frac{4}{3}}{\frac{11}{9}\cdot\frac{18}{22}-\frac{3}{36}+\left(\frac{6}{18}-\frac{4}{20}\right)}\cdot\left(\frac{7}{25}-\frac{3}{5}\right)$

d. $\dfrac{\left[\frac{5}{72}-\frac{2}{60}\cdot(-6)\right]\cdot\left[-\frac{63}{6}\cdot\left(\frac{5}{3}+\frac{3}{7}\right)\right]}{\frac{20}{15}-\frac{45}{65}\cdot\left(-\frac{2}{3}\right)}$

e. $\dfrac{\left[\left(\frac{7}{75}-\frac{3}{45}\right):\frac{8}{12}\right]\cdot\left[\left(\frac{1}{3}\right)^3:\left(\frac{5}{12}\right)^3:\left(\frac{4}{5}\right)^5\right]}{\left[\frac{8}{12}:\frac{13}{5}\cdot\left(\frac{7}{2}+\frac{57}{6}\right)\right]:\left[\left(\frac{12}{15}-\frac{6}{45}\right):\frac{2}{7}\right]}$

49 La Joana ha invertit dos novens dels seus estalvis per comprar un llibre, un vuitè per anar al cinema i un quart per sortir a sopar.

a. Quina fracció del total li ha sobrat?

b. Si tenia estalviats 72 €, quants diners s'ha gastat en cadascuna de les accions?

50 El Lucas reparteix entre els seus amics la seva col·lecció de 5 280 còmics d'humor. Al seu amic Aaron n'hi ha regalat la quarta part; a l'Eva, un cinquè de la col·lecció; a l'Erika, tres vuitens, i la resta l'ha deixat al Mario.

a. Quina part de la col·lecció ha correspost al Mario?

b. Quants exemplars ha rebut cada amic?

51 La Inés vol repartir els fulls del seu arxivador entre les matèries següents: a Matemàtiques n'hi ha assignat un terç; a Català, cinc dotzens, i la resta l'ha deixat per a Anglès.

a. Quina part dels fulls ha correspost a l'assignatura d'Anglès?

b. Quants fulls hi havia en total si 100 estaven destinats a Català?

c. Indica les pàgines assignades a cada matèria.

TREBALLEM LES COMPETÈNCIES

FER ESTIMACIONS AMB FRACCIONS

Com es pot fer l'estimació del resultat d'una suma o una resta de fraccions? En general, en estimar sumes i restes de fraccions és bona idea treballar amb fraccions arrodonides, per exemple, cercant una relació entre la fracció i un nombre enter.

Els passos que pots seguir són els següents:

1. Arrodonir cada fracció a 0, a un mig, a un nombre i mig o a un nombre enter, en funció de la relació entre el numerador i el denominador.
2. Les fraccions resultants, tenen comú denominador? Aplicar-lo per sumar-les o restar-les.
3. La fracció resultant, es deixa com està o val la pena arrodonir-la a un nombre enter?

Aplica aquest procediment a la situació següent:

1 El Sergio i la Gisela tenen dos pots iguals. El del Sergio té monedes que n'omplen $\frac{3}{10}$ de la capacitat. Les monedes del pot de la Gisela, en canvi, n'ocupen $\frac{1}{4}$ de la capacitat. Si tots dos germans decideixen combinar les monedes en un únic pot, com quedarà de ple? Fes-ne una estimació i, després, comprova'n el resultat.

LA SALSA

Volem preparar una salsa per a una amanida. Ens han comentat una recepta per fer-ne 100 mL amb els ingredients següents:

- Oli d'oliva: 50 mL
- Vinagre: 30 mL
- Salsa de soja: 20 mL

1 Calcula la fracció que representa cada ingredient en la salsa.

2 Quants mil·lilitres de cada ingredient fan falta per fer 150 mL d'aquesta salsa?

Unitats de capacitat

La unitat principal de mesura de la capacitat és el **litre** (L). Hi ha altres unitats de capacitat més grans que el litre (múltiples) o més petites (submúltiples).

Múltiples

1 kL = 1 000; 1 hL = 100 L; 1 daL = 10 L

Submúltiples

1 dL = 0,1 L; 1 cL = 0,01 L;
1 mL = 0, 001 L

Cada unitat de capacitat és deu vegades més gran que la immediatament inferior i deu vegades més petita que la immediatament superior.

LA BOTIGA

En una botiga estan fent inventari de les seves existències d'aigua emmagatzemada. Aquest n'és el resultat:

- 254 ampolles d'un litre i mig
- 476 ampolles d'un quart de litre
- 384 ampolles de mig litre
- 144 ampolles de 25 cL

1 Calcula la fracció de la quantitat total d'aigua que tenen que es troba en cada tipus de recipient.

LA SAGRADA FAMÍLIA

Al temple de la Sagrada Família es poden apreciar diferents sistemes de proporcions, mòduls i sèries entre els elements que componen l'edifici. El nombre 12, amb una llarga història en el món de la modulació arquitectònica pel fet de tenir molts divisors, hi és força present. No és una casualitat que les plantilles que generen les columnes principals del creuer siguin estrelles de 12 puntes.

L'anomenat **intereix** o distància entre els nervis de cada columna és una fracció de l'intereix de la columna de 12 puntes. Per exemple, l'intereix de la columna d'onze puntes equival a $\frac{11}{12}$ de l'intereix d'una de 12 puntes. Passa el mateix amb el diàmetre de les columnes: el diàmetre d'una columna de 7 puntes equival a $\frac{7}{12}$ del diàmetre d'una de 12 puntes.

1 En la taula següent es recullen els tipus de columna dissenyades per Antoni Gaudí, ordenades segons el nombre de puntes.

Nombre de puntes	12	11	10	9	8	7	6	5	4	3	2	1
Fracció	1	$\frac{11}{12}$	$\frac{5}{6}$	$\frac{3}{4}$			$\frac{1}{2}$				$\frac{1}{6}$	
Intereix	90	82,5		67,5		52,5				22,5		7,5
Diàmetre	210	192,5	175		140				70			

A partir de les dades de la columna de 12 puntes, calcula la fracció respecte de la columna de 12 puntes, l'intereix i el diàmetre de cada tipus de columna.

LA CLASSE D'EDUCACIÓ FÍSICA

Els resultats de l'avaluació final d'educació física del curs de l'Unai han estat els següents:

- Assoliment excel·lent: un cinquè dels alumnes han aconseguit la qualificació més elevada.
- Assoliment notable: un desè dels alumnes
- Assoliment satisfactori: la meitat dels alumnes
- No assoliment: la resta dels alumnes no han aconseguit un assoliment considerat com adequat.

1 Determina quina fracció representa cadascun dels resultats obtinguts.

2 Calcula quants alumnes han obtingut cadascuna de les qualificacions, sabent que 10 alumnes han obtingut un assoliment excel·lent.

APLIQUEM LES TIC

ELS NOMBRES FRACCIONARIS I LA CALCULADORA CIENTÍFICA

Amb la calculadora científica es poden efectuar totes les operacions amb nombres fraccionaris que hem estudiat.

NOMBRES FRACCIONARIS

En la majoria de les calculadores científiques, la tecla per treballar amb fraccions és [$a^{b}/_{c}$].

Quan introduïm a la calculadora una fracció que no és irreductible i premem el signe igual, la màquina retorna aquesta fracció simplificada.

Exemple	Tecles	A la pantalla apareix...
$\frac{3}{7}$	[3] [$a^{b}/_{c}$] [7]	3 ⌋ 7
$\frac{20}{72}$	[2] [0] [$a^{b}/_{c}$] [7] [2] [=]	5 ⌋ 18

NOMBRE MIXT

Per escriure el nombre mixt $3\frac{2}{5}$, cal teclejar **A**.

Per passar el nombre mixt anterior a fracció impròpia, es premen les tecles indicades a **B**.

Si la fracció que s'introdueix és impròpia, la calculadora l'escriu com a nombre mixt.

Per exemple, quan s'escriu $\frac{5}{2}$, apareix a la pantalla $2\frac{1}{2}$ (**C**).

	Tecles	A la pantalla apareix...
A	[3] [$a^{b}/_{c}$] [2] [$a^{b}/_{c}$] [5]	3 ⌋ 2 ⌋ 5
B	[SHIFT] [$^{d}/_{c}$]	17 ⌋ 5
C	[5] [$a^{b}/_{c}$] [2] [=]	2 ⌋ 1 ⌋ 2

OPERACIONS AMB FRACCIONS

Amb la calculadora es poden efectuar totes les operacions estudiades en aquesta unitat:

Exemple	Tecles	A la pantalla apareix...
$\frac{2}{5}+\frac{1}{3}$	[2] [$a^{b}/_{c}$] [5] [+] [1] [$a^{b}/_{c}$] [3] [=]	11 ⌋ 15
$\frac{4}{7}\cdot\frac{5}{11}$	[4] [$a^{b}/_{c}$] [7] [×] [5] [$a^{b}/_{c}$] [1] [1]	20 ⌋ 77

Quan s'opera amb potències i arrels, les calculadores de pantalla senzilla reflectiran el resultat en forma de nombre decimal, mentre que en les de pantalla descriptiva apareixerà una fracció.

Exemple		Tecles	A la pantalla apareix...
$\sqrt{\frac{64}{256}}$	Pantalla senzilla	[6] [4] [$a^{b}/_{c}$] [2] [5] [6] [√]	0,5
	Pantalla descriptiva	[√] [(] [6] [4] [$a^{b}/_{c}$] [2] [5] [6] [)] [=]	1 ⌋ 2

AVALUACIÓ

1 La Sandra camina diàriament 1 056 m per anar a l'escola. Si ja n'ha recorregut 704, quina fracció representa el trajecte que ha fet? I el camí que li queda per fer?

2 Calcula els valors següents:

a. $\frac{1}{10}$ de 15

b. $\frac{12}{5}$ de 35

c. $\frac{7}{4}$ de $\frac{12}{8}$

d. $\frac{2}{3}$ de $\frac{32}{6}$

3 Calcula els valors que es demanen:

a. Tres quartes parts de 100 €.

b. Dues cinquenes parts d'una hora.

c. Tres vuitenes parts d'un hort de 500 m^2.

d. Una cinquena part d'una ampolla de 6 L.

4 En una festa, al Pau li ofereixen $\frac{3}{14}$ d'un pastís, i al Jan, $\frac{15}{70}$. Qui ha menjat més quantitat de pastís?

5 Determina el valor de x en cada cas:

a. $\frac{2}{15} = \frac{x}{45}$

b. $\frac{3}{13} = \frac{12}{x}$

c. $\frac{x}{-7} = \frac{-60}{42}$

d. $\frac{x}{19} = \frac{9}{57}$

6 Calcula el valor de A i B per tal que les fraccions siguin equivalents:

a. $\frac{15}{100} = \frac{3}{A} = \frac{B}{200}$

b. $\frac{2}{28} = \frac{44}{A} = \frac{B}{14}$

7 Calcula la fracció irreductible de les donades:

a. $\frac{10}{15}$ b. $\frac{252}{153}$ c. $\frac{22}{16}$ d. $-\frac{70}{210}$

8 Ordena les fraccions següents de la més petita a la més gran:

$$\frac{5}{12} \quad \frac{1}{3} \quad \frac{-10}{7} \quad \frac{23}{2} \quad \frac{19}{4} \quad \frac{15}{8} \quad \frac{-13}{4}$$

9 Fes les operacions següents:

a. $2 - \left(\frac{6}{11} + \frac{15}{2}\right)$

b. $-7 + \left(\frac{26}{8} - 4\right)$

c. $\left(\frac{6}{4} - \frac{5}{2}\right) - \left(\frac{3}{8} + \frac{13}{3}\right)$

d. $\left(4 + \frac{1}{5}\right) - \left(\frac{-1}{3} + \frac{2}{5}\right)$

10 Calcula el resultat de les operacions següents:

a. $4 : \frac{-2}{5} : \frac{10}{3}$

b. $\frac{11}{3} : \frac{6}{4} : \frac{-15}{6}$

c. $(-2) : \frac{1}{14} : \frac{4}{9}$

d. $\frac{7}{2} : \frac{6}{9} : (-2)$

11 Resol les operacions següents:

a. $\dfrac{\frac{12}{7} - \frac{4}{9}}{\frac{3}{2} + \frac{5}{6}}$

b. $\dfrac{\frac{2}{6} + \frac{12}{3}}{\frac{4}{5}}$

c. $\dfrac{1 - \frac{8}{3}}{\frac{2}{9} + 6}$

d. $\dfrac{\frac{3}{7} - \frac{15}{2}}{\frac{8}{11}}$

12 Desenvolupa les operacions que segueixen i calcula'n el resultat.

a. $\left(\frac{5}{-2}\right)^2$ c. $\left(-\frac{3}{5}\right)^3$ e. $\left(\frac{3}{10}\right)^4$

b. $\left(\frac{2}{3}\right)^3$ d. $\left(\frac{1}{2}\right)^5$ f. $\left(\frac{1}{-3}\right)^0$

13 Expressa els resultats en forma de fracció.

a. $\sqrt{\frac{4}{9}}$ c. $\sqrt{\frac{1600}{49}}$ e. $\sqrt{\frac{81}{36}}$

b. $\sqrt{\frac{400}{64}}$ d. $\sqrt{\frac{121}{25}}$ f. $\sqrt{\frac{225}{16}}$

14 Calcula les operacions combinades següents:

a. $\left(\frac{1}{5} + \frac{7}{8}\right) : \frac{4}{6} - \frac{1}{3}$

b. $\left(\frac{2}{3} - \frac{4}{9}\right) \cdot \frac{1}{3} + \frac{2}{7} : \frac{1}{3}$

c. $\left(\frac{5}{2} - \frac{1}{3}\right) \cdot 4 + \frac{1}{7} : \frac{3}{2}$

d. $\left(\frac{1}{6} - 3\right) \cdot \frac{3}{2} - \frac{2}{5}$

15 Resol les operacions amb radicals i potències.

a. $\sqrt{\frac{16}{9}} \cdot \frac{7}{4} - \frac{3}{2}$

b. $\frac{1}{3} \cdot \sqrt{\frac{400}{64}} + 8 : \frac{2}{5}$

c. $\frac{2}{5} : \frac{5}{4} - \left(-\frac{6}{5}\right)^2 : \frac{7}{2}$

d. $\left(-\frac{1}{6}\right)^2 : \left(\frac{2}{5}\right)^3 - \sqrt{\frac{121}{36}}$

16 En una classe de 2n d'ESO es fan votacions per escollir el delegat de la classe, i els resultats són els següents: Xènia, 14 vots; Míriam, 6 vots, Rubèn, 8 vots, i Ferran, 2 vots. Tenint en compte que han votat tots els companys, escriu la fracció que representa la quantitat de vots que ha rebut cadascun dels candidats.

17 L'Adriana ha cedit al seu germà tres cinquenes parts de la cinquena part dels diners que tenia estalviats. Si encara li queden 22 €, quants diners tenia estalviats?

18 El Carlos ha comprat una garrafa d'aigua de sis litres i mig, i se n'ha begut una sisena part. Més tard, el seu cosí Max s'ha begut la meitat del que quedava. Quina quantitat d'aigua queda a la garrafa?

19 Un autocar ha invertit 24 minuts a fer dues cinquenes parts del trajecte que separa la casa del Lluc del parc natural on van d'excursió. Quant de temps tardarà a fer el trajecte sencer?

04 NOMBRES DECIMALS

QUI OBTÉ LA UNITAT HO OBTÉ TOT

MARÍA ZAMBRANO

PRE SEN TAR

EQUIP D'ORIENTACIÓ

Al país dels nombres decimals, s'ha produït una crisi d'identitat en els grups de treball d'algunes empreses. Per tal d'ajudar aquests treballadors, heu creat un equip d'orientació que rebrà grups d'«individus» decimals per conversar amb ells amb la finalitat d'aclarir-los a quina categoria pertanyen, com es representen i quin ordre ocupen dins del seu grup. D'aquesta manera s'aclariran malentesos i de ben segur que tots tindran un rendiment millor.

CREAR

GRANS GENIS DE LA MODA

Una firma d'alta costura us ha demanat que creeu alguns esbossos d'una manera original. Per fer-ho, dibuixeu l'esbós, dividiu-lo en diverses parts i situeu un nombre en cadascuna d'aquestes parts. Aquest nombre serà el resultat d'una operació combinada amb nombres decimals que té assignat un color. Juntament amb l'esbós apareixerà la llista amb les operacions combinades i el color al qual va associat. Per grups, creeu el vostre esbós i les operacions i passeu-lo al grup del costat perquè el resolgui i el pinti. Esbrineu de quina peça es tracta.

CO NÈI XER

CADASCÚ AMB ELS SEUS

El vostre centre d'ensenyament ha organitzat un gran ball amb motiu del final del trimestre i, per formar les parelles, se us ha acudit que podeu emprar una dinàmica matemàtica. Preparareu dos tipus de dorsals: uns contindran fraccions, i uns altres, els nombres decimals als quals corresponen. De manera aleatòria, cada alumne es posarà un dorsal i –amb música de fons per anar entrant en ambient– haurà de localitzar la seva parella de ball. Troba la teva parella!

IN VESTI GAR

LA VOLTA AL SOL

El vostre equip de recerca ha rebut un encàrrec una miqueta curiós d'un client molt especial. Us ha demanat que esbrineu quants segons tarda la Terra a fer una volta al voltant del Sol i us heu trobat amb un nombre una mica peculiar. Busqueu informació sobre alguna manera de poder expressar la dada sol·licitada i treballar-hi còmodament. Indagueu altres exemples de mesures que presentin el mateix inconvenient i elaboreu un manual d'instruccions breu per indicar tant al vostre client actual com als que pugueu tenir en el futur com es poden passar aquests nombres a la forma que acabeu de descobrir.

1 REPRESENTACIÓ I ORDENACIÓ DE NOMBRES DECIMALS

Una **fracció** és el quocient indicat entre dos nombres enters, en el qual el divisor és diferent de zero. Quan s'efectua una divisió, el resultat no sempre és un nombre enter, i això fa necessari un altre tipus de nombres que representin aquesta situació. Aquests nombres són els nombres decimals.

$$\frac{2}{8} = 2 : 8 = 0{,}25$$

Els **nombres decimals** estan formats per dues parts separades per una coma, que contenen els diferents ordres d'unitats.

La part esquerra de la coma s'anomena **part entera**, i la part dreta, **part decimal**. Aquesta última hi pot aparèixer o no.

Activitat resolta

Descompon el nombre 573,943 en els diferents ordres d'unitats.

A l'esquerra de la coma s'hi situa la part entera, és a dir, les unitats, les desenes, les centenes, etc. A la dreta de la coma s'hi localitza la part decimal, és a dir, les dècimes, les centèsimes, les mil·lèsimes, etc.

Així, doncs, el nombre 573,943 es descompon de la manera següent:

Part entera			,	Part decimal		
Centenes (C)	Desenes (D)	Unitats (U)		dècimes (d)	centèsimes (c)	mil·lèsimes (m)
5	7	3	,	9	4	3

Observa

Hi ha diferents maneres de representar un nombre decimal, segons com s'indiqui la separació entre la part entera i la part decimal:

$$3{,}6 = 3'6 = 3.6$$

Recorda

1 dècima = $0{,}1 = \frac{1}{10}$

1 centèsima = $0{,}01 = \frac{1}{100}$

1 mil·lèsima = $0{,}001 = \frac{1}{1000}$

...

1.1 REPRESENTACIÓ A LA RECTA NUMÈRICA

Per representar un nombre decimal a la recta numèrica, es divideix cada ordre d'unitat corresponent en 10 parts i s'agafen les que calgui.

Tingues en compte

Es poden fer infinites divisions entre dos nombres decimals. Per això, cal concloure que entre dos nombres decimals donats existeixen infinits nombres decimals.

Activitat resolta

Representa el nombre decimal 2,345.

- Es divideix la unitat situada entre els nombres enters 2 i 3 en deu parts i s'agafa la situada entre la tercera divisió i la quarta, és a dir, entre els nombres decimals 2,3 i 2,4.
- Aquesta part es torna a dividir en deu i s'agafa el tram situat entre els nombres decimals 2,34 i 2,35.
- Es tornen a fer 10 divisions i, quan s'agafa la cinquena, s'obté el nombre 2,345.

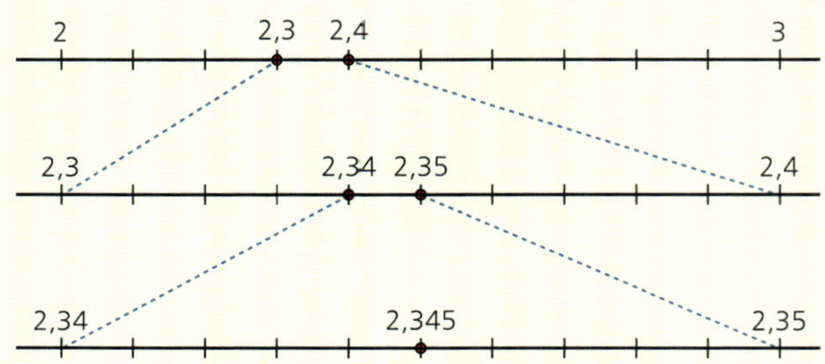

1.2 ORDENACIÓ DE NOMBRES DECIMALS

Donats dos nombres decimals, és més gran el que està situat més a la dreta a la recta numèrica. És a dir:

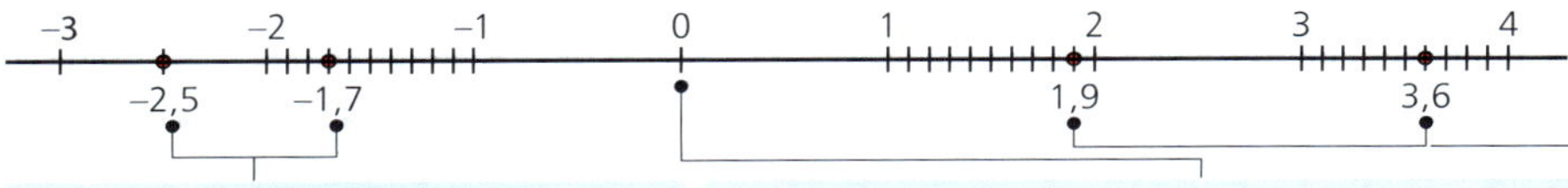

Si dos nombres decimals són negatius, és més gran el que té el valor absolut més petit, és a dir, el que està situat més a la dreta.

El zero és més gran que qualsevol nombre decimal negatiu i més petit que qualsevol nombre decimal positiu, i d'això es deriva que qualsevol nombre decimal positiu és més gran que qualsevol nombre decimal negatiu.

Si dos nombres decimals són positius, és més gran el que té valor absolut més gran, és a dir, el que està situat més a la dreta.

Una altra manera d'ordenar nombres decimals consisteix a comparar-ne les xifres. Així, entre dos nombres decimals, és més gran el que té una part entera més gran. Si les dues parts enteres són iguals, és més gran el que té més gran la xifra de les dècimes; si continuen sent iguals, el que té més gran la xifra de les centèsimes, i així successivament:

$5,7 < 7,3$ Perquè $5 < 7$

$94,49 < 94,59$ Perquè $4 < 5$

$716,875 > 716,873$ Perquè $5 > 3$

Activitat resolta

Representa a la mateixa recta numèrica els nombres $\frac{4}{3}$; $-1,2$; $-\frac{5}{6}$; $0,5$ i ordena'ls de més gran a més petit:

En aquest cas, es combina la representació de nombres decimals amb la de nombres fraccionaris, que hem estudiat a la unitat anterior.

- La fracció $\frac{4}{3}$ es pot expressar com el nombre mixt $1\frac{1}{3}$. Així, entre 1 i 2 es fan 3 divisions i se n'agafa 1. De la mateixa manera, la fracció $-\frac{5}{6}$ està entre 0 i −1, i per això es fan 6 divisions i se n'agafen 5.
- El nombre decimal −1,2 se situa entre −1 i −2, i es prenen les 2 primeres divisions de les 10 que s'efectuen entre aquests nombres enters. Quant al nombre 0,5, és la meitat de l'espai entre el 0 i l'1.

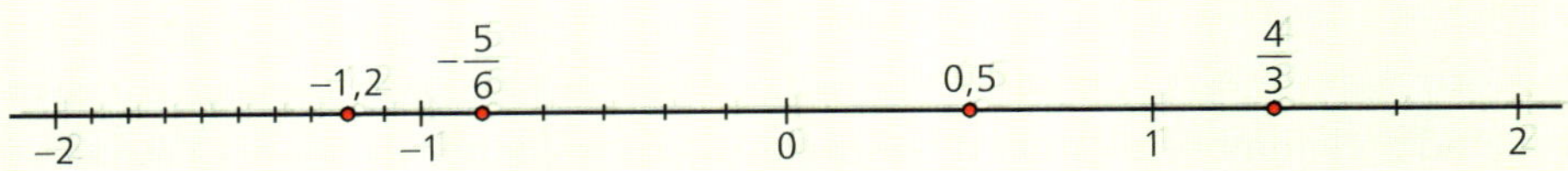

Una vegada representats, per ordenar-los de més gran a més petit, s'agafen els nombres de dreta a esquerra: $\frac{4}{3} > 0,5 > -\frac{5}{6} > -1,2$.

La calculadora científica i els decimals

La calculadora científica ajuda a efectuar càlculs decimals d'una manera ràpida i senzilla.

Per introduir la coma a la calculadora científica, cal prémer la tecla [.].

Com podries saber, amb ajuda de la calculadora, si un nombre decimal és més gran o més petit que un altre?

Exemple	Tecles	A la pantalla apareix
9,24	9 [.] 24	9.24

2 EXPRESSIÓ DECIMAL D'UNA FRACCIÓ. FRACCIÓ GENERATRIU

> L'expressió decimal d'una fracció s'obté efectuant la divisió del numerador entre el denominador d'aquesta fracció.

Existeixen tres tipus de nombres decimals segons la naturalesa de les seves xifres decimals:

Decimal exacte	Decimal periòdic		Decimal irracional
Té un nombre finit de xifres decimals: $\frac{15}{2} = 7{,}5$	Té un nombre infinit de xifres a la part decimal que es repeteixen indefinidament, anomenades període. Pot ser:		Té infinites xifres decimals que no es repeteixen. No es pot expressar com a fracció: 1,23456…
	Decimal periòdic pur	**Decimal periòdic mixt**	
	Totes les xifres decimals formen part del període: $\frac{16}{3} = 5{,}333\ldots = 5{,}\widehat{3}$	Hi ha xifres decimals que no formen part del període, anomenades anteperíode: $\frac{25}{6} = 4{,}1666\ldots = 4{,}1\widehat{6}$	

2.1 FRACCIÓ GENERATRIU

> La fracció generatriu d'un nombre decimal és la fracció irreductible equivalent a aquest nombre decimal.

Fracció generatriu

Per calcular la fracció generatriu, s'ha de simplificar la fracció obtinguda a les operacions fins a arribar a la irreductible.

L'únic tipus de nombre decimal que no té fracció generatriu és l'irracional.

Per obtenir la fracció generatriu d'un nombre decimal, primer cal identificar de quin tipus de nombre decimal es tracta.

DECIMAL EXACTE

La fracció té com a numerador el nombre decimal sense la coma, i com a denominador, la unitat seguida de tants zeros com xifres decimals tingui.

$$9{,}564 = \frac{9\,564}{1\,000} = \frac{2\,391}{250}$$

DECIMAL PERIÒDIC PUR

La fracció té com a numerador el nombre decimal sense la coma, menys la part entera, i per denominador, tants nous com xifres decimals tingui el període.

$$3{,}\widehat{15} = \frac{315-3}{99} = \frac{312}{99} = \frac{104}{33}$$

DECIMAL PERIÒDIC MIXT

La fracció té com a numerador el nombre decimal sense la coma, menys la part entera seguida de l'anteperíode, i com a denominador, tants nous com xifres decimals tingui el període i tants zeros com xifres decimals tingui l'anteperíode.

$$8{,}3\widehat{21} = \frac{8\,321-83}{990} = \frac{8\,238}{990} = \frac{1\,373}{165}$$

Activitats resoltes

1 Calcula, si és possible, les fraccions generatrius dels nombres següents:

a. 0,62 **b.** 9,272727... **c.** 5,866666... **d.** 1,010010001...

a. Es tracta d'un nombre decimal exacte. Al numerador es posa el nombre sense la coma, 62, i al denominador s'escriu 100, ja que el nombre té dos decimals:

$$0{,}62 = \frac{62}{100} = \frac{31}{50}$$

b. És un nombre decimal periòdic pur, de manera que el numerador és el nombre sense la coma, 927, menys 9, que és la part entera. Al denominador s'anota 99, perquè el període té dues xifres:

$$9{,}2727... = 9{,}\widehat{27} = \frac{927-9}{99} = \frac{918}{99} = \frac{102}{11}$$

c. En aquest cas, es tracta d'un nombre decimal periòdic mixt, i per això el numerador és el nombre sense la coma, 586, menys 58, que és la part entera amb l'anteperíode. Al denominador s'escriu un 9, perquè el període, 6, és d'una xifra, i un 0, perquè l'anteperíode, 8, també és d'una xifra:

$$5{,}8666... = 5{,}8\widehat{6} = \frac{586-58}{90} = \frac{528}{90} = \frac{88}{15}$$

d. És un nombre irracional, i per això no es pot escriure en forma de fracció.

2 Demostra el procediment descrit per obtenir les fraccions generatrius dels decimals periòdics utilitzant els exemples de l'activitat resolta anterior:

En el cas del nombre decimal periòdic pur $9{,}\widehat{27}$:

1. S'anomena x el nombre decimal:

$$x = 9{,}\widehat{27}$$

2. Es multiplica x per la unitat seguida de tants zeros com xifres tingui la part periòdica:

$$100x = 927{,}\widehat{27}$$

3. Es resten els dos nombres i s'obté un nombre enter. S'aïlla x i s'arriba a la fracció que buscàvem:

$$\begin{array}{r} 100x = 927{,}\widehat{27} \\ -x = 9{,}\widehat{27} \\ \hline 99x = 918 \Rightarrow x = \frac{918}{99} = \frac{102}{11} \end{array}$$

En el cas del nombre decimal periòdic mixt $5{,}8\widehat{6}$:

1. S'anomena x el nombre decimal: $x = 5{,}8\widehat{6}$.

2. Es multiplica x per la unitat seguida de tants zeros com xifres tingui l'anteperíode per tal de trobar un altre nombre decimal periòdic pur amb el mateix període:

$$10x = 58{,}\widehat{6}$$

3. Es multiplica el nombre obtingut per la unitat seguida de tants zeros com xifres tingui el període: $100x = 586{,}\widehat{6}$.

4. Es resten els dos nombres i s'obté un nombre enter. S'aïlla x i s'arriba a la fracció que buscàvem:

$$\begin{array}{r} 100x = 586{,}\widehat{6} \\ -10x = 58{,}\widehat{6} \\ \hline 90x = 528 \Rightarrow x = \frac{528}{90} = \frac{88}{15} \end{array}$$

Si un nombre decimal periòdic té la part periòdica formada exclusivament per nous, aquest nombre decimal és equivalent a un nombre enter o a un nombre decimal exacte format quan s'elimina la part periòdica i se suma 1 a l'última xifra de la part no periòdica.

Així, per exemple, els nombres decimals $0{,}\widehat{9}$ i $4{,}5\widehat{9}$ tenen com a fracció generatriu $\frac{9}{9} = 1$ i $\frac{46}{10} = \frac{23}{5}$, respectivament:

$$0{,}\widehat{9} = \frac{9}{9} = 1 \Rightarrow 0{,}9999... = 1$$

$$4{,}5\widehat{9} = \frac{459-45}{90} = \frac{414}{90} = \frac{46}{10} = 4{,}6 \Rightarrow 4{,}5999... = 4{,}6$$

3 APROXIMACIÓ DE NOMBRES DECIMALS. ERRORS. NOTACIÓ CIENTÍFICA

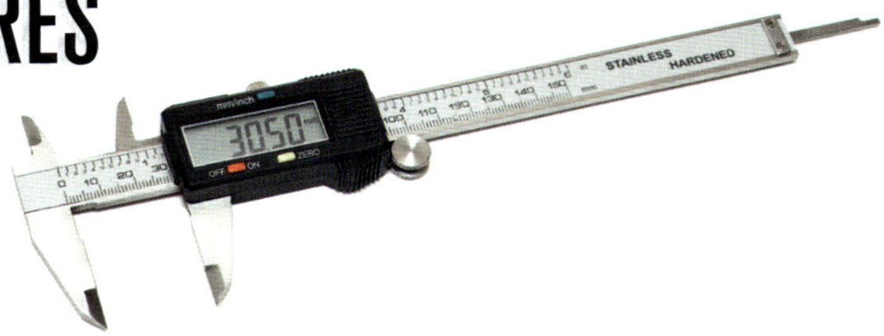

L'aparició de nombres decimals amb xifres infinites obliga a triar una **aproximació** per poder-los utilitzar. Passa el mateix amb els nombres enters amb moltes xifres.

> Aproximar un nombre decimal és trobar un altre nombre pròxim a aquest nombre amb menys xifres decimals.

Aproximacions per excés i per defecte

Aproximar **per excés** consisteix a trobar un nombre més gran que l'original, mentre que, quan es fa l'aproximació **per defecte**, s'obté un nombre més petit que l'original:

$$6{,}7 < 6{,}783 < 6{,}8$$

Defecte Excés

3.1 APROXIMACIÓ PER TRUNCAMENT I ARRODONIMENT

Truncament

Truncar un nombre decimal a un ordre determinat és eliminar les xifres decimals d'ordre inferior al que es vol aproximar. L'aproximació **sempre** és **per defecte**.

Per exemple:

$$3{,}56 \approx 3{,}5;\ \text{en què } 3{,}5 < 3{,}56$$

$$3{,}52 \approx 3{,}5;\ \text{en què } 3{,}5 < 3{,}52$$

Arrodoniment

Arrodonir un nombre decimal a un ordre determinat és eliminar les xifres decimals d'ordre inferior al que es vol arrodonir, tenint en compte que, si la primera xifra decimal que cal eliminar és:

- Més gran o igual que 5, s'augmenta una unitat la xifra de l'ordre al qual s'arrodoneix. L'aproximació és **per excés**. Per exemple: $3{,}56 \approx 3{,}6$; en què $3{,}6 > 3{,}56$.
- Més petit que 5, es deixa la xifra de l'ordre que s'arrodoneix. L'aproximació és **per defecte**. Per exemple: $3{,}52 \approx 3{,}5$; en què $3{,}5 < 3{,}52$.

Símbols matemàtics

El signe ≈ significa «aproximadament igual a».

L'arrodoniment és un mètode millor que el truncament, ja que l'aproximació que es fa és més a prop del nombre que s'aproxima.

Activitat resolta

Aproxima a les dècimes per arrodoniment i truncament el nombre 5,672.

- Quan s'aproxima a les dècimes per truncament, simplement s'eliminen els decimals que hi ha a la dreta del 6 (xifra de les dècimes): 5,6.
- En el cas de l'arrodoniment, cal fixar-se en la primera xifra decimal que se suprimirà, el 7. Com que és més gran que 5, se suma una xifra a la xifra de les dècimes: 5,7.

3.2 ERRORS

Quan s'aproxima un nombre, tant per defecte com per excés, es comet un error. Per quantificar aquest error, es fan servir els errors absolut i relatiu:

- **Error absolut, Δ.** És la diferència, en valor absolut, que hi ha entre el valor exacte i el valor aproximat:

$$\Delta = |V_{\text{exacte}} - V_{\text{aproximat}}|$$

- **Error relatiu, ε.** És el quocient entre l'error absolut i el valor exacte:

$$\varepsilon = \frac{\Delta}{\text{valor exacte}}$$

Activitat resolta

Calcula els errors absolut i relatiu comesos en les aproximacions de l'activitat resolta de la pàgina anterior. Amb quina aproximació s'ha comès un error més petit?

Aproximació per truncament:

$$\Delta = |V_{exacte} - V_{aproximat}| = |5{,}672 - 5{,}6| = 0{,}072$$

$$\varepsilon = \frac{\Delta}{\text{valor exacte}} = \frac{0{,}072}{5{,}672} = 0{,}013$$

Aproximació per arrodoniment:

$$\Delta = |V_{exacte} - V_{aproximat}| = |5{,}672 - 5{,}7| = 0{,}028$$

$$\varepsilon = \frac{\Delta}{\text{valor exacte}} = \frac{0{,}028}{5{,}672} = 0{,}005$$

Es comet un error més petit quan s'aproxima per arrodoniment que si l'aproximació es fa per truncament.

3.3 NOTACIÓ CIENTÍFICA

La **notació científica** consisteix a expressar un nombre molt gran o molt petit amb una única xifra entera diferent de zero, seguida de decimals o no i la potència de 10 corresponent.

Per a nombres grans

Es mou la coma cap a la esquerra fins a obtenir una única xifra entera diferent de zero. El nombre de llocs desplaçats determina l'exponent de la potència de 10 amb signe positiu.

Així, la distància entre el Sol i la Terra es pot expressar de la manera següent:

Notació decimal	Notació científica
149 600 000 000 m	$1{,}496 \cdot 10^{11}$ m

Per a nombres petits

Es mou la coma cap a la dreta fins a obtenir una xifra entera diferent de zero. El nombre de llocs desplaçats determina l'exponent de la potència de 10, però amb signe negatiu.

D'aquesta manera, la mida mitjana d'un glòbul vermell es pot expressar així:

Notació decimal	Notació científica
0,00000625 m	$6{,}25 \cdot 10^{-6}$ m

Activitats resoltes

1 Escriu els nombres següents en notació científica:

a. 280 000 000 **b.** −0,00000064

a. Per deixar només un nombre davant de la coma, es desplaça la coma cap a l'esquerra i es multiplica per una potència de 10 amb un exponent de signe positiu que indica les posicions mogudes:

$$280\,000\,000 = 2{,}8 \cdot 10^{8}$$

b. Es mou la coma cap a la dreta i es multiplica per una potència de 10 amb un exponent, en aquest cas, de signe negatiu, que també indica les posicions desplaçades:

$$-0{,}00000064 = -6{,}4 \cdot 10^{-7}$$

2 Expressa els nombres següents en notació decimal:

a. $-4{,}28 \cdot 10^{-3}$ **b.** $8{,}922 \cdot 10^{5}$

a. Per escriure el nombre en notació decimal, es mou la coma cap a l'esquerra (ja que l'exponent és negatiu) tants llocs com indica l'exponent:

$$-4{,}28 \cdot 10^{-3} = -0{,}00428$$

b. En aquest apartat es procedeix de la mateixa manera, però desplaçant la coma cap a la dreta (ja que l'exponent és positiu) tants llocs com indica el nombre de l'exponent:

$$8{,}922 \cdot 10^{5} = 892\,200$$

4 OPERACIONS AMB NOMBRES DECIMALS

Amb els nombres decimals es poden efectuar les mateixes operacions que amb els nombres enters.

4.1 SUMA I RESTA DE NOMBRES DECIMALS

Per **sumar** i **restar** nombres decimals:

1 S'escriuen en columnes amb les comes alineades, de manera que quedin a la mateixa columna les xifres del mateix ordre d'unitat.

2 Tot seguit, se sumen o es resten com si es tractés de nombres enters i es manté la coma al lloc corresponent.

Cal recordar que, per sumar o restar nombres enters:

- Si són del mateix signe, se'n sumen els valors absoluts i es posa aquest signe.
- Si són de diferent signe, se'n resten els valors absoluts i es posa el signe del que tingui el valor absolut més gran.

Activitat resolta

L'Alexandra, la Nàdia i l'Aitor han fet servir una bàscula industrial per mesurar la seva massa corporal. L'Eva té una massa de 54,78 kg, i la Nàdia, de 62,45 kg. Si la massa dels tres amics junts és de 180,32 kg, quina és la de l'Aitor?

Se sumen les masses de l'Alexandra i la Nàdia, i el resultat es resta del total per obtenir la massa de l'Aitor.

$$\begin{array}{r} 54{,}78 \\ +\ 62{,}45 \\ \hline 117{,}23 \end{array}$$

La massa de l'Alexandra i la Nàdia és de 117,23 kg.

$$\begin{array}{r} 180{,}32 \\ -\ 117{,}23 \\ \hline 63{,}09 \end{array}$$

L'Aitor té una massa de 63,09 kg.

4.2 MULTIPLICACIÓ I POTÈNCIES DE NOMBRES DECIMALS

- Per **multiplicar** dos nombres decimals:

1 S'efectua la multiplicació com si es tractés de nombres enters, sense tenir en compte la coma.

2 En el resultat, es posa la coma de manera que tingui tantes xifres decimals com tenien els dos factors junts.

Activitat resolta

En una fruiteria, el Nicolàs demana 2 kg de peres, que van a 0,79 €/kg. El dependent li n'ha pesat 2,015 kg. Quant ha de pagar el Nicolàs?

Es multipliquen els quilos pel preu que té un quilo:

$$\begin{array}{rl} 2{,}015 & \rightarrow 3 \text{ xifres decimals} \\ \times\quad 0{,}79 & \rightarrow 2 \text{ xifres decimals} \\ \hline 18135 & \\ +\ 14105 & \\ \hline 1{,}59185 & \rightarrow 3 + 2 = 5 \text{ xifres decimals} \end{array}$$

Després, i tenint en compte que es tracta d'una quantitat que es pot representar amb cèntims d'euro, s'aproximen les xifres decimals per arrodoniment a les centèsimes.

El valor de la xifra que segueix es centèsimes és un 1. Així, doncs, com que és més petit que 5, no cal modificar les centèsimes.

Per tant, el Nicolàs ha de pagar 1,59 €.

- **Multiplicar per potències de 10** equival a moure la coma cap a la dreta o cap a l'esquerra, depenent del signe de l'exponent, tants llocs com zeros tingui aquesta potència de 10.

Multiplicar per potències de 10 amb exponent positiu

$34{,}562 \cdot 10^2 = 34{,}562 \cdot 100 = 3\,456{,}2$

Es mou la coma dos llocs cap a la dreta.

Multiplicar per potències de 10 amb exponent negatiu

$34{,}562 \cdot 10^{-2} = 34{,}562 \cdot 0{,}01 = 0{,}34562$

Es mou la coma dos llocs cap a l'esquerra.

- Per calcular la **potència** d'un nombre decimal, es multiplica la base tantes vegades com indiqui l'exponent. Així, per exemple: $0{,}5^3 = 0{,}5 \cdot 0{,}5 \cdot 0{,}5 = 0{,}125$.

4.3 DIVISIÓ DE NOMBRES DECIMALS

- Per **dividir un nombre decimal entre un nombre enter**:

1 S'efectua la divisió com si es tractés de nombres enters.

2 Quan es baixa la primera xifra decimal, es posa la coma al quocient.

- Per **dividir dos nombres decimals**:

1 Es multipliquen dividend i divisor per la mateixa potència de 10, perquè al divisor no hi hagi xifres decimals.

2 S'efectua la divisió com en l'apartat anterior.

Observa

Quan es fa la prova de la divisió a una divisió d'un nombre decimal entre un nombre enter, el residu té tantes xifres decimals com el quocient. Així, per exemple:

```
5 8 4, 8 6 | 18
  4 4        32,49
    8 8
    1 6 6
        4
```

Dues xifres decimals

$D = d \cdot q + r = 32{,}49 \cdot 18 + 0{,}04 =$
$= 584{,}86$

Activitat resolta

L'Isaac vol delimitar la seva parcel·la de 90,36 m de perímetre amb taulons que mesuren 0,6 m. Quants taulons necessita?

Es divideix el perímetre de la parcel·la entre la longitud de cada tauló.

Per eliminar els decimals del divisor, es multipliquen per 10 dividend i divisor i s'efectua la divisió pel procediment habitual.

L'Isaac necessita 151 taulons.

```
9 0, 3 6 | 0,6
   ↓ · 10   ↓ · 10
9 0 3, 6 | 6
3 0        150,6
  0 3 6
      0
```

- **Dividir entre potències de 10** equival a moure la coma cap a l'esquerra o cap a la dreta, depenent del signe de l'exponent, tants llocs com zeros tingui aquesta potència de 10. Atès que dividir és igual que multiplicar per la inversa, cal procedir de la manera següent:

Dividir entre potències de 10 amb exponent negatiu

Equival a multiplicar per aquesta potència de 10, però amb exponent positiu:

$4{,}47 : 10^{-2} = 4{,}47 \cdot 10^2 = 447$

Dividir entre potències de 10 amb exponent positiu

Equival a multiplicar per aquesta potència de 10, però amb exponent negatiu:

$4{,}47 : 10^2 = 4{,}47 \cdot 10^{-2} = 0{,}0447$

4.4 OPERACIONS COMBINADES

Igual que passa amb els diferents conjunts numèrics que hem estudiat fins ara, les operacions amb nombres decimals han de respectar la jerarquia que regeix a l'hora de resoldre operacions combinades.

Així, doncs, les operacions s'aniran resolent en l'ordre següent:

1. S'efectuen les operacions entre parèntesis i/o claudàtors, del més intern al més extern.
2. Es calculen les potències i/o les arrels.
3. Es resolen les multiplicacions i/o les divisions.
4. Finalment, es duen a terme les sumes i/o les restes.

No podem oblidar que, si el nivell en la jerarquia és el mateix, es procedeix d'esquerra a dreta.

Jerarquia d'operacions

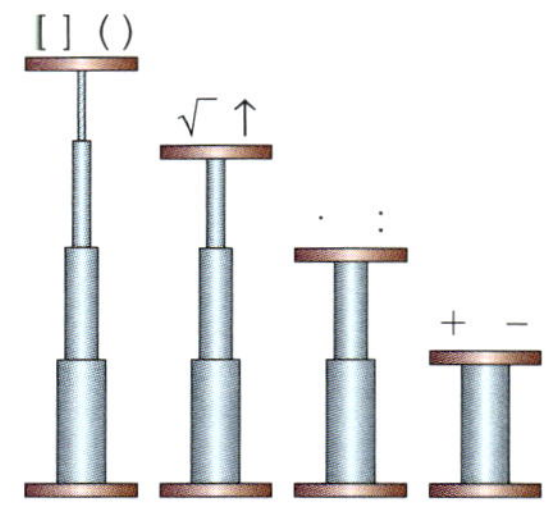

Activitat resolta

Efectua l'operació combinada següent: $4{,}5 - 5{,}67 \cdot (2{,}3^2 - 1{,}7^3) + 85{,}201$.

$$4{,}5 - 5{,}67 \cdot (2{,}3^2 - 1{,}7^3) + 85{,}201 = 4{,}5 - 5{,}67 \cdot (5{,}29 - 4{,}913) + 85{,}201 = 4{,}5 - 5{,}67 \cdot 0{,}377 + 85{,}201 =$$

Es duen a terme les potències del parèntesi. — Es calcula el parèntesi. — Es resol la multiplicació.

$$= 4{,}5 - 2{,}13759 + 85{,}201 = 2{,}36241 + 85{,}201 = 87{,}56341$$

Finalment, s'efectuen les sumes i les restes d'esquerra a dreta.

De vegades, hi ha operacions combinades en les quals apareixen nombres decimals periòdics. Quan passa això, cal convertir els nombres decimals periòdics en fraccions generatrius i operar amb aquestes fraccions.

Activitat resolta

Efectua l'operació combinada següent: $7{,}\widehat{12} - 1{,}75 \cdot 6{,}0\widehat{6} - (4{,}06 - 5{,}34)$.

$$7{,}\widehat{12} - 1{,}75 \cdot 6{,}0\widehat{6} - (4{,}06 - 5{,}34) = \frac{712-7}{99} - \frac{175}{100} \cdot \frac{606-60}{90} - (-1{,}28) = \frac{705}{99} - \frac{7}{4} \cdot \frac{546}{90} + 1{,}28 = \frac{235}{33} - \frac{7}{4} \cdot \frac{91}{15} + \frac{128}{100} =$$

S'efectuen les operacions amb decimals exactes i es converteixen a fracció els que no ho són.

S'acaben de convertir a fracció tots els decimals, simplificant tant com sigui possible abans de continuar operant.

$$= \frac{235}{33} - \frac{637}{60} + \frac{32}{25} = \frac{23\,500}{3\,300} - \frac{35\,035}{3\,300} + \frac{4\,224}{3\,300} = -\frac{7\,311}{3\,300} = -\frac{2\,437}{1\,100} = -2{,}21\widehat{54}$$

Una vegada resoltes totes les operacions amb fraccions, es converteix el resultat final a un nombre decimal.

Notació científica i potències de 10 amb la calculadora

Ja saps operar amb nombres decimals amb la calculadora. Ara aprendràs a expressar nombres decimals en notació científica.

Quan s'opera amb nombres grans o nombres molt petits, la calculadora torna el resultat en notació científica.

Operació	En pantalla	Significat
95 400 000 · 950,3	9.065862^{10}	$9.065862 \cdot 10^{10}$
0,000064 · 0,0145	9.28^{-07}	$9.28 \cdot 10^{-07}$

Per introduir un nombre en notació científica, s'escriu la part entera més la decimal i es prem la tecla [EXP], seguida de l'exponent de la potència de 10.

Exemples	Tecles	En pantalla
$4{,}5 \cdot 10^4$	4 [·] 5 [EXP] 4	4.5^4
$9{,}3 \cdot 10^{-6}$	9 [·] 3 [EXP] [+/−] 6	9.3^{-06}

La calculadora pot moure la coma (representada per un punt) de tres en tres posicions, fent servir sempre potències amb exponent múltiple de 3: la tecla [ENG] la desplaça tres llocs cap a la dreta, mentre que la tecla [SHIFT], premuda abans que [ENG], la mou cap a l'esquerra.

En pantalla	Tecles	En pantalla
5.498^2	[ENG]	549.8^0
549.8^0	[ENG]	549800^{-3}
3892.43^{-07}	[SHIFT] [ENG]	0.389243^{-03}
0.389243^{-03}	[SHIFT] [ENG]	0.000389243

- Efectua les operacions amb decimals següents amb ajuda de la calculadora:

  a. $5{,}24 \cdot 10^3 + 2\,284 \cdot 10^{-2} - 0{,}092 \cdot 10^5$

  b. $0{,}000002 \cdot 10^9 - 2\,194{,}48 \cdot 10^2$

  c. $2{,}2323 \cdot 10^6 + 1{,}34 \cdot 10^5 + 2{,}23 \cdot 10^4$

  d. $123{,}242 \cdot 10^{-2} + 0{,}482 \cdot 10^{-5}$

- Què passa si s'eleva una xifra a un cert nombre en notació científica: s'eleva tota la xifra, només l'exponent de la potència o únicament el nombre decimal?

- Efectua les operacions amb la calculadora prement la seqüència de tecles que s'indica i explica què passa.

  a. 6 [·] 8 [EXP] [+/−] 5 [x^2]

  b. [(] 6 [·] 8 [EXP] [+/−] 5 [)] [x^2]

Radicació de nombres decimals

Calcula les arrels de nombres decimals següents:

a. $\sqrt{0{,}36}$ **b.** $\sqrt[3]{0{,}\widehat{296}}$ **c.** $\sqrt{0{,}\widehat{8}}$

Per calcular arrels de nombres decimals, es pot emprar l'algorisme de l'arrel i recórrer a la calculadora.

En alguns casos particulars, quan es passa el nombre decimal a fracció i es descompon l'arrel d'aquesta fracció en el quocient de l'arrel del numerador entre l'arrel del denominador, aquestes arrels són exactes o es poden simplificar.

Per fer-ho, primer es passa el nombre decimal a fracció; tot seguit, se separa l'arrel al numerador i al denominador i, finalment, se simplifica o es resolen les arrels.

a. $\sqrt{0{,}36} = \sqrt{\dfrac{36}{100}} = \dfrac{\sqrt{36}}{\sqrt{100}} = \dfrac{6}{10} = 0{,}6$

b. $\sqrt[3]{0{,}\widehat{296}} = \sqrt[3]{\dfrac{296}{999}} = \sqrt[3]{\dfrac{8}{27}} = \dfrac{\sqrt[3]{8}}{\sqrt[3]{27}} = \dfrac{2}{3} = 0{,}\widehat{6}$

c. $\sqrt{0{,}\widehat{8}} = \sqrt{\dfrac{8}{9}} = \dfrac{\sqrt{8}}{\sqrt{9}} = \dfrac{2\sqrt{2}}{3}$

Algorisme de l'arrel i nombres decimals

Calcula l'arrel $\sqrt{6{,}25}$ amb l'algorisme de l'arrel.

1 Es busca quin nombre al quadrat s'aproxima a 6 sense superar-lo i es constata que és el 2.

2 S'efectua la resta i es baixa el parell de nombres següent, que, com que són decimals, obliga a posar la coma a la dreta del 2.

```
√6,25 | 2,
 −4   |
 225
```

3 Es dobla el 2 i es busca un nombre, x, tal que $4x \cdot x$ s'aproximi tant com es pugui a 225 sense passar-se d'aquesta xifra. Es constata que $x = 5$.

4 Es puja el 5 al costat de la coma i, com que s'obté un resultat exacte, es dona per acabada l'arrel.

```
√6,25 | 2,5
 −4   | 45 · 5 = 225
 225
−225
   0
```

Per tant: $\sqrt{6{,}25} = 2{,}5$.

ACTIVITATS

04 NOMBRES DECIMALS

1 Representació i ordenació de nombres decimals

1 Expressa els nombres següents en forma decimal:

a. 82 mil·lèsimes
b. 67 centèsimes
c. 214 dècimes
d. 23 294 mil·lèsimes
e. 99 242 deumil·lèsimes
f. 8 679 milionèsimes

2 Indica quins nombres decimals hi ha representats en aquestes rectes numèriques:

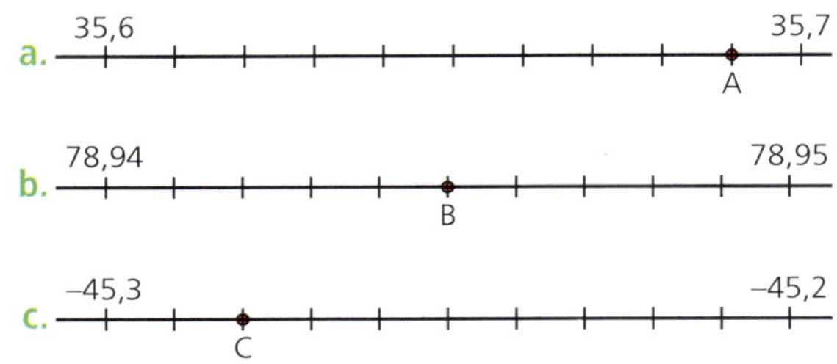

3 Representa a la mateixa recta numèrica els nombres següents i ordena'ls de més gran a més petit:

a. $-0,2;\ 0,6;\ -\frac{3}{5};\ \frac{5}{6}$
b. $0,35;\ 2,87;\ \frac{3}{2};\ \frac{9}{4}$

4 Ordena aquests nombres decimals de més gran a més petit:

a. 786,532; 783,64; 786,6; 783,543
b. −65,897; −65,88; −64,936; −64,89
c. −2 382,242; 232,242; −2 381,134 1; 232,9
d. $5,6;\ 5,\widehat{6};\ 5,5\widehat{6};\ 5,\widehat{56}$
e. 0,0334; 0,033…; 0,03434…; 0,0344…
f. −6,77…; −6,752; −6,972; −6,744…
g. $-6,\widehat{8};\ -6,\widehat{89};\ -6,\widehat{9};\ -6,8\widehat{9}$

5 Escriu cinc nombres decimals que estiguin compresos entre 3,4 i 3,5. Quants nombres decimals diferents podries escriure entre dos nombres decimals qualssevol?

6 Els temps obtinguts per sis nedadors es recullen a la taula següent:

Nedador	Temps (s)
Carrer 1	53,82
Carrer 2	52,57
Carrer 3	51,44
Carrer 4	52,93
Carrer 5	51,86
Carrer 6	53,37

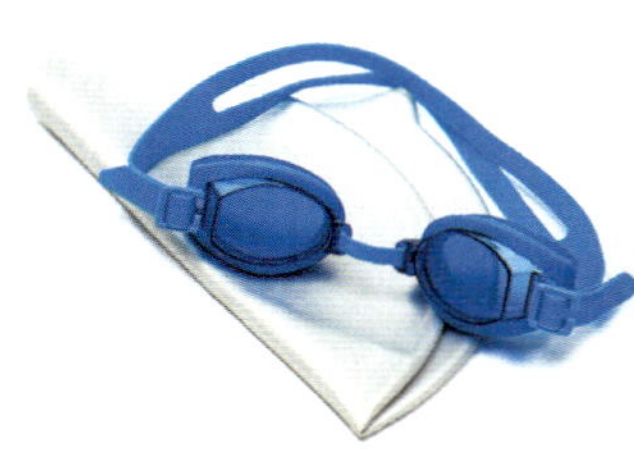

Ordena els temps de més petit a més gran i indica quins tres nedadors pujaran al podi.

7 Indica quin dels nombres decimals següents no està entre els nombres 3,5555... i 3,65656...:

a. 3,666...
b. 3,566...
c. 3,655...
d. 3,65

2 Expressió decimal d'una fracció. Fracció generatriu

8 Calcula l'expressió decimal de les fraccions indicades. Quin tipus de decimals són?

a. $\frac{13}{6}$
b. $\frac{98}{6}$
c. $\frac{101}{4}$
d. $\frac{19}{27}$
e. $\frac{75}{8}$
f. $-\frac{6}{5}$
g. $\frac{109}{15}$
h. $\frac{323}{25}$

9 Assenyala quin tipus de decimal representen els nombres proposats i escriu les quatre xifres decimals següents.

a. 56,4353535...
b. 89,65656565
c. 0,98989898...
d. −986,8686
e. 90,90090009...
f. −34,345345...
g. 8,1828384...
h. 0,64787878...

10 Calcula la fracció generatriu corresponent als nombres decimals següents i indica quin tipus de nombre decimal és cadascun:

a. 12,345
b. 0,333...
c. 34,2555...
d. 127,34
e. 9,21313...
f. 0,214214...
g. $-0{,}\overset{\frown}{89}$
h. 123,456...
i. $65{,}87\overset{\frown}{5}$
j. $0{,}\overset{\frown}{879}$
k. $0{,}673\overset{\frown}{4}$
l. 5,4222

11 Ordena els nombres decimals següents de més petit a més gran:

a. 8,9898...; 8,9; 8,933...; 8,96767...
b. $35{,}6;\ 35{,}\overset{\frown}{6};\ 35{,}5\overset{\frown}{6};\ 35{,}\overset{\frown}{56}$
c. $-0{,}9\overset{\frown}{87};\ -0{,}\overset{\frown}{9};\ -0{,}9\overset{\frown}{8};\ -0{,}\overset{\frown}{98}$
d. $3{,}\overset{\frown}{3};\ 0{,}\overset{\frown}{27};\ 1{,}\overset{\frown}{83};\ 2{,}\overset{\frown}{4};\ 7{,}5;\ 0{,}58\overset{\frown}{3}$
e. −1,1566...; −1,1666...; −1,156; $-1{,}\overset{\frown}{156}$
f. $4{,}\overset{\frown}{5};\ 4{,}4\overset{\frown}{5};\ 4{,}\overset{\frown}{45};\ 4{,}5\overset{\frown}{4};\ 4{,}\overset{\frown}{54}$

12 Comprova els resultats de l'activitat anterior, ordenant les fraccions generatrius resultants de cadascun dels nombres decimals.

13 Les fraccions següents donen lloc a nombres decimals exactes:

$$\frac{13}{8}, \frac{8}{25}, \frac{127}{20}$$

Què tenen en comú? Enuncia una llei que expliqui com es pot saber si una fracció equival a un decimal exacte només observant-ne el denominador.

14 Enuncia lleis com en l'activitat anterior que indiquin com es pot reconèixer si una fracció equival a un decimal periòdic pur o mixt, tenint en compte que:

- Les fraccions següents donen lloc a nombres decimals periòdics purs:

$$\frac{58}{3}, \frac{23}{9}, \frac{17}{11}$$

- Amb aquestes altres s'obtenen nombres decimals periòdics mixtos:

$$\frac{89}{6}, \frac{47}{15}, \frac{977}{60}$$

15 D'acord amb les lleis deduïdes en les activitats 13 i 14, indica, sense efectuar la divisió, quin tipus de decimal correspon a cadascuna de les fraccions següents:

a. $\frac{87}{22}$
b. $\frac{781}{75}$
c. $\frac{128}{9}$
d. $\frac{99}{20}$

16 Determina l'expressió decimal de les fraccions de l'activitat anterior per comprovar que el resultat obtingut és correcte. Ordena aquests nombres de més gran a més petit.

3 Aproximació de nombres decimals. Errors. Notació científica

17 Les aproximacions s'apliquen en moltes circumstàncies en què els nombres s'han d'expressar amb unes xifres decimals determinades. Aproxima el resultat de les situacions següents al nombre decimal que consideris correcte, analitzant cada cas i explicant per què tries aquesta aproximació:

a. El Gabriel s'ha gastat 45,678 € en la compra d'avui. Quant ha pagat realment?

b. El professor de català ha repartit alguns llibres entre els seus alumnes, als quals han correspost 1,5 llibres per cap. Quants exemplars ha rebut cada alumne?

c. Per pintar una casa, calen 7,5 pots de pintura. Quants pots de pintura ha de comprar el pintor?

18 Aproxima els nombres decimals següents per arrodoniment a les dècimes, les centèsimes i les mil·lèsimes:

a. 94,683777...
b. 84,622222...
c. $9{,}7\overset{\frown}{6}$
d. 18,2354
e. $9{,}06\overset{\frown}{5}$
f. 12,686754

19 Copia la taula al teu quadern i completa-la. Fes les diferents aproximacions del nombre 42,4259139 per arrodoniment, calculant els errors absoluts corresponents.

	Arrodoniment a les...	Error absolut
Dècimes		
Centèsimes		
Mil·lèsimes		
Deumil·lèsimes		
Milionèsimes		

Quines conclusions n'extreus?

20 Copia la taula al teu quadern i completa-la, fent les aproximacions indicades a les centèsimes, tant per truncament com per arrodoniment.

Nombre	Aproximació per truncament	Aproximació per arrodoniment
54,246		
829,869		
1 284,183		
0,999		
232,837		
1 972,018		

21 Calcula els errors absolut i relatiu de les aproximacions que has fet en l'activitat anterior.

a. Quina aproximació és millor en cada cas?

b. Quines conclusions obtens respecte als errors relatius?

22 ⊞ El Miquel demana en una parada del mercat un quilo de tomàquets, que van a 1,29 €/kg. El dependent pesa a la balança 1,036 kg.

a. Quant ha de pagar el Miquel si el dependent aproxima per arrodoniment?

b. Pagaria el mateix si truqués el resultat?

c. En quins casos seria igual que el dependent arrodonís o truqués l'import?

23 Expressa amb notació científica aquests nombres:

a. 760 000 000

b. 1 000 000

c. 12 000 000 000

d. 0,000084452

e. 0,00000007

f. 0,0005244

24 Utilitzant notació científica, escriu en metres els diàmetres dels tipus de cèl·lules següents. Recorda que una micra (μ) és la milionèsima part d'un metre.

a. Bacteri d'1 μ

b. Espermatozoide de 50 μ

c. Òvul de 150 μ

d. Gra de pol·len de 300 μ

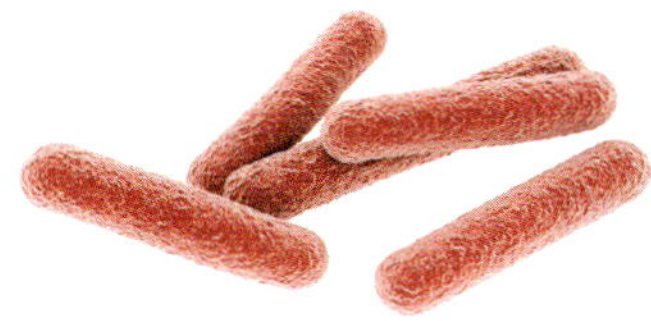

25 Indica en metres les distàncies següents mitjançant la notació científica:

a. Diàmetre de la Terra: 12 742 km

b. Diàmetre del Sol: 1 392 000 km

c. Distància mitjana de la Terra al Sol: 149 600 000 km

d. Distància de la Terra a la Lluna: 384 400 km

4 Operacions amb nombres decimals

26 Esbrina mentalment el valor de R perquè les expressions següents siguin correctes:

a. 832,23 + R = 6 324,24

b. 674,23 − R = 28,424

c. R − 5,52 = 76,276

d. R + 85,64 = −5,56

27 Efectua aquestes sumes i restes de nombres decimals:

a. 2 848,274 − 742,26 + 833,739 − 28,299

b. 947,242 + 24,259 − 893,2 − 2 392,3

c. −82,93 − 2,922 + 827,27 − 9 983,6

d. 482,375 − 264 + 274,27 − 274,266

e. 4 294,274 − (2 746,27 − 787,882)

f. (2 958,284 − 927,28) − (−438,28)

g. −(184,849 + 847,99 − 284,29)

h. 184,284 − 284,82 − (284,92 + 83,29)

28 Tres amics han fet una cursa de relleus: el Juan ha rellevat l'Alèxia quan ella havia recorregut 424,23 m, i la Queralt ha recollit el testimoni del Juan quan ell havia fet 398,54 m.

a. Si la longitud de la cursa era d'1 km, quant ha recorregut la Queralt?

b. Quants metres de diferència hi ha entre el que ha fet un recorregut més llarg i el que n'ha fet un de més curt?

29 Calcula les multiplicacions següents:

a. $87{,}23 \cdot 9{,}03$ c. $8{,}1 \cdot 0{,}12$ e. $89{,}309 \cdot 29{,}02$

b. $45{,}8 \cdot 1{,}04$ d. $11{,}03 \cdot 23{,}8$ f. $829{,}741 \cdot 3{,}48$

30 Quants metres quadrats té una cuina amb unes dimensions de 2,2 m d'ample i 5,6 m de llarg?

31 Determina el valor de les potències de nombres decimals següents:

a. $0{,}027^3$ d. $(-1{,}002)^3$

b. $7{,}28^4$ e. $(-2{,}28)^2$

c. $(-0{,}83)^3$ f. $1{,}382^2$

32 Calcula el volum d'un cub que té una aresta $a = 0{,}7$ cm.

I si s'augmentés 1,3 vegades l'aresta?

33 Resol aquestes divisions de nombres decimals entre nombres enters de manera que obtinguis tres xifres decimals:

a. 832,2 : 9 f. 58,098 : 28

b. 385,218 : 43 g. 959,43 : 20

c. 827,89 : 12 h. 0,086 : 31

d. 274,24 : 213 i. 0,832 : 91

e. 23,028 : 9 j. 48,209 : 89

34 Efectua aquestes divisions fins a obtenir dues xifres decimals:

a. 7,45 : 4,1 g. 94,2 : 0,3

b. 456 : 21,1 h. 8,213 : 0,59

c. 284,99 : 0,14 i. 0,0243 : 0,04

d. 928,22 : 3,5 j. 848,2 : 9,2

e. 28,424 : 1,2 k. 229,2 : 0,24

f. 0,273 : 3,6 l. 2,9872 : 1,73

35 Esbrina el valor de R perquè les expressions següents siguin correctes:

a. $132{,}98 \cdot R = 8\,449{,}5492$ d. $R \cdot 28{,}202 = 45{,}1232$

b. $0{,}7105 : R = 28{,}42$ e. $R : 0{,}009 = 49{,}027$

c. $R : 7{,}092 = 16{,}125$ f. $183{,}31 \cdot R = 3{,}6662$

36 Indica, raonant-ne la resposta, si les afirmacions següents són veritables o falses:

a. Multiplicar per 0,5 és igual que multiplicar per 2.

b. Dividir entre 0,1 és igual que multiplicar per 10.

37 Esbrina el valor de les multiplicacions proposades, movent simplement de lloc la coma.

a. $0{,}032 \cdot 100$ h. $90{,}22 \cdot 1\,000$

b. $29{,}232 \cdot 10$ i. $8{,}52 \cdot 10\,000$

c. $2{,}8 \cdot 1\,000$ j. $928{,}031 \cdot 100$

d. $390{,}274 \cdot 0{,}01$ k. $284{,}284 \cdot 0{,}001$

e. $0{,}2847 \cdot 100\,000$ l. $53{,}028 \cdot 0{,}1$

f. $197{,}42 \cdot 0{,}001$ m. $0{,}0091 \cdot 0{,}001$

g. $0{,}0024 \cdot 1\,000$ n. $92{,}482 \cdot 0{,}01$

38 Efectua mentalment les operacions següents:

a. 72,213 44 : 100 c. 2,7 : 1 000

b. 72,213 44 : 0,01 d. 2,7 : 0,001

Compara'n els resultats. Quines conclusions n'extreus?

39 Calcula mentalment aquestes divisions sense fer-ne les operacions; limita't a desplaçar la coma de lloc.

a. 975,23 : 100 h. 97,004 : 10

b. 7 365,5 : 1 000 i. 9,804 : 0,00001

c. 3 824,284 : 0,01 j. 39,2 : 100 000

d. 0,8 : 1 000 k. 92,4 : 10 000

e. 92,47 : 0,01 l. 0,827 : 0,0001

f. 294,24 : 0,0001 m. 294,9 : 0,0001

g. 85,97 : 0,01 n. 6,43759 : 1 000

40 L'Antonio ha fet una divisió amb decimals; tanmateix, quan fa la prova per comprovar si l'ha efectuada de manera correcta, no obté el dividend de la divisió. El pots ajudar a trobar l'errada que ha comès?

41 L'Íngrid ha de repartir entre ella i quatre companyes de classe 12,57 m de paper continu per fer un treball de visual i plàstica.

a. Quants metres de paper corresponen a cadascuna de les alumnes?

b. Si la desena part del paper s'ha fet malbé, quant en correspondrà finalment a cada una de les companyes?

42 La Lídia vol repartir a parts iguals una finca de 471,48 ha entre els seus nets, de manera que cadascun rebi una parcel·la de 5 893,5 dam^2.

a. Quants nets té la Lídia?

b. Si en lloc de repartir la finca entre els seus nets, ho fes entre els seus quatre fills, quantes hectàrees rebria cada fill?

43 La Noèlia paga 690,24 € al mes pel lloguer del pis i vol compartir-lo amb unes amigues per repartir-se la despesa.

a. Si vol viure amb dues amigues més, però la Noèlia hi aporta el doble que elles, quant pagarà cadascuna?

b. Si un mes una de les amigues només pot pagar la meitat del que li correspon, quant els tocarà pagar a la resta?

44 Quatre amics que comparteixen pis han anat a comprar per a tot el mes. S'han gastat 456,78 € entre tots.

a. Quant ha de pagar cadascú?

b. I si, en comptes de quatre amics, en fossin tres?

c. I si s'unís al grup un amic més?

45 Efectua les operacions amb arrels, convertint prèviament els nombres decimals a fraccions. Simplifica'n el resultat tant com sigui possible.

a. $\sqrt{13,\widehat{4}}$

b. $\sqrt[3]{0,512}$

c. $\sqrt{58,\widehat{7}}$

d. $\sqrt{3,36\widehat{1}}$

e. $\sqrt{0,18\widehat{7}}$

f. $\sqrt{0,0266\widehat{7}}$

g. $\sqrt[3]{4,\widehat{629}}$

h. $\sqrt[4]{0,0256}$

46 Efectua les arrels quadrades següents de nombres decimals emprant l'algorisme de l'arrel:

a. $\sqrt{132,25}$

b. $\sqrt{0,7396}$

c. $\sqrt{33,64}$

d. $\sqrt{0,0324}$

e. $\sqrt{8,5849}$

f. $\sqrt{449,44}$

g. $\sqrt{259,21}$

h. $\sqrt{7,3984}$

47 Resol les operacions combinades següents amb nombres decimals:

a. $827,24 + 284,2 \cdot 3,6 - 581,7 : 2,1$

b. $(13,4 - 4,67 + 32,5) \cdot 3,12$

c. $(92,9 + 22,56 - 12,32) : 5,4$

d. $9,8185 : 3,65 - 37,3375 : 1,03$

e. $8,98 - 4,012 \cdot 0,43 + 7,65 : 2,4 - (-8,97)$

f. $-(223,294 + 1\,841,14 - 4) + (33,13 - 98)$

g. $426,385 \cdot (-5,32) + 38,385 \cdot (-10,42)$

h. $-710,747\,2 : (-12,64) + 372,38 - 628,29$

i. $284,92 - 274,2 \cdot (224,92 - 242,47)$

j. $(313,0965 - 364,691) : 1,25 - 2\,284,928$

48 Efectua les operacions següents fent servir la calculadora i expressa'n el resultat en notació científica:

a. $4\,456,378 \cdot 236,2577 - 242,35627$

b. $2\,445,848 : 2,4 + 38,7 \cdot 39,2$

c. $(6\,562,2255 - 5\,128,9279) \cdot 0,25$

d. $2,3343 \cdot 10^{-6} + 1,76 \cdot 10^{5} + 2,34 \cdot 10^{-8}$

e. $225,947 \cdot 10^{-3} + 0,014 \cdot 10^{-5}$

f. $0,254002 \cdot 10^{9} - 2\,254,48 \cdot 10^{-5}$

g. $158,56 \cdot 10^{-4} \cdot 114,87 \cdot 10^{-2} \cdot 72,741 \cdot 10^{3}$

49 ⊞ Calcula aquestes operacions amb decimals:

a. $3,366^2 : 3,3^2 - 7,093 + 1,01 \cdot 9,32$

b. $0,09 \cdot (3,27 + 4,9 - 0,0013) - 9,3^2$

c. $30,05 + 0,564 \cdot 100 - (-2,35 + 7,4)^2$

d. $2\,477 : 10^{-5} - 24,77 \cdot (10^{-8} \cdot 10^{4})^2$

e. $5,28 \cdot 10^{3} + 2\,847 \cdot 10^{-2} - 0,281 \cdot 10^{5}$

50 ⊞ Efectua les operacions combinades següents amb nombres decimals i fraccions, convertint aquests decimals a fracció quan calgui:

a. $\frac{7}{5} + 9,86 - 3,\widehat{6} \cdot 1,0\widehat{3} - 14,03 : 2,3$

b. $\left(1,\widehat{8} - 2,1\widehat{2}\right) - (3,4 + 9,02) + 1,2 : \frac{1}{5}$

c. $0,\widehat{7} - (0,8 - 3,2 + 0,8)^2$

d. $\left(0,\widehat{4}^2 : 2,2\right)^2 \cdot 5,2 - 1,102 : 5 \cdot 3,\widehat{7}$

e. $\sqrt{18,\widehat{7}} + (0,3 - 2,7)^2 - 3,\widehat{2} - 7,56$

f. $0,75 - 7,\widehat{5} : \frac{4}{9} + \sqrt{0,49}$

g. $7,0\widehat{45} \cdot 5,5 \cdot \sqrt{0,87\widehat{1}} + 7,4\widehat{3}$

51 El Bruno ha comprat al mercat 4,69 kg de pollastre a 2,95 €/kg, 2,38 kg de lluç a 18,59 €/kg i 2,56 kg de tomàquets a 0,67 €/kg.

a. Quant ha pagat en total? Arrodoneix el resultat final a dues xifres decimals.

b. Torna a fer el càlcul, però arrodonint primer per separat el preu de cada article a dues xifres decimals en lloc de fer-ho al final. Quina diferència hi ha?

52 Per mesurar la temperatura, no sempre s'utilitzen els graus Celsius; als països anglosaxons se solen emprar els graus Fahrenheit. Per passar d'una escala a una altra, s'apliquen les expressions següents:

$$1\ °F = 1{,}8\ °C + 32$$
$$1\ °C = (°F - 32) : 1{,}8$$

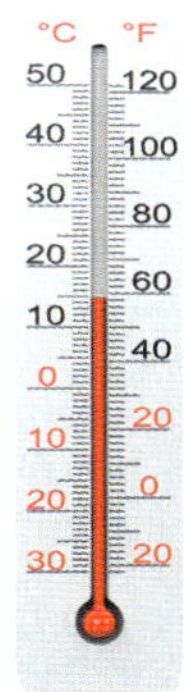

en què °C indica que la temperatura està expressada en graus Celsius, i °F, que ho està en graus Fahrenheit.

Tenint en compte això, converteix aquestes temperatures d'una escala a una altra:

a. 36,5 °C; –14,7 °C; 20,4 °C; –30,6 °C

b. 99,6 °F; 32,1 °F; 274,8 °F; 20,9 °F

53 La Sílvia i les seves amigues aniran a jugar a pàdel aquest cap de setmana. Per això, comparen el preu del lloguer de les pistes a tres llocs diferents:

- A Sport Pàdel els lloguen la pista durant una hora i mitja per 23,58 €.
- A Blue Pàdel les dues hores els surten per 26,40 €, però, com que la Sílvia n'és sòcia, els descompten 2 €.
- A Good Pàdel, el lloguer de la pista per dues hores i mitja costa 32,20 €.

a. Ordena les pistes segons la relació preu/hora.

b. Si hi juguen 4 amigues, quant pagarà cadascuna a les diferents pistes per una hora?

c. Si la Sílvia es descuida el carnet de sòcia, quant pagarà cada amiga al Blue Pàdel?

d. Si es dona la circumstància indicada a l'apartat c., l'ordenació de les pistes per preus serà la mateixa?

54 El metre és la mesura de longitud en el sistema internacional de mesures. Tanmateix, en altres països es fan servir mesures diferents, com ara:

1 polzada = 2,54 cm
1 peu = 0,3048 m
1 iarda = 0,9144 m

Converteix les mesures següents a metres i arrodoneix-ne el resultat a les centèsimes:

a. 2,5 peus
b. 4,6 iardes
c. 6,7 polzades
d. 4 peus + 2 iardes
e. 100 peus + 1 000 iardes
f. 3 874 polzades + 30 peus
g. 82 iardes + 173 polzades
h. 9 iardes + 8 peus + 2 polzades

55 TIC Investiga a internet l'equivalència entre el quilòmetre i les mesures de longitud anglosaxones de milla i llegua. Converteix les mesures següents i arrodoneix el resultat a les centèsimes:

a. 5 milles a km
b. 100 km a milles
c. 8 llegües a km
d. 250 km a llegües

56 L'Ismael té un carretó per anar a comprar que suporta un màxim de 20 kg. Ha comprat: 2 bosses de taronges de 0,75 kg cadascuna; 4,265 kg de peix; 3 pollastres, que han pesat 1,893 kg, 2,104 kg i 1,978 kg, respectivament; 3 paquets de farina d'1 kg, i 5 paquets de pasta de 0,5 kg. Quant pes li sobra al carretó?

57 La Rocío ha comprat 30 kg de cafè a 5,67 €/kg. Si després els ha comercialitzat i n'ha obtingut uns beneficis de 104,4 €, a quant ha venut el quilo de cafè?

58 La pesseta va ser la unitat monetària a Espanya des del 1868 fins a l'1 de gener de 1999, data en què es va introduir l'euro. L'equivalència entre euros i pessetes és la següent:

1 € = 166,386 pessetes

Converteix les pessetes a euros en les situacions següents:

a. A l'oncle de l'Àngel li donaven 2 000 pessetes de paga quan tenia 16 anys.

b. La tieta de la Valèria pagava 25 pessetes per una barra de pa.

c. Als pares de la Bruna, el seu pis els va costar 20 milions de pessetes.

TREBALLEM LES COMPETÈNCIES

ELS JOCS OLÍMPICS

Als Jocs Olímpics de Mont-real, de 1976, la gimnasta romanesa Nadia Comaneci va obtenir la puntuació màxima, 10, en algunes proves. Era la primera vegada a la història que una gimnasta ho aconseguia. Quan la qualificació es va anunciar al tauler electrònic, hi va aparèixer un 1.0, en comptes d'un 10, ja que el sistema comptava només amb un espai per a un nombre enter i un nombre decimal.

A la taula següent figuren les guanyadores de medalles en proves individuals de gimnàstica femenina als Jocs Olímpics de Mont-real i la puntuació total obtinguda.

Prova	Or	Plata	Bronze
Concurs complet individual	Nadia Comaneci, ROM 79,275	Nel·li Kim, URSS 78,675	Liudmila Turísxeva, URSS 78,625
Terra	Nel·li Kim, URSS 19,850	Liudmila Turísxeva, URSS 19,825	Nadia Comaneci, ROM 19,750
Salt sobre cavall	Nel·li Kim, URSS 19,800	Carola Dombeck, RDA Liudmila Turísxeva, URSS 19,650	No es va concedir
Barra d'equilibris	Nadia Comaneci, ROM 19,950	Olga Kórbut, URSS 19,725	Teodora Ungureanu, ROM 19,700
Barres asimètriques	Nadia Comaneci, ROM 20,000	Teodora Ungureanu, ROM 19,800	Marta Egervari, HON 19,775

1 **TIC** Investiga quantes medalles va guanyar Nadia Comaneci en proves individuals als Jocs Olímpics de Mont-real el 1976 i quines van ser.

2 En quina de les proves en les quals va aconseguir una medalla d'or va guanyar per més diferència de punts a la subcampiona? I a la tercera?

EL MERCAT

La Txell ha anat a comprar al mercat. A la seva parada preferida ha observat els preus següents:

Peres: 0,95 €/kg
Pomes: 1,35 €/kg
Taronges: 0,78 €/kg
Albercocs: 1,15 €/kg
Prunes: 0,89 €/kg

1 Calcula quant li costaria mig quilo de cada tipus de fruita aproximant el resultat final a les centèsimes per truncament.

2 Quin seria el preu de compra d'1,2 kg de peres, 2,45 kg de taronges i 0,78 kg d'albercocs, truncant els preus de les fruites a la centèsima?

3 Si només té un bitllet de 5 €, quants diners li sobrarien del preu exacte en cadascuna de les situacions anteriors?

LES MONEDES

La taula següent mostra les mides de les monedes que s'utilitzen a la Unió Europea:

	2 €	1 €	0,5 €	0,20 €	0,10 €	0,05 €	0,02 €	0,01 €
Diàmetre (mm)	25,75	23,25	24,25	22,25	19,75	21,25	18,75	16,25
Gruix (mm)	2,2	2,33	2,38	2,14	1,93	1,67	1,67	1,67
Pes (g)	8,5	7,5	7,8	5,74	4,1	3,92	3,06	2,3

1 Quants mil·límetres mesura el gruix de la moneda de 2 € més que la de 5 cèntims?

2 Quant pesen 3 monedes de 20 cèntims i 2 de 50 cèntims? Fes una estimació del resultat i, després, comprova'l.

3 Estima quants mil·límetres mesura de llarg una fila amb una moneda de 2 € i dues monedes d'1 €. Comprova'n el resultat a continuació.

4 Hem fet una torre amb quatre monedes iguals. L'alçada de la torre és de 6,68 mm. De quins valors poden ser les monedes?

5 A classe hem pesat sis monedes del mateix valor i dues monedes de 50 cèntims, i entre totes fan 39,12 g. Quines monedes hem pesat?

Unitats de longitud

La unitat principal per mesurar longituds i distàncies és el **metre** (m), però sovint s'utilitzen unitats més grans que el metre (múltiples) o més petites (submúltiples), en funció de les circumstàncies.

Múltiples

1 km = 1 000 m; 1 hm = 100 m;
1 dam = 10 m

Submúltiples

1 dm = 0,1 m; 1 cm = 0,01 m;
1 mm = 0,001 m

Cada unitat de longitud és deu vegades més gran que la immediatament inferior i deu vegades més petita que la immediatament superior.

LA TARGETA

L'Eloi té dues opcions per desplaçar-se per la ciutat: comprar una targeta de 42,50 € amb la qual pot fer un màxim de 50 desplaçaments en 30 dies, o bé agafar targetes de 10, que permeten fer 10 desplaçaments sense restricció de temps.

1 Si compra la primera targeta, quin cost té cada desplaçament suposant que fa els 50 desplaçaments? I si compra la segona targeta?

2 L'Eloi fa un desplaçament en transport públic cada dia de la setmana. Quina targeta li surt més a compte?

PINTANT LA PARET

El Samuel ha de pintar quatre parets que fan 4,65 m d'amplada i 2,80 m de llargada.

1 Quina superfície total ha de pintar? Estima'n el resultat i comprova'l.

2 Si amb un pot de pintura es poden pintar 10 m^2 de paret, quants pots de pintura necessitarà?

3 Cada pot val 19,85 €. Quants diners gastarà en pintura?

APLIQUEM LES TIC

ELS NOMBRES DECIMALS I LA CALCULADORA CIENTÍFICA

La calculadora científica ens ajuda a fer càlculs amb decimals d'una manera ràpida i senzilla. Recuperem el que hem estudiat per posar-ho en pràctica.

NOMBRES DECIMALS

Per introduir la coma a la calculadora científica, cal prémer la tecla [.].

Exemple	Tecles	A la pantalla apareix...
9,24	[9] [.] [2] [4]	9.24

EXPRESSIÓ DECIMAL D'UNA FRACCIÓ

Per exemple, per convertir la fracció $\frac{3}{5}$ en decimal, hi ha dues opcions:

- Fer la divisió del numerador entre el denominador.
- Escriure la fracció a la calculadora i després prémer la tecla [$a^b/_c$].

Tecles	A la pantalla apareix...
[3] [÷] [5]	0.6
[3] [$a^b/_c$] [5] [=] [$a^b/_c$]	

NOTACIÓ CIENTÍFICA I POTÈNCIES DE 10

Quan s'opera amb nombres grans o nombres molt petits, la calculadora retorna el resultat en notació científica.

Operació	A la pantalla apareix...	Significat
95 400 000 · 950.3	9.065862^{10}	$9{,}06586 \cdot 10^{10}$
0.000064 · 0.0145	9.28^{-07}	$9{,}28 \cdot 10^{-07}$

Per introduir un nombre en notació científica, s'escriu la part entera més la decimal i es prem la tecla [EXP], seguida de l'exponent de la potència de 10.

Exemples	Tecles	A la pantalla apareix...
$4{,}5 \cdot 10^4$	[4] [.] [5] [EXP] [4]	4.5^4
$9{,}3 \cdot 19^{-6}$	[9] [.] [3] [EXP] [+/-] [6]	9.3^{-6}

La calculadora pot moure la coma de tres llocs en tres llocs, utilitzant sempre potències amb exponent múltiple de 3: la tecla [ENG] mou 3 llocs cap a la dreta, mentre que la tecla [SHIFT], seguida per [ENG], els mou cap a l'esquerra.

A la pantalla apareix...	Tecles	A la pantalla apareix...
5.498^8	[ENG]	549.8^6
549.8^6	[ENG]	$549\,800^3$
$3\,892.43^{-07}$	[SHIFT] [ENG]	$0.389\,243^{-03}$
0.389243^{-03}	[SHIFT] [ENG]	0.000389243

1 Calcula aquestes operacions amb decimals ajudant-te de la calculadora:

a. $3\,274{,}284 \cdot 284{,}2457 - 242{,}38423$

b. $1\,635{,}875 : 2{,}5 + 65{,}7 \cdot 32{,}8$

c. $(6\,498{,}8665 - 5\,542{,}9865) \cdot 0{,}2$

2 Efectua les operacions següents utilitzant la calculadora i expressa'n el resultat en notació científica:

a. $2{,}2323 \cdot 10^6 + 1{,}34 \cdot 10^5 + 2{,}23 \cdot 10^4$

b. $123{,}242 \cdot 10^{-2} + 0{,}482 \cdot 10^{-5}$

c. $0{,}000002 \cdot 10^9 - 2\,194{,}48 \cdot 10^2$

AVALUACIÓ

1 Escriu aquests nombres amb xifres:

a. Set mil·lèsimes

b. Deu centèsimes

c. Quatre dècimes

d. Quinze deumil·lèsimes

2 Escriu amb lletres aquests nombres:

a. 28,5 d. 15,152 g. 4,0025

b. 526,526 e. 1 302,45 h. 36,06

c. 1,67 f. 98,0001 i. 64,0506

3 Donats els nombres següents, ordena'ls del més petit al més gran, utilitzant el signe que correspongui:

8,245 8,201 8,9 8,27 8,2 8,25 8,29

4 Escriu tres nombres decimals periòdics purs més grans que 12,2.

5 Escriu tres nombres decimals periòdics mixtos compresos entre cadascun d'aquests parells:

a. $13,3\widehat{14}$ i $13,4\widehat{13}$ b. $1,5\widehat{125}$ i $1,5\widehat{126}$

6 Escriu aquests nombres decimals amb el símbol del període i classifica'ls:

a. 17,252525…

e. 225958,333333…

b. 1,0525555…

f. 58,021021…

c. 2,356

g. 2,4

d. 42,366666…

h. 4,12341234…

7 Calcula la fracció irreductible corresponent:

a. 2,27 d. 16,3333… g. 2,0333…

b. 1,6 e. 0,25 h. 5,15

c. 2,3535… f. 4,62222… i. 3,1111…

8 Aproxima els nombres següents per truncament i per arrodoniment a les dècimes, a les centèsimes i a les mil·lèsimes:

a. 0,1267 c. 3,09527

b. 2,3458 d. 3,24054

9 Calcula l'error, absolut i relatiu, comès en aproximar el nombre 2,747 a:

a. 2,74 b. 2,75 c. 2,7 d. 2,8

10 Expressa en notació científica els nombres següents:

a. 1 235,24 d. 0,0000532

b. 0,0034312 e. 157,201

c. 23 000 000 f. 3 023,42

11 Calcula les sumes i les restes següents:

a. 21,56 – 2,8 + 3,055

b. 75,25 + 12,05 – 6,3

c. 9,08 – 3,589 – 1,09

d. 12,9 + 7,05 – 3,95

12 Resol les operacions combinades següents:

a. (12,53 + 7,2) · 3,5 – 2,08

b. (61,44 : 2,56 – 5,03) · 2,6

c. 3,25 – (3,2 – 2,75) · 2,1

d. 12 – [7,5 – (4,5 + 1,9 – 2,65)]

13 Indica si les afirmacions següents són certes o falses:

a. Quan multipliquem un nombre decimal per la unitat seguida de zeros, movem la coma cap a la dreta tants llocs com zeros acompanyen la unitat.

b. Quan dividim un nombre decimal per la unitat seguida de zeros, movem la coma cap a l'esquerra tants llocs com zeros acompanyen la unitat.

c. Quan multipliquem un nombre qualsevol per 0,1 equival a dividir per 10.

d. Quan dividim un nombre qualsevol entre 0,1 equival a multiplicar per 10.

14 L'Iris té 5,26 €. Quants quilos de taronges podrà comprar si el preu de cada quilo de taronges és de 0,8 €?

15 Una aixeta queda mal tancada i perd 1 L d'aigua cada 20 min.

a. Quants litres perd al llarg del dia?

b. I en un mes?

c. Si la companyia de l'aigua factura 5,9412 € cada 1 000 L, quin cost mensual representa l'aigua malbaratada?

16 Una pomera ha produït aquest any 59,78 kg de pomes, i l'any passat en va fer 47,9 kg. Si venen el quilo de pomes a 2,30 €, quants diners han guanyat més aquest any que l'anterior per la venda de la fruita?

17 En una excursió s'ha de recórrer caminant un trajecte de 6,354 km en tres etapes. Si un participant recorre 1 450,27 m a la primera etapa, i 3 280,69 m a la segona, quants metres li queden per completar el recorregut?

05 PROPORCIONALITAT

LA VIDA ES
DILATA
O S'EXPANDEIX
EN PROPORCIÓ
AL NOSTRE
CORATGE

ANAÏS NIN

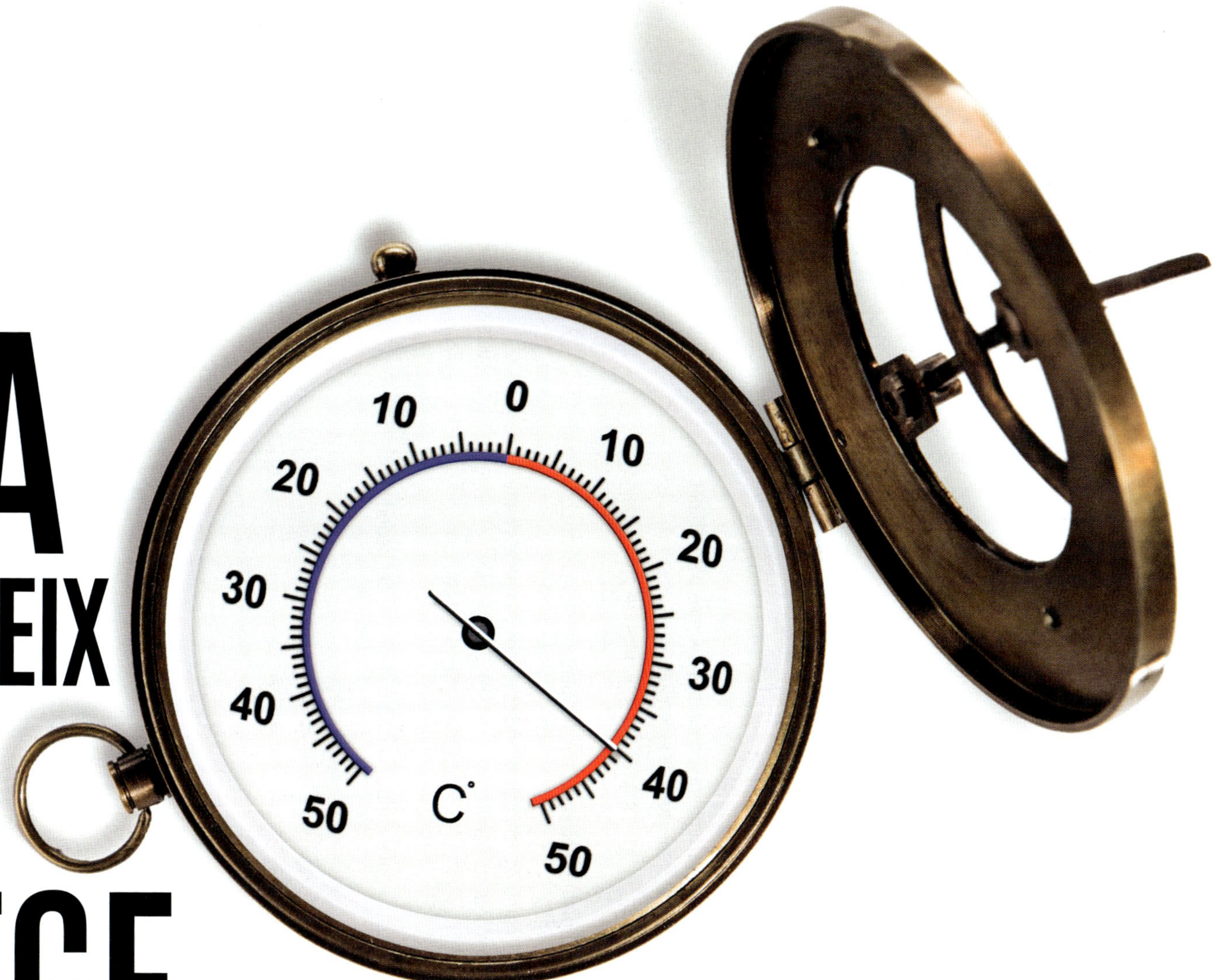

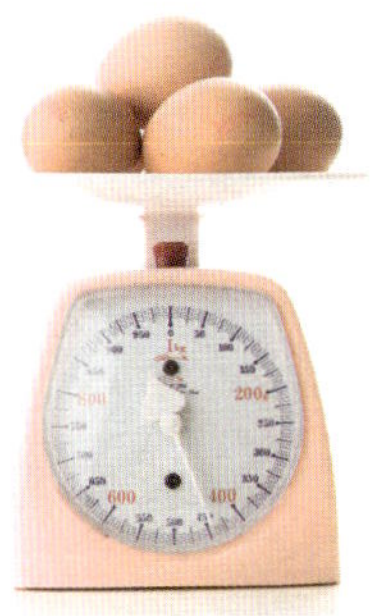

PRESENTAR

SITUACIONS PROPORCIONALS

Heu pensat mai en les aplicacions que té la proporcionalitat en el vostre dia a dia? Entre totes les aplicacions possibles trieu-ne una que us resulti atractiva i prepareu un vídeo en el qual representeu la situació. Completeu el vídeo amb una exposició en la qual expliqueu per què heu triat aquesta alternativa.

CONÈIXER

CURSA DE RELLEUS

Per a la classe d'educació física heu de preparar una prova de relleus. Distribuïu-vos en equips de quatre i prepareu una taula amb dues magnituds inversament proporcionals per completar-la amb els resultats de càlculs successius. Intercanvieu la vostra taula sense emplenar amb la d'un altre grup, per començar la prova. El primer membre de l'equip ha d'efectuar els càlculs per completar el primer valor, i quan el tingui, portarà la taula tan de pressa com pugui al company d'equip següent per tal que, entre tots dos, completin el segon valor abans de tornar a sortir disparat fins al membre següent del grup, i així fins a completar la taula. Guanyarà l'equip que acabi d'omplir tots els valors abans.

CREAR

JORNADA GASTRONÒMICA

Amb motiu de la jornada gastronòmica que se celebrarà al centre, els cuiners del menjador us han demanat la vostra col·laboració perquè, per grups, proposeu una recepta. Teniu plena llibertat a l'hora de triar el plat que us vingui de gust. Cada recepta ha de contenir els ingredients per a deu persones i incloure els càlculs necessaris per adaptar-la a un, cent i cinc-cents comensals. Finalment heu d'anar al mercat i prendre nota dels preus per tal de calcular el cost de la recepta per a cada cas. Podeu recopilar tota aquesta informació en una taula.

INVESTIGAR

I DE GRAN, QUÈ?

El Departament d'Orientació té previst preparar unes xerrades sobre orientació laboral i us ha demanat ajuda per esbrinar les preferències dels alumnes del centre. Amb la vista posada en aquest objectiu, haureu d'elaborar una taula que inclogui els percentatges corresponents a les dades que s'han obtingut quan s'ha preguntat als companys de 2n d'ESO sobre les seves preferències laborals. A més, per valorar si hi ha canvis relacionats amb l'edat, haureu d'investigar els índexs de variació que experimenten aquestes preferències quan es planteja la mateixa enquesta a alumnes de 1r d'ESO o de 4t d'ESO. Segur que la vostra contribució serà de gran ajuda.

1 MAGNITUDS DIRECTAMENT PROPORCIONALS

Dues magnituds són **directament proporcionals** quan, si augmenta o disminueix una de les magnituds, l'altra queda augmentada o disminuïda, respectivament, la mateixa proporció.

Si dues magnituds són directament proporcionals, la divisió entre una quantitat qualsevol d'una magnitud i la quantitat corresponent a l'altra magnitud és sempre constant. Aquesta constant s'anomena **constant de proporcionalitat directa, *k***.

Activitat resolta

Per elaborar 20 galetes de civada, calen 100 g de flocs de civada. Si s'ha d'augmentar o disminuir el nombre de galetes, la quantitat de flocs de civada augmentarà o disminuirà la mateixa proporció. Quina és la constant de proporcionalitat? Com s'interpreta aquesta constant?

El nombre de galetes que s'obté és directament proporcional al nombre de grams de civada que calen, i per això la constant de proporcionalitat directa seria:

Nre. de galetes	20	40	10	100
Grams de civada	100	200	50	500

(· 2 de 20 a 40 i de 100 a 200; : 2 de 20 a 10 i de 100 a 50; · 10 de 10 a 100 i de 50 a 500)

$$\frac{100}{20} = \frac{200}{40} = \ldots = 5$$

És a dir, calen 5 g de flocs de civada per elaborar cada galeta.

Recorda

- Una **raó** és el quocient indicat entre dues magnituds: $\frac{a}{b} = k$.
- Una **proporció** és la igualtat entre dues raons, tal que es compleix que: $$\frac{a}{b} = \frac{c}{d} \Leftrightarrow a \cdot d = b \cdot c$$
- Dues magnituds són **directament proporcionals** si les seves quantitats formen una proporció.

Recorda

- $\frac{a}{b}$ es llegeix *a* sobre *b*.
- *a* s'anomena *antecedent*, i *b*, *consegüent*.

1.1 REGLA DE TRES DIRECTA

La **regla de tres directa** és un mètode per resoldre de manera senzilla problemes en els quals intervenen **magnituds directament proporcionals**.

Activitat resolta

Fent servir les dades de l'activitat anterior, calcula, mitjançant una regla de tres directa, quants grams de flocs de civada caldrien per preparar 15 galetes.

Nre. de galetes		Flocs de civada (g)
20	→	100
15	→	x

Es planteja la proporció de la manera següent:

$$\frac{20}{15} = \frac{100}{x}$$

S'aïlla la incògnita: $x = \frac{15 \cdot 100}{20} = 75$.

Així, doncs, calen 75 g de flocs de civada per elaborar 15 galetes.

El **factor de conversió** és una fracció de valor unitari que representa una proporcionalitat i que permet convertir unes magnituds a partir d'unes altres que són proporcionals a les primeres.

Activitats resoltes

1 **Efectua els canvis d'unitats següents mitjançant factors de conversió:**

a. **478 m a km** **b.** **90 km/h a m/s**

El factor de conversió s'utilitza, en la majoria dels casos, per fer canvis d'unitats.

a. Cal canviar una unitat: el metre. Per fer-ho, se segueixen aquests passos:

1 La dada i la unitat que es canviaran s'escriuen multiplicant una línia de fracció, en què es deixen el numerador i el denominador en blanc:

$$478\ \text{m} \cdot \frac{\square}{\square}$$

2 S'escriu al denominador de la fracció la unitat que té la dada, i al numerador, la unitat a la qual cal convertir-la:

$$478\ \text{m} \cdot \frac{\text{km}}{\text{m}}$$

3 S'anota l'equivalència entre unitats, i per això es dona valor 1 a la més gran. En aquest cas, és més gran el quilòmetre que el metre:

$$478\ \text{m} \cdot \frac{1\ \text{km}}{1\,000\ \text{m}}$$

4 Se simplifiquen les unitats i, finalment, s'opera amb els nombres:

$$478\ \cancel{\text{m}} \cdot \frac{1\ \text{km}}{1\,000\ \cancel{\text{m}}} = \frac{478 \cdot 1}{1\,000}\ \text{km} = 0{,}478\ \text{km}$$

b. Aquesta vegada cal canviar dues unitats: quilòmetre i hora. Es procedeix de la manera següent:

1 S'escriuen la dada i la unitat que es canviaran i, tot seguit, s'hi afegeixen dues línies de fracció:

$$90\ \frac{\text{km}}{\text{h}} \cdot \frac{\square}{\square} \cdot \frac{\square}{\square}$$

2 Per canviar els quilòmetres, s'escriu al denominador de la fracció la unitat que es té, i al numerador, la unitat a la qual cal convertir, metres:

$$90 \cdot \frac{\text{km}}{\text{h}} \cdot \frac{\text{m}}{\text{km}} \cdot \frac{\square}{\square}$$

Les hores es modifiquen escrivint al numerador de la fracció següent la unitat que tenim, i al denominador, la unitat a la qual cal convertir, segons:

$$90 \cdot \frac{\text{km}}{\text{h}} \cdot \frac{\text{m}}{\text{km}} \cdot \frac{\text{h}}{\text{s}}$$

3 S'anota l'equivalència entre unitats, i per fer-ho es dona valor 1 a la més gran. En aquest cas, són més grans el quilòmetre i l'hora:

$$90 \cdot \frac{\text{km}}{\text{h}} \cdot \frac{1\,000\ \text{m}}{1\ \text{km}} \cdot \frac{1\ \text{h}}{3\,600\ \text{s}}$$

4 Se simplifiquen les unitats i s'opera amb els nombres:

$$90 \cdot \frac{\cancel{\text{km}}}{\cancel{\text{h}}} \cdot \frac{1\,000\ \text{m}}{1\ \cancel{\text{km}}} \cdot \frac{1\ \cancel{\text{h}}}{3\,600\ \text{s}} = \frac{90 \cdot 1\,000}{3\,600} \cdot \frac{\text{m}}{\text{s}} = 25\ \frac{\text{m}}{\text{s}}$$

2 **Un cub té una densitat de 12,5 g/cm³. Quina densitat tindria si s'expressés en unitats del sistema internacional (SI)?**

Nota: la unitat de la densitat al SI és el kg/m³.

S'efectuen les operacions corresponents amb factors de conversió per passar els grams a quilograms i els centímetres cúbics a metres cúbics, tal com s'ha explicat en l'activitat anterior:

$$12{,}5\ \frac{\text{g}}{\text{cm}^3} = 12{,}5\ \frac{\cancel{\text{g}}}{\cancel{\text{cm}^3}} \cdot \frac{1\ \text{kg}}{1\,000\ \cancel{\text{g}}} \cdot \frac{1\,000\,000\ \cancel{\text{cm}^3}}{1\ \text{m}^3} = 12\,500\ \frac{\text{kg}}{\text{m}^3}$$

Activitats resoltes

1 **Dues poblacions, A i B, disten 315 km entre si. Un camió surt de la població A cap a la B a 90 km/h, mentre que, simultàniament, un cotxe abandona la ciutat B cap a la A amb una velocitat de 120 km/h. Quan es trobaran tots dos vehicles? Quina distància haurà recorregut cada un en aquell moment?**

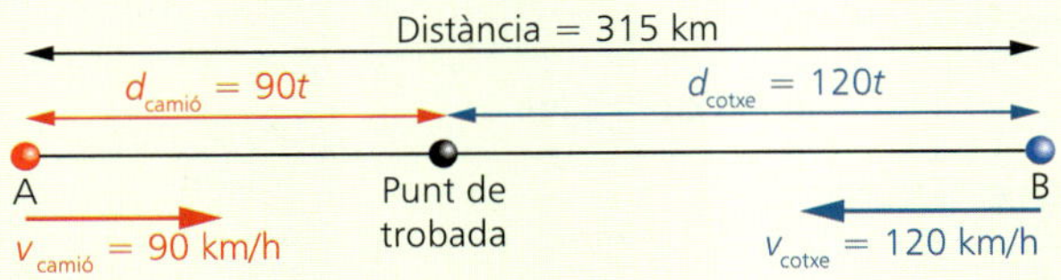

Com que el cotxe va a 120 km/h, recorre 120 km en 1 h, de manera que en t hores haurà recorregut $120t$ km. El camió, d'altra banda, haurà cobert $90t$ km en t hores.

Considerem que t és el temps transcorregut fins al moment de l'encreuament; així, doncs, la distància recorreguda pels dos vehicles és:

$$315 = 120t + 90t \Rightarrow t = \frac{315}{120 + 90} = \frac{315}{210} = 1{,}5 \text{ h}$$

Per tant, els dos vehicles es trobarien al cap d'una hora i mitja.

El cotxe haurà recorregut: $120 \cdot t = 120 \cdot 1{,}5 = 180$ km.

D'altra banda, el camió haurà recorregut: $90 \cdot t = 90 \cdot 1{,}5 = 135$ km.

2 **Un cotxe surt d'un punt, A, a 110 km/h. A 60 km del punt A hi ha una moto que circula a una velocitat de 80 km/h en la mateixa direcció i sentit. Quant temps tardarà el cotxe a atrapar la moto? A quina distància se situa el punt d'abast?**

En un temps t, el cotxe haurà recorregut una distància de $110t$ km, i la moto, de $80t$ km. Si t és el temps d'abast, aleshores:

$$110t = 60 + 80t \Rightarrow t = \frac{60}{110 - 80} = \frac{60}{30} = 2 \text{ h}$$

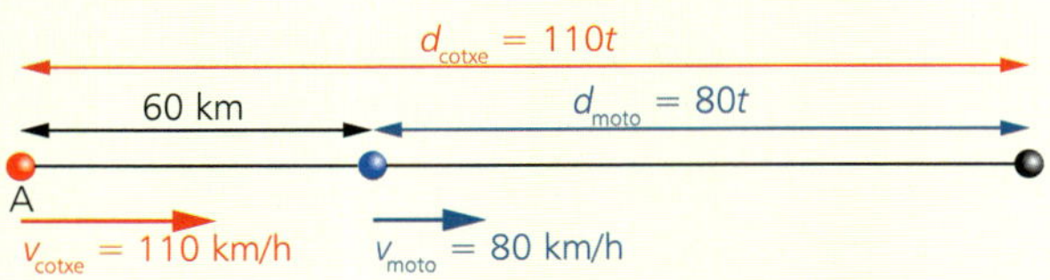

Així, el cotxe atraparà la moto en 2 h, i el punt en el qual tindrà lloc la trobada està a $110t = 110 \cdot 2 = 220$ km del punt A.

3 **Un joier vol fondre un lingot de 3 kg d'or de llei 0,8 amb un altre de 2 kg d'or, la llei del qual és 0,9. Quina és la llei del lingot resultant?**

Que un lingot sigui de llei 0,8 significa que el 80 % és or i el 20 % restant es compon d'altres substàncies. En el cas del lingot de 0,9, el contingut d'or és del 90 %.

Es calcula la massa pura d'or que hi ha en cadascun dels lingots multiplicant-ne el pes pel percentatge d'or:

	Massa	Llei	Massa pura d'or
Or 1	3 kg	0,8	$3 \cdot 0{,}8 = 2{,}4$ kg
Or 2	2 kg	0,9	$2 \cdot 0{,}9 = 1{,}8$ kg
Or 3	5 kg	x	$2{,}4 + 1{,}8 = 4{,}2$ kg

Per determinar la llei del lingot resultant, cal determinar la raó entre la massa d'or pur total i la massa total del lingot:

$$x = \frac{4{,}2}{5} = 0{,}84 \text{ és la llei del lingot resultant}$$

2 MAGNITUDS INVERSAMENT PROPORCIONALS

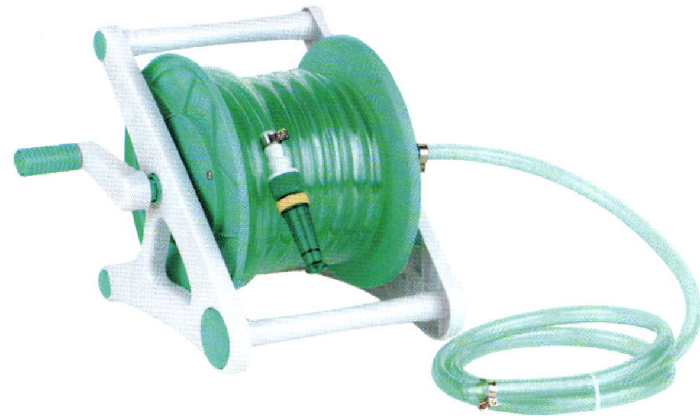

> Dues magnituds són **inversament proporcionals** si, quan augmenta o disminueix una de les magnituds, l'altra queda disminuïda o augmentada, respectivament, la mateixa proporció.

Recorda

Si dues magnituds són inversament proporcionals, aleshores una de les dues i la inversa de l'altra són directament proporcionals.

Si dues magnituds són inversament proporcionals, la multiplicació de quantitats corresponents de totes dues magnituds sempre és constant. Aquesta constant s'anomena **constant de proporcionalitat inversa, *k*.**

Activitat resolta

Per omplir una piscina en 6 h, cal emprar 2 mànegues. Si s'augmenta el nombre de mànegues, el temps per omplir-la s'incrementarà o disminuirà la mateixa proporció? Quina és la constant de proporcionalitat?

Si s'augmenta o es disminueix el nombre de mànegues, el temps per omplir-la es reduirà o s'incrementarà, respectivament, la mateixa proporció, de manera que el nombre de mànegues i el temps per omplir-la són magnituds inversament proporcionals:

Mànegues	2	4	1	10
Hores	6	3	12	1,2

(Mànegues: 2 → 4: · 2; 2 → 1: : 2; 1 → 10: · 10. Hores: 6 → 3: : 2; 6 → 12: · 2; 12 → 1,2: : 10)

La taula permet veure que, si es multiplica o es divideix la primera magnitud per un nombre, en la segona s'efectua l'operació inversa, és a dir, es divideix o es multiplica, respectivament, per aquest nombre.

La constant de proporcionalitat inversa seria: $2 \cdot 6 = 4 \cdot 3 = \ldots = 12$.

2.1 REGLA DE TRES INVERSA

La **regla de tres inversa** és un mètode per resoldre de manera senzilla problemes en els quals apareixen **magnituds inversament proporcionals**.

Activitat resolta

Utilitzant les dades de l'activitat resolta anterior, calcula, mitjançant una regla de tres inversa, quantes mànegues calen si es vol tenir plena la piscina en 1,5 h.

Mànegues		Hores
2	→	6
x	→	1,5

Com que la proporció és inversa, quan es planteja, s'ha d'invertir una de les raons. S'inverteix la raó que no conté la incògnita:

$$\frac{2}{x} = \frac{1{,}5}{6} \Rightarrow x = \frac{2 \cdot 6}{1{,}5} = 8$$

Per tant, calen 8 mànegues per omplir la piscina en 1,5 h.

3 PROPORCIONALITAT COMPOSTA

Una **proporcionalitat** és **composta** si hi intervenen tres magnituds proporcionals o més.

Per calcular una proporcionalitat composta, se segueixen aquests passos:

1 Es determina quin tipus de proporcionalitat (directa o inversa) hi ha entre les magnituds.

2 Es plantegen les proporcions d'acord amb la naturalesa d'aquestes proporcionalitats: es multiplica per la raó de les magnituds considerades si és una proporcionalitat directa o bé per la inversa de la raó, en cas contrari.

3 S'aïlla la incògnita.

Activitats resoltes

1 **Un equip de 4 mecànics munten 5 cotxes en 2 dies. Quants mecànics han de treballar per preparar 10 cotxes en 8 dies?**

1 Hi ha tres magnituds implicades: nombre de mecànics, nombre de cotxes i nombre de dies. La magnitud que es vol determinar és el nombre de mecànics.

Nre. de mecànics	Nre. de cotxes	Dies
4	5	2
x	10	8

Directa (Nre. de mecànics – Nre. de cotxes)
Inversa (Nre. de mecànics – Dies)

Es calcula la proporcionalitat entre la magnitud sobre la qual es pregunta i la resta de les magnituds:

- Per muntar **més cotxes**, calen **més mecànics**; per consegüent, aquestes dues magnituds són directament proporcionals.
- Per muntar cotxes en **més dies**, fan falta **menys mecànics**; en conseqüència, aquestes dues magnituds són inversament proporcionals.

2 Es plantegen les proporcions, s'aïlla la raó que té la incògnita i es multipliquen les dues altres raons:

$$\frac{4}{x} = \frac{5}{10} \cdot \frac{8}{2} \Rightarrow \frac{4}{x} = \frac{40}{20} \Rightarrow x = \frac{80}{40} = 2$$

Així, doncs, calen 2 mecànics.

2 **Una sala de teatre fa 3 funcions diàries, de manera que poden gaudir de l'obra que s'hi representa 24 750 espectadors en els 15 dies que estarà en cartell. Quants espectadors podrien assistir a l'obra durant 45 dies si només es representés 2 vegades al dia?**

1 Es procedeix com en l'activitat anterior. Hi ha tres magnituds: nombre de sessions, nombre d'espectadors i nombre de dies, i la magnitud que cal determinar és el nombre d'espectadors.

Sessions	Espectadors	Dies
3	24 750	15
2	x	45

Directa (Sessions – Espectadors)
Directa (Espectadors – Dies)

Es determina la proporcionalitat entre la magnitud sobre la qual ens pregunta l'enunciat i la resta de les magnituds:

- Si hi ha **menys sessions**, hi podran assistir **menys espectadors**; així, doncs, aquestes dues magnituds són directament proporcionals.
- Si l'obra es representa **més dies**, la podran anar a veure **més espectadors**; d'aquesta manera, aquestes dues magnituds també són directament proporcionals.

2 Es plantegen les proporcions i es resol la incògnita:

$$\frac{24\,750}{x} = \frac{3}{2} \cdot \frac{15}{45} \Rightarrow x = \frac{24\,750 \cdot 90}{45} = 49\,500$$

Per tant, hi podran assistir 49 500 espectadors.

4 PERCENTATGES. AUGMENTS I DISMINUCIONS PERCENTUALS: ÍNDEX DE VARIACIÓ

Un **percentatge** és una raó que té com a denominador 100. Per exemple, 39 % significa 39 parts de 100.

Els percentatges es poden expressar de tres maneres diferents, que són equivalents entre elles: tant per cent, fracció i decimal.

Tant per cent	Fracció	Decimal
39 %	$\frac{39}{100}$	0,39

Els percentatges són proporcions directes, i per això es poden calcular amb els mètodes estudiats anteriorment: regla de tres i factors de conversió.

4.1 AUGMENTS I DISMINUCIONS PERCENTUALS: ÍNDEX DE VARIACIÓ

Per augmentar una quantitat un x %, es calcula el $(100 + x)$ % d'aquesta quantitat, ja que el total és el 100 % més el x % que s'incrementa.

Per disminuir una quantitat un x %, es calcula el $(100 - x)$ % d'aquesta quantitat, ja que el total és el 100 % menys el x % que es redueix.

L'**augment percentual** d'una quantitat és el que s'incrementa segons un percentatge aplicat.

La **disminució percentual** d'una quantitat és el que es redueix segons un percentatge aplicat.

Si s'escriuen les quantitats indicades més amunt, $(100 + x)$ % i $(100 - x)$ %, com a nombres decimals, s'obté l'anomenat **índex de variació (iv)**.

Així, quan es multiplica una quantitat per l'índex de variació, el resultat és la quantitat final (augmentada o disminuïda percentualment segons el cas).

Càlcul de l'índex de variació

Augments percentuals	Disminucions percentuals
iv = 1 + percentatge en decimal	iv = 1 – percentatge en decimal

Activitat resolta

El Marc compra un mòbil de 250 € en uns grans magatzems. Si hi apliquen un augment del 21 % d'IVA, quant paga en total?

Es tracta d'un augment percentual: l'import del mòbil és el 100 % i el tant per cent d'IVA és el 21 % .

Per tant, el que paga realment és 100 % + 21 %= 121 % de l'import inicial.

Passant aquest percentatge a numeració decimal, s'obté l'índex de variació: 1,21.

Així, doncs, el Marc haurà de pagar: $1{,}21 \cdot 250 = 302{,}50$ €

Activitat resolta

Calcula l'índex de variació:

a. Per augmentar el 47 % una quantitat determinada.

b. Per disminuir una quantitat el 15 %.

a. Per augmentar una quantitat el 47 %:

$$iv = 1 + 0{,}47 = 1{,}47$$

b. Per disminuir una quantitat el 15 %:

$$iv = 1 - 0{,}15 = 0{,}85$$

Activitat resolta

La Paula adquireix un vestit de 60 € que té un descompte del 12 %. Quant haurà de pagar després del descompte?

Es tracta d'una disminució percentual: l'import del vestit és el 100 % i el tant per cent descomptat és el 12 %.

En conseqüència, el que paga realment és: 100 % – 12 % = 88 % de l'import inicial.

Passant aquest percentatge a numeració decimal, s'obté l'índex de variació: 0,88.

Conseqüentment, després del descompte la Paula haurà de pagar: 0,88 · 60 = 52,80 €.

Hi ha problemes en els quals interessa calcular la quantitat inicial a partir de la quantitat final o en què s'apliquen diversos percentatges encadenats.

Càlcul d'una quantitat a partir d'una altra

- Per obtenir la quantitat final a partir de la quantitat inicial, es multiplica la inicial per l'índex de variació.
- Per calcular la quantitat inicial a partir de la quantitat final, es divideix la final entre l'índex de variació.

$$\text{Quantitat inicial} \xrightarrow{\cdot\, iv} \text{Quantitat final}$$

$$\text{Quantitat inicial} \xleftarrow{:\, iv} \text{Quantitat final}$$

Càlcul de l'índex de variació de diversos percentatges encadenats

Si hi ha diversos percentatges encadenats, l'índex de variació final és la multiplicació dels índexs de variació de cada percentatge:

$$iv = iv_1 \cdot iv_2 \cdot \ldots$$

Així, per exemple, un augment del 37 % i una disminució del 23 % equivalen a l'índex de variació següent:

$$iv = (1 + 0{,}37) \cdot (1 - 0{,}23) = 1{,}37 \cdot 0{,}77 = 1{,}0549$$

És a dir, el percentatge seria, finalment, un increment del 5,49 %.

Interpretar resultats

A les eleccions de l'any 2019 s'han obtingut els resultats següents: partit A, 2 525 000 vots; partit B, 1 750 000 vots, i partit C, 900 000 vots. A les eleccions anteriors, celebrades el 2015, els resultats van ser aquests: partit A, 2 200 000 vots; partit B: 1 450 000 vots, i partit C, 725 000 vots. Després de comparar-ne els resultats, tots els partits afirmen que han sortit reforçats a les últimes eleccions respecte als seus rivals. Calcula l'increment absolut i relatiu experimentat per cada partit i raona quin ha millorat més els resultats.

Organitzem les dades en una taula com la del marge i les analitzem.

- **En termes absoluts**, el guanyador és el partit A, tant pel que fa al nombre de vots com respecte a l'increment de vots.
- **En termes relatius**, cal calcular el percentatge.

El partit C és el que experimenta un increment percentual més gran de vots i més creixement respecte a les eleccions anteriors.

Pel que fa al partit B, l'augment del percentatge és inferior, mentre que el partit A ha reduït el seu percentatge de vots.

	Nre. de vots eleccions 2015	Nre. de vots eleccions 2019	Increment de vots
Partit A	2 200 000	2 525 000	325 000
Partit B	1 450 000	1 750 000	300 000
Partit C	725 000	900 000	175 000

	Nre. de vots eleccions 2015 (%)	Nre. de vots eleccions 2019 (%)	Increment de vots (%)
Partit A	50,29	48,79	–1,5
Partit B	33,14	33,81	0,67
Partit C	16,57	17,39	0,82

Els percentatges i la calculadora científica

Mitjançant la calculadora científica, és possible efectuar diferents operacions amb percentatges. Per fer-ho, has d'emprar la tecla [%]. Aquesta tecla no es prem directament, sinó que cal prémer primer [SHIFT]. En aquesta classe d'operacions, cal distingir dos tipus de calculadora: les de tipus 1, en les quals no cal polsar la tecla [=] per obtenir el percentatge, i les de tipus 2, en les quals sí que cal aquesta acció.

Tot seguit veurem alguns exemples d'operacions amb percentatges, amb la indicació de les tecles que cal polsar. En el cas de les calculadores de tipus 2, les tecles són les mateixes, però prement al final la tecla [=], excepte en aquelles operacions en què varia l'algorisme. Quan passa això, s'especifica la seqüència de tecles per a cada modalitat de calculadora.

	Tecles	En pantalla	Significat
Càlcul del 15 % de 750 €	750 [×] 15 [SHIFT] [%]	112,5	112,5 €
Percentatge aplicat a 360 amb resultat 90	90 [÷] 360 [SHIFT] [%]	25	25 %
Quantitat total si 6,75 és el 15 %	6,75 [÷] 15 [SHIFT] [%]	45	El 15 % de 45 és 6,75.
Augment del 30 % a 85 €	Tipus 1: 85 [×] 30 [SHIFT] [%] [+] Tipus 2: 85 [+] 85 [×] 30 [SHIFT] [%] [=]	110,5	110,50 €
Disminució del 15 % a 109 €	Tipus 1: 109 [×] 15 [SHIFT] [%] [−] Tipus 2: 109 [−] 109 [×] 15 [SHIFT] [%] [=]	92,65	92,65 €

Efectua les operacions següents amb la calculadora:

a. El 45 % de 8 280.

b. El percentatge aplicat a 388 amb resultat 48.

Construeixo el meu joc de percentatges

Et proposem la creació d'un joc per practicar els conceptes relatius als percentatges. Necessitaràs cartolines, llapis, retoladors i regles.

Per construir el joc, procedeix de la manera següent:

- Crea 20 cartes amb preguntes de percentatges juntament amb les respostes corresponents.

Aquestes són les regles del joc:

- Cada grup lliura les cartes que ha creat a un altre grup perquè hi jugui.
- A cada partida hi participen 4 alumnes.
- Per torns, cada jugador treu una carta i llegeix la pregunta. La resta dels jugadors fan l'activitat que s'indica a la carta.
- El primer jugador que diu la resposta correcta s'anota 1 punt.
- Cada jugador només pot donar una resposta per carta.
- Guanya el jugador que hagi obtingut més punts una vegada llegides totes les cartes.

Fixa't en els exemples de cartes del marge.

Calcula el 20 % de 2 500.

Solució: 500

Quant val un llibre de 20 € amb el 4 % d'IVA?

Solució: 20,80 €

Quin percentatge representa 50 respecte de 250?

Solució: 20 %

Calcula la disminució del 5 % d'una població de 23 000 habitants.

Solució: 21 850

5 REPARTIMENTS PROPORCIONALS

Quan es vol repartir una quantitat de manera proporcional a unes quantitats determinades, s'ha de fer un repartiment proporcional. Aquest repartiment pot ser directament o inversament proporcional.

5.1 REPARTIMENT DIRECTAMENT PROPORCIONAL

Un **repartiment directament proporcional** consisteix a distribuir una quantitat entre diverses parts de tal manera que el que rebi cadascuna sigui directament proporcional a la quantitat que hi ha aportat.

Per repartir la quantitat C de manera **directament proporcional** als nombres p_1, p_2, p_3, ..., es procedeix de la manera següent:

1 S'anomenen amb lletres les quantitats finals corresponents: *a*, *b*, *c*, ..., i s'escriuen les proporcions adequades a les dades del problema.

$$\frac{a}{p_1} = \frac{b}{p_2} = \dots$$

2 Es fa servir la propietat de les proporcions segons la qual cadascuna de les raons és igual a la suma dels antecedents dividida entre la suma dels conseqüents: $\frac{a}{b} = \frac{c}{d} = \frac{a+c}{b+d}$. Tenint en compte que *p* és la suma de les parts entre les quals cal fer el repartiment, s'obté l'expressió de la dreta.

$$\frac{a}{p_1} = \frac{b}{p_2} = \dots = \frac{a+b+\dots}{p_1+p_2+\dots} = \frac{C}{p}$$

3 Així, doncs, $\frac{C}{p}$ és la constant de proporcionalitat que permet calcular les quantitats repartides.

$$\frac{a}{p_1} = \frac{C}{p} \Rightarrow a = p_1 \cdot \frac{C}{p}$$

Activitat resolta

La Carla vol repartir 3 000 € entre els seus tres fills de manera directament proporcional a les seves edats. Si la Lucía té 30 anys; l'Àlex, 27, i la Laia, 18, quants diners correspondran a cadascun?

1 S'anomenen *a*, *b* i *c* les quantitat respectives que corresponen a cadascun. Com que aquestes quantitats han de ser proporcionals a l'edat, en resulta:

$$\frac{a}{30} = \frac{b}{27} = \frac{c}{18}$$

2 Amb la propietat de les proporcions, i tenint en compte que $a + b + c = 3000$:

$$\frac{a}{30} = \frac{b}{27} = \frac{c}{18} = \frac{a+b+c}{30+27+18} = \frac{3000}{75} = 40$$

Així, doncs, cal repartir 3 000 € entre entre 75 parts, i això dona com a resultat 40 €/part.

3 Es calculen les quantitats que cal repartir:

$$\frac{a}{30} = 40 \Rightarrow a = 40 \cdot 30 = 1\,200$$

A la Lucía li corresponen 1 200 €.

$$\frac{b}{27} = 40 \Rightarrow b = 40 \cdot 27 = 1\,080$$

A l'Àlex li corresponen 1 080 €.

$$\frac{c}{18} = 40 \Rightarrow c = 40 \cdot 18 = 720$$

A la Laia li corresponen 720 €.

Es comprova, doncs, que les tres quantitats sumen 3 000 €.

5.2 REPARTIMENT INVERSAMENT PROPORCIONAL

Un **repartiment inversament proporcional** consisteix a distribuir una quantitat entre diverses parts de tal manera que el que rebi cadascuna sigui inversament proporcional a la quantitat que hi ha aportat. És a dir, fer un **repartiment inversament proporcional** equival a efectuar un repartiment directament proporcional a les parts inverses.

Així, doncs, el procediment és anàleg al que hem seguit en el cas dels repartiments directament proporcionals: per repartir la quantitat C de manera **inversament proporcional** als nombres p_1, p_2, p_3, ..., es procedeix de la manera següent:

1 S'anomenen amb lletres les quantitats finals corresponents: *a*, *b*, *c*, ..., i s'escriuen les proporcions adequades a les dades del problema.	$\frac{a}{\frac{1}{p_1}} = \frac{b}{\frac{1}{p_2}} = \ldots$
2 Tenint en compte la propietat de les proporcions indicada a la pàgina anterior i que *p* és la suma de les inverses de les parts entre les quals cal fer el repartiment, s'obté la igualtat de la dreta.	$\frac{a}{\frac{1}{p_1}} = \frac{b}{\frac{1}{p_2}} = \ldots = \frac{a+b+\ldots}{\frac{1}{p_1}+\frac{1}{p_2}+\ldots} = \frac{C}{p}$
3 Per tant, $\frac{C}{p}$ és la constant de proporcionalitat que permet calcular les quantitats repartides.	$\frac{a}{\frac{1}{p_1}} = \frac{C}{p} \Rightarrow a = \frac{1}{p_1} \cdot \frac{C}{p}$

Activitat resolta

El premi de 6 000 € d'un torneig d'atletisme es reparteix entre els tres primers corredors de manera inversament proporcional al temps de cadascun. Si els tres primers d'aquesta edició han tardat 10 min, 12 min i 15 min, respectivament, quants diners correspondran a cadascun?

1 S'anomenen *a*, *b* i *c* les quantitats respectives que corresponen a cadascun.

2 Com que aquestes quantitats han de ser inversament proporcionals al temps emprat, en resulta:

$$\frac{a}{\frac{1}{10}} = \frac{b}{\frac{1}{12}} = \frac{c}{\frac{1}{15}} = \frac{a+b+c}{\frac{1}{10}+\frac{1}{12}+\frac{1}{15}} = \frac{a+b+c}{\frac{6}{60}+\frac{5}{60}+\frac{4}{60}} =$$

$$= \frac{6\,000}{\frac{15}{60}} = \frac{6\,000}{\frac{1}{4}} = 24\,000$$

És a dir, cal repartir 6 000 € entre $\frac{1}{4}$ parts, de manera que cal multiplicar 24 000 € per la inversa de cada part.

3 Es calculen les quantitats que s'han de repartir:

$$\frac{a}{\frac{1}{10}} = 24\,000 \Rightarrow a = \frac{1}{10} \cdot 24\,000 = 2\,400$$

Al primer corredor li corresponen 2 400 €.

$$\frac{b}{\frac{1}{12}} = 24\,000 \Rightarrow b = \frac{1}{12} \cdot 24\,000 = 2\,000$$

El segon corredor rep 2 000 €.

$$\frac{c}{\frac{1}{15}} = 24\,000 \Rightarrow c = \frac{1}{15} \cdot 24\,000 = 1\,600$$

El premi del tercer corredor són 1 600 €.

Es fa la comprovació que 2 400 + 2 000 + 1 600 = 6 000 € i que com més temps tarda un corredor menys diners li corresponen.

ACTIVI TATS

05 PROPORCIONALITAT

1-2 Magnituds directament i inversament proporcionals

1 Copia al teu quadern aquestes taules de proporcionalitat, completa-les, indica si es tracta d'una proporcionalitat directa o inversa i calcula'n la constant de proporcionalitat:

a.

Magnitud A	3	10	7	9	12
Magnitud B		5			6

b.

Magnitud C	75	25	150		
Magnitud D	4	12		50	100

c.

Magnitud E	4	6	10	20	50
Magnitud F	3		6		

2 La Júlia vol fer amb moto un trajecte de 120 km. Copia i completa al teu quadern la taula següent, en la qual es calcula el temps que tardaria a fer aquest trajecte segons la velocitat a la qual circuli:

Velocitat (km/h)	100			80	
Temps (h)		1	3		4

Indica de quin tipus de proporcionalitat es tracta i quina és la constant de proporcionalitat.

3 Efectua les conversions d'unitats de mesura següents aplicant factors de conversió:

a. 54 hm a m
b. 294 cL a dL
c. 383 kg a cg
d. 675 mL a daL
e. 82 304 dm^2 a dam^2
f. 46 km^2 a hm^2
g. 3 482 mm^3 a cm^3
h. 32 hL a cm^3
i. 180 km/h a m/s
j. 45 m/s a km/h

4 Resol el problema següent de dues maneres diferents: amb una regla de tres i mitjançant factors de conversió. Després, comprova que el resultat és el mateix: «Una aixeta oberta consumeix uns 12 L d'aigua per minut. Quants litres se'n malbaratarien si es deixés l'aixeta oberta durant 2 h?»

5 El Pol i l'Arnau han anat al mercat.

a. El Pol ha comprat 3 kg de taronges a 2,30 €/kg. Quant li han costat les taronges? I si n'hagués comprat 2 kg més?

b. L'Arnau vol comprar patates, que van a 0,62 €/kg; quants quilos en podrà comprar si només porta 5,63 € i en necessita 0,40 € per comprar també una barra de pa?

6 El Pau, la Clàudia i l'Iker paguen entre tots tres 1 260 € de lloguer pel seu pis.

a. Si la Maria se'n va a viure amb ells compartint despeses, quant haurà de pagar cadascun?

b. I si es quedessin al pis només el Pau i la Clàudia?

c. Elabora una taula de proporcionalitat en la qual es registri el que pagarien de lloguer si fossin en total 5, 6 o 7 inquilins.

7 Un cotxe que circulava a una velocitat de 110 km/h ha tardat 45 min a recórrer una certa distància.

a. Quant temps hauria emprat a completar aquesta distància a una velocitat de 120 km/h?

b. I si hagués circulat a 100 km/h?

8 Per buidar una piscina, es fan servir dues bombes que fan aquesta operació en 12 h. Quantes bombes caldrien si es volgués buidar en 6 h?

9 El Jan treballa en una fàbrica de cotxes. Si pinta 42 vehicles per setmana, quants en pintarà al mes?

Nota: considera que un mes té 4 setmanes.

10 La Martina i el David posen 12 € cadascun per comprar un regal a la seva amiga Sara. Quan l'Alba i l'Èric s'assabenten de l'aniversari, els demanen de participar en el regal.

a. Quant hi haurà de posar ara cadascú?

b. Quants amics haurien de participar en la compra del regal perquè l'aportació de cadascú fos de 2,40 €?

c. Quant val el regal?

11 La Jana guanya 210 € a la setmana per treballar 7 h.

a. Quant rebria si treballés 8 h?

b. Si li concedissin un torn reduït de 4 h, a quant pujaria el seu sou?

12 ⊞ Un tren que circula a una velocitat de 80 km/h té un avantatge de 100 km respecte a un altre que va a 100 km/h.

a. Quant tardarà el segon a atrapar el primer?

b. Quina distància hauran recorregut en aquest moment?

13 ⊞ En una cursa de Fórmula 1, un pilot, A, ha circulat a una velocitat mitjana de 95 m/s, mentre que un altre pilot, B, ha mantingut una velocitat mitjana de 55 hm/min.

a. Expressa la velocitat de cada pilot en quilòmetres per hora.

b. Quant temps ha tardat cada pilot a recórrer els 5,643 km del circuit?

c. Com que la cursa consistia en 55 voltes al circuit, quant temps ha necessitat cada pilot per completar-la, sense comptar les parades a boxs?

d. Comparant els resultats dels dos pilots, qui ha quedat en millor posició en la competició?

14 ⊞ L'engranatge d'una màquina té dues rodes. Una de les dues disposa de 18 dents, i l'altra, de 24. Si la roda petita fa 5 voltes, quantes en farà la gran?

15 ⊞ Dues ciutats, A i B, estan a 42 km de distància. Si en un mapa estan separades 30 cm:

a. Quants centímetres de separació hi ha entre unes altres ciutats que en la realitat disten 56 km?

b. Quants quilòmetres de distància hi ha entre dues poblacions que en el mapa estan a 12 cm?

c. A quina escala està fet el mapa d'aquesta activitat?

Nota: l'escala 1:*x* vol dir que 1 cm del mapa equival a *x* cm de la realitat.

16 ⊞ Un autobús circula a 100 km/h, i una moto, a 110 km/h.

a. Si la moto segueix l'autobús a 50 km de distància, quant tardarà a atrapar-lo? A quina distància l'enxamparà?

b. Si els dos vehicles estiguessin a 630 km i es dirigissin l'un cap a l'altre, quant tardarien a trobar-se? Quina distància hauria recorregut cadascun?

17 ⊞ L'Aina barreja 20 kg d'un tipus de te que té un cost de 15 €/kg, amb 30 kg d'una altra varietat a 25 €/kg. Quin és el preu de la mescla resultant?

18 ⊞ Un anell que pesa 3,5 g conté el 85 % d'or, mentre que un penjoll de 16,9 g conté el 75 % d'or. Si es fonen les dues joies, quin percentatge d'or tindrà la mescla?

19 ⊞ El Daniel ven tres tipus de cafè de diferents qualitats: la primera varietat té un cost de 6 €/kg; la segona, de 9,50 €/kg, i la tercera, de 12,50 €/kg. Calcula el cost de la mescla si hi posa 40 kg de la primera classe per cada 20 kg de la segona i 10 kg de la tercera.

20 ⊞ Una bota conté 300 L d'un vi que val 8,90 €/L. Si el cellerer el barreja amb 200 L de vi d'una altra bota que té un preu de 14,95 €/L, calcula el cost de la mescla.

21 ⊞⊞ Dues aixetes aboquen aigua en un dipòsit de 450 L de capacitat. Si el cabal de la primera és de 60 L/min i el de la segona és de 40 L/min, quant tardaran a omplir el dipòsit totes dues juntes?

22 ⊞⊞ En una piscina plena que té 500 000 L de capacitat s'hi introdueixen 50 L/min amb una mànega al mateix temps que el desguàs la buida a raó de 150 L/min. Quant temps tardarà a buidar-se la piscina?

3 Proporcionalitat composta

23 Per calcular la velocitat a la qual es desplaça un mòbil, s'aplica l'expressió següent: $v = \frac{s}{t}$, en què v és la velocitat; s, l'espai recorregut, i t, el temps. Observant l'expressió anterior, indica quines magnituds són directament proporcionals entre elles i quines són inversament proporcionals. Justifica'n la resposta.

24 L'Ariadna i la Laura queden per resoldre 8 exercicis de matemàtiques i tarden 2 h a fer-los. Quant temps emprarien a acabar 15 exercicis si el Biel s'unís a elles per ajudar-les?

25 En una granja s'emmagatzemen 35 000 kg de pinso per alimentar 35 cavalls durant 8 mesos.

a. Quants mesos durarien 100 000 kg de pinso si es compressin 20 cavalls més?

b. Si la granja vengués alguns cavalls i se'n quedés només 18, quant pinso caldria per a 5 mesos?

26 Tres operaris tarden 3 h a embotellar 2 000 L de suc.

a. Quant de temps tardarien 5 operaris a embotellar 10 000 L de suc?

b. Quants operaris caldrien per embotellar 20 000 L de suc en 18 h?

c. Quants litres n'hauran embotellat 6 operaris en 12 h?

27 La Noa fa un trajecte de 360 km a 120 km/h en 3 h.

a. Quantes hores tarda si recorre 220 km anant a 110 km/h?

b. A quina velocitat aniria si completés 450 km en 5 h?

c. Quants quilòmetres recorrerà en 2 h i 27 min si circula a 100 km/h?

28 En una pastisseria empaqueten 20 pastissets en capses de 20 cm d'ample per 30 cm de llarg.

a. Quants pastissets es podran empaquetar en capses de 30 cm d'ample per 45 cm de llarg?

b. I en capses de 60 cm d'ample per 90 cm de llarg?

29 Amb 300 kg de carn s'alimenten 200 comensals en un mes.

a. Per a quants comensals n'hi haurà prou amb 600 kg de carn durant 5 mesos?

b. Quants quilos de carn caldran per a 150 persones durant un període de 2 mesos?

c. Si 75 persones disposen de 900 kg, per a quant de temps en tindran?

30 L'Anna disposa de 750 kg de sorra per omplir 10 galledes de 0,5 m^3 de volum.

a. Quants quilos de sorra necessita per omplir 15 galledes d'1 m^3 de volum?

b. Quantes galledes de 0,75 m^3 de volum es podrien omplir amb 1 800 kg de sorra?

c. Quin volum han de tenir 20 galledes per omplir-les amb 500 kg de sorra?

31 Un equip de 8 pintors ha treballat durant 10 dies per pintar 2 cases.

a. Quants dies tardaran 5 pintors a acabar 4 cases?

b. Si només treballés 1 pintor per pintar 1 casa, quant tardaria?

c. Calcula quants pintors caldrien per pintar 10 cases en 20 dies.

32 L'Hugo, la Marta i el Martí paguen 200 € cadascun per un mes de lloguer.

a. Si s'hi uneix la Berta, quant haurà de pagar cadascú per 6 mesos?

b. Durant el juliol i l'agost, només viuen al pis l'Hugo i la Marta, i per això són ells els qui paguen les despeses; quant els costarà el lloguer?

c. Quants llogaters s'han d'allotjar al pis perquè cadascú pagui 600 € per 5 mesos de lloguer?

33 Una empresa de paqueteria cobra 30 € per enviar un paquet de 75 kg a una població que és a 350 km de distància.

a. Quant val enviar 30 kg a 210 km?

b. Quina massa té un paquet si ha costat 68 € enviar-lo a 160 km?

c. A quants quilòmetres de distància s'ha enviat un paquet de 100 kg si ha costat 130 €?

4 Percentatges. Augments i disminucions percentuals: índex de variació

34 Calcula mentalment els percentatges següents:

a. El 25 % de 600

b. El 20 % de 2 800

c. El 75 % de 10 000

d. El 30 % de 6 300

e. El 50 % de 5 600

f. El 150 % de 1 000 000

g. El 10 % de 893 274

h. El 200 % de 472 000

35 Esbrina aquests percentatges:

a. El 45 % de 846

b. El 19 % de 274

c. El 89 % de 4 456

d. El 77 % de 92 274

e. El 46 % de 382

f. El 12 % de 9 387

g. El 78 % de 1 908

h. El 21 % de 5 676

i. El 35 % de 819

j. El 90 % de 1 450

36 Calcula el percentatge que representen les quantitats següents, arrodonint a les dècimes, si cal:

a. 33 respecte de 264

b. 284 respecte de 9 289

c. 12 respecte de 689

d. 16 respecte de 128

e. 8 975 respecte de 28 429

37 Calcula el total sabent que els percentatges proposats equivalen a les quantitats que s'indiquen.

a. El 57 % és 456.

b. El 8 % és 183.

c. El 45 % és 207.

d. El 13 % és 923.

e. El 52 % és 468.

f. El 5 % és 9.

38 Aproximadament el 97,5 % de l'aigua total de la Terra és salada. La resta, que correspon al 2,5 %, és dolça. D'aquesta aigua dolça, el 69,7 % és gel, el 30 % és aigua subterrània, i el 0,3 % flueix per la superfície.

a. Quin percentatge representa l'aigua gelada respecte al total de l'aigua terrestre?

b. I les aigües superficials? I les subterrànies?

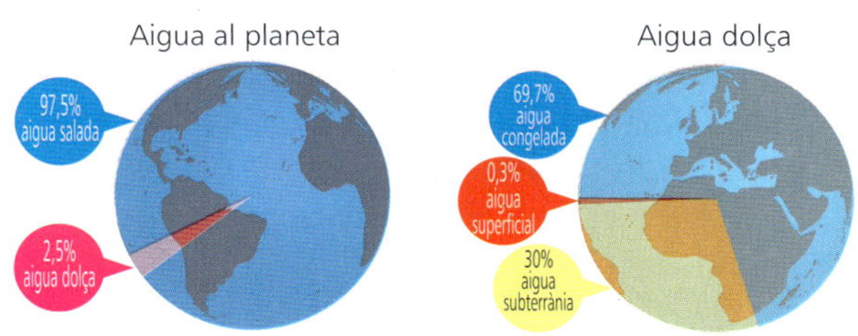

39 El 35 % de l'alumnat d'un institut juga a futbol, el 15 % prefereix el bàsquet, el 23 % practica la natació i, finalment, el 8 % fa karate.

a. Quin percentatge representa l'alumnat que no practica cap esport?

b. Si a l'institut hi ha 700 alumnes, calcula quants practiquen cada disciplina esportiva.

40 El Joel rep de la seva empresa 850 € per projecte realitzat. Si el nombre de projectes s'ha incrementat el 20 % al llarg dels últims 5 anys i enguany ha cobrat 25 500 €, quants projectes va executar fa 5 anys?

41 Els últims 5 anys, la població d'una ciutat s'ha incrementat el 20 %. Actualment la ciutat té 245 826 habitants.

a. Quina era la població de la ciutat fa 5 anys?

b. Quina població tindrà d'aquí a 5 anys si augmenta 50 %?

42 TIC L'Oriol ha vist un televisor de 980 € amb un 30 % de descompte, però a aquest preu cal aplicar-hi el 21 % d'IVA. Quant li costaria el televisor?

Resol el problema de dues maneres:

- Aplicant primer el descompte i després l'IVA.
- Aplicant primer l'IVA i, tot seguit, el descompte.

El resultat és el mateix? Explica-ho utilitzant l'índex de variació.

Cerca a internet informació sobre el significat de l'IVA i els valors successius que ha anat tenint.

43 Una bicicleta d'uns grans magatzems valia 236 € al setembre. Durant la campanya de Nadal el preu va pujar el 45 %, però després de les rebaixes de gener es va reduir el 30 %. Indica el preu de la bicicleta durant els mesos de desembre i febrer.

44 El pare de l'Abril cobra 2 060 € al mes. D'aquest sou, el 17 % es destina a pagar impostos i el 2 % s'empra per a l'import de l'assegurança mèdica.

a. Quant paga d'impostos?

b. A quant ascendeix l'assegurança mèdica?

c. Quants diners cobra realment?

d. Si el mes següent destina el 4,5 % al pagament d'un crèdit, quant li quedarà?

45 ⊞ A una quantitat s'hi aplica un augment del 20 % i després un altre del 35 %; s'obté el mateix resultat si s'hi aplica un increment del 55 %? Justifica la resposta mitjançant un exemple.

46 ⊞ Respon les qüestions següents:

a. Si un producte valia 538 € i s'hi ha aplicat el 62 % de descompte, quin n'és el preu actual?

b. Si s'afegeix el 21 % d'IVA a un mòbil de 235 €, quin n'és el preu final?

c. Quin percentatge s'aplica a un producte que passa de 80 € a 120 €? I si passés de 364 € a 273 €? Indica en cada cas si es tracta d'un augment o d'una disminució.

d. Quant valia una rentadora abans d'aplicar-hi un 30 % de descompte i afegir-hi el 21 % d'IVA, si ara val 356 €?

47 ⊞ Assenyala si el resultat final de l'aplicació dels percentatges següents correspon a un augment o a una disminució i indica'n el percentatge final:

a. Un augment del 15 % i una disminució del 20 %.

b. Una disminució del 35 %, un augment del 60 % i una altra disminució del 15 %.

c. Dos augments, un del 70 % i un altre del 12 %.

d. Un increment del 35 %, un descompte del 20 %, una pujada del 15 % i una reducció del 30 %.

48 ⊞ El mes de setembre es van vendre 795 cotxes cent per cent elèctrics, i el volum total de vendes anuals de cotxes elèctrics fins a aquella data va arribar a les 7 462 unitats.

a. Quin percentatge de cotxes cent per cent elèctrics es va vendre al setembre respecte al total de l'any?

b. Si aquell mes es van vendre 81 751 turismes, quin percentatge del total representen els cotxes cent per cent elèctrics?

c. Si les vendes de cotxes cent per cent elèctrics durant els nou primers mesos de l'any van augmentar el 119 % respecte a les de l'any anterior per aquestes mateixes dates, quants cotxes elèctrics s'havien venut en aquest període l'any anterior?

49 Actualment, la població de llop ibèric a Espanya està fora de perill d'extinció, perquè s'ha anat recuperant al llarg de l'última dècada fins a arribar a les 297 llopades.

a. Si el 60 % de les llopades es localitza a Castella i Lleó, quantes n'hi viuen?

b. Si l'última dècada la població de llops ha augmentat el 20 % a Castella i Lleó, quantes llopades hi havia en aquesta comunitat autònoma fa 10 anys?

5 Repartiments proporcionals

50 Efectua aquests repartiments proporcionals a les quantitats que s'indiquen:

- Directament proporcional:

a. 54 600 a 50, 70 i 10

b. 3 908 a 10, 4 i 6

c. 1 218 a 12, 30 i 45

d. 1 274 a 12, 15 i 25

- Inversament proporcional:

e. 4 810 a 4, 5 i 6

f. 7 260 a 10, 20 i 8

g. 700 a 7, 14 i 28

h. 9 630 a 3, 9, 18

51 En una botiga, per incentivar les vendes, reparteixen 600 € al mes entre els empleats, de manera directament proporcional als diners que ha obtingut cadascú. Si l'Emma ha recaptat 900 €; el Jordi, 1 050 €; la Núria, 1 700 €, i l'Adrià, 1 350 €, quina part de l'incentiu correspon a cada treballador?

52 La Raquel ha comprat 900 cromos per repartir-los entre els seus fills de manera inversament proporcional a les seves edats. Si la Irene té 4 anys; el Jordi, 6; el Víctor, 10, i la Marina, 12, quants cromos correspondran a cadascú?

53 L'Aleix, la Sofia i l'Izan s'associen per constituir una empresa. Amb aquest propòsit, cadascun hi aporta una quantitat determinada de diners: l'Aleix hi inverteix 3 000 €; la Sofia, 2 100 €, i l'Izan, 3 600 €. Si l'empresa aconsegueix en un any uns beneficis de 2 001 000 €, quina part correspondrà a cada soci?

54 En un concurs de càlcul mental es reparteix un premi de 4 230 € per a material escolar entre els tres millors alumnes de manera inversament proporcional al nombre d'errades que han comès. De les 10 operacions efectuades, l'Ainhoa n'ha fallat 4; la Mariona, 3, i el Joan, 5.

a. Quants diners rebrà cada alumne?

b. Obtindrien el mateix premi si es repartís de manera directament proporcional als encerts obtinguts?

55 Tres alumnes d'una classe han de fer un treball de 300 pàgines. La Mireia pot dedicar 4 h al treball; l'Andrea, 3 h, i la Mar, 5 h. Si reparteixen els fulls del treball de manera proporcional a la quantitat d'hores que hi poden esmerçar, de quantes pàgines s'encarregarà cadascuna?

56 La Clara vol repartir 22 punts entre tres dels seus alumnes perquè apugin nota. Ho pensa fer de manera inversament proporcional a les faltes d'assistència que han tingut durant aquest mes. L'Ivan ha faltat a classe 3 dies; la Nerea, 6, i l'Ona, 9. Quants punts correspondran a cada alumne?

57 El Roger vol repartir 78 000 € de beneficis de la seva empresa entre els seus empleats de manera directament proporcional a les hores diàries que treballen. Paral·lelament, els empleats han de pagar 3 100 € d'impostos de manera inversament proporcional al seu sou mensual. Calcula els beneficis que correspondran a cada treballador i els impostos que hauran de pagar si la Natàlia treballa 8 h diàries i cobra 1 500 €, la Judit treballa 5 h diàries i cobra 2 000 €, i el Gerard treballa 7 h diàries i cobra 1 800 €.

58 És el mateix repartir una quantitat de manera directament proporcional als nombres *a*, *b* i *c* que repartir la mateixa quantitat de manera inversament proporcional als nombres $\frac{1}{a}$, $\frac{1}{b}$ i $\frac{1}{c}$? Per tal de dur a terme la demostració, agafa 9 000 com la quantitat que cal repartir, i 5, 10 i 30 com els nombres entre els quals es fa el repartiment de manera directament proporcional. Amb aquestes mateixes quantitats, fes un repartiment inversament proporcional.

TREBALLEM LES COMPETÈNCIES

ISAAC NEWTON

El científic anglès Isaac Newton (1643-1727) va demostrar amb els seus experiments que un prisma triangular pot descompondre la llum blanca en tots els colors de l'espectre. L'arc de Sant Martí és un exemple de descomposició de l'espectre de llum visible per efecte de la refracció.

L'explicació a aquest fenomen és basa en el fet que la llum no viatja a la mateixa velocitat en un medi o material que en el buit. La proporció entre les dues velocitats a cada material l'anomenem *índex de refracció d'aquell material*:

$$n = \frac{c}{v}$$

on n és l'índex de refracció; c, la velocitat de la llum al buit (300 000 km/s), i v, la velocitat de la llum al medi.

1 Quin tipus de proporcionalitat hi ha entre la velocitat de la llum en un medi i el seu índex de refracció?

2 Si la velocitat de la llum a l'aigua és de 225 000 km/s, quin és el valor de l'índex de refracció en aquest medi?

2N D'ESO

Al 2n curs d'ESO del nostre institut hi ha 60 alumnes. Després d'un estudi estadístic hem descobert que el 40 % tenen els ulls de color marró; el 15 %, verds, el 20 %, blaus, i la resta, negres.

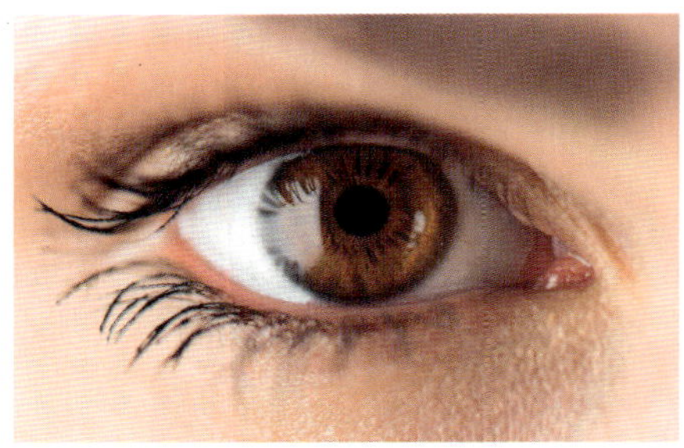

1 Quina quantitat d'alumnes tenen els ulls de cada color?

2 Calcula el percentatge d'alumnes que tenen els ulls de color negre.

3 Descobreix la relació entre els alumnes que tenen els ulls foscos (negre i marró) i clars (blau i verd).

PIS COMPARTIT

Les famílies de tres amics decideixen llogar un apartament a la platja de manera conjunta per passar les vacances a l'agost. La taula següent indica quins dies hi estarà cada família:

Família de l'Alejandro	Del dia 1 al 14
Família del Guillem	Del dia 15 al 22
Família del Mohamed	Del dia 23 al 31

El lloguer de l'apartament el mes complet són 1 912 €. Les famílies decideixen aportar 100 € fixos més la part proporcional que els correspongui segons el nombre de dies que utilitzaran l'apartament.

1 Quant pagarà cada família?

L'IMPOST SOBRE LA RENDA

La taula lateral mostra el percentatge dels ingressos que és retenen com a impost al llarg de l'any i que cal indicar a la declaració de la renda de l'any corresponent.

Segons la taula, l'Adrián, que ha tingut uns ingressos de 20 000 €, haurà de pagar:

- 24 % dels 6 000 € que corresponen al segon tram.
- 28 % dels 2 000 € que corresponen al tercer tram.

1 Calcula la quantitat total que ha de pagar l'Adrián.

2 Quina quantitat ha de pagar la germana de l'Adrián, la Daniela, que ha guanyat 4 000 € durant aquest mateix any?

Ingressos anuals per trams	Percentatge d'impostos
Des de 0 € fins a 12 000 €	0 %
Des de 12 000 € fins a 18 000 €	24 %
Des de 18 000 € fins a 32 000 €	28 %
Des de 32 000 € fins a 52 000 €	37 %
Més de 52 000 €	43 %

L'AJUNTAMENT

Un ajuntament disposa de 10 000 € per repartir entre tres associacions culturals de la població amb 200, 350 i 425 socis, respectivament.

1 Quina quantitat rebrà cada associació si el repartiment és proporcional al nombre de socis de cadascuna?

2 Si de la quantitat rebuda de l'ajuntament cada associació cultural destina un 15 % a promoure i promocionar les seves activitats entre la població, quina quantitat hi destina cada associació?

LA FIDEUÀ

A casa del Nil és tradició menjar una fideuà cada dissabte. Fan servir 600 g de fideus per a les quatre persones de la família. El proper dissabte, però, tenen dos cosins convidats a dinar.

1 Quina quantitat de fideus extra cal utilitzar perquè tots tinguin la ració habitual?

2 Si els dos cosins s'hi presentessin un dissabte sense avisar, quina ració rebria cada convidat?

Unitats de massa

La unitat principal per mesurar la massa és el **gram (g)**. A banda del gram, es fan servir unitats més grans (múltiples) o més petites (submúltiples) que el gram.

Múltiples

1 kg = 1 000 g; 1 hg = 100 g;
1 dag = 10 g

Submúltiples

1 dg = 0,1 g; 1 cg = 0,01 g;
1 mg= 0,001 g

Com en el cas de les unitats de longitud, cada unitat de massa és deu vegades més gran que la immediatament inferior i deu vegades més petita que la immediatament superior.

EL DIPÒSIT

La família del Sergi viu en una casa a la muntanya. Per escalfar l'aigua i tenir calefacció, disposen d'un dipòsit de gas propà que periòdicament omple un camió cisterna especial. Per fer-ho, pot utilitzar dues mànegues amb una capacitat diferent.

1 Una de les mànegues tarda 15 h a omplir el dipòsit, mentre que l'altra en tarda 10. Quant de temps es tardaria si es poguessin fer servir totes dues alhora?

APLIQUEM LES TIC

ELS PERCENTATGES I LA CALCULADORA CIENTÍFICA

La calculadora científica permet operar amb percentatges fent servir la tecla de percentatge, [%], però cal fer servir també la funció [SHIFT]. La manera com s'utilitzen depèn del tipus de calculadora.

A la unitat hem vist alguns exemples de l'ús de la calculadora. Ara veurem com es calculen augments i disminucions percentuals utilitzant els mateixos recursos. Cal recordar que, a diferència de les calculadores de tipus 1, a les de tipus 2 cal prémer la tecla [=] per fer el càlcul.

AUGMENTS I DISMINUCIONS PERCENTUALS

	Tecles	A la pantalla	Significat
Augment del 30 % a 85 €	Tipus 1: [8] [5] [×] [3] [0] [SHIFT] [%] [+] Tipus 2: [8] [5] [+] [8] [5] [×] [3] [0] [SHIFT] [%] [=]	110,5	110,5 €
Disminució del 15 % a 109 €	Tipus 1: [1] [0] [9] [×] [1] [5] [SHIFT] [%] [−] Tipus 2: [1] [0] [9] [−] [1] [0] [9] [×] [1] [5] [SHIFT] [%] [=]	92,65	92,65 €
Quantitat inicial si, en augmentar el 20 %, el resultat és 600 €.	[6] [0] [0] [÷] [(] [1] [0] [0] [+] [2] [0] [)] [SHIFT] [%]	500	Si s'augmenta 500 un 20 %, en resulta 600.
Quantitat inicial si, en disminuir el 20 %, el resultat és 32 €.	[3] [2] [÷] [(] [1] [0] [0] [−] [2] [0] [)] [SHIFT] [%]	40	Si es disminueix 40 un 20 %, el resultat és 32.
Percentatge pel qual s'augmenten 50 € per obtenir-ne 60,5.	Tipus 1: [6] [0] [.] [5] [−] [5] [0] [SHIFT] [%] Tipus 2: [(] [6] [0] [.] [5] [−] [5] [0] [)] [÷] [5] [0] [SHIFT] [%] [=]	21	21 % d'augment
Percentatge pel qual es disminueixen 112 € per obtenir-ne 70.	Tipus 1: [7] [0] [−] [1] [1] [2] [SHIFT] [%] Tipus 2: [(] [7] [0] [−] [1] [1] [2] [)] [÷] [1] [1] [2] [SHIFT] [%] [=]	−37,5	Disminució del 37,5 %

1 Calcula el valor corresponent a un augment del 28 % de la quantitat 92 232.

2 Quin valor resulta si s'aplica una disminució del 19 % de la quantitat 23 928?

3 Contesta les preguntes següents:

a. A la botiga del Pablo venen uns pantalons de 48 €, però els tenen rebaixats un 15 %. Calcula el preu final dels pantalons amb la calculadora sabent que cal tenir en compte el 21 % de l'impost de l'IVA.

b. El Pablo ha venut un abric per 76 €. Calcula'n el preu inicial si el descompte era del 25 %.

AVALUACIÓ

1 En una bossa hi ha 8 caramels de maduixa, 10 de llimona i 9 de menta.

a. Quina és la raó entre els caramels de llimona i els de maduixa?

b. I la raó dels caramels de menta respecte del total?

2 Indica si aquestes raons són proporcionals:

a. $\frac{2}{3} = \frac{6}{9}$

b. $\frac{8}{4} = \frac{16}{8}$

c. $\frac{5}{12} = \frac{20}{21}$

d. $\frac{4}{8} = \frac{7}{14}$

3 Troba el nombre que forma amb el 12 la mateixa raó que el 3 amb el 9.

4 Contesta les preguntes següents:

a. A dos de cada tres alumnes de la classe els agrada el formatge. Si som 30 alumnes, a quants alumnes no els agrada el formatge?

b. Quina possibilitat hi ha que entre 100 persones en trobem alguna a qui no li agrada el formatge?

5 Calcula x perquè és compleixin les proporcions següents. Indica les operacions que utilitzes.

a. $\frac{17}{25} = \frac{51}{x}$

b. $\frac{x}{2} = \frac{15}{6}$

c. $\frac{25}{x} = \frac{36}{720}$

d. $\frac{33}{11} = \frac{x}{4}$

6 Troba dos nombres, a i b, que sumin 3 i que compleixin la proporció següent:

$$\frac{6}{a} = \frac{18}{b+1}$$

7 Indica si la relació que hi ha entre aquests parells de magnituds és de proporcionalitat i, en el casos que ho siguin, si és directa o inversa:

a. El pes d'una bossa de llimones i el preu.

b. L'edat d'una noia i l'alçada.

c. L'espai recorregut per un avió que va a 750 km/h i el temps que tarda a fer-ho.

d. Els diners dipositats en un banc i els interessos que generen anualment.

e. El gruix d'un llibre i el preu.

f. La superfície d'una rajola i el nombre de rajoles que fan falta per cobrir una paret.

g. El nombre d'operaris que treballen en una obra i el temps que tarden a acabar-la.

8 L'Aitor ha pagat 30 cèntims d'euro per cinc fotocòpies. Omple la taula següent:

Nre. de còpies	1	2	3	4	5	10	20
Cost (€)					0,3		

9 Sis fusters fan dues taules en un dia. Quants mobles faran dos fusters en un dia?

10 En una festa hi ha 15 convidats i hem pensat a repartir 6 cm de gelat de barra a cadascun dels 15 convidats. Si n'hi ha 5 que no en volen, quina longitud de barra de gelat hem de repartir?

11 Posar parquet a un pis de 75 m^2 val 1 250 €. Quant valdria si el pis fos de 60 m^2?

12 L'engranatge d'un rellotge antic té dues rodes de 24 i 9 dents. Quantes voltes fa la segona roda si la primera en fa tres?

13 Una font raja 0,4 L cada minut i omplim una ampolla en 2 minuts i mig. En una altra font omplim la mateixa ampolla en només 2 minuts. Quin cabal raja de la segona font?

14 Quin resultat és més gran, el 30,5 % de 1 200 o el 15,25 % de 2 400?

15 A l'etiqueta d'un pot de iogurt de 125 g hi apareix la nota següent:

Contingut en calci:
124 mg
(19 % del consum diari)

Quants iogurts ha de prendre una persona que vol cobrir la necessitat diària de calci amb iogurt?

16 La Nora ha comprat un ordinador, una impressora i una targeta de so. La impressora val 354 € i la targeta de so, 180 €. Si en total ha pagat 1 091,40 € i li han aplicat un descompte del 15 %, quin era el preu de l'ordinador abans del descompte?

17 La població d'un poble de la costa després de l'estiu disminueix un 40 %. Si al setembre hi ha 3 600 habitants, quants n'hi havia a l'estiu?

18 Tres persones s'han associat per crear una empresa i han aportat 5 000 €, 7 500 € i 9 000 €. Al cap d'un any han guanyat 6 450 €. Quina quantitat correspon a cadascú si fan un repartiment directament proporcional als capitals aportats?

06 LLENGUATGE ALGEBRAIC

CADA IDIOMA ÉS UNA MANERA

DIFERENT

DE VEURE
LA VIDA

FEDERICO FELLINI

PRESENTAR

TRADUCCIÓ SIMULTÀNIA

Amb motiu de la festa major del barri us han encarregat que organitzeu un concurs sobre monomis i binomis. Els participants formareu equips i us encarregareu d'elaborar targetes sobre el tema indicat. Al revers de cada targeta hi escriureu la traducció al llenguatge ordinari del monomi o el binomi corresponent. Quan tot estigui preparat, cada equip, per torns, ensenyarà una targeta a un altre grup pel costat que prefereixi, perquè la «tradueixi». Per cada encert, els equips sumaran un punt. Que guanyi el millor!

CONÈIXER

POLITUBE

Per al seu blog de matemàtiques, el vostre centre d'ensenyament us ha demanat que organitzeu un petit repositori de vídeos explicatius sobre la manera d'operar amb polinomis. Formeu grups de manera que cadascun creï el seu propi vídeo en què faci una explicació breu i mostri exemples que ajudin els companys a posar en pràctica el que han après.

CREAR

A LA RECERCA DE L'ERROR

Prepareu, per grups, una bateria de cinc targetes amb una activitat en cadascuna. Cada activitat inclourà operacions amb monomis i les solucions respectives, una de les quals haurà de ser incorrecta. Repartiu les targetes, amb les operacions i les solucions, per tota la classe, en diferents ubicacions. Una vegada col·locades, el professor començarà un compte enrere perquè hi localitzeu els errors. Guanyarà el grup que trobi abans tots els errors sense equivocar-se.

INVESTIGAR

PARADOXES MATEMÀTIQUES

L'àlgebra pot fer demostracions que semblen impossibles, com, per exemple, que 2 és igual a 1. Aquesta paradoxa és molt coneguda. Organitzeu-vos en grups i busqueu, cadascun, informació sobre aquesta paradoxa o sobre unes altres. Tot seguit, cada grup presentarà als companys de classe la paradoxa corresponent, exposarà la seva demostració i analitzarà on és l'error.

1 EXPRESSIONS ALGEBRAIQUES

De vegades, per expressar algunes situacions de la vida diària, cal emprar el llenguatge algebraic.

> Una **expressió algebraica** és una combinació de lletres i nombres units pels signes de les operacions aritmètiques: suma, resta, multiplicació, divisió i potenciació.

Així, són expressions algebraiques $4x^2$, $-2x^4 + y^3$ i $5x^2 + 3x - 1$, per exemple.

1.1 MONOMIS

> Els **monomis** són les expressions algebraiques més senzilles i estan formats pel producte d'un nombre, anomenat *coeficient*, i una lletra o diverses, anomenades *part literal*.

Un monomi consta de:

$$\frac{4}{3}x^5y^3$$

Coeficient: $\frac{4}{3}$

Part literal: x^5y^3

Grau: és el nombre de factors de la part literal. Coincideix amb la suma dels exponents.

1.2 POLINOMIS

> Un **polinomi** és una expressió algebraica formada per la suma o la resta de diversos monomis no semblants, anomenats **termes** o **sumands**.

Un polinomi consta de:

Coeficients del polinomi: constitueixen la part numèrica de cadascun dels monomis. El **coeficient principal** és el coeficient del terme principal.

$$6x^3 - 4x^2 - 2x + 3$$

Grau del polinomi: és el grau més alt dels graus dels monomis.

Terme independent: és el monomi de grau zero.

Termes: són cadascun dels monomis que componen el polinomi. El **terme principal** és el monomi de grau més alt.

Activitat resolta

Expressa en llenguatge algebraic la suma del doble d'un nombre i la tercera part d'un altre.

Quan es parla del doble d'un nombre, x, s'indica que cal multiplicar-lo per 2: $2x$; d'altra banda, amb la tercera part d'un altre nombre, y, s'assenyala que cal dividir-lo entre 3: $\frac{y}{3}$.

Per tant, la suma que es demana serà: $2x + \frac{y}{3}$.

Recorda

Els nombres reals són monomis de grau zero. Per exemple:

$$6 = 6 \cdot 1 = 6 \cdot x^0 = 6x^0$$

Si, en un monomi, una lletra no té exponent és perquè el grau és 1 i s'omet aquest exponent. Per exemple:

$$8x^1y^3 = 8xy^3$$

Activitat resolta

Indica quins dels monomis següents són semblants a $2x^3yz^2$:

a. $2x^3y$ **b.** $-7x^3yz^2$ **c.** $5yx^3z^2$

Dos monomis són **semblants** si tenen la mateixa part literal, és a dir, si tenen les mateixes lletres elevades als mateixos exponents.

a. $2x^3y$ no és semblant a $2x^3yz^2$, perquè li falta a la part literal el terme z^2.

b. $-7x^3yz^2$ és semblant a $2x^3yz^2$, atès que té la mateixa part literal i només es diferencia en el coeficient.

c. $5yx^3z^2$ és semblant a $2x^3yz^2$, perquè té la mateixa part literal, si bé les lletres estan desordenades.

Els polinomis es designen amb una lletra majúscula seguida, entre parèntesis, de les variables de les quals depèn. Així, per exemple, $P(x) = 2x^4 - 5x$ és un polinomi amb una variable, x, mentre que un polinomi amb dues variables, x i y, és $Q(x, y) = 4xy^3 + 7xy^2 - 8xy$.

Observa

Les lletres que apareixen en una expressió algebraica s'anomenen **variables** o **incògnites**.

TIPUS DE POLINOMIS

Segons el nombre de termes, els polinomis es classifiquen en:

Binomi

Està compost per dos monomis:

$$A(x) = -3x^2 + 5x$$

Trinomi

Està compost per tres monomis:

$$B(x, y) = 7x^4 - 3y^2 - 2$$

Polinomi

Està compost per diversos monomis:

$$C(x) = 2x^4 - 6x^2 + x - 3$$

Segons com apareguin els monomis que els componen, també els podem classificar en les categories següents:

Polinomi complet o incomplet

Si el polinomi té tots els termes des del seu grau fins al grau zero, està complet; en cas contrari, es tracta d'un polinomi incomplet.

$A(x) = x^4 - 9x^3 - 2x^2 + 3x + 5$ Complet

$B(x) = x^4 + 8x^3 - 4$ Incomplet

Polinomi ordenat o desordenat

Quan els termes del polinomi van del grau més alt al grau més baix, o a l'inrevés, el polinomi està ordenat; en el cas que els termes no estiguin disposats d'aquesta manera, estem davant un polinomi desordenat.

$A(x) = 6x^5 - 4x^3 + x^2 - 5$ Ordenat

$B(x) = -7x^5 - 4 + 6x^2 + 2x^3$ Desordenat

1.3 VALOR NUMÈRIC D'UNA EXPRESSIÓ ALGEBRAICA

El **valor numèric** d'una expressió algebraica és el nombre que s'obté quan se substitueix la variable o les variables per valors numèrics determinats i s'efectuen les operacions indicades, tenint-ne en compte la jerarquia.

El valor numèric depèn del valor que prenguin les variables. Per això, una expressió algebraica té infinits valors numèrics.

El valor numèric d'un polinomi $P(x)$, a $x = a$, s'escriu $P(a)$ i es calcula substituint la variable x pel valor a en l'expressió del polinomi.

Activitat resolta

Calcula el valor numèric del polinomi $P(x) = 3x^2 + 2x - 6$ per a $x = -4$.

Se substitueix el valor de x per -4 en el polinomi i s'opera, tenint en compte la jerarquia d'operacions:

$$P(-4) = 3 \cdot (-4)^2 + 2 \cdot (-4) - 6 = 3 \cdot 16 + 2 \cdot (-4) - 6 = 48 - 8 - 6 = 34$$

Activitat resolta

Classifica les expressions $x^2 - 5x + 3$ i $-8x^2y^4$ en monomis i polinomis i indica'n el grau en cada cas:

L'expressió $x^2 - 5x + 3$ és un polinomi amb tres termes de grau 2.

Tanmateix, l'expressió $-8x^2y^4$ és un monomi de grau 6, que és la suma dels exponents de les dues variables, x i y, és a dir, $6 = 2 + 4$.

2 OPERACIONS AMB MONOMIS

A l'hora d'efectuar les operacions de suma, resta, multiplicació i divisió de monomis, cal aplicar les regles que permeten operar amb nombres enters i les propietats de les potències.

Propietats de les potències

$a^n \cdot a^m = a^{n+m}$

$a^n : a^m = a^{n-m}$

$(a^n)^m = a^{n \cdot m}$

2.1 SUMA I RESTA DE MONOMIS

Per sumar o restar monomis, cal que siguin semblants. Quan s'efectua la suma o la resta de monomis, es poden donar diverses situacions:

Els monomis són semblants

Se sumen o es resten els coeficients i es deixa la mateixa part literal:

- $4x^3 + 5x^3 = (4 + 5) \cdot x^3 = 9x^3$
- $2a^2b^3 - 6a^2b^3 = (2 - 6) \cdot a^2b^3 = -4a^2b^3$

El resultat és un altre monomi.

Els monomis no són semblants

La suma o resta es deixa indicada:

- $x^2 - 7x = x^2 - 7x$
- $-5xy^2 + 8xy = -5xy^2 + 8xy$

El resultat és un polinomi.

Alguns monomis són semblants i d'altres no ho són

Se sumen o es resten els monomis semblants, i la resta es deixa com està:

$$5x + 2x^2 - 3x^3 + 4x^2 - 9x = -3x^3 + (2x^2 + 4x^2) + (5x - 9x) = -3x^3 + (2 + 4) \cdot x^2 + (5 - 9) \cdot x = -3x^3 + 6x^2 - 4x$$

El resultat és un polinomi.

2.2 MULTIPLICACIÓ I DIVISIÓ DE MONOMIS. POTÈNCIA D'UN MONOMI

Dos monomis qualssevol sempre es poden multiplicar i dividir.

Multiplicació de monomis

El resultat és un altre monomi el coeficient del qual és el producte dels coeficients i la part literal del qual és el producte de les parts literals:

- $4 \cdot (3xy^3) = (4 \cdot 3) \cdot xy^3 = 12xy^3$
- $8x^3y^2 \cdot 3yz^4 = (8 \cdot 3) \cdot x^3 \cdot y^{2+1} \cdot z^4 = 24x^3y^3z^4$

Potència d'un monomi

El resultat és un altre monomi el coeficient del qual és el coeficient del monomi elevat a l'exponent de la potència, i la part literal del qual queda elevada a aquest exponent:

$(2x^2y)^3 = 2x^2y \cdot 2x^2y \cdot 2x^2y = (2 \cdot 2 \cdot 2) \cdot (x^2y \cdot x^2y \cdot x^2y) =$
$= 2^3 \cdot (x^2y)^3 = 2^3 \cdot (x^2)^3 \cdot y^3 = 8 \cdot x^{2 \cdot 3} \cdot y^3 = 8x^6y^3$

Divisió de monomis

Es divideixen, d'una banda, els coeficients i, d'una altra, les parts literals. El resultat pot ser:

- Un nombre:

  $10x^2y : (-5x^2y) = \dfrac{10\,x^2\,y}{-5\,x^2\,y} = -2$

- Un monomi:

  $8x^2y^2 : 5x^2y = \dfrac{8\,x^2\,y^2}{5\,x^2\,y} = \dfrac{8}{5}y$

- Una fracció algebraica:

  $12x^4 : 3x^7 = \dfrac{12x^4}{3x^7} = \dfrac{4}{x^3}$

Activitats resoltes

1 **Suprimeix els parèntesis i redueix aquestes expressions:**

a. $6x^3 + (4x^3 - 2x^3)$

b. $9xy - (3xy - 8xy)$

c. $\left(-\frac{4}{3}x^2 + 5y\right) + \left(\frac{1}{2}y + \frac{3}{5}x^2\right) - \left(x^2 - \frac{2}{5}y\right)$

a. Un signe «+» davant d'un parèntesi deixa tots els termes del parèntesi amb el mateix signe:

$$6x^3 + (4x^3 - 2x^3) = 6x^3 + 4x^3 - 2x^3 = 8x^3$$

b. Un signe «–» davant d'un parèntesi canvia de signe tots els termes inclosos dins del parèntesi:

$$9xy - (3xy - 8xy) = 9xy - 3xy + 8xy = 14xy$$

c. Primer s'eliminen els parèntesis i, tot seguit, s'opera agrupant els monomis semblants:

$$\left(-\frac{4}{3}x^2 + 5y\right) + \left(\frac{1}{2}y + \frac{3}{5}x^2\right) - \left(x^2 - \frac{2}{5}y\right) =$$

$$= -\frac{4}{3}x^2 + 5y + \frac{1}{2}y + \frac{3}{5}x^2 - x^2 + \frac{2}{5}y =$$

$$= \left(-\frac{4}{3}x^2 + \frac{3}{5}x^2 - x^2\right) + \left(5y + \frac{1}{2}y + \frac{2}{5}y\right) =$$

$$= \left(-\frac{4}{3} + \frac{3}{5} - 1\right)x^2 + \left(5 + \frac{1}{2} + \frac{2}{5}\right)y =$$

$$= \left(\frac{-20 + 9 - 15}{15}\right)x^2 + \left(\frac{50 + 5 + 4}{10}\right)y = \frac{-26}{15}x^2 + \frac{59}{10}y$$

2 **Expressa el perímetre i l'àrea del rectangle següent:**

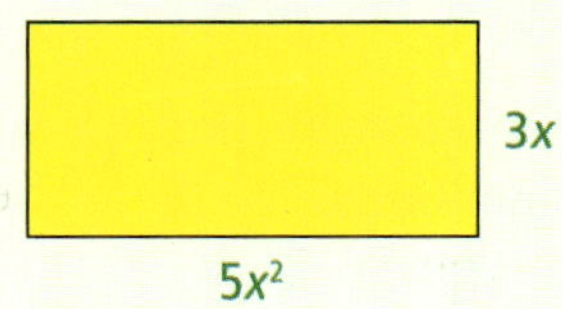

Com que el rectangle té els costats iguals dos a dos, el perímetre és:

$$P = 2 \cdot 5x^2 + 2 \cdot 3x = 10x^2 + 6x$$

L'àrea d'un rectangle és el producte de la base per l'altura; per tant, l'àrea s'expressa així:

$$A = 5x^2 \cdot 3x = (5 \cdot 3) \cdot x^{2+1} = 15x^3$$

3 **Simplifica la fracció següent:** $\frac{12xy^2z^3}{8x^2y^2z}$

Es descompon cada monomi en un producte de factors i, tot seguit, se simplifiquen els factors comuns al numerador i al denominador:

$$\frac{12xy^2z^3}{8x^2y^2z} = \frac{2^2 \cdot 3 \cdot x \cdot y^2 \cdot z^3}{2^3 \cdot x^2 \cdot y^2 \cdot z} =$$

$$= \frac{\cancel{2} \cdot \cancel{2} \cdot 3 \cdot \cancel{x} \cdot \cancel{y} \cdot \cancel{y} \cdot \cancel{z} \cdot z \cdot z}{\cancel{2} \cdot \cancel{2} \cdot 2 \cdot \cancel{x} \cdot x \cdot \cancel{y} \cdot \cancel{y} \cdot \cancel{z}} = \frac{3 \cdot z \cdot z}{2 \cdot x} = \frac{3z^2}{2x}$$

Crea el teu joc d'operacions amb monomis

- Prepara deu operacions amb monomis amb els resultats corresponents, seguint el model que pots veure al marge, i retalla-les per la línia central.
- Organitzeu-vos en grups de quatre alumnes i remeneu les cartes que hàgiu creat cadascun dels membres del grup per formar una baralla.
- Una vegada remenades les cartes, un dels membres del grup en lliura quatre de cap per avall a cadascun dels altres integrants i en posa sobre la taula quatre més destapades, deixant a banda les cartes que sobren.
- Comença a jugar el participant situat a la dreta del que ha repartit.
- El joc consisteix a aparellar cada operació amb el seu resultat. Si el jugador que té el torn veu sobre la taula una operació o un resultat associat a una de les seves cartes, la pot agafar i descartar-se de totes dues cartes. Si no n'hi ha cap, haurà de robar una carta de la pila de les sobrants. Si aquesta carta tampoc no va associada a cap de les cartes de la taula, dirà «passo» i el torn correspondrà al jugador següent.
- Guanyarà el membre del grup que es quedi abans sense cartes.

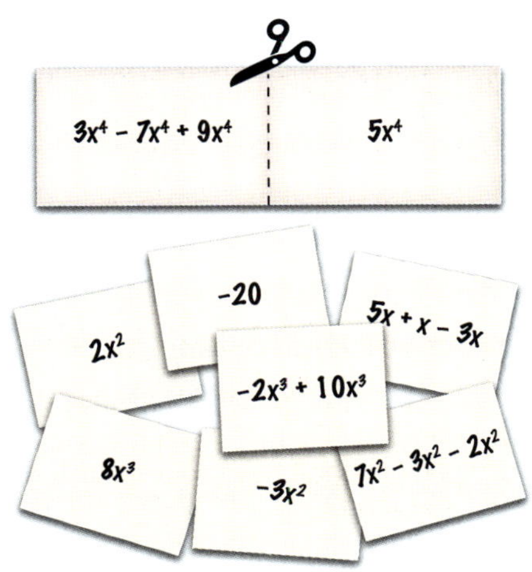

3 OPERACIONS AMB POLINOMIS

Les operacions de suma, resta, multiplicació i divisió de polinomis es basen en les operacions de monomis.

Tingues en compte

Abans d'efectuar una operació amb polinomis, convé:

- **Reduir** els termes semblants.
- **Ordenar** els monomis de manera decreixent.

3.1 SUMA I RESTA DE POLINOMIS

Per **sumar els polinomis** A $(x) = -2x^4 - x^3 + 3x + 5$ i B $(x) = -2x^3 + 4x^2 - 3x - 1$, se segueixen aquests passos:

1 S'escriuen els polinomis A (x) i B (x) l'un a sota de l'altre, fent coincidir els monomis semblants.

2 Se sumen els monomis semblants.

$$\begin{array}{rrrrrrr} & \text{A}(x) & -2x^4 & -\ x^3 & & +\ 3x & +\ 5 \\ + & \text{B}(x) & + & -\ 2x^3 & +\ 4x^2 & -\ 3x & -\ 1 \\ \hline & \text{A}(x)+\text{B}(x) \rightarrow & -2x^4 & -\ 3x^3 & +\ 4x^2 & & +\ 4 \end{array}$$

El **grau** del polinomi suma, A (x) + B (x), és més petit o igual que el més alt dels graus dels polinomis A (x) i B (x).

L'**oposat** del polinomi A (x) és el polinomi que té com a coeficients els oposats dels coeficients de A; és a dir, el polinomi té els mateixos coeficients, però amb el signe canviat, i es designa amb –A (x).

Així, per exemple, el polinomi oposat de A $(x) = -2x^4 - x^3 + 3x + 5$ és:

$$-\text{A}(x) = 2x^4 + x^3 - 3x - 5$$

Per **restar els polinomis** A $(x) = -2x^4 - x^3 + 3x + 5$ i B $(x) = -2x^3 + 4x^2 - 3x - 1$, se segueixen aquests passos:

1 S'escriuen els polinomis A (x) i l'oposat de B (x), –B (x), l'un sobre l'altre, fent coincidir els monomis semblants.

2 Se sumen els monomis semblants.

$$\begin{array}{rrrrrrr} & \text{A}(x) & -2x^4 & -\ x^3 & & +\ 3x & +\ 5 \\ + & [-\text{B}(x)] & + & 2x^3 & -\ 4x^2 & +\ 3x & +\ 1 \\ \hline & \text{A}(x)-\text{B}(x) \rightarrow & -2x^4 & +\ x^3 & -\ 4x^2 & +\ 6x & +\ 6 \end{array}$$

El **grau** del polinomi resta, A (x) – B (x), és més petit o igual que el més gran dels graus dels polinomis A (x) i B (x).

Activitat resolta

Resol eliminant els parèntesis.

a. $(3x^2 - 5x + 2) + (7x^3 - 2x^2 - 4x - 6)$

b. $(4x^3 - 6x^2 - x + 3) - (2x^3 - 7x + 4)$

a. Un signe «+» davant d'un parèntesi deixa els termes del parèntesi amb el mateix signe:

$(3x^2 - 5x + 2) + (7x^3 - 2x^2 - 4x - 6) =$
$= 3x^2 - 5x + 2 + 7x^3 - 2x^2 - 4x - 6 =$
$= 7x^3 + (3 - 2) \cdot x^2 + (-5 - 4) \cdot x + (2 - 6) = 7x^3 + x^2 - 9x - 4$

b. Un signe «–» davant d'un parèntesi canvia el signe de tots els termes inclosos dins del parèntesi:

$(4x^3 - 6x^2 - x + 3) - (2x^3 - 7x + 4) =$
$= 4x^3 - 6x^2 - x + 3 - 2x^3 + 7x - 4 =$
$= (4 - 2) \cdot x^3 - 6x^2 + (-1 + 7) \cdot x + (3 - 4) = 2x^3 - 6x^2 + 6x - 1$

PROPIETATS DE LA SUMA I DE LA RESTA

Donats els polinomis A (x), B (x) i C (x), es compleixen les propietats següents per a la suma i la resta:

Propietats de la suma

Commutativa

$A(x) + B(x) = B(x) + A(x)$

Associativa

$A(x) + [B(x) + C(x)] = [A(x) + B(x)] + C(x)$

Propietats de la resta

Commutativa

$A(x) - B(x) \neq B(x) - A(x)$

Associativa

$A(x) - [B(x) - C(x)] \neq [A(x) - B(x)] - C(x)$

Element oposat

La suma d'un polinomi, A (x), i el seu oposat, $-A(x)$, és igual al **polinomi nul**, és a dir, al polinomi els coeficients del qual són tots nuls:

$A(x) + [-A(x)] = 0 \qquad A(x) - [-A(x)] \neq 0$

Element neutre

La suma o la resta d'un polinomi, A (x), amb l'element neutre, 0 (x), és el mateix polinomi:

$A(x) \pm 0(x) = A(x)$

Activitat resolta

Donats els polinomis $A(x) = 3x^2 - 5x + 2$, $B(x) = -x^3 + 6x + 7$ i $C(x) = 8x^3 - x^2 + 4x$, comprova que:

a. A (x) i B (x) compleixen la propietat commutativa per a la suma.

b. A (x), B (x) i C (x) no compleixen la propietat associativa per a la resta.

a. Es calculen $A(x) + B(x)$ i $B(x) + A(x)$ i es comparen resultats:

$A(x) + B(x)$

$$\begin{array}{rrrrr} & & 3x^2 & -5x & +2 \\ + & -x^3 & & +6x & +7 \\ \hline & -x^3 & +3x^2 & +x & +9 \end{array}$$

$B(x) + A(x)$

$$\begin{array}{rrrrr} & -x^3 & & +6x & +7 \\ + & & 3x^2 & -5x & +2 \\ \hline & -x^3 & +3x^2 & +x & +9 \end{array}$$

Com que coincideixen, és a dir, $A(x) + B(x) = B(x) + A(x)$, es compleix la propietat commutativa per a la suma.

b. Es calcula primer $A(x) - [B(x) - C(x)]$:

$B(x) - C(x)$

$$\begin{array}{rrrrr} & -x^3 & & +6x & +7 \\ + & -8x^3 & +x^2 & -4x & \\ \hline & -9x^3 & +x^2 & +2x & +7 \end{array}$$

$A(x) - [B(x) - C(x)]$

$$\begin{array}{rrrrr} & & 3x^2 & -5x & +2 \\ + & 9x^3 & -x^2 & -2x & -7 \\ \hline & 9x^3 & +2x^2 & -7x & -5 \end{array}$$

Tot seguit, es determina $[A(x) - B(x)] - C(x)$:

$A(x) - B(x)$

$$\begin{array}{rrrrr} & & 3x^2 & -5x & +2 \\ + & x^3 & & -6x & -7 \\ \hline & x^3 & +3x^2 & -11x & -5 \end{array}$$

$[A(x) - B(x)] - C(x)$

$$\begin{array}{rrrrr} & x^3 & +3x^2 & -11x & -5 \\ + & -8x^3 & +x^2 & -4x & \\ \hline & -7x^3 & +4x^2 & -15x & -5 \end{array}$$

Com que $9x^3 + 2x^2 - 7x - 5 \neq -7x^3 + 4x^2 - 15x - 5$, queda comprovat que no es compleix la propietat associativa per a la resta.

3.2 MULTIPLICACIÓ I DIVISIÓ DE POLINOMIS. EXTRACCIÓ DE FACTOR COMÚ

La multiplicació i la divisió de polinomis es basen en la multiplicació i la divisió de monomis.

MULTIPLICACIÓ D'UN NOMBRE PER UN POLINOMI

Per **multiplicar** un **nombre** per un **polinomi**, es multiplica cada terme del polinomi per aquest nombre. Per exemple: $3 \cdot (5x^3 - 2x^2 + 7x - 10)$.

$$3 \cdot (5x^3 - 2x^2 + 7x - 10) = 3 \cdot 5x^3 + 3 \cdot (-2x^2) + 3 \cdot 7x + 3 \cdot (-10) =$$
$$= 15x^3 - 6x^2 + 21x - 30$$

MULTIPLICACIÓ D'UN POLINOMI PER UN MONOMI

Per **multiplicar** un **polinomi** per un **monomi**, es multiplica aquest últim per cadascun dels monomis del polinomi. Per exemple: $(-5x^3 + 4x^2 + 2x - 6) \cdot 7x^3$.

$$(-5x^3 + 4x^2 + 2x - 6) \cdot 7x^3 = (-5x^3 \cdot 7x^3) + (4x^2 \cdot 7x^3) + (2x \cdot 7x^3) + (-6 \cdot 7x^3) =$$
$$= -35x^6 + 28x^5 + 14x^4 - 42x^3$$

MULTIPLICACIÓ DE POLINOMIS

Per **multiplicar** dos **polinomis**, per exemple $A(x) = 2x^3 - 6x^2 - 3x + 5$ i $B(x) = -4x^2 + x - 2$, se segueixen aquests passos:

1. S'escriuen els polinomis A (x) i B (x) l'un sobre l'altre.
2. Es multiplica de dreta a esquerra cada monomi del segon polinomi, B (x), per cadascun dels monomis del primer polinomi, A (x), col·locant els monomis semblants en la mateixa columna per reduir-los.
3. Se sumen els monomis semblants.

$$\begin{array}{rrrrrrl}
 & & 2x^3 - & 6x^2 - & 3x + & 5 & \\
\times & & & -4x^2 + & x - & 2 & \\
\hline
 & & -4x^3 + & 12x^2 + & 6x - & 10 & \leftarrow (2x^3 - 6x^2 - 3x + 5) \cdot (-2) \\
 & 2x^4 - & 6x^3 - & 3x^2 + & 5x & & \leftarrow (2x^3 - 6x^2 - 3x + 5) \cdot x \\
-8x^5 + & 24x^4 + & 12x^3 - & 20x^2 & & & \leftarrow (2x^3 - 6x^2 - 3x + 5) \cdot (-4x^2) \\
\hline
A(x) \cdot B(x) = -8x^5 + & 26x^4 + & 2x^3 - & 11x^2 + & 11x - & 10 &
\end{array}$$

El **grau** del polinomi producte, A (x) · B (x), és igual a la suma dels graus dels polinomis A (x) i B (x).

Per tant, en l'exemple, el grau del polinomi A (x) · B (x) és 3 + 2 = 5.

PROPIETATS DE LA MULTIPLICACIÓ

Donats els polinomis A (x), B (x) i C (x), es compleixen les propietats següents per a la multiplicació:

Commutativa

$$A(x) \cdot B(x) = B(x) \cdot A(x)$$

Associativa

$$A(x) \cdot [B(x) \cdot C(x)] = [A(x) \cdot B(x)] \cdot C(x)$$

Distributiva respecte de la suma i de la resta

$$A(x) \cdot [B(x) \pm C(x)] = A(x) \cdot B(x) \pm A(x) \cdot C(x)$$

Element neutre

$A(x) \cdot I(x) = A(x)$; en què $I(x) = 1$

DIVISIÓ D'UN POLINOMI ENTRE UN NOMBRE

Per **dividir** un **polinomi** entre un **nombre**, es divideix cada terme del polinomi per aquest nombre. Per exemple: $(6x^4 - 2x^3 + 8x^2 - 16) : 2$.

$$(6x^4 - 2x^3 + 8x^2 - 16) : 2 = (6 : 2)x^4 + (-2 : 2)x^3 + (8 : 2)x^2 + (-16 : 2) =$$
$$= 3x^4 - x^3 + 4x^2 - 8$$

DIVISIÓ D'UN POLINOMI ENTRE UN MONOMI

Per **dividir** un **polinomi** entre un **monomi**, es divideix cadascun dels monomis del polinomi entre el monomi.

Activitat resolta

Efectua la divisió:

$$(8x^5 - 6x^4 + 4x^3 - 10x^2) : (2x^2)$$

Es divideix cada terme del polinomi entre el monomi:

$$(8x^5 - 6x^4 + 4x^3 - 10x^2) : 2x^2 =$$
$$= (8x^5 : 2x^2) + (-6x^4 : 2x^2) +$$
$$+ (4x^3 : 2x^2) + (-10x^2 : 2x^2) =$$
$$= \frac{8x^5}{2x^2} - \frac{6x^4}{2x^2} + \frac{4x^3}{2x^2} - \frac{10x^2}{2x^2} =$$
$$= 4x^3 - 3x^2 + 2x - 5$$

EXTRACCIÓ DE FACTOR COMÚ

> **Treure factor comú en un polinomi consisteix a extreure, de cadascun dels monomis que el conformen, els termes que són comuns a tots ells.**

Per extreure factor comú a un polinomi, A (x), se segueixen aquests passos:

1	2	3
Es descomponen els monomis en producte de factors més simples.	Es busquen els factors comuns a tots els monomis.	S'extreu el factor comú, que multiplicarà els monomis resultants d'aquesta extracció.
$6x^2 + 10x = 2 \cdot 3 \cdot x \cdot x + 2 \cdot 5 \cdot x$	Els factors comuns són 2 i x.	$6x^2 + 10x = 2 \cdot 3 \cdot x \cdot x + 2 \cdot 5 \cdot x =$ $= 2 \cdot 3 \cdot x \cdot x + 2 \cdot 5 \cdot x = 2x \cdot (3x + 5)$

Observa

Extreure factor comú és el procés invers a aplicar la propietat distributiva:

Extracció del factor comú

$$6x^2 + 10x = 2x \cdot (3x + 5)$$

Propietat distributiva

Activitats resoltes

1 Extreu factor comú de les expressions algebraiques següents:

a. $8x^2y^3 + 5x^2y$ **b.** $8x^3 - 6x^2 + 2x$

a. Es descompon cada sumand en un producte de factors:

$$8x^2y^3 + 5x^2y = 8 \cdot x \cdot x \cdot y \cdot y \cdot y + 5 \cdot x \cdot x \cdot y = x^2y \cdot (8y^2 + 5)$$

Factor comú: x^2y

b. Es descompon cada sumand en un producte de factors més simples:

$$8x^3 - 6x^2 + 2x = 8 \cdot x \cdot x \cdot x - 6 \cdot x \cdot x + 2 \cdot x = 2x \cdot (4x^2 - 3x + 1)$$

Factor comú: $2x$

2 Simplifica la fracció algebraica següent: $\frac{3x^2 + 6x}{5x^2 + 10x}$

Es treu factor comú al numerador i al denominador de la fracció i se simplifiquen els factors comuns, x i $x + 2$:

$$\frac{3x^2 + 6x}{5x^2 + 10x} = \frac{3\cancel{x} \cdot \cancel{(x+2)}}{5\cancel{x} \cdot \cancel{(x+2)}} = \frac{3}{5}$$

Observa

Quan un dels sumands coincideix amb el factor comú, en el seu lloc, dins del parèntesi, hi queda un 1:

$$10xy + 5x = 5x \cdot (2y + 1)$$

3.3 POTÈNCIES D'UN POLINOMI. IDENTITATS NOTABLES

A partir de la multiplicació de polinomis, pot ser definida la potència d'un polinomi.

POTÈNCIES DE POLINOMIS

La **potència d'un polinomi, A (*x*)**, elevat al nombre natural *n* es calcula multiplicant el polinomi A (*x*) per si mateix tantes vegades com indiqui l'exponent *n*:

$$A(x)^n = \overbrace{A(x) \cdot A(x) \cdot A(x) \cdot \ldots \cdot A(x)}^{n \text{ vegades}}$$

IDENTITATS NOTABLES

Les **identitats notables** són productes d'expressions algebraiques els càlculs dels quals es poden efectuar sense necessitat de multiplicar i són molt utilitzats a l'hora de treballar amb polinomis. Es tracta del quadrat d'una suma, el quadrat d'una diferència i la suma per la diferència de monomis.

Quadrat d'una suma

És igual al quadrat del primer sumand més el doble del primer sumand pel segon més el quadrat del segon:

$$(a + b)^2 = a^2 + 2ab + b^2$$

$$\begin{array}{rrrr} & & a & + b \\ \times & & a & + b \\ \hline & & ab & + b^2 \\ & a^2 & + ab & \\ \hline & a^2 & + 2ab & + b^2 \end{array}$$

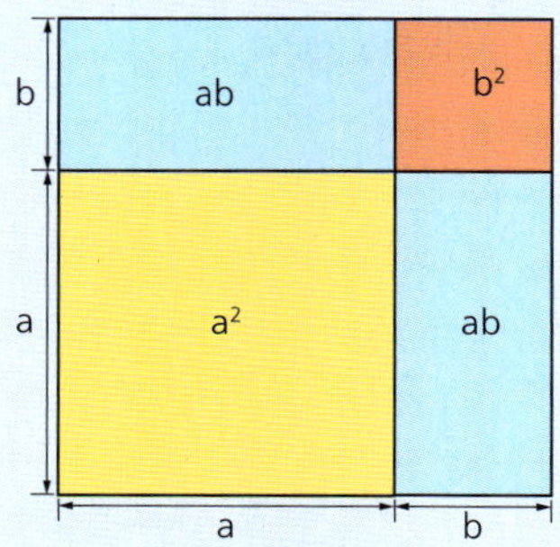

Quadrat d'una diferència

És igual al quadrat del primer sumand menys el doble del primer sumand pel segon més el quadrat del segon:

$$(a - b)^2 = a^2 - 2ab + b^2$$

$$\begin{array}{rrrr} & & a & - b \\ \times & & a & - b \\ \hline & & -ab & + b^2 \\ & a^2 & - ab & \\ \hline & a^2 & - 2ab & + b^2 \end{array}$$

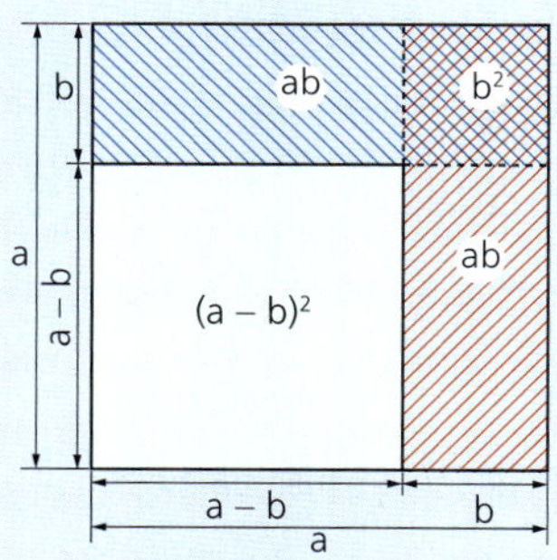

Producte de suma per diferència

És igual al quadrat del primer sumand menys el quadrat del segon sumand:

$$(a + b) \cdot (a - b) = a^2 - b^2$$

$$\begin{array}{rrrr} & & a & + b \\ \times & & a & - b \\ \hline & & -ab & - b^2 \\ & a^2 & + ab & \\ \hline & a^2 & & - b^2 \end{array}$$

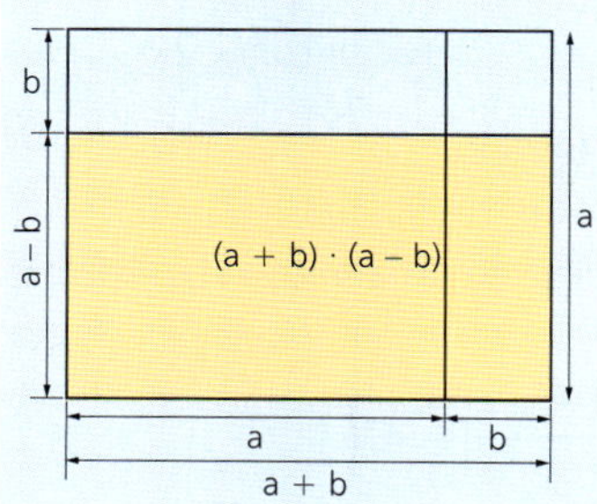

Ves amb compte

Per calcular la potència d'un polinomi, no és possible elevar cada monomi a la potència:

$$(5x^2 + 3)^2 \neq (5x^2)^2 + 3^2$$

Activitats resoltes

1 Calcula $(5x^2 + 3)^2$.

La potència 2 indica que es multiplica el binomi per si mateix. En primer lloc, col·loquem el binomi repetit l'un sota l'altre i, després, operem com en una multiplicació normal:

$$\begin{array}{rrrr} & & 5x^2 & + 3 \\ \times & & 5x^2 & + 3 \\ \hline & & 15x^2 & + 9 \\ & 25x^4 & + 15x^2 & \\ \hline & 25x^4 & + 30x^2 & + 9 \end{array}$$

Per tant, la potència és:

$$(5x^2 + 3)^2 = 25x^4 + 30x^2 + 9$$

2 Calcula la potència següent:

$$(4x^2 - 5x + 2)^2$$

La potència 2 indica que cal multiplicar el polinomi per si mateix:

$$\begin{array}{rrrrr} & & 4x^2 & - 5x & + 2 \\ \times & & 4x^2 & - 5x & + 2 \\ \hline & & 8x^2 & - 10x & + 4 \\ & -20x^3 & + 25x^2 & - 10x & \\ 16x^4 & - 20x^3 & + 8x^2 & & \\ \hline 16x^4 & - 40x^3 & + 41x^2 & - 20x & + 4 \end{array}$$

El resultat de la potència és:

$$(4x^2 - 5x + 2)^2 =$$
$$= 16x^4 - 40x^3 + 41x^2 - 20x + 4$$

Activitats resoltes

1 Calcula les identitats notables següents:

a. $(x+3)^2$ **b.** $(4x-1)^2$ **c.** $(2x^2+1)\cdot(2x^2-1)$

a. S'aplica el quadrat d'una suma:

$$\underbrace{(x+3)^2}_{a\,=\,x,\ b\,=\,3} = x^2 + 2\cdot x\cdot 3 + 3^2 = x^2 + 6x + 9$$

b. Es tracta del quadrat d'una diferència:

$$\underbrace{(4x-1)^2}_{a\,=\,4x,\ b\,=\,1} = (4x)^2 - 2\cdot 4x\cdot 1 + 1^2 = 16x^2 - 8x + 1$$

c. S'utilitza la suma per la diferència:

$$\underbrace{(2x^2+1)\cdot(2x^2-1)}_{a\,=\,2x^2,\ b\,=\,1} = (2x^2)^2 - 1^2 = 4x^4 - 1$$

2 Escriu en forma d'identitats notables les expressions següents:

a. $x^2+12x+36$ **b.** $16x^2-1$ **c.** $4x^2-20x+25$

a. Com que el polinomi té tres sumands positius, ha de ser el quadrat d'una suma: $\underbrace{x^2+12x+36}_{a^2+2ab+b^2} = x^2 + 2\cdot x\cdot 6 + 6^2 = (x+6)^2$.

b. Atès que el polinomi té dos sumands, s'ha de tractar del producte d'una suma per una diferència: $\underbrace{16x^2-1}_{a^2-b^2} = (4x)^2 - 1^2 = (4x+1)\cdot(4x-1)$.

c. Com que el polinomi té tres sumands, un dels quals és negatiu, ha de ser el quadrat d'una diferència: $\underbrace{4x^2-20x+25}_{a^2-2ab+b^2} = (2x)^2 - 2\cdot 2x\cdot 5 + 5^2 = (2x-5)^2$.

El llenguatge algebraic

Calcula la suma del polinomi $-4x^3 + 6x - 3x^2 + 2$ i un altre polinomi complet, de grau 2, que compleixi les condicions següents:

- El terme independent és 8.
- El coeficient principal és 2.
- El valor numèric per a $x = -1$ és 4.

- **Es tradueix l'enunciat a llenguatge algebraic.**

  Primer de tot, cal trobar el segon polinomi. Se sap que l'expressió algebraica general d'un polinomi complet de segon grau o grau 2 és:

  $$ax^2 + bx + c$$

  Adaptant aquest polinomi a les condicions de l'enunciat, s'obtenen els tres coeficients (*a*, *b* i *c*) que es necessiten.

- **S'analitzen les dades i s'apliquen a l'estratègia triada.**

  Se substitueixen les dades en el polinomi anterior:

  – El terme independent és 8 $\Rightarrow ax^2 + bx + 8$

  – El coeficient principal és 2 $\Rightarrow 2x^2 + bx + 8$

  – El valor numèric per a $x = -1$ és 4.

  $$2\cdot(-1)^2 + b\cdot(-1) + 8 = 4 \Rightarrow b = 6$$

  Es determina que el polinomi de segon grau és:

  $$2x^2 + 6x + 8$$

- **Se'n comprova la solució.**

  El polinomi de segon grau $2x^2 + 6x + 8$ verifica totes les condicions inicials.

- **S'obté el resultat de la suma de tots dos polinomis.**

  S'efectua la suma dels dos polinomis:

  $$(-4x^3 + 6x - 3x^2 + 2) + (2x^2 + 6x + 8) =$$
  $$= -4x^3 - x^2 + 12x + 10$$

ACTIVITATS

06 LLENGUATGE ALGEBRAIC

1 Expressions algebraiques

1 Escriu una expressió algebraica per a cadascun dels enunciats següents:

a. El triple d'un nombre.

b. Un nombre disminuït dues unitats.

c. El cub de la meitat d'un nombre.

d. La cinquena part d'un nombre més el seu quàdruple.

e. La diferència dels quadrats de dos nombres.

f. La quarta part de la suma de tres nombres.

2 Tria l'expressió adequada en cada cas:

a. El doble d'un nombre, menys cinc.

I. $2 \cdot (x - 5)$ II. $x^2 - 5$ III. $2x - 5$

b. La tercera part de la suma de tres nombres.

I. $3 \cdot (x + y + z)$ II. $\frac{x + y + z}{3}$ III. $\frac{x}{3} + y + z$

c. El quadrat de la diferència d'un nombre i la seva meitat.

I. $\left(x - \frac{x}{2}\right)^2$ II. $2x - \frac{x}{2}$ III. $x^2 - \frac{x}{2}$

d. El producte d'un nombre i el que el segueix.

I. $\frac{x}{x + 1}$ II. $x \cdot y$ III. $x \cdot (x + 1)$

3 El Marc ha obert la guardiola. Si hi tenia x monedes d'1 €, escriu una expressió algebraica que representi el nombre de monedes de 10 ct., 20 ct. i 50 ct., tenint en compte aquestes condicions:

a. El nombre de monedes de 10 ct. excedeix dues unitats el nombre de monedes d'1 €.

b. Té la meitat de monedes de 20 ct. que d'1 €.

c. A la guardiola hi havia un 30 % més de monedes de 50 ct. que d'1 €.

4 Expressa en llenguatge quotidià les expressions algebraiques següents:

a. $3x - y^2$ b. $\frac{x+y}{2}$ c. $(x + x^3)^2$

5 Escriu en llenguatge algebraic cadascun dels enunciats següents:

a. Tres nombres naturals consecutius.

b. Un nombre parell.

c. Un nombre senar.

d. Dos nombres parells consecutius.

6 Indica quines de les expressions algebraiques següents són monomis:

a. $-2xy^4$ d. $\frac{1}{b^2}$

b. $7 + 3a + 4a^2$ e. $6x - 5$

c. $\frac{8z^3}{5}$ f. x^3

7 Assenyala quin és el coeficient, la part literal i el grau d'aquests monomis:

a. $-5x^3$ c. $\frac{7}{3}$

b. $2a^4b^3$ d. x^4y^2z

8 Classifica les expressions proposades en monomis, binomis o polinomis i calcula'n el grau en cada cas.

a. $-6x^4 + 2x^2 + x - 1$ c. $\frac{-1}{3}x^2y^3z$

b. $\frac{5}{3}x - \frac{3}{4}y$ d. $3x^2 + x$

9 Calcula el valor numèric dels monomis següents usant els valors indicats:

a. $-5x^2$, per a $x = 3$

b. $4xy^3$, per a $x = 1$ i $y = -2$

c. $2x^4y^2$, per a $x = \frac{1}{10}$ i $y = 100$

d. $6xyz$, per a $x = \frac{1}{2}$, $y = \frac{-2}{3}$ i $z = \frac{3}{5}$

10 Indica quins dels monomis següents són semblants:

a. x^2y^3 c. $-6x^3y^2$ e. $5a^2b^3$

b. $1{,}2y^2x^3$ d. $\frac{3}{4}y^3x^2$ f. x^3y^2

11 Escriu un polinomi d'una variable que tingui:

a. Com a coeficient principal –5 i com a terme independent 2.

b. Quatre termes i sigui de grau 5.

c. Grau 4 i estigui ordenat i complet.

12 Determina, per a aquests polinomis, el nombre de termes i de variables, el terme independent i el grau:

a. $4x^3 + 5x - 2$ c. $-2a^4 - 5a + 3a^2$

b. $3x - 2y^2 + 4y + 1$ d. $xy^4 + 2x^2y^3 - 5xy + 2xz + 3$

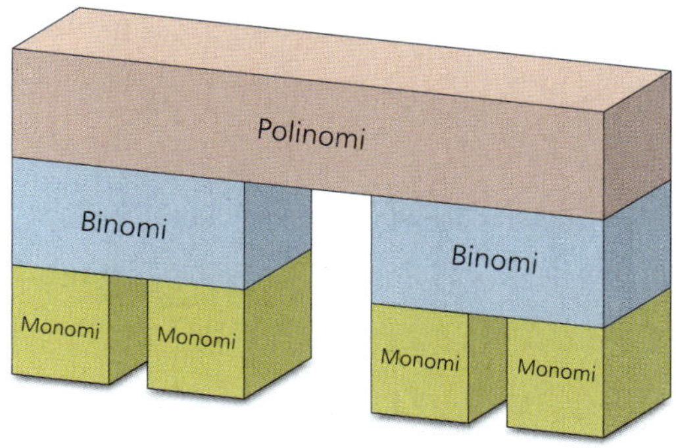

13 Calcula el valor numèric dels polinomis proposats per als valors indicats.

a. $4x^2 - x + 2$, per a $x = -1$ c. $2x^3 - x^2 + 3x - 1$, per a $x = -5$

b. $x^3 - 6x^2 + 9$, per a $x = 2$ d. $-\frac{1}{2}x^4 + \frac{1}{4}x + 2$, per a $x = -4$

14 Una companyia de telefonia mòbil cobra 0,25 € per l'establiment de trucada més 0,10 € per cada minut parlat.

a. Escriu l'expressió algebraica que relaciona el nombre de minuts parlats i el preu.

b. Si es fa una trucada de 7 min, quant caldrà pagar?

15 Si $2x^2 + 5y = -1$, calcula el valor numèric de les expressions següents:

a. $4 \cdot (2x^2 + 5y)^3$ c. $\frac{7}{2x^2 + 5y - 6}$

b. $-3 \cdot (2x^2 + 5y)^2 + 1$ d. $(2x^2 + 5y) : (-2)$

16 Esbrina el valor de a, b i c perquè el polinomi

$$P(x) = 4x + (a - 5)x^2 + bx^3 - 2 + x^3 + c$$

sigui de grau 2, tingui com a coeficient principal 3 i no tingui terme independent.

17 Donat el polinomi $P(x) = x^2 - kx + 3$, calcula el valor de k perquè el valor numèric del polinomi per a $x = 2$ sigui 1.

2 Operacions amb monomis

18 Efectua les sumes i les restes de monomis següents:

a. $5x^3 + 3x^3$ d. $-5x^4 + x^4$ g. $-6b^2 + 6b^2$

b. $7x - 2x$ e. $a^5 + a^5$ h. $-2x^2 - 3x^2$

c. $-12x^2y - 7x^2y$ f. $3y - 8y$ i. $9xy + 21xy$

19 Resol aquestes sumes i restes amb monomis:

a. $-3y^5 + 2y^5 + y^5$ e. $1{,}5x^3y - 0{,}4x^3y + 2{,}3x^3y$

b. $-x^2 + 5x^2 - 3x^2 + x^2 - 7x^2$ f. $-9y^4 + 5y^4 + 3y^4$

c. $-6xy - 2xy - 8xy + 5xy$ g. $-6ab + 7ab - ab$

d. $2xy^2 + 4xy^2 - 9xy^2$ h. $8x + 2x - 3x + x - 7x$

20 Calcula les sumes i les restes següents i simplifica sempre que sigui possible:

a. $\frac{3}{2}x^5 + \frac{7}{2}x^5$ c. $\frac{3}{5}y + \frac{1}{2}y - \frac{7}{10}y$

b. $\frac{6}{5}xy^2 - \frac{1}{5}xy^2$ d. $-x^3 + \frac{3}{2}x^3 + 4x^3$

21 Redueix les expressions proposades.

a. $3x^4 + 2x^3 - 5x^4 + 7x^3$

b. $5a^2 - 8a - 2a + 3 - 6a^2 + 1$

c. $-4ab^3 + a^3b - 3a^3b - 2ab^3 + 3ab^3$

d. $2x^2 - y^2 + x^2 - 5y^2 - 4x^2 + 6y^2 - 3x^2$

22 Suprimeix els parèntesis i redueix aquestes expressions:

a. $3x^3 + (2x^3 - x^3)$

b. $8y^4 - (-5y^4 + 9y^4)$

c. $(4x - 6x) + (-x - 2x)$

d. $-(2xy^2 - xy^2) - (-3xy^2 - 5xy^2)$

e. $(5x^4 + 3y^2) + (-4x^4 + y^2) - (-2y^2 + x^4)$

f. $(-3x^2 - 6y + 3z) - (4z - 5y - 3x^2)$

23 Efectua aquestes multiplicacions:

a. $4x^3 \cdot 5x^2$ d. $2a^2 \cdot \left(-\frac{1}{6}a\right)$

b. $-2y^7 \cdot (-3y^7)$ e. $-\frac{1}{3}x^4 \cdot \frac{6}{5}x^4$

c. $6xy^4 \cdot 8x^3y^5$ f. $\frac{2}{5}x^3z^4 \cdot \frac{3}{4}x^2z^2$

24 Resol les multiplicacions amb monomis següents:

a. $6x^4 \cdot (-3x^4) \cdot 7x^4$ d. $-4xy \cdot 2x^2 \cdot 6y^3$

b. $2y^2 \cdot (-5y) \cdot (-y^3)$ e. $8m^3n \cdot (-2mn) \cdot (-m^2n^2)$

c. $x^3 \cdot 5x^5 \cdot \frac{3}{5}x^2$ f. $ab^2c \cdot 4a^3b^2c \cdot (-5a^3bc^3)$

25 Calcula les potències proposades tot seguit:

a. $(x^2)^3$ c. $(-3x^4)^5$ e. $\left(-\frac{2}{3}xy^2\right)^4$

b. $(2x^5)^4$ d. $(x^2y)^3$ f. $\left(\frac{1}{2}x^4y^3\right)^3$

26 Resol aquestes divisions de monomis:

a. $6x^4 : 3x$ d. $14x^7 : 2x^5$

b. $10a^2 : (-4a^2)$ e. $15a^2b^3 : 5ab^2$

c. $(-4y^3) : (-y^2)$ f. $a^4b^2c^2 : 2ab^2c$

27 Simplifica les fraccions algebraiques proposades.

a. $\frac{12x^2}{4x^3}$ d. $\frac{a^4b^2}{2a^4b^6}$

b. $\frac{-8y}{4x^3y^3}$ e. $\frac{16a^3b^4c}{4a^2b^5c}$

c. $\frac{x^2y^2}{x^5}$ f. $\frac{18x^2yz^3}{12x^3y^4z^5}$

28 Efectua les operacions següents:

a. $3x \cdot (-5x^2) \cdot \frac{2}{3}x^3$ d. $\frac{1}{5}y^3 : \frac{1}{3}y^2 : 2y$

b. $4x^5 : 2x^3 \cdot (-7x^2)$ e. $\frac{2}{3}x^6 : \frac{1}{2}x^2 \cdot \frac{4}{3}x^4$

c. $12y^4 : (-2y) : (-3y)$ f. $-\frac{1}{6}x^8 \cdot 4x^3 : \left(-\frac{2}{3}\right)x^2$

29 Duu a terme les operacions combinades amb monomis que segueixen:

a. $6x^4 : (-3x^2) \cdot 5x$

b. $3y^4 : (-3y^2) + 5y \cdot 2y - (4x)^2$

c. $5x^3 - 4x^5 : 2x^2 + x^3$

d. $-5x : (6xy : 3y + 3x)$

e. $4xy \cdot (3xy^2 - x^2y) - xy^3 \cdot 2x$

f. $-6x^6 : 2x^2 + (3x)^2 \cdot (-x^2)$

g. $(5x^4 - 3x^4) \cdot (-2y^3 - 4y^3)$

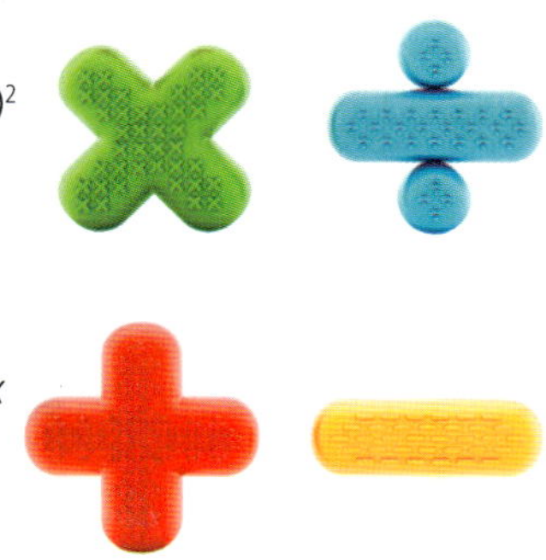

30 Copia al teu quadern i substitueix la lletra R pel monomi que falta en cada cas.

a. $5x^4 \cdot R = -15x^7$

b. $R : 2x^2y^3 = 4x^3$

c. $R^3 = -64x^3y^6$

d. $-4x^2 + R - 7x^2 = 3x^2$

e. $R \cdot (-3x^2) + 7x^5 = x^5$

31 Indica si les igualtats següents són certes o falses i corregeix-ne els errors:

a. $x + x = x^2$

b. $3y + y = 4y$

c. $a + b = ab$

d. $(3x)^2 = 3x^2$

e. $5x - 3 = 2x$

f. $2 \cdot (a - b) = 2a - b$

32 Expressa el perímetre i l'àrea dels polígons proposats. Calcula'n, a partir de la fórmula corresponent, el perímetre i l'àrea quan $x = 4$.

a.

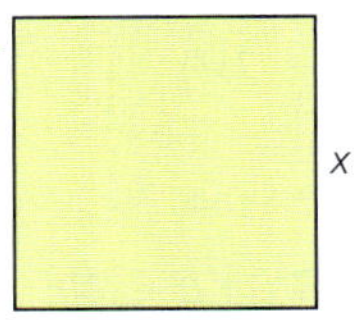

b.

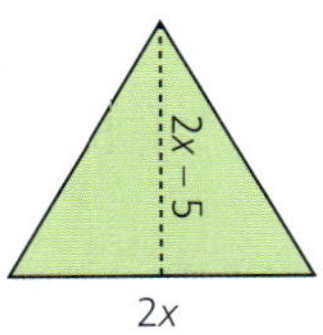

c.

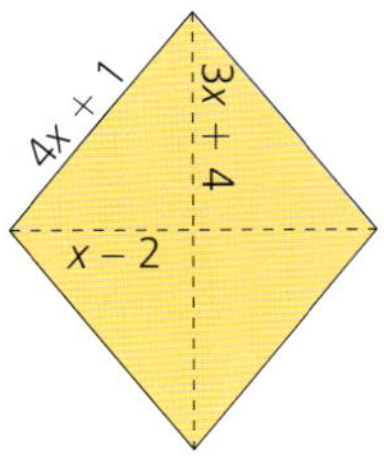

d.

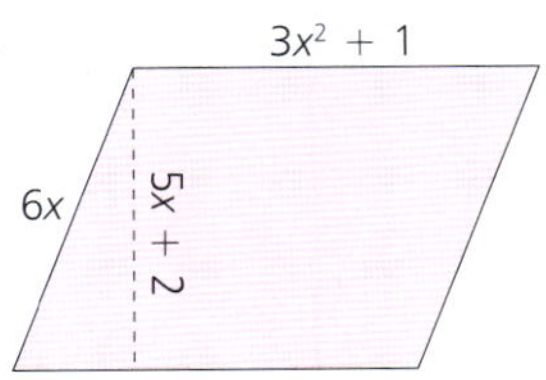

33 Determina l'expressió algebraica que representa l'àrea de la regió ombrejada:

a.

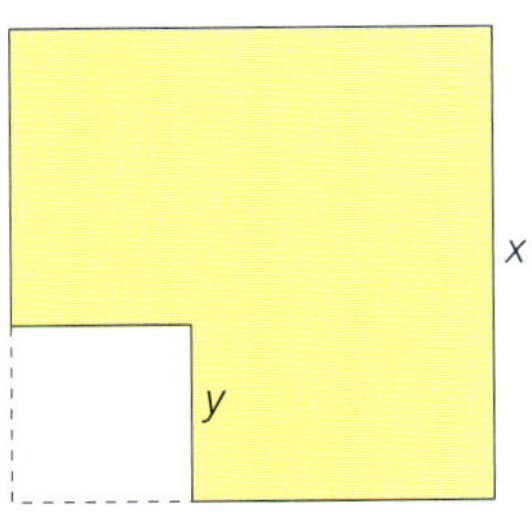

b.

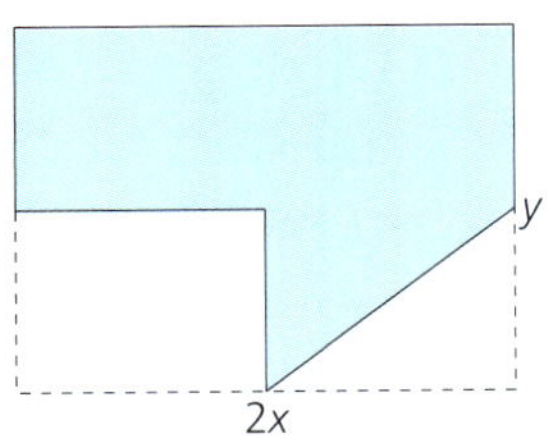

3 Operacions amb polinomis

34 Efectua la suma i la resta dels polinomis A (x) i B (x) en cadascun dels casos proposats. Indica el grau dels polinomis suma i resta.

a. $A(x) = 5x^2 - 8x + 3$, $B(x) = -4x^2 + 6x + 2$

b. $A(x) = -3x^4 + 5x^3 - 2x + 1$, $B(x) = 3x^4 - 2x^3 + 5x^2 - 4x$

c. $A(x) = 2x^3 + x^2 - 9x - 3$, $B(x) = -x^3 - 4x^2 + 6x - 3$

d. $A(x) = -3x^4 + x^3 - 6x - 3$, $B(x) = -x^5 + 3x^3 + 6x - 5$

35 Calcula a partir d'aquests polinomis:

$$A(x) = -3x^2 + 5x - 1 \text{ i } B(x) = 4x^2 - 5x - 1$$

a. Els polinomis oposats de A (x) i B (x).

b. A (x) – B (x) i B (x) – A (x). Es compleix la propietat commutativa per a la resta de polinomis?

36 Copia al teu quadern i calcula el valor de les lletres perquè les sumes de polinomis següents siguin correctes:

a.
$$\begin{array}{rrrrrr} & 2x^3 & +\,7x^2 & +\,A & -\,4 & \\ + & x^3 & -\,B & +\,3x & +\,C & \\ \hline & D & +\,5x^2 & +\,4x & -\,5 & \end{array}$$

b.
$$\begin{array}{rrrrrr} & 2x^5 & +\,A & -\,3x^2 & -\,x & +\,B \\ + & & -\,3x^4 & -\,3x^2 & -\,C & -\,1 \\ \hline & D & -\,6x^4 & +\,E & -\,5x & +\,3 \end{array}$$

c.
$$\begin{array}{rrrrr} & 5x^3 & +\,A & -\,2x & +\,3 \\ + & B & -\,x^2 & +\,4x & +\,C \\ \hline & 7x^3 & +\,3x^2 & +\,D & -\,4 \end{array}$$

d.
$$\begin{array}{rrrrrr} & 2x^4 & -\,6x^3 & +\,A & -\,3x & +\,B \\ + & -3x^4 & +\,C & -\,3x^2 & -\,D & -\,1 \\ \hline & E & +\,4x^3 & & -\,5x & -\,2 \end{array}$$

37 Efectua aquestes sumes de polinomis:

a. $(4x^5 - 5x^4 + x^2 - 2x + 3) + (x^4 - 2x^3 - x^2 + 4x - 1)$

b. $(-3x^3 + 2x^2 - 5x + 9) + (-x^3 + 2x^2 - 5x - 6)$

c. $(2x^4 - 7x^2 + x - 5) + (-2x^4 - 3x^3 - 2x^2 - 3x)$

d. $(6x^3 + 4x^2 - x + 3) + (-2x^3 + 5x^2 - x - 4)$

e. $(-x^4 - 3x^3 + 2x^2 + 9x - 2) + (-5x^3 - 2x^2 - 7)$

38 Resol les sumes següents eliminant-ne els parèntesis:

a. $(4x^3 - 6x^2 + 3x - 1) + (3x^3 - 2x^2 - 7x + 4)$

b. $(-2x^4 + 5x^2 - 6x + 7) + (5x^4 - 2x^3 - 3x - 2)$

c. $(9x^3 + 8x^2 - 5x - 2) + (-4x^2 + 3x - 3)$

d. $(5x^5 - 3x^4 + x^3 - 2x^2 - 6x + 4) + (4x^4 - 5x^3 + 8x - 1)$

39 Efectua aquestes restes de polinomis:

a. $(-x^6 + 2x^4 - 5x + 1) - (x^6 - 3x^5 + 7x^3 + 6x - 5)$

b. $(5x^4 - x^3 + x^2 + 4) - (4x^4 + 9x^3 - 3x^2 - x + 4)$

c. $(4x^3 + 2x^2 + 3x) - (-x^3 + 2x^2 - 3x + 9)$

d. $(-3x^5 + 4x^4 - x^2 + 5x - 6) - (3x^5 + 2x^3 - 7x^2 - 1)$

40 Efectua les restes següents, eliminant-ne els parèntesis:

a. $(5x^4 - 6x^3 - 2x^2 + 3) - (4x^4 + 2x^3 - 5x - 1)$

b. $(6x^3 - 5x^2 + 4x - 4) - (-5x^2 - 3x + 4)$

c. $(x^5 - 3x^2 + 7x + 6) - (4x^5 - 5x^3 + 2x^2 - 3)$

d. $(-3x^6 + 4x^5 + 2x^3 - x^2 + 9) - (3x^6 - 5x^3 + x^2 + 5x - 3)$

41 Duu a terme les operacions indicades a partir d'aquests polinomis:

$$A(x) = 4x^5 + 5x^4 - x^3 + 4x^2 - 7x + 2$$
$$B(x) = 2x^4 - 11x^2 + 6x - 1$$
$$C(x) = -2x^5 - 6x^3 + 7x^2 - x + 8$$

a. $A(x) + B(x)$
b. $A(x) - B(x)$
c. $A(x) + C(x)$
d. $A(x) - C(x)$
e. $B(x) + C(x)$
f. $B(x) - C(x)$
g. $A(x) + B(x) + C(x)$
h. $A(x) - B(x) - C(x)$

42 Resol aquestes operacions eliminant-ne els parèntesis:

a. $(2x^3 + 5x) + (-8x^3 + 4x^2 + x) + (3x^3 - 2x)$
b. $(-3x^2 - 2) - (4x + 7) + (2x^2 - 6x + 5)$
c. $(-5x + 1) - (x^2 + 2x - 3) - (-3x^2 - 5x)$
d. $-(6x^2 - 8x + 1) + (3x^2 - 5x) - (x^3 + 6x^2 - 1)$

43 ⊞ Efectua les sumes i les restes amb denominadors següents i simplifica'n el resultat sempre que sigui possible:

a. $\left(\frac{1}{3}x^2 + 5x - \frac{2}{3}\right) + \left(\frac{2}{3}x^2 - \frac{1}{2}x - \frac{1}{5}\right)$
b. $\left(5x^2 + \frac{1}{4}x - 2\right) - \left(3x^2 + \frac{1}{5}x - \frac{3}{2}\right)$
c. $\left(\frac{3}{2}x^2 + 5x\right) + \left(\frac{1}{2}x^2 - x + 3\right) - \left(\frac{5}{2}x^2 - 1\right)$
d. $\left(\frac{2}{5}x^3 + \frac{1}{3}x^2 - \frac{7}{2}x + \frac{3}{4}\right) + \left(\frac{3}{5}x^3 - \frac{1}{2}x - \frac{1}{4}\right)$

44 Calcula les multiplicacions següents:

a. $-4 \cdot (x - 3)$
b. $(-2x^3 + x^2 - 7x) \cdot 5$
c. $4a \cdot (a^2 - 7a + 2)$
d. $(2x^2 + 5x) \cdot x^2$
e. $-7x^3 \cdot (-x^3 - 3x + 5)$
f. $(3x^2 + 6x - 2) \cdot 3y$
g. $-2xy^2 \cdot (5x^2y - 8x^3y^4)$
h. $(-a^2b^2 + 2ab^4) \cdot a^3b^2$

45 Multiplica i determina el grau del polinomi producte.

a. $(x + 2) \cdot (x + 3)$
b. $(a - 1) \cdot (3a + 5)$
c. $(4y^2 + 3) \cdot (-2y - 6)$
d. $(5x^2 - 2x) \cdot (x^2 + 1)$
e. $(6x - 3) \cdot (x + 1)$
f. $(-x^2 + 3x) \cdot (x^3 - x)$
g. $(x - 2) \cdot (2x^2 - 4x + 5)$
h. $(2x^2 + 3x) \cdot (-x^2 - 7x - 3)$
i. $(-4x^3 - x + 3) \cdot (x^3 + 3x^2 - 2)$
j. $(2x^2 - 3x - 1) \cdot (5x^2 - 4x + 6)$

46 Calcula les divisions següents:

a. $(10x^6 - 15x^4 + 5x^2) : 5$
b. $(10y^4 + 6y^2 - 4y) : (-2y)$
c. $(6a^7 + a^6 - 2a^5 + a^3) : a^3$
d. $(-8x^5y^4 - 4x^4y^4 + 6x^3y^4 + 2xy^3) : 2xy^3$

47 Efectua les operacions proposades a partir dels polinomis següents:

$$A(x) = 3x^2 + 6x - 9$$
$$B(x) = x^2 - 1$$
$$C(x) = -2x^2 + x + 3$$

a. $A(x) + B(x)$
b. $A(x) - C(x)$
c. $B(x) \cdot C(x)$
d. $A(x) \cdot B(x)$
e. $3 \cdot A(x)$
f. $-4 \cdot B(x)$
g. $A(x) : 3$
h. $3 \cdot A(x) - 4 \cdot B(x)$
i. $2 \cdot B(x) \cdot A(x) \cdot C(x)$

48 ⊞ Opera i redueix al màxim.

a. $-3 \cdot (5x^3 - 2x) + 4 \cdot (x^3 + 3x)$
b. $5 \cdot (-2x^3 + x^2 - 7x) - 2x \cdot (4x^2 - 2x + 6)$
c. $(x + 1) \cdot (x - 6) + 4x \cdot (-2x + 5)$
d. $x \cdot (9x^2 - 5x - 1) - (4x^5 - 8x^4 - 2x^3) : (-2x^2)$

49 ⊞ Extreu factor comú d'aquestes expressions:

a. $6x^2 + 7x$
b. $8x^2 - 4y^2$
c. $12a^5 + 9a^4 - 3a^3$
d. $y^5 - y^4 - y^3 + y^2$
e. $4ab + 3a^4b - 2ab^3$
f. $-2x^3y^2 + 2x^3 - 2x^3y^3$
g. $5xy^2z - 2x^3y^2z^2 + x^4y^3z^2$
h. $\frac{4}{5}x^4 + \frac{1}{5}x^3 - \frac{3}{5}x^2$

50 ⊞⊞ Simplifica les fraccions algebraiques següents:

a. $\frac{4x - 8}{4x - 12}$
b. $\frac{2x^2 - 10x}{7x - 35}$
c. $\frac{2x^3 + 2x^2}{2x^3 - 4x^2}$
d. $\frac{5x^2 - 10x}{6x^2 - 12x}$
e. $\frac{x + 3}{8x^2 + 24x}$
f. $\frac{x}{x - x^2}$

51 ⊞ Calcula les potències següents:

a. $(4x + 5)^2$
b. $(x + 5)^3$
c. $(x^2 - 3x + 1)^2$
d. $(2x^4 + 5x^2 - 3)^2$

52 ⊞ Calcula $(a + b + c)^2$ i comprova que:

$$(a + b + c)^2 = a^2 + b^2 + c^2 + 2 \cdot (ab + bc + ca)$$

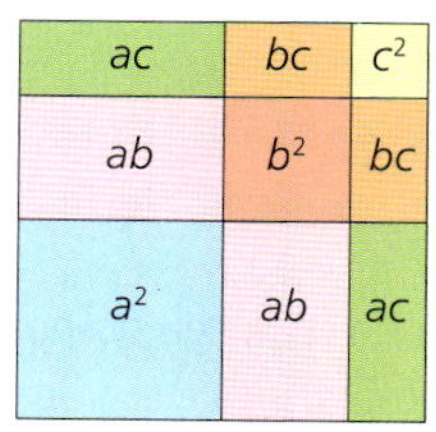

A partir de l'expressió anterior, resol aquestes potències:

a. $(x + 2y + 3z)^2$
b. $(x^2 + 5y + z^2)^2$
c. $(3x + 4y^2 + 7z^3)^2$

53 Sense efectuar la multiplicació, i utilitzant l'expressió de la identitat notable del quadrat de la suma, calcula:

a. $(x+3)^2$ d. $(4x^2+5)^2$ g. $(x+9x^2)^2$

b. $(x+6)^2$ e. $(1+x^3)^2$ h. $(a^3+2b)^2$

c. $(2y+7)^2$ f. $(3x+4y)^2$ i. $(xy+x^2y)^2$

54 Sense fer la multiplicació, i aplicant l'expressió de la identitat notable del quadrat de la diferència, determina:

a. $(a-3)^2$ d. $(4-y)^2$ g. $(x^2-y^2)^2$

b. $(2x-5)^2$ e. $(x^2-3x)^2$ h. $(5a^4-2a^3)^2$

c. $(7x^3-1)^2$ f. $(1-a^2)^2$ i. $(9-b^5)^2$

55 Resol les sumes per diferències següents:

a. $(x+5)\cdot(x-5)$ d. $(5x+2y)\cdot(5x-2y)$

b. $(y-1)\cdot(y+1)$ e. $(x^2-4x)\cdot(x^2+4x)$

c. $(4a+3)\cdot(4a-3)$ f. $(2a^3+3a^2)\cdot(2a^3-3a^2)$

56 Aplica les expressions de les identitats notables per calcular aquestes operacions:

a. $\left(x+\frac{1}{2}\right)^2$ d. $\left(x+\sqrt{5}\right)\cdot\left(x-\sqrt{5}\right)$

b. $\left(x+\frac{2}{3}\right)\cdot\left(x-\frac{2}{3}\right)$ e. $\left(\frac{3}{4}x^2-\frac{1}{5}\right)^2$

c. $\left(x^3+\frac{4}{7}\right)^2$ f. $\left(\sqrt{3}x+4\right)^2$

57 ⊞ Formula els polinomis proposats tot seguit com una identitat notable:

a. x^2-4x+4 d. a^2+9+6a

b. x^2-49 e. $36x^2-12x+1$

c. $9x^2+12x+4$ f. $16-x^4$

58 ⊞ Corregeix els errors comesos a les identitats notables següents:

a. $x^2-8x+16=(x+4)^2$

b. $25x^2+4=(5x+2)\cdot(5x-2)$

c. $(4x-2)^2=4x^2-16x+4$

d. $(x+9)^2=x^2+81$

e. $9x^2-1=(3x-1)^2$

f. $(2x-1)^2=4x^2+1$

59 ⊞ Copia al teu quadern i troba el valor de R perquè les igualtats següents siguin certes:

a. $(x-5)^2=R-10x+25$

b. $4x^2-R=(2x+3)\cdot(2x-3)$

c. $(R+7x)^2=16x^6+56x^4+49x^2$

d. $(8x^2+6)^2=64x^4+R+36$

60 ⊞ Resol, sense fer càlculs, l'operació 154^2-153^2.

61 ⊞⊞ Redueix tant com sigui possible aquestes expressions:

a. $(x-5)^2+(x+5)^2$ c. $(x-3)^2+(x+3)\cdot(x-3)$

b. $(3x-2)^2-8\cdot(3x-2)$ d. $(x^2-1)^2-(x^2+1)\cdot(x^2-1)$

62 ⊞⊞ En grups, calculeu les potències successives del binomi $x+1$: $(x+1)^0$, $(x+1)^1$, $(x+1)^2$, $(x+1)^3$, …

Posteriorment, sense fer el càlcul de la potència $(x+1)^{12}$, determineu el grau de la potència, el nombre de termes que tindrà, el coeficient principal i el terme independent.

63 ⊞⊞ Expressa l'àrea d'aquestes figures:

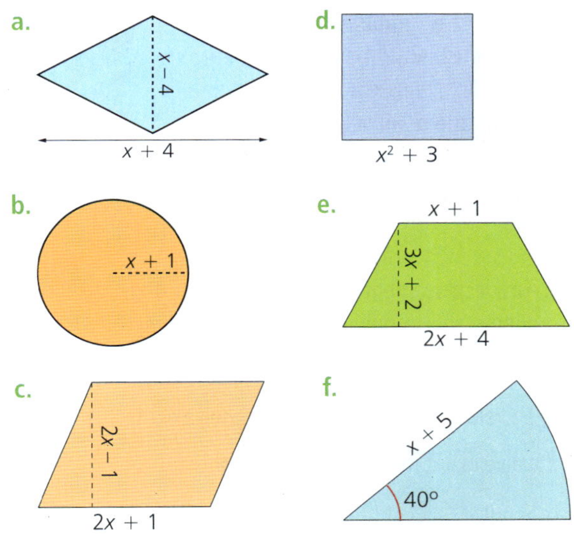

64 ⊞⊞ Simplifica les fraccions següents aplicant les identitats algebraiques notables:

a. $\dfrac{x^2-4}{x^2+4x+4}$ d. $\dfrac{4x^2-4x+1}{4x^2-1}$

b. $\dfrac{x-3}{x^2-6x+9}$ e. $\dfrac{25x^2+30x+9}{5x+3}$

c. $\dfrac{x^2-16}{x^2+8x+16}$ f. $\dfrac{9x^2-6x+1}{3x-1}$

65 Determina el volum d'una pilota de futbol i una de bàsquet els radis de les quals mesuren $(4x+3)$ cm i $(5x+2)$ cm, respectivament. Si $x=2$ cm, quina de les dues pilotes té el volum més gran?

TREBALLEM LES COMPETÈNCIES

LA BICICLETA

La bicicleta és un mitjà de transport alternatiu al cotxe, menys contaminant i més saludable. En algunes ciutats dels Països Baixos gairebé el 99 % dels habitants la utilitzen per desplaçar-se. Altres països on també es fa servir molt són Dinamarca, Alemanya, Suècia i Noruega.

L'ús de la bicicleta encara és molt minoritari a casa nostra si es compara amb aquests països europeus. Malgrat tot, augmenta any rere any. Així, la Júlia s'ha comprat una bicicleta nova que té un velocímetre al manillar. Aquest aparell li permet saber la distància que recorre i la velocitat mitjana d'un viatge.

1 En un desplaçament, la Júlia va recórrer 4 km els primers 10 minuts i 2 km els 5 minuts següents. Indica quina de les afirmacions és certa i justifica-ho.

a. La velocitat mitjana de la Júlia va ser superior els 10 primers minuts que els 5 següents.

b. La velocitat mitjana va ser la mateixa els 10 primers minuts que els 5 següents.

c. La velocitat mitjana va ser inferior els 10 primers minuts que els 5 següents.

d. A partir de la informació que s'ha donat no és possible dir res sobre la velocitat mitjana de la Júlia.

2 Dimarts, la Júlia va recórrer 6 km fins a casa de la seva tieta. El velocímetre va indicar una velocitat mitjana de 18 km/h durant el trajecte. Quants minuts va necessitar per arribar-hi?

3 Dissabte passat, la Júlia volia fer una foto d'un paisatge bonic i va anar fins al riu, que és a 4 km de distància. Va tardar 9 minuts. Va tornar a casa per una ruta més curta, de 3 km, i només va tardar 6 minuts. Quina va ser la velocitat mitjana, en km/h, per al viatge d'anada i tornada al riu?

ELS MIRALLS

El pare de l'Àlex és fuster i fabrica miralls quadrats amb un marc de fusta. Per un encàrrec estàndard, el marc de fusta que hi col·loca val 2 € el metre; el mirall, 3 € el metre quadrat, i la mà d'obra, 6 €.

1 Escriu les expressions algebraiques que representen la longitud del marc i la superfície del mirall necessaris per fabricar-ne un si x és la mida del costat del mirall.

2 Determina l'expressió algebraica que representa l'import de fabricació d'un mirall.

3 Calcula el preu de fabricació d'un mirall de 60×110 cm.

LA CONSTRUCCIÓ

Una empresa de construcció ha comprat un solar de forma quadrada per fer-hi un projecte d'urbanització que ha presentat a l'ajuntament. Segons el reglament d'urbanisme, cal cedir una franja de terreny de 3 m d'amplada al llarg d'un dels costats del solar.

Respon les preguntes següents mitjançant expressions algebraiques.

1 Quina és la superfície inicial del solar?

2 Quina és la superfície del solar després d'aplicar-hi la reducció?

3 Quant disminueix la superfície del solar en treure'n el terreny cedit?

4 Quant mesurarà la tanca que envoltarà el solar en obres?

LES DIAGONALS

Observa el nombre de diagonals dels polígons següents:

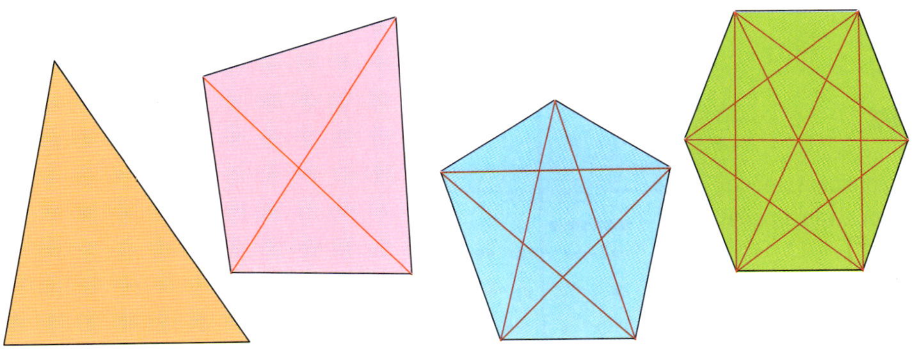

1 Traça les diagonals d'un heptàgon i d'un octàgon com els de les imatges.

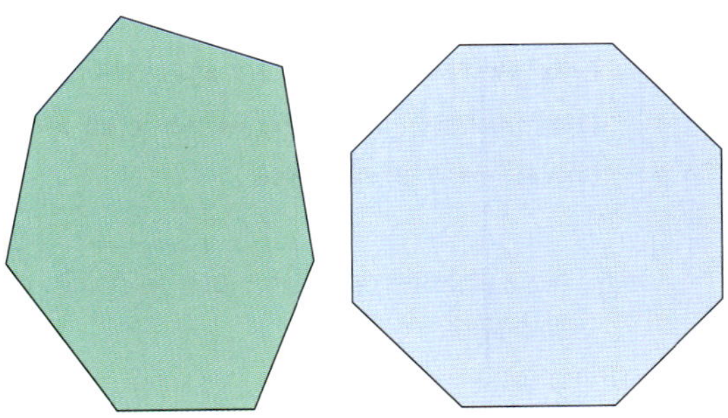

2 Comprova que el nombre de diagonals que surten d'un vèrtex és igual al nombre de costats menys tres i que cada diagonal toca dos vèrtexs.

3 Tenint en compte les dades de les activitats anteriors, completa la taula següent:

Nombre de costats	3	4	5	6	7	8	10	20
Nombre de diagonals	0	2	5	9				

4 Escriu la fórmula que permet calcular el nombre de diagonals (D), en funció del nombre de costats (n).

APLIQUEM LES TIC

EXPRESSIONS ALGEBRAIQUES AMB WIRIS

El programa Wiris permet operar amb expressions algebraiques, amb monomis i polinomis, i també calcular-ne el valor numèric.

VALOR NUMÈRIC D'UNA EXPRESSIÓ ALGEBRAICA

Per calcular el valor numèric d'una expressió algebraica amb una sola variable, s'utilitza l'ordre **avaluar(exp. alg, valor de la variable)**.

Fixa't en la pantalla, en què hem calculat el valor numèric del polinomi $5x^2 - 4x + 1$ per a $x = 3$. (A)

Si l'expressió té variables diverses, s'utilitza l'ordre **avaluar(exp. alg, {valors de les variables})**.

Tingues en compte que, si l'expressió té més d'una variable, has d'escriure el símbol de multiplicació, «·», entre elles.

Per introduir els parèntesis i les claus, pots utilitzar el teclat o fer servir els símbols de la barra d'eines (◻) i {◻}.

Observa a la pantalla d'exemple que hem calculat el valor numèric del monomi $4x^3y^2$ per a $x = 2$ i $y = -1$. (B)

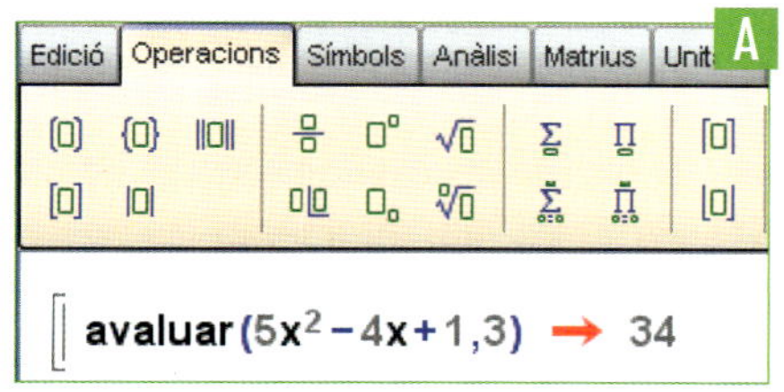

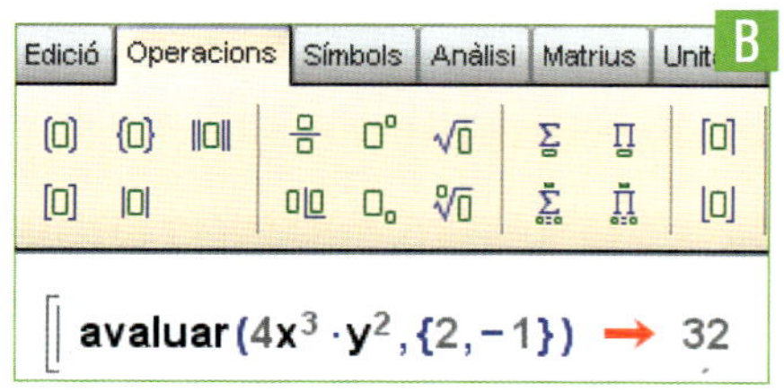

OPERACIONS AMB MONOMIS I POLINOMIS (C)

A l'hora d'efectuar operacions amb expressions algebraiques, monomis i polinomis, s'empren els símbols de les operacions aritmètiques del teclat. Per escriure una potència, s'usa el símbol ◻°.

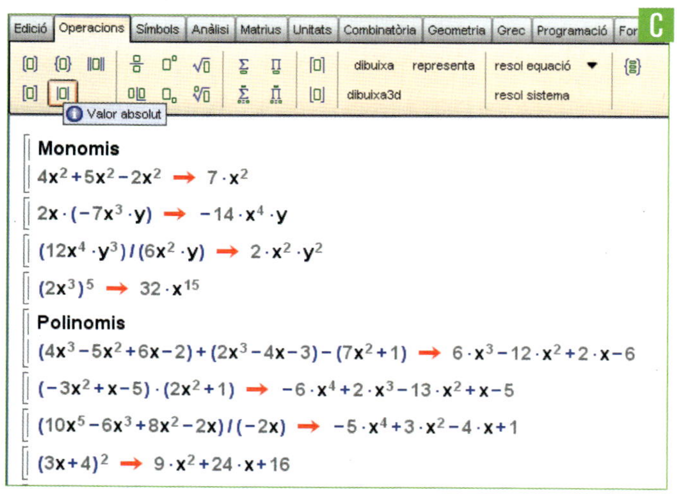

1 Determina el valor numèric dels monomis i els polinomis següents i comprova'n les solucions amb Wiris:

a. $3x^2$ per a $x = -5$

b. $-5xy^3$ per a $x = 3$ i $y = 2$

c. $x^2 + 4x - 9$ per a $x = -1$

d. $6xy + 5x^2y - 3x^2$ per a $x = -2$ i $y = -4$

2 Efectua les operacions següents amb monomis i comprova'n els resultats amb Wiris:

a. $x^3 - 5x^3 + 3x^3$

b. $4x^4y \cdot (-3xy^2) : (-2xy)$

c. $(4x^2y)^3$

3 Resol aquestes operacions amb polinomis i comprova'n els resultats amb Wiris:

a. $(4x^2 - 2x + 3) - (2x^4 - 5x^2 + 7x - 3)$

b. $(-6x^3 - 3x^2 + 4x + 5) + (5x^3 + 3x^2 - 2)$

c. $(-2x^3 + 3x^2 - 5x + 1) \cdot (4x^2 + x - 2)$

d. $(5x + 7) \cdot (5x - 7)$

e. $(15x^4 - 9x^3 + 3x^2) : 3x^2$

f. $(6x + 5)^2$

g. $\left(\frac{1}{3}x^2 - x\right)^2$

h. $3x^2 \cdot (x + 2) + 5x \cdot (4x^2 - 1)$

AVALUACIÓ

1 Tradueix les descripcions que segueixen a expressions algebraiques:

a. El nombre de rodes necessàries per fabricar x cotxes.

b. Els dies que hi ha en y setmanes.

c. El nombre d'hores de a dies.

d. El total de potes d'una granja on hi ha x gallines i y conills.

e. Els passatgers d'un autobús després de baixar-ne 7.

2 Expressa en llenguatge algebraic la superfície i el perímetre d'aquest rectangle:

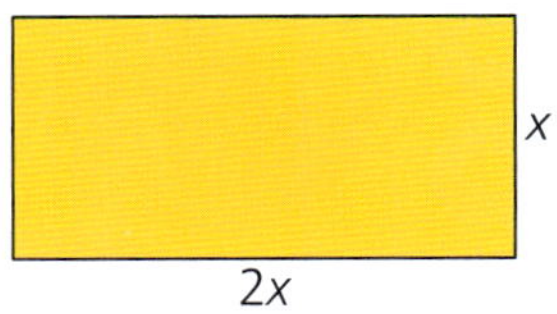

3 Escriu les expressions següents. Si no és possible fer-ho, explica per què.

a. Dos monomis semblants amb dues incògnites, de grau 3 i que siguin oposats.

b. Dos monomis de grau 2, amb una incògnita, que siguin oposats i no semblants.

4 Simplifica els polinomis següents:

a. $6x + 3y - 2x - y - y$

b. $2a - 2b + 2a - 2b$

c. $2a^2 - 6a - 2a + 3a^2$

d. $-x^3 + x^2 + 2x^2$

5 Fes les operacions següents i redueix-ne el resultat:

a. $3a^4 \cdot 5a - a^2 \cdot a^8 : a^5$

b. $2b \cdot (-3ab^2) + 7ab^5 : b^2$

c. $(6x^7) : (-3x) - x^2 \cdot x \cdot (-5x^3)$

d. $(6y^4 + 7y^4 - y^4) : (2y^4 + 4y^4)$

6 Calcula i redueix-ne el resultat:

a. $(-2a^2b)^3 + 3a \cdot 6(ab)^3 : (-2a^{-2})$

b. $(3x + 5x)^2 : (-2x)^3$

c. $(zy^2 \cdot z^3)^2 \cdot (-3zy - 2)^2$

d. $8a^3 : (2a^{-2})^2 - (4a^6 \cdot a^7) : (2a)$

7 Donats els polinomis, fes els càlculs indicats:

$$A(x) = 1 + x^2,\ B(x) = 2x^2 - 5x,\ C(x) = x^2 + 3x - 5$$

a. $A(x) + B(x)$

b. $A(x) - B(x)$

c. $A(x) - [B(x) + C(x)]$

d. $C(x) - A(x) - B(x)$

8 Fes les operacions següents i simplifica'n el resultat:

a. $(x + 1) \cdot (x - 2)$

b. $(2x - 7) \cdot (3x - 4)$

c. $(5x^2 + 7x + 1) \cdot (6x + 8)$

d. $(x^2 + 3x + 7) \cdot (x + 2)$

9 Fes aquestes divisions amb polinomis:

a. $(6x^2 + 4x + 10) : 2$

b. $(20a^4 - 5a^3 - 10a^2) : (5a)$

c. $(a^2b^3 + 6ab^4 - a^2b^2) : (ab^2)$

d. $(18x^6 - 12x^4 + 6x) : 2x$

10 Extreu factor comú de les expressions següents:

a. $4x^2 + 6xy - 8x^2y^2$

b. $5a^3b^4 - 15a^2b^3 - 10a^4b^2$

c. $9m^3n^2 - 3mn^3 + 6m^4n^4$

d. $10x^2y^2z + 5xz + 5xy$

11 Desenvolupa les identitats notables següents:

a. $(x + 3)^2$

b. $(x - 5)^2$

c. $(1 + 3a)^2$

d. $(2a - 3b)^2$

12 Calcula aquestes expressions:

a. $(2x^2 + 5)^2$

b. $(y^2 - x^3)^2$

c. $(3a^3 + b^4)^2$

d. $(2x^2 - 4y^2)^2$

13 Expressa els polinomis que segueixen en forma d'identitats notables:

a. $9x^2 - 6x + 1$

b. $64 + 25x^2 + 80x$

c. $\frac{1}{4}x^2 - x + 1$

d. $100x^2 - 100x + 25$

e. $x^2 + 16 + 8x$

f. $9x^2 + 6xy + y^2$

14 Indica els polinomis següents com a producte d'una suma per una diferència, si és possible:

a. $4x^2 - 9$

b. $m^2 - \frac{1}{4}$

c. $16x^2 - 49$

d. $1 - 36b^2$

e. $a^8 - 9$

f. $36x^2 - 25$

g. $25x^4 - 4x^2$

h. $49 - 144x^4$

15 Expressa aquestes situacions algebraicament tenint en compte que t representa el temps, en minuts, que ha tardat la Lucía a fer els deures de matemàtiques:

a. El Pol ha tardat el doble de temps que la Lucía.

b. La Paula ha tardat una tercera part del temps que ha emprat el Pol.

c. El Pau ha tardat el mateix temps que la Paula més 5 minuts.

d. El David ha tardat 10 minuts menys que el Pau.

Troba el temps que ha tardat cadascú si la Lucía ha fet els deures de matemàtiques en mitja hora.

16 Expressa en llenguatge algebraic el perímetre d'una roda de bicicleta en funció de la longitud del radi. Si el diàmetre d'una roda de bicicleta és de 54 cm, quina distància en metres recorre quan fa 200 voltes?

07 EQUACIONS I SISTEMES D'EQUACIONS

SI LA VIDA FOS UNA EQUACIÓ MATEMÀTICA, ENS FALTARIEN LLETRES PER REPRESENTAR LES INCÒGNITES

GEORGES-LOUIS LECLERC

PRESENTAR

PRESENTEM L'EQUACIÓ

Com si es tractés d'una nova sèrie, realitzeu un *tràiler* en el qual presenteu tots els elements que configuren una equació. Dividits en grups, cada membre ha de representar un «personatge» diferent i explicar com és, quines característiques té, quina relació hi pot haver entre dues equacions segons les seves solucions, etc. D'una manera clara i divertida, haureu de començar la vostra creació: «llestos, càmera, acció».

CONÈIXER

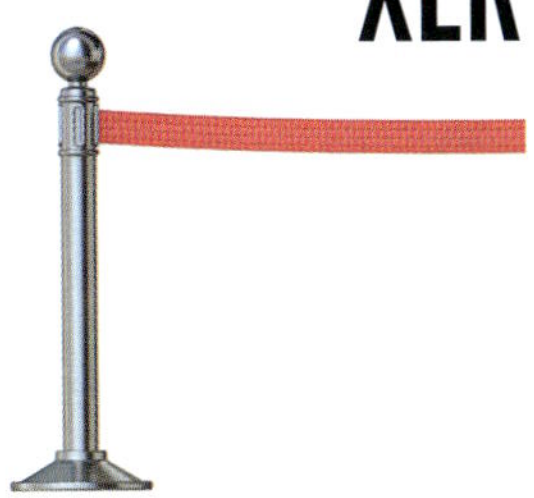

PÒSTER PUBLICITARI DE LES EQUACIONS

Tota producció ha d'anar acompanyada d'una bona publicitat. Per això, una vegada creat el tràiler, haureu d'elaborar un pòster per fer promoció de la vostra sèrie. Plasmeu-hi tots els personatges i afegiu-hi una frase breu i característica que els defineixi.

CREAR

ELS MOTS ENCREUATS DELS DIUMENGES

La revista d'un diari de tirada nacional us ha demanat ajuda per crear uns mots encreuats. Les indicacions que us han donat és que les preguntes han de consistir en equacions, mentre que els resultats es poden expressar en forma de nombre, monomi o binomi. Intercanvieu els mots encreuats que heu elaborat amb els vostres companys i resoleu-los, per comprovar que estan ben plantejats.

INVESTIGAR

EL PAPIR DE RHIND

En l'antiguitat hi va haver una civilització, la dels egipcis, a la qual s'atribueix la creació d'un papir molt característic. Investiga sobre aquesta vella civilització i sobre el papir. Després, creeu grups de treball i, mitjançant un *visual thinking*, poseu en comú la informació recopilada. Podeu exhibir les vostres creacions al llarg de la classe o al passadís de l'escola.

1 EQUACIONS

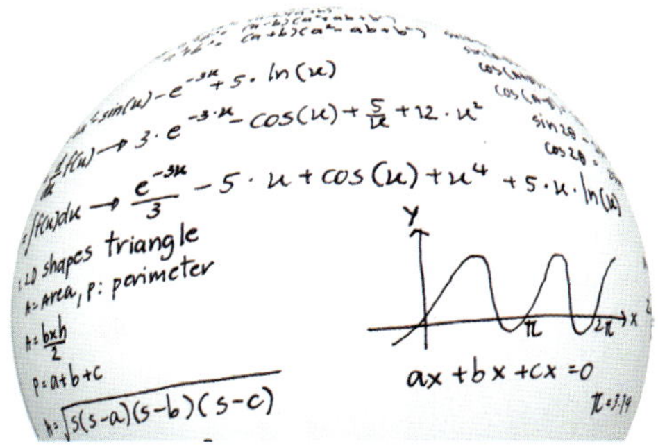

Dues expressions algebraiques unides per un signe igual constitueixen una igualtat algebraica.

> Una **equació** és una igualtat algebraica que és certa només per a alguns valors de les seves incògnites.

Recorda

Una **expressió algebraica** és un conjunt de nombres i lletres units per operacions aritmètiques.

Així, per exemple, l'enunciat «El quadrat d'un nombre, augmentat 4 unitats, és igual al seu quàdruple» s'expressa mitjançant l'equació $x^2 + 4 = 4x$, que només és certa quan el valor de x és 2:

$$x^2 + 4 = 4x \Rightarrow 2^2 + 4 = 4 \cdot 2 \Rightarrow 4 + 4 = 8 \Rightarrow 8 = 8$$

1.1 ELEMENTS D'UNA EQUACIÓ

Els elements que caracteritzen les equacions són:

Membres: són les expressions algebraiques que hi ha a cada costat del signe igual.

Coeficients: són els nombres que acompanyen cada incògnita.

1r membre — 2n membre

$$3x^2 - x = 6x + 1$$

Termes: són els sumands de cadascun dels dos membres de l'equació. El terme que no té incògnita és el terme independent.

Incògnites: són les lletres que apareixen a l'equació. En aquest cas, la incògnita és la x.

El **grau** d'una equació és el més alt dels graus dels termes que la componen. Així, en l'exemple anterior, l'equació $3x^2 - x = 6x + 1$ té grau 2.

Identitat

Una identitat és una igualtat algebraica que és certa per a qualsevol valor de les seves lletres.

Així, doncs, la igualtat:

$$3 \cdot (2x + y) = 6x + 3y$$

és una identitat, perquè es compleix per a qualsevol valor de x i de y.

Activitat resolta

Classifica les equacions següents segons el grau i el nombre d'incògnites:

a. $4x + 5 = 1 - 2x$

b. $6x^2 - 8x = 3$

c. $-3x + 2y = -7$

d. $9x^3 - 2x^2 + 6x - 5 = 0$

a. És una equació de primer grau amb una incògnita, x.

b. És una equació de segon grau amb una incògnita, x.

c. És una equació de primer grau amb dues incògnites, x i y.

d. És una equació de tercer grau amb una incògnita, x.

1.2 EQUACIONS EQUIVALENTS. REGLES DE TRANSPOSICIÓ

Dues **equacions** són **equivalents** si tenen les mateixes solucions.

Per obtenir equacions equivalents, s'apliquen les anomenades **regles** o **principis de transposició**.

Aquestes regles serveixen per resoldre les equacions i permeten obtenir una equació equivalent en la qual la incògnita estigui aïllada en un dels membres. Així s'obté la solució, que és l'expressió que apareix a l'altre membre.

Tot seguit, es mostra com es transposen termes:

	Regles o principis de transposició	A la pràctica
Regla de la suma	Si als dos membres d'una equació se'ls suma o se'ls resta un mateix nombre o una mateixa expressió algebraica, se n'obté una equació equivalent: $x + 7 = 5 \Rightarrow x + \cancel{7} - \cancel{7} = 5 - 7 \Rightarrow$ $\Rightarrow x = 5 - 7 = -2$ $x - 4 = 9 \Rightarrow x - \cancel{4} + \cancel{4} = 9 + 4 \Rightarrow$ $\Rightarrow x = 9 + 4 = 13$	Si un terme està sumant en un membre de l'equació, passa a l'altre membre restant i, si està restant, passa a l'altre membre sumant: $x \boxed{+7} = 5 \Rightarrow x = 5 \boxed{-7} = -2$ $x \boxed{-4} = 9 \Rightarrow x = 9 \boxed{+4} = 13$
Regla del producte	Si els dos membres d'una equació es multipliquen o es divideixen per un mateix nombre o per una mateixa expressió algebraica diferents de zero, s'obté una equació equivalent: $2x = -10 \Rightarrow$ $\Rightarrow \frac{\cancel{2}x}{\cancel{2}} = \frac{-10}{2} \Rightarrow x = \frac{-10}{2} = -5$ $\frac{x}{3} = 8 \Rightarrow \frac{\cancel{3}x}{\cancel{3}} = 3 \cdot 8 \Rightarrow$ $\Rightarrow x = 3 \cdot 8 \Rightarrow x = 24$	Si un terme està multiplicant en un membre de l'equació, passa a l'altre membre dividint i, si està dividint, hi passa multiplicant: $\boxed{2}x = -10 \Rightarrow x = \frac{-10}{\boxed{2}} \Rightarrow x = -5$ $\frac{x}{\boxed{3}} = 8 \Rightarrow x = \boxed{3} \cdot 8 \Rightarrow x = 24$

Recorda

Resoldre una equació és calcular-ne les solucions.

Les **solucions** d'una **equació** són els valors que han d'adoptar les incògnites perquè l'equació sigui certa.

Segons el nombre de solucions, una equació es classifica en:

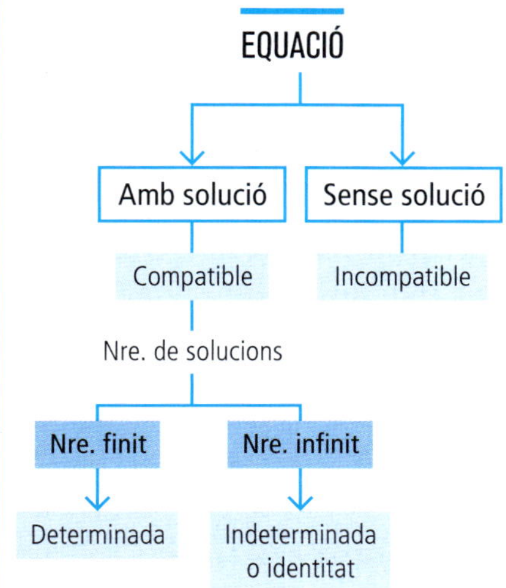

Activitats resoltes

1 Comprova si les equacions $-2 + x = 4$ i $\frac{3x}{2} = 9$ són equivalents i indica de quin tipus són.

Cal resoldre les dues equacions utilitzant les regles de transposició:

- 1a equació: $-2 + x = 4 \Rightarrow x = 4 + 2 = 6$; per tant, la solució és $x = 6$.
- 2a equació: $\frac{3x}{2} = 9 \Rightarrow x = \frac{9 \cdot 2}{3} = \frac{18}{3} = 6$; per tant, la solució és $x = 6$.

La solució de totes dues equacions és $x = 6$. Així, les equacions són equivalents. A més, com que tenen una única solució, totes dues equacions són compatibles determinades.

2 Indica si $x = -3$ és solució d'aquestes equacions:

a. $4x^2 - 1 = -7x + 8$ **b.** $\sqrt{19 + x} - 5 = 2 + x$

En tots dos casos, se substitueix la incògnita x per -3.

a. $4 \cdot (-3)^2 - 1 = -7 \cdot (-3) + 8 \Rightarrow 4 \cdot 9 - 1 = 21 + 8 \Rightarrow$

$\Rightarrow 36 - 1 = 21 + 8 \Rightarrow 35 \neq 29$

Com que la igualtat no és certa, $x = -3$ no és solució de l'equació.

b. $\sqrt{19 + (-3)} - 5 = 2 + (-3) \Rightarrow \sqrt{16} - 5 = 2 - 3 \Rightarrow$

$\Rightarrow 4 - 5 = 2 - 3 \Rightarrow -1 = -1$

Així, doncs, $x = -3$ sí que és solució de l'equació.

2 EQUACIONS DE PRIMER GRAU AMB UNA INCÒGNITA

Una equació de primer grau amb una incògnita és la que té una expressió general de la forma **ax + b = 0**, en què a i b, **coeficients** de l'equació, són nombres coneguts.

Així, per exemple, l'equació $5x - 2 = 2 \cdot (x - 4)$ és una equació de primer grau amb una incògnita. Quan se'n redueixen els termes, s'obté l'equació $3x + 6 = 0$, la forma de la qual coincideix amb l'expressió general $ax + b = 0$.

Per resoldre una equació de primer grau amb una incògnita, s'aïlla la incògnita en un dels membres de l'equació, aplicant les regles de transposició.

Vegem per mitjà d'un exemple quins són els passos que cal seguir per resoldre una equació de primer grau:

Procediment	Exemple: $3x + 2 - 5x = 10 - 6x$
1 Es transposen els termes, aplicant la regla de la suma, i s'agrupen en un membre tots els que tenen la incògnita i, en l'altre, tots els termes independents.	$3x\ \boxed{+2} - 5x = 10\ \boxed{-6x}$ $3x - 5x\ \boxed{+6x} = 10\ \boxed{-2}$
2 Es redueixen els termes semblants.	$4x = 8$
3 S'aïlla la incògnita, aplicant la regla del producte, i es redueix.	$\frac{4x}{\boxed{4}} = \frac{8}{\boxed{4}} \Rightarrow x = \frac{8}{4} = 2$
4 Es comprova la solució, substituint la incògnita pel valor obtingut.	$3x + 2 - 5x = 10 - 6x \Rightarrow$ $\Rightarrow 3 \cdot 2 + 2 - 5 \cdot 2 = 10 - 6 \cdot 2 \Rightarrow -2 = -2$

Activitat resolta

Indica el nombre de solucions d'aquestes equacions:

a. $-2x + 3 - x = 5 - 3x$ **b.** $6 - 5x - 4 = 2 - 3x - 2x$

a. Es transposen termes i es redueixen els que són semblants:

$$-2x + 3 - x = 5 - 3x \Rightarrow -2x - x + 3x = 5 - 3 \Rightarrow 0x = 2 \Rightarrow 0 = 2$$

Com que $0 \neq 2$, no hi ha cap valor de la incògnita, x, que faci que l'equació sigui certa; per tant, l'equació no té solució.

b. Es transposen termes i es redueixen els que són semblants:

$$6 - 5x - 4 = 2 - 3x - 2x \Rightarrow -5x + 3x + 2x = 2 - 6 + 4 \Rightarrow 0x = 0 \Rightarrow 0 = 0$$

Com que 0 és igual a 0 per a qualsevol valor de la incògnita, x, l'equació és sempre certa; per tant, l'equació té infinites solucions.

Recorda

Si, quan es redueixen els termes de l'equació, s'obté una igualtat del tipus:

- $0x = 0$, aleshores l'equació té **infinites solucions**.
- $0x = b$, en què $b \neq 0$, aleshores l'equació **no té solució**.

2.1 EQUACIONS AMB PARÈNTESIS

Per resoldre una equació de primer grau amb parèntesis, cal seguir aquests passos:

1. S'eliminen els parèntesis, conservant el signe dels termes que hi havia inclosos si el parèntesi està precedit pel signe «+» o canviant el signe de tots els termes en el cas que el parèntesi estigui precedit pel signe «–».
2. Si el parèntesi està precedit per un nombre, s'elimina el parèntesi aplicant la propietat distributiva del producte respecte de la suma o la resta.
3. Es transposen els termes, de manera que tots els que contenen la incògnita estiguin agrupats en un dels membres, i els termes independents, en l'altre.
4. Es redueixen els termes semblants.
5. S'aïlla la incògnita.
6. Es comprova la solució, substituint el valor obtingut en l'equació inicial.

Activitat resolta

Resol l'equació amb parèntesis següent: $-3 \cdot (3x - 1) = -8x + 5 \cdot (x + 3)$.

1, **2** i **3** En primer lloc, es multipliquen els nombres que precedeixen els parèntesis, –3 i 5, per cada terme que hi estigui inclòs. Tot seguit, es transposen i s'agrupen els termes semblants:

$$(-3) \cdot 3x - (-3) \cdot 1 = -8x + 5x + 5 \cdot 3$$
$$-9x + 3 = -8x + 5x + 15 \Rightarrow -9x + 8x - 5x = 15 - 3$$

4 i **5** Es redueixen els termes semblants i s'aïlla la incògnita:

$$-6x = 12 \Rightarrow x = \frac{12}{-6} = -2$$

6 Es comprova la solució:

$$-3 \cdot [3 \cdot (-2) - 1] = -8 \cdot (-2) + 5 \cdot (-2 + 3) \Rightarrow 21 = 21$$

2.2 EQUACIONS AMB DENOMINADORS

Per resoldre-les, cal seguir aquests passos:

1. S'eliminen els denominadors. Per fer-ho, es calcula el m. c. m. dels denominadors, que serà el denominador comú de tots els termes de l'equació. Es divideix el m. c. m. entre cada denominador i es multiplica pel numerador corresponent.
2. S'eliminen els parèntesis.
3. Es transposen els termes.
4. Es redueixen els termes semblants.
5. S'aïlla la incògnita.
6. Es comprova la solució.

Activitat resolta

Resol aquesta equació: $x - \frac{x}{2} = 1 - \frac{2 - 3x}{5}$.

1 S'eliminen els denominadors. Per fer-ho, es calcula el m. c. m. dels denominadors: m. c. m. (2, 5) = 10

$$\frac{10 \cdot x}{10} - \frac{5 \cdot x}{10} = \frac{10 \cdot 1}{10} - \frac{2 \cdot (2 - 3x)}{10} \Rightarrow$$
$$\Rightarrow 10x - 5x = 10 - 2 \cdot (2 - 3x)$$

2 S'eliminen els parèntesis: $10x - 5x = 10 - 4 + 6x$

3, **4** i **5** Es transposen termes, es redueixen els que siguin semblants i s'aïlla la incògnita:

$$10x - 5x - 6x = 10 - 4 \Rightarrow -x = 6 \Rightarrow x = -6$$

6 Es comprova la solució:

$$-6 - \frac{(-6)}{2} = 1 - \frac{2 - 3 \cdot (-6)}{5} \Rightarrow -6 + 3 = 1 - 4 \Rightarrow -3 = -3$$

PROPIETAT DELS PRODUCTES ENCREUATS

De vegades, quan l'equació és una igualtat de dues fraccions, no cal resoldre-la reduint les fraccions a comú denominador per, després, eliminar els denominadors. En lloc d'això, es pot aplicar la propietat dels productes encreuats per tal de suprimir els denominadors.

La **propietat dels productes encreuats** estableix que el producte dels mitjans és igual al producte dels extrems, és a dir, la multiplicació del numerador de la primera fracció pel denominador de la segona equival al producte del denominador de la primera fracció pel numerador de la segona.

$$\frac{a}{b} = \frac{c}{d} \Rightarrow a \cdot d = b \cdot c$$

en què *a* i *d* són els **extrems**, i *b* i *c*, els **mitjans**.

Activitat resolta

Resol les equacions següents:

a. $\frac{2x-1}{5} = \frac{x+4}{3}$

b. $\frac{4 \cdot (x-3)}{9} - 2 = \frac{x}{6}$

a. **1** Per resoldre la igualtat, es recorre a la propietat dels productes encreuats, multiplicant en creu els termes:

$$3 \cdot (2x-1) = 5 \cdot (x+4)$$

2 S'eliminen els parèntesis:

$$6x - 3 = 5x + 20$$

3, **4** i **5** Es transposen termes i es redueixen els que són semblants, i així s'aïlla la incògnita:

$$6x - 5x = 20 + 3 \Rightarrow x = 23$$

6 Es comprova la solució:

$$\frac{2 \cdot 23 - 1}{5} = \frac{23+4}{3} \Rightarrow \frac{45}{5} = \frac{27}{3} \Rightarrow 9 = 9$$

Per tant, la solució és $x = 23$.

b. **1** S'eliminen els denominadors, i per fer-ho es calcula el m. c. m. dels denominadors: m. c. m. (9, 6) = 18

$$\frac{2 \cdot 4 \cdot (x-3)}{18} - \frac{18 \cdot 2}{18} = \frac{3 \cdot x}{18} \Rightarrow 8 \cdot (x-3) - 36 = 3x$$

2 S'eliminen els parèntesis:

$$8x - 24 - 36 = 3x$$

3, **4** i **5** Es transposen termes, es redueixen els semblants i s'aïlla la incògnita:

$$8x - 3x = 36 + 24 \Rightarrow 5x = 60 \Rightarrow x = 12$$

6 Es comprova la solució:

$$\frac{4 \cdot (12-3)}{9} - 2 = \frac{12}{6} \Rightarrow 4 - 2 = 2 \Rightarrow 2 = 2$$

Per tant, la solució és $x = 12$.

Crea el teu dòmino triangular d'equacions

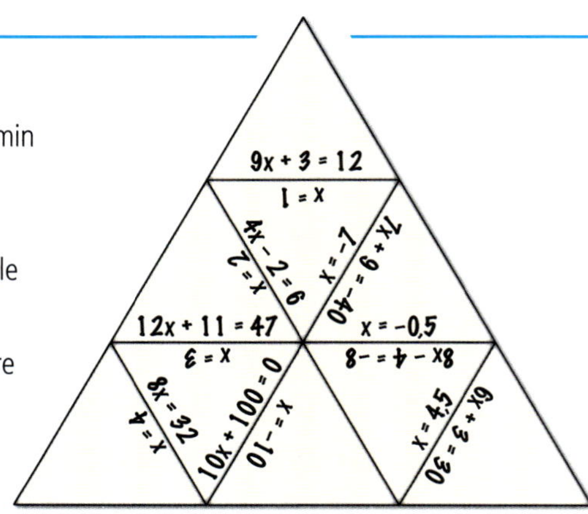

Retalla 9 triangles equilàters idèntics en una cartolina i col·loca'ls de tal manera que formin entre tots un altre triangle equilàter, com en la figura del marge.

Escriu als costats interns dels triangles una equació de primer grau, que pot incloure parèntesis o denominadors. La solució de l'equació ha d'estar escrita al costat del triangle contigu al primer.

Una vegada completat, intercanvia el teu triangle amb el teu company i competiu a veure qui reconstrueix abans correctament el dòmino d'equacions. Que guanyi el millor!

Ara, entre el teu company i tu busqueu totes les equacions equivalents que tingueu i inventeu una altra equació equivalent a cadascuna.

3 RESOLUCIÓ DE PROBLEMES MITJANÇANT EQUACIONS DE PRIMER GRAU

L'aplicació més important de les equacions de primer grau amb una incògnita és la resolució de problemes de la vida quotidiana, aritmètics i geomètrics, que es poden expressar en llenguatge algebraic. Vegem-ne un exemple:

Procediment	Exemple
1 Es llegeix amb atenció l'enunciat i s'identifiquen les dades conegudes del problema.	A una festa familiar hi han assistit la meitat d'homes que de dones, mentre que el nombre d'infants era el triple que el resultant de restar-ne dos al de dones. Si en total hi han anat 57 persones, quantes dones, homes i infants han assistit a la festa? Dades conegudes: • El total de persones és 57. • El nombre d'homes és la meitat que el de dones. • El nombre d'infants és el triple que el que resulta de restar-ne dos al de dones.
2 S'identifica la incògnita entre les dades desconegudes i s'expressa l'enunciat de manera algebraica. Si només hi ha una dada desconeguda, aquesta dada serà la incògnita.	S'identifiquen les dades desconegudes; assignem la x al nombre de dones: • Nombre de dones: x La resta del problema s'expressa algebraicament: • Nombre d'homes: $\frac{x}{2}$ • Nombre d'infants: $3 \cdot (x - 2)$
3 Es planteja l'equació que relaciona les dades conegudes amb les desconegudes.	Nre. de dones + Nre. d'homes + Nre. de nens = 57 $x + \frac{x}{2} + 3 \cdot (x - 2) = 57$
4 Es resol l'equació.	$\frac{2x}{2} + \frac{x}{2} + \frac{6 \cdot (x-2)}{2} = \frac{114}{2}$ $2x + x + 6x - 12 = 114 \Rightarrow 2x + x + 6x = 114 + 12$ $9x = 126 \Rightarrow x = \frac{126}{9} = 14$
5 S'interpreta la solució obtinguda en el context del problema.	• Nombre de dones: $x = 14$ • Nombre d'homes: $\frac{x}{2} = \frac{14}{2} = 7$ • Nombre d'infants: $3 \cdot (x - 2) = 3 \cdot (14 - 2) = 36$
6 Es comprova la solució.	En total han assistit a la festa $14 + 7 + 36 = 57$ persones; per tant, la solució és correcta.

Activitats resoltes

1 Calcula un nombre que, sumat a la seva tercera part menys el seu doble, sigui 30.

1 i **2** S'identifiquen les dades conegudes i les desconegudes, i s'assigna la x al nombre desconegut.

3, **4** i **5** Es planteja i es resol l'equació, tenint en compte que:

$$\boxed{\text{Nombre}} + \boxed{\text{Tercera part del nombre}} - \boxed{\text{Doble del nombre}} = 30$$

$$x + \frac{x}{3} - 2x = 30 \Rightarrow \frac{3x}{3} + \frac{x}{3} - \frac{6x}{3} = \frac{90}{3} \Rightarrow$$

$$\Rightarrow 3x + x - 6x = 90 \Rightarrow -2x = 90 \Rightarrow x = \frac{90}{-2} = -45$$

Així, doncs, el nombre que buscàvem és –45.

6 Es comprova la solució obtinguda:

$$-45 + \left(\frac{-45}{3}\right) - 2 \cdot (-45) = 30 \Rightarrow$$

$$\Rightarrow -45 - 15 + 90 = 30 \Rightarrow 30 = 30$$

En conseqüència, la solució és correcta.

2 La Paula és vint-i-sis anys més jove que el seu pare. D'aquí a 9 anys, l'edat del pare serà el triple que la de la Paula. Quants anys tenen la Paula i el seu pare?

1 i **2** S'identifiquen les dades conegudes i les desconegudes, i es trien les incògnites.

En aquest cas anomenem x l'edat actual del pare:

	Edat actual	Edat d'aquí a 9 anys
Pare	x	$x + 9$
Paula	$x - 26$	$(x - 26) + 9$

3 Es planteja l'equació, tenint en compte que:

$$\boxed{\text{Edat del pare d'aquí a 9 anys}} = 3 \cdot \boxed{\text{Edat de la Paula d'aquí a 9 anys}}$$

$$x + 9 = 3 \cdot (x - 26 + 9)$$

4 Es resol l'equació plantejada:

$$x + 9 = 3 \cdot (x - 17) \Rightarrow x + 9 = 3x - 51 \Rightarrow$$

$$\Rightarrow x - 3x = -51 - 9 \Rightarrow -2x = -60 \Rightarrow x = \frac{-60}{-2} = 30$$

5 S'interpreta aquesta solució i es conclou que el pare té 30 anys, i la Paula, 30 – 26 = 4 anys.

6 Es comprova la solució:

$$30 + 9 = 3 \cdot (30 - 17) \Rightarrow 39 = 3 \cdot 13 \Rightarrow 39 = 39$$

3 Calcula els costats d'un triangle isòsceles de 33 cm de perímetre, el costat desigual del qual excedeix de 5 cm el doble de cadascun dels altres costats.

1 i **2** S'identifiquen les dades conegudes i desconegudes.

Es designa amb la x els costats que són idèntics, i el costat desigual, amb l'expressió algebraica $2x + 5$.

3 Es planteja l'equació tenint en compte que:

$$\text{Perímetre} = \text{suma dels tres costats}$$

$$33 = x + x + (2x + 5)$$

4 Es resol l'equació:

$$33 = x + x + 2x + 5 \Rightarrow 33 - 5 = x + x + 2x \Rightarrow$$

$$\Rightarrow 28 = 4x \Rightarrow x = 7$$

5 S'interpreta la solució obtinguda.

Cadascun dels costats iguals mesura 7 cm, i el costat desigual mesura: $2x + 5 = 2 \cdot 7 + 5 = 19$ cm.

6 Es comprova la solució.

La suma dels tres costats és: 7 + 7 + 19 = 33.

4 Es vol elaborar una mescla amb dos tipus diferents de cafè, un a 1,60 €/kg i l'altre a 1,90 €/kg. Quants quilos cal barrejar de cada varietat per obtenir 15 kg de mescla a 1,70 €/kg?

1 i **2** S'identifiquen les dades conegudes i les desconegudes. Es confecciona una taula en la qual s'assigna el preu a cada varietat de cafè i a la mescla, ja que són dades conegudes. El que es desconeix és el nombre de quilos de cada tipus. Així, doncs, és possible assignar la x a qualsevol dels dos.

	1r tipus	2n tipus	Mescla
Preu	1,60	1,90	1,70
Nre. quilos	x	$15 - x$	15

3 i **4** Es planteja i es resol l'equació:

$$1{,}60x + 1{,}90 \cdot (15 - x) = 1{,}70 \cdot 15 \Rightarrow$$

$$\Rightarrow 1{,}60x + 28{,}5 - 1{,}90x = 25{,}5 \Rightarrow$$

$$\Rightarrow 1{,}60x - 1{,}90x = 25{,}5 - 28{,}5 \Rightarrow x = 10$$

5 S'interpreta la solució obtinguda.

Cal barrejar $x = 10$ kg del primer tipus de cafè i $15 - x = 15 - 10 = 5$ kg del segon tipus.

6 Es comprova la solució:

$$1{,}60 \cdot 10 + 1{,}90 \cdot 5 = 1{,}70 \cdot 15 \Rightarrow 25{,}50 = 25{,}50$$

Per tant, la solució és correcta.

4 EQUACIONS DE SEGON GRAU AMB UNA INCÒGNITA

Una **equació de segon grau amb una incògnita** és la que té una expressió general de la forma $ax^2 + bx + c = 0$, en què:

- Els coeficients de l'equació, *a*, *b* i *c*, són nombres reals.
- El coeficient de x^2, *a*, ha de ser diferent de zero, $a \neq 0$.

Segons el valor dels coeficients, les equacions de segon grau poden ser:

- **Completes.** Els coeficients són diferents de zero: $b \neq 0$ i $c \neq 0$.
- **Incompletes.** Algun dels coeficients és igual a zero: $b = 0$, $c = 0$, o $b = 0$ i $c = 0$, simultàniament.

Una equació de segon grau pot tenir **dues solucions**, **una** o **cap**.

Activitat resolta

Resol l'equació $(x + 3) \cdot (x - 5) = 0$.

Per resoldre aquest tipus d'equacions, no cal efectuar la multiplicació. En lloc d'això, es pot aplicar la propietat següent: «Si el producte de dos nombres és zero, almenys un dels dos és zero»:

$$(x+3)\cdot(x-5)=0 \Rightarrow$$
$$\Rightarrow \begin{cases} x+3=0 \Rightarrow x=-3 \\ x-5=0 \Rightarrow x=5 \end{cases}$$

4.1 RESOLUCIÓ D'EQUACIONS DE SEGON GRAU INCOMPLETES

Vegem com es resol cadascun dels tres tipus d'equacions incompletes:

Si $b = 0$ i $c = 0 \Rightarrow ax^2 = 0$

Aquestes equacions es resolen aïllant la incògnita. Totes tenen com a única solució (doble) $x = 0$.

$$ax^2 = 0 \Rightarrow x^2 = \frac{0}{a} \Rightarrow x^2 = 0 \Rightarrow$$
$$\Rightarrow x = \pm\sqrt{0} = 0$$

Si $b = 0 \Rightarrow ax^2 + c = 0$

Aquestes equacions es resolen aïllant la incògnita. Poden tenir dues solucions o no tenir-ne cap.

$$ax^2 + c = 0 \Rightarrow ax^2 = -c \Rightarrow$$
$$\Rightarrow x^2 = \frac{-c}{a} \Rightarrow \begin{cases} x_1 = \sqrt{\frac{-c}{a}} \\ x_2 = -\sqrt{\frac{-c}{a}} \end{cases}$$

Si $c = 0 \Rightarrow ax^2 + bx = 0$

Aquestes equacions es resolen traient factor comú a *x* i igualant a zero cadascun dels factors. Totes tenen dues solucions, una de les quals és $x = 0$.

$$ax^2 + bx = 0 \Rightarrow x \cdot (ax + b) = 0 \Rightarrow$$
$$\Rightarrow \begin{cases} x_1 = 0 \\ ax + b = 0 \Rightarrow x_2 = \frac{-b}{a} \end{cases}$$

Activitat resolta

Resol les equacions següents:

a. $3x^2 - 12 = 0$

b. $-7x^2 + 3x = 0$

a. Per resoldre aquesta equació, es transposen els termes i se'n calculen les solucions:

$$3x^2 - 12 = 0 \Rightarrow 3x^2 = 12 \Rightarrow x^2 = \frac{12}{3} = 4 \Rightarrow$$
$$\Rightarrow x = \pm\sqrt{4} \Rightarrow \begin{cases} x_1 = \sqrt{4} = 2 \\ x_2 = -\sqrt{4} = -2 \end{cases}$$

Les solucions són $x_1 = 2$ i $x_2 = -2$.

b. En primer lloc, es treu factor comú i s'iguala cada terme a 0. Tot seguit, es resol:

$$-7x^2 + 3x = 0 \Rightarrow x \cdot (-7x + 3) = 0 \Rightarrow$$
$$\Rightarrow \begin{cases} x_1 = 0 \\ -7x + 3 = 0 \Rightarrow x_2 = \frac{3}{7} \end{cases}$$

Les solucions són $x_1 = 0$ i $x_2 = \frac{3}{7}$.

4.2 RESOLUCIÓ D'EQUACIONS DE SEGON GRAU COMPLETES

Per resoldre una equació de segon grau completa, $ax^2 + bx + c = 0$, s'aplica l'expressió general següent:

$$x = \frac{-b \pm \sqrt{b^2 - 4ac}}{2a}$$

A partir d'aquesta expressió, s'obtenen les solucions, x_1 i x_2:

$$x_1 = \frac{-b + \sqrt{b^2 - 4ac}}{2a} \text{ i } x_2 = \frac{-b - \sqrt{b^2 - 4ac}}{2a}$$

L'expressió inclosa dins de l'arrel, $b^2 - 4ac$, s'anomena **discriminant** i es designa mitjançant el símbol Δ. El signe del resultat que s'obtingui quan s'opera indica el nombre de solucions de l'equació:

$\Delta = b^2 - 4ac > 0$	$\Delta = b^2 - 4ac = 0$	$\Delta = b^2 - 4ac < 0$
L'equació té dues solucions diferents.	L'equació presenta una solució (doble).	L'equació no té solució real.

Activitats resoltes

1 Resol les equacions de segon grau següents:

a. $x^2 - 6x + 9 = 0$ **b.** $5x^2 - 2x + 7 = 0$

a. S'identifiquen els coeficients: a = 1, b = −6 i c = 9.

Se substitueixen els coeficients en l'expressió següent:

$$x = \frac{-b \pm \sqrt{b^2 - 4ac}}{2a}$$

$$x = \frac{-(-6) \pm \sqrt{(-6)^2 - 4 \cdot 1 \cdot 9}}{2} = \frac{6 \pm \sqrt{36 - 36}}{2} = \frac{6}{2} = 3$$

Com que només s'obté una solució, l'equació té una solució doble, que és $x = 3$.

b. S'assenyalen els coeficients: a = 5, b = −2 i c = 7.

S'utilitzen aquests coeficients per resoldre l'expressió general:

$$x = \frac{-(-2) \pm \sqrt{(-2)^2 - 4 \cdot 5 \cdot 7}}{2 \cdot 5} = \frac{2 \pm \sqrt{4 - 140}}{10} =$$

$$= \frac{2 \pm \sqrt{-136}}{10}$$

L'arrel $\sqrt{-136}$ no existeix, perquè és l'arrel quadrada d'un nombre negatiu; en conseqüència, l'equació no té solució real.

2 Resol aquesta equació de segon grau amb parèntesis i denominadors: $\frac{x^2}{3} - \frac{5 \cdot (1 - 3x)}{4} = 2x + 7$.

1 S'eliminen els denominadors, i per tal de fer-ho es calcula el m. c. m. dels denominadors: m. c. m. (3, 4) = 12.

$$\frac{4 \cdot x^2}{12} - \frac{3 \cdot 5 \cdot (1 - 3x)}{12} = \frac{12 \cdot (2x + 7)}{12}$$

$$4 \cdot x^2 - 15 \cdot (1 - 3x) = 12 \cdot (2x + 7)$$

2 S'eliminen els parèntesis:

$$4x^2 - 15 + 45x = 24x + 84$$

3 Es transposen tots els termes al primer membre de l'equació i es redueixen els semblants:

$$4x^2 - 15 + 45x - 24x - 84 = 0 \Rightarrow 4x^2 + 21x - 99 = 0$$

4 Es resol l'equació de segon grau completa:

$$x = \frac{-21 \pm \sqrt{21^2 - 4 \cdot 4 \cdot (-99)}}{2 \cdot 4} = \frac{-21 \pm \sqrt{441 + 1584}}{8} =$$

$$= \frac{-21 \pm \sqrt{2025}}{8} = \frac{-21 \pm 45}{8} \Rightarrow x_1 = 3; x_2 = \frac{-33}{4}$$

Per tant, les solucions són $x = 3$ i $x = \frac{-33}{4}$.

Activitat resolta

Determina el nombre de solucions d'aquestes equacions sense resoldre-les:

a. $x^2 + 6x - 7 = 0$ **b.** $4x^2 - 12x + 9 = 0$ **c.** $-3x^2 + 4x - 8 = 0$

a. S'identifiquen els coeficients, a = 1, b = 6 i c = –7, i es calcula el discriminant:

$$\Delta = 6^2 - 4 \cdot 1 \cdot (-7) = 36 + 28 = 64 > 0$$

Com que $\Delta > 0$, l'equació té dues solucions diferents.

b. Es determinen els coeficients, a = 4, b = –12 i c = 9, i es calcula el discriminant:

$$\Delta = (-12)^2 - 4 \cdot 4 \cdot 9 = 144 - 144 = 0$$

Com que es compleix que $\Delta = 0$, l'equació té una única solució doble.

c. S'indiquen els coeficients, a = –3, b = 4 i c = –8, i es calcula el discriminant:

$$\Delta = 4^2 - 4 \cdot (-3) \cdot (-8) = 16 - 96 = -80 < 0$$

Com que $\Delta < 0$, l'equació no té solució real.

Organitzar i estudiar les possibilitats

Calcula, sense resoldre-la, les solucions de l'equació $x^2 - x - 6 = 0$.

- El coeficient del monomi de grau 2 és 1; per tant, les solucions de l'equació x_1 i x_2 compleixen que:

$$x_1 + x_2 = -b$$
$$x_1 \cdot x_2 = c$$

Consegüentment: $x_1 + x_2 = 1$ i $x_1 \cdot x_2 = -6$.

- Com que $x_1 \cdot x_2 = -6$, hi ha quatre possibilitats:

$x_1 = 1; x_2 = -6$ $x_1 = 2; x_2 = -3$

$x_1 = -1; x_2 = 6$ $x_1 = -2; x_2 = 3$

- S'estudia cada possibilitat. Per fer-ho, se substitueixen els valors de x_1 i x_2 en l'expressió $x_1 + x_2 = 1$.

$x_1 = 1; x_2 = -6 \Rightarrow x_1 + x_2 = 1 - 6 = -5 \neq 1$. No és vàlida.

$x_1 = -1; x_2 = 6 \Rightarrow x_1 + x_2 = -1 + 6 = 5 \neq 1$. No és vàlida.

$x_1 = 2; x_2 = -3 \Rightarrow x_1 + x_2 = 2 - 3 = -1 \neq 1$. No és vàlida.

$x_1 = -2; x_2 = 3 \Rightarrow x_1 + x_2 = -2 + 3 = 1 = 1$. Sí que és vàlida.

Per tant, les solucions de l'equació són $x_1 = -2$ i $x_2 = 3$.

- Es comproven les solucions utilitzant l'expressió general.

Els coeficients són a = 1, b = –1 i c = –6. Així, doncs:

$$x = \frac{-(-1) \pm \sqrt{(-1)^2 - 4 \cdot 1 \cdot (-6)}}{2 \cdot 1} = \frac{1 \pm \sqrt{25}}{2} = \frac{1 \pm 5}{2} \Rightarrow \begin{cases} x_1 = \dfrac{1+5}{2} = 3 \\ x_2 = \dfrac{1-5}{2} = -2 \end{cases}$$

Queda comprovat que les solucions són $x_1 = -2$ i $x_2 = 3$.

Les solucions de l'equació $x^2 + bx + c = 0$ compleixen que:

- $x_1 + x_2 = -b$
- $x_1 \cdot x_2 = c$

Si les solucions de l'equació $x^2 + bx + c = 0$ són x_1 i x_2, l'equació es pot expressar així:

$$(x - x_1) \cdot (x - x_2) = 0$$

Activitat resolta

Determina una equació de segon grau amb coeficient a = 1 que tingui com a solucions $x_1 = -4$ i $x_2 = 1$.

Com que a = 1, l'equació de segon grau es pot expressar així:

$$(x - x_1) \cdot (x - x_2) = 0$$

Se substitueixen les solucions x_1 i x_2 pels seus valors i s'opera:

$$[x - (-4)] \cdot (x - 1) = 0 \Rightarrow$$
$$\Rightarrow (x + 4) \cdot (x - 1) = 0 \Rightarrow$$
$$\Rightarrow x^2 - x + 4x - 4 = 0 \Rightarrow$$
$$\Rightarrow x^2 + 3x - 4 = 0$$

Per tant, l'equació és $x^2 + 3x - 4 = 0$.

5 RESOLUCIÓ DE PROBLEMES MITJANÇANT EQUACIONS DE SEGON GRAU

El procediment per resoldre problemes amb equacions de segon grau és el mateix que s'aplica amb les equacions de primer grau.

Recordem els passos que cal seguir:

1. S'identifiquen les dades conegudes del problema.
2. Es determinen les dades desconegudes i s'expressen algebraicament.
3. Es planteja l'equació que relaciona les dades conegudes i les desconegudes.
4. Es resol l'equació.
5. S'interpreta el resultat obtingut en el context del problema.
6. Es comprova la solució.

Activitats resoltes

1 El producte d'un nombre natural augmentat 5 unitats pel mateix nombre disminuït 2 unitats és igual a 12 vegades aquest nombre. Calcula'n el valor.

1 S'identifiquen les dades conegudes:

Un nombre augmentat 5 unitats; el nombre disminuït 2 unitats i 12 vegades aquest nombre.

2 Es determinen les dades desconegudes.

En aquest cas només hi ha una dada desconeguda, que és el nombre natural al qual s'assigna la incògnita x.

3 Es planteja l'equació:

Un nombre augmentat 5 unitats · el mateix nombre disminuït 2 unitats = 12 vegades aquest nombre.

Per tant, l'equació és: $(x + 5) \cdot (x - 2) = 12x$

4 Es resol l'equació:

$$(x + 5) \cdot (x - 2) = 12x \Rightarrow x^2 - 2x + 5x - 10 = 12x \Rightarrow$$
$$\Rightarrow x^2 - 9x - 10 = 0 \Rightarrow$$
$$\Rightarrow x = \frac{-(-9) \pm \sqrt{(-9)^2 - 4 \cdot 1 \cdot (-10)}}{2 \cdot 1} =$$
$$= \frac{9 \pm \sqrt{121}}{2} = \frac{9 \pm 11}{2} \Rightarrow x_1 = 10;\ x_2 = -1$$

5 S'interpreta el resultat obtingut.

El valor $x = -1$ no és una solució vàlida, perquè -1 no és un nombre natural.

La solució és $x = 10$.

6 Es comprova la solució:

$$(10 + 5) \cdot (10 - 2) = 12 \cdot 10 \Rightarrow 120 = 120$$

2 L'àrea d'un rombe les diagonals del qual mesuren $(x + 5)$ cm i $(x + 1)$ cm, respectivament, és de 96 cm². Esbrina la mesura de les dues diagonals.

1 S'identifiquen les dades conegudes:

L'àrea del rombe és de 96 cm².

2 Es determinen les dades desconegudes.

En aquest cas hi ha dues dades desconegudes, que són les diagonals del rombe: $D = (x + 5)$ cm i $d = (x + 1)$ cm.

3 Es planteja l'equació:

$$A = \frac{D \cdot d}{2} \Rightarrow 96 = \frac{(x + 5) \cdot (x + 1)}{2}$$

4 Es resol l'equació:

$$(x + 5) \cdot (x + 1) = 192 \Rightarrow x^2 + x + 5x + 5 = 192 \Rightarrow$$
$$\Rightarrow x^2 + 6x - 187 = 0 \Rightarrow$$
$$\Rightarrow x = \frac{-6 \pm \sqrt{6^2 - 4 \cdot 1 \cdot (-187)}}{2 \cdot 1} = \frac{-6 \pm 28}{2} \Rightarrow$$
$$\Rightarrow x_1 = 11;\ x_2 = -17$$

5 S'interpreta el resultat obtingut.

El valor $x = -17$ no és una solució vàlida, perquè les diagonals serien longituds negatives. La solució és $x = 11$; per tant, les diagonals mesuren:

$$D = 11 + 5 = 16 \text{ cm i } d = 11 + 1 = 12 \text{ cm}$$

6 Es comprova la solució:

$$96 = \frac{(11+5) \cdot (11+1)}{2} \Rightarrow 96 = \frac{16 \cdot 12}{2} \Rightarrow 96 = 96$$

6 SISTEMES DE DUES EQUACIONS LINEALS AMB DUES INCÒGNITES

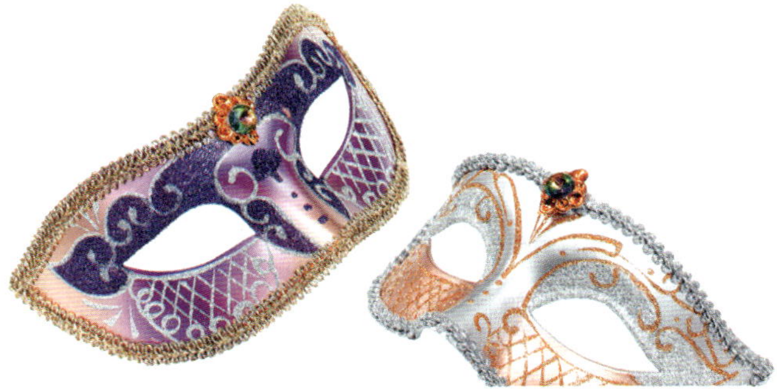

Una equació de primer grau amb dues incògnites és una equació lineal que té una expressió general de la forma $ax + by = c$, en què *a*, *b* i *c* són nombres reals.

La solució d'una equació lineal és un parell de valors, (x , y), que fan certa la igualtat. Aquestes equacions tenen infinites solucions.

Un sistema de dues equacions lineals es representa de la manera següent:

$$\begin{cases} ax + by = c \\ a'x + b'y = c' \end{cases}$$

en què a i a′ són els coeficients de *x*; b i b′, els coeficients de *y*, i c i c′, els termes independents.

Nombre de solucions

Un sistema de dues equacions lineals pot tenir:

- **Una solució.** Els coeficients compleixen que:

$$\frac{a}{a'} \neq \frac{b}{b'}$$

- **Infinites solucions.** Els coeficients verifiquen que:

$$\frac{a}{a'} = \frac{b}{b'} = \frac{c}{c'}$$

- **Cap solució.** Els coeficients compleixen que:

$$\frac{a}{a'} = \frac{b}{b'} \neq \frac{c}{c'}$$

6.1 RESOLUCIÓ DE SISTEMES DE DUES EQUACIONS LINEALS AMB DUES INCÒGNITES

MÈTODE DE SUBSTITUCIÓ

Vegem el mètode de substitució en la resolució d'aquest exemple: $\begin{cases} 3x - 5y = 21 \\ 2x + y = 1 \end{cases}$

Procediment	Exemple
1 S'aïlla una de les incògnites en una de les equacions.	S'aïlla la incògnita *y* de la segona equació: $y = -2x + 1$
2 Se substitueix l'expressió de la incògnita aïllada en l'altra equació.	Se substitueix l'expressió de *y* en la primera equació: $3x - 5 \cdot (-2x + 1) = 21$
3 Es resol l'equació resultant, que només té una incògnita.	$3x + 10x - 5 = 21 \Rightarrow 3x + 10x = 21 + 5$ $13x = 26 \Rightarrow x = \frac{26}{13} = 2$
4 El valor obtingut de la incògnita se substitueix en l'expressió algebraica aïllada, i així es calcula el valor de l'altra incògnita.	$y = -2x + 1 \Rightarrow$ $\Rightarrow y = -2 \cdot 2 + 1 = -4 + 1 = -3$
5 Es comprova la solució.	Se substitueixen els valors $(x , y) = (2 , -3)$ en les dues equacions: $\begin{cases} 3x - 5y = 21 \Rightarrow 3 \cdot 2 - 5 \cdot (-3) = 21 \Rightarrow 6 + 15 = 21 \\ 2x + y = 1 \Rightarrow 2 \cdot 2 + (-3) = 1 \Rightarrow 4 - 3 = 1 \end{cases}$

MÈTODE D'IGUALACIÓ

Mitjançant un altre exemple, $\begin{cases} x+3y=-13 \\ 5x-2y=3 \end{cases}$, abordarem ara el procediment per resoldre un sistema d'equacions pel mètode d'igualació.

Procediment	Exemple
1 S'aïlla la mateixa incògnita en les dues equacions.	S'aïlla la incògnita x de les dues equacions: $x=-3y-13 \qquad x=\dfrac{3+2y}{5}$
2 S'igualen les dues expressions aïllades.	$-3y-13=\dfrac{3+2y}{5}$
3 Es resol l'equació resultant.	$\dfrac{5\cdot(-3y-13)}{5}=\dfrac{3+2y}{5}$ $5\cdot(-3y-13)=3+2y \Rightarrow -15y-65=3+2y \Rightarrow$ $\Rightarrow -15y-2y=3+65 \Rightarrow -17y=68 \Rightarrow y=-4$
4 El valor obtingut de la incògnita se substitueix en qualsevol de les dues expressions aïllades.	$x=-3y-13 \Rightarrow x=-3\cdot(-4)-13=-1$
5 Es comprova la solució.	Se substitueixen els valors $(x, y)=(-1, -4)$ en les dues equacions: $\begin{cases} x+3y=-13 \Rightarrow -1+3\cdot(-4)=-13 \Rightarrow -1-12=-13 \\ 5x-2y=3 \Rightarrow 5\cdot(-1)-2\cdot(-4)=3 \Rightarrow -5+8=3 \end{cases}$

MÈTODE DE REDUCCIÓ

Ara exposarem el procediment per resoldre un sistema d'equacions pel mètode de reducció mitjançant l'exemple següent: $\begin{cases} 2x-7y=-4 \\ 3x-5y=5 \end{cases}$

Procediment	Exemple
1 Es multipliquen les equacions pels nombres necessaris per aconseguir que els coeficients d'una de les dues incògnites siguin iguals, però de signe contrari.	$\begin{cases} 2x-7y=-4 \xrightarrow{\cdot 3} \\ 3x-5y=5 \xrightarrow{\cdot(-2)} \end{cases} \begin{cases} 6x-21y=-12 \\ -6x+10y=-10 \end{cases}$
2 Se sumen les dues equacions i s'aïlla la incògnita.	$\begin{cases} \cancel{6x}-21y=-12 \\ -\cancel{6x}+10y=-10 \end{cases}$ $-11y=-22 \Rightarrow y=2$
3 El valor obtingut de la incògnita se substitueix en qualsevol de les dues equacions inicials.	$2x-7y=-4 \Rightarrow 2x-7\cdot2=-4 \Rightarrow 2x=-4+14 \Rightarrow x=5$
4 Es comprova la solució.	Se substitueixen els valors $(x, y)=(5, 2)$ en les dues equacions: $\begin{cases} 2x-7y=-4 \Rightarrow 2\cdot5-7\cdot2=-4 \Rightarrow 10-14=-4 \\ 3x-5y=5 \Rightarrow 3\cdot5-5\cdot2=5 \Rightarrow 15-10=5 \end{cases}$

7 RESOLUCIÓ DE PROBLEMES MITJANÇANT SISTEMES D'EQUACIONS LINEALS

El procediment de resolució de problemes amb sistemes d'equacions lineals és anàleg al mètode que es fa servir per a les equacions.

Per resoldre problemes mitjançant sistemes d'equacions se segueixen aquests passos:

1 S'identifiquen, d'una banda, les dades conegudes, i, de l'altra, les dues incògnites entre els valors desconeguts, i s'assenyala la relació que hi ha entre les unes i les altres.

2 Es planteja el sistema d'equacions.

3 Es resol el sistema d'equacions pel mètode més adequat.

4 S'interpreta el resultat en el context del problema.

5 Es comprova la solució.

Activitat resolta

En una granja australiana hi ha 250 animals entre cangurs i estruços. Si en total sumen 700 potes, quants cangurs i estruços hi ha?

1 S'identifiquen les incògnites i les dades conegudes.

Se sap que el nombre total d'animals és 250 i que el nombre de potes és 700.

Es confirma que hi ha dues dades desconegudes: el nombre de cangurs i el d'estruços.

Nre. de cangurs: x Nre. d'estruços: y

2 Es planteja el sistema d'equacions:

- El nombre total d'animals és 250 $\Rightarrow x + y = 250$.
- El nombre total de potes és 700. Se sap, d'altra banda, que els cangurs tenen 4 potes, mentre que els estruços en tenen 2.

  Així doncs, el nombre de potes és 700, és a dir, $4x + 2y = 700$.

El sistema que s'obté és el següent: $\begin{cases} x + y = 250 \\ 4x + 2y = 700 \end{cases}$

3 Es resol el sistema d'equacions pel mètode de substitució. S'aïlla la x en la primera expressió i el resultat se substitueix en la segona:

$$x = 250 - y \Rightarrow 4 \cdot (250 - y) + 2y = 700 \Rightarrow 1\,000 - 4y + 2y = 700 \Rightarrow$$

$$\Rightarrow -4y + 2y = 700 - 1\,000 \Rightarrow -2y = -300 \Rightarrow y = 150$$

Se substitueix el valor de y en l'expressió:

$$x = 250 - y \Rightarrow x = 250 - 150 = 100$$

4 S'interpreta el resultat: a la granja hi ha 100 cangurs i 150 estruços.

5 Es comprova la solució:

$$\begin{cases} x + y = 250 \Rightarrow 100 + 150 = 250 \Rightarrow 250 = 250 \\ 4x + 2y = 700 \Rightarrow 4 \cdot 100 + 2 \cdot 150 = 700 \Rightarrow 400 + 300 = 700 \end{cases}$$

ACTIVI TATS

07 EQUACIONS I SISTEMES D'EQUACIONS

1 Equacions

1 Expressa com a equacions els enunciats següents:

a. La diferència d'un nombre i el seu doble és 27.

b. La suma de dos nombres consecutius és 24.

c. La tercera part d'un nombre més el seu triple és 40.

d. El producte d'un nombre pel que el segueix és 306.

e. El quàdruple d'un nombre és 6 unitats superior a aquest nombre.

f. El quocient de dos nombres és igual al producte d'aquests nombres.

2 Escriu una equació que expressi les informacions següents:

a. L'àrea d'un quadrat és de 50 cm².

b. Dos bolígrafs i cinc llapis valen 8 €.

c. El perímetre d'un rectangle és 54 cm.

d. La Laia té 100 € entre monedes d'1 € i de 2 €.

e. L'edat del Marc i la de la seva mare sumen mig segle.

f. El 20 % de descompte d'un ordinador són 150 €.

3 Determina, per a les equacions següents, els membres, els termes, les incògnites i el grau:

a. $4x + 3 = -1 + 2x$

b. $x^2 + 5x = 9$

c. $6x - 2y = 3$

d. $x + 3y^2 = 2 + 5y$

e. $-2xyz + 3x - y = 0$

f. $8 = xy^4 - 4$

4 Classifica aquestes equacions segons el grau i segons el nombre d'incògnites:

a. $x - 3 = 7x$

b. $6x - 8y = 1$

c. $4x^2 - 5y^2 = 2$

d. $-3x^2 = 6x$

e. $x^3 - 3x^2 + 7x - 1 = 0$

f. $5x + y^2 = -2$

5 Dels valors següents, quins són solució de l'equació $x^2 + 2x - 3 = 0$?

a. $x = 2$

b. $x = 3$

c. $x = -3$

d. $x = -1$

e. $x = 1$

f. $x = -4$

g. $x = 0$

h. $x = -2$

6 Indica si $x = 2$ és solució d'aquestes equacions:

a. $3x^2 - 4x = 4$

b. $6 \cdot (x + 3) - 20 = 0$

c. $\sqrt{5x - 1} = 3$

d. $\frac{x + 5}{7} = 1 + 3x$

7 Escriu al teu quadern una equació equivalent a cadascuna de les següents:

a. $3x - 8 = 7$

b. $-4x - 1 = 3x + 6$

c. $4 \cdot (x + 1) = 12$

8 Calcula mentalment les solucions d'aquestes equacions:

a. $x + 3 = 7$
b. $x^2 = 4$
c. $(x + 1)^2 = 25$
d. $\sqrt{x} = 5$
e. $\frac{x-3}{7} = -2$
f. $x^x = 27$
g. $x \cdot (x + 2) = 15$
h. $2^x = 32$
i. $\sqrt{x-5} = 2$
j. $\frac{4}{x} = x$

9 Determina la solució de les equacions següents, transposant termes, i indica quines equacions són equivalents:

a. $x + 3 = 1$
b. $\frac{x}{2} = -1$
c. $4 = x + 3$
d. $-9 = -3x$
e. $-1 + x = -2$
f. $0{,}3x = 3$
g. $4x = 3x - 2$
h. $\frac{x}{3} = \frac{1}{2}$

10 Escriu una equació que compleixi, en cada cas, les condicions següents:

a. És de grau 1 amb una incògnita i compatible determinada.
b. És de primer grau i té infinites solucions.
c. És de grau 2 i incompatible.
d. És de primer grau i incompatible.

2 Equacions de primer grau amb una incògnita

11 Resol les equacions següents:

a. $3x - 6 = 2x + 1$
b. $-x + 7 = 4x - 3$
c. $4x + 5 = 3x - 6$
d. $-2x - 5 = x - 3x$
e. $7x = 2x + 5x$
f. $1 - 2x = 1 + 6x$

12 Calcula la solució de les equacions proposades.

a. $-5 + 2x - 4x + 6 = 3x - 4$
b. $-x - 4 + 8 + 2x = 5x + 4$
c. $-2x + 1 + x = 8 + 6x$
d. $x + 4x - 1 + 8 - 5x = 7 - 2x + 6$
e. $-x + 4 - 5x + 3 - 7 = 2 - 6x + 1$
f. $8 + 7x - 2 - 3x - x = 5 + 2x - 9 + x + 10$

13 Determina les solucions d'aquestes equacions:

a. $2x - 10 = 4 \cdot (x - 3)$
b. $-5 \cdot (2 - 4x) + 15 = 0$
c. $7 \cdot (2x - 3) = 5 \cdot (x + 3)$
d. $-4 \cdot (2x - 1) + 5 = 3x - 6 \cdot (x - 2)$

14 Resol les equacions amb parèntesis següents:

a. $-4 + (3x - 1) = 8x$
b. $3x - (5 - 6x) = 7 - x$
c. $-1 + (x - 4) = 7 - (9 + 5x)$
d. $6 - x + 3 \cdot (4 + 5x) = x - (7x + 2)$
e. $-(3 - 4x) + 2 \cdot (x - 1) = 6 \cdot (x + 8)$
f. $2 \cdot (3x - 2) - (-5 + x) = -1 + (2 + 5x)$

15 Esbrina la solució d'aquestes equacions:

a. $\frac{x+1}{5} = \frac{x-2}{2}$
b. $\frac{2x-1}{3} = \frac{7x+3}{4}$
c. $\frac{-x+5}{2} = \frac{-6x}{7}$
d. $\frac{9x+1}{6} = \frac{5}{3}$

16 Resol aquestes equacions amb denominadors:

a. $4 - \frac{5x}{2} = x - 3$
b. $\frac{x}{3} + 5 = \frac{2x}{3} - 1$
c. $x - \frac{5}{3} = \frac{2x}{4} + 1$
d. $\frac{2x}{9} + 4 = \frac{x}{3} - 1 - \frac{x}{9}$
e. $10 - x = \frac{7x}{6} + \frac{1}{4}$
f. $\frac{3x}{2} - \frac{4x}{5} + \frac{x}{6} = 0$

17 ➕ Calcula la solució de les equacions següents:

a. $\frac{x-6}{4} + 3 = \frac{x}{10}$
b. $2 + \frac{3x-6}{6} = \frac{5x}{8} - 1$
c. $\frac{4x+5}{9} = 3 - \frac{x+11}{6}$
d. $\frac{2x}{3} - \frac{x+1}{2} = 1$
e. $\frac{2x+3}{6} + 1 = \frac{x-2}{3}$
f. $1 - \frac{2x+5}{7} = -x + \frac{3-x}{2}$
g. $\frac{x+4}{6} + \frac{3-5x}{5} = \frac{x-1}{4}$
h. $\frac{4x-3}{5} + \frac{1}{2} = \frac{x+2}{4}$

18 ➕➕ Determina la solució de les equacions proposades.

a. $2 \cdot \left(x - \frac{1}{5}\right) - 4x - 1 = \frac{x}{3}$
b. $\frac{2 \cdot (4x+3)}{5} = \frac{3x}{2} - \frac{2x+1}{3}$
c. $\frac{-1}{2} \cdot \left(x - \frac{2}{3}\right) = 4x + \frac{1-x}{3}$
d. $-3 \cdot (x - 5) = \frac{3 \cdot (x-2)}{2}$
e. $\frac{2 \cdot (x-3)}{9} = \frac{5 \cdot (x+1)}{6}$
f. $4 \cdot \left(\frac{2x}{3} + \frac{5}{2}\right) - 3 = \frac{7x}{6}$

3 Resolució de problemes mitjançant equacions de primer grau

19 La suma d'un nombre més la seva meitat més el seu doble és 175. Calcula aquest nombre.

20 Esbrina el nombre enter que, sumat al que el segueix, dona 395.

21 Tres amics, l'Àlex, el Pol i la Júlia, volen comprar un videojoc. Amb aquesta finalitat decideixen ajuntar els seus estalvis. El Pol té 5 € més que l'Àlex, i la Júlia, 8 € més que l'Àlex. Si entre tots tres sumen 58 €, quants diners té estalviats cadascú?

22 Determina els costats d'un rectangle de 60 dm de perímetre, la base del qual mesura 8 dm més que l'altura.

23 Tres amics reparteixen propaganda. El primer s'encarrega de 4 paquets; el segon, de 5, i el tercer, de 6. Quants diners corresponen a cadascun si en total han cobrat 300 €?

24 La suma de tres nombres naturals consecutius és 228. Esbrina aquests nombres.

25 La Martina ha comprat 3 kg de taronges, 2 kg de pomes i 1 kg de peres per 6 €. Si el quilo de pomes costa 0,20 € més que el quilo de taronges, i el quilo de peres, 0,60 € més que el quilo de pomes, quin és el preu del quilo de cada tipus de fruita?

26 Esbrina el valor dels tres angles d'un triangle, tenint en compte que el gran mesura 30° més que el mitjà, i aquest, 15° més que el petit.

27 En un sorteig es repartiran 18 000 € entre els tres guanyadors, de manera que el primer en rebi el triple que el segon, i el segon, el doble que el tercer. Quants diners obtindrà cada agraciat?

28 En una bossa hi ha 25 boles, entre vermelles i verdes. Si el nombre de boles vermelles és dos terços del de boles verdes, quantes n'hi ha de cada color?

29 El Pau va escriure ahir la cinquena part de les línies d'una redacció per a la classe de català i avui n'ha escrit la tercera part. Si encara li falten per completar 28 línies, de quantes línies constarà la seva redacció?

30 El matemàtic grec Diofant d'Alexandria va dedicar una part de la seva vida a la resolució de problemes algebraics. De l'epitafi de la seva tomba es pot deduir a quina edat va morir. Quants anys va viure?

> *Caminant! En aquesta tomba reposen les restes de Diofant.*
>
> *Quan acabis de llegir aquest text, podràs saber la durada de la seva vida.*
>
> *La infantesa va ocupar la sisena part de la seva vida.*
>
> *Després va transcórrer una dotzena part de la seva vida fins que la seva galta es va cobrir de borrissol.*
>
> *A partir d'aquí, va passar la setena part de la seva existència fins a contraure matrimoni.*
>
> *Va passar un quinquenni i el va fer feliç el naixement del seu primogènit.*
>
> *El seu fill va morir quan tenia la meitat dels anys que el seu pare va arribar a viure.*
>
> *Després de quatre anys de pena profunda per la mort del seu fill, Diofant va morir.*
>
> *Digues-me, caminant, quants anys va viure Diofant.*

31 Si la Carla omplís el dipòsit de gasolina del seu cotxe amb 10 L més, tindria el triple de gasolina que si n'extragués 30 L. Quina és la capacitat del dipòsit?

32 L'edat de l'Arnau és el doble que la de la seva cosina, la Maria. Fa 5 anys, la suma de les seves edats era 23. Quants anys tenen actualment?

33 La Lucía té 10 € més que el seu germà, l'Èric. Avui, el seu pare ha donat 5 € a cadascun, i ara la Lucía té el doble de diners que el seu germà. De quants diners disposaven tots dos germans ahir?

34 En un triatló olímpic de 51,5 km, cada atleta recorre amb bicicleta el quàdruple de quilòmetres que corrent. Si nedant cobreix els $\frac{3}{20}$ de la distància que fa corrent, de quants quilòmetres consta el trajecte que fa corrent, amb bicicleta i nedant?

35 En un supermercat, el preu d'un flam és 0,30 € més car que el d'una crema catalana, mentre que la crema és 0,40 € més cara que un iogurt. Si la Sara ha comprat un iogurt, un flam i una crema i ha pagat 1,70 €, quant val cada producte?

36 + En un examen de matemàtiques, la meitat dels alumnes va treure una nota superior a 8, i les dues cinquenes parts de la resta van obtenir entre 5 i 8. Si van suspendre 9 alumnes, quants se'n van presentar a l'examen?

37 ⊞ El preu de la barra de pa ha pujat 0,10 €. Si cinc barres valien ahir el mateix que quatre avui, quin és el preu actual de la barra de pa?

38 ⊞ La Clàudia s'ha llegit el primer dia $\frac{1}{3}$ de les pàgines d'un llibre; el segon dia, $\frac{2}{5}$, i el tercer dia, $\frac{1}{2}$ del que li quedava per llegir. Si encara li falten 30 pàgines per acabar-se'l, quantes pàgines té el llibre?

39 ⊞⊞ Es disposa de dues classes de blat per fer farina: la classe A, que val 18 ct. el quilo, i la classe B, que val 24 ct. Si es pretén fabricar 300 kg de farina a 22 ct. el quilo, quants quilos de cada varietat calen?

40 ⊞⊞ Troba el valor de ♣, ♦, ♥ i ♠, sabent que:

♣ + ♦ + ♥ = 16

♣ − ♦ = ♥ − ♠

♣ + ♠ = 10

♦ − ♥ = 0

4 Equacions de segon grau amb una incògnita

41 Calcula la solució d'aquestes equacions:

a. $x^2 - 1 = 0$
b. $2x^2 + 3x = 0$
c. $5x^2 + 20 = 0$
d. $-3x^2 - 6x = 0$
e. $4x^2 = 100$
f. $0 = 4 - 9x^2$
g. $x^2 = -5x$
h. $x \cdot (2x - 7) = 0$

42 Obtingues les solucions de les equacions.

a. $x^2 + x - 6 = 0$
b. $3x^2 + 7x + 5 = 0$
c. $3x^2 + 8x - 3 = 0$
d. $x^2 + 8x + 16 = 0$
e. $10x^2 - 9x + 2 = 0$
f. $-x^2 + 4x - 4 = 0$
g. $-4x^2 + 13x - 3 = 0$
h. $25x^2 - 20x + 4 = 0$

43 Esbrina el nombre de solucions de les equacions següents sense resoldre-les:

a. $x^2 + 2x - 3 = 0$
b. $5x^2 - 4x + 1 = 0$
c. $-x^2 + 6x - 9 = 0$
d. $-4x^2 + x + 7 = 0$

44 Determina les solucions d'aquestes equacions sense fer-ne prèviament les multiplicacions:

a. $x \cdot (x + 2) = 0$
b. $(x + 4) \cdot (x - 3) = 0$
c. $(3x - 6) \cdot (2x + 8) = 0$
d. $\left(x + \frac{1}{4}\right) \cdot (5x - 2) = 0$

45 Resol les equacions amb parèntesis següents:

a. $x \cdot (x + 1) = 5x$
b. $(x - 3)^2 = 5 - 2x$
c. $x \cdot (x + 5) = -7$
d. $3 \cdot (x + 2)^2 = 0$
e. $(x + 2) \cdot (x - 1) = 4$
f. $x \cdot (4x + 5) = 2x \cdot (x - 3)$

46 Indica si les equacions següents són de primer o de segon grau i, tot seguit, calcula'n les solucions en cada cas:

a. $x \cdot (x - 2) = x^2 + 4$
b. $3x \cdot (x + 1) = -2 \cdot (1 + x)$
c. $(x + 3)^2 = (x - 3)^2$
d. $\frac{15x^2 + 18x - 1}{3} = \frac{3x \cdot (x + 4)}{2}$

47 ⊞⊞ Resol les equacions amb denominadors següents:

a. $\frac{x^2 - 1}{2} = \frac{4x}{3}$
b. $\frac{2x^2 - 2}{10} = \frac{3x - 1}{5}$
c. $\frac{x}{3} - 2 = \frac{x^2 - x}{4}$
d. $\frac{x \cdot (2x + 3)}{5} - 1 = 0$
e. $3x + \frac{4x - 3}{7} = \frac{x^2}{4} + 12$
f. $3 \cdot \left(\frac{x}{4} + 1\right) = 1 - \frac{x^2}{16}$

5 Resolució de problemes mitjançant equacions de segon grau

48 La suma del quadrat de dos nombres positius consecutius és 113. Quins són aquests nombres?

49 El producte de la quarta part d'un nombre per les seves dues cinquenes parts és 40. De quin nombre es tracta?

50 L'àrea d'un triangle equilàter de $(x - 3)$ cm de costat i $(x + 3)$ cm d'altura és 8 cm^2. Quant mesuren el costat i l'altura?

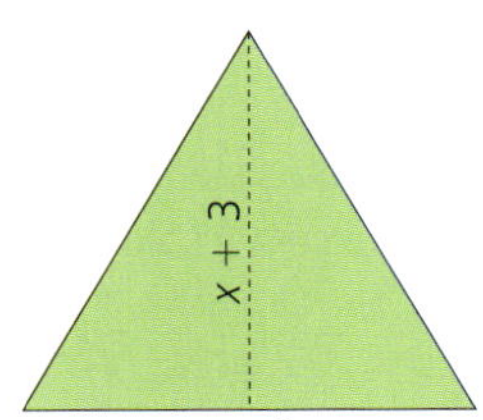

51 Comprova que, per a qualsevol nombre, si se suma 16 al producte d'aquest nombre disminuït de 4 unitats pel mateix nombre augmentat de 4 unitats, s'obté el quadrat del nombre en qüestió. Intenta justificar-ho.

52 El producte de dos nombres consecutius és 210. Quins són aquests nombres?

53 Esbrina les dimensions d'un rectangle que té una àrea de 21 cm^2 si la base mesura 4 cm més que l'altura.

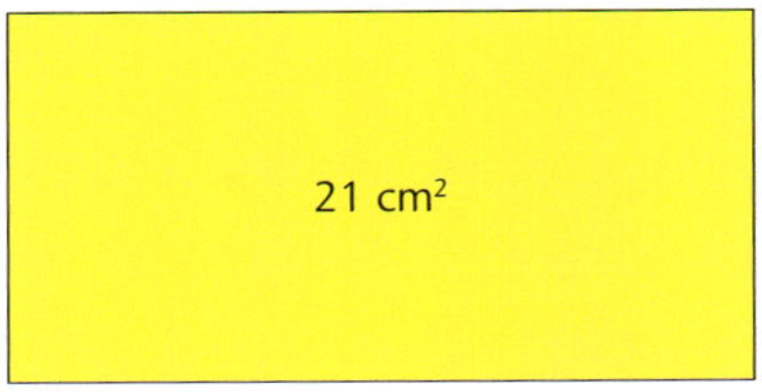

54 Si del producte d'un nombre natural pel que el segueix se'n resta 182, s'obté el doble del nombre més petit dels dos. Calcula aquests nombres.

55 Existeix algun nombre tal que el doble del seu quadrat sigui igual al triple del nombre que l'antecedeix? Justifica la resposta.

56 La diagonal d'un rectangle mesura 10 dm. Calcula'n les dimensions, sabent que la base mesura 2 dm més que l'altura.

Nota: fes servir el teorema de Pitàgores.

57 L'àrea d'un rombe és de 25 cm^2. Determina la mida de les diagonals, sabent que la diagonal gran mesura 5 cm més que la petita.

58 Calcula el radi d'un cercle sabent que l'àrea es fa nou vegades més gran si aquest radi s'augmenta 6 cm.

6 Sistemes de dues equacions lineals amb dues incògnites

59 Comprova si el parell (–1 , 3) és solució d'algun dels sistemes següents:

a. $\begin{cases} 4x + 3y = -1 \\ x - y = 4 \end{cases}$

b. $\begin{cases} -2x + y = 1 \\ 5x + 2y = 1 \end{cases}$

c. $\begin{cases} \dfrac{x}{2} - \dfrac{y}{3} = -1 \\ -3x + 4y = 7 \end{cases}$

d. $\begin{cases} 6x - (y + 2) = -11 \\ 2 \cdot (x - 4) + 3 \cdot (y - 1) = -4 \end{cases}$

60 Troba, en cada cas, un sistema d'equacions lineals amb dues incògnites que tingui com a solució:

a. (2 , –4)

b. (–1 , 0)

c. (3 , 2)

d. (–1 , 5)

61 Calcula pel mètode de substitució la solució dels sistemes proposats.

a. $\begin{cases} 4x - 3y = -2 \\ x + 5y = 11 \end{cases}$

b. $\begin{cases} -2x - y = 3 \\ 4x + 2y = 1 \end{cases}$

c. $\begin{cases} -3x + 7y = 2 \\ 6x - 3y = -15 \end{cases}$

d. $\begin{cases} y = 2x - 1 \\ 2x - 3y = 0 \end{cases}$

e. $\begin{cases} 5x + 2y = 7 \\ -3x + 4y = 1 \end{cases}$

f. $\begin{cases} 5x - 2 = 3y \\ -6y - 4 = -10x \end{cases}$

62 Resol pel mètode d'igualació.

a. $\begin{cases} x - 2y = -1 \\ x + 3y = 14 \end{cases}$

b. $\begin{cases} -6x + 5y = 10 \\ -3x + y = 2 \end{cases}$

c. $\begin{cases} 3x = 4y + 1 \\ -8y = -6x \end{cases}$

d. $\begin{cases} 3x - 2y = 4 \\ 9x - 6y = 12 \end{cases}$

e. $\begin{cases} 5x + y = 2 \\ -10x - y = -3 \end{cases}$

f. $\begin{cases} -4x + 3y = 1 \\ 8x - 6y = 3 \end{cases}$

63 Resol pel mètode de reducció.

a. $\begin{cases} 6x - 4y = 4 \\ -2x + 4y = 0 \end{cases}$

b. $\begin{cases} 3x + 5y = -6 \\ 3x + 7y = -12 \end{cases}$

c. $\begin{cases} -5x + 3y = 6 \\ 2x - 4y = -8 \end{cases}$

d. $\begin{cases} 3x - y = 11 \\ 6x + 5y = 8 \end{cases}$

e. $\begin{cases} 5x - 4y = 5 \\ x = 2y + 1 \end{cases}$

f. $\begin{cases} y = 3x - 4 \\ y = -2x + 7 \end{cases}$

64 Resol el sistema $\begin{cases} 5x - 3y = 1 \\ -10x + 6y = -2 \end{cases}$. Quantes solucions té?

Fixa't en els coeficients de les incògnites *x* i *y* i en els termes independents. Hi ha alguna relació entre els uns i els altres?

65 Aplica el mètode més convenient per resoldre els sistemes següents:

a. $\begin{cases} \dfrac{3x}{4} = \dfrac{y}{5} \\ \dfrac{5x}{3} - \dfrac{8y}{6} = 0 \end{cases}$

b. $\begin{cases} \dfrac{x}{2} - \dfrac{y}{3} = 1 \\ \dfrac{5x - 3}{3} = y + 2 \end{cases}$

c. $\begin{cases} \dfrac{x + 3}{5} - \dfrac{y + 1}{2} = 1 \\ \dfrac{x - 4}{6} = \dfrac{2 + y}{3} \end{cases}$

d. $\begin{cases} \dfrac{x + 2}{5} = \dfrac{y - 1}{4} \\ \dfrac{2x - 1}{4} = \dfrac{-y + 3}{6} \end{cases}$

66 Aplica el mètode més adequat per calcular la solució d'aquests sistemes:

a. $\begin{cases} 3 \cdot (x + 2) = 2 \cdot (3y - 1) \\ x + 5y = 4 \cdot (x + y) - 2 \end{cases}$

b. $\begin{cases} 3 \cdot (x - 1) + 2 \cdot (y - 4) = 0 \\ 2x - 4y = 2 \end{cases}$

c. $\begin{cases} -4 \cdot (2x + 1) = 2 \cdot (1 - y) \\ 5 \cdot (x - 3) = -(y + 3) \end{cases}$

d. $\begin{cases} 1{,}4x - 2{,}8y = 1 \\ 0{,}2x - 0{,}4y = 3 \end{cases}$

7 Resolució de problemes mitjançant sistemes d'equacions lineals

67 La suma de dos nombres és 75, i la diferència, 19. Esbrina quins són aquests nombres.

68 Troba dos nombres tals que la suma de la tercera part del primer més la quarta part del segon sigui igual a 12, mentre que la sisena part del primer coincideixi amb la vuitena part del segon.

69 Per reformar la cuina de casa seva, la setmana passada la Berta va comprar 3 caixes de rajoles per al terra i 4 de rajoles per a la paret per 200 €. Avui ha adquirit 2 caixes més de rajoles per al terra i 2 de rajoles per a la paret per 130 €. Quin és el preu de la caixa de rajoles per al terra i per a la paret?

70 Un agricultor disposa de 60 m^2 de terreny per plantar-hi tomàquets i cogombres. Si planta el doble de tomàquets que de cogombres menys 6 m^2, quants metres quadrats ha plantat de cada vegetal?

71 Un hotel disposa de 90 habitacions, entre dobles i senzilles, amb un total de 130 llits. Quantes habitacions de cada tipus té?

72 Es vol tancar una finca rectangular els costats de la qual difereixen 20 m. Si el perímetre de la finca és de 1 000 m, quines en són les dimensions?

73 El Biel porta 7 monedes de 10 ct. i 20 ct. per comprar el pa. Si la barra li ha costat 1,20 € i ha pagat amb els diners que duia, quantes monedes de cada tipus tenia?

74 Per pintar un quadre, l'Alba ha adquirit 2 pinzells i 3 pintures al tremp per 12 €. Per acabar-lo, ha hagut de comprar 4 pinzells i 2 pintures més per 16 €. Quant li han costat cada pinzell i cada pintura?

75 Una granja disposa de 300 animals entre ovelles i vaques. Cada vaca consumeix diàriament 20 kg de pinso, i cada ovella, 2 kg. Si cada dia calen 3 660 kg de pinso, quantes vaques i ovelles hi ha a la granja?

76 El Martí té el triple de cosins que la seva amiga Ariadna. Si el Martí tingués 5 cosins menys i l'Eva 5 més, tots dos tindrien el mateix nombre de cosins. Determina quants cosins tenen el Martí i l'Eva.

77 En un supermercat, un refresc val 0,30 € més que una ampolla d'aigua. Si el David i els seus amics han pagat 3,70 € per 5 refrescos i 6 ampolles d'aigua, quant costa cadascun d'aquests articles?

78 ✚ L'Aina té 15 anys més que el seu veí, el Jan. D'aquí a 2 anys, l'edat de la Marta serà el quàdruple que la del Jan; quines edats tenen actualment tots dos?

79 ✚✚ El 70 % dels alumnes d'un institut fan anglès, i la resta està matriculada a francès. En canvi, l'any passat, només el 20 % dels alumnes feia anglès, mentre que la resta anava a classe de francès. Si entre els dos anys, 203 alumnes han fet classe d'anglès, i 287, de francès, quants alumnes estaven matriculats a l'institut durant els dos anys?

80 ✚✚ En un concurs de triples, per cada cistella donen 5 punts, mentre que per cada llançament errat resten 3 punts. Si la Noa ha llançat 12 vegades i ha obtingut 28 punts, quants triples ha encistellat?

81 ✚✚ Per fer una mescla de cacau, es disposa de dues varietats, A i B, a 2,50 €/kg i 3 €/kg, respectivament. Si es vol elaborar una mescla de 250 kg a un preu de 2,82 €/kg, quants quilos de cada tipus de cacau s'han de barrejar?

82 El perímetre d'un triangle isòsceles és de 40 m. Si el costat desigual mesura la meitat que els costats iguals, quant mesura cadascun?

83 En una pastisseria, la Jana ha comprat 3 magdalenes i 4 ensaïmades per esmorzar per 5 €, i 2 magdalenes i 6 ensaïmades per berenar per 6 €. Quin preu té cada magdalena i cada ensaïmada?

84 Es vol fer una barreja d'oli d'oliva a 2,80 €/L i oli de gira-sol a 1,20 €/L. Si en total es pretén elaborar una mescla de 80 L a un preu de 2,20 €/L, quants litres de cada tipus d'oli cal posar-hi?

TREBALLEM LES COMPETÈNCIES

EL PES

El pes d'un cos és la força d'atracció amb la qual un planeta atrau aquest cos, mentre que la massa és la quantitat de matèria que té, independentment del valor de la gravetat en aquell planeta. El pes es mesura en newtons (N), i la massa, en grams (g).

El pes d'un cos es calcula a partir d'una fórmula que deriva de la segona llei de Newton:

$$p = m \cdot g$$

on *m* és la massa del cos i *g*, el valor de l'acceleració de la gravetat, que varia en funció de la massa del cos que atreu i de la distància. Així, a la superfície de la Terra, el valor és de 9,8 N/kg.

1 Calcula el pes d'un astronauta de 70 kg al nostre planeta.

2 Si el valor de la gravetat lunar és una sisena part de la gravetat terrestre, calcula el pes que tindria el mateix astronauta a la Lluna.

3 A partir de la taula següent, calcula el pes de l'astronauta en els diferents planetes del Sistema Solar.

Mercuri	Venus	Mart	Júpiter	Saturn	Urà	Neptú
$g_{Me} = 0{,}37$ g	$g_{Ve} = 0{,}88$ g	$g_{Ma} = 0{,}38$ g	$g_{Ju} = 2{,}64$ g	$g_{Sa} = 1{,}15$ g	$g_{Ur} = 1{,}17$ g	$g_{Ne} = 1{,}18$ g

4 On deu ser més fàcil saltar, a la Terra, a Mart o a Júpiter? Raona'n la resposta.

COTXE DE LLOGUER

Quatre amics han llogat un cotxe en una agència que els cobra 35 € pel lloguer i 0,30 € per cada quilòmetre recorregut.

1 Quin és el preu total que han de pagar si recorren un total de 320 quilòmetres?

2 Escriu la fórmula que proporciona el preu total que s'ha de pagar en funció dels quilòmetres recorreguts.

3 Quants quilòmetres van recórrer si van pagar 101 €?

CICLISME

El metge ha recomanat al Daniel que vagi amb bicicleta. Suggereix que comenci fent alguns quilòmetres i que cada dia augmenti la distància inicial una quantitat de quilòmetres igual al doble de dies que hi hagi anat, així fins que faci 16 quilòmetres.

1 El Daniel fa 8 km el primer dia. Quants dies passen fins que recorri el que ha recomanat el metge?

2 El metge recomana aturar l'entrenament per fer noves proves mèdiques després de sobrepassar els 100 km diaris. Quants dies entrenarà el Daniel abans de fer-se les noves proves?

DOS PROBLEMES CLÀSSICS

1 La cinquena part d'un eixam d'abelles xucla el nèctar de flors de farigola; la tercera part, de flors de romaní; el triple de la diferència entre aquests dos nombres se situa a sobre de flors de lavanda, i una abella s'ha quedat sola, a l'aire, atreta pel perfum d'un gessamí. Quantes abelles hi ha a l'eixam?

2 Els reis d'una dinastia xinesa van tenir només nou noms diferents entre tots. La tercera part del total d'aquests reis va portar el primer d'aquests noms; la quarta part, el segon; la vuitena part dels reis, el tercer, i, la dotzena part, el quart. Cadascun dels noms restants els va portar un únic rei. Quants reis va tenir la dinastia?

EL SUPERMERCAT

En una de les caixes d'un supermercat hi ha 1 140 € repartits en bitllets de 5, 10, 20 i 50 €. L'encarregat del supermercat sap el següent:

- Hi ha el doble de bitllets de 5 € que de 10 €.
- N'hi ha la mateixa quantitat de 10 € que de 20 €.
- De 20 € hi ha sis bitllets més que de 50 €.

1 Quants bitllets de cada classe hi ha a la caixa?

EL FORMATGE

Un fabricant de formatge ha barrejat una quantitat de llet de vaca, a 0,50 €/litre, amb una altra quantitat de llet d'ovella, a 0,80 €/litre. Així obté 300 litres de mescla, a un preu mitjà de 0,70 €/litre.

1 Quants litres de cada tipus de llet ha de barrejar?

LES CIRERES

Un fruiter posa a la venda 80 kg de cireres. Al cap d'uns dies n'ha venut la major part, però considera que la fruita que li queda no està en bones condicions i la retira. Per cada quilogram venut ha guanyat 1 €, mentre que per cada quilogram retirat ha perdut 2 €.

1 Calcula quina quantitat de cireres ha hagut de retirar, si ha guanyat 56 €.

APLIQUEM LES TIC

EQUACIONS I SISTEMES D'EQUACIONS AMB WIRIS

El programa Wiris permet resoldre equacions —de primer i segon grau amb una incògnita— i sistemes d'equacions lineals.

RESOLUCIÓ D'EQUACIONS

Per tal de resoldre equacions de primer i segon grau, se selecciona en el menú [Operacions] l'opció [resol equació]. Tot seguit, s'escriuen els dos membres de l'equació. Per fer-ho, cal utilitzar les icones [(□)], [□°] i [□/□], i es prem [=].

Fixa't en el resultat de la pantalla de la figura (A):

- Si l'equació té solucions, apareixen entre claus.
- Si l'equació té infinites solucions, apareix entre claus la incògnita igualada amb si mateixa.
- Si l'equació no té solució, apareix entre claus un espai buit.

A

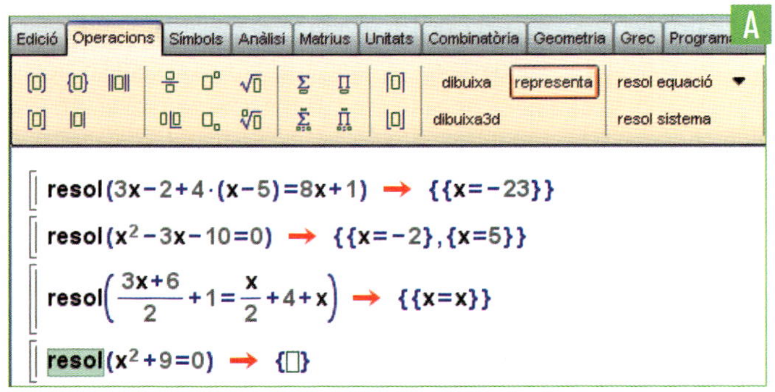

RESOLUCIÓ DE SISTEMES D'EQUACIONS

En aquest cas, per resoldre un sistema d'equacions lineal, se selecciona en el menú [Operacions] l'opció [resol sistema]. Quan ho fem, s'obre una finestra a la pantalla, en la qual s'ha d'escriure el nombre d'equacions (B).

Igual que a l'apartat anterior, s'escriuen les dues equacions del sistema i es prem [=].

En aquest cas també s'informarà a la pantalla sobre si el sistema d'equacions té solució (x, y), infinites solucions o cap, tal com es mostra a la figura (C).

B

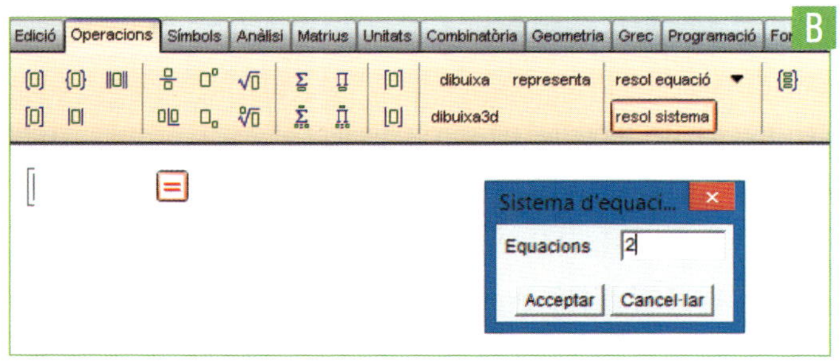

C

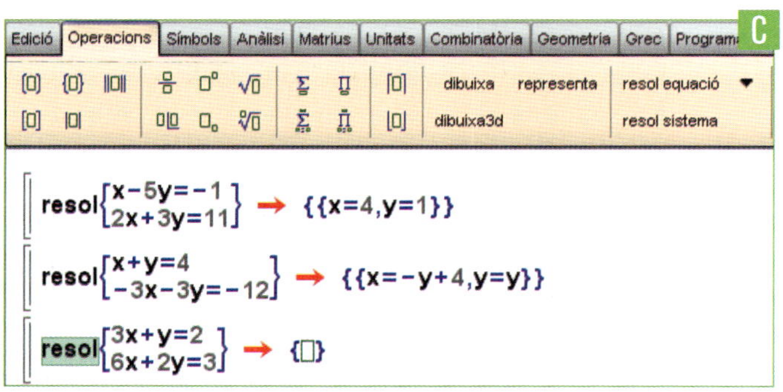

1 Resol les equacions de primer i segon grau següents i comprova'n els resultats amb Wiris:

a. $3x - 8 + 4x = 1 - 2x + 9x - 9$

b. $5 \cdot (2x - 5) + 1 = 6 - 3 \cdot (x - 3)$

c. $\frac{3x}{4} - 2 = x - \frac{1}{6}$

d. $\frac{x+5}{3} + 4x = 7 - \frac{3x-1}{2}$

e. $x^2 - 6x + 8 = 0$

f. $3x^2 + 27 = 0$

g. $-2x^2 + 7x = 0$

h. $8x \cdot (2x - 1) = -1$

2 Resol els sistemes d'equacions següents i comprova'n els resultats amb Wiris:

a. $\begin{cases} 3x + 4y = -2 \\ -2x + y = 5 \end{cases}$

b. $\begin{cases} x - 2y = 5 \\ -2x + 4y = -10 \end{cases}$

c. $\begin{cases} 5x - 3y = -6 \\ 4x + 2y = -18 \end{cases}$

d. $\begin{cases} 2 \cdot (x+3) + 5 = -3 \cdot (4 - y) \\ 4 - \frac{x}{6} = 2 - \frac{y}{4} \end{cases}$

AVALUACIÓ

1 Determina si les igualtats algebraiques següents són identitats o equacions:

a. $10x = 4x + 6x$

b. $3x - 8 = 2x - 4$

c. $2(x - 3) = 2x - 6$

d. $7(-2x + 1) = -9x + 12$

2 Per a quins valors de x la igualtat $x(x - 1) = x^2 + 1$ és correcta?

a. $x = -2$

b. $x = 0$

c. $x = 3$

d. $x = -4$

e. $x = 2$

f. $x = -1$

g. $x = -3$

h. $x = 2$

3 Escriu una equació per a aquests enunciats:

a. El doble d'un nombre és 6.

b. El quàdruple d'un nombre és 20.

c. La meitat d'un nombre és 8.

d. Una tercera part d'un nombre és 4.

e. Una quarta part d'un nombre més 3 és 5.

f. El doble d'un nombre més la seva meitat és 10.

4 Resol les equacions de primer grau següents:

a. $6x - (1 - x) = 4x - 4$

b. $9x - (8 + x + 12) = -x + 7$

c. $x + 3(x - 1) + 4 = 8 - x$

d. $5(2x + 1) + 7(x - 1) = 3x + 12$

5 Troba la solució de les equacions amb denominadors que segueixen:

a. $\frac{x}{2} + \frac{x}{4} + \frac{x}{8} = 14$

b. $8 - \frac{x}{2} = -1 - \frac{4x}{5}$

c. $\frac{x + 1}{4} = \frac{2 - x}{3} + 8x$

d. $\frac{x + 5}{2} + \frac{12 - x}{3} = 7$

6 Resol l'equació amb denominadors i parèntesis següent:

$$\frac{2(x - 1)}{4} - 3\left(\frac{1}{x} + x\right) = \frac{-(4x + 6)}{8} + \frac{x}{2}$$

7 Expressa mitjançant una equació lineal amb dues incògnites els enunciats següents:

a. La suma de dos nombres és 12.

b. El doble d'un nombre menys el triple d'un altre és 8.

c. El preu de 4 kg de pomes i 5 kg de peres és 10,40 €.

d. El perímetre d'un rectangle és de 30 cm.

e. Dos entrepans i 5 refrescos valen 19,50 €.

8 Fes servir el mètode que consideris més apropiat per resoldre els sistemes d'equacions següents:

a. $\begin{cases} x - y = 5 \\ x - 2y = 1 \end{cases}$

b. $\begin{cases} x + - 3y = 4 \\ 2x - 5y = 8 \end{cases}$

c. $\begin{cases} 3x + y = 3 \\ 6x - y = 0 \end{cases}$

d. $\begin{cases} 4x - 5y = 10 \\ 2x + 7y = -4 \end{cases}$

e. $\begin{cases} 5x + 2y = 15 \\ 6x + 2y = 14 \end{cases}$

f. $\begin{cases} 3x + 4y = -2 \\ 2x + 3y = 0 \end{cases}$

9 Troba les solucions dels sistemes amb parèntesis i denominadors següents:

a. $\begin{cases} -2(x + y) = 12 \\ 5(x + 1) - 4(y + 3) = 17 \end{cases}$

b. $\begin{cases} \frac{x}{3} - \frac{y}{2} = -1 \\ 2(3x - y) = 10 \end{cases}$

c. $\begin{cases} \frac{x + y}{5} + \frac{x - y}{3} = 6 \\ -(x - 2y) = 20 \end{cases}$

d. $\begin{cases} \frac{x}{8} - \frac{3y}{2} = -5 \\ \frac{y}{4} + \frac{9x}{3} = 25 \end{cases}$

10 Troba els nombres que compleixen les condicions que s'indiquen a continuació:

a. El doble més el triple d'un nombre sumen 35.

b. El triple d'un nombre menys 12 unitats és igual al doble d'aquest nombre.

11 L'Hugo es gasta 130 € amb 4 samarretes i 2 pantalons. Si els pantalons valen 20 € més que les samarretes, quant ha pagat per cada article?

12 Un atleta de triatló fa la meitat d'un recorregut corrent, una tercera part en bicicleta i una dotzena part nedant. L'últim quilòmetre el fa caminant.

a. Quina distància ha recorregut en total?

b. Quina distància ha recorregut en cada disciplina d'aquesta prova esportiva?

13 Tres germans s'han de repartir 27 cromos. Si el germà gran en rep el doble que el mitjà, i aquest, 5 més que el petit, quants cromos corresponen a cada germà?

14 En un taller mecànic hi ha 10 vehicles, entre motos i cotxes. Si entre tots sumen 28 rodes, calcula quants cotxes i motos hi ha al taller.

15 Expressa en llenguatge algebraic el valor del perímetre d'una roda de bicicleta en funció de la longitud del radi. Després, fes servir l'expressió algebraica per calcular quants metres recorre si té un diàmetre de 54 cm i fa 200 voltes.

08 FUNCIONS. CARACTERÍSTIQUES

LA FELICITAT CONSTANT ÉS LA CURIOSITAT

ALICE MUNRO

PRESENTAR

DEPENDENT O INDEPENDENT

Pertanyeu a un grup de recerca i heu detectat que darrerament hi han ingressat alguns integrants nous que tenen certes dificultats a l'hora de diferenciar les variables dependents de les independents en els experiments que dueu a terme. Per això, heu pensat que podria ser convenient fer una exposició breu però clara en la qual indiqueu la manera de distingir-les fàcilment. Fareu servir els exemples que considereu oportuns i, a continuació, posareu a prova els vostres oïdors. D'aquesta manera tindreu una eina per valorar i decidir si els aspirants estan preparats de debò per integrar-se al grup.

CREAR

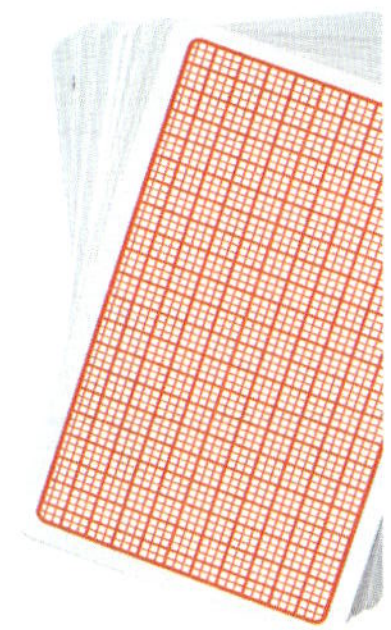

EN FAMÍLIA

Una marca de jocs de taula famosa us ha contractat per dissenyar una baralla de cartes de famílies una miqueta especial. Es tracta de preparar, distribuïts en grup, vint-i-vuit cartes amb quatre famílies de set cartes cadascuna. Cada família ha de seguir un mateix criteri. Per exemple, una família pot ser de dominis, una altra de recorreguts, punts de tall, etc., o bé estar formada per una gràfica, la seva funció, domini, punts de tall, etc. Cada grup ha de triar els criteris amb els quals confeccionarà les famílies. Intercanvieu-vos les baralles amb les d'altres equips de treball i poseu-vos a prova. A veure qui aconsegueix completar abans una família!

CONÈIXER

PREPARATS, LLESTOS, JA!

Per posar a prova el vostre estat de forma, fareu una cursa d'anada i tornada. Al llarg del camí hi haurà diversos companys a distàncies regulars que s'encarregaran de cronometrar el temps que tarda cadascú a passar per aquests punts en les dues ocasions. Després, heu de representar en una gràfica aquest temps. A l'eix vertical s'hi ha de representar la distància des de l'origen del circuit fins al final, de manera que quedin registrats els temps tant d'anada com de tornada. Per això, a cada valor de distància dels punts de registre hi correspondran dos valors de temps. Després d'analitzar les gràfiques, cadascú compararà el seu gràfic amb els de la resta del grup. Hi trobeu diferències?

INVESTIGAR

MENJA SA

L'OMS adverteix que els percentatges d'obesitat continuen augmentant els últims anys. Amb la idea de conscienciar la comunitat educativa sobre la necessitat d'una alimentació sana i equilibrada, heu decidit investigar la composició de diferents aliments. Per fer-ho us ajudareu de taules i gràfiques de nutrients disponibles a internet o al mateix etiquetatge dels aliments. Es tracta d'elaborar gràfiques comparatives entre possibles opcions d'esmorzar per a l'hora del pati segons la seva composició. L'objectiu és que tots acabem sent més conscients del que ingerim. Sereu capaços de contribuir a aquesta campanya de conscienciació?

1 FUNCIONS. VARIABLE DEPENDENT I INDEPENDENT

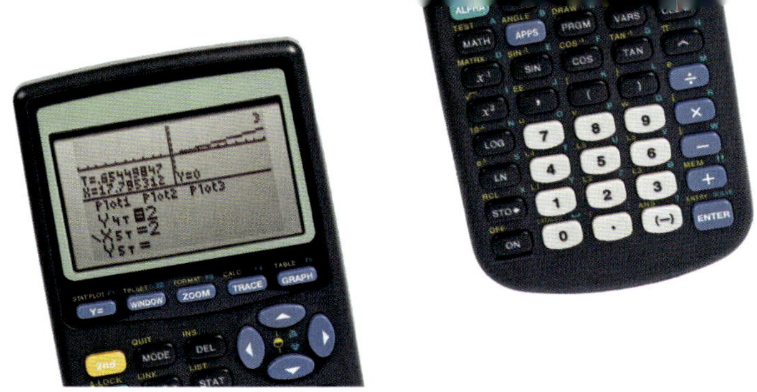

Per representar punts i funcions en el pla, es fa servir un **sistema de coordenades cartesianes**.

1.1 SISTEMA DE COORDENADES CARTESIANES

Les coordenades d'un punt, P, del pla estan determinades per un parell de valors ordenats, (x, y), anomenats *coordenades cartesianes* del punt P, que s'escriu P (x, y).

- La coordenada x, anomenada **abscissa**, es mesura a l'eix horitzontal, X, o **eix d'abscisses**.
- La coordenada y, anomenada **ordenada**, es mesura a l'eix vertical, Y, o **eix d'ordenades**.
- El punt on es tallen els dos eixos de coordenades, O (0 , 0), és l'**origen de coordenades**.

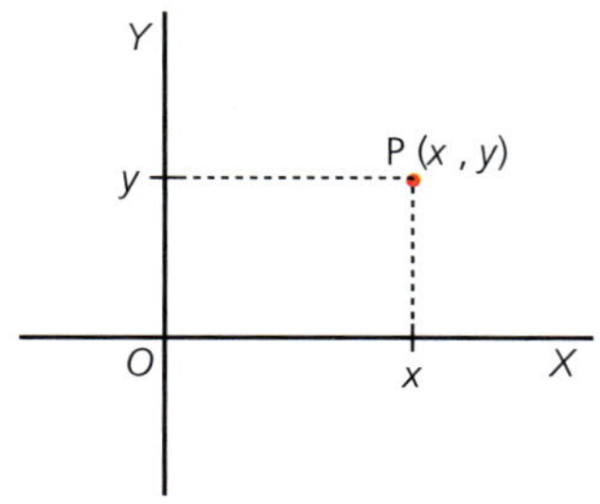

Els eixos de coordenades divideixen el pla en quatre parts anomenades **quadrants**. El signe de les coordenades de x i y d'un punt, (x, y), varia segons el quadrant on estigui situat el punt.

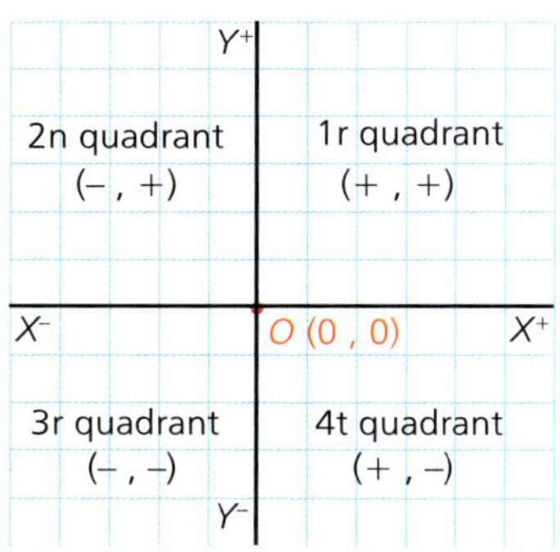

1.2 FUNCIONS

> Una **funció** és una relació o correspondència entre dues variables, x i y, tal que a cada valor de la variable x hi correspon un únic valor de la variable y.

- La **variable independent, x,** s'anomena així perquè pot prendre diferents valors, si bé només els que tinguin sentit.
- La **variable dependent, y,** rep aquest nom perquè el seu valor depèn del valor que prengui x. Per això, també s'expressa com a f (x).

Si (x, y) és un punt d'una funció, es diu que y és la **imatge** de x.

Activitat resolta

Representa els punts A (–3 , –1), B (2 , 4), C (3 , –2) i D (–2 , 1).

El punt A és al tercer quadrant, perquè les variables x i y són negatives.

El punt B és al primer quadrant, perquè x i y són positives.

El punt C és al quart quadrant, atès que x és positiva i y és negativa.

El punt D és al segon quadrant, perquè x és negativa i y és positiva.

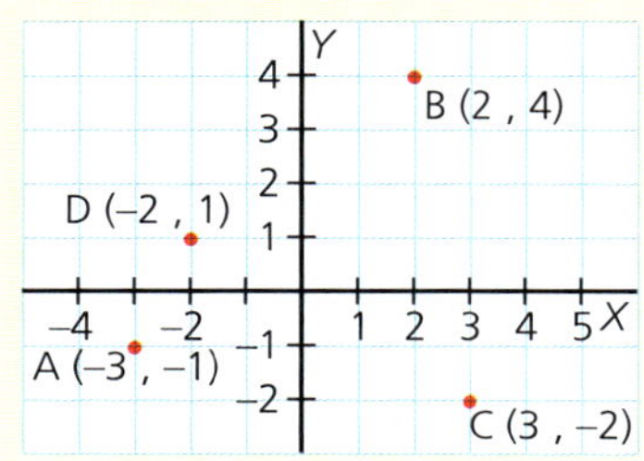

Activitat resolta

Justifica si les gràfiques A i B corresponen a una funció.

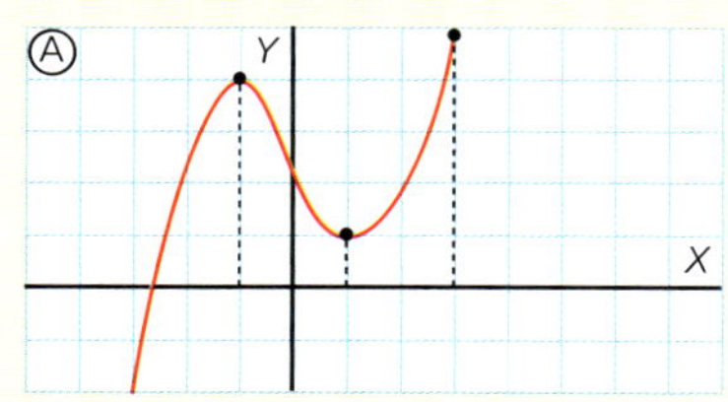

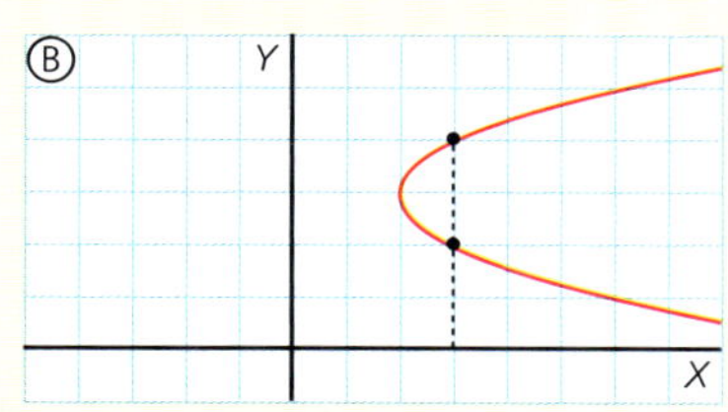

La gràfica A sí que correspon a la d'una funció, perquè a cada valor de x hi correspon un únic valor de y.

La gràfica B no és la de cap funció, ja que hi ha diversos valors de x als quals corresponen dos valors de y.

1.3 MANERES DE REPRESENTAR UNA FUNCIÓ

Una funció es pot representar de les maneres següents:

Amb un enunciat

La funció es descriu mitjançant una oració que estableix una relació entre les variables:

«Un ciclista recorre 15 km per hora. Determina la distància recorreguda al llarg del temps».

Amb una expressió algebraica

La funció s'indica per mitjà d'una expressió algebraica.

L'expressió algebraica de l'enunciat de l'esquerra, si x és el nombre d'hores, i y, la distància recorreguda, és:

$$y = 15x \text{ o } f(x) = 15x$$

Amb una taula de valors

La funció s'expressa per mitjà de parells de valors de les variables x i y, (x, y).

La taula de valors del nostre exemple podria ser:

Temps (h)	1	2	3	4
Distància (km)	15	30	45	60

Amb una gràfica

La funció es representa amb una gràfica mitjançant els valors (x, y).

La gràfica corresponent a l'enunciat és:

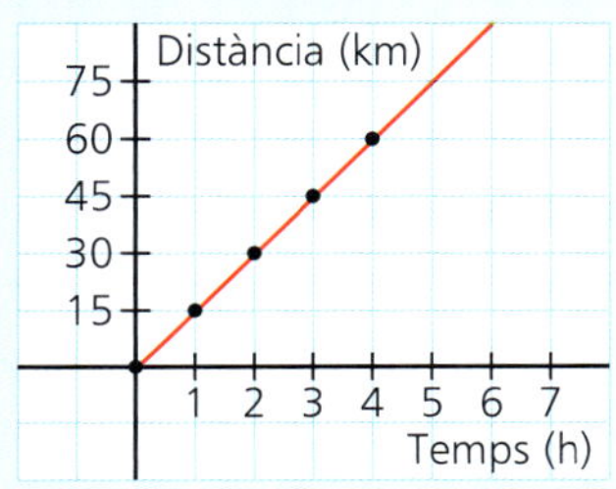

Activitat resolta

Determina si els valors següents constitueixen una funció:

Temps en hores (x)	2	6	10	14	18
Temperatura en graus Celsius (y)	20	22	30	38	35

Observant la taula de valors, es pot constatar que a cada valor de la variable temps, x, hi correspon un únic valor de la variable temperatura, y. Per això, la relació entre el temps i la temperatura és una funció. Es diu que la temperatura *és funció* del temps.

Ves amb compte

No sempre es poden unir els punts representats a la gràfica. S'ha d'analitzar si, en aquell context, unir-los té sentit.

Fixa't, per exemple, en la representació gràfica dels punts de la taula de valors següent:

Nre. de llapis	1	2	3	4
Preu (€)	0,20	0,40	0,60	0,80

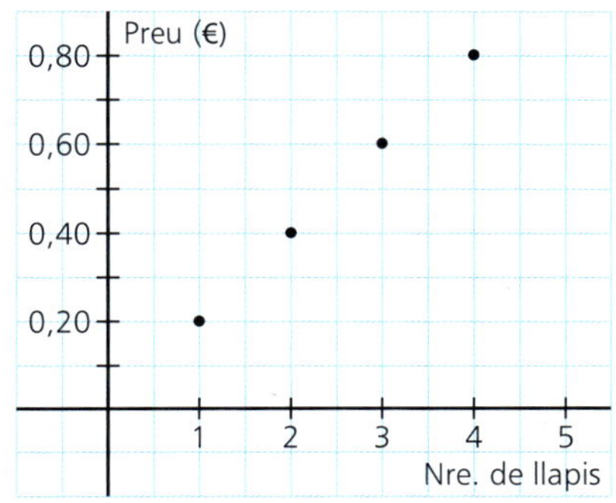

Es constata que no és possible unir els punts, perquè no es poden comprar 1,5 llapis.

Trencaclosques de funcions

- Construeix un trencaclosques de tres peces en el qual aparegui una mateixa funció expressada de tres maneres diferents d'entre les següents: un enunciat, una expressió algebraica, una taula de valors o una gràfica. Fixa't en l'exemple.
- Organitzeu-vos en dos grups.
- Cada grup haurà de construir tots els trencaclosques dels membres de l'altre grup.
- Guanyarà el grup que construeixi de manera correcta, en el mínim temps possible, tots els trencaclosques.

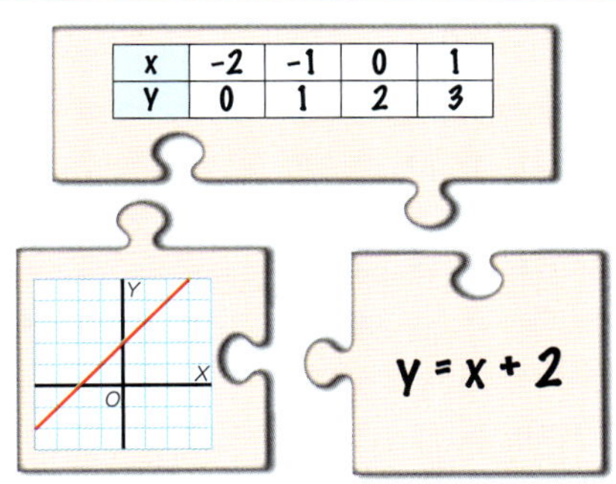

2 CARACTERÍSTIQUES DE LES FUNCIONS

Tot seguit, estudiarem algunes de les característiques més importants d'una funció a partir de la gràfica: el domini i el recorregut, els punts de tall amb els eixos, el signe, el creixement, els extrems i la continuïtat.

2.1 DOMINI I RECORREGUT D'UNA FUNCIÓ

- El **domini** d'una funció és el conjunt dels valors que pren la variable independent, x. Es representa amb **D (f)**.
- El **recorregut** o la **imatge** d'una funció és el conjunt dels valors que pren la variable dependent, y. S'indica mitjançant **R (f)** o **Im (f)**.

Activitat resolta

Indica quin és el domini i el recorregut de la funció següent:

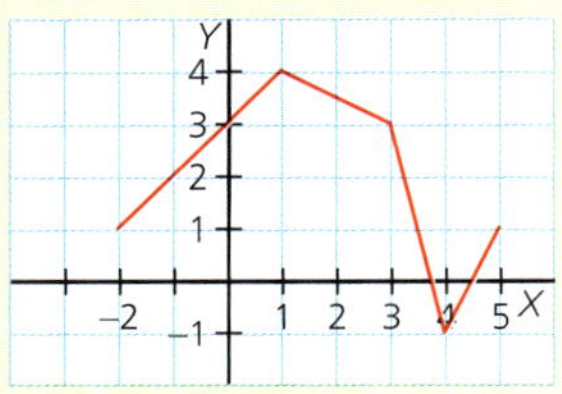

El domini de la funció és D (f) = [−2 , 5], perquè a l'eix X la gràfica de la funció comença a $x = -2$ i acaba a $x = 5$.

El recorregut de la funció és R (f) = [−1 , 4], ja que a l'eix Y la gràfica comença a $y = -1$ i acaba a $y = 4$.

Intervals

Per expressar el conjunt dels nombres compresos entre 2 i 7, es fa servir un interval:

- Si el 2 i el 7 hi estan inclosos, l'interval és [2 , 7]:

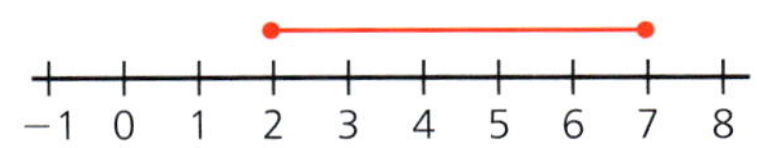

- Si el 2 hi està inclòs i el 7 no, s'escriu [2 , 7):

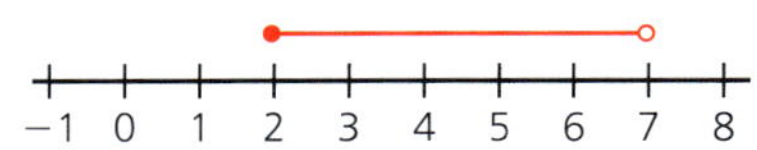

- Si el 2 no hi està inclòs, però el 7 sí, l'interval és (2 , 7]:

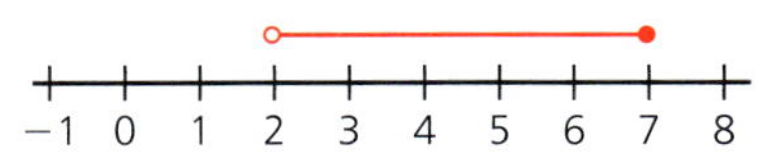

- Si cap dels dos hi està inclòs, l'interval és (2 , 7):

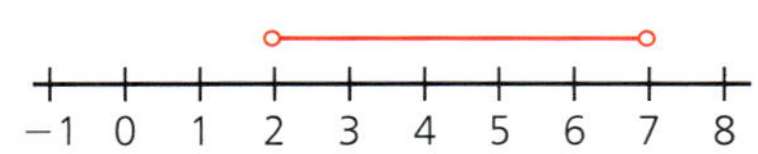

2.2 PUNTS DE TALL AMB L'EIX DE COORDENADES

Els **punts de tall amb els eixos** d'una funció són els punts d'intersecció de la gràfica amb els eixos de coordenades.

Amb l'eix *X*

Els **punts de tall amb l'eix *X*** són tots de la forma (x , 0).

Per obtenir-los, se substitueix $y = 0$ en l'expressió algebraica de la funció i es resol l'equació f (x) = 0.

Amb l'eix *Y*

El **punt de tall amb l'eix *Y*** és de la forma (0 , y).

Per obtenir-lo, se substitueix el valor de x per zero, $x = 0$, en l'expressió algebraica de la funció i s'opera.

Una funció pot tenir diversos punts de tall amb l'eix X, però només un punt de tall amb l'eix Y, perquè, en cas contrari, no seria una funció.

Activitat resolta

Determina els punts de tall amb els eixos de la funció següent:

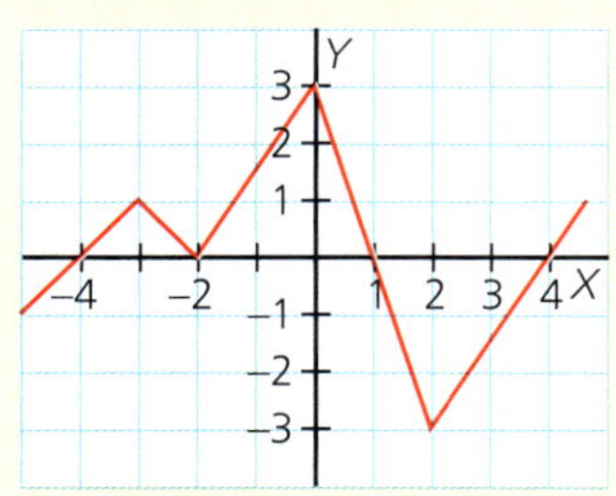

Els punts de tall amb l'eix X són quatre: (−4 , 0), (−2 , 0), (1 , 0) i (4 , 0)

El punt de tall amb l'eix Y és (0 , 3).

Activitat resolta

Determina els punts de tall amb els eixos d'aquestes funcions:

a. $y = -3x + 12$

b. $y = x^2 - 9$

a. Per determinar els punts de tall amb l'eix X, s'iguala a zero la variable y:

$$y = 0 \Rightarrow 0 = -3x + 12 \Rightarrow 3x = 12 \Rightarrow x = \frac{12}{3} = 4$$

El punt de tall amb l'eix X és, així, (4 , 0).

Anàlogament, per tal d'esbrinar el punt de tall amb l'eix Y, s'iguala a zero la variable x:

$$x = 0 \Rightarrow y = -3 \cdot 0 + 12 = 12$$

El punt de tall amb l'eix Y és, doncs, (0 , 12).

b. Es calculen els punts de tall amb l'eix X, i per fer-ho s'iguala a zero la variable y:

$$y = 0 \Rightarrow 0 = x^2 - 9 \Rightarrow x^2 = 9 \Rightarrow x = \pm\sqrt{9} = \pm 3$$

Per tant, els punts de tall amb l'eix X són (–3 , 0) i (3 , 0).

Després, s'esbrina el punt de tall amb l'eix Y. Amb aquest objectiu, s'iguala a zero la variable x:

$$x = 0 \Rightarrow y = 0^2 - 9 = -9$$

Per tant, el punt de tall amb l'eix Y és (0 , –9).

2.3 SIGNE D'UNA FUNCIÓ

Determinar el signe d'una funció consisteix a estudiar en quins valors de la variable x la variable y és positiva, negativa o nul·la.

Positiva

Una funció és **positiva** si la gràfica està per sobre de l'eix X, és a dir, quan la variable dependent, y, és positiva.

Negativa

Una funció és **negativa** si la gràfica es localitza per sota de l'eix X, és a dir, si la variable dependent, y, és negativa.

Nul·la

Una funció és **nul·la** si la gràfica està a sobre de l'eix X, és a dir, si la variable dependent, y, és zero. Així, és nul·la en els punts de tall amb l'eix X.

Activitat resolta

Estudia el signe de la funció següent:

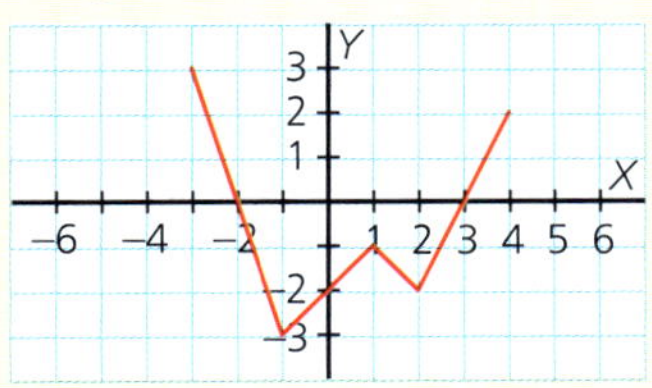

La funció és positiva des de $x = -3$ fins a $x = -2$ (sense incloure-hi aquesta última coordenada, perquè a $x = -2$ és nul·la) i des de $x = 3$ (sense incloure'l) fins a $x = 4$, és a dir, a [–3 , –2) i (3 , 4].

La funció és negativa des de $x = -2$ fins a $x = 3$ (sense incloure-hi cap de les dues coordenades), és a dir, a (–2 , 3).

La funció és nul·la en els valors de x dels punts de tall amb l'eix X, que són (–2 , 0) i (3 , 0).
Així, doncs, és nul·la a $x = -2$ i a $x = 3$.

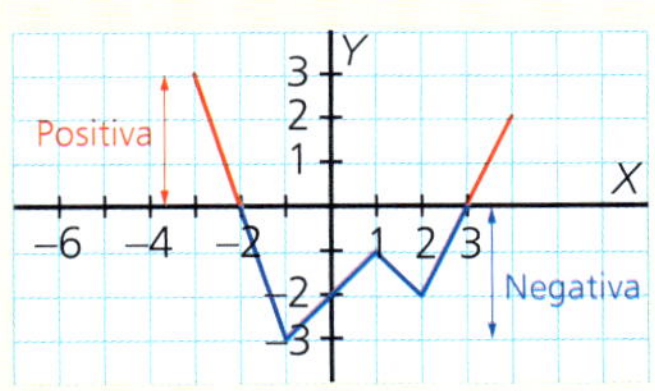

2.4 CREIXEMENT I DECREIXEMENT. EXTREMS

Per estudiar el creixement d'una funció, s'observa com es comporta la variable dependent, *y*, quan augmenta el valor de la variable independent, *x*.

Segons això, una funció pot ser:

Creixent

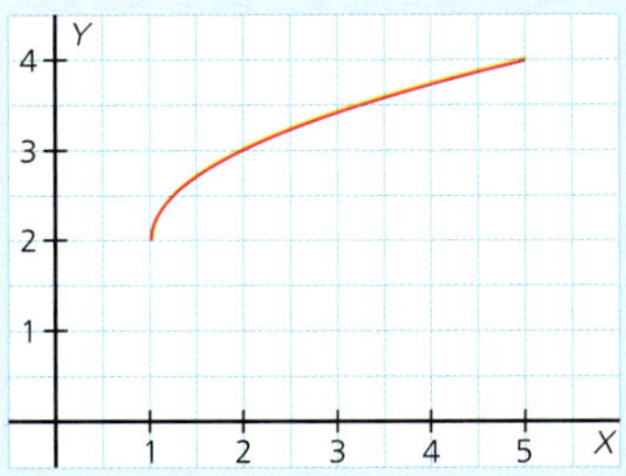

Una funció és **creixent** si, quan augmenta el valor de la variable independent, *x*, s'incrementa el valor de la variable dependent, *y*.

Decreixent

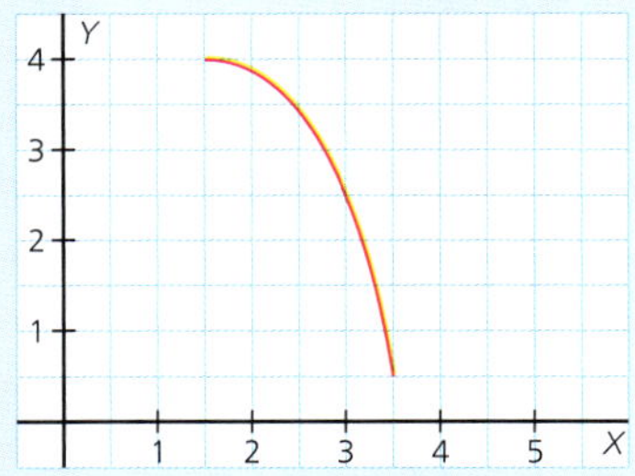

Una funció és **decreixent** si, quan augmenta el valor de la variable independent, *x*, disminueix el valor de la variable dependent, *y*.

Constant

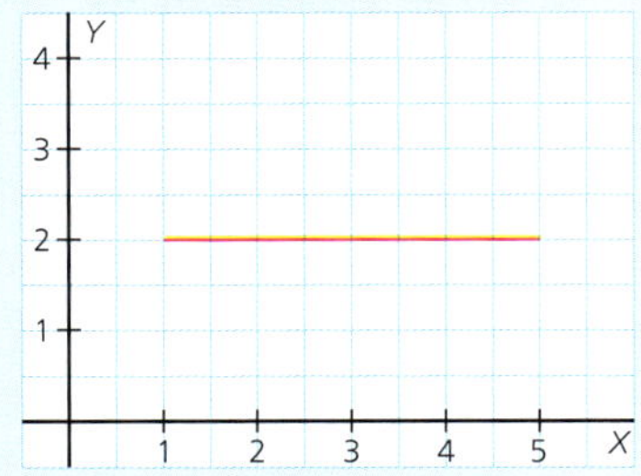

Una funció és **constant** si, quan augmenta el valor de la variable independent, *x*, el valor de la variable dependent, *y*, roman constant. Aquestes funcions són rectes paral·leles a l'eix *X*.

EXTREMS D'UNA FUNCIÓ

Els **extrems** d'una funció són els punts màxims i mínims i, per tant, s'escriuen donant-ne les coordenades *x* i *y*. Els extrems poden ser:

Extrems relatius

Màxim relatiu

Un **màxim relatiu** d'una funció és un punt en el qual la funció passa de ser creixent a ser decreixent.

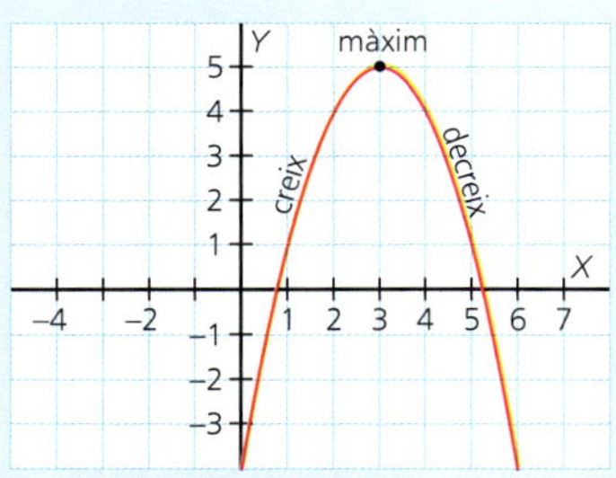

Mínim relatiu

Un **mínim relatiu** d'una funció és un punt en el qual la funció passa de ser decreixent a ser creixent.

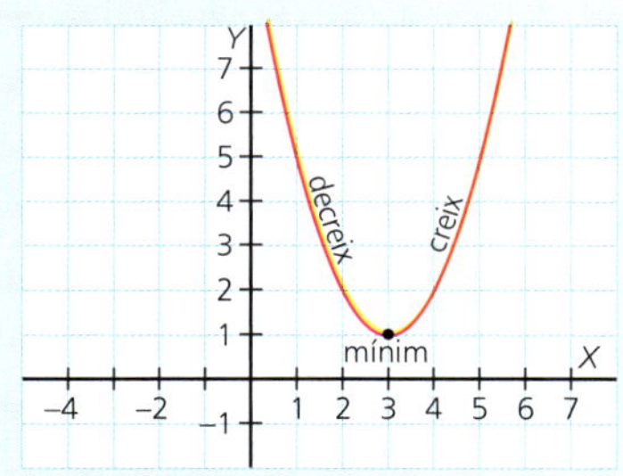

Una funció pot ser creixent en un interval, decreixent en un altre i constant en un altre. Per això, l'estudi del creixement d'una funció es fa i s'expressa mitjançant intervals de la forma (a , b), ja que en els extrems de l'interval la funció ni creix ni decreix.

Extrems absoluts

Màxim absolut

El punt que assoleix el valor més alt de la funció s'anomena **màxim absolut**.

Mínim absolut

El punt que assoleix el valor més baix de la funció s'anomena **mínim absolut**.

Una funció pot tenir diversos màxims i mínims, relatius i absoluts. Aquests últims han de tenir el mateix valor de *y*.

Activitat resolta

Analitza el creixement de la gràfica del marge i determina'n els màxims i els mínims relatius i absoluts.

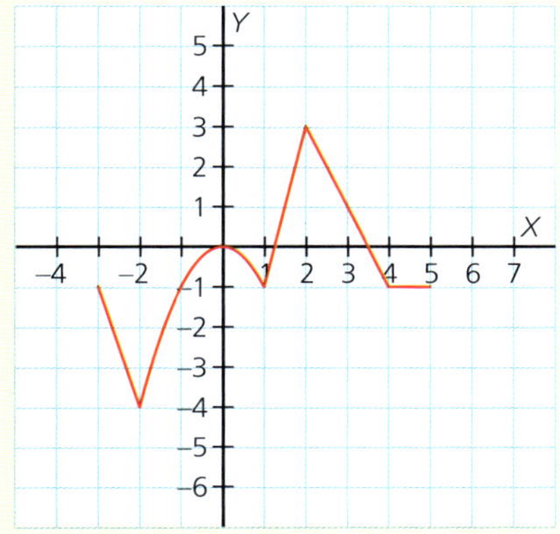

La gràfica de la funció és:

- Creixent en els intervals (–2 , 0) i (1 , 2).
- Decreixent en els intervals [–3 , –2), (0 , 1) i (2 , 4).
- Constant en l'interval (4 , 5].

La funció té:

- Dos màxims, un a (0 , 0) i un altre a (2 , 3). El punt (2 , 3) és el màxim absolut, perquè no hi ha cap valor més gran o igual i és on la funció assoleix el valor més alt, $y = 3$.
- Dos mínims, un a (–2 , – 4) i un altre a (1 , –1). El punt (–2 , – 4) és el mínim absolut, ja que no hi ha valors més petits o iguals i és on la funció assoleix el valor més baix, $y = -4$.

Resoldre un problema geomètric mitjançant una funció

Amb un filferro de 12 cm es vol formar un quadrilàter que tingui per costats nombres enters tals que l'àrea del quadrilàter sigui màxima. Quines són les dimensions dels costats?

S'estableix la relació entre la base i l'altura del quadrilàter

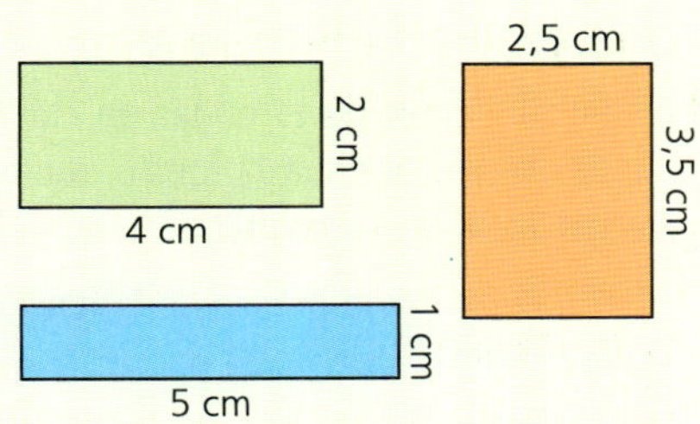

Primer es pot provar de construir diversos quadrilàters diferents amb el filferro disponible. Observant els casos del marge, es pot descartar el de color taronja, ja que no compleix la condició que els costats siguin nombres enters. Tanmateix, encara no se sap quin dels quadrilàters compleix la condició de tenir l'àrea màxima.

Com que el perímetre és 12 cm, si s'anomena x la base i y l'altura, es compleix que:

$$2x + 2y = 12 \Rightarrow x + y = 6 \Rightarrow y = 6 - x$$

Així, la funció que relaciona l'altura amb la base és $y = 6 - x$.

Com que x i y han de ser positives, perquè són els costats del quadrilàter i, a més, han de ser nombres enters, el domini i el recorregut de la funció estarà format pels nombres 1, 2, 3, 4 i 5.

S'estableix la relació entre la base i l'àrea

Atès que l'àrea és el producte de la base per l'altura, en resulta:

$$A = x \cdot (6 - x)$$

Es construeix, així, una taula de valors per a la funció que relaciona l'àrea i la base x, tenint en compte que x només pot prendre els valors 1, 2, 3, 4 i 5:

x	1	2	3	4	5
$A = x \cdot (6 - x)$	5	8	9	8	5

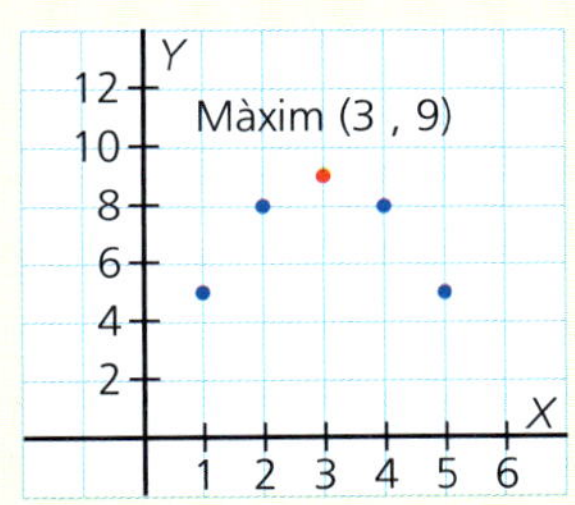

A la gràfica del marge s'observa que el màxim s'assoleix al punt (3 , 9). Per tant, la base del quadrilàter és de 3 cm, i l'altura, de 6 – 3 = 3 cm, és a dir, la figura que buscàvem és un quadrat de 3 cm de costat.

2.5 CONTINUÏTAT I DISCONTINUÏTAT

Segons aquesta característica, hi ha dos tipus de funcions:

> Per indicar que un punt està inclòs en la funció, es representa amb un punt ple, •. En cas contrari, es representa mitjançant un punt buit, ○.

Funció contínua

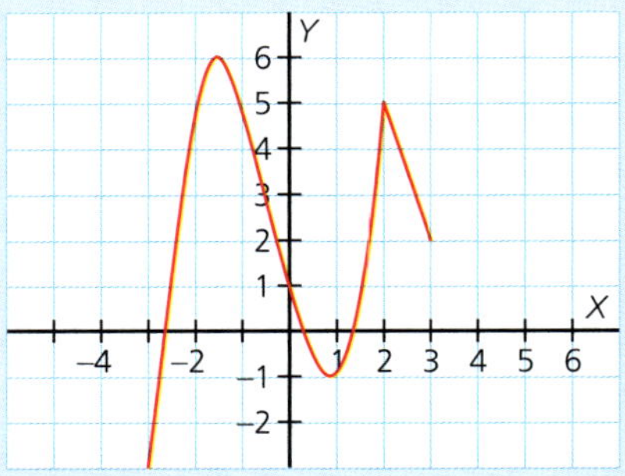

Una funció és **contínua** si la gràfica es pot dibuixar d'un sol traç, sense aixecar el llapis del paper.

Funció discontínua

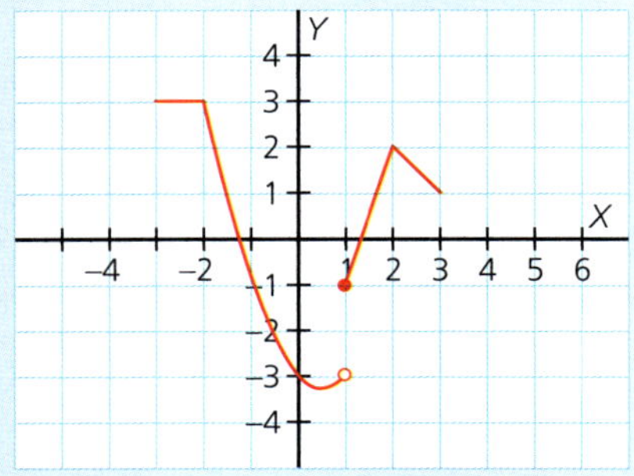

Una funció és **discontínua** si la gràfica té alguna interrupció o salt.

Els punts en què la gràfica s'interromp s'anomenen **punts de discontinuïtat** i s'expressen mitjançant el valor de la variable x. Així, en la gràfica de la funció discontínua, el punt de discontinuïtat és $x = 1$.

Activitats resoltes

1 Un recol·lector de taronges en cull 50 kg cada hora que treballa. És contínua la funció que relaciona el temps i el nombre de quilos collits?

Per representar la gràfica de la funció, primer es construeix una taula de valors:

x = Temps (h)	1	2	3	4
y = Taronges (kg)	50	100	150	200

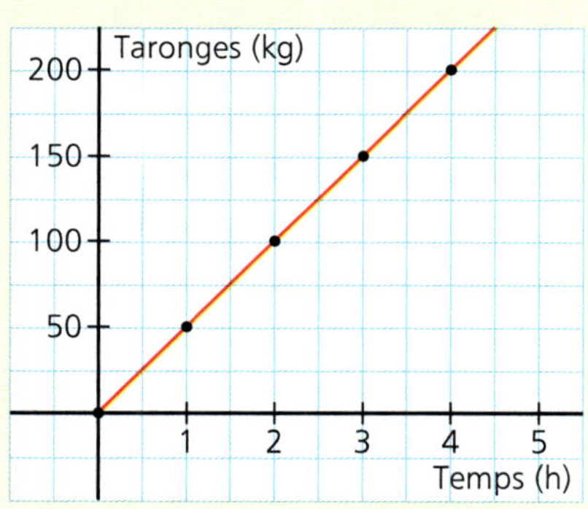

Com que el temps pot prendre qualsevol valor positiu, és possible unir els punts de la gràfica. Per tant, la gràfica de la funció és contínua.

2 Un grup de turistes vol llogar bicis per visitar Lleida. La taula següent mostra els preus del lloguer:

Temps (h)	0 a 2	2 a 4	4 a 6	Més de 6 fins a 12
Preu (€)	3	6	9	12

a. Representa la gràfica de la funció.

b. És contínua la funció? En cas contrari, indica'n els punts de discontinuïtat.

a. Es representen les dades en una gràfica:

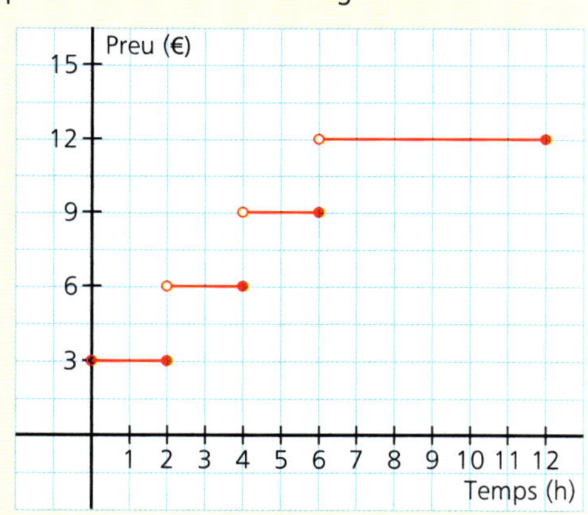

b. Així, doncs, la funció és discontínua a $x = 2$, $x = 4$ i $x = 6$.

3 INTERPRETACIÓ I ANÀLISI DE GRÀFIQUES

Les gràfiques constitueixen una eina per resoldre nombrosos problemes sobre situacions reals, perquè permeten, per mitjà de l'anàlisi i la interpretació de les seves característiques, obtenir informació i extreure conclusions d'una manera clara i senzilla. Per això, es fan servir en moltes disciplines: física, biologia, etc.

Activitat resolta

La gràfica del marge mostra l'evolució del preu del litre d'oli d'oliva a Catalunya al llarg dels últims anys.

a. Quin preu tenia un litre d'oli l'any 2014?

b. Quin any el preu del litre d'oli va ser mínim? Quin va ser aquest preu?

c. Quin any el preu del litre d'oli d'oliva va ser de 3,50 €?

d. Durant quin període de temps es va mantenir constant el preu del litre d'oli?

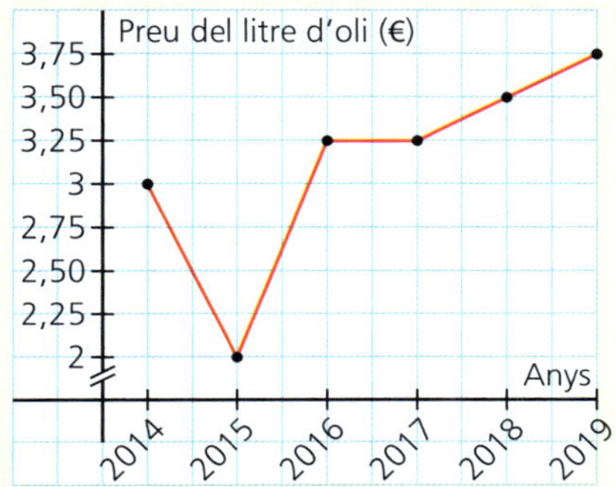

a. El 2014, el preu del litre d'oli d'oliva era de 3 €.

b. El preu va ser mínim el 2015, any en què el litre d'oli costava 2 €.

c. El preu va ser de 3,50 € l'any 2018.

d. El preu es va mantenir constant durant els anys 2016 i 2017.

Hi ha situacions que requereixen la interpretació i la comparació simultània de dues funcions a partir de les gràfiques respectives.

Activitat resolta

La gràfica del marge mostra la possessió de la pilota de dos equips d'handbol al llarg d'un partit de la lliga Asobal.

a. Durant quants minuts va tenir l'equip A menys possessió de la pilota? Indica en quin període de temps va passar.

b. En quin moment, a banda del començament del partit, van tenir tots dos equips la mateixa possessió?

c. Quin dels dos equips va acabar tenint més possessió de la pilota? Indica, en percentatge, a quant ascendeix aquesta possessió.

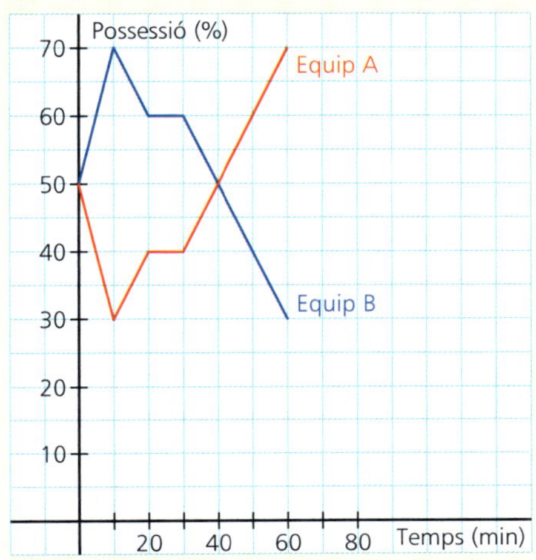

a. L'equip A en va tenir menys possessió durant els 40 primers minuts.

b. En el minut 40 del partit tots dos equips en van tenir la mateixa possessió.

c. Si s'observa la gràfica, l'últim valor s'obté als 60 min de partit. En aquest temps, l'equip A presenta un percentatge més alt de possessió, que correspon al 70 %.

ACTIVITATS

08 FUNCIONS. CARACTERÍSTIQUES

1 Funcions. Variable dependent i independent

1 Representa aquests punts en uns eixos de coordenades:

A $(3, -1)$ D $\left(-3, -\frac{3}{2}\right)$ G $(-4, 4)$

B $(-5, 3)$ E $(4, 5)$ H $\left(\frac{2}{5}, \frac{1}{4}\right)$

C $(-2, 0)$ F $(0, 3)$ I $(-1, 2)$

2 Determina els punts que hi ha representats al sistema de coordenades següent i indica en quin quadrant són:

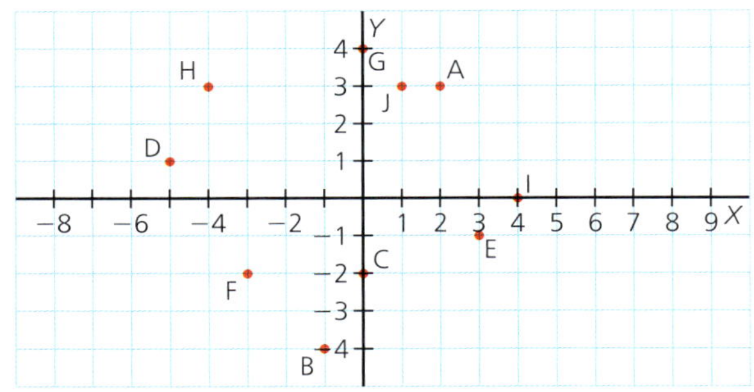

3 Esbrina, sense representar-los, en quin quadrant són aquests punts:

A $(-4, -3)$ D $(-2, 7)$ G $\left(-\frac{1}{2}, \frac{1}{2}\right)$

B $(1, 6)$ E $\left(0, -\frac{4}{3}\right)$ H $(3, 9)$

C $(3, 0)$ F $(-1, -2)$ I $(-1, 2)$

4 Indica quines de les relacions següents són funcions:

a. L'hora del dia i la temperatura.

b. L'edat d'una persona i la seva alçada.

c. La velocitat d'una moto i la distància que recorre.

d. El nombre de bombons i el pes.

e. Els quilos d'olives collits i els litres d'oli.

f. El preu d'un cotxe i el nombre de places.

5 Esbrina si les taules de valors següents corresponen a una funció. Justifica la teva resposta i, en cas afirmatiu, esbrina'n l'expressió algebraica.

a.

x	−3	−1	1	1	3
y	4	−2	0	3	5

b.

x	−8	−4	0	4	8
y	4	−2	0	2	4

c.

x	−2	−1	0	1	2
y	−1	0	1	2	3

6 Indica si aquestes gràfiques corresponen a funcions:

a.

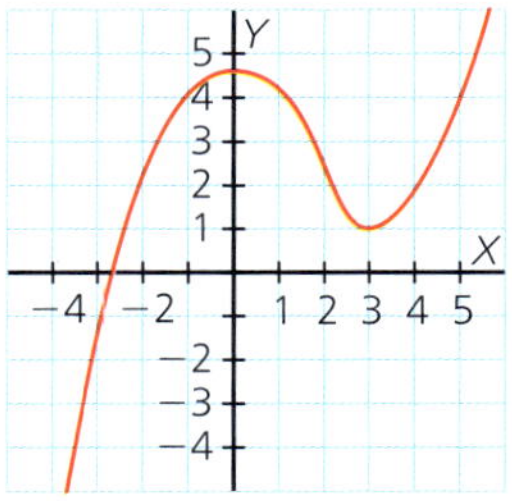

c.

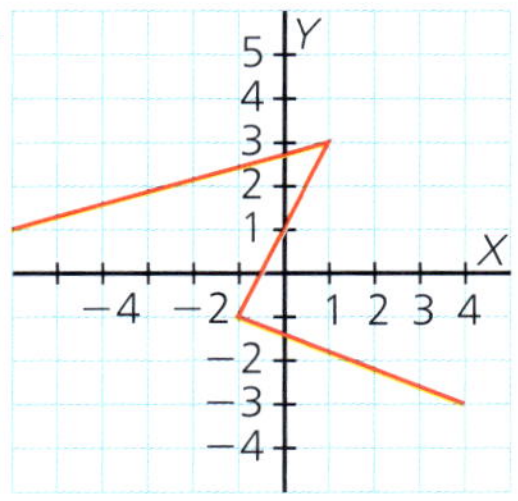

b.

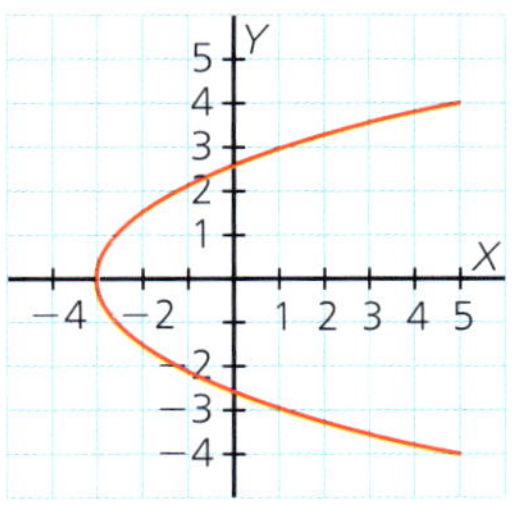

d.

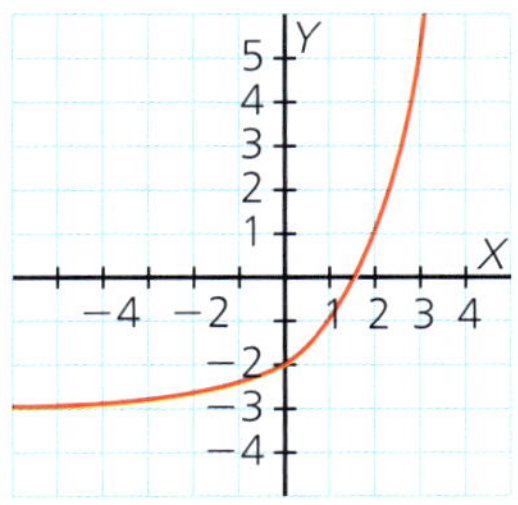

7 ⊞ El quilogram de llenties val 1,25 €. La relació entre el nombre de quilograms de llenties i el preu és una funció? En cas afirmatiu:

a. Determina'n les variables dependent i independent.

b. Escriu l'expressió algebraica que representa la funció.

c. Confecciona una taula de valors.

d. Dibuixa'n la gràfica.

8 ⊞ Una botiga especialitzada en calçat esportiu ven tots els parells de vambes a 40 €. La relació entre el nombre de parells de vambes i el preu és una funció? En cas afirmatiu:

a. Determina l'expressió algebraica que representa la funció.

b. Elabora una taula de valors i, a partir de la taula, fes la gràfica de la funció. Es poden unir els punts? Justifica-ho.

c. Si els diners obtinguts en una setmana han estat 2 320 €, quants parells de vambes s'han venut?

9 ⊞ Elabora una taula de valors i la gràfica per a la funció que relaciona el radi d'una circumferència amb:

a. La longitud de la circumferència.

b. L'àrea del cercle.

c. L'àrea d'un sector circular d'amplitud 50°.

10 ⊞⊞ Determina una expressió algebraica per a la taula de valors següent:

a.

x	−2	−1	0	1	2
y	−6	−3	0	3	6

b.

x	−3	−1	0	1	2
y	9	1	0	1	4

2 Característiques de les funcions

11 A partir de la gràfica de les funcions següents, determina'n el domini i el recorregut:

a.

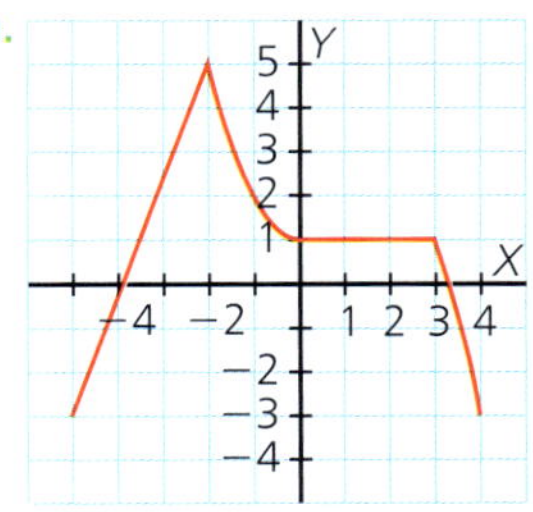

b.

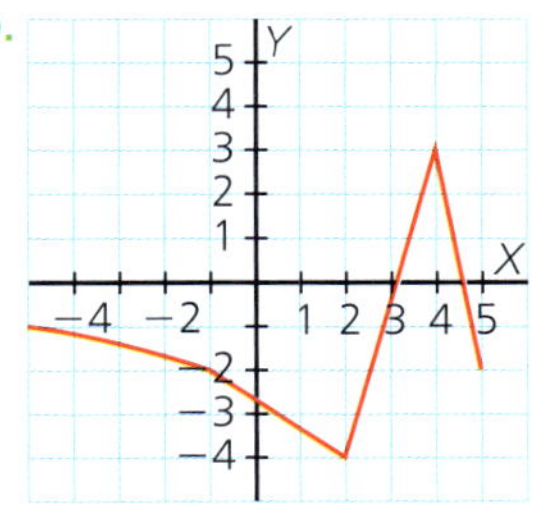

12 Esbrina els punts de tall amb els eixos d'aquestes funcions:

a.

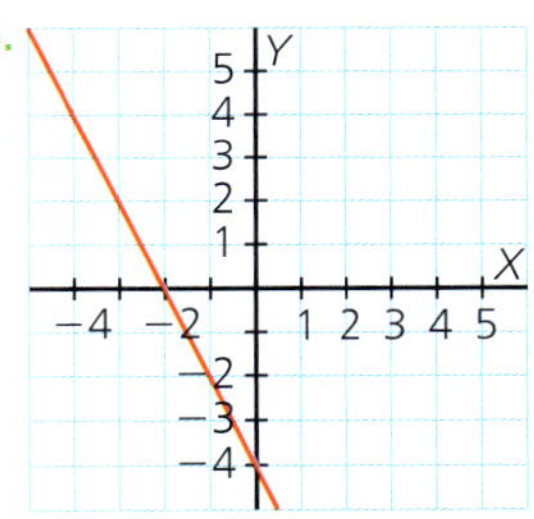

c.

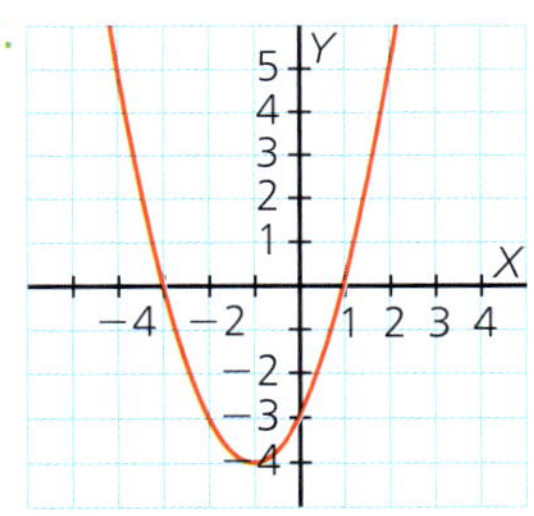

b.

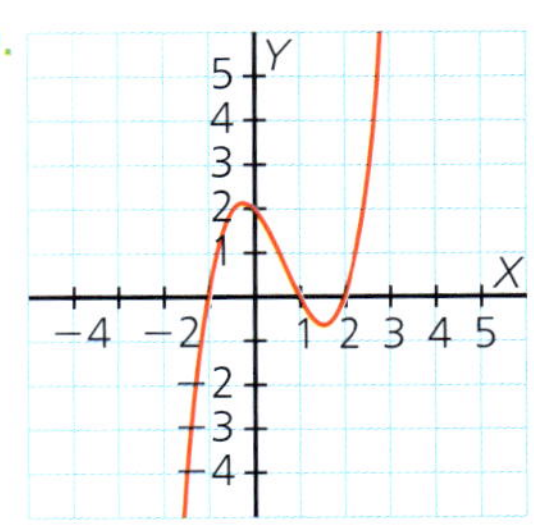

d.

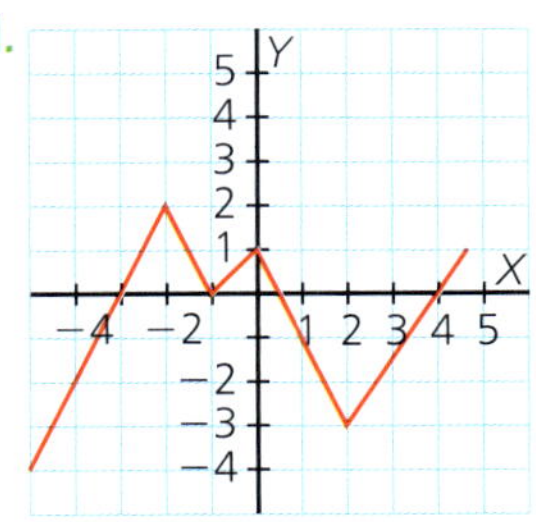

13 Calcula els punts de tall amb els eixos de coordenades de les funcions següents:

a. $y = x - 4$

b. $y = 3x + 12$

c. $y = \frac{1}{2}x - \frac{5}{3}$

d. $y = x^2 - 1$

e. $y = x^2 - 5x + 6$

f. $y = -3x^2 + 4x$

g. $y = \frac{1}{x}$

h. $y = \frac{2}{x + 3}$

14 Determina el signe d'aquestes funcions:

a.
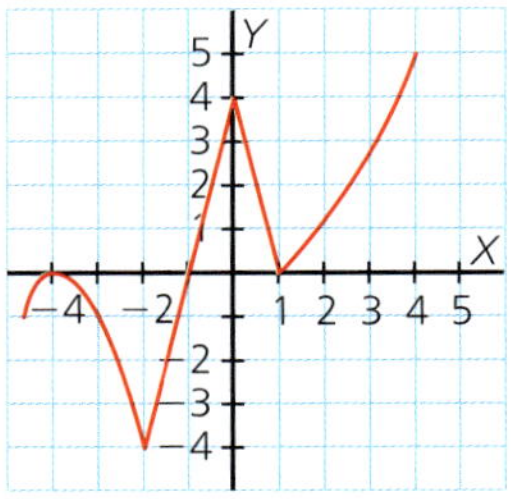

c.
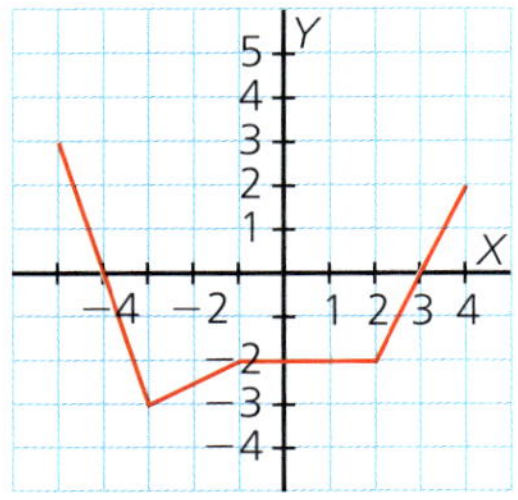

b.
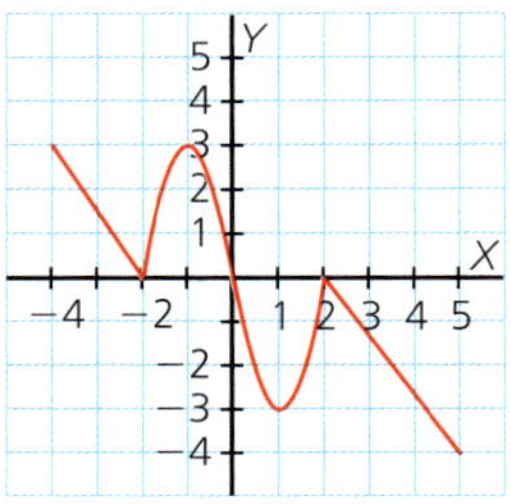

d.
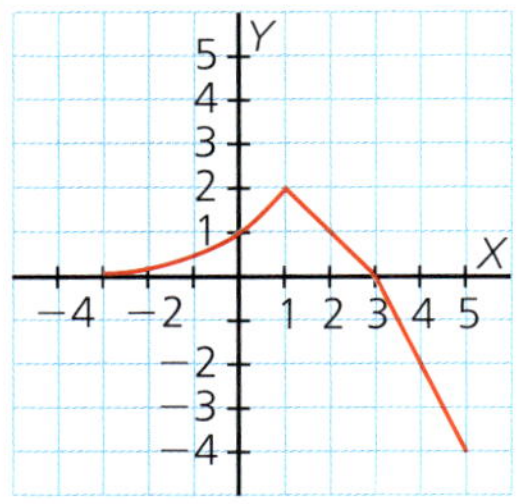

15 Esbrina el domini, el recorregut, els punts de tall amb els eixos i el signe d'aquestes funcions:

a.
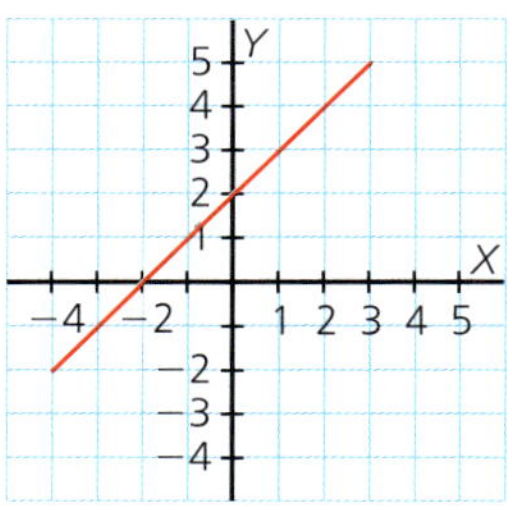

c.
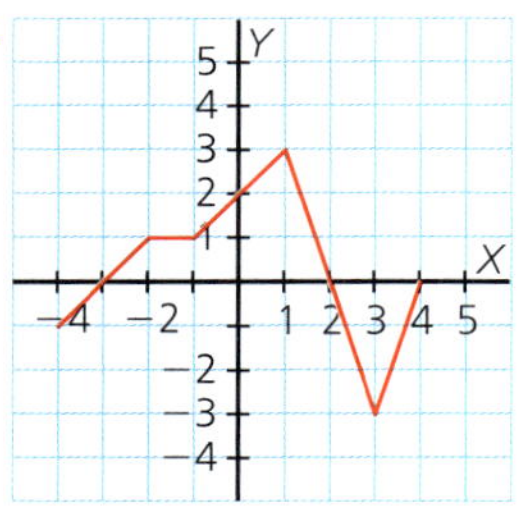

b.
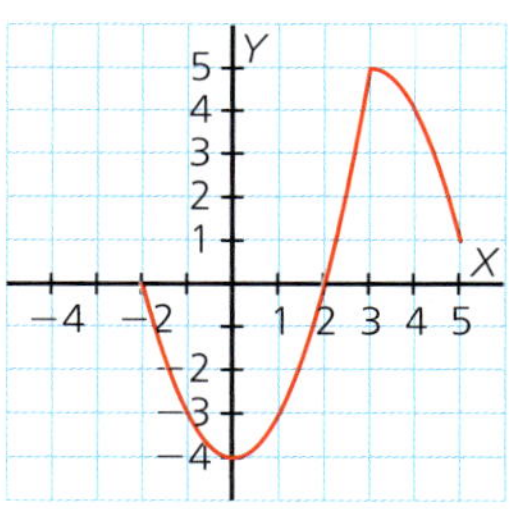

d.
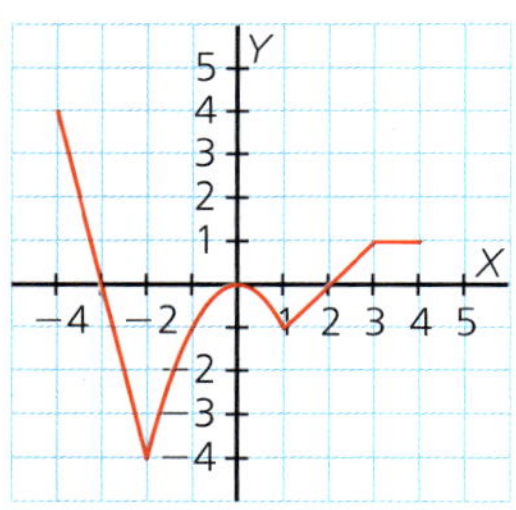

16 La funció $y = x^2 + 1$ no té punts de tall amb l'eix X. Explica per què, a partir de la seva expressió algebraica, i relaciona aquest fet amb el signe que té la funció.

17 Estudia el creixement de les funcions següents:

a.
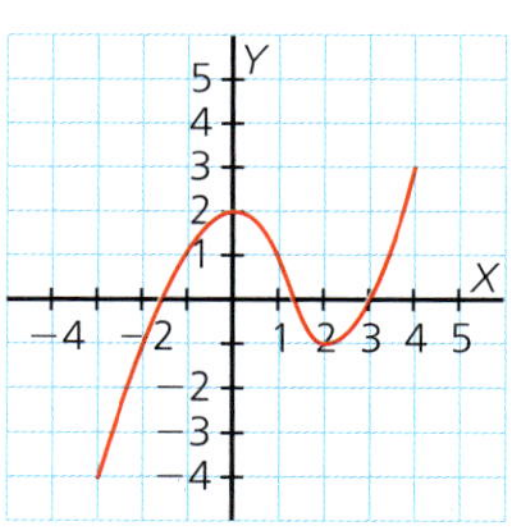

b.
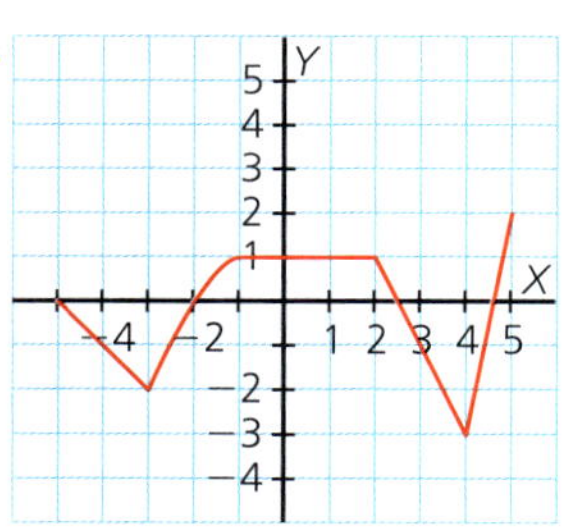

Indica, per a les funcions proposades:

I. El domini i el recorregut.

II. Els extrems relatius i absoluts.

18 Assenyala els màxims i els mínims relatius d'aquestes funcions. Tenen extrems absoluts?

a.
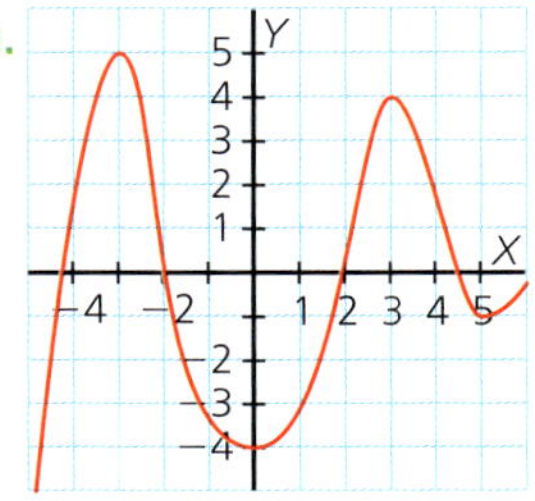

b.
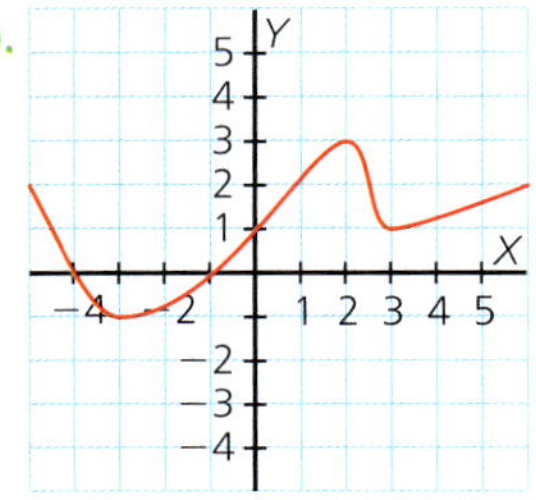

19 Determina els intervals de creixement i decreixement, i també els extrems relatius i absoluts, de les funcions següents:

a.
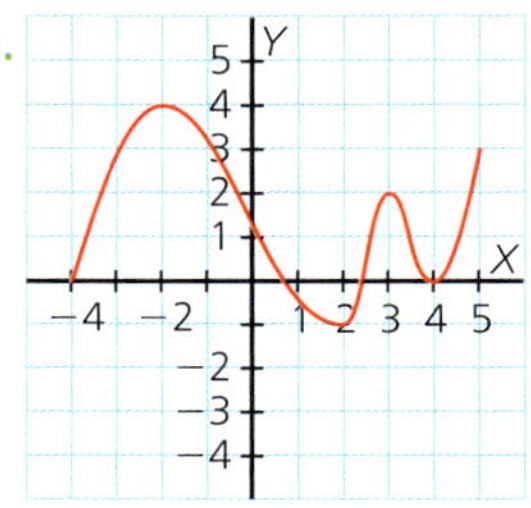

b.
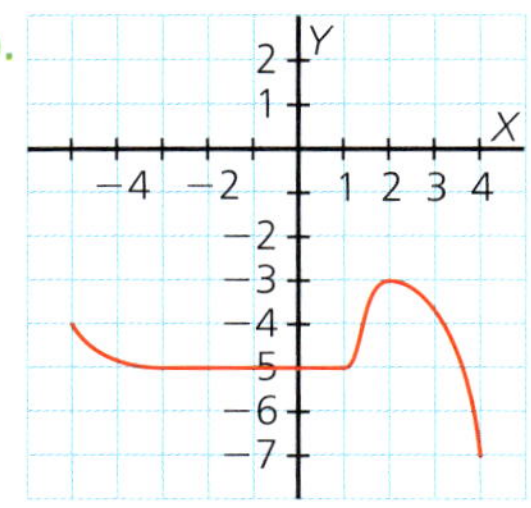

20 Calcula, per a la funció proposada:

a. El domini i el recorregut.

b. Els punts de tall amb els eixos i el signe.

c. Els intervals de creixement i decreixement.

d. Els màxims i els mínims relatius i absoluts.

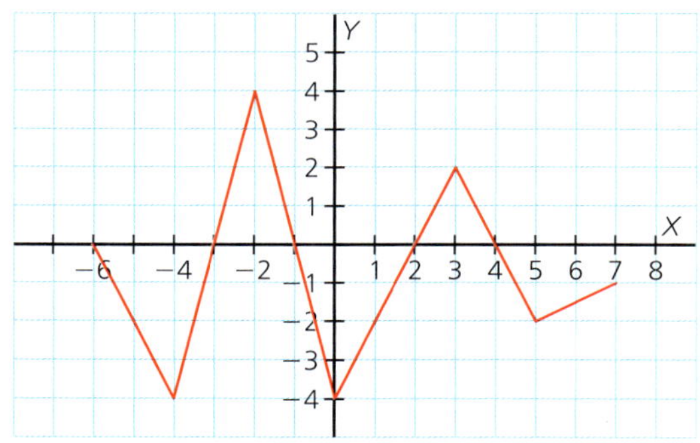

21 Representa gràficament les dades de la taula de valors. Determina'n els intervals de creixement i decreixement, i també els màxims i els mínims relatius. En quins punts s'assoleixen el màxim i el mínim absoluts?

Hora del dia	Nre. de litres de pluja
2	8
4	10
6	16
8	10
10	4
12	2

22 ⊞ Construeix una taula de valors per a la funció que associa el costat d'un quadrat amb la seva àrea i, a partir dels valors de la taula, dibuixa la gràfica de la funció. Determina'n el recorregut i els intervals de creixement i decreixement. És contínua? Justifica'n la resposta.

23 ⊞ Dibuixa una funció que sigui creixent a $[1\ ,\ 4)$ i $(6\ ,\ 7]$, decreixent a $(4\ ,\ 5)$ i constant a $(5\ ,\ 6)$. Té algun màxim? I algun mínim?

24 ⊞ Existeix alguna funció contínua que sigui creixent a $[-2\ ,\ 4)$, decreixent a $(4\ ,\ 6]$ i que tingui el mínim absolut a $x = 4$? Justifica'n la resposta.

25 ⊞⊞ Els bacteris es reprodueixen per bipartició, és a dir, dividint-se de dos en dos.

a. Si el procés de bipartició té lloc cada minut, elabora una taula de valors que relacioni el nombre de bacteris i el temps i, a partir de la taula, determina l'expressió algebraica de la funció.

b. Representa gràficament les dades. És una funció creixent o decreixent? Té màxim absolut?

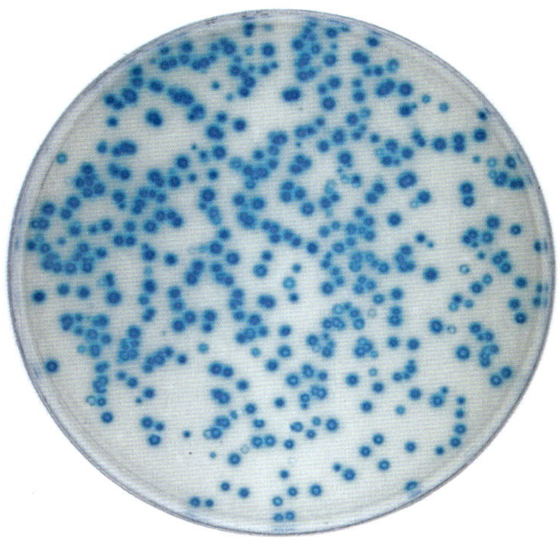

26 Indica si les funcions proposades són contínues. En el cas que no ho siguin, digues quins en són els punts de discontinuïtat.

a.

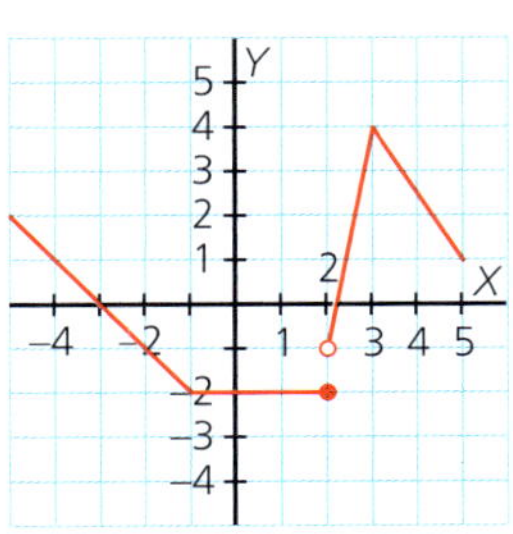

c.

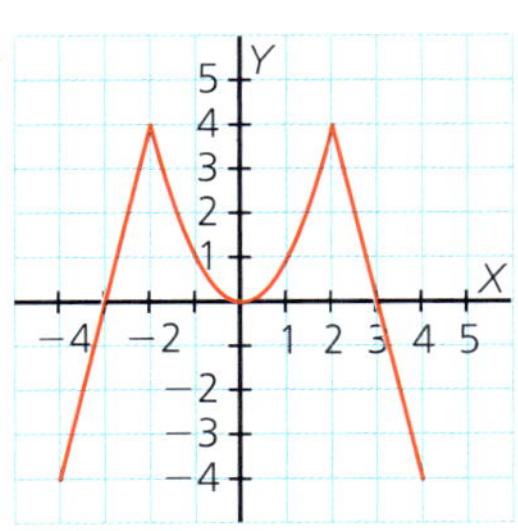

b.

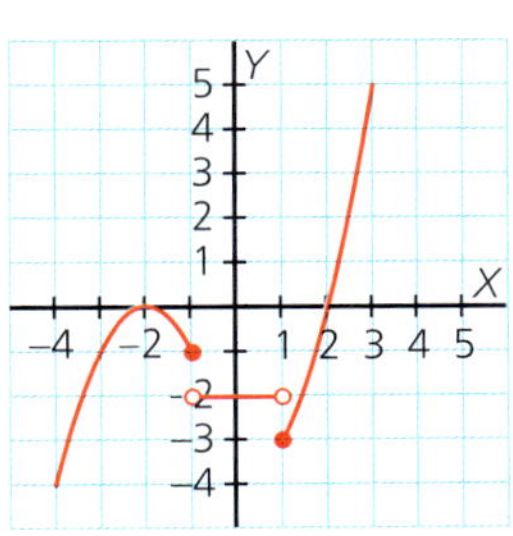

d.

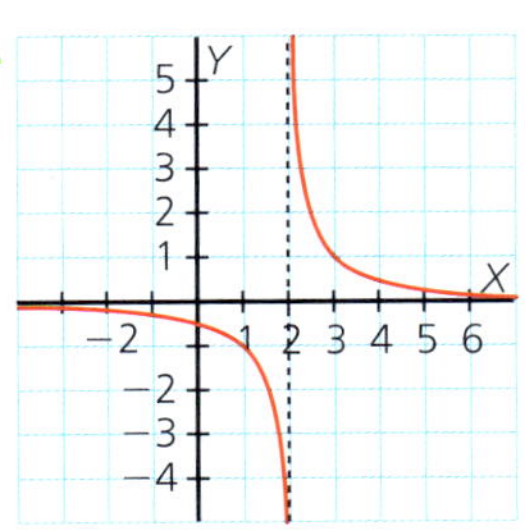

27 Dibuixa, en cada cas, una funció que tingui les característiques següents:

a. El domini és $[-1\ ,\ 1]$, el recorregut és $[-3\ ,\ 5]$ i és contínua.

b. El domini és $[-4\ ,\ 7]$, és creixent i és discontínua a $x = -2$ i a $x = 3$.

c. És discontínua a $x = -3$ i a $x = 1$ i té el màxim absolut a $(0\ ,\ 3)$ i el mínim absolut a $(2\ ,\ -4)$.

28 Fixa't en la funció proposada.

a. Determina els punts de tall amb els eixos.

b. Assenyala el creixement de la funció i els extrems relatius i absoluts.

c. És contínua? En cas contrari, determina quins són els punts de discontinuïtat.

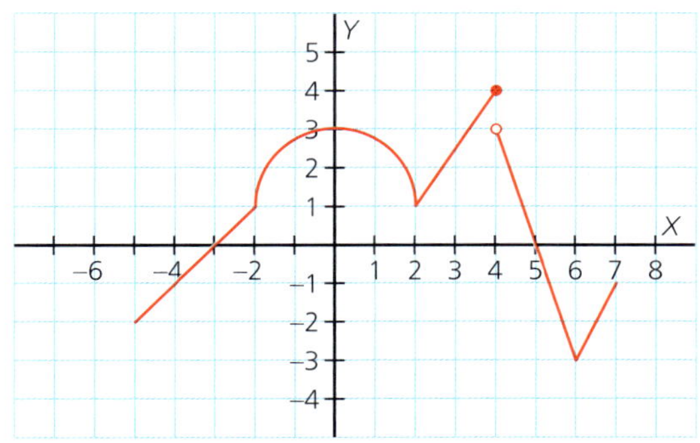

29 Un corredor avança a una velocitat de 8 km/h.

a. Determina l'expressió algebraica que relaciona el temps i la distància recorreguda.

b. Elabora una taula de valors. A partir d'aquests valors, representa la gràfica de la funció.

c. Assenyala el domini i el recorregut de la funció.

d. És contínua la funció que relaciona el temps i la distància?

30 Duu a terme un estudi sobre la longitud de l'ombra que projecta un edifici des de les 10 del matí fins a les 8 del vespre. Construeix una taula de valors i representa la funció. A partir de la gràfica de la funció, determina'n:

a. El domini i el recorregut.

b. Els intervals de creixement i decreixement.

c. El màxim i el mínim absoluts.

d. El signe.

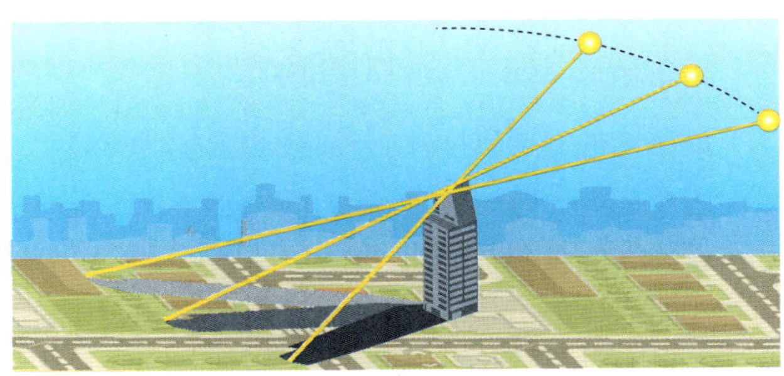

3 Interpretació i anàlisi de gràfiques

31 Avui l'Iker ha anat a l'institut amb bicicleta. La gràfica següent mostra la velocitat que ha mantingut durant el trajecte:

a. Quant ha tardat a arribar a l'institut?

b. En quins moments ha circulat a 12 km/h?

c. A quina velocitat circulava quan feia 1 min que havia sortit? I quan feia 5 min?

d. Quina ha estat la velocitat màxima que ha assolit? En quin moment del trajecte ha estat?

e. Durant el trajecte s'ha hagut d'aturar en un semàfor. Quant temps ha durat la parada? Quants minuts feia que circulava quan s'ha aturat?

f. Indica en quins intervals de temps ha crescut la velocitat i en quins intervals ha disminuït.

32 L'estudi estadístic que es recull a la gràfica següent mostra l'evolució, al llarg dels últims anys, del nombre de mascotes canines que tenen les famílies:

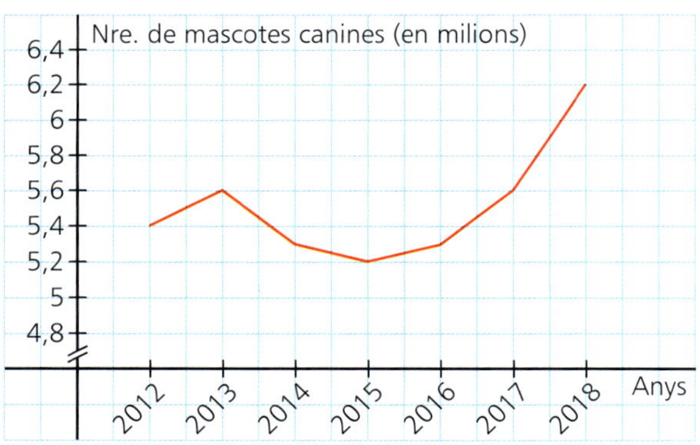

a. Quants gossos hi havia l'any 2013?

b. Quin any el nombre de mascotes era de 5,6 milions?

c. Quin any hi va haver el nombre més baix de mascotes canines? Quin va ser aquest nombre?

d. Assenyala els períodes de temps en els quals es va produir una pujada i una baixada en el nombre de mascotes.

33 La gràfica següent mostra la temperatura mitjana de Montblanc i Aitona al llarg d'un any:

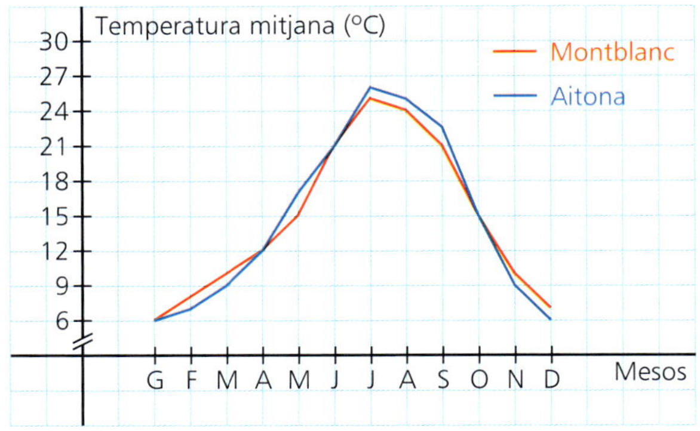

a. Quin mes es va assolir la temperatura màxima a les dues ciutats? I la mínima?

b. Determina en quins mesos va coincidir la temperatura mitjana de les dues ciutats. Indica quina va ser aquesta temperatura.

c. Durant quins mesos la temperatura de Montblanc va ser superior a la d'Aitona?

d. Indica els intervals de creixement i decreixement de la temperatura a totes dues ciutats.

34 ⊞ La gràfica següent mostra l'aigua embassada al pantà de Sant Joan al llarg d'un any:

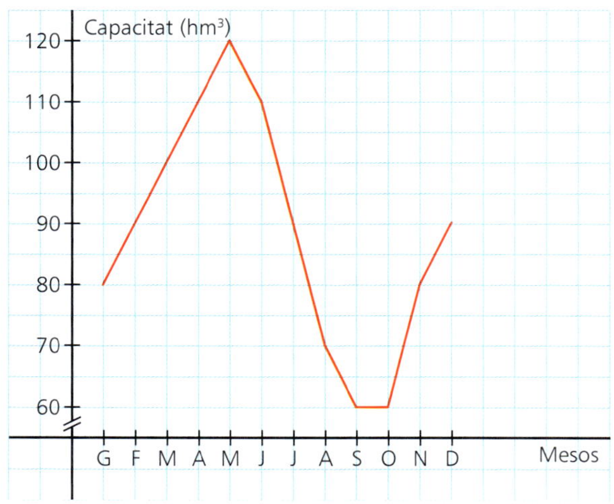

a. Quants hectòmetres cúbics hi havia al gener?

b. En quins mesos es van assolir els 110 hm^3 embassats?

c. Quan es va aconseguir la capacitat d'aigua embassada més alta? Quina va ser?

d. Quins mesos es va mantenir constant l'aigua embassada? Quants hectòmetres cúbics hi havia?

e. Indica en quins períodes de temps la capacitat d'aigua embassada va créixer i va decréixer.

f. Descriu breument la gràfica.

35 La gràfica següent mostra l'evolució de la temperatura d'un malalt a l'hospital al llarg d'una setmana:

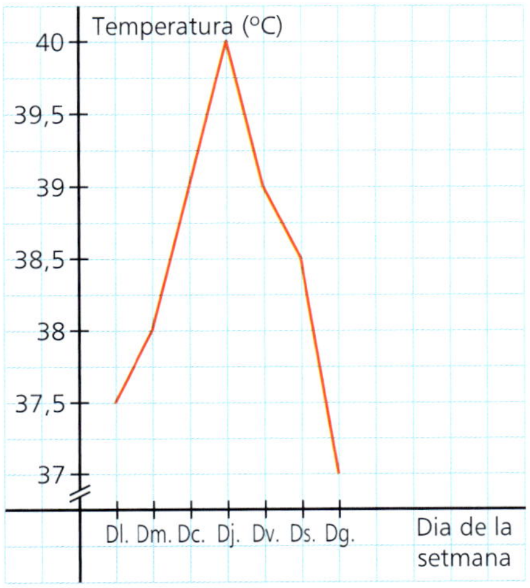

a. Quina temperatura tenia quan va arribar a l'hospital?

b. Quin dia de la setmana va assolir la temperatura màxima? Quina va ser?

c. Quan va tenir una temperatura de 39 °C?

d. Durant quins dies es va produir un augment de la temperatura?

e. Determina els intervals de temps durant els quals la temperatura va créixer i va decréixer.

36 La gràfica següent mostra una comparativa del volum de vendes de dos diaris de tirada nacional el mes de gener de cada any:

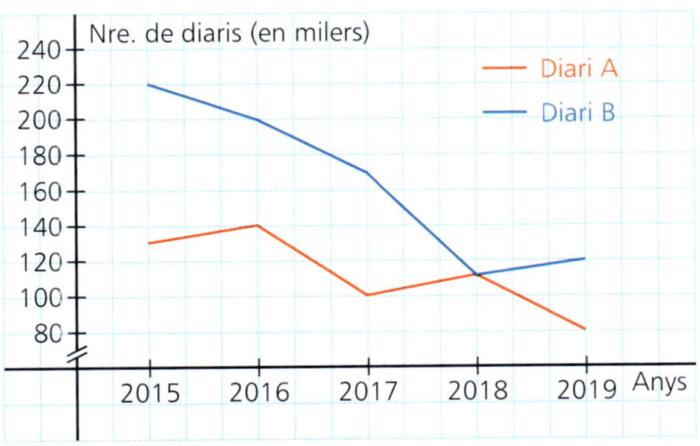

a. Quin any va tenir el nombre mínim i el nombre màxim de vendes cadascun dels dos diaris? Indica quants diaris es van vendre en aquestes dates.

b. Hi va haver cap any en què coincidissin les vendes de tots dos diaris? En cas afirmatiu, indica l'any i el nombre d'exemplars venuts.

c. Algun dels dos diaris va mantenir constants les vendes durant dos anys consecutius?

d. Determina els intervals de temps en què van augmentar i en què van disminuir les vendes de tots dos diaris.

37 La gràfica següent mostra l'evolució del nombre de turistes que han visitat Espanya i els Estats Units al llarg d'alguns anys de la dècada anterior:

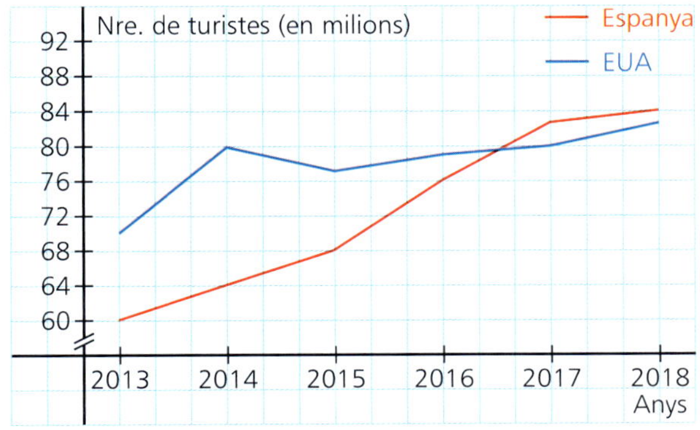

a. Quins anys els Estats Units van arribar als 78 milions de turistes? I Espanya als 76 milions?

b. Quants turistes van visitar Espanya el 2018? I quants van visitar els Estats Units?

c. Quin any va ser més gran la diferència entre el nombre de turistes de tots dos països?

d. Indica, per als dos països, si hi va haver algun període de temps en què el nombre de turistes disminuís respecte a l'any anterior.

e. En quin moment va coincidir el nombre de turistes dels dos països?

f. Descriu breument l'evolució en el nombre de turistes de tots dos països, comparant-ne les dades.

38 El consum d'electricitat, segons l'hora, de la família de l'Oriol durant aquest mes es representa a la gràfica que apareix a continuació:

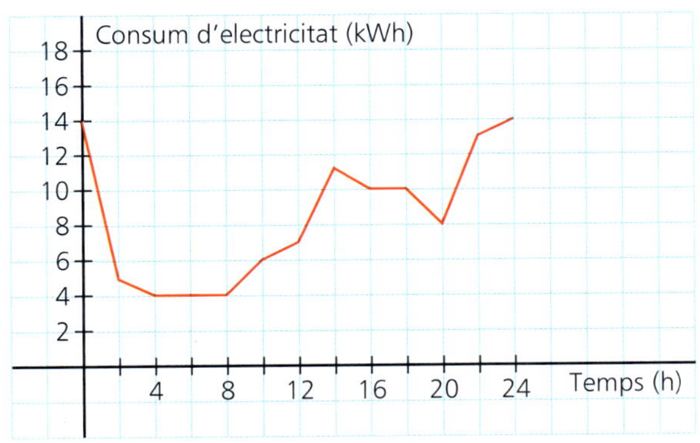

a. A quina hora del dia el consum d'electricitat va ser més elevat? Quants quilowatts es van consumir en aquesta hora?

b. En quins moments del dia hi va haver un consum de 8 kWh?

c. Quants quilowatts es van consumir al migdia? I a les 6 de la matinada?

d. Indica els períodes de temps en els quals es va mantenir constant el consum d'electricitat.

e. Determina'n els intervals de creixement i decreixement.

TREBALLEM LES COMPETÈNCIES

PLUGES ANUALS

La taula següent indica les precipitacions a la població de la Laura al llarg d'un any:

Mes	Precipitació (L/m^2)
Gener	43,0
Febrer	22,8
Març	37,9
Abril	145,8
Maig	50,8
Juny	27,8
Juliol	32,6
Agost	39,7
Setembre	94,2
Octubre	64,8
Novembre	53,1
Desembre	72,4

1 Representa les dades de la taula en una gràfica.

2 Identifica'n els mínims i els màxims.

3 Quin va ser el mes més plujós de l'any? I el més sec?

4 En quins mesos va ploure menys de 40 L/m^2?

5 Quina va ser la precipitació acumulada durant el darrer trimestre de l'any?

EL FONÒGRAF

Thomas A. Edison va crear el fonògraf l'any 1877. Va ser el primer aparell de la història capaç d'enregistrar i reproduir sons. El nom prové del grec i vol dir 'so escrit'.

El so, com qualsevol ona, necessita un medi per propagar-se, en aquest cas, l'aire. La velocitat del so no depèn únicament del medi, sinó també de la temperatura del medi. A continuació es mostra una taula amb la variació de la velocitat del so a mesura que augmenta la temperatura.

Temperatura (°C)	Velocitat del so a l'aire (m/s)
0	332
10	338
20	344
30	350
40	356

1 Representa la gràfica a partir de les dades de la taula.

2 Les magnituds temperatura-velocitat del so són directament proporcionals o inversament proporcionals?

3 Quina és la velocitat del so a 15 °C? I a –10 °C?

RÀDIO I TV

La gràfica següent correspon als percentatges de persones que miren la televisió o escolten la ràdio a determinades hores del dia.

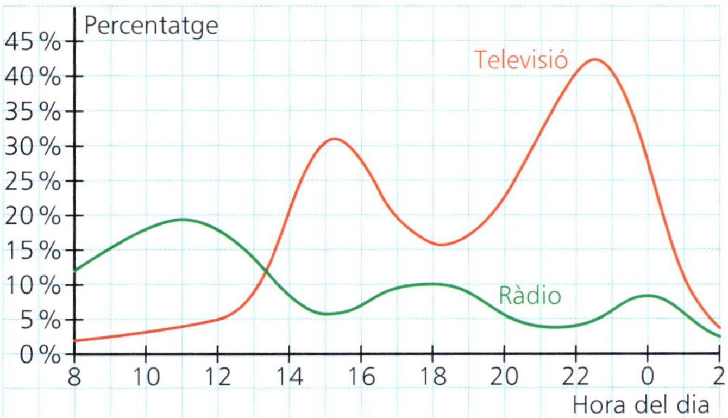

1 Descriu la corba corresponent a la televisió: on és creixent, on és decreixent, màxims, mínims, etc. Relaciona-la amb les activitats quotidianes diàries: llevar-se, anar a dormir, dinars, sopars, etc.

2 Fes el mateix amb la corba de la ràdio.

3 Compara les dues corbes.

EL CONCERT DE ROCK

La gràfica mostra el nombre d'assistents a un concert de música rock durant cinc dies.

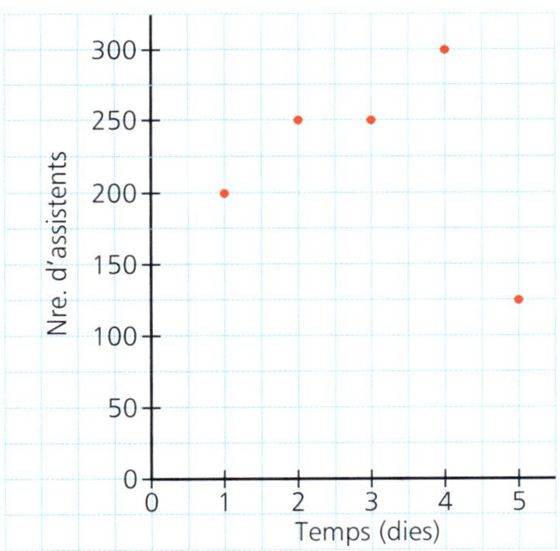

Indica quines de les afirmacions que segueixen són certes. Justifica'n la resposta.

1 La tendència ha estat creixent en el nombre d'assistents durant els quatre primers dies.

2 L'assistència el penúltim dia va ser màxima.

3 Cada dia es van superar els 50 assistents.

4 El tercer dia es van vendre 200 entrades.

5 Si cada entrada valia 45 €, el tercer dia es van recaptar 6 750 €.

6 Durant els primers dos dies hi van anar 225 persones.

7 En dos dies es van vendre 150 entrades.

APLIQUEM LES TIC

REPRESENTACIÓ GRÀFICA AMB GEOGEBRA

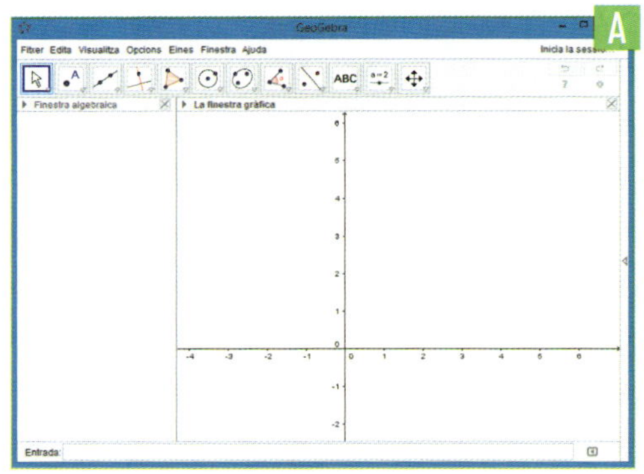

El programa GeoGebra permet representar gràficament punts, taules de valors i funcions.

Quan s'obre l'aplicació, apareix la pantalla (A).

A la part superior hi ha la **barra d'eines**:

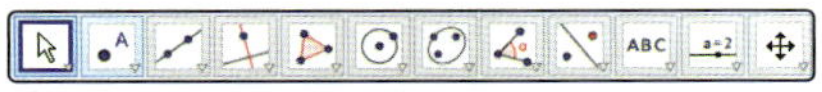

A la part inferior hi ha la barra d'**Entrada d'expressions**:

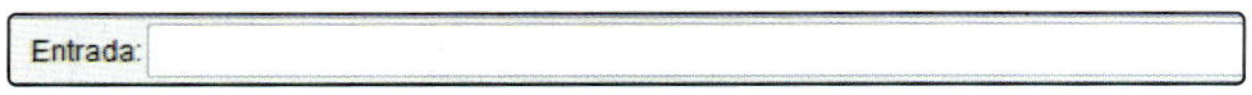

REPRESENTACIÓ D'UNA TAULA DE VALORS

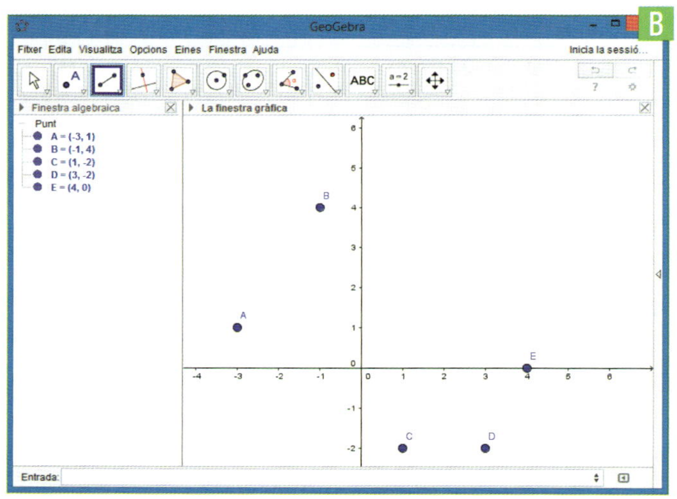

A l'hora de representar una taula de valors als eixos de coordenades, cal introduir cadascun dels punts.

Per representar un punt, s'escriu el punt (x , y) a la barra d'entrada i es prem la tecla *Intro*.

Per exemple, per representar el punt (–3 , 1):

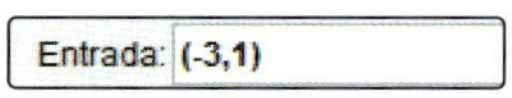

La pantalla (B) mostra la representació d'aquesta taula de valors

x	–3	–1	1	3	4
y	1	4	–2	–2	0

REPRESENTACIÓ DE LA GRÀFICA A PARTIR DE LA TAULA DE VALORS

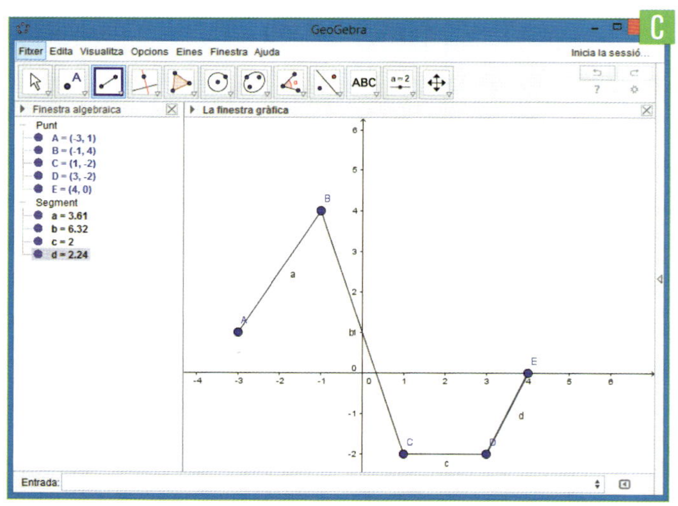

La taula de valors permet representar una funció de manera aproximada mitjançant segments.

Per fer-ho, es clica a la icona i se selecciona Segment. Es clica en un punt i s'uneix amb el següent. Si es repeteix el procés fins a unir tots els punts, es té la gràfica associada a aquesta taula de valors.

A la pantalla (C) apareixerà la gràfica aproximada de la funció.

1 Representa les funcions definides a partir de les taules de valors següents utilitzant GeoGebra:

a.

x	1	2	3	4	5
y	6	4	0	–2	3

b.

x	–4	–2	0	2	4
y	–2	1	–1	3	–4

AVALUACIÓ

1 Dibuixa uns eixos de coordenades cartesianes i representa-hi els punts següents:

A (1 , 4) B (0 , −6) C (−7 , 2) D (5, −3)

E (−1 , 0) F (1 , −1) G (−2 , −5) H (−4 , 4)

2 Determina les coordenades dels vèrtexs del pentàgon següent i indica en quin quadrant estan situats.

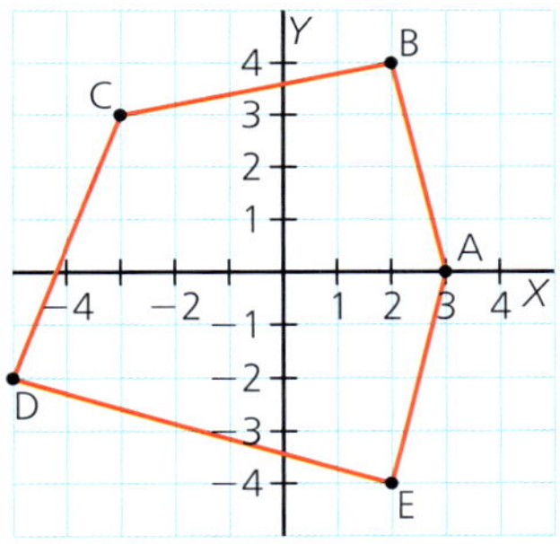

3 Escriu dos punts que compleixin les condicions que s'indiquen en cada cas:

a. Abscissa negativa i ordenada negativa.

b. Abscissa positiva i ordenada de valor 0.

c. Abscissa de valor el doble de l'abscissa.

d. Abscissa de valor la meitat de l'ordenada.

4 Indica si la relació entre els parells de magnituds següents és una funció o no:

a. El pes d'una persona i l'edat.

b. La longitud del costat d'un triangle equilàter i l'àrea.

c. La distància recorreguda per un atleta i el temps transcorregut.

d. Un nombre i els seus divisors.

5 Una garrafa de 5 litres d'oli d'oliva val 22,50 €.

a. Aquesta relació és una funció? Justifica'n la resposta.

b. Elabora una taula de valors on constin els litres d'oli i el preu.

c. Indica'n la variable independent i la variable dependent.

d. Troba'n l'expressió algebraica.

e. Determina quantes garrafes s'han comprat si s'han pagat 90 €.

6 L'Adrià beu 2,5 litres d'aigua al dia. Expressa aquesta funció en forma de taula i representa-la gràficament.

7 Troba l'expressió algebraica de la funció que associa a cada nombre:

a. El seu oposat més 6 unitats.

b. La meitat del nombre menys 5 unitats.

c. El quadrat d'una quarta part del nombre.

d. El cub del seu doble.

e. El seu doble més la seva meitat.

8 La gràfica següent mostra la velocitat mitjana d'un cotxe:

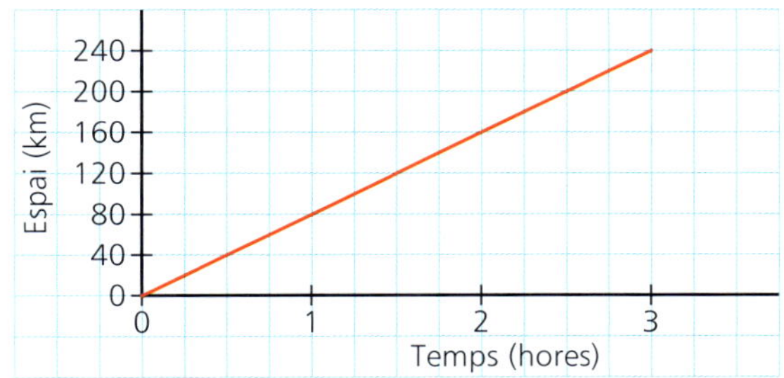

a. Representa la taula de valors de la funció.

b. Quants quilòmetres ha recorregut al cap de dues hores?

c. A quin tipus de variable correspon l'espai? I el temps?

d. Quantes hores ha d'estar circulant el cotxe per fer un recorregut de 400 km?

9 Donada la gràfica següent:

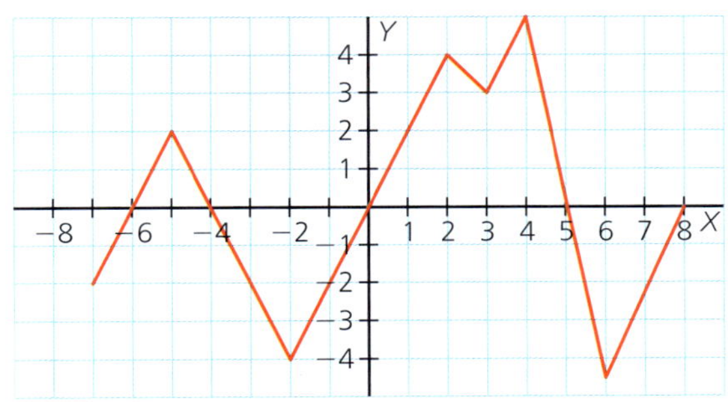

a. Determina si és una funció contínua.

b. Estudia el creixement i el decreixement de la funció.

c. Especifica'n els màxims i els mínims i indica'n els absoluts.

d. Determina'n els punts de tall amb els eixos.

10 Observa la gràfica següent, determina si són certes o falses les afirmacions següents i corregeix les falses.

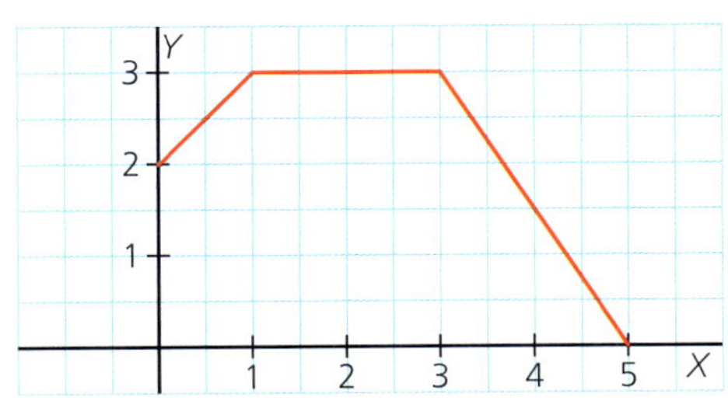

a. La funció és decreixent des de $x = 3$ fins a $x = 5$.

b. La funció té un màxim absolut a $x = 1$.

c. La funció es manté constant des de $x = 1$ fins a $x = 3$.

d. La funció no té mínims.

e. La funció és discontínua.

f. La funció no té punts de tall amb els eixos.

g. El punt (3 , 4) pertany a la funció.

09 FUNCIONS ELEMENTALS

LA VISTA
ÉS LA FUNCIÓ DELS ULLS,
PERÒ LA VISIÓ ÉS
LA FUNCIÓ DEL COR

HELEN KELLER

PRESENTAR

QUI ÉS QUI?

Abans d'opinar sobre alguna cosa o sobre algú, el millor és conèixer-ho. Així doncs, organitzats en grups de quatre, cada membre assumirà el paper d'una característica de les funcions quadràtiques i la presentarà a la resta de l'equip, indicant el que és (expressió algebraica, punt de tall, vèrtex, etc.). A veure qui té més seguidors després de la presentació.

CREAR

CADA OVELLA AMB LA SEVA PARELLA

Per relacionar cada funció amb la seva expressió algebraica, o a l'inrevés, us proposem que jugueu a un joc de memòria. D'aquesta manera, cada membre del grup dibuixarà quatre funcions en quatre cartolines i, després, les expressions algebraiques corresponents en quatre més. Heu de tenir en compte que totes les cartolines de tots els membres d'un equip han de ser iguals. Tot seguit, poseu les cartolines de cap per avall i, per torns, aixequeu-les de dues en dues: si són parella, les agafareu; en cas contrari, torneu-les a girar i el torn passarà al jugador següent. Guanya qui s'endugui més targetes.

CONÈIXER

L'INTRÚS

Us convidem a ser autors per un dia i a idear activitats amb continguts que repassin les representacions gràfiques de les funcions. Cada grup s'encarregarà de crear una funció de cada tipus i una d'«intrusa» que no correspongui a la representació de cap funció. El professor recollirà les representacions que hàgiu fet i s'encarregarà de passar-les a un altre equip. Cada grup ha de trobar l'«intrús» a la sèrie que li hagi tocat i n'ha de justificar la tria.

INVESTIGAR

LA FUNCIÓ MISTERIOSA

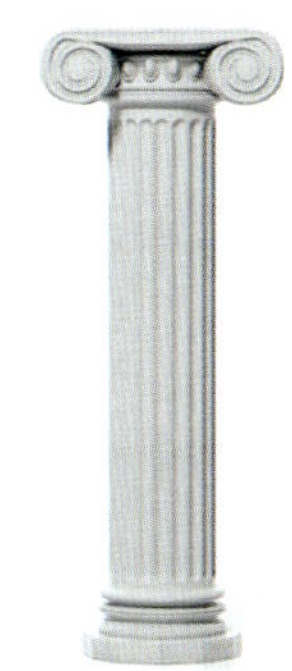

Amb motiu d'una excursió al Museu Grec, la professora us demana que busqueu informació sobre Apol·loni de Perge i sobre la funció que duu el seu nom i que enguany heu començat a estudiar. Amb aquest objectiu, us heu d'organitzar en grups per plasmar, després d'investigar les característiques d'aquesta funció, el resultat del vostre treball en un format digital atractiu i donar-lo a conèixer a la resta de la classe.

1 FUNCIONS LINEALS

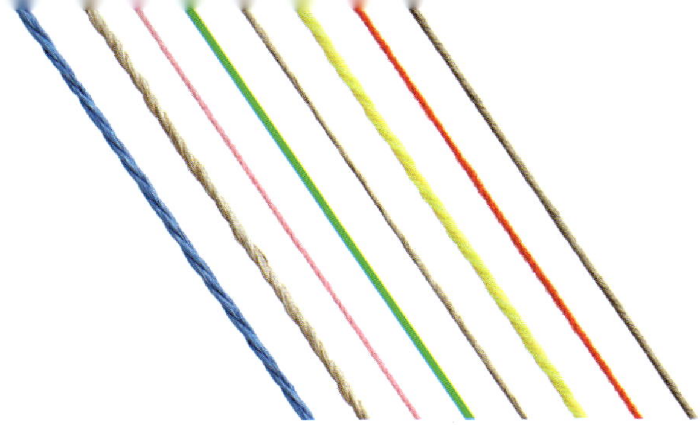

> Una **funció lineal** o de **proporcionalitat directa** és la que relaciona dues magnituds directament proporcionals. L'expressió algebraica és de la forma $y = mx$, en què m és la constant de proporcionalitat, anomenada **pendent** de la recta.

La representació gràfica de les funcions lineals és una **recta** que compleix les condicions següents:

- Passa per l'origen de coordenades, $O\,(0\;,\,0)$.
- El signe del pendent determina el creixement de la funció:

Creixement i posició en el pla

Si m > 0

La funció és **creixent** i passa pel primer quadrant i pel tercer.

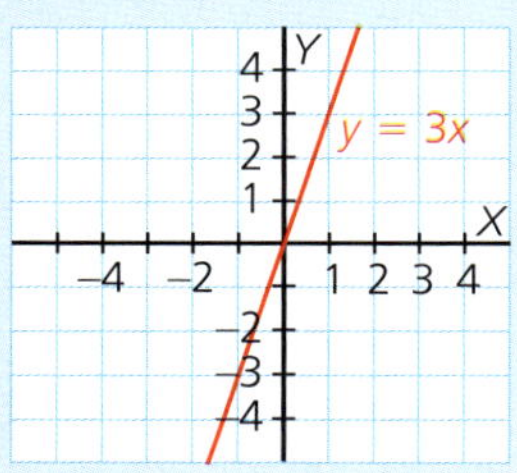

Si m < 0

La funció és **decreixent** i passa pel segon quadrant i pel quart.

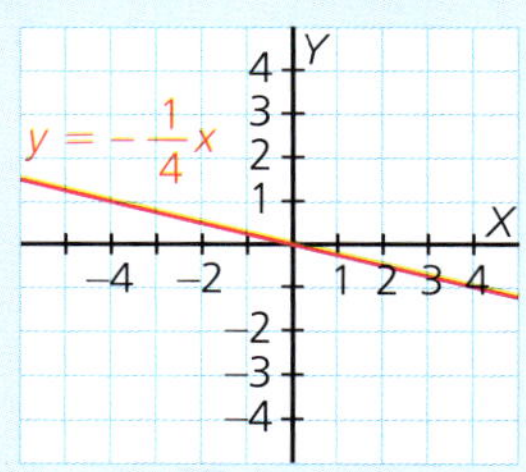

Si m = 0

La funció és **constant** i coincideix amb l'eix *X*.

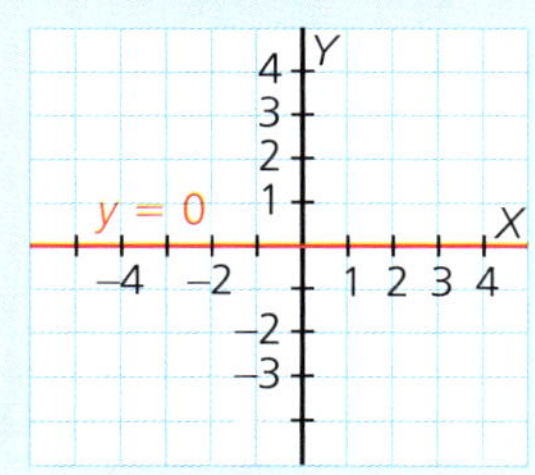

El pendent és la inclinació de la recta respecte a la part positiva de l'eix X i representa les unitats que s'incrementa o disminueix la variable dependent, y, per cada unitat que augmenta la variable independent, x.

Com més gran és el valor absolut del pendent, m, més inclinada és la recta respecte a l'eix X. Si observes les funcions que hi ha representades tot seguit, la funció $y = x$ té menys inclinació respecte a l'eix X que la funció $y = 2x$, la qual, al seu torn, té menys inclinació que la funció $y = 3x$:

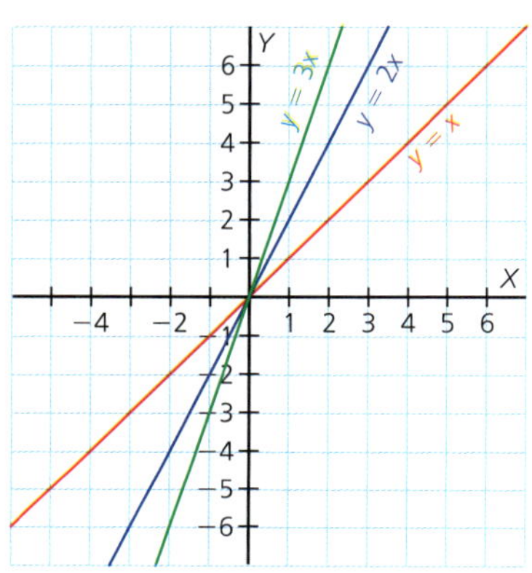

Activitat resolta

Indica si la relació entre les magnituds següents és una funció lineal:

a. Els quilos de taronges i el preu.

b. La velocitat d'un cotxe i el temps que tarda a recórrer una distància determinada.

a. Sí que és una funció lineal, perquè, si augmenta el nombre de quilos de taronges, també se n'incrementa el preu en la mateixa mesura.

b. No és una funció lineal, ja que, si augmenta la velocitat del cotxe, el temps que tarda a recórrer la distància disminueix en la mateixa mesura.

1.1 CÀLCUL DEL PENDENT A PARTIR DE LA RECTA

Per obtenir el valor del pendent de la recta, *m*, a partir de la seva gràfica, s'ha d'aïllar *m* de l'expressió algebraica de la funció $y = mx$, de manera que s'obté $m = \frac{y}{x}$. Així, doncs, n'hi ha prou amb substituir el valor d'un dels punts de la funció (a , b), diferent de l'origen.

$$y = mx \Rightarrow m = \frac{y}{x} \Rightarrow m = \frac{b}{a}$$

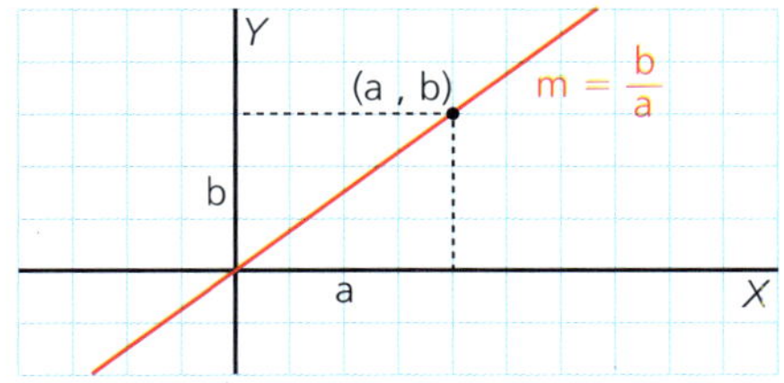

Activitats resoltes

1 **Determina l'expressió algebraica d'una funció lineal que passa pel punt P (–1 , 4). És creixent o decreixent?**

Com sabem, l'expressió algebraica d'una funció lineal és de la forma $y = mx$.

Per calcular el valor del pendent, se substitueix el punt (–1 , 4) en l'expressió:

$$m = \frac{y}{x} \Rightarrow m = \frac{4}{-1} = -4$$

Per tant, l'expressió algebraica de la funció lineal és $y = -4x$.

Com que el pendent és negatiu, la funció és decreixent.

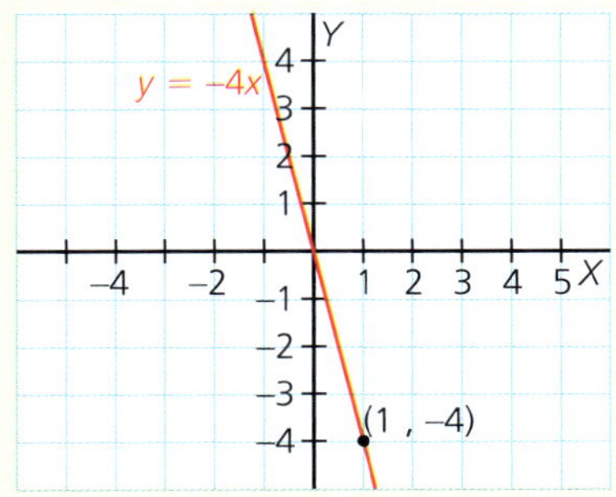

2 **Un paleta enrajola cada hora 4 m² de terra.**

a. Esbrina l'expressió algebraica de la funció que relaciona el temps i els metres quadrats de terra enrajolat. És una funció lineal?

b. Representa la gràfica de la funció.

c. Quantes hores tardaria el paleta a enrajolar el terra d'una casa de 136 m²?

a. Les magnituds *metres quadrats de terra* i *temps* són directament proporcionals, perquè, si augmenta el nombre d'hores, també s'incrementen els metres quadrats de terra enrajolats en la mateixa mesura. Per tant, la funció és lineal i la seva expressió és de la forma $y = mx$.

Es construeix la taula de valors, tenint en compte que la variable x, temps, només pot prendre valors més grans o iguals que zero:

x = temps (hores)	1	2	3	4	5	...	x
y = m² de terra	4	8	12	16	20	...	$4x$

Així, doncs, l'expressió algebraica de la funció és $y = 4x$.

b. Es representen els punts de la taula de valors en un eix de coordenades. Els punts es poden unir, ja que és possible enrajolar durant qualsevol període de temps.

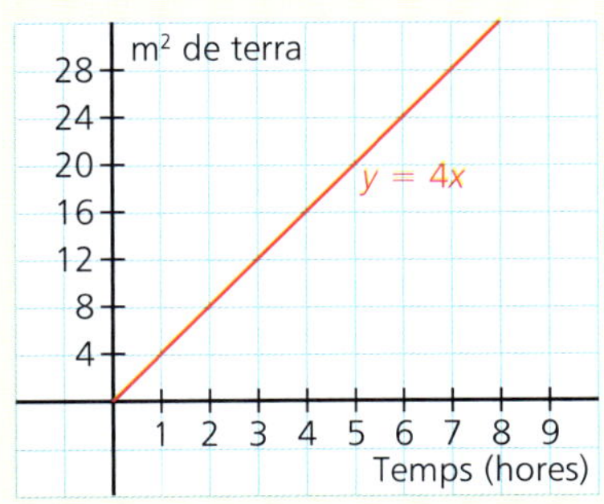

c. Per esbrinar el nombre d'hores, se substitueix la variable y per 136 en l'expressió de l'equació, $y = 4x$, i s'aïlla la variable x:

$$y = 4x \Rightarrow 136 = 4x \Rightarrow x = \frac{136}{4} = 34$$

Així, el paleta necessitaria 34 hores per enrajolar tot el terra.

2 FUNCIONS AFINS

Una **funció afí** és una funció que té una expressió algebraica de la forma $y = mx + n$, en què m és el pendent i n és l'ordenada a l'origen, és a dir, el valor de y quan $x = 0$.

La representació és una **recta** de pendent m que compleix aquestes condicions:

- Talla l'eix Y al punt (0 , n).
- El signe del pendent determina el creixement de la funció:

Observa

- Si $m \neq 0$ i $n = 0$, la funció és lineal.
- Si $m = 0$ i $n \neq 0$, la funció és constant.
- Si $m = 0$ i $n = 0$, la funció és constant i coincideix amb l'eix X.

Observa

Dues rectes que tenen el mateix pendent són paral·leles.

Creixement i posició en el pla

Si m > 0

La funció és **creixent**.

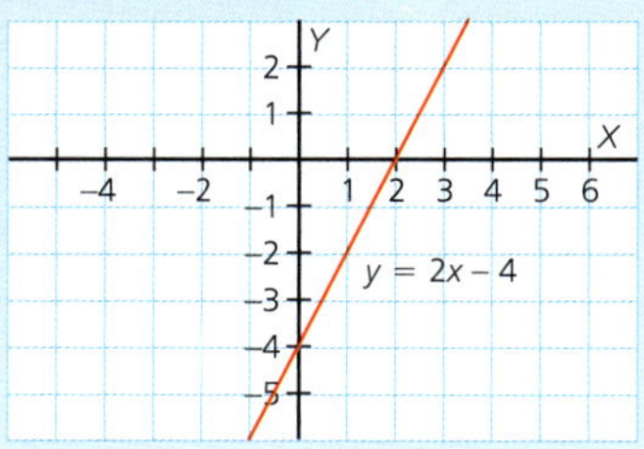

Si m < 0

La funció és **decreixent**.

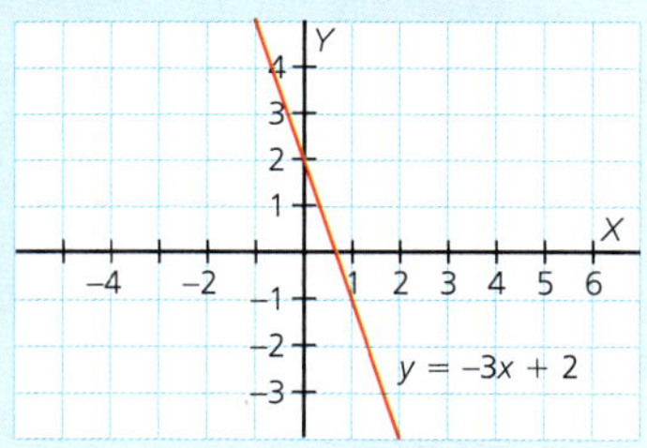

Si m = 0

La funció és **constant** i paral·lela a l'eix X.

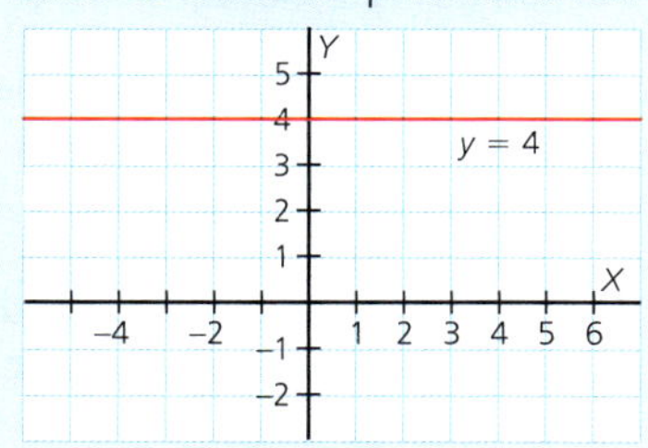

2.1 CÀLCUL DEL PENDENT A PARTIR DE LA RECTA

A partir de dos punts qualssevol de la recta, A (x_A , y_A) i B (x_B , y_B), se'n pot obtenir el pendent, que ve donat pel quocient entre la diferència dels valors de la variable y i la diferència dels valors de la variable x:

$$m = \frac{\Delta y}{\Delta x} = \frac{y_B - y_A}{x_B - x_A}$$

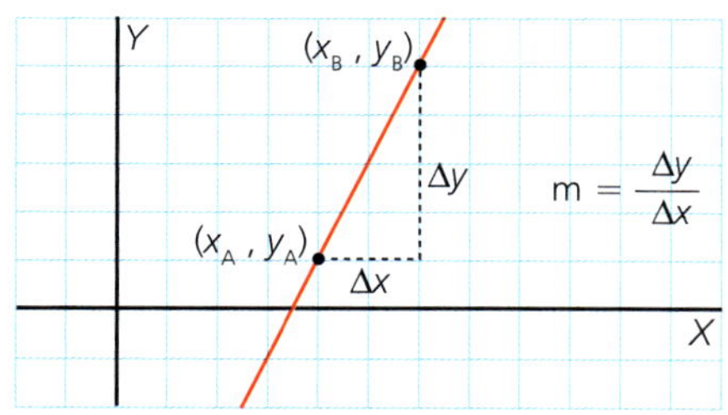

Activitat resolta

Determina l'expressió algebraica de la funció afí que passa pels punts P (1 , 7) i Q (0 , 4).

La funció és afí; per tant, la seva expressió és de la forma $y = mx + n$. En conseqüència, cal trobar el valor de m i n.

- El coeficient de x, m, és el pendent i es calcula com el quocient entre la variació de la variable y dels dos punts i la variació de la variable x:

$$m = \frac{7-4}{1-0} = \frac{3}{1} = 3$$

  Així, la funció afí té com a expressió algebraica $y = 3x + n$.

- Per calcular n, se substitueix un dels dos punts en l'expressió $y = 3x + n$, per exemple el punt (0 , 4), i s'aïlla n. Com que la funció és afí, passa pel punt de tall (0 , n) i el valor de n serà 4, $n = 4$.

  Per tant, l'expressió de la funció ve donada per $y = 3x + 4$.

Activitats resoltes

1 **Determina l'expressió algebraica d'una funció afí que passa pel punt P (1 , 5) i és paral·lela a la recta que té com a expressió $y = 4x - 5$.**

L'expressió algebraica d'una funció afí és de la forma $y = mx + n$. Així, doncs, s'ha de calcular el valor de m i n.

- Com que les rectes són paral·leles, presenten la mateixa inclinació respecte a l'eix d'abscisses, X. Per tant, tenen el mateix pendent.

  Així, atès que el pendent de la recta $y = 4x - 5$ és $m = 4$, la recta que busquem també tindrà per pendent $m = 4$ i l'expressió algebraica serà de la forma $y = 4x + n$.

- Per calcular el valor de l'ordenada a l'origen, n, se substitueix el punt P (1 , 5) en l'expressió de la recta, $y = 4x + n$, i s'aïlla n:

$$y = 4x + n \Rightarrow 5 = 4 \cdot 1 + n \Rightarrow n = 5 - 4 = 1$$

Per tant, l'expressió de la recta és $y = 4x + 1$.

Es representen totes dues rectes i es comprova que són paral·leles:

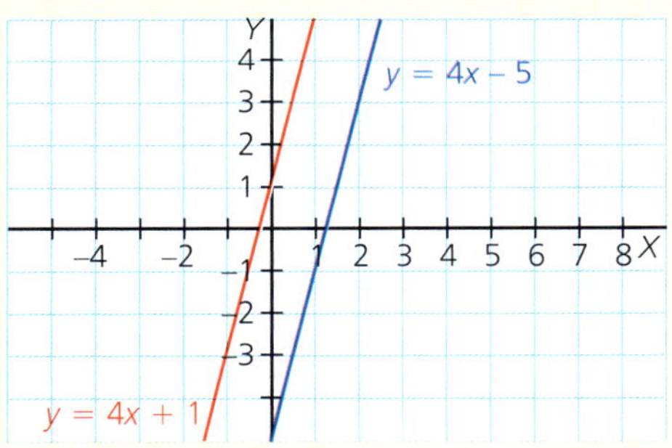

2 **Un tècnic de reparació de televisors cobra 20 € per la visita més 30 € per cada hora de treball. Esbrina l'expressió algebraica de la funció que relaciona el nombre d'hores treballades i el preu total i representa-la.**

Es construeix la taula de valors:

x = hores de treball	y = preu total (€)
1	$1 \cdot 30 + 20 = 50$
2	$2 \cdot 30 + 20 = 80$
3	$3 \cdot 30 + 20 = 110$
...	...
x	$x \cdot 30 + 20$

L'expressió algebraica de la funció que relaciona les hores de treball i el preu total pagat és $y = 30x + 20$.

Es representen els punts de la taula de valors en un eix de coordenades. Els punts es poden unir, ja que el tècnic pot treballar una fracció d'hora.

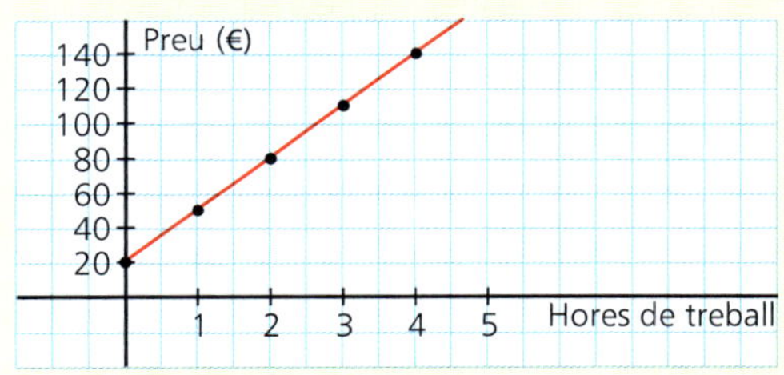

La gràfica és una recta que passa pel punt (0 , 20) i és creixent, perquè el pendent és positiu.

Crea unes targetes de funcions lineals i afins

- Per elaborar les targetes, necessites una cartolina.
- Crea 10 targetes com la del marge amb les caselles següents: funció, gràfica, pendent, ordenada a l'origen i punts de tall amb els eixos.
- Escriu, a cada targeta, l'expressió algebraica d'una funció lineal o afí.
- Entre el teu company i tu, intercanvieu-vos les targetes i completeu cada casella.
- Una vegada que tots dos hàgiu completat les 10 targetes, treballareu de manera conjunta per comprovar-ne els resultats i corregir-ne les dades incorrectes.

Tot seguit, resoleu les qüestions següents:

a. Classifiqueu les funcions en lineals o afins.

b. Què tenen en comú totes les funcions que comparteixen el mateix pendent?

c. Quines són creixents i quines, decreixents?

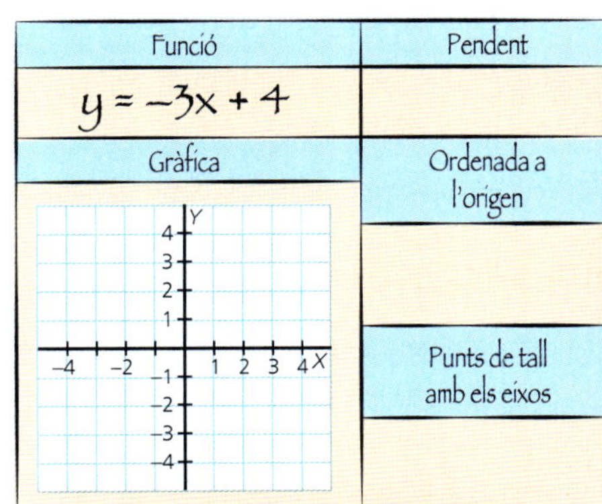

3 FUNCIONS QUADRÀTIQUES

Una **funció quadràtica** és la que té una expressió algebraica de la forma $y = ax^2 + bx + c$, en què $a \neq 0$.

La representació gràfica de les funcions quadràtiques és una **paràbola**.

El signe del coeficient de x^2, a, determina l'orientació de la paràbola.

Si a > 0

Les branques de la paràbola apunten cap amunt.

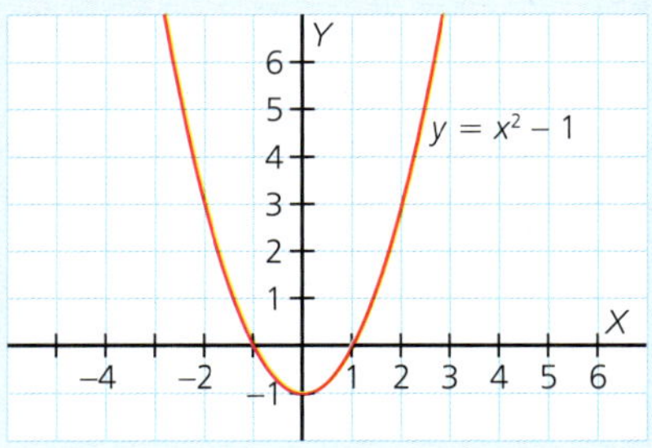

Si a < 0

Les branques de la paràbola apunten cap avall.

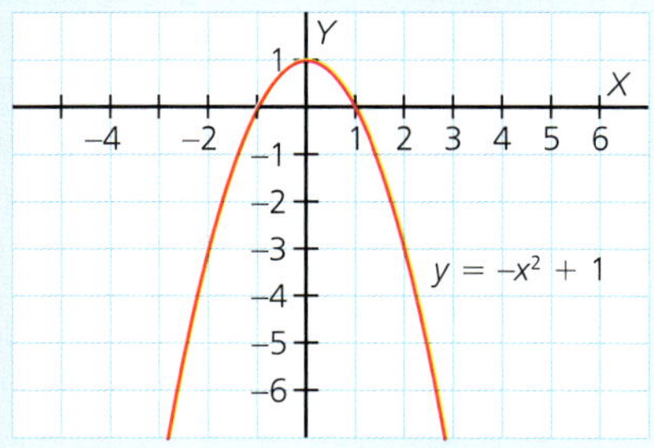

Obertura de la paràbola

Com més gran és el valor absolut del coeficient de x^2, a, més estreta és la paràbola. Si t'hi fixes, la paràbola $y = 2x^2$ és més estreta que la paràbola $y = x^2$, la qual, al seu torn, és més estreta que $y = \frac{1}{2}x^2$.

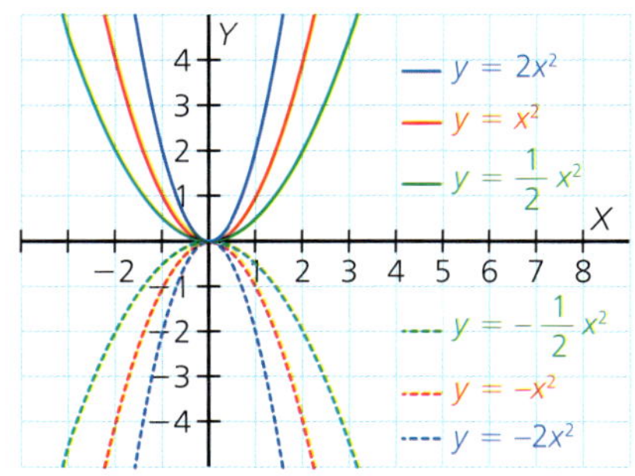

3.1 CÀLCUL DELS PUNTS DE TALL AMB ELS EIXOS DE COORDENADES

Per calcular els punts de tall de la gràfica amb els eixos, es procedeix de la manera següent:

Punt de tall amb l'eix *Y*

Es caracteritza perquè la variable x és zero, $x = 0$, és a dir, té la forma $(0, y)$.

Substituint $x = 0$ en l'expressió de la funció, resulta:

$$x = 0 \Rightarrow y = a \cdot 0^2 + b \cdot 0 + c = c$$

Per tant, el punt de tall és $(0, c)$.

Així, per exemple, per calcular el punt de tall de la funció $y = x^2 + 4x + 3$ amb l'eix *Y*, se substitueix la variable x per 0:

$x = 0 \Rightarrow y = 1 \cdot 0^2 + 4 \cdot 0 + 3 = 3$; en conseqüència, el punt de tall és $(0, 3)$.

Punt de tall amb l'eix *X*

Es distingeixen perquè la variable y és zero, $y = 0$, és a dir, té la forma $(x, 0)$.

Reemplaçant $y = 0$ en l'expressió de la funció, resulta:

$$y = 0 \Rightarrow ax^2 + bx + c = 0$$

Quan es resol l'equació de segon grau, es poden obtenir dues solucions, una o cap, és a dir, la funció talla l'eix *X* en dos punts, **A**; un, **B**, o cap, **C**.

A

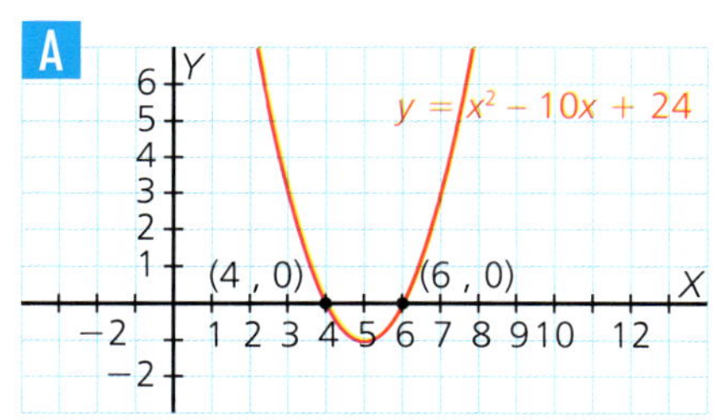

Dos punts de tall amb l'eix *X*: (4 , 0) i (6 , 0)

B

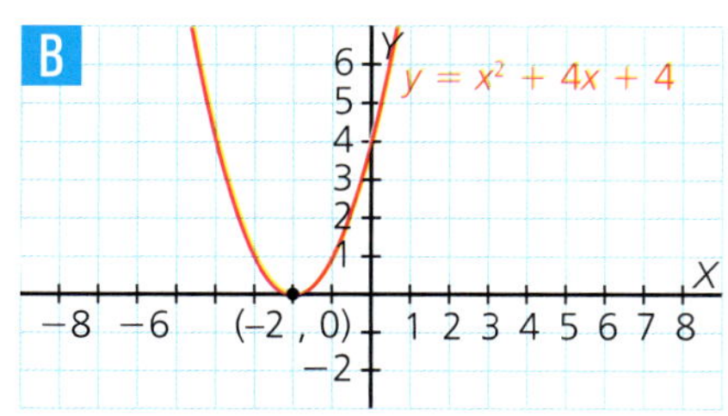

Un punt de tall amb l'eix *X*: (−2 , 0)

C

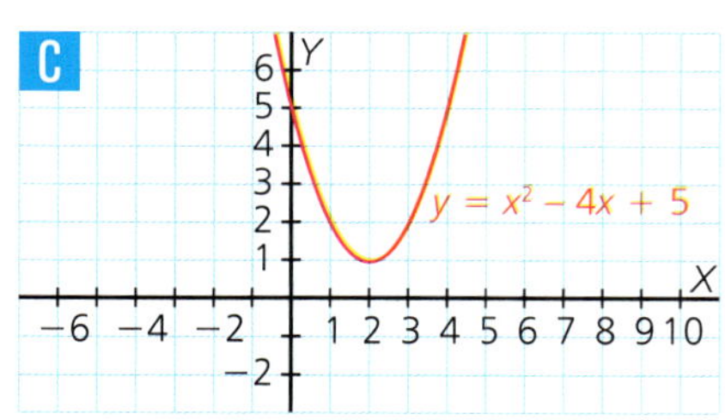

Cap punt de tall amb l'eix *X*.

3.2 CÀLCUL DEL VÈRTEX DE LA PARÀBOLA I DE L'EIX DE SIMETRIA

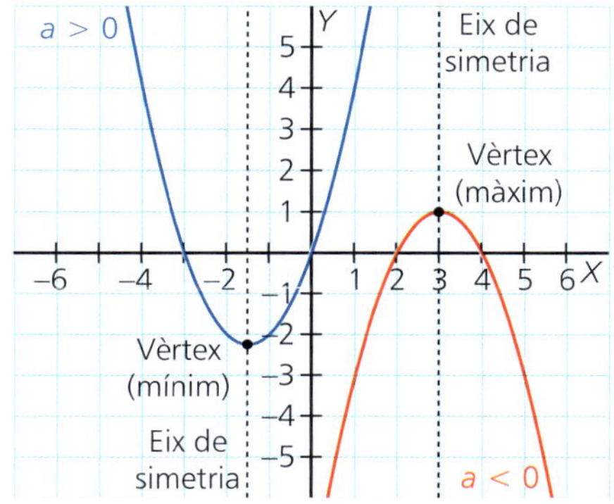

Un punt característic de les paràboles és el vèrtex, que és el punt més alt de la paràbola (màxim), si el coeficient a < 0, o el més baix (mínim), si el coeficient a > 0. Per calcular les coordenades del vèrtex, $V(x_V, y_V)$, se segueixen aquests passos:

- L'abscissa, x_V, es calcula mitjançant l'expressió $x_V = \frac{-b}{2a}$.
- Per calcular l'ordenada, y_V, se substitueix el valor obtingut de x_V en l'expressió de la funció $y = ax^2 + bx + c$:

$$y_V = a \cdot (x_V)^2 + b \cdot (x_V) + c$$

La paràbola és simètrica respecte de la recta vertical que passa pel vèrtex de la paràbola, $x = \frac{-b}{2a}$, anomenada eix de simetria de la paràbola.

Activitat resolta

El Jordi té 200 m de filat per tancar un terreny rectangular i plantar-hi blat. Quines han de ser les dimensions del terreny perquè l'àrea conreable sigui màxima?

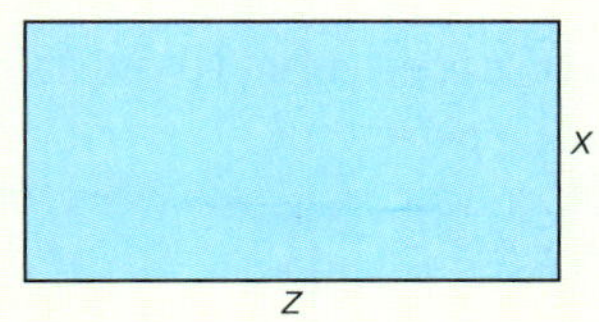

S'ha de considerar un rectangle que tingui una altura de *x* metres i una base de *z* metres.

La mida del filat, 200 m, coincideix amb el perímetre del terreny. Així:

$$2x + 2z = 200 \Rightarrow 2z = 200 - 2x \Rightarrow z = 100 - x$$

En conseqüència, les dimensions del rectangle són *x* i 100 – *x*. Per tant, l'àrea del terreny és:

$$y = x \cdot (100 - x) = 100x - x^2 = -x^2 + 100x$$

Així, doncs, es tracta d'una funció quadràtica. A més, com que el coeficient de x^2 és negatiu, el màxim s'assoleix al vèrtex de la paràbola, $V(x_V, y_V)$:

$$x_V = \frac{-b}{2a} \Rightarrow x_V = \frac{-100}{2 \cdot (-1)} = \frac{-100}{-2} = 50;\ y_V = -50^2 + 100 \cdot 50 = 2\,500$$

Atès que l'altura és $x = 50$ m, la base serà $z = 100 - x = 100 - 50 = 50$ m.

Per tant, el terreny estarà constituït per un quadrat de 50 m de costat.

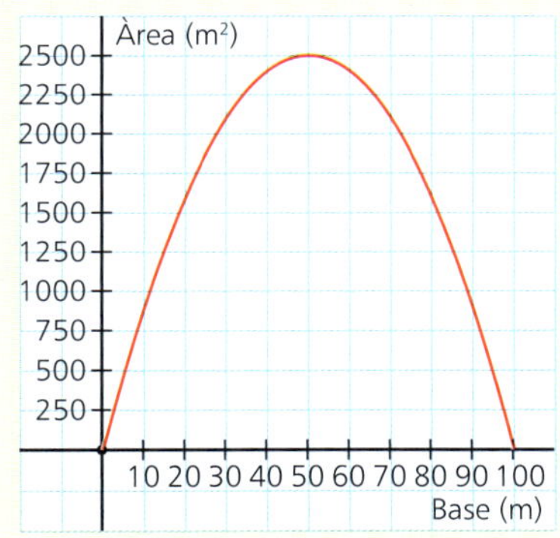

Determinar una funció quadràtica a partir dels seus elements

Esbrina la funció quadràtica que passa pel punt (0 , –5) i que té com a vèrtex *V* (–2 , –9).

Com que la funció és quadràtica, l'expressió algebraica serà de la forma $y = ax^2 + bx + c$.

Per tant, cal conèixer el valor dels coeficients *a*, *b* i *c*:

- Com que la funció passa pel punt (0 , –5), substituint en l'expressió algebraica, resulta:

$$-5 = a \cdot 0^2 + b \cdot 0 + c \Rightarrow c = -5$$

  Aleshores, c = –5 i la funció és $y = ax^2 + bx - 5$.

- Com que el vèrtex és *V* (–2 , –9):

$$x_V = \frac{-b}{2a} = -2 \Rightarrow -b = -4a \Rightarrow b = 4a$$

- D'altra banda, el vèrtex és un punt de la paràbola; en conseqüència, se substitueixen les coordenades del vèrtex en l'expressió $y = ax^2 + bx - 5$:

$$-9 = a \cdot (-2)^2 + b \cdot (-2) - 5 \Rightarrow 4a - 2b = -4 \Rightarrow 2a - b = -2$$

- Per calcular el valor de *a* i *b*, es resol el sistema format per les equacions:

$$\begin{cases} b = 4a \\ 2a - b = -2 \end{cases} \Rightarrow 2a - 4a = -2 \Rightarrow -2a = -2 \Rightarrow a = 1$$

  Com que $b = 4a \Rightarrow b = 4 \cdot 1 = 4$.

Per consegüent, a = 1, b = 4 i c = –5, i la funció quadràtica té com a expressió algebraica $y = x^2 + 4x - 5$.

4 FUNCIONS DE PROPORCIONALITAT INVERSA

Una funció de **proporcionalitat inversa** és la que relaciona dues magnituds inversament proporcionals. L'expressió algebraica és de la forma $y = \frac{k}{x}$, amb $k \neq 0$, en què k és la constant de proporcionalitat inversa.

La representació gràfica és una **hipèrbola** amb les característiques següents:

Creixement i posició en el pla

Si k > 0

La funció és **decreixent** i passa pel primer quadrant i pel tercer.

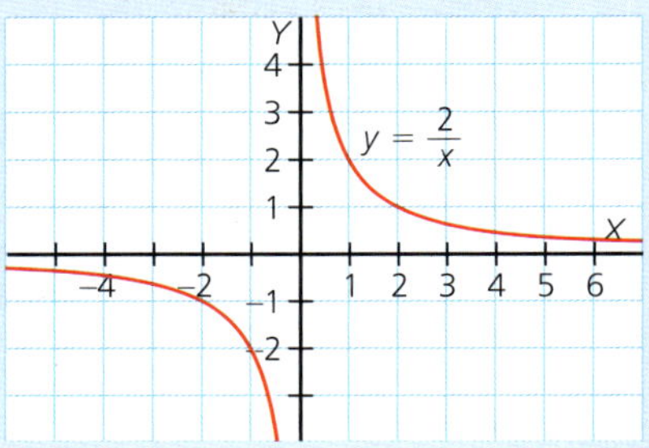

Si k < 0

La funció és **creixent** i passa pel segon quadrant i pel quart.

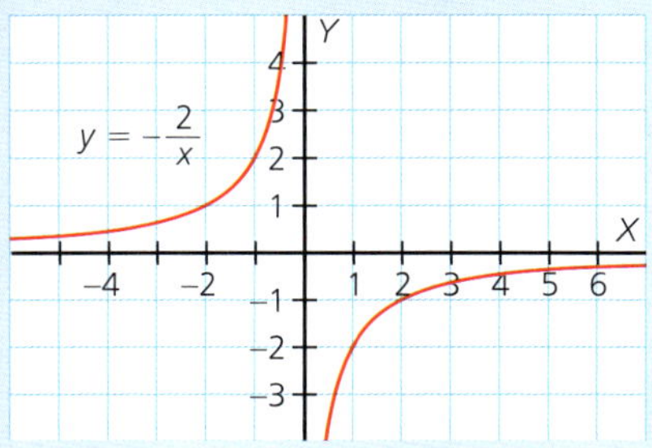

Discontinuïtat

La funció és **discontínua** a $x = 0$, perquè en aquest valor no existeix la funció, ja que no es pot dividir entre zero. La funció s'acosta cada vegada més a l'eix *Y*, per la dreta i per l'esquerra, a mesura que s'acosta a l'origen de coordenades, però sense arribar-lo a tallar.

Simetria

La funció és **simètrica** respecte de l'origen de coordenades o simètrica senar.

Activitats resoltes

1 Determina l'expressió algebraica de la funció de proporcionalitat inversa que hi ha representada a la gràfica.

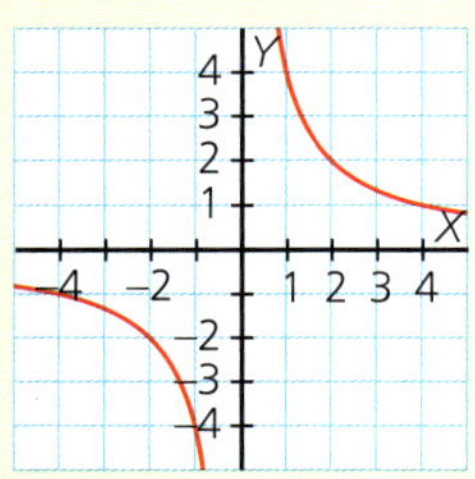

Com que la funció és de proporcionalitat inversa, l'expressió algebraica és de la forma $y = \frac{k}{x}$, amb $k > 0$, perquè la gràfica passa pel primer quadrant i pel tercer.

Per tant, cal trobar el valor de la constant *k*. Per fer-ho, es determina un punt qualsevol de la funció, per exemple el punt (1 , 4), i se substitueix a la funció:

$$y = \frac{k}{x} \Rightarrow 4 = \frac{k}{1} \Rightarrow k = 4 \cdot 1 = 4$$

Així, doncs, la funció és $y = \frac{4}{x}$.

2 L'Ariadna vol fer un recorregut de 20 km a peu. Elabora una taula de valors que relacioni el nombre d'hores i la velocitat a la qual camina, esbrina l'expressió de la funció que relaciona les dues magnituds i representa-la.

Són dues magnituds inversament proporcionals. L'expressió algebraica ve donada per la fórmula de la velocitat:

$$e = v \cdot t \Rightarrow v = \frac{e}{t} \Rightarrow y = \frac{20}{x}$$

Es construeix una taula de valors per al temps i la velocitat, tenint en compte que el nombre d'hores (*x*) i la velocitat (*y*) només poden adoptar valors positius:

x	*y*
2	10
4	5
5	4
10	2

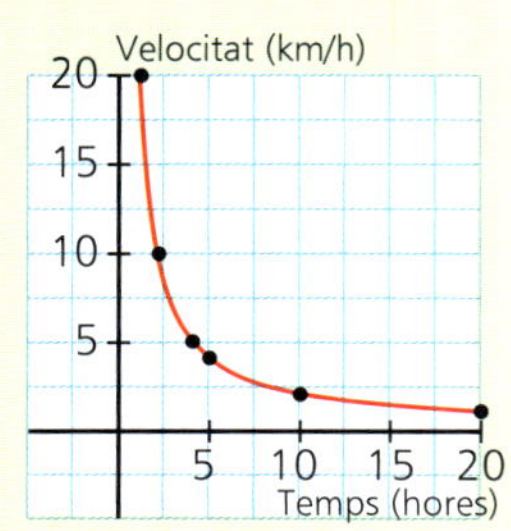

5 APLICACIONS DE LES FUNCIONS

En la vida quotidiana és possible trobar nombroses situacions reals que es poden resoldre a partir de funcions elementals: lineals, afins, quadràtiques i de proporcionalitat inversa. La seva representació gràfica permet obtenir informació d'una manera clara i senzilla. De vegades, cal analitzar simultàniament dos fenòmens anàlegs, i per això convé estudiar i comparar les dues funcions representades en una mateixa gràfica.

Activitat resolta

Per portar uns mobles a la seva casa del poble, el Víctor necessita llogar una furgoneta. Per fer-ho, ha demanat pressupost a dues empreses de transport: l'empresa A li cobra 100 € fixos més 50 ct. per cada quilòmetre recorregut, mentre que a l'empresa B ha de pagar 1 € per quilòmetre recorregut.

a. Escriu les expressions algebraiques de les dues funcions que relacionen el nombre de quilòmetres recorreguts i el preu. Quin tipus de funcions són?

b. Representa totes dues funcions en una mateixa gràfica.

c. Si el poble del Víctor fos a 150 km, quina de les dues empreses seria més rendible?

d. A quina distància hauria de ser el poble perquè el preu que cal pagar sigui el mateix a totes dues empreses? A quant puja aquest preu?

a. El preu que ha de pagar el Víctor pel lloguer de la furgoneta depèn del nombre de quilòmetres que faci per transportar els mobles; per consegüent, el preu serà la variable dependent, i els quilòmetres recorreguts, la variable independent.

Si x és la distància recorreguda en quilòmetres i y és el preu en euros, les funcions que relacionen els quilòmetres recorreguts i el preu són:

- Empresa A: $y = 0{,}50x + 100$; així, doncs, és una funció afí.
- Empresa B: $y = x$; per tant, és una funció lineal.

b. Es representen les dues funcions a la mateixa gràfica:

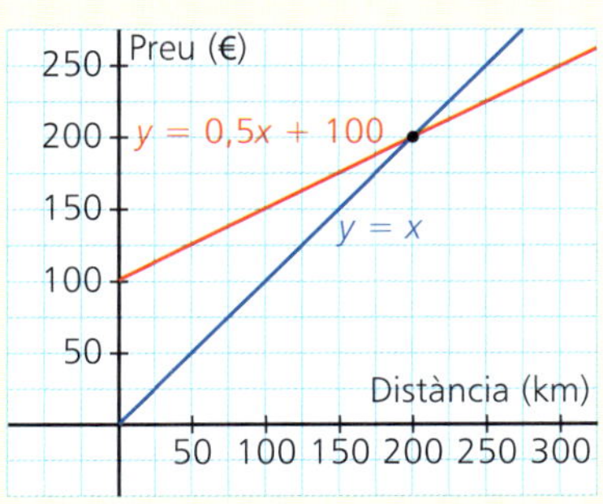

c. Si el poble fos a 150 km, seria més rendible l'empresa B, perquè el preu de la A pujaria a 175 €, mentre que a la B serien 150 €.

d. Les dues empreses cobrarien el mateix si la distància recorreguda fos de 200 km, perquè totes dues gràfiques es tallen en el punt (200 , 200). Així, en aquest punt quilomètric les dues empreses cobrarien 200 €.

Observa

En l'activitat s'han comparat dues funcions, una de lineal i una altra d'afí. Anàlogament, es podrien haver comparat dos fenòmens les gràfiques dels quals fossin funcions quadràtiques o de proporcionalitat inversa.

ACTIVI TATS

09 FUNCIONS ELEMENTALS

1 Funcions lineals

1 Indica si la relació entre les magnituds següents és una funció lineal:

a. El nombre d'excavadores que treballen i el temps que tarden a fer una rasa.

b. El temps que està oberta una aixeta i els litres que en ragen.

c. L'edat d'una persona i el seu pes.

d. Les màquines d'una empresa embotelladora i el nombre d'ampolles que preparen en un dia.

2 Copia i completa al teu quadern la taula de valors següent per a les funcions lineals $y = 7x$ i $y = -\frac{1}{2}x$ i representa-les:

x	−2	−1	0	1	2
y					

3 Representa la recta que passa pels punts A (−6 , −2) i B (3 , 1). Es correspon amb una funció lineal? En cas afirmatiu, quin n'és el pendent?

4 Calcula el pendent de les funcions proposades i indica, sense representar-les, si són creixents o decreixents. Tot seguit, representa-les gràficament per comprovar les teves respostes.

a. $y = 2x$ **d.** $y = -5x$ **g.** $y = -0{,}4x$

b. $y = -4x$ **e.** $y = 0{,}3x$ **h.** $y = 2{,}5x$

c. $y = -x$ **f.** $y = \frac{1}{2}x$ **i.** $y = -\frac{3}{5}x$

5 Poden ser paral·leles les rectes corresponents a dues funcions lineals? Justifica'n la resposta.

6 Esbrina les expressions algebraiques de les funcions lineals que passen pels punts P (−1 , 4) i Q (3 , −6), respectivament.

7 Determina les equacions d'aquestes funcions:

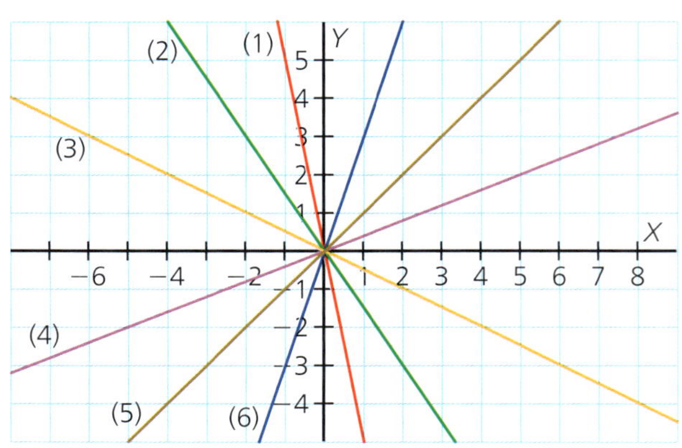

8 Associa cadascuna de les funcions lineals següents amb la gràfica corresponent:

a. $y = 2x$

b. $y = -4x$

c. $y = 0{,}5x$

d. $y = -\frac{1}{2}x$

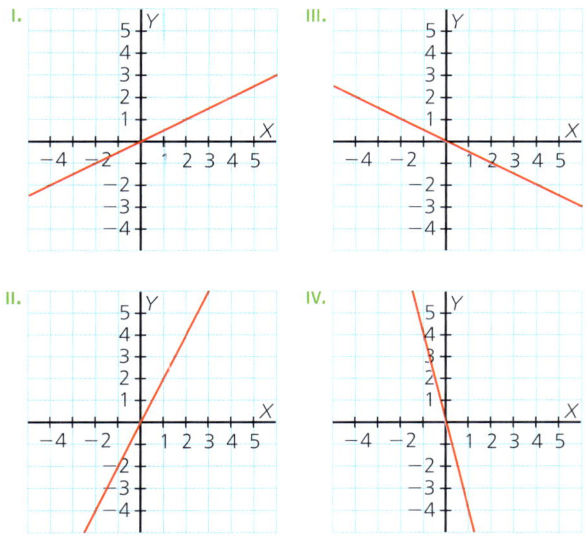

9 Completa al teu quadern les taules de valors següents, que corresponen a una funció lineal, i representa aquestes funcions a partir de les taules:

a.

x	–3	–2	–1	0	1	2
y	9				–3	

b.

x	–4	–2	–1	0	1	2
y	–1					$\frac{1}{2}$

10 Esbrina l'expressió algebraica que relaciona la longitud del costat d'un pentàgon regular i el seu perímetre.

11 La velocitat de descens d'un submarinista és de 24 m/min.

a. Determina l'expressió algebraica que relaciona el temps i la distància de la superfície a la qual es troba el submarinista.

b. A quina profunditat serà el submarinista quan hagin transcorregut 6 min?

c. Quant temps haurà passat si es troba a 312 m sota el nivell del mar?

12 Una pastisseria ven les magdalenes en capses de 6 unitats. Indica l'expressió algebraica de la funció que relaciona el nombre de capses i les magdalenes que conté cadascuna i representa-la a partir de la taula de valors. És possible ficar 200 magdalenes en capses sense que en sobri cap? Justifica'n la resposta.

2 Funcions afins

13 Donada la funció $y = 4x - 6$, quin dels punts següents pertany a la funció?

P (2 , 2) R (–1 , –10)

Q (0 , 6) S $\left(\frac{1}{2}, -4\right)$

14 Copia i completa al teu quadern les taules de valors següents i representa-les:

a.

x	–2	–1	0	1	2	3
$y = -x + 4$						

b.

x	–2	–1	0	1	2	3
$y = 2x - 1$						

15 Indica de quin tipus és cadascuna de les funcions que proposem tot seguit, determina'n el pendent i l'ordenada a l'origen i representa-les:

a. $y = x + 1$

b. $y = 5x - 2$

c. $y = -2x + 3$

d. $y = 2$

e. $y = -x - 3$

f. $y = 4x - \frac{1}{2}$

g. $y = -3$

h. $y = \frac{2}{3}x + 4$

i. $y = -1 + 3x$

16 Associa cadascuna de les funcions afins següents amb la recta corresponent:

a. $y = x + 4$

b. $y = -x + 2$

c. $y = -2x + 3$

d. $y = \frac{1}{3}x - 1$

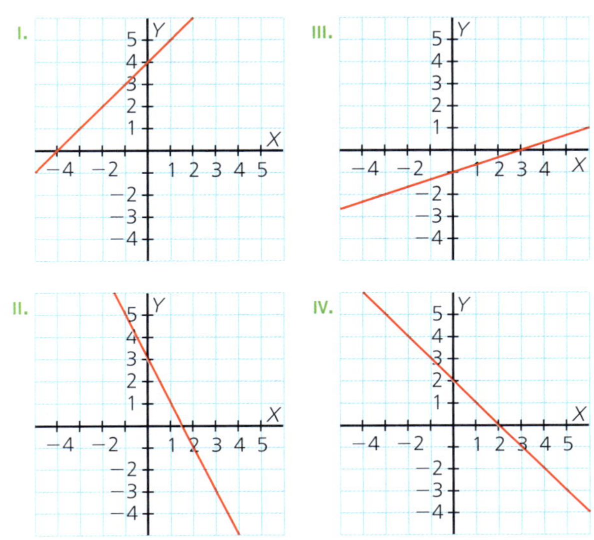

17 Representa les funcions $y = 4x - 5$ i $y = -2x + 7$ a la mateixa gràfica i determina en quin punt es tallen.

18 Relaciona les expressions algebraiques següents amb les funcions corresponents:

a. $y = 3x + 2$ **c.** $y = -2x - 4$ **e.** $y = 1$

b. $y = -x + 1$ **d.** $y = -5$ **f.** $y = x - 3$

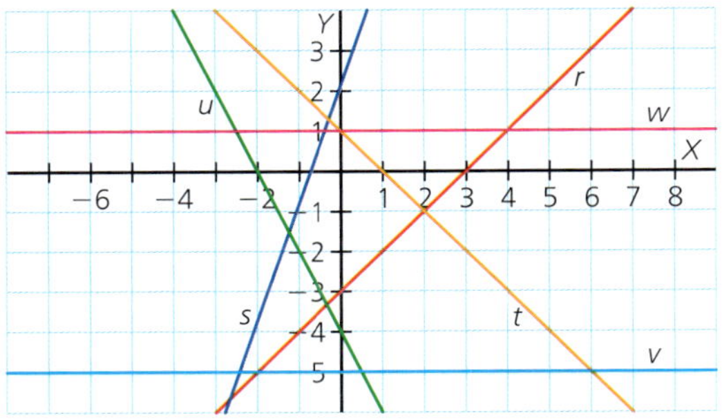

19 Dibuixa, en cada cas, una funció afí que tingui:

a. Pendent positiu i ordenada a l'origen positiva.

b. Pendent positiu i ordenada a l'origen negativa.

c. Pendent negatiu i ordenada a l'origen positiva.

d. Pendent negatiu i ordenada a l'origen negativa.

20 Dibuixa, als mateixos eixos de coordenades, les funcions $y = x + 2$, $y = x - 3$ i $y = x$. Com són les tres rectes? Justifica'n la resposta a partir de les seves expressions algebraiques.

21 ⊞ Determina l'expressió algebraica d'una funció afí que passi pel punt P (–1 , –3) i que sigui paral·lela a la recta de la funció $y = 4x - 5$.

22 ⊞ Escriu l'expressió de les funcions següents:

a.

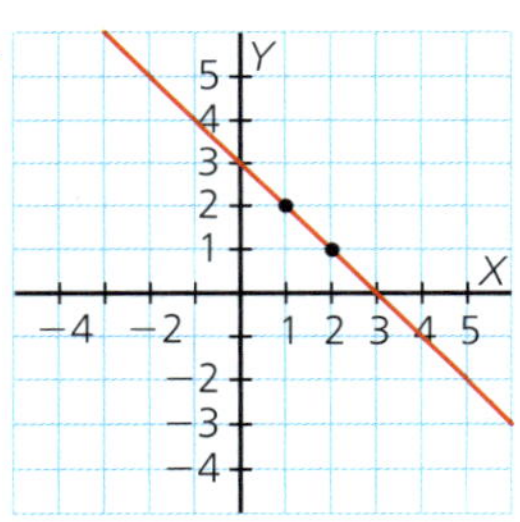

b.

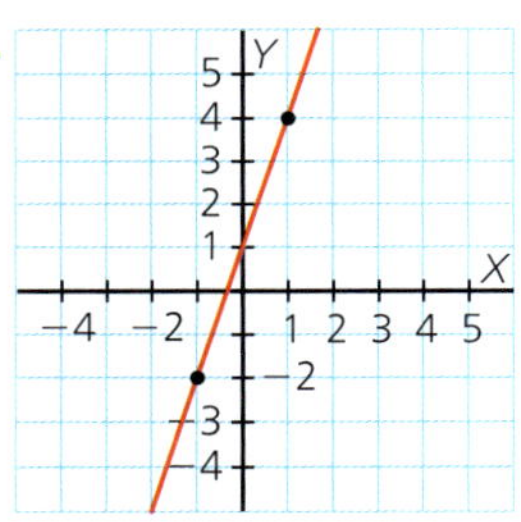

23 ⊞⊞ Esbrina les expressions de les funcions que compleixen aquestes condicions:

a. El pendent és m = 5, i l'ordenada a l'origen val –3.

b. És paral·lela a la recta d'expressió $y = -4x + 5$, i l'ordenada a l'origen és 2.

c. El pendent és m = –1 i passa pel punt P (2 , 0).

24 ⊞ Representa les funcions $y = x + 1$, $y = 2x - 3$ i $y = -x - 3$ a la mateixa gràfica.

a. Calcula les coordenades dels punts de tall determinats per cada parell de rectes.

b. Considera el triangle que té com a vèrtexs els punts de tall de l'apartat anterior, i classifica'l segons la mesura dels angles.

25 ⊞⊞ Determina l'expressió algebraica de les rectes representades a la gràfica següent:

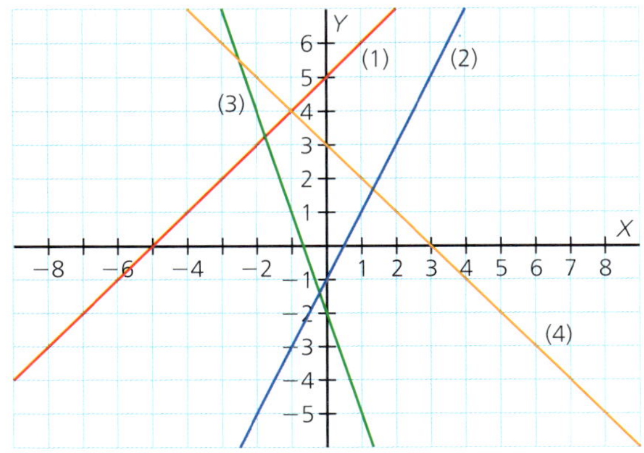

26 ⊞⊞ Determina l'expressió algebraica de les funcions lineals que passen pels punts:

a. P (2 , –1) i Q (5 , 2)

b. P (1 , –3) i Q (3 , 1)

c. P (2 , 0) i Q (1 , 3)

d. P (2 , 4) i Q (4 , 5)

27 ⊞ La Laura vol viatjar aquest estiu a Roma i es disposa a comprar el bitllet per internet. El preu del bitllet és de 50 €, als quals cal sumar 5 € de despeses de tramitació per tots els bitllets comprats. Determina l'expressió de la funció que relaciona el nombre de bitllets i el preu que cal pagar-ne.

28 ⊞ L'Aleix ha contractat una electricista perquè li faci tota la instal·lació de casa seva. La seva tarifa és de 40 € l'hora més 300 € per despeses de material.

a. Determina l'expressió de la funció que relaciona el temps i el preu de la factura.

b. Si el pressupost de l'electricista és de 1 140 €, quantes hores preveu que necessitarà per completar la instal·lació?

29 ⊞ L'Izan vol enviar un paquet a la seva germana, que estudia a Berlín. La tarifa d'enviament depèn del pes del paquet i puja a 5 € per quilo més 10 € en concepte d'embalatge.

a. Determina l'expressió de la funció que relaciona el pes del paquet i el preu d'enviament.

b. Construeix una taula de valors i representa'n la funció.

30 ⊞ En el moment d'apuntar-se a l'equip de bàsquet del seu barri, la Noa ha de pagar 30 € en concepte de taxa d'inscripció. Si la quota mensual és de 40 €, quina és l'expressió algebraica de la funció que relaciona el nombre de mesos i els diners desemborsats? Quant haurà pagat en total la Noa quan faci 5 mesos que és a l'equip?

31 TIC ⊞⊞ La temperatura es pot mesurar en graus Kelvin, Celsius o Fahrenheit. Esbrina quina és l'expressió algebraica que relaciona la temperatura en graus Celsius i Kelvin i la que relaciona graus Celsius i Fahrenheit.

32 La factura mensual de l'aigua d'un habitatge depèn dels metres cúbics consumits i d'altres despeses fixes que sumen 15 €. Tenint en compte que el preu del metre cúbic és de 0,50 €:

a. Elabora una taula de valors que relacioni el nombre de metres cúbics d'aigua consumits i el preu total de la factura.

b. Escriu-ne l'expressió algebraica.

c. Si aquest mes el consum d'aigua ha estat de 80 m^3, quin és el preu de la factura?

d. Si el mes passat van pagar 65 €, quants metres cúbics d'aigua van consumir?

3 Funcions quadràtiques

33 Indica, sense representar les funcions següents, en quants punts tallen l'eix X i calcula'ls:

a. $y = x^2 + 9$

b. $y = x^2 - 5x$

c. $y = x^2 - 6x + 9$

d. $y = 2x^2 + 5x - 3$

34 Esbrina els punts de tall amb els eixos de les funcions quadràtiques següents:

a. $y = 2x^2 - 2$

b. $y = x^2 - 3x + 2$

c. $y = 4x^2$

d. $y = x^2 - 5x + 6$

e. $y = x^2 - 9$

f. $y = x^2 - 4x$

35 Determina el vèrtex d'aquestes funcions quadràtiques:

a. $y = 6x^2$

b. $y = 3x^2 - 1$

c. $y = x^2 + 4x + 3$

d. $y = 3x^2 - 6x - 5$

e. $y = x^2 - 8x$

f. $y = x^2 - x - 2$

36 Representa gràficament les funcions quadràtiques que segueixen:

a. $y = -3x^2$

b. $y = 5x^2$

c. $y = 0{,}1x^2$

d. $y = \frac{5}{2}x^2$

e. $y = -1{,}2x^2$

f. $y = -\frac{1}{3}x^2$

37 Associa cada funció amb la gràfica corresponent.

a. $y = -2x^2$ b. $y = x^2 - 3x$ c. $y = x^2 - 2$

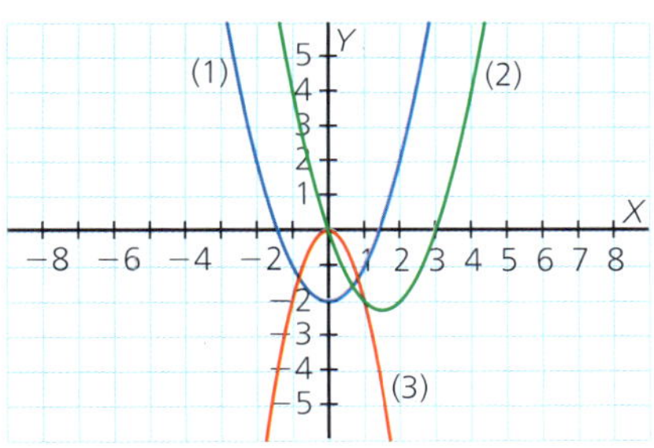

38 Representa les funcions següents i determina, en cada cas, els punts de tall i el vèrtex de la paràbola:

a. $y = x^2 + x - 2$

b. $y = 2x^2 - 8$

c. $y = 3x^2 - 6x + 8$

d. $y = 3x^2 + 4x + 1$

e. $y = x^2 - 5x$

f. $y = x^2 + 3$

39 Ordena de més a menys les funcions $y = 3x^2$, $y = 2x^2$, $y = -x^2 + 2$ i $y = -4x^2 - 5$, segons l'obertura de les branques.

40 Observa les expressions de les funcions $y = 4x^2$, $y = -2x^2 + 3$, $y = 5x^2 - 1$ i $y = x^2 + 3$ i determina:

a. Quines paràboles tenen les branques apuntant cap amunt? Quina té l'obertura més gran?

b. Quines tenen el mateix punt de tall amb l'eix Y?

41 Representa, en els mateixos eixos de coordenades, les gràfiques de les funcions $y = -2x^2$, $y = -2x^2 + 2$ i $y = -2x^2 - 2$. En què s'assemblen i en què es diferencien les gràfiques? Què tenen a veure aquestes diferències amb les seves expressions?

42 Determina, en cada cas, la funció quadràtica que compleix aquestes condicions:

a. Passa pel punt A (0 , –1) i té el vèrtex a V(2 , –5).

b. Passa pels punts A (0 , 3), B (2 , 1) i C (1 , 10).

43 Esbrina l'expressió de les paràboles següents:

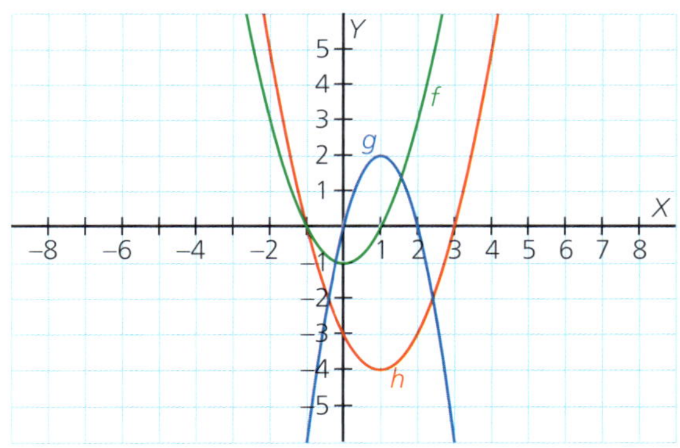

44 Calcula el valor de m perquè la funció $y = x^2 + mx - 1$ passi pel punt P (–1 , 1).

45 Existeix algun valor enter de a per al qual la funció $y = ax^2 + ax + a$ passi pel punt P (3 , 2)?

46 Escriu l'expressió algebraica de la funció que relaciona l'àrea d'un cercle i el seu radi.

47 Determina, en cada cas, l'expressió algebraica de la funció que relaciona un nombre amb:

a. El producte d'aquest nombre pel seu consecutiu.

b. La suma dels quadrats d'aquest nombre, el que l'antecedeix i el que el segueix.

48 ⊞ La suma de dos nombres és 20. Considera el producte dels dos nombres. Determina l'expressió algebraica que relaciona un dels nombres i el producte de tots dos. Quin tipus de funció és?

49 ⊞ El benefici d'una empresa de calçat esportiu ve donat per la funció $y = -4x^2 + 2\,000x$, en què x és el nombre de parells de vambes venudes. Determina quina quantitat de parells de vambes cal vendre per obtenir el màxim benefici i calcula'l.

50 ⊞⊞ La suma dels catets d'un triangle rectangle és de 12 cm. Esbrina l'expressió que relaciona l'àrea del triangle i un dels catets i representa-la.

51 ⊞⊞ Es volen dibuixar tots els rectangles que tinguin una base i una altura que sumin 8 cm.

a. Tots els rectangles tenen la mateixa àrea?

b. Escriu l'expressió algebraica de la funció que relaciona la base del rectangle i l'àrea i representa aquesta funció.

4 Funcions de proporcionalitat inversa

52 Indica quina és la constant de proporcionalitat inversa de les funcions proposades i en quins quadrants se situen. Tot seguit, representa-les.

a. $y = \frac{3}{x}$

c. $y = \frac{4}{x}$

b. $y = \frac{-1}{x}$

d. $y = \frac{-10}{x}$

53 Associa cadascuna d'aquestes funcions amb la gràfica que hi correspongui:

a. $y = \frac{5}{x}$ b. $y = \frac{-2}{x}$ c. $y = \frac{4}{x}$ d. $y = \frac{-1}{x}$

I.

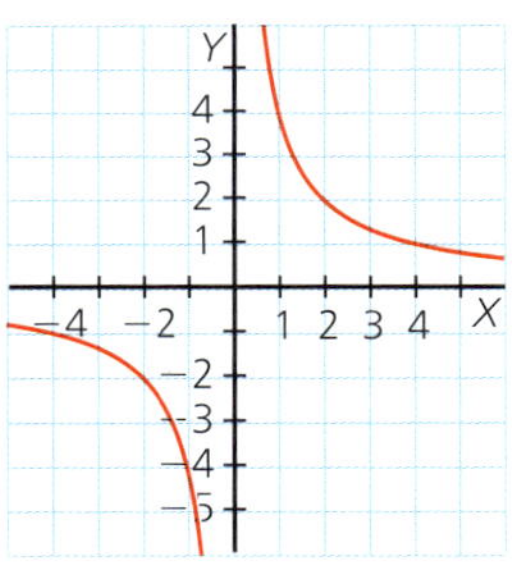

III.

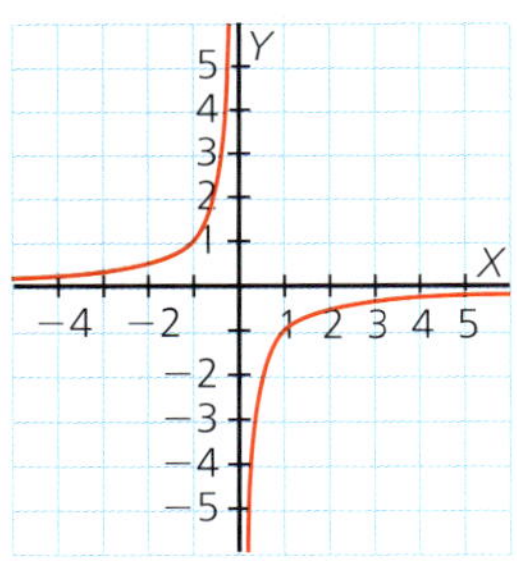

II.

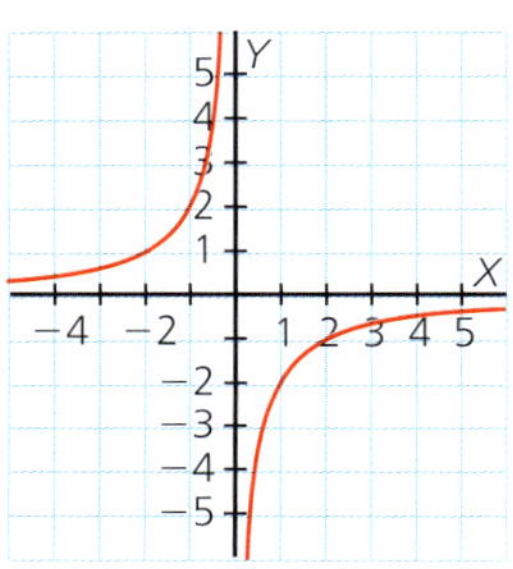

IV.

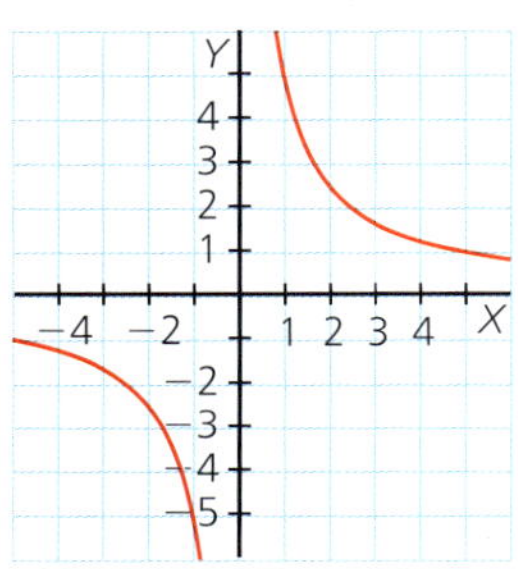

54 Copia i completa al teu quadern les taules de valors següents, que corresponen a una funció de proporcionalitat inversa:

a.

x	−6	−3	−2	1	2	6
y			3			

b.

x	−15	−5	−3	1	3	5
y					5	

I. Indica, en cada cas, l'expressió algebraica de la funció.

II. Representa gràficament totes dues funcions.

55 Donada la funció $y = \frac{8}{x}$:

a. Elabora'n una taula de valors.

b. Indica, sense representar-la, si és creixent o decreixent.

c. Representa-la i comprova si has encertat la teva resposta en l'apartat anterior.

56 Representa en els mateixos eixos de coordenades les funcions $y = \frac{3}{x}$ i $y = \frac{-3}{x}$. Què tenen en comú?

57 Determina l'expressió algebraica de les funcions de proporcionalitat inversa següents:

a.

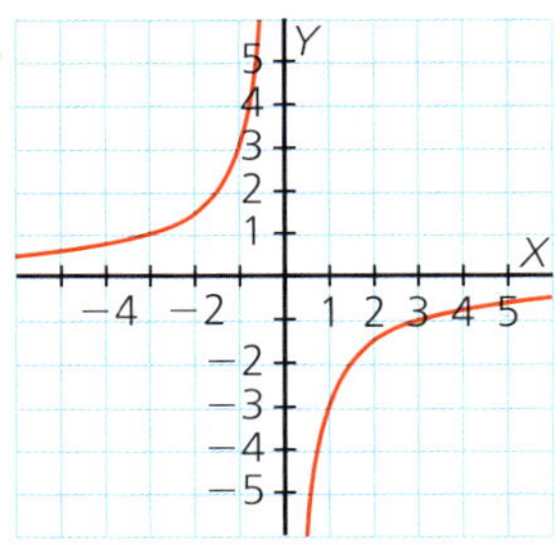

b.

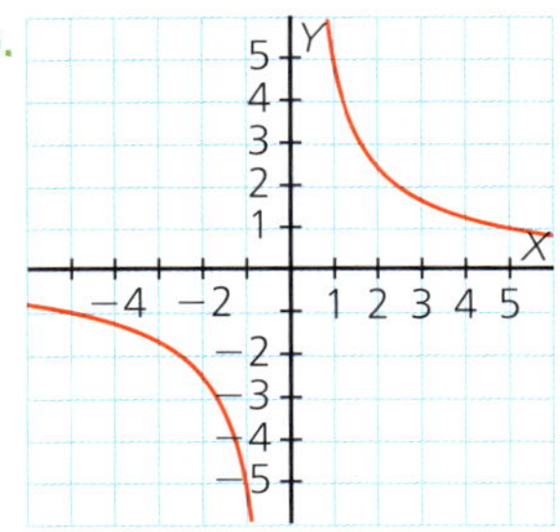

58 ⊞ Es volen dibuixar rectangles que tinguin una àrea de 18 cm^2.

a. Elabora una taula de valors que relacioni la base i l'altura dels rectangles.

b. Expressa algebraicament la funció que relaciona la base i l'altura dels rectangles.

c. En quin quadrant hi haurà la gràfica de la funció? Justifica'n la resposta.

d. Representa la funció.

59 ⊞ Un grup d'alumnes decideix fer un regal valorat en 30 € al seu professor.

a. Elabora una taula de valors que relacioni el nombre d'alumnes que participa en el regal i els diners que hi posa cadascun.

b. Indica l'expressió algebraica de la funció.

c. Representa la funció anterior. Se'n poden unir els punts? Justifica'n la resposta.

60 ⊞ Una lleteria fa servir 5 màquines embotelladores per satisfer una comanda en 60 dies. Determina la funció que relaciona el nombre de dies i el de màquines embotelladores. Quantes màquines més necessitaria si calgués lliurar la comanda en 15 dies?

61 ⊞ El producte de dos nombres és 16.

a. Expressa la funció que relaciona aquests dos nombres.

b. Representa la gràfica de la funció.

62 ⊞ Treballant 6 h al dia, un obrer tarda 3 dies a acabar un encàrrec.

a. Construeix una taula de valors que relacioni el nombre d'hores treballades al dia i el nombre de dies necessaris per fer l'encàrrec.

b. Representa els punts de la taula de valors. Es tracta d'una funció de proporcionalitat inversa?

63 ⊞ Sigui un triangle de 50 cm^2 d'àrea.

a. Elabora una taula per als valors possibles de la base i l'altura del triangle.

b. Determina l'expressió algebraica que relaciona la base i l'altura del triangle i representa-la.

5 Aplicacions de les funcions

64 ⊞ Una companyia elèctrica cobra als seus clients 10 € de tarifa fixa, més 0,20 € per quilowatt d'electricitat consumit. Una altra companyia, sense tarifa fixa, cobra 0,40 € per quilowatt d'electricitat consumit.

a. Representa gràficament en un mateix eix de coordenades les dues funcions que relacionen l'electricitat consumida i el preu.

b. Indica, segons l'electricitat consumida, quan convé més contractar una companyia o l'altra.

65 ⊞⊞ El lloguer d'un equip complet d'esquí costa en un dia laborable 40 €, més 20 € per possibles desperfectes en el material. Durant el cap de setmana, el lloguer és de 45 €, més 5 € per possibles danys.

a. Determina l'expressió de les dues funcions que relacionen el nombre de dies i el preu pel lloguer de l'equip d'esquí.

b. Quants dies laborables o de cap de setmana podria llogar-se l'equip pel mateix preu?

66 ⊞⊞ El Joaquim rep 10 € de paga fixa mensual, més 1 € per dia. A la seva veïna Mariona li donen 2 € de paga fixa mensual, més 1,50 € per cada dia. Expressa algebraicament les dues funcions que relacionen el nombre de dies i la paga rebuda.

67 ⊞⊞ Per preparar les vacances, l'Ivan ha preguntat les tarifes de dues cases de colònies. En una de les dues, li cobren 60 € de fiança i 30 € per dia d'estada, mentre que a l'altra casa de colònies ha de abonar 40 € diaris.

a. Escriu l'expressió de les funcions que relacionen el nombre de dies i el preu total.

b. Representa les funcions.

c. Quants dies hauria d'estar l'Ivan de vacances perquè el preu fos el mateix a les dues cases de colònies?

d. Si només hi estarà una setmana, quina de les dues cases li resulta més rendible?

68 ⊞⊞ Un submarí vermell, situat a 400 m per sota de la superfície, ascendeix a una velocitat de 20 m per minut. A prop seu hi ha un submarí groc, que puja des dels 600 m de profunditat a 30 m per minut.

a. Expressa les funcions que relacionen la profunditat a la qual es troben els submarins i el temps d'ascens.

b. Representa gràficament les funcions que relacionen els metres de profunditat i la velocitat d'ascens dels dos submarins.

c. Quant temps ha de transcórrer perquè els dos submarins siguin a la mateixa profunditat?

d. Quin dels dos pujarà abans a la superfície? Quant temps emprarà a fer-ho?

e. Quan el primer submarí arriba a la superfície, a quina profunditat és l'altre?

f. Quant temps tarda el segon submarí a arribar a la superfície?

69 ⊞⊞ El Roger i la Berta llancen alhora dues pilotes, una de bàsquet i una altra de futbol, que descriuen dues trajectòries parabòliques. L'equació que relaciona l'altura de la pilota de bàsquet respecte al temps és $y = -x^2 + 6x$, i la de la pilota de futbol, $y = -x^2 + 4x$.

a. Representa les dues funcions a la mateixa gràfica.

b. Indica el temps que tarden la pilota de bàsquet i la de futbol a tornar a arribar a terra.

c. Quina de les dues hi arriba abans?

d. Quina és l'altura a la qual estan les dues pilotes al cap de 2 s?

e. Quants segons passaran fins que les dues pilotes assoleixin l'altura màxima?

f. Quina de les dues pilotes arriba a més altura? Quina altura és?

70 ⊞⊞ A un venedor d'assegurances li ofereixen dos tipus de contracte. Amb el primer cobraria 1 000 € fixos mensuals, més 50 € per cada assegurança que vengui. El segon estableix un fix de 200 €, més 100 € per cada assegurança contractada. El venedor està convençut que serà capaç de vendre 25 assegurances al mes. Quin dels dos tipus de contracte hauria de signar?

TREBALLEM LES COMPETÈNCIES

ELS CICLISTES

L'Emma i l'Abril es preparen per participar en una cursa de ciclisme per la muntanya. Les bicicletes incorporen un mesurador que calcula la distància que recorren en funció del temps. Amb les dades obtingudes, han creat la gràfica següent:

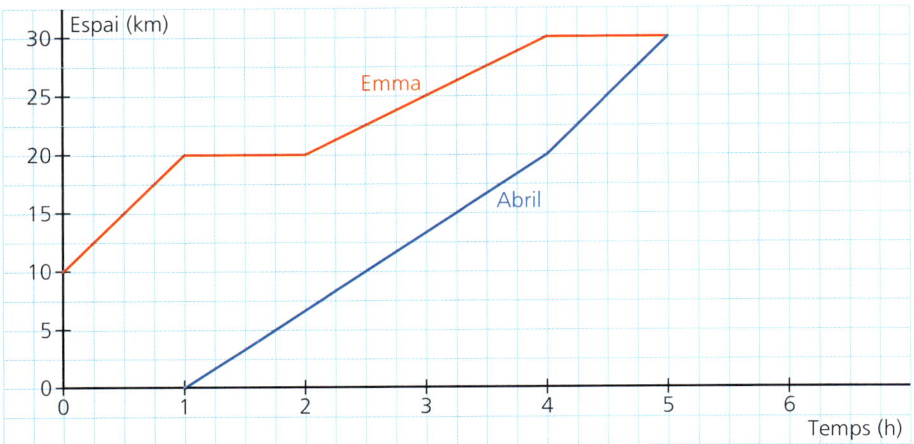

1 Les dues amigues parteixen del mateix punt? I a la mateixa hora? Justifica'n la resposta.

2 Calcula la distància que recorre cada una i el temps que tarda a fer-ho.

3 Alguna de les dues s'ha aturat en algun moment? Si és així, quant de temps?

LA PISCINA

La piscina municipal es va buidar per netejar-la i desinfectar-la i ara cal tornar-la a omplir. Per fer-ho, es disposa de 10 mànegues iguals. Se sap que, amb dues, es tarden 48 hores a omplir-la.

1 Elabora una taula de valors que relacioni el temps i el nombre de mànegues que es necessiten per omplir la piscina.

2 Escriu l'expressió algebraica que representa la funció.

3 Indica si les dues magnituds que es representen són directament o inversament proporcionals.

4 Representa gràficament la funció.

LA FACTURA TELEFÒNICA

En una companyia de telèfons mòbils, la tarifa per a trucades a països de la Unió Europea és 1 € per l'establiment de trucada, i 0,50 € per cada minut de conversa.

1 Expressa l'equació que relaciona el cost en euros (y) en funció de la durada de la trucada en minuts (x).

2 Representa la gràfica de la funció.

ELS RECTANGLES

D'una família de rectangles de 20 cm de perímetre n'hem mesurat la base i l'àrea. Els resultats són els que s'observen a la taula:

x = Base (cm)	1	2	3	4	5	6	7	8	9
y = Àrea (cm^2)	9	16	21	24	25	24	21	16	9

1 Representa la funció.

2 Comprova que l'equació d'aquesta funció és $y = 10x - x^2$.

Unitats de superfície

El **metre quadrat** (m^2) és la unitat principal de mesura de la superfície. Com en altres magnituds, n'hi ha múltiples (unitats més grans que el m^2) i submúltiples (unitats més petites que el m^2) que s'utilitzen habitualment.

Múltiples

1 km^2 = 1 000 000 m^2;
1 hm^2 = 10 000 m^2; 1 dam^2 = 10 m^2

Submúltiples

1 dm^2 = 0,01 m^2; 1 cm^2 = 0,0001 m^2;
1 mm^2 = 0,000001 m^2

A diferència de les unitats de longitud, massa i capacitat, cada unitat de superfície és cent vegades més gran que la immediatament inferior i cent vegades més petita que la immediatament superior.

EL CELLER

Al celler de la família de la Núria fan servir botes. En una de les botes que està buida s'introdueix vi jove amb una aixeta especial durant 15 minuts, de manera que se n'omple una tercera part. L'aixeta es tanca durant la mitja hora següent. Després, se n'extreuen 50 L que s'embotellaran, operació que es fa en 10 minuts. Finalment, es torna a obrir l'aixeta i es deixa oberta mitja hora fins a omplir la bota.

1 Dibuixa la gràfica que relaciona el contingut de la bota en funció del temps.

2 Indica les característiques més importants de la funció.

ELS GELATS

A la gelateria A venen gelats a 5 € el litre, i cobren 1 € més per l'envàs, independentment de la mida. En canvi, la seva gelateria rival, la B, cobra 0,50 € per un envàs, i 6 € per cada litre de gelat.

1 Escriu les equacions que relacionen el preu de venda en funció dels litres de gelat comprats i representa-les gràficament.

2 Analitza quina de les dues ofertes és millor, segons la quantitat de gelat que es compri.

LA IMPREMTA

L'empresa d'impressió de l'Alejandro té les tarifes següents per a la reproducció de materials amb una quantitat petita de fulls:

Nre. d'exemplars	50	100	200	500
Preu (€)	2,25	3,00	4,50	9,00

1 Quant costa imprimir un únic exemplar? I 1 000 exemplars?

2 Troba l'expressió algebraica que relaciona el nombre d'exemplars impresos amb el preu.

3 Representa gràficament la funció. Es poden unir els punts de la gràfica?

APLIQUEM LES TIC

REPRESENTACIÓ GRÀFICA AMB GEOGEBRA

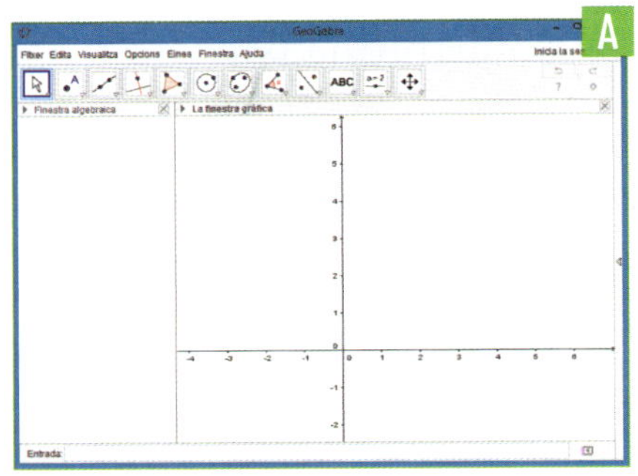

GeoGebra permet representar gràficament diferents tipus de funcions.

Quan obrim l'aplicació, apareix la pantalla (A).

A la part inferior podem veure la barra d'**Entrada d'expressions**:

Entrada:

Per representar una funció, cal escriure'n l'expressió a la barra d'entrada d'expressions i prémer *Intro*.

REPRESENTACIÓ DE FUNCIONS LINEALS I AFINS

Per representar, per exemple, la funció $y = -4x$, s'han de seguir aquests passos:

1. S'escriu l'expressió a la barra d'entrada:

Entrada: **y = - 4x**

2. Es prem *Intro* i apareix la funció a la pantalla. (B)

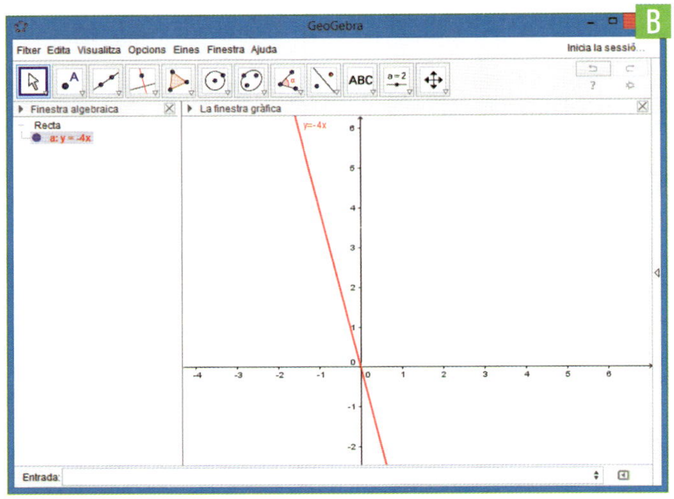

GeoGebra permet representar diverses funcions a la mateixa finestra gràfica i, així, comparar-les.

Per exemple, per representar les funcions $y = -4x$ i $y = 2x + 3$, s'han de seguir aquests passos:

1. Es representa la primera funció, $y = -4x$, que apareixerà a la pantalla. (B)

2. Es representa la segona funció, $y = 2x + 3$. Ara les dues funcions es poden veure a la pantalla (C).

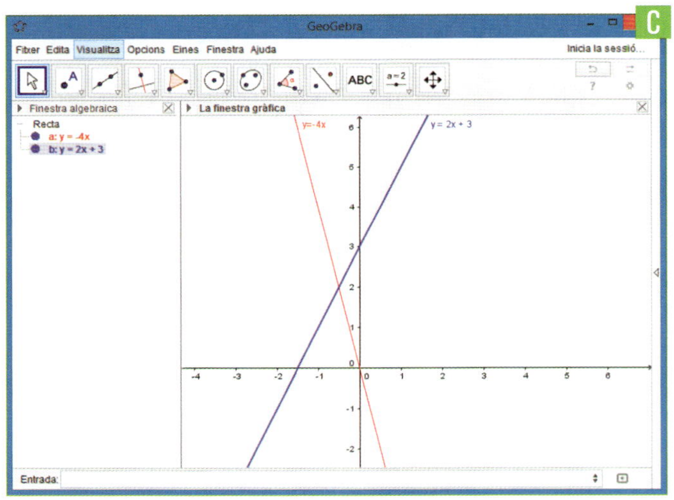

REPRESENTACIÓ DE FUNCIONS QUADRÀTIQUES I FUNCIONS DE PROPORCIONALITAT INVERSA

Els passos són els mateixos que per representar funcions lineals i afins, tenint en compte que:

- Per escriure el quadrat, es posa *x*^2.
- Per escriure la fracció, per exemple $y = \frac{2}{x}$, es posa 2/*x*.

1 Representa aquestes funcions lineals i afins:

a. $y = 2x$
b. $y = -3x$
c. $y = 5x$
d. $y = \frac{2}{3}x$
e. $y = -0{,}4x$
f. $y = -\frac{x}{2}$
g. $y = x - 1$
h. $y = 4x + 3$
i. $y = -x + 3$
j. $y = 5x - \frac{2}{3}$
k. $y = -3x - 4$
l. $y = \frac{1}{5}x - \frac{2}{5}$

2 L'Albert rep 10 € de paga fixa mensual, més 1 € per dia. La seva germana té 2 € de paga fixa mensual, més 1,50 € per cada dia.

a. Expressa algebraicament les dues funcions que relacionen el nombre de dies i la paga rebuda.

b. A partir de quin dia la paga rebuda per la germana és superior a la que donen a l'Albert?

AVALUACIÓ

1 Representa les funcions que segueixen als mateixos eixos de coordenades:

a. $y = -2x$

b. $y = 4x$

c. $y = 10x$

d. $y = -8x$

2 Elabora una taula de valors per a aquestes funcions i representa-les gràficament:

a. $y = \frac{1}{2}x$ b. $y = \frac{2}{3}x$ c. $y = \frac{-x}{2}$ d. $y = \frac{-8}{4}x$

3 La taula següent mostra el preu de les avellanes en un supermercat:

Pes (kg)	1	2	3		
Preu (€)	2,80			14	28

a. Completa les dades de la taula.

b. Representa les dades gràficament.

c. Les dues magnituds són directament proporcionals?

d. Quant costarien 15 kg d'avellanes? I 20 kg?

e. Si per cada 25 kg s'aplica un descompte de 0,50 €, quant costarien 75 kg?

4 Determina l'equació de la funció lineal que passa per cadascun dels punts següents, representa-la i assenyala'n el pendent.

a. A $(1, -5)$ b. B $(2, 1)$ c. C $\left(\frac{3}{4}, \frac{1}{2}\right)$ d. D $(-1, 9)$

5 Indica de quin tipus és cadascuna de les funcions següents. Després, determina'n el pendent i l'ordenada a l'origen i representa-les.

a. $y = -2x + 1$

b. $y = 3x$

c. $y = -3x + 2$

d. $y = 1$

e. $y = \frac{x}{2} - 3$

f. $y = -x$

6 Determina les equacions de les funcions següents:

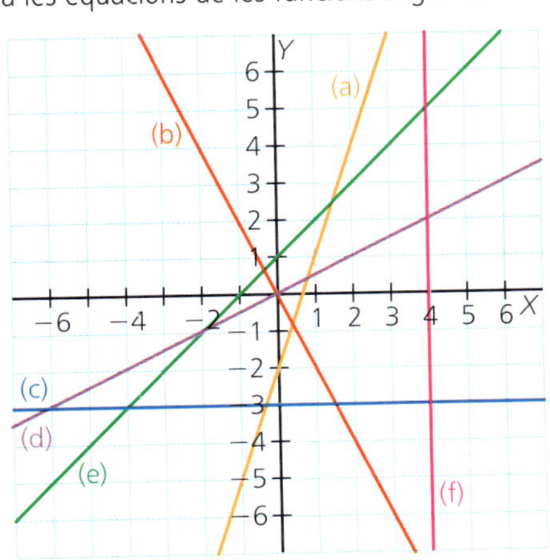

7 Troba els punts de tall amb els eixos i la posició del vèrtex de les funcions quadràtiques següents, i representa-les.

a. $y = x^2 - 1$

b. $y = 2x^2 + 3x - 5$

c. $y = -3x^2$

d. $y = x^2 + 2x - 3$

e. $y = -x^2 + x + 1$

f. $y = x^2 + 3$

8 Donada la paràbola $y = 2x^2 + mx - 1$, calcula el valor de m perquè passi pel punt P $(1, 0)$.

9 Troba les equacions de les funcions següents:

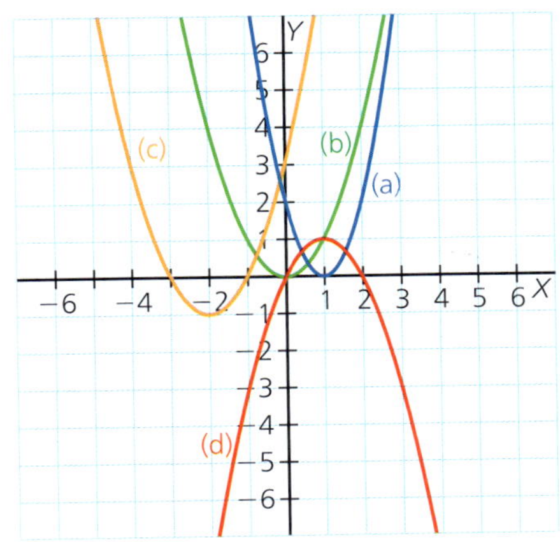

10 Confecciona una taula de valors per a la funció $y = \frac{4}{x}$ i representa-la.

a. Estudia'n el creixement i la continuïtat i si talla els eixos de coordenades.

b. Quin nom rep la corba que surt en fer la gràfica de la funció?

c. Si $x = \frac{1}{10}$, quin és el valor de y? I el de x, si $y = 0{,}25$?

d. Quines diferències hi ha entre les funcions $y = \frac{4}{x}$ i $y = -\frac{4}{x}$?

11 Completa la taula següent, que conté les dades d'una funció de proporcionalitat inversa:

x	1	2	3		5	6		9
y	5			1,25	1		0,625	

a. Representa la funció gràficament.

b. Justifica que les magnituds x i y són inversament proporcionals.

12 L'expressió $y = -180x$ representa l'equació del moviment d'un tren que circula a una velocitat constant de 180 km/h.

a. Determina quines magnituds representen les variables x i y.

b. Fes una taula de valors de la funció i representa-la.

c. A quina velocitat ha d'anar el tren per fer 30 km en 15 min?

10 TRIANGLE RECTANGLE. TEOREMA DE PITÀGORES

A LA VIDA CAL
EVITAR TRES FIGURES:
CERCLES TANCATS,
TRIANGLES AMOROSOS
I MENTS QUADRADES

CREAR

DIBUIXA, RETALLA I PINTA!

S'ha estès un rumor amb la intenció de desacreditar el teorema de Pitàgores. Per tal de donar suport a la veracitat del teorema i combatre aquest corrent malintencionat, el vostre professor us demana que, amb l'ajuda de cartolines, demostreu per equips aquest teorema famós almenys de dues maneres possibles. Poseu totes les vostres demostracions en un paper continu i exhibiu-lo en un lloc visible del vostre centre per donar-hi publicitat i convèncer tot el públic que s'acosti a veure'l. Serà, de passada, un petit però merescut homenatge a un gran matemàtic.

IN VESTI GAR

BUSQUEM L'ORIGEN

Una vegada realitzada la campanya de reconeixement de la veracitat del teorema de Pitàgores, us han proposat que us acosteu una mica més a aquesta fita de les matemàtiques de tots els temps. La vostra missió és dur a terme una petita tasca de recerca que té com a objectiu poder fer unes pinzellades breus que aboquin llum sobre el seu origen i buscar informació sobre les diferents aplicacions que s'hi han donat. Serà un bon moment per familiaritzar-vos amb les ternes pitagòriques. Plasmeu totes les vostres troballes en un cartell i feu-les públiques a la resta de la classe.

PRE SEN TAR

ELS TRIANGLES DE LA TAULA RODONA

A la tertúlia dels triangles s'ha organitzat una gran taula rodona. En aquesta taula, diferents participants parlaran a favor de cada tipus de triangle segons els costats i els angles, per tal de resoldre algunes tibantors que hi ha entre ells. Després d'una presentació breu d'aquests triangles, el moderador farà una introducció breu per posar en context els tertulians, els quals hauran de debatre amb ordre i argumentant en les seves intervencions si els és possible assumir, en algun moment, les característiques que defineixen la resta dels seus companys de taula. Trobaran compatibilitats entre ells?

CO NÈI XER

DISSENYA I CALCULA

Per celebrar el dia mundial del disseny gràfic, se us ha acudit que podeu fer una exposició que, a més de resultar estimulant des d'un punt de vista estètic, serveixi per treballar una de les aplicacions del teorema de Pitàgores. Es tracta de dibuixar en cartolines dissenys originals a partir de polígons regulars en els quals el triangle rectangle exerceixi un paper destacat com a mitjà per calcular l'àrea del conjunt. Pinteu els vostres dissenys i creeu entre tots un gran mosaic commemoratiu que haureu d'acompanyar amb fitxes que continguin tots els càlculs que heu fet.

1 CLASSIFICACIÓ DE TRIANGLES

Un triangle és un polígon de tres costats, tres vèrtexs i tres angles.

Els triangles es classifiquen en funció dels costats i els angles.

Equilàter

Té els tres costats iguals.

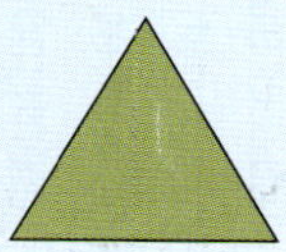

Isòsceles

Té dos costats iguals i un costat desigual.

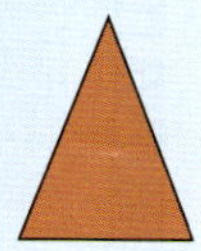

Escalè

Té els tres costats desiguals.

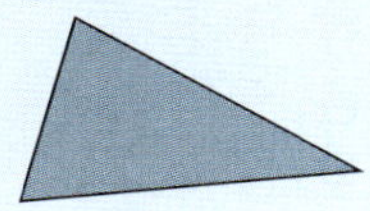

Acutangle

Té els tres angles aguts: mesuren menys de 90°.

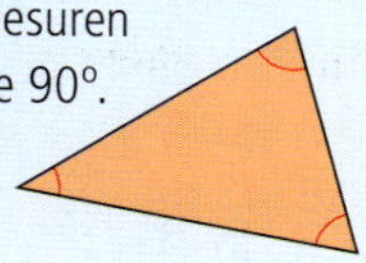

Rectangle

Té un angle recte: mesura 90°.

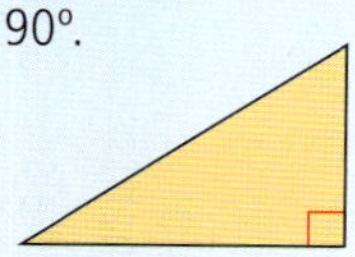

Obtusangle

Té un angle obtús: mesura més de 90°.

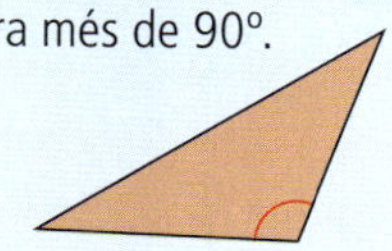

Elements del triangle

Els triangles s'anomenen amb les lletres majúscules que designen els vèrtexs: $\widehat{ABC}$

La **base**, *b*, és el costat inferior i se situa horitzontalment.

L'**altura**, *h*, és el segment perpendicular traçat des d'un vèrtex fins al costat oposat o la prolongació d'aquest costat.

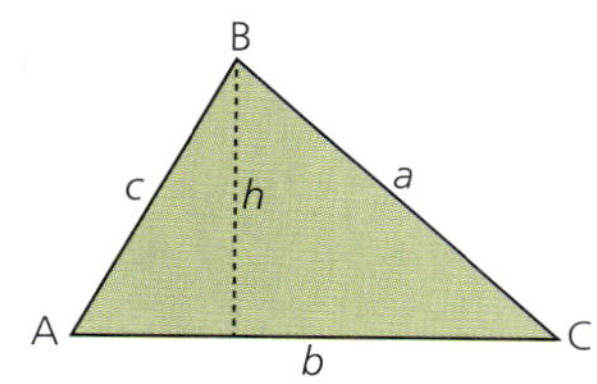

PROPIETATS DELS TRIANGLES

Les propietats dels triangles són:

- El costat gran d'un triangle és més petit que la suma dels altres dos.
- Els angles d'un triangle sumen 180°. Com a conseqüència, els angles d'un triangle equilàter mesuren 60° cadascun.
- Els angles externs estan formats per un dels costats i la prolongació del costat adjacent, i sumen 180°.

Recorda

El **perímetre** d'un triangle és la suma de les longituds dels tres costats:

$$P = a + b + c$$

L'**àrea** d'un triangle és la meitat del producte de la base per l'altura:

$$A_{\text{triangle}} = \frac{b \cdot h}{2}$$

1.1 TRIANGLE RECTANGLE

La **hipotenusa**, ***a***, és el costat oposat a l'angle recte i constitueix el costat gran del triangle.

Els **catets**, ***b*** i ***c***, són els costats que formen l'angle recte i són més petits que la hipotenusa.

En els triangles rectangles, els dos catets coincideixen amb la base i l'altura, respectivament; per tant, l'àrea d'un triangle rectangle és la meitat del producte dels catets:

$$A_{\text{triangle rectangle}} = \frac{b \cdot c}{2}$$

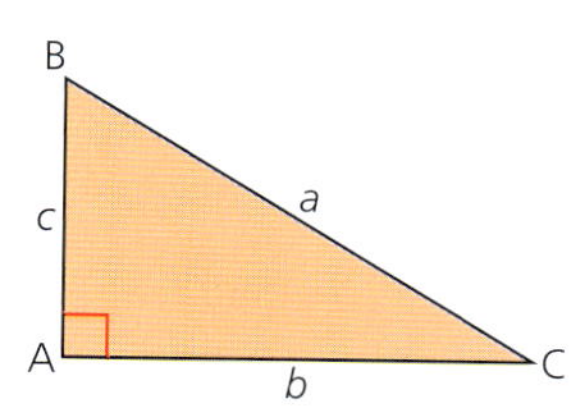

2 TEOREMA DE PITÀGORES

Als triangles rectangles es verifica el **teorema de Pitàgores**, segons el qual:

L'àrea del quadrat construït sobre la hipotenusa d'un triangle rectangle és igual a la suma de les àrees dels quadrats construïts sobre els catets:

$$a^2 = b^2 + c^2$$

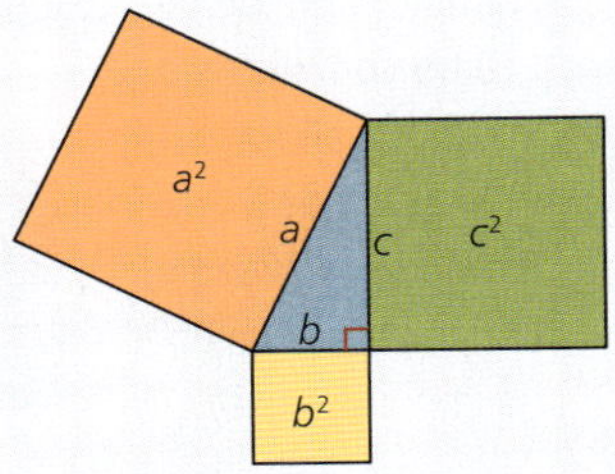

La demostració geomètrica del teorema de Pitàgores és molt senzilla, tal com s'aprecia en aquestes figures:

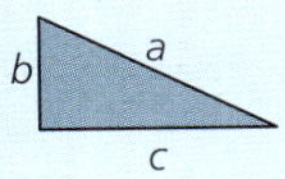

S'agafa com a referència el triangle rectangle de costats a, b i c.

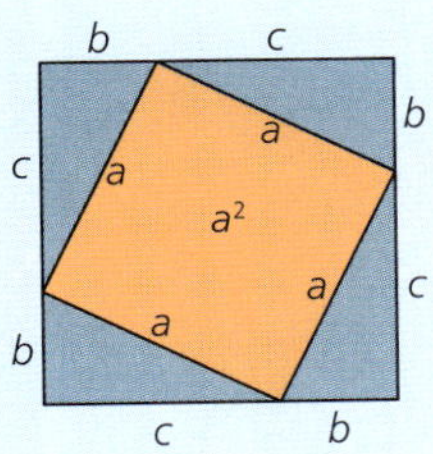

El quadrat més gran té de costat $b + c$, i està format per quatre triangles com l'anterior i un quadrat de costat a.

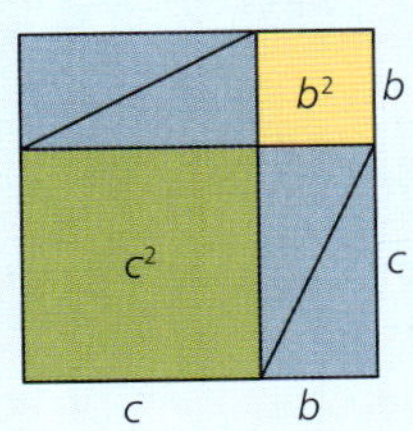

Aquest quadrat també té de costat $b + c$. Per tant, té la mateixa àrea que l'anterior.

Les regions comunes de tots dos quadrats són els quatre triangles blaus, com el de partida, i les regions diferents han de sumar la mateixa àrea.

Així, l'àrea del quadrat de costat a i la dels dos quadrats de costats b i c, respectivament, coincideixen, és a dir, compleixen la relació del teorema de Pitàgores: $a^2 = b^2 + c^2$.

2.1 CLASSIFICACIÓ DELS TRIANGLES

Sigui un triangle de costats a, b i c, en què a és el costat més gran:

Si es verifica la igualtat $a^2 = b^2 + c^2$, aleshores el triangle és rectangle.

Si es compleix la desigualtat $a^2 > b^2 + c^2$, aleshores el triangle és obtusangle.

Si es compleix la desigualtat $a^2 < b^2 + c^2$, aleshores el triangle és acutangle.

Tingues en compte

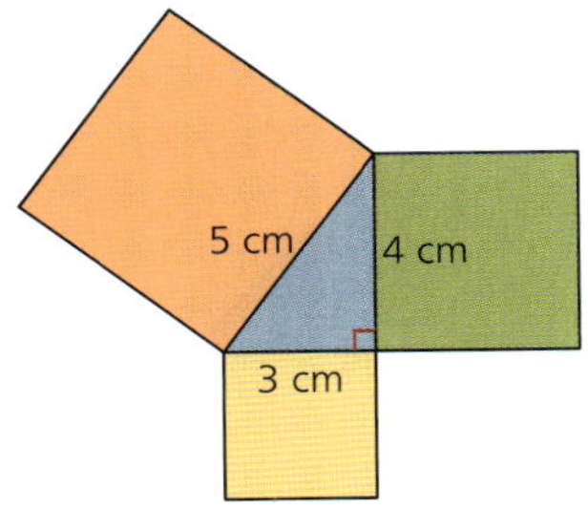

El triangle rectangle que té com a costats els nombres enters més petits possibles és el que té com a costats **3**, **4** i **5** i s'anomena **triangle pitagòric**.

En general, qualsevol terna de nombres que verifiqui el teorema de Pitàgores rep el nom de **terna pitagòrica**.

Activitat resolta

Calcula el valor dels costats desconeguts en els triangles rectangles de les figures.

a.

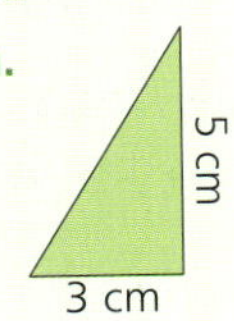

b.

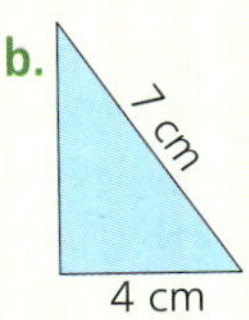

a. Al primer triangle es desconeix la hipotenusa, però, aplicant el teorema de Pitàgores, resulta:

$$a^2 = 3^2 + 5^2 \Rightarrow a^2 = 34 \Rightarrow$$
$$\Rightarrow a = \sqrt{34} = 5{,}83 \Rightarrow a = 5{,}83 \text{ cm}$$

b. Al segon triangle es desconeix un catet; a partir del teorema de Pitàgores:

$$7^2 = 4^2 + c^2 \Rightarrow c^2 = 33 \Rightarrow$$
$$\Rightarrow c = \sqrt{33} = 5{,}74 \Rightarrow c = 5{,}74 \text{ cm}$$

2.2 REPRESENTACIÓ GEOMÈTRICA D'ARRELS

A partir d'un triangle rectangle isòsceles els catets del qual mesuren 1 unitat, s'obté la representació geomètrica de les arrels dels nombres naturals.

1 S'aplica el teorema de Pitàgores al triangle, per així obtenir-ne la hipotenusa:

$a^2 = 1^2 + 1^2 = 2 \Rightarrow a = \sqrt{2}$

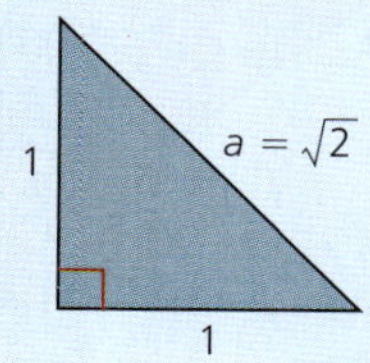

2 Es construeix un triangle rectangle nou, prenent la hipotenusa de l'anterior com un dels catets, i l'altre com el costat unitat. Quan s'aplica el teorema de Pitàgores al triangle nou, s'obté el valor de la hipotenusa:

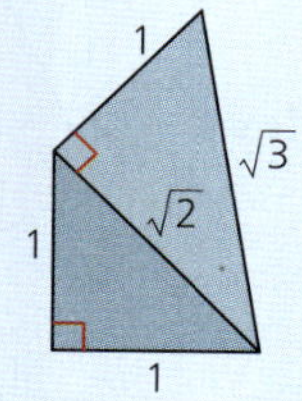

$a^2 = \left(\sqrt{2}\right)^2 + 1^2 = 3 \Rightarrow a = \sqrt{3}$

3 Repetint el procés, es poden representar els nombres $\sqrt{4}$, $\sqrt{5}$, $\sqrt{6}$, ..., com s'aprecia a la imatge:

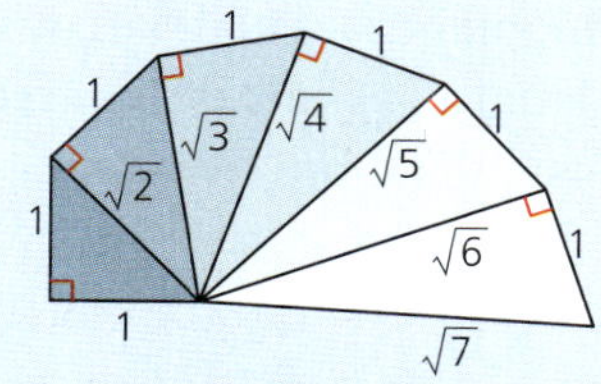

Després de traslladar aquests triangles rectangles sobre la recta numèrica, s'aconsegueix fer la representació exacta dels nombres irracionals.

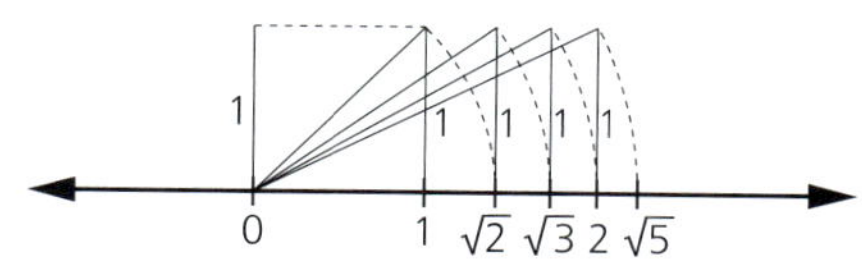

Analitzar i comparar les dades mitjançant una igualtat

Indica de quin tipus són els triangles, segons els angles.

a. 36 m, 52 m i 64 m **b.** 15 m, 20 m i 25 m **c.** 21 m, 23 m i 31 m

a. S'analitza si els tres costats compleixen la igualtat $a^2 = b^2 + c^2$ prenent com a hipotenusa el costat de longitud més gran:

$$a^2 = b^2 + c^2 \Rightarrow 64^2 = 36^2 + 52^2$$

$$4\,096 \neq 4\,000$$

Com que $4\,096 > 4\,000$, l'angle corresponent a la suposada hipotenusa ha de ser més gran que un de recte i, per tant, el triangle és obtusangle.

b. Es duu a terme la mateixa anàlisi:

$$a^2 = b^2 + c^2 \Rightarrow 25^2 = 20^2 + 15^2 \Rightarrow 625 = 625$$

Es verifica que el triangle és rectangle.

c. En el tercer cas:

$$a^2 = b^2 + c^2 \Rightarrow 31^2 = 23^2 + 21^2 \Rightarrow 961 \neq 970$$

Com que $961 < 970$, l'angle corresponent a la suposada hipotenusa ha de ser més petit que un de recte i, per tant, el triangle és acutangle.

Demostració geomètrica del teorema de Pitàgores

Es necessita un joc de tangram, format per set peces anomenades *tans*.

El tangram pots construir-lo tu mateix amb un full de paper. Dibuixa un quadrat i inclou-hi les peces com el quadrat inferior de la imatge de la dreta.

Dibuixa un triangle rectangle isòsceles $\widehat{ABC}$ en el qual la hipotenusa és el costat del quadrat que conté el tangram, i els catets, la meitat de la diagonal d'aquest quadrat.

Col·loca tots els tans dins dels dos quadrats construïts sobre els catets, igual que a la imatge. L'àrea que cobreixen els dos quadrats junts serà $b^2 + c^2$.

Si aconsegueixes incloure aquestes set peces en el quadrat construït sobre la hipotenusa, *a*, del triangle isòsceles rectangle, sense que sobri ni falti cap espai ni peça, llavors hauràs demostrat el teorema de Pitàgores.

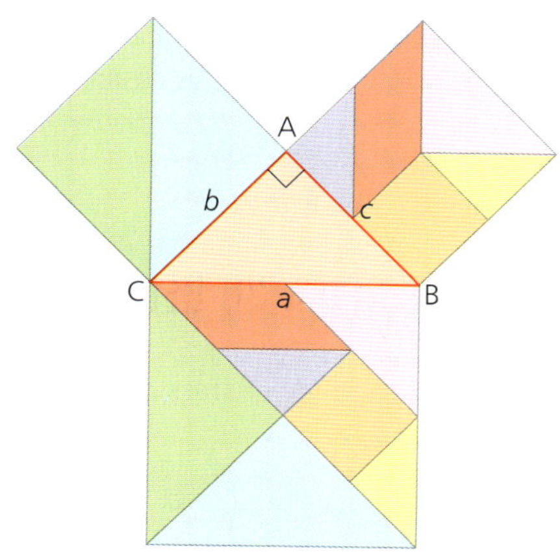

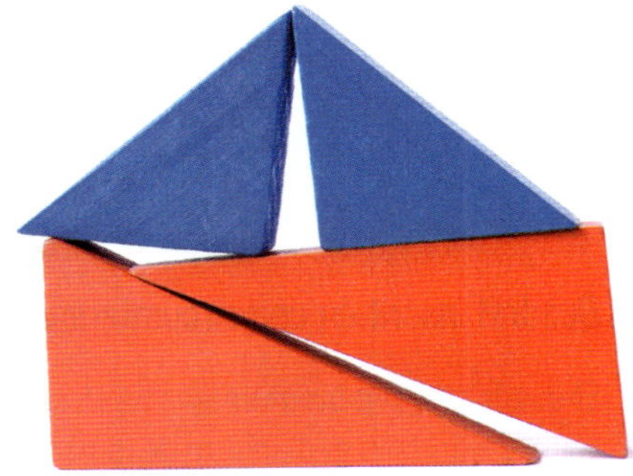

3 EL TEOREMA DE PITÀGORES I ELS POLÍGONS REGULARS

El teorema de Pitàgores es fa servir per determinar longituds de segments d'alguns polígons. Amb aquesta finalitat, cal que els segments que es calcularan formin part d'un triangle rectangle. Alguns dels casos més usuals són els que següeixen:

Triangle equilàter

L'altura de qualsevol dels costats d'un triangle equilàter el talla en el punt mitjà i el divideix en dos triangles rectangles iguals.

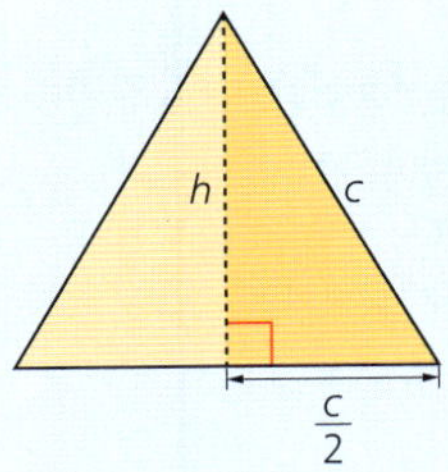

Triangle isòsceles

L'altura del costat desigual d'un triangle isòsceles el talla en el punt mitjà i el divideix en dos triangles rectangles iguals.

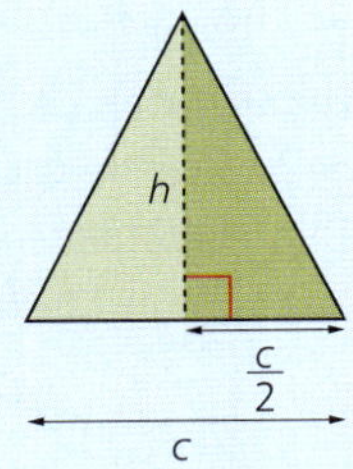

Quadrat

La diagonal d'un quadrat el divideix en dos triangles rectangles isòsceles iguals.

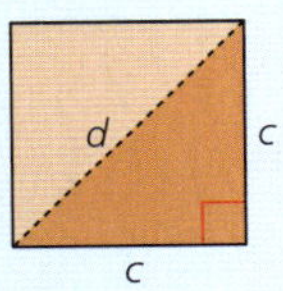

Rectangle

La diagonal d'un rectangle el divideix en dos triangles rectangles iguals.

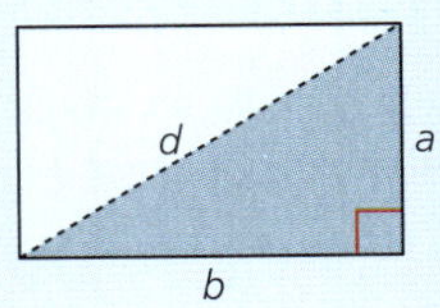

Rombe

Les diagonals d'un rombe determinen quatre triangles rectangles iguals.

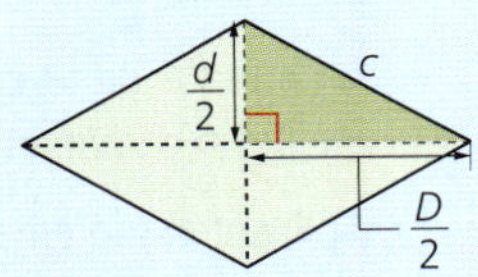

Polígons regulars

Un polígon regular es divideix en triangles isòsceles iguals unint els vèrtexs amb el centre del polígon. La seva **apotema,** que és el segment que uneix el centre del polígon amb el punt mitjà d'un dels costats, divideix cadascun dels triangles isòsceles anteriors en dos triangles rectangles iguals.

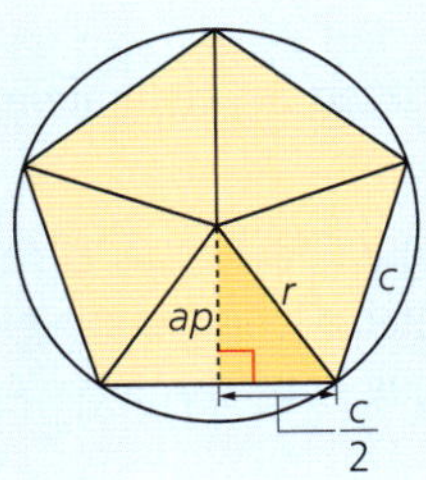

N'és un cas especial l'**hexàgon regular.** En aquesta figura, els triangles són equilàters, i el radi i el costat tenen la mateixa longitud, $r = c$.

Activitats resoltes

1 **Determina el costat d'un quadrat la diagonal del qual mesura 6 cm.**

Quan es dibuixa la diagonal del quadrat, veiem que es formen dos triangles rectangles. Com que coincideixen amb els costats del triangle, els catets són iguals i el càlcul es resol de la manera següent:

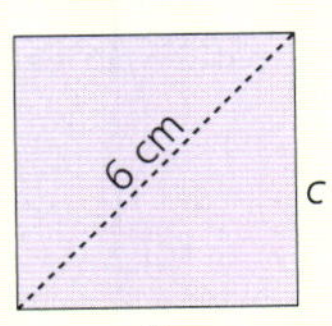

$$6^2 = c^2 + c^2 \Rightarrow 36 = 2 \cdot c^2$$

$$c = +\sqrt{18} \Rightarrow c = 4{,}24 \text{ cm}$$

2 **Esbrina el costat d'un rombe les diagonals del qual mesuren 10 cm i 4 cm, respectivament.**

Quan es dibuixen les diagonals del rombe, els triangles que es formen tenen com a catets la meitat de totes dues diagonals, i per això el costat del rombe es calcula així:

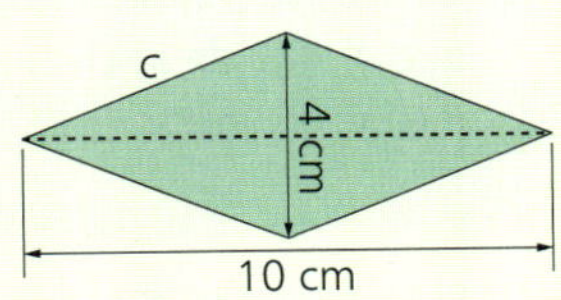

$$c^2 = 5^2 + 2^2 \Rightarrow c^2 = 29 \Rightarrow c = +\sqrt{29} \Rightarrow c = 5{,}39 \text{ cm}$$

Quadrat inscrit en una circumferència

El quadrat es pot inscriure en una circumferència, de manera que les diagonals, d, coincideixin amb el diàmetre de la circumferència. Les diagonals, a més, divideixen el quadrat en dos triangles rectangles isòsceles iguals.

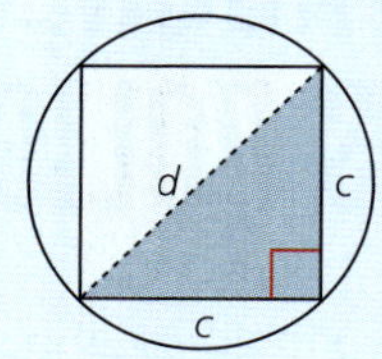

Triangle equilàter inscrit en una circumferència

Sigui un hexàgon regular inscrit en una circumferència. Si s'uneixen els vèrtexs alterns de l'hexàgon, s'obté un triangle equilàter, $\widehat{ABC}$.

Les diagonals de l'hexàgon que passen pel centre de la circumferència són diàmetres de la circumferència. Es forma un triangle rectangle considerant: una d'aquestes diagonals, $\overline{BM}$; el costat del triangle equilàter que comparteix vèrtex amb la diagonal, $\overline{BA}$, i, finalment, un costat de l'hexàgon, $\overline{AM}$.

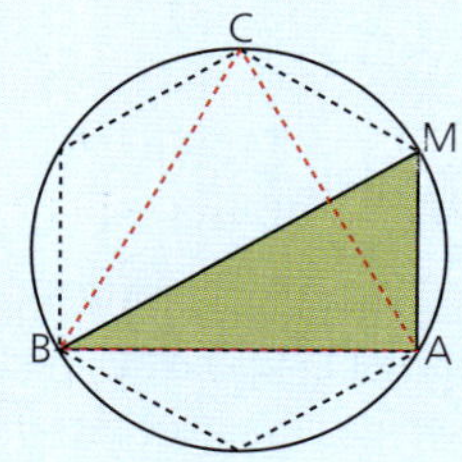

Activitats resoltes

1 Calcula el radi de la circumferència en la qual està inscrit un quadrat de 8 cm de costat.

A l'interior de la circumferència es forma un triangle rectangle amb els costats del quadrat i el diàmetre de la circumferència com a hipotenusa.

Aplicant el teorema de Pitàgores:

$$d^2 = 8^2 + 8^2 \Rightarrow d^2 = 128 \Rightarrow d = \sqrt{128} = 11{,}31 \text{ cm}$$

Per tant, el radi de la circumferència és la meitat: $r = 5{,}655$ cm.

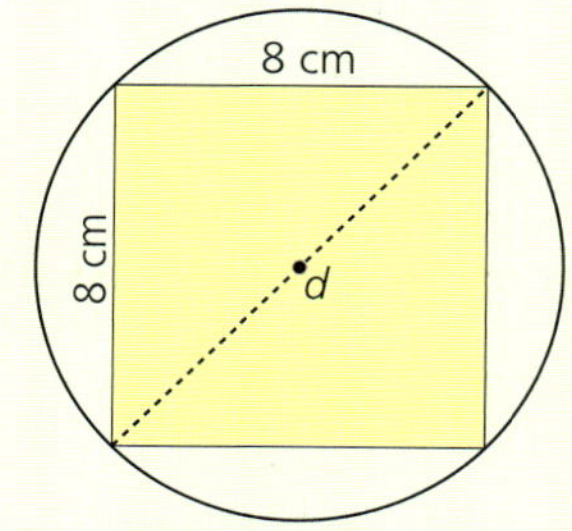

2 Calcula el costat d'un triangle equilàter inscrit en una circumferència que té un radi que mesura 12 cm.

Fixa't en el triangle rectangle $\widehat{ABM}$ de la figura del marge. El catet $\overline{AM}$ de l'hexàgon regular mesura 12 cm, perquè té la mateixa longitud que el radi de la circumferència, i la hipotenusa mesura 24 cm, ja que és un diàmetre. Aplicant el teorema de Pitàgores:

$$24^2 = 12^2 + c^2 \Rightarrow c^2 = 432 \Rightarrow c = \sqrt{432} = 20{,}78 \Rightarrow c = 20{,}78 \text{ cm}$$

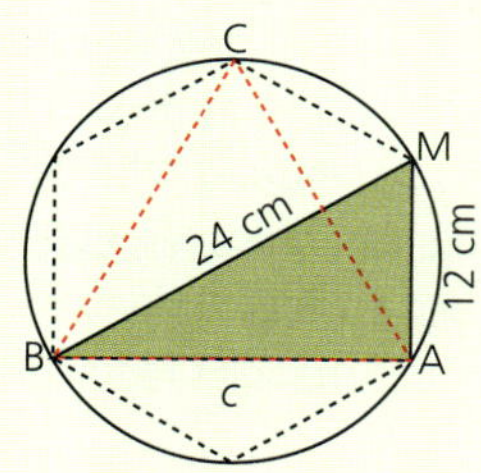

3 Un octàgon regular de 8 cm de costat està inscrit en una circumferència de 10,45 cm de radi. Calcula l'àrea de l'octàgon.

L'àrea d'un polígon regular és $A = \dfrac{\text{perímetre} \cdot \text{apotema}}{2}$.

Cal calcular l'apotema de l'octàgon. S'aplica el teorema de Pitàgores, tenint en compte que el radi de la circumferència és la hipotenusa, mentre que un dels catets és la meitat del costat de l'octàgon, tal com s'observa a la imatge:

$$10{,}45^2 = 4^2 + ap^2 \Rightarrow 10{,}45^2 - 4^2 = ap^2 \Rightarrow ap = 9{,}65 \text{ cm}$$

El perímetre és $P = 8 \cdot c = 8 \cdot 8 = 64$ cm.

Així tenim totes les dades per calcular l'àrea. Aplicant l'equació:

$$A_{\text{octàgon}} = \frac{64 \cdot 9{,}65}{2} = 308{,}8 \Rightarrow A = 308{,}8 \text{ cm}^2$$

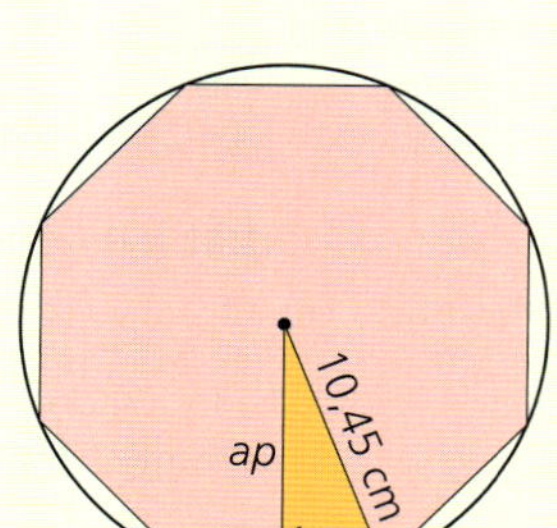

4 APLICACIONS DEL TEOREMA DE PITÀGORES

El teorema de Pitàgores té nombroses aplicacions; algunes s'han fet servir des de temps remots.

El teorema de Pitàgores, malgrat que el nom ho suggereixi, no va ser invenció del filòsof de Samos, sinó que ja era conegut per civilitzacions anteriors, com la mesopotàmica, l'egípcia, la hindú o la xinesa. El que sí que es deu al savi grec és el desenvolupament de la demostració geomètrica d'aquest teorema.

La tauleta de Yale, datada cap a 1 600 aC, és una tauleta mesopotàmica amb caràcters cuneïformes relacionada amb l'aplicació del teorema de Pitàgores.

Tauleta de Yale

4.1 AGRIMENSURA I EL TRIANGLE D'ISIS

A l'antic Egipte, el triangle pitagòric s'anomenava triangle d'Isis i tenia un caràcter sagrat: el nombre 3 representava Osiris; el 4, Isis, i el 5, Horus.

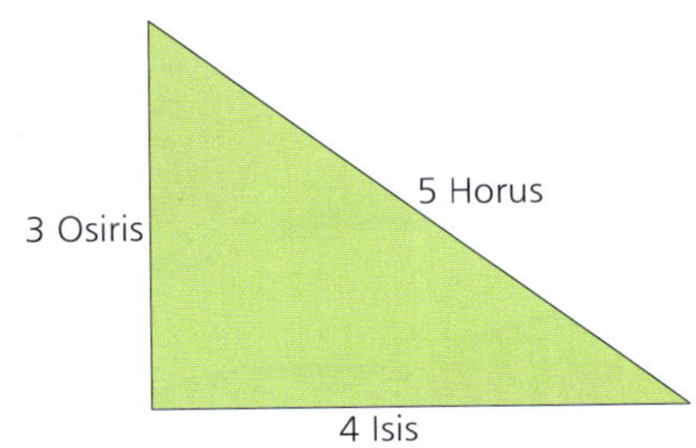

Els agrimensors egipcis delimitaven les parcel·les de conreu a causa de les crescudes periòdiques de les aigües del riu Nil. Per fer-ho, empraven com a escaire el triangle pitagòric, els costats del qual mesuren 3, 4 i 5 unitats, i així obtenien angles rectes i traçaven perpendiculars.

El procediment per construir el triangle egipci consistia a fer 12 nusos equidistants en una corda i unir-ne els extrems. Fixant la corda amb pals, construïen triangles rectangles la hipotenusa dels quals estava formada per 5 unitats i els catets dels quals tenien 3 i 4 unitats, respectivament.

Activitats resoltes

1 **Es vol estendre un cable des del punt més alt d'un campanar, situat a 32 m d'altura, fins a un punt de terra localitzat a 45 m de la base del campanar. Quant mesurarà el cable d'un extrem a l'altre?**

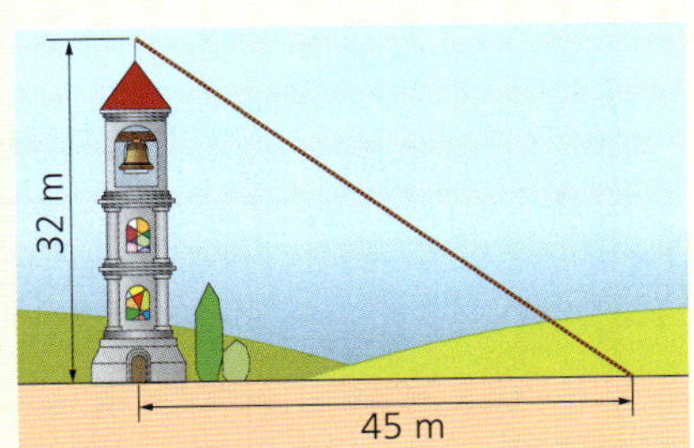

A la imatge s'observa que es forma un triangle rectangle. Si apliquem el teorema de Pitàgores:

$$a^2 = 32^2 + 45^2 \Rightarrow a^2 = 3\,049 \Rightarrow a = \sqrt{3\,049} = 55{,}22 \text{ m}$$

2 **Calcula el perímetre d'una parcel·la de terreny en forma de triangle rectangle que té una superfície de 120 m² i un catet que mesura 12 m.**

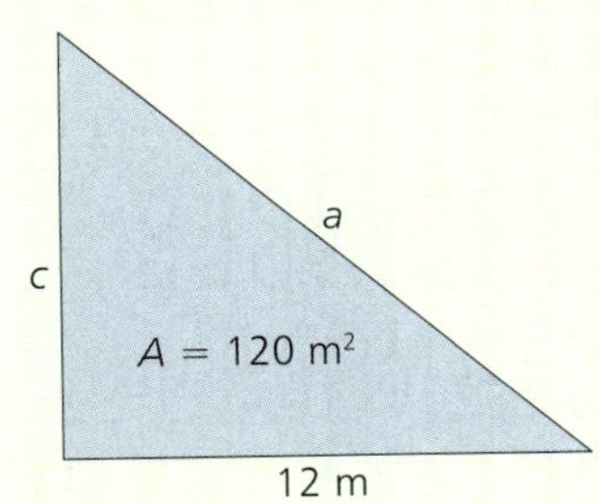

Amb la fórmula de l'àrea d'un triangle rectangle, es calcula l'altre catet:

$$A = 120 = \frac{b \cdot h}{2} = \frac{b \cdot c}{2} = \frac{12 \cdot c}{2} \Rightarrow 240 = 12 \cdot c \Rightarrow c = \frac{240}{12} = 20 \text{ m}$$

Per determinar-ne la hipotenusa, s'aplica el teorema de Pitàgores:

$$a^2 = 12^2 + 20^2 \Rightarrow a^2 = 544 \Rightarrow a = \sqrt{544} = 23{,}32 \text{ m}$$

Així, doncs, el perímetre de la parcel·la és:

$$P = a + b + c = 23{,}32 + 12 + 20 = 55{,}32 \text{ m}$$

ACTIVITATS

10 TRIANGLE RECTANGLE. TEOREMA DE PITÀGORES

1 Classificació de triangles

1 Indica quina d'aquestes ternes pot formar triangles:

a. 8 cm, 10 cm i 19 cm

b. 7 cm, 13 cm i 18 cm

c. 11 cm, 13 cm i 15 cm

d. 14 cm, 29 cm i 15 cm

2 Indica el valor dels angles desconeguts dels triangles que segueixen:

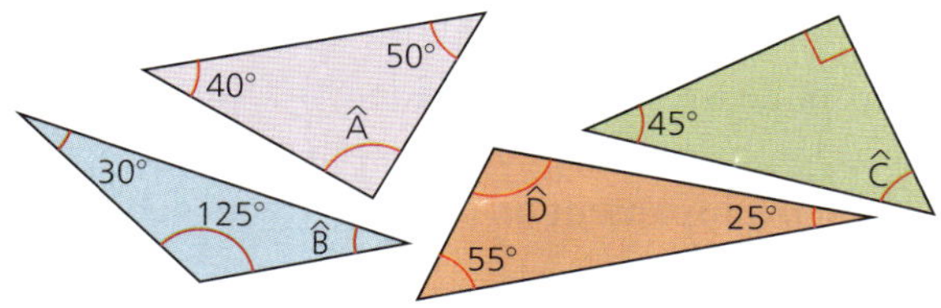

3 Indica quant mesuren els angles d'un triangle rectangle isòsceles.

4 Dins del quadrat que té per centre E hi ha la figura NEPTÚ. El punt T és el punt mitjà d'un costat, i P és a la mateixa distància de E que del costat $\overline{NU}$. Si l'àrea del quadrat és d'1 m^2, quina àrea té la figura NEPTÚ?

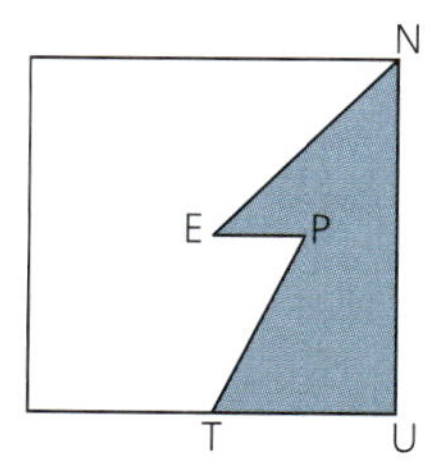

5 Calcula els angles desconeguts d'aquests triangles:

a.

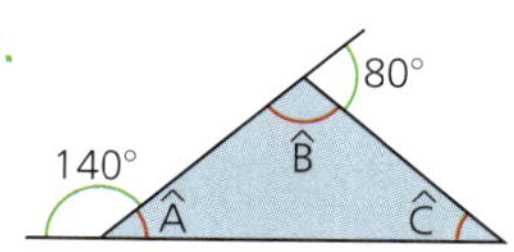

b.

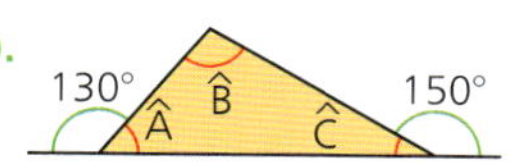

6 Esbrina l'àrea dels triangles següents:

a.

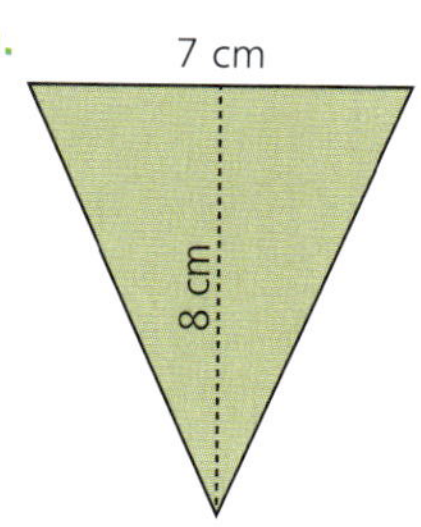

c.

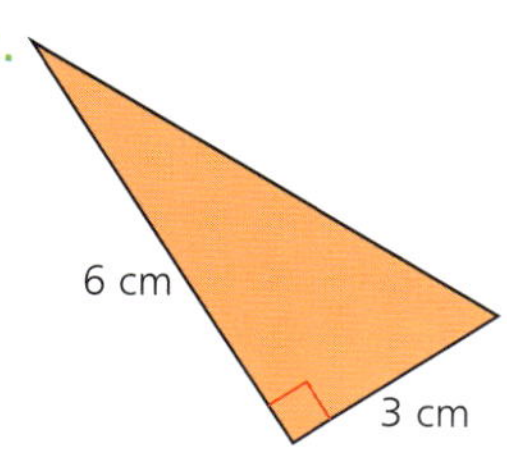

b.

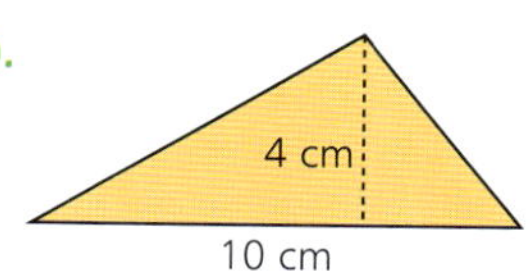

d.

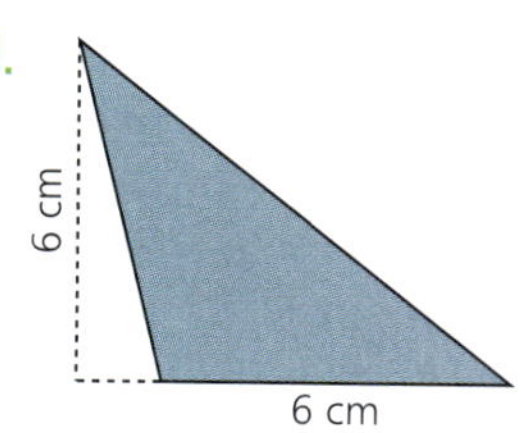

7 Classifica els triangles dibuixats segons els costats i els angles:

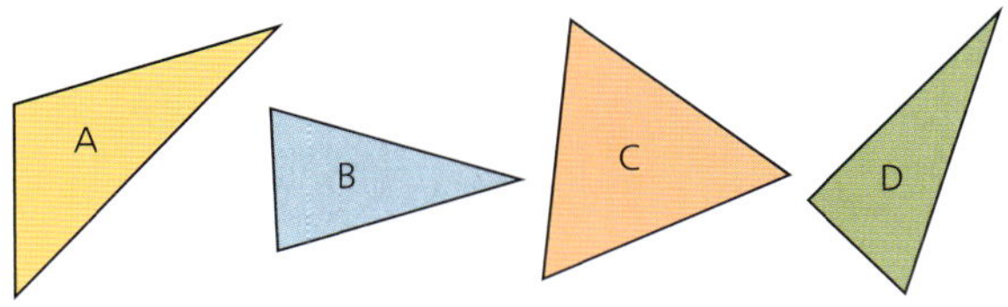

8 Assenyala l'àrea dels triangles següents:

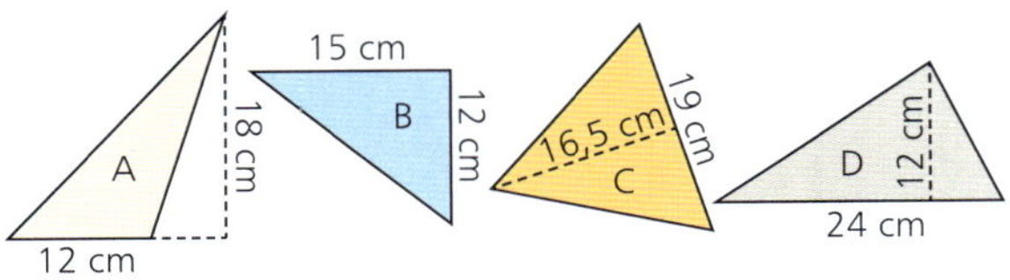

9 ⊞ Quina fracció de la figura representa la part que apareix ombrejada?

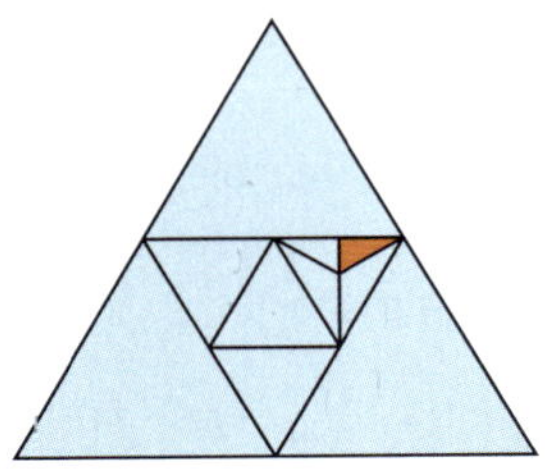

10 ⊞ Calcula l'àrea de les zones pintades de marró a l'interior d'aquests quadrats de 8 dm de costat:

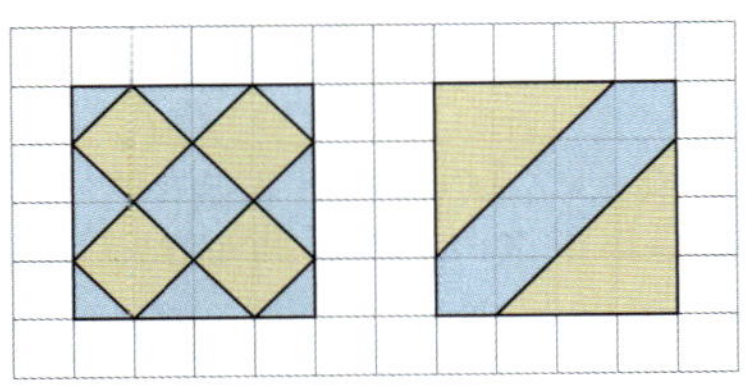

11 ⊞ Calcula el valor dels angles d'aquests triangles:

a.

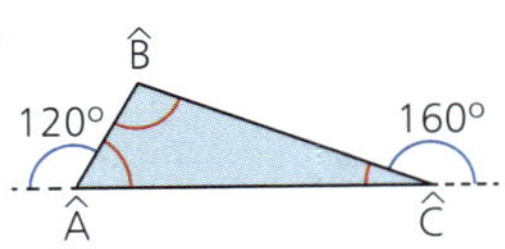

b.

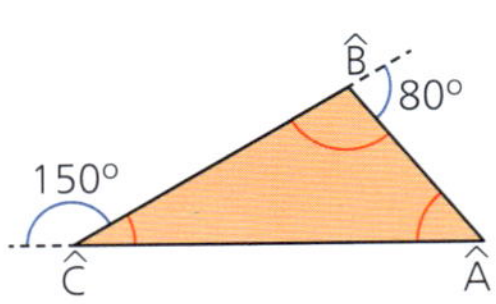

12 ⊞ Determina l'àrea d'un triangle rectangle isòsceles que té un catet que mesura 10 dm.

13 ⊞ Indica l'àrea de les zones que queden en blanc a l'interior d'aquests quadrats de 4 m de costat:

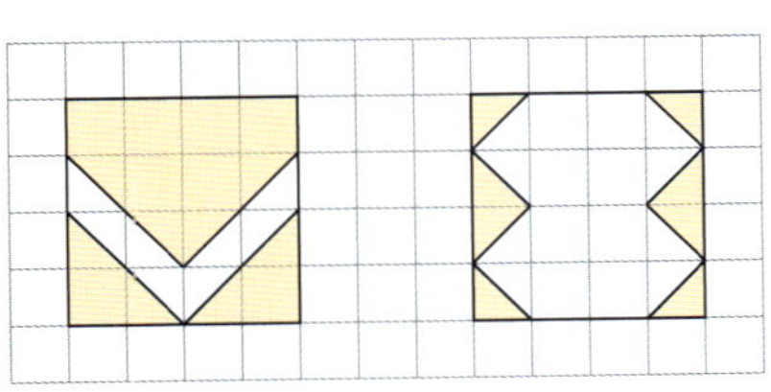

2 Teorema de Pitàgores

14 Comprova si les ternes de nombres següents corresponen a ternes pitagòriques:

a. 9 cm, 12 cm i 15 cm
b. 12 cm, 22 cm i 20 cm
c. 18 cm, 24 cm i 30 cm
d. 15 cm, 25 cm i 20 cm

15 Determina el valor del costat desconegut dels triangles rectangles següents:

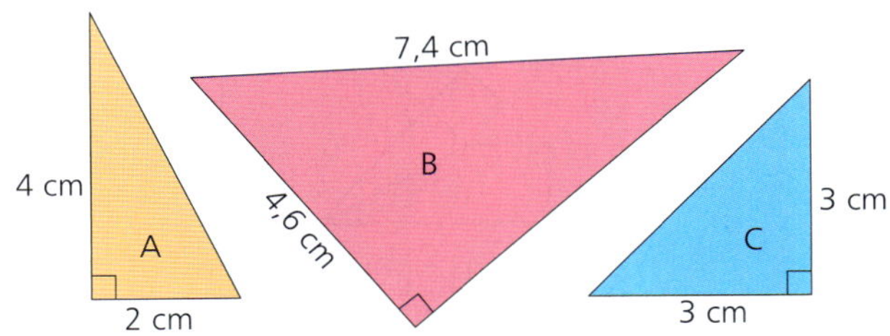

16 Calcula el costat que falta en les ternes pitagòriques proposades, expressades en centímetres i segons l'ordre següent: hipotenusa, catet 1, catet 2.

a. a, 7 i 11
b. 18, 9 i c
c. 15, b i 5
d. a, 12 i 20

17 Per una porta que té unes dimensions de 2 m d'alt per 80 cm d'ample, la Irene es disposa a passar un tauler de 215 cm d'alt per 5 m de costat. Et sembla que ho podrà fer?

18 La mida de les pantalles de projecció es mesura per la longitud, en polzades o en centímetres, de la diagonal. Tenint en compte que 1 polzada equival a 2,53 cm:

a. Quina és la longitud, en metres, dels costats d'una pantalla quadrada en què la diagonal mesura 150 polzades?

b. Quina longitud, en polzades, té la diagonal d'una pantalla quadrada en què els costats mesuren 2 m × 2 m?

19 Determina l'àrea d'un triangle rectangle que té una hipotenusa de 25 cm i un dels catets de 15 cm.

20 Calcula l'àrea i el perímetre d'un triangle rectangle isòsceles la hipotenusa del qual mesura 16 cm.

21 Classifica, segons els angles, els triangles següents, els costats dels quals mesuren:

a. 6 m, 10 m i 12 m
b. 21 m, 24 m i 25 m
c. 15 m, 20 m i 25 m
d. 9 m, 14 m i 15 m

22 ⊞ Una pila de 20 pipes i l'entrada d'un formiguer formen els extrems d'una de les diagonals d'un quadrat de 40 cm de costat. Si una formiga surt del formiguer i es dirigeix cap a les pipes per transportar-les una a una fins a l'entrada del formiguer, quina distància haurà recorregut quan les hagi recollit totes?

23 Un dels catets d'un triangle rectangle mesura 11 dm, mentre que l'altre té la tercera part de la longitud de la hipotenusa. Calcula l'àrea del triangle rectangle.

24 Per traçar un cercle, s'ha fixat a terra una corda de 2 m de longitud. Quin és el perímetre del triangle més gran que es pot inscriure en un dels quadrants del cercle?

Elabora un esquema gràfic del problema.

25 Quina parella de quadrats sumen l'àrea més gran: els de color violeta o els roses? Raona'n la resposta.

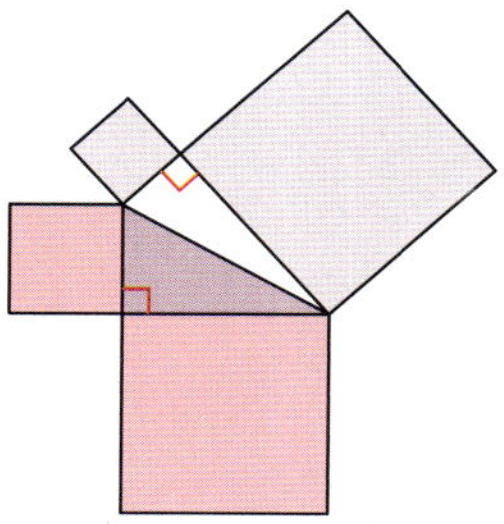

26 TIC Investiga sobre els pitagòrics i sobre les normes que regien a la seva escola.

27 Calcula el perímetre d'aquesta figura:

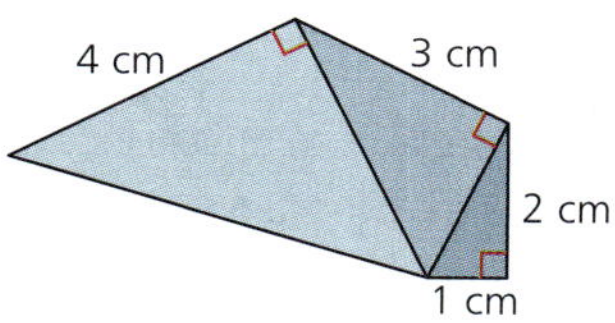

28 Dos pelegrins que transiten per camins perpendiculars entre ells són en una cruïlla. Després de saludar-se, continuen cadascú pel seu camí a la mateixa velocitat. Després d'una hora de marxa estan a 8,5 km en línia recta l'un de l'altre. Quina distància ha recorregut cadascú des de la cruïlla?

29 Calcula la longitud del traç de cada lletra en la trama de quadrats que apareix a continuació, el costat dels quals mesura la unitat:

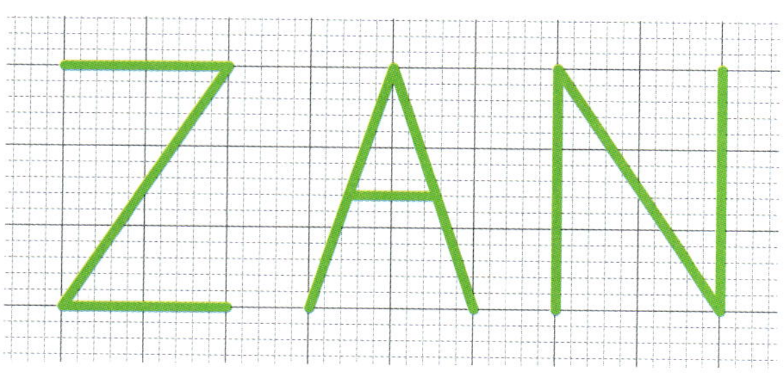

30 Per auxiliar els habitants d'un edifici en flames, els bombers entren per una finestra desplegant l'escala situada a la base del camió, que és a 1,80 m d'altura de terra. Amb aquesta dada i sabent que el camió està estacionat a 7 m de la paret de l'edifici i la finestra és a una altura de 12 m de terra, calcula quina longitud té l'escala.

31 Calcula el perímetre de les figures següents en una trama de quadrats de 2 cm costat:

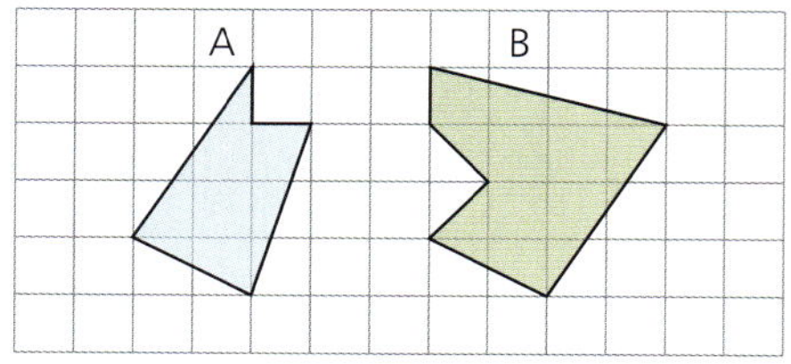

32 Troba l'àrea del triangle $\widehat{ABC}$.

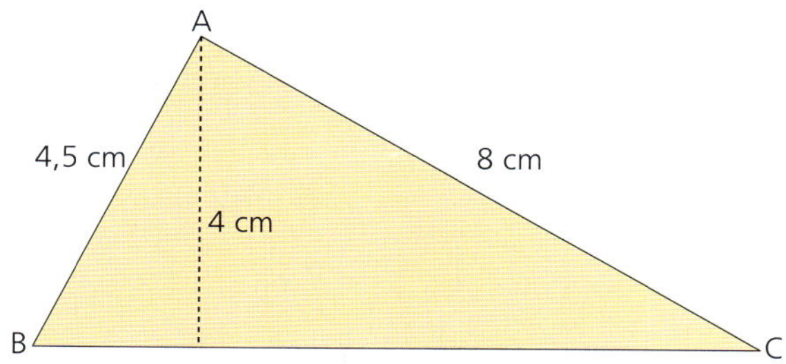

33 La hipotenusa d'un triangle rectangle mesura 15 m, i aquest valor és el triple de la longitud d'un dels catets. Assenyala el perímetre d'aquest triangle.

34 Representa gràficament $\sqrt{7}$ i $\sqrt{8}$ utilitzant el teorema de Pitàgores.

35 La diagonal d'un rectangle mesura 40 dm, i els costats són proporcionals a 3 dm i 4 dm. Calcula quina és la longitud dels costats del rectangle.

36 Una nena d'1,4 m d'altura juga amb un estel lligat amb una corda de 15 m de longitud. Si el vent ha desplaçat l'estel a 8 m de la vertical de la nena, quina és l'altura de l'estel respecte al nivell del terra?

37 Les longituds dels costats d'un triangle rectangle són tres nombres naturals consecutius. Assenyala les dimensions del triangle.

38 Determina el perímetre del triangle $\widehat{ABC}$.

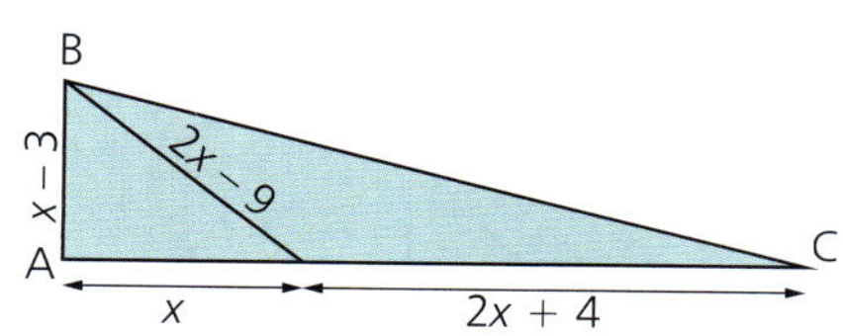

3 El teorema de Pitàgores i els polígons regulars

39 Assenyala el perímetre i l'àrea d'un triangle equilàter de 9 m de costat.

40 Determina el perímetre i l'àrea de les figures següents:

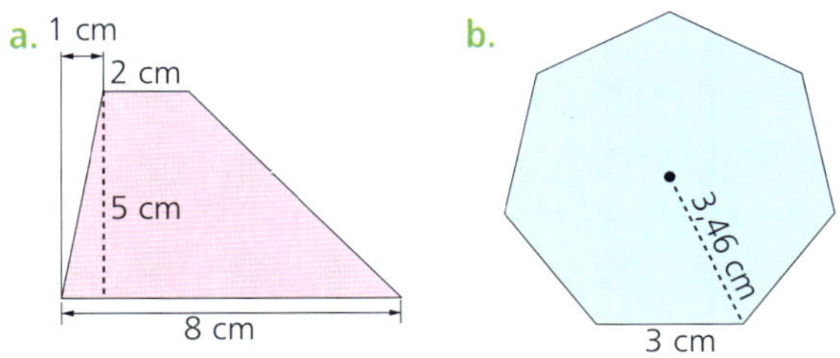

41 Calcula el perímetre i l'àrea d'un rombe les diagonals del qual mesuren 14 cm i 10 cm, respectivament.

42 La Marina és portera del seu equip de futbol i sempre ha pensat que no és difícil aturar un penal. Les dimensions oficials d'una porteria de futbol són de 2,44 m d'alt per 7,32 m de llarg. Quina és la longitud de la diagonal?

43 Determina el perímetre i l'àrea de la figura següent tenint en compte que la longitud *b* mesura 5 m:

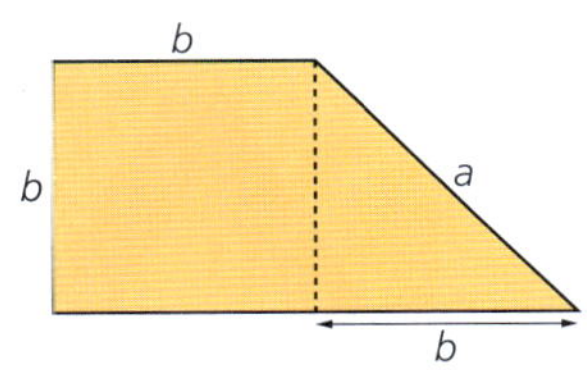

44 Al Guillem se li ha penjat la pilota a la teulada del gimnàs, que té una alçada de 7 m. Per recuperar-la, fa servir una escala que recolza a terra a una distància de 4 m de la paret. Quina longitud té l'escala amb la qual accedeix a la teulada per recuperar la pilota?

45 ⊞ Calcula el perímetre i l'àrea d'un hexàgon regular el costat del qual mesura 10 m.

46 ⊞ Calcula el costat d'un triangle equilàter inscrit en una circumferència de 6 cm de radi.

47 Determina el radi de la circumferència circumscrita a l'hexàgon regular que té 18 dm d'apotema.

48 Assenyala l'altura i l'àrea d'un triangle isòsceles els costats del qual mesuren 18 m, 18 m i 22 m, respectivament.

49 ⊞ En un rectangle amb unes dimensions de 8 m × 12 m s'hi inscriu un rombe de manera que els vèrtexs coincideixen amb els punts mitjans dels costats del rectangle. Esbrina el perímetre del rombe.

50 ⊞ Les bases d'un trapezi isòsceles mesuren 9 cm i 15 cm, respectivament, i el costat oblic, 10 cm. Calcula el perímetre i l'àrea del trapezi.

51 ⊞ Troba l'àrea de les figures següents:

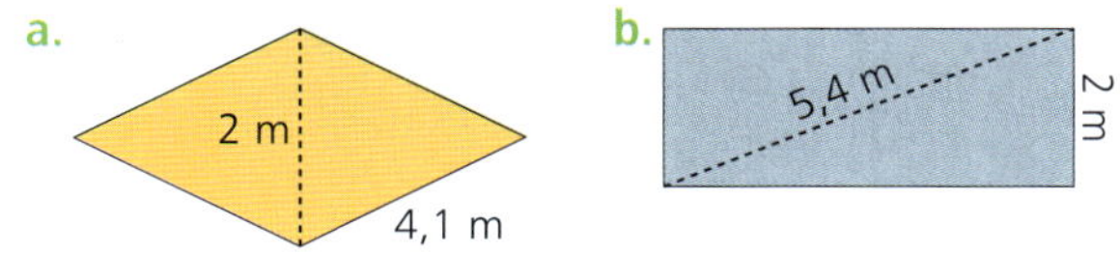

52 ⊞ Calcula l'àrea d'aquestes figures:

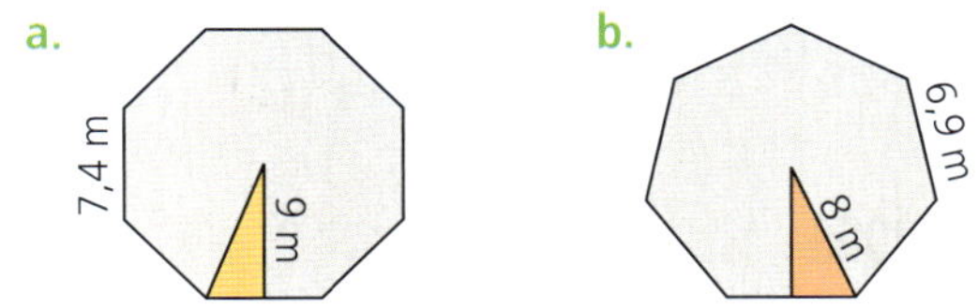

53 ⊞ Un quadrat està inscrit en una circumferència de 7 dm de radi. Esbrina'n el valor del perímetre.

54 ⊞ L'altura d'un triangle equilàter mesura 14 cm. Calcula l'àrea i el perímetre d'aquest triangle.

55 ⊞ Calcula l'àrea d'un heptàgon regular que té una apotema d'11 cm i es pot inscriure en una circumferència de 15,9 cm de radi.

56 ⊞ El costat d'un hexàgon regular mesura 16 centímetres. Determina:

a. El perímetre de l'hexàgon

b. L'àrea de l'hexàgon

57 ⊞ L'àrea d'un triangle isòsceles mesura 35 m^2, i l'altura del costat desigual, 7 m. Esbrina el perímetre d'aquest triangle.

58 ⊞ L'àrea d'un rombe mesura 63 cm^2, i la diagonal petita té una longitud de 9 cm. Calcula el perímetre del rombe.

59 ⊞ Considerant un quadrat la diagonal del qual mesura 8 cm, determina el radi de la circumferència:

a. Que el circumscriu.

b. Inscrita en el quadrat.

60 ⊞⊞ Calcula el perímetre de les figures pintades.

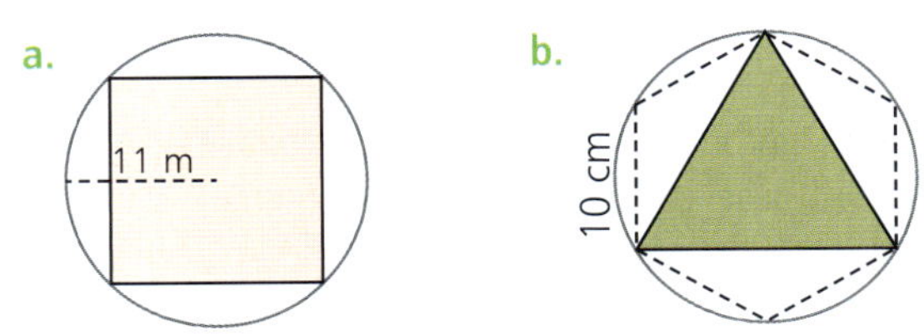

61 Indica el perímetre d'aquest trapezi, les dimensions del qual estan expressades en decímetres:

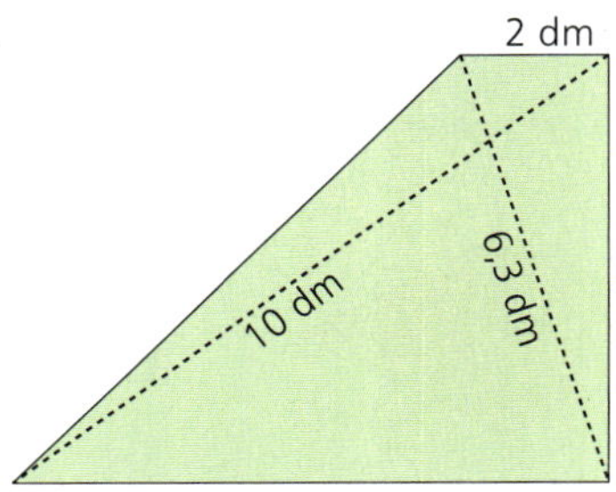

62 TIC Investiga sobre el coneixement del teorema de Pitàgores en les civilitzacions anteriors a la grega.

4 Aplicacions del teorema de Pitàgores

63 En una piscina de 8 m de llarg per 4 m d'ample, quina és la distància més gran que es pot nedar en línia recta?

64 Aparella cadascuna d'aquestes figures amb la mesura de la diagonal corresponent:

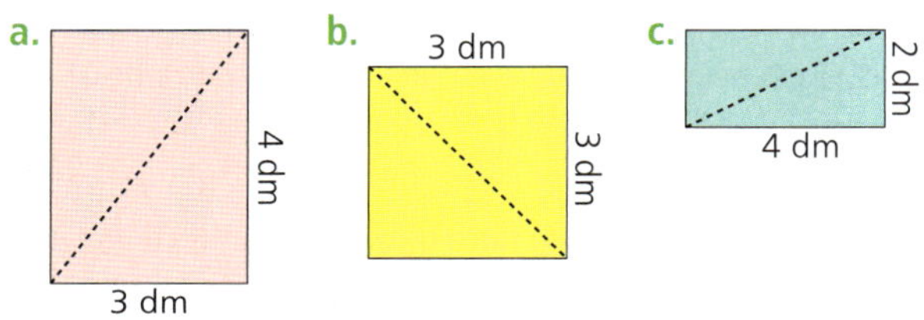

I. 4,47 dm II. 0,5 m III. 42 cm

65 S'ha instal·lat una antena de televisió de 3 m d'altura, perpendicular a la coberta plana d'un edifici. Per assegurar-la, s'ha fixat un cable a l'extrem superior de l'antena subjectat a 4 m del peu. Elabora un dibuix esquemàtic que representi la situació i calcula la longitud del cable.

66 A quina distància d'un edifici de 15 m d'altura s'ha de situar la Sofia per tenir, des d'aquest punt, una visual de 110 m a l'extrem superior de l'edifici?

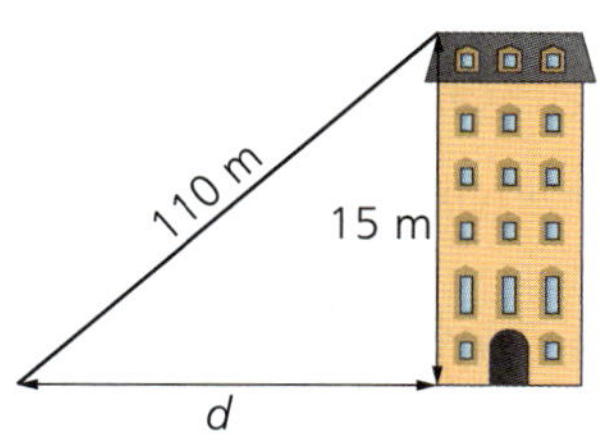

67 Amb un compàs, el Nil traça una circumferència de 8 cm de radi. Si l'eix del compàs (punt superior central) és a una distància de 6 cm del paper, quant mesura cadascun dels braços del compàs?

68 L'entrada a una tenda de campanya té forma de triangle isòsceles, i les seves dimensions són 1,80 m, tant d'ample com d'alt.

a. Esbrina la longitud dels costats iguals de l'entrada.

b. Calcula la superfície de tela que s'ha emprat en la confecció de la tenda si té una longitud de 2,80 m.

69 L'Adrián està fent la mudança i es disposa a treure algunes caixes per una finestra de casa seva. Per fer-ho, recolza una escala de 9 m a la façana, a l'altura de la finestra, de manera que el peu de l'escala és a 3 m de la paret.

a. A quina altura arribarà l'escala sobre la paret?

b. Suposa que l'escala té una altura de 6 m; a quina distància de la paret se situarà el peu?

70 L'Ainhoa traça una circumferència amb un compàs que té els extrems dels braços separats 15 cm. Si l'altura de l'eix del compàs (punt superior central) fins al paper és d'11 cm sobre la seva vertical, quant fa cadascun dels braços del compàs?

71 En una carretera de muntanya hi ha un senyal que adverteix de fort pendent. El percentatge que apareix indica la relació que hi ha entre l'altura que es puja per la carretera i la distància de desplaçament horitzontal. Així, un senyal de pendent del 10 % significa que s'ascendeixen 10 m de desnivell per cada 100 m que s'avança en horitzontal.

a. Quina distància cal recórrer per pujar una altura de 80 m?

b. En un altre tram de carretera de diferent pendent s'han recorregut 1 003 m. Si el desplaçament horitzontal ha estat de 1 000 m, quin és el pendent d'aquest tram?

72 Un arbre de 6 m d'altura s'ha partit per la força del vent en un punt situat a 2 m de terra. A quina distància del peu de l'arbre quedarà l'extrem caigut?

73 D'un tronc de fusta amb una secció circular de mig metre de diàmetre se'n vol obtenir una biga.

a. Quina és la mida de la biga quadrada més gran que es pot extreure del tronc?

b. I si volem que la biga sigui un hexàgon regular?

74 Calcula el perímetre de cadascuna de les peces del tangram, que forma un quadrat de 12 cm de costat.

75 La Mariona ha llogat, en un hort urbà, una parcel·la en forma de rectangle que té unes dimensions de 16 m de llarg per 6 m d'ample. Ha dividit la parcel·la en diferents zones per sembrar-hi diverses plantes, tal com mostra la figura.

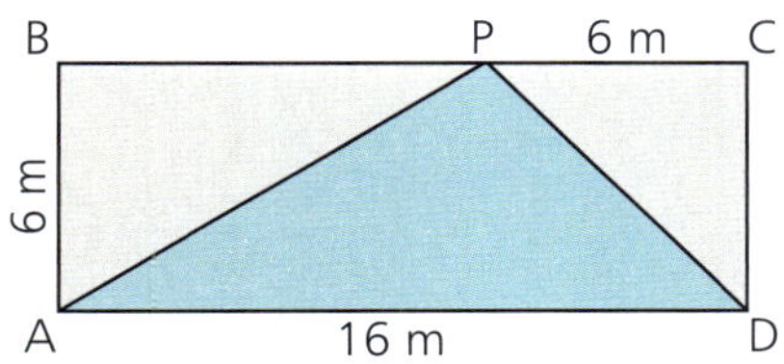

Si la Mariona vol tancar cadascuna de les zones:

a. Calcula la longitud del filat que necessitarà per encerclar la zona PCD.

b. Quina longitud tindrà la tanca que volti la zona PAB?

c. Quin tipus de triangle és la zona PAD?

76 Un observador d'1,65 m d'altura està situat a una distància de 5 m d'un edifici. Si en aquesta posició la visual a una de les finestres té una longitud de 6 m, calcula l'altura a la qual està la finestra de terra.

77 Calcula els catets i les hipotenuses de tots els triangles rectangles que es formen en la figura següent:

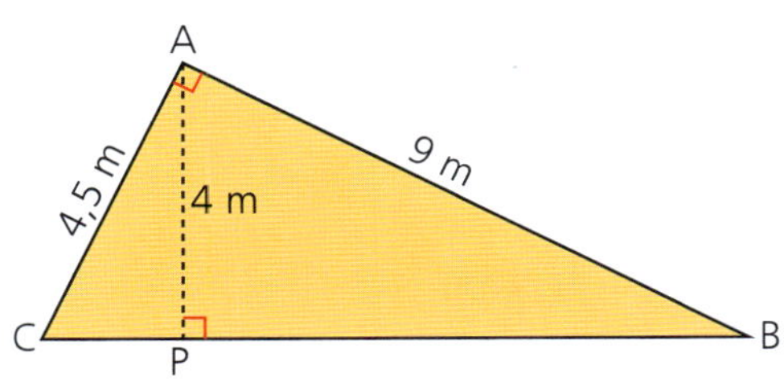

78 El Sergi fa volar el seu estel a la platja amb una corda de 100 m de longitud que decideix fixar a terra. En un moment de fort vent, la corda es tiba totalment i llavors l'altura de l'estel és de 80 m. En aquest instant, a quina distància està la vertical de l'estel respecte al punt de terra on s'ha lligat l'extrem de la corda?

79 Una escala es recolza en una paret vertical, de manera que assoleix una altura d'11 m sobre la paret quan el peu de l'escala és a 7 m de la paret. Calcula la longitud de l'escala.

80 Si la Mireia se situa a 50 m de distància d'un monument, la visual a l'extrem superior del monument recorre un total de 80 m. Quina és l'altura total del monument?

81 L'Andrea ha dibuixat la lletra «Z» a la pissarra, de manera que els traços horitzontals mesuren 40 cm cadascun i estan separats 50 cm entre ells. Quant mesura el traç diagonal de la lletra?

82 La Mar circula amb bicicleta per una pujada i recorre una distància real de 200 m mentre avança una distància horitzontal de tan sols 150 m. Quina és l'altura, en decímetres, de la pujada?

83 Des de la finestra de casa seva, el Pablo veu l'Aitor a 210 m, quan realment és a 160 m de casa seva. A quina altura es troba la finestra del Pablo?

84 S'ha lligat un globus amb un fil de 18 dm de longitud i s'ha fixat l'altre extrem del fil al centre d'una taula de 50 cm d'altura. Una ràfega de vent ha tibat el fil i ha desplaçat el globus fins a un punt en el qual la vertical a terra és d'1 m. Calcula la distància de la vertical al centre de la taula.

85 Els senyals viaris de stop són senyals de prioritat en forma d'octàgon regular. Determina el radi de la circumferència circumscrita a l'octàgon.

Dada: el costat de l'octàgon mesura 31,18 mm, i té 60 657,6 mm^2 d'àrea.

86 Determina el perímetre d'un triangle rectangle els costats del qual tenen una longitud, en centímetres, indicada per tres nombres consecutius.

87 Calcula la longitud de la diagonal d'un trapezi isòsceles en el qual les bases petita i gran mesuren, respectivament, 8 cm i 14 cm i que té dos costats oblics de 9 cm.

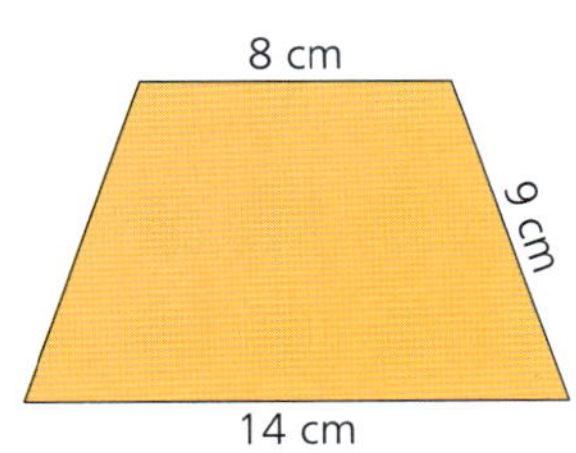

TREBALLEM LES COMPETÈNCIES

EL PENTÀGON

L'edifici del Pentàgon, a Washington (Estats Units d'Amèrica), és un pentàgon regular de 300 m de costat. L'apotema del pati interior, que també té forma de pentàgon regular, mesura 86 m.

La longitud del costat del pentàgon exterior és 2,4 vegades la de l'interior, i la distància entre els vèrtexs A i B (com es veu al gràfic lateral) és de 148,51 m.

1 Quina superfície té la planta?

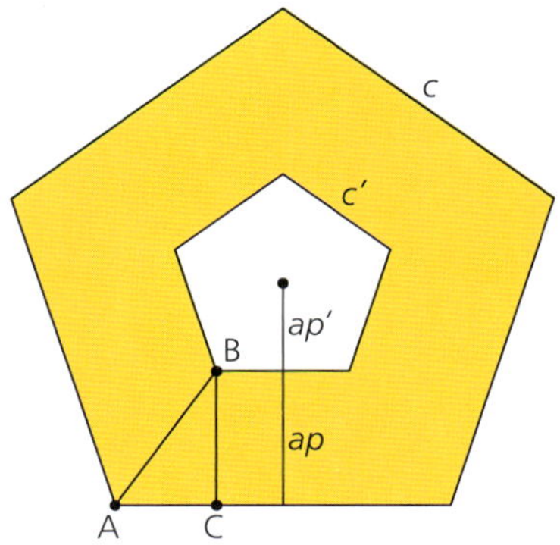

ELS AVIONS

Dos avions s'enlairen d'un aeroport alhora, en direccions perpendiculars i a la mateixa altura. El primer va a una velocitat de 600 km/h, i el segon, a 800 km/h.

1 Quina distància els separa al cap de 2 hores?

2 Si l'abast de la ràdio és de 500 km, es podran posar en contacte al cap de mitja hora?

LA TAULA PLEGABLE

Un fuster vol fabricar una taula plegable per penjar-la a la paret. La taula s'ha d'ajustar perfectament a un racó. L'espai disponible és de 60 cm i 80 cm, respectivament.

1 Quant ha de mesurar la diagonal de la taula perquè hi encaixi perfectament en angle recte?

LA COMPANYIA ELÈCTRICA

Un treballador de la companyia elèctrica recolza una escala de 6,5 m de llargada a una paret, a una altura de 6 m. Després d'arreglar l'avaria, sense moure la base de l'escala, la recolza a la paret de davant, a una altura de 5,2 m.

1 A quina distància estan les dues parets?

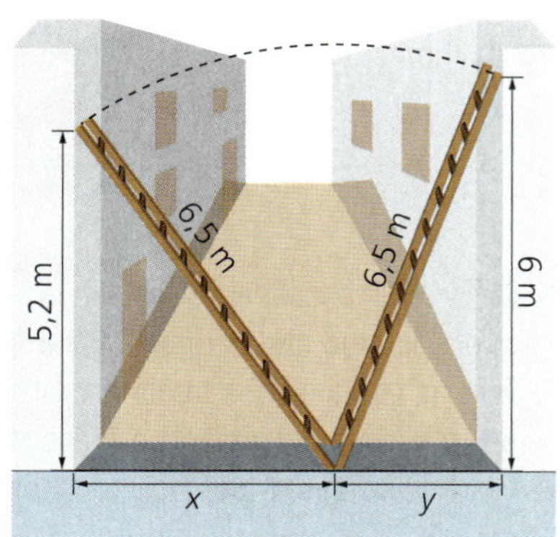

ELS 4 CUBS

A la classe de la Nerea han tallat quatre cubs de porexpan per obtenir un conjunt de polígons.

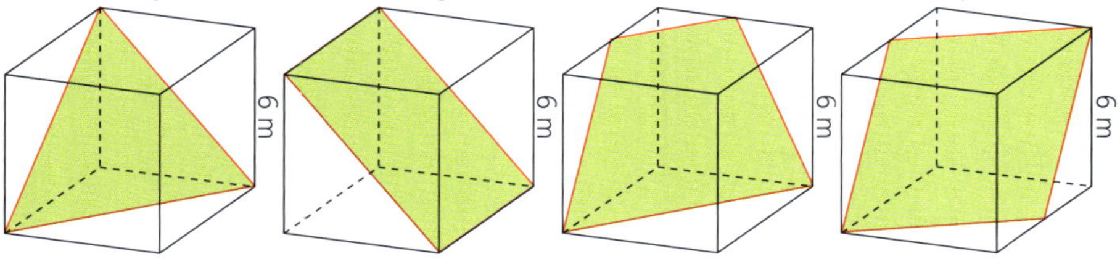

1 Troba l'àrea i el perímetre de cada polígon.

LA TORRE

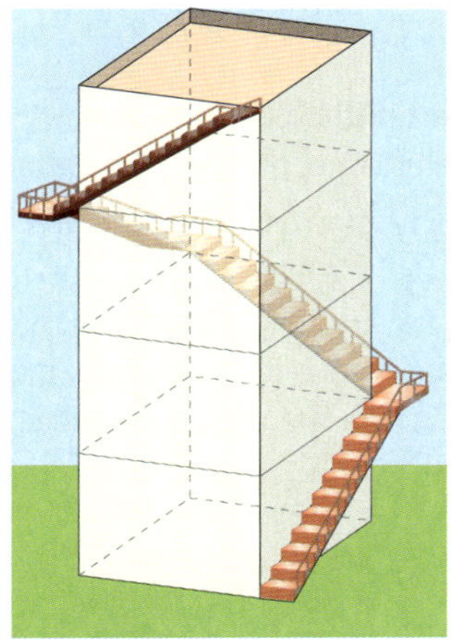

Al barri s'ha construït una torre que disposa d'una escala exterior. La torre té forma de prisma de 36 m d'altura, i una base rectangular de 40 m de llarg i 12 d'ample. L'escala té quatre trams, un a cada cara lateral de la torre, amb la particularitat que a cada tram es puja la mateixa altura exacta.

1 Quants esglaons cal pujar per arribar a la part més alta de la torre, sabent que cada metre d'escala té 3 esglaons?

EL CÀMPING

La família de l'Hèctor se'n va de càmping. Disposen d'una tenda de campanya en forma de prisma triangular. La cara frontal de la tenda és un triangle isòsceles, de base 1,6 m, i cadascun dels costats iguals mesura 170 cm.

1 Calcula l'altura de la tenda de campanya.

EL PENAL

L'altura reglamentària d'una porteria de futbol és h = 2,4 m, i la distància des del punt de penal fins a la ratlla de gol, de 10,8 m.

1 Quina distància recorre una pilota que es llança des del punt de penal i que s'estavella contra el punt central del pal horitzontal?

EL COMPÀS AMB BIGOTERA

Un compàs amb bigotera té separades les puntes dels extrems 30 mm, mentre que la vertical des de l'eix fins al paper té una altura de 120 mm.

1 Quina és la mesura de cadascuna de les potes del compàs en mil·límetres?

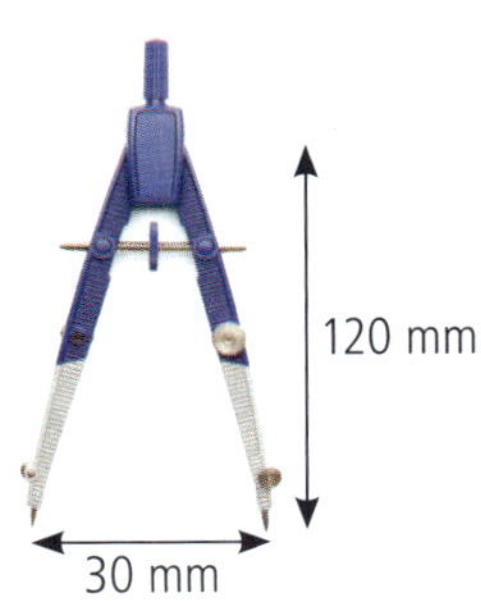

APLIQUEM LES TIC

LA RECTA D'EULER EN UN TRIANGLE AMB GEOGEBRA

Podem utilitzar el programa GeoGebra per dibuixar les rectes i els punts notables d'un triangle, a fi de traçar posteriorment la recta d'Euler.

MITJANA

La mitjana és la recta que uneix el punt mitjà d'un costat amb el seu vèrtex oposat.

Es tria l'eina **Polígon**, i es construeix el triangle de vèrtexs $\widehat{ABC}$ tal com mostra la figura **A**.

Amb l'eina **Punt mitjà** o **Centre**, es clica al vèrtex A i, després, al vèrtex B i apareixerà el punt mitjà d'aquest costat, D. Per traçar la mitjana del costat $\overline{AB}$, n'hi ha prou amb triar l'eina **Recta**, i traçar la recta que passa pels punts C i D. De la mateixa manera, es construeix la mitjana del costat $\overline{BC}$. La intersecció de les dues mitjanes dona lloc al **baricentre** del triangle, **G**, punt que coincideix amb el centre de gravetat del triangle, tal com mostra la figura **B**. El punt F es reanomena fent doble clic sobre el seu nom a la **Vista algebraica**.

A

B

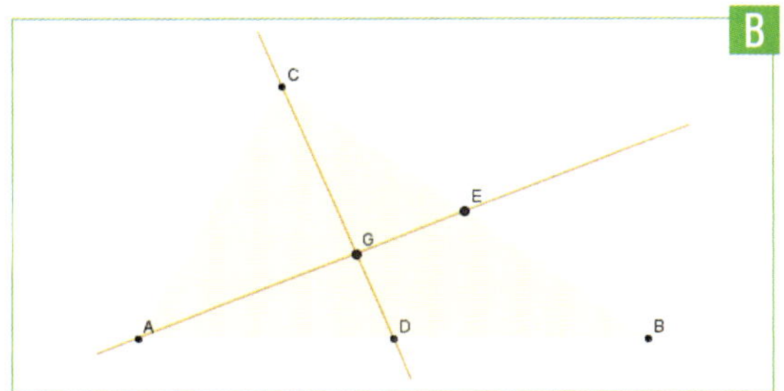

MEDIATRIU

La **mediatriu** d'un costat és la recta perpendicular que passa pel seu punt mitjà.

Es tria l'eina **Mediatriu**, i es dibuixa la mediatriu del costat $\overline{AB}$ clicant en aquest costat. Tot seguit, es procedeix de la mateixa manera per traçar la mediatriu del costat $\overline{BC}$, i la intersecció de les dues mediatrius dona lloc al **circumcentre** del triangle, **T**, punt que equidista dels tres vèrtexs del triangle i des del qual es pot traçar una circumferència circumscrita al triangle, tal com mostra la figura **C**.

C

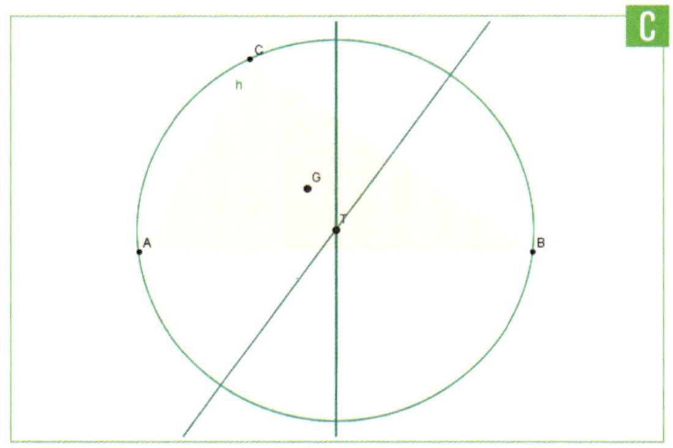

ALTURA

L'**altura** és la recta perpendicular a un costat que passa pel seu vèrtex oposat.

Es tria l'eina **Recta perpendicular**, i es traça l'altura al costat AB que passa pel vèrtex C; per fer-ho, es clica primer al vèrtex C i, després, al costat $\overline{AB}$. De la mateixa manera, es traça l'altura del costat $\overline{BC}$, i la intersecció de les dues altures dona lloc a l'**ortocentre** del triangle, **O**, tal com mostra la figura **D**.

D

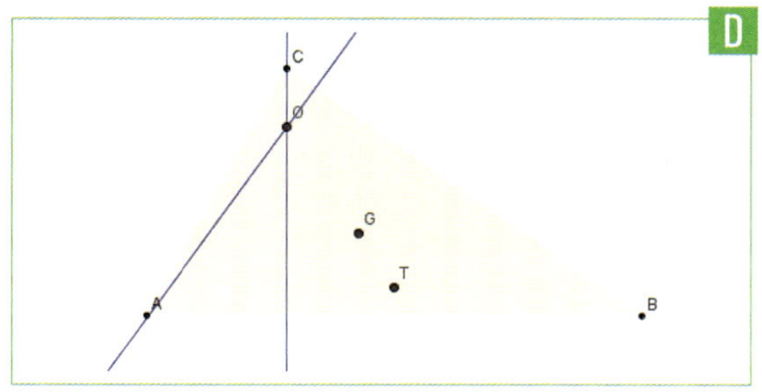

RECTA D'EULER

Els tres punts notables d'un triangle (baricentre, G; circumcentre, T, i ortocentre, O) estan alineats, i la recta que passa per tots tres s'anomena **recta d'Euler**. Per traçar-la, es tria l'eina **Recta**, i es clica en dos dels tres punts notables, tal com mostra la figura **E**.

E

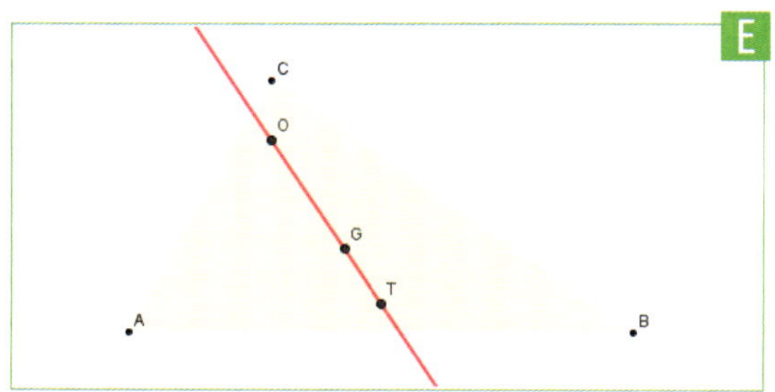

1 Traça la recta d'Euler d'un triangle obtusangle.

2 Investiga com es traça l'incentre d'un triangle.

AVALUACIÓ

1 Calcula la hipotenusa dels triangles rectangles que tenen els catets següents:

a. 3 cm i 4 cm

b. 8 cm i 15 cm

c. 5 cm i 12 cm

d. 7 cm i 24 cm

2 Indica si els triangles següents són rectangles o no, a partir de les mesures dels costats:

a. $a = 10$, $b = 6$ i $c = 8$

b. A = 12, $b = 10$ i $c = 9$

3 L'Ona es desplaça del punt A cap al nord 4 m; després, gira cap a l'est i avança 7 m.

a. A quina distància està del punt inicial?

b. Si reprèn el moviment en direcció nord 5 m i, després, torna a girar cap a l'est i avança 3 m, a quina distància del punt A és ara?

4 Troba el valor del costat *c*.

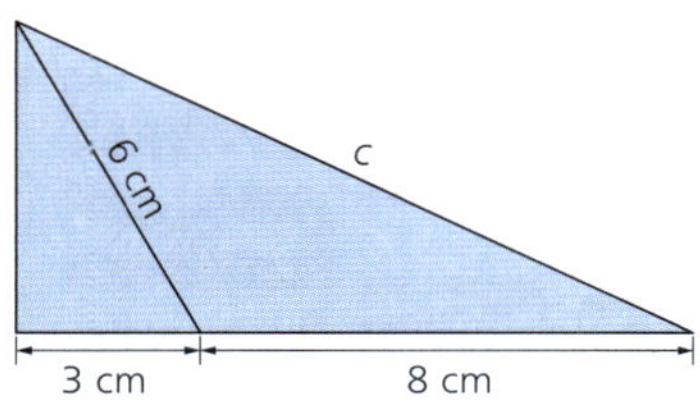

5 En un tram d'una carretera, en avançar 60 m en horitzontal, es puja 11 m en vertical. Quina és la longitud d'aquest tram de carretera?

6 Calcula el valor de *x* en les figures següents:

a.

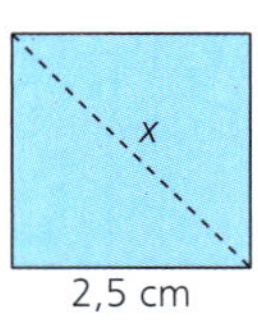

b.

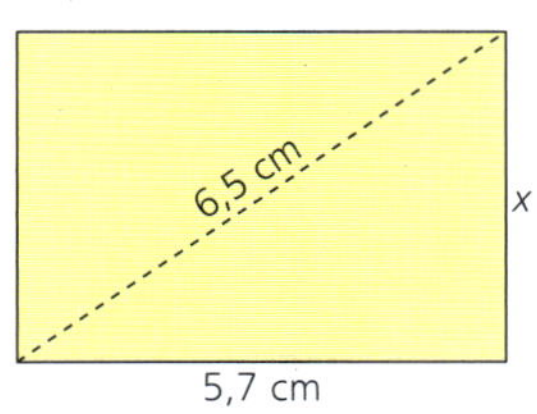

7 Determina els valors desconeguts dels triangles següents:

a.

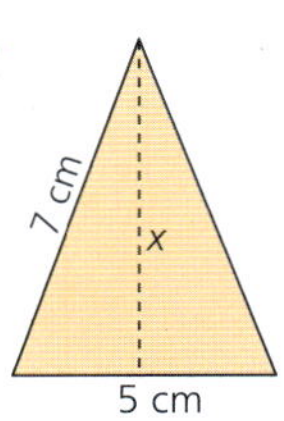

b.

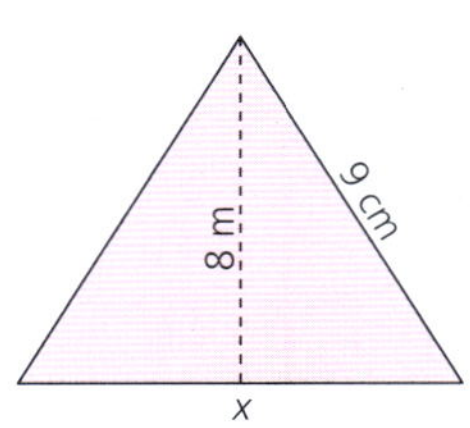

8 Esbrina si el triangle inscrit en el quadrat de costat 24 cm és rectangle.

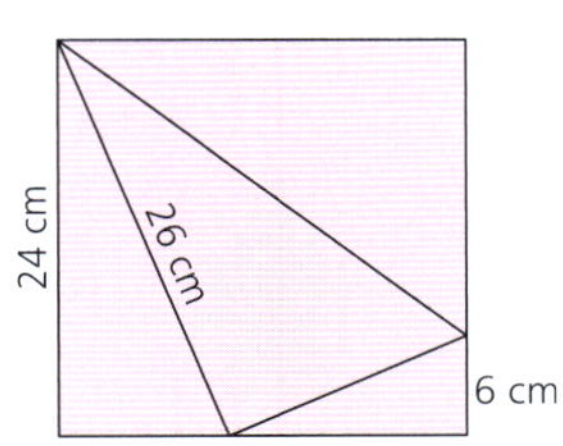

9 Quina longitud de llistó de fusta cal per construir l'estel de la figura?

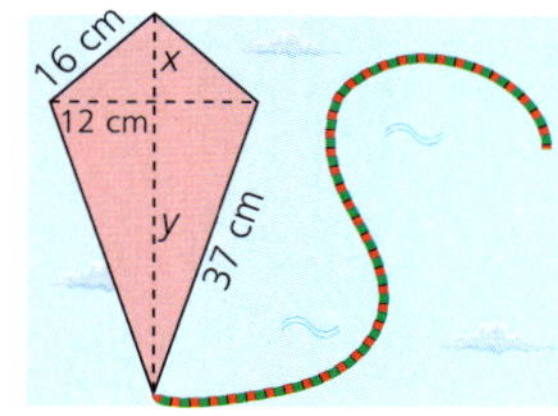

10 Troba les dues diagonals d'aquest cub:

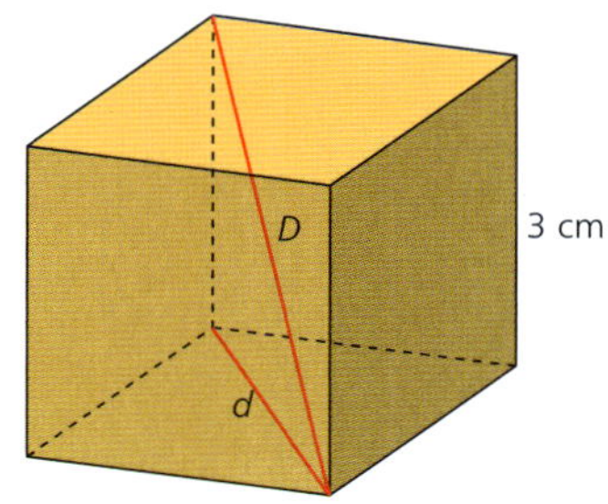

11 Troba l'apotema d'un hexàgon regular de costat 5 cm.

12 Calcula el perímetre de les figures següents:

a.

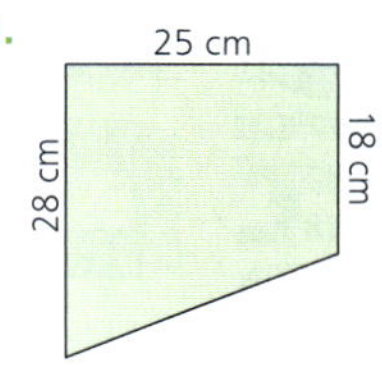

b.

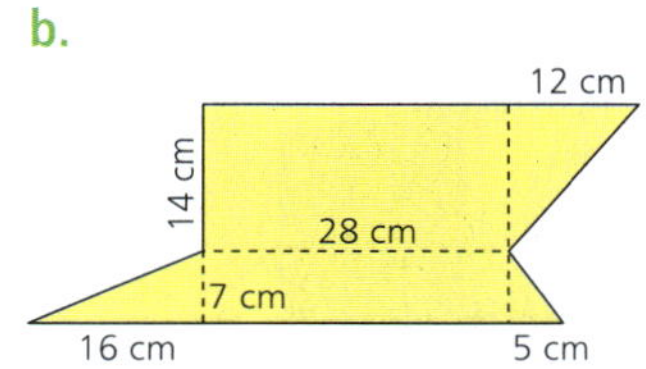

13 Calcula l'altura d'un triangle de costats 9 cm, 6 cm i 7 cm.

14 Un quadrat té una superfície de 36 cm^2. Troba'n la diagonal i el perímetre.

15 Calcula l'àrea d'un triangle equilàter, el perímetre del qual mesura 75 cm.

16 Troba l'àrea del trapezi següent:

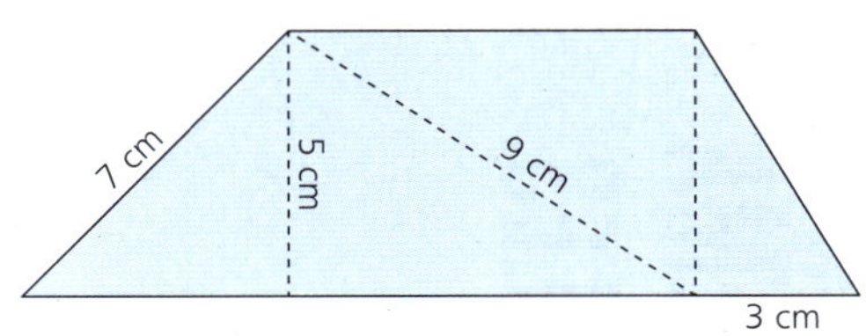

17 Quant val l'àrea d'un triangle isòsceles de base 15 cm, si la longitud del costat desigual és una tercera part de la de la base?

18 Una escala fa 2,5 m de longitud i, si es recolza a la paret, la base en queda a 70 cm. A quina altura de la paret arriba l'escala?

19 Dos trens surten de Vic en direccions perpendiculars, l'un cap a Granollers, i l'altre, cap a Girona. Si el primer tren viatja a 90 km/h i el segon a 110 km/h, a quina distància estaran al cap d'una hora i mitja?

11 SEMBLANÇA. TEOREMA DE TALES

BUSCANT EL BÉ DELS NOSTRES SEMBLANTS, TROBEM EL NOSTRE

PLATÓ

PRESENTAR

LA TERTÚLIA

En una cadena de televisió del País dels Polígons s'ha inaugurat un programa nou de tertúlies de sobretaula. Avui en fan la primera emissió i es pretén assolir un alt índex d'audiència. S'ha convidat a aquest programa inaugural els representants de les diferents comunitats autònomes del país (triangles, quadrilàters i la resta dels polígons). A més d'aprofitar l'oportunitat que els ofereix la cadena per presentar-se i donar-se a conèixer, els participants informaran sobre aspectes d'actualitat que els afecten a tots, com ara el càlcul de perímetres, àrees i volums entre ciutadans semblants. Al final es donarà veu al públic perquè pugui sol·licitar un aclariment sobre qualsevol dubte que li hagi pogut sorgir durant la xerrada.

CREAR

LA CERCA EL TRESOR

La vostra professora us ha proposat que convertiu el pati del centre en una mena d'illa del tresor. Per fer-ho, us dividireu en grups, de manera que cadascun s'encarregui de dibuixar a escala un plànol del pati, en el qual traçareu el camí que condueix al «tresor amagat». Una vegada que tots els grups hagin dipositat el seu tresor al lloc que han triat sense que ho vegin la resta dels grups, us intercanviareu els mapes i començarà la cerca!

CONÈIXER

CONEGUEM EL BARRI

Feu un volt pel barri per tal de localitzar i mesurar deu polígons que hi trobeu i que siguin accessibles. N'heu d'anotar les dimensions, fer un estudi per veure si n'hi ha algunes que siguin semblants i calcular-ne, en aquest cas, la raó de semblança. Recopileu en una cartolina totes les dades i els càlculs que hàgiu fet i dibuixeu a escala els objectes que hàgiu trobat.

INVESTIGAR

PASSEGEM AMB TALES

Per tal de difondre el famós teorema de Tales durant la Setmana de la Ciència que celebrarà el vostre institut, se us proposa que elaboreu un cartell divulgatiu sobre aquest teorema. Per això, haureu de fer una recerca que us serveixi de base per explicar el teorema d'una manera clara i didàctica. Plasmeu al cartell tota la informació que trobeu, amb exemples.

1 CLASSIFICACIÓ DE QUADRILÀTERS

Un quadrilàter és un polígon que té quatre costats, quatre vèrtexs i quatre angles que sumen 360°.

Recorda

El perímetre de qualsevol quadrilàter és la suma de les longituds dels costats.

Els quadrilàters es classifiquen, segons el paral·lelisme dels costats, en **paral·lelograms**, **trapezis** i **trapezoides**.

1.1 PARAL·LELOGRAMS

Són quadrilàters amb els costats oposats paral·lels. Els costats i els angles oposats són iguals, i els angles contigus són suplementaris. Les diagonals es tallen al punt mitjà.

Els paral·lelograms es classifiquen en:

Quadrat	Rectangle	Rombe	Romboide
Té els quatre costats iguals, i els quatre angles, rectes. Les diagonals són iguals i perpendiculars.	Té els costats iguals dos a dos, i els quatre angles, rectes. Les diagonals són iguals, però no són perpendiculars.	Té els quatre costats iguals, i els angles són iguals dos a dos. Les diagonals són perpendiculars.	Té els costats i els angles iguals dos a dos i no té angles rectes. Les diagonals no són iguals ni perpendiculars.
		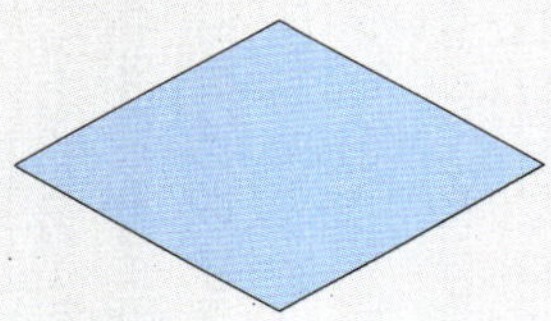	

1.2 TRAPEZIS

Són quadrilàters amb dos costats paral·lels i dos costats que no ho són.

Trapezi rectangle	Trapezi isòsceles	Trapezi escalè
Té dos angles rectes.	Té dos costats iguals.	Té tots els costats desiguals.
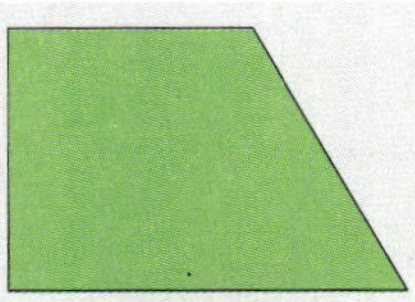	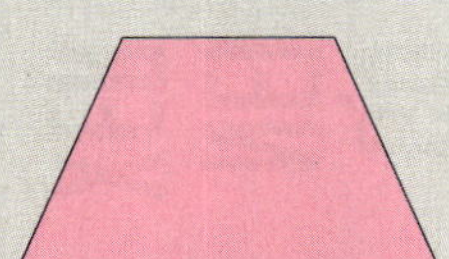	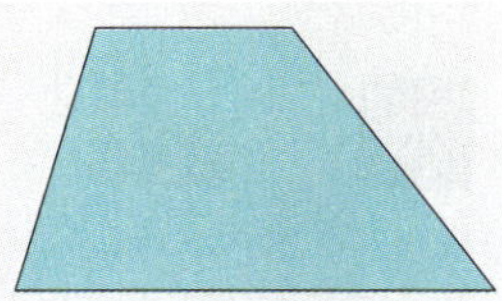

1.3 TRAPEZOIDES

Són quadrilàters que no tenen cap parell de costats paral·lels.

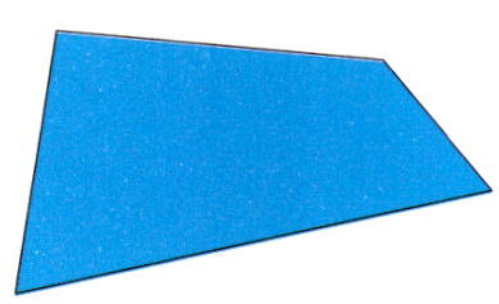

2 RAÓ I SEMBLANÇA

De les tres imatges del marge, la del mig és l'original. Les altres dues s'han creat mitjançant una ampliació i una reducció, respectivament, de l'original. Les tres imatges tenen la mateixa forma, però diferent mida.

> Dues **figures** són **semblants** si conserven la forma, però en varia la mida.

Si ara observes les dues figures de sota, pots apreciar que són semblants, perquè tenen la mateixa forma i una mida diferent.

L'amplitud dels angles, anomenats angles semblants o homòlegs, és la mateixa:

$\widehat{A} = \widehat{A'}$

$\widehat{B} = \widehat{B'}$

$\widehat{C} = \widehat{C'}$

$\widehat{D} = \widehat{D'}$

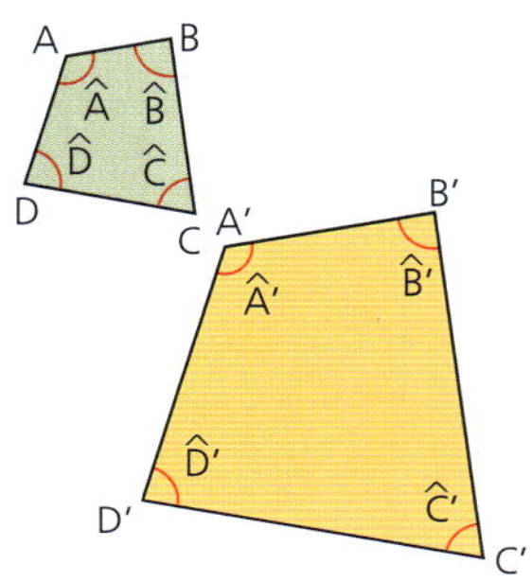

Les longituds dels segments corresponents, que s'anomenen costats semblants o homòlegs, no són iguals, però sí proporcionals:

$\overline{AB}$ i $\overline{A'B'}$ $\quad$ $\overline{BC}$ i $\overline{B'C'}$

$\overline{CD}$ i $\overline{C'D'}$ $\quad$ $\overline{DA}$ i $\overline{D'A'}$

El quocient entre les longituds de dos costats homòlegs s'anomena **raó de semblança**, ***r***:

$$\frac{\overline{A'B'}}{\overline{AB}} = \frac{\overline{B'C'}}{\overline{BC}} = \frac{\overline{C'D'}}{\overline{CD}} = \ldots = r$$

Percentatge d'augment i reducció

- Si la figura semblant és més gran que l'original, la raó de semblança és més gran que la unitat: $r > 1$.

  Així, si $r = 1{,}5$, aleshores s'ha produït una ampliació del 150 %.

- Si la figura semblant és més petita, la raó de semblança és més petita que la unitat: $r < 1$.

  Per tant, si $r = 0{,}7$, és que s'ha produït una reducció al 70 %.

- Si la figura semblant té la mateixa mida que l'original, llavors $r = 1$.

Activitats resoltes

1 Comprova que la raó de semblança d'aquestes figures és 2, sabent que les mesures s'expressen en centímetres:

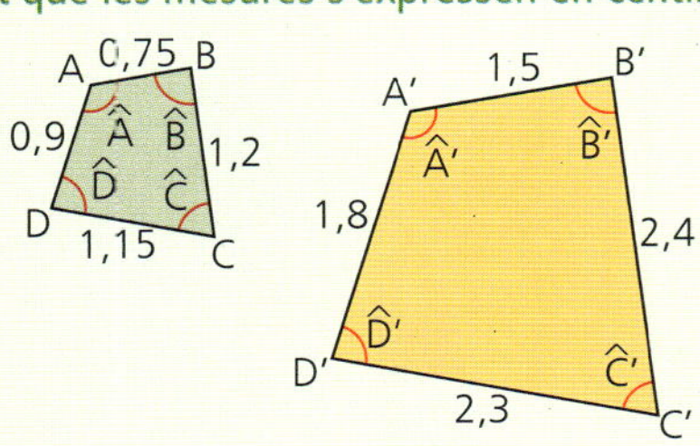

S'identifiquen els costats homòlegs i se'n calcula la raó de semblança:

$$\frac{\overline{A'B'}}{\overline{AB}} = \frac{\overline{B'C'}}{\overline{BC}} = \frac{\overline{C'D'}}{\overline{CD}} = \frac{\overline{D'A'}}{\overline{DA}} = r$$

$$\frac{1{,}5}{0{,}75} = \frac{2{,}4}{1{,}2} = \frac{2{,}3}{1{,}15} = \frac{1{,}8}{0{,}9} = 2$$

Es verifica que la raó de semblança d'aquestes figures és 2.

2 L'Albert ha ampliat una fotografia del campanar de l'església de la vila. En l'original, el campanar té una alçària de 8 cm, i l'Albert, que ha posat en primer pla, de 3 cm. Si l'Albert mesura 5,7 cm en l'ampliació:

a. Quant mesura el campanar a la fotografia?

b. Quina és la raó de semblança entre la fotografia original i l'ampliació?

a. La fotografia i l'ampliació són semblants. Si establim les relacions de proporcionalitat entre els costats homòlegs, veiem que el campanar mesura:

$$\frac{5{,}7}{3} = \frac{x}{8} \Rightarrow x = 15{,}2 \text{ cm}$$

b. La raó de semblança és la constant dels dos quocients:

$$r = \frac{5{,}7}{3} = \frac{15{,}2}{8} = 1{,}90$$

Activitats resoltes

1 **Dibuixa un triangle semblant al de la dreta que estigui ampliat el 160 %. Quant mesuren els costats del nou triangle?**

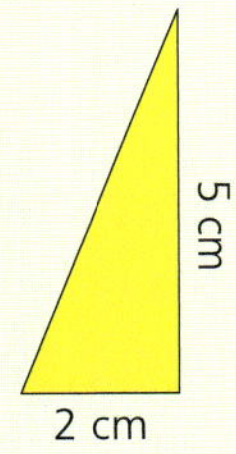

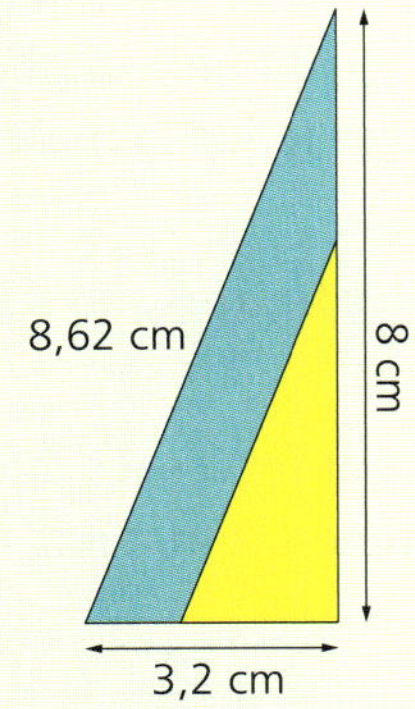

Com que és un triangle rectangle, es pot aplicar el teorema de Pitàgores per obtenir-ne la hipotenusa:

$$a^2 = 2^2 + 5^2 \Rightarrow a = 5{,}39 \Rightarrow a = 5{,}39 \text{ cm}$$

Per determinar el valor de les longituds dels costats del triangle ampliat el 160 %, cal multiplicar el valor dels costats que coneixem per la raó de semblança, que en aquest cas és 1,6:

$a' = a \cdot \text{r} = 5{,}39 \cdot 1{,}6 = 8{,}62$ cm; $b' = b \cdot \text{r} = 2 \cdot 1{,}6 = 3{,}2$ cm; $c' = c \cdot \text{r} = 5 \cdot 1{,}6 = 8$ cm

Finalment, es dibuixa el triangle semblant a partir de l'inicial.

2 **La Mariona ha fet una fotografia de l'arbre de Nadal de casa seva, que mesura 1,80 m.**

a. Si la foto té una alçària de 4 cm, quina és la raó de semblança entre la realitat i la foto?

b. Si a la foto també hi apareix la germana de la Mariona amb una alçària de 3 cm, quant mesura realment?

a. Si es relacionen la mesura de l'arbre en la realitat i en la fotografia, s'estableix la relació de semblança:

$$\text{r} = \frac{1{,}80}{0{,}04} = 45$$

Així, doncs, la raó de semblança és 45.

b. Amb la relació de semblança obtinguda, és possible calcular l'alçada de la germana de la Mariona:

$$\text{r} = 45 = \frac{h}{0{,}03} \Rightarrow h = 1{,}35 \text{ m}$$

Per tant, la seva germana mesura realment 1,35 m.

Mesura l'alçària d'una paret del teu centre

Amb aquest mètode es pot mesurar l'alçària de qualsevol objecte que tingui un extrem inaccessible, com, per exemple, una de les parets del teu centre d'ensenyament.

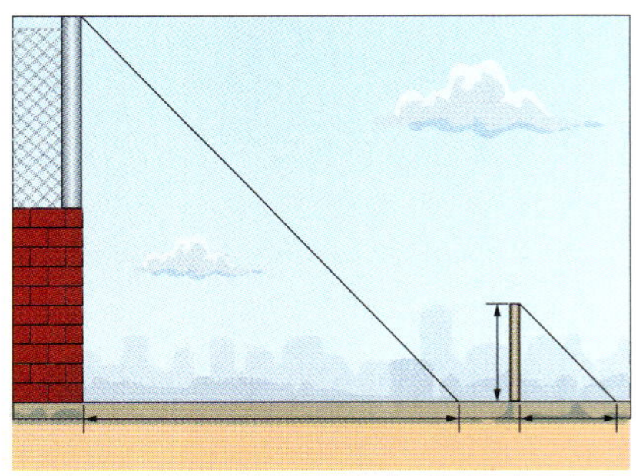

Per fer-ho, cal paper i llapis, una cinta mètrica, un pal recte i un dia assolellat.

Mesura la longitud del pal, clava'l a terra i després mesura la longitud de l'ombra que produeix. En aquest mateix instant, has de determinar també l'ombra que produeix la paret del centre. D'aquesta manera tindràs dos triangles semblants i, aplicant la raó de semblança que relaciona els dos triangles, podràs calcular l'alçària de la paret.

Observa l'esquema de la situació i fixa't en les mesures que has d'anotar per poder efectuar els càlculs posteriors que et portaran a la solució.

Et proposem un parell d'exemples:

a. Calcula l'alçària de la cistella de bàsquet del pati del teu centre.

b. Determina l'alçària d'un fanal que tinguis a prop, bé al pati o bé a l'accés a l'escola.

3 TEOREMA DE TALES

El filòsof, astrònom i matemàtic Tales de Milet (624 aC - 546 aC) es considera el pare de la matemàtica grega tradicional.

> Si dues rectes paral·leles tallen dues rectes secants, *r* i *r′*, els segments que determinen els punts d'intersecció a la recta *r* són proporcionals als que determinen els punts d'intersecció corresponents a la recta *r′*.

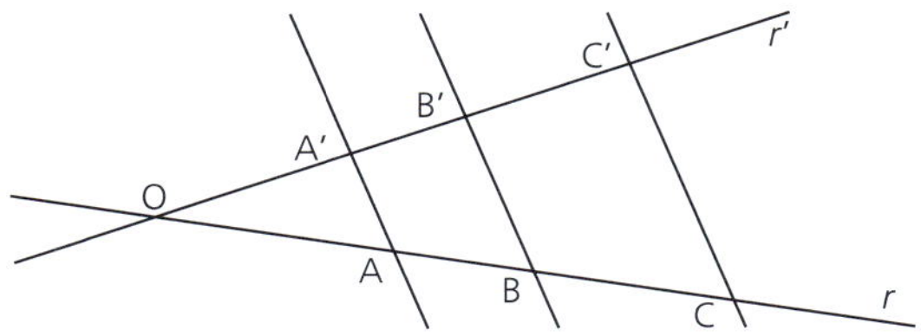

$$\frac{\overline{OA}}{\overline{O'A'}} = \frac{\overline{AB}}{\overline{A'B'}} = \frac{\overline{BC}}{\overline{B'C'}}$$

Fixa't en els triangles que s'originen a la figura. Agafant-ne dos, per exemple $\widehat{OAA'}$ i $\widehat{OBB'}$, s'aprecia que estan formats per un angle comú en $\widehat{O}$, i que els costats oposats a cada triangle, $\overline{AA'}$ i $\overline{BB'}$, són paral·lels. Es diu que aquests triangles estan en **posició de Tales**.

Si dos triangles estan en posició de Tales, aleshores són semblants, és a dir, tenen tots els angles iguals i els costats corresponents proporcionals entre ells.

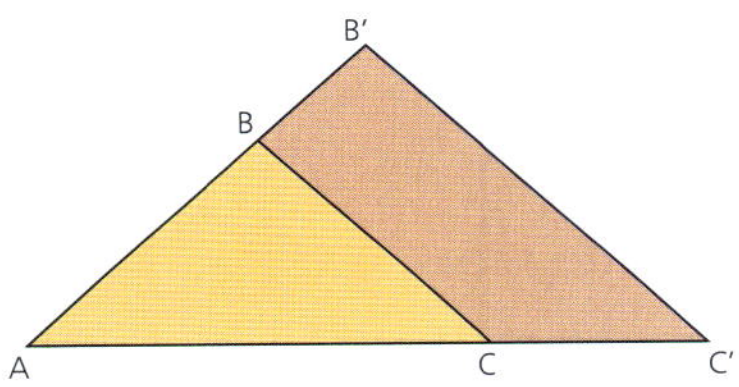

L'angle $\widehat{A}$ és comú als dos triangles, i els altres dos parells d'angles corresponents, $\widehat{B}$ i $\widehat{C}$, d'una banda, i $\widehat{B'}$ i $\widehat{C'}$, de l'altra, també són iguals, perquè tenen dos costats en comú, i l'altre, paral·lel. A més, els costats són proporcionals:

$$\frac{\overline{AB}}{\overline{AB'}} = \frac{\overline{AC}}{\overline{AC'}} = \frac{\overline{BC}}{\overline{B'C'}}$$

Així, doncs, si a partir d'un triangle qualsevol es traça una recta paral·lela a un dels seus costats, es forma un triangle nou, més petit, que està en posició de Tales respecte al triangle original, i tots dos són semblants, perquè:

Tots els angles són iguals:

$$\widehat{A} = \widehat{A'} \quad \widehat{B} = \widehat{B'} \quad \widehat{C} = \widehat{C'}$$

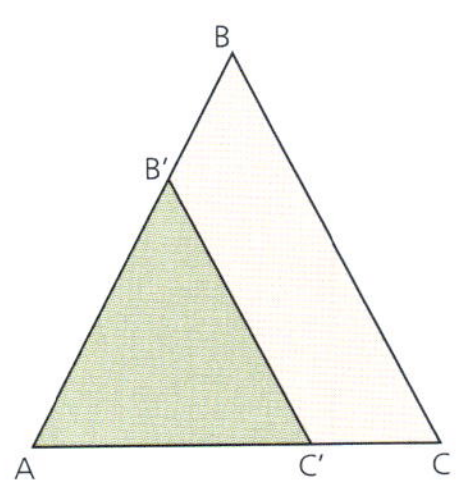

Els costats corresponents són proporcionals:

$$\frac{\overline{AB}}{\overline{AB'}} = \frac{\overline{AC}}{\overline{AC'}} = \frac{\overline{BC}}{\overline{B'C'}}$$

Recorda

- Els angles que tenen costats paral·lels són iguals: $\widehat{A} = \widehat{A'}$.
- Els angles oposats pel vèrtex són iguals: $\widehat{B} = \widehat{B'}$.
- Els angles adjacents sumen 180°: $\widehat{A} + \widehat{B} = 180°$.

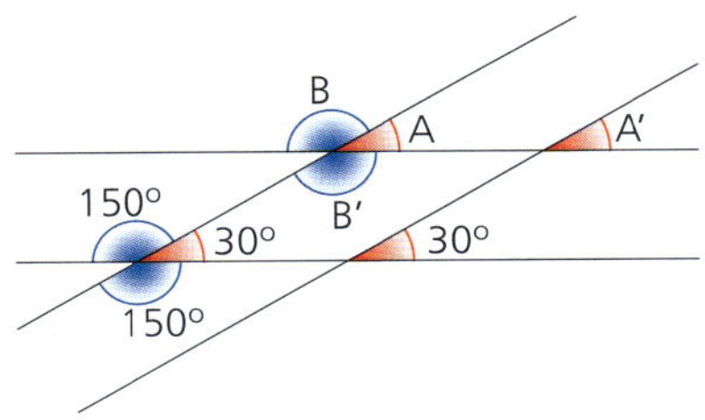

Activitat resolta

Calcula la longitud dels segments *x* i *y*, tenint en compte que totes les mesures estan expressades en metres.

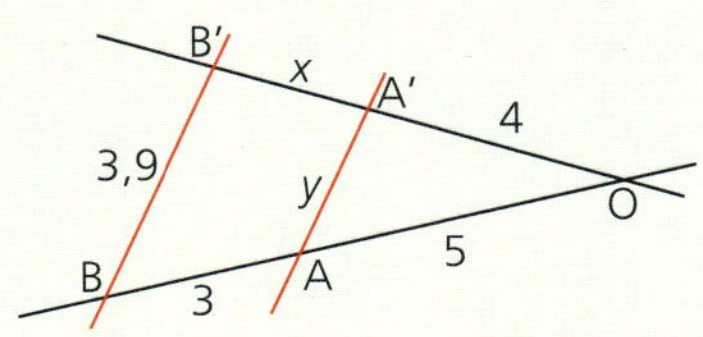

S'aplica el teorema de Tales:

$$\frac{\overline{OA}}{\overline{OA'}} = \frac{\overline{AB}}{\overline{A'B'}} \Rightarrow \frac{5}{4} = \frac{3}{x} \Rightarrow x = 2{,}4 \text{ m}$$

Es consideren els triangles $\widehat{OAA'}$ i $\widehat{OBB'}$, que estan en posició de Tales:

$$\frac{\overline{OA}}{\overline{OB}} = \frac{\overline{AA'}}{\overline{BB'}} \Rightarrow \frac{5}{8} = \frac{y}{3{,}9} \Rightarrow y = 2{,}44 \text{ m}$$

4 SEMBLANÇA DE POLÍGONS. SEMBLANÇA DE TRIANGLES

4.1 SEMBLANÇA DE POLÍGONS

Dos **polígons són semblants** si tenen la mateixa forma, però diferent mida. Els angles corresponents o homòlegs són iguals, i els costats corresponents o homòlegs dels dos polígons són proporcionals.

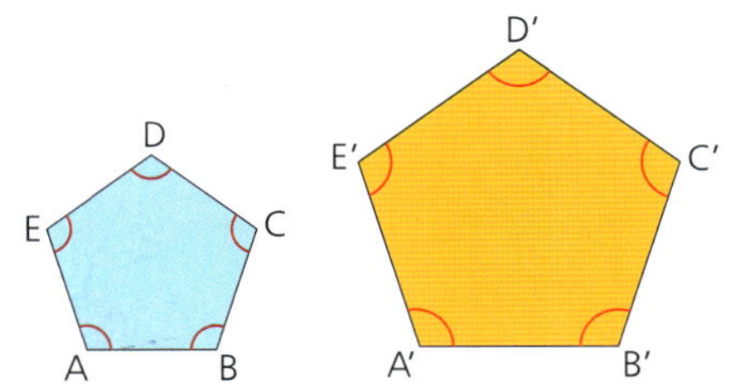

Així, les figures del marge són semblants, perquè els angles respectius tenen la mateixa amplitud, 104°, i els costats són proporcionals. És a dir:

$$\widehat{A} = \widehat{A'};\ \widehat{B} = \widehat{B'};\ \widehat{C} = \widehat{C'};\ \widehat{D} = \widehat{D'};\ \widehat{E} = \widehat{E'} \qquad \frac{\overline{A'B'}}{\overline{AB}} = \frac{\overline{B'C'}}{\overline{BC}} = \frac{\overline{C'D'}}{\overline{CD}} = \frac{\overline{D'E'}}{\overline{DE}} = \frac{\overline{E'A'}}{\overline{EA}}$$

La raó de semblança d'aquests pentàgons és r = 2. Aquest valor indica que els costats del pentàgon semblant són el doble que els de l'inicial.

4.2 SEMBLANÇA DE TRIANGLES

Dos **triangles són semblants** si tenen la mateixa forma, és a dir, si els tres angles homòlegs són iguals i els costats homòlegs són proporcionals:

$$\widehat{A} = \widehat{A'};\ \widehat{B} = \widehat{B'};\ \widehat{C} = \widehat{C'} \qquad \frac{\overline{A'B'}}{\overline{AB}} = \frac{\overline{B'C'}}{\overline{BC}} = \frac{\overline{C'A'}}{\overline{CA}}$$

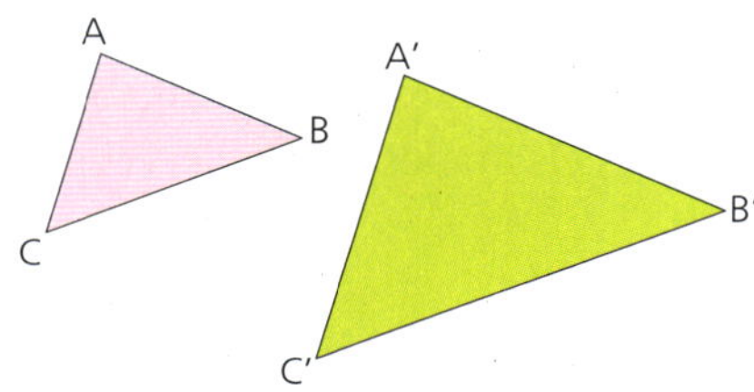

Dos triangles són semblants si compleixen algun d'aquests **criteris de semblança de triangles**:

Criteri 1

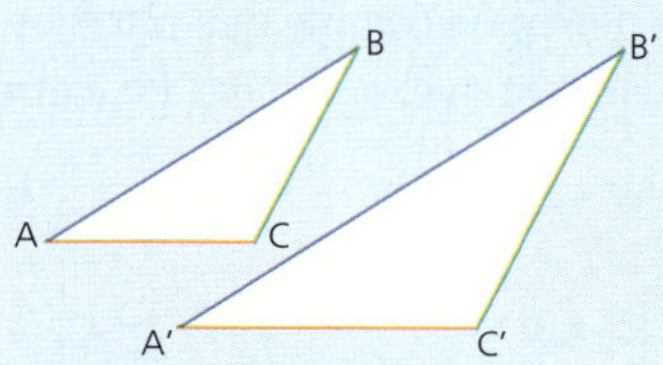

Els tres costats homòlegs són proporcionals:

$$\frac{\overline{A'B'}}{\overline{AB}} = \frac{\overline{B'C'}}{\overline{BC}} = \frac{\overline{C'A'}}{\overline{CA}}$$

Criteri 2

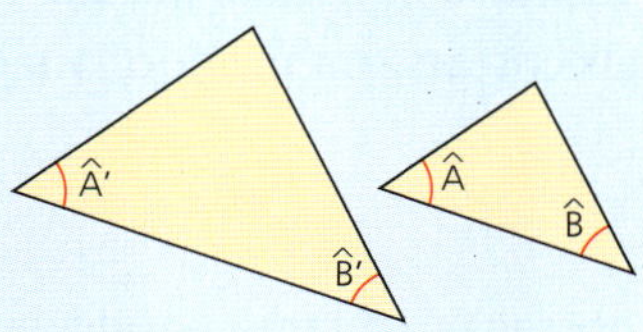

Tenen dos angles homòlegs iguals:

$$\widehat{A} = \widehat{A'};\ \widehat{B} = \widehat{B'}$$

Criteri 3

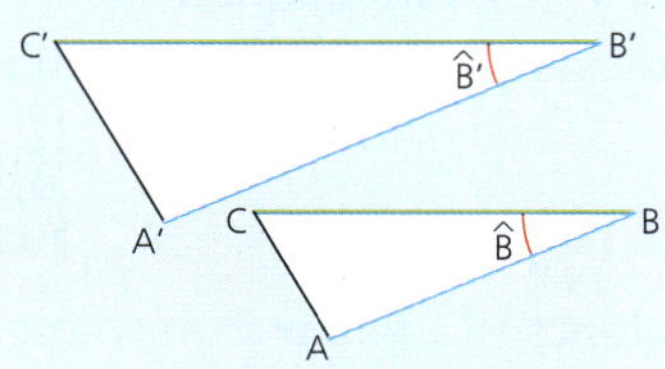

Tenen dos costats homòlegs proporcionals, i l'angle comprès entre ells és igual:

$$\frac{\overline{A'B'}}{\overline{AB}} = \frac{\overline{B'C'}}{\overline{BC}} \text{ i } \widehat{B} = \widehat{B'}$$

En el cas particular dels **triangles rectangles**, la semblança es produeix si els dos triangles verifiquen alguna d'aquestes dues condicions:

- Tenen un angle agut igual.
- Dos dels costats homòlegs són proporcionals.

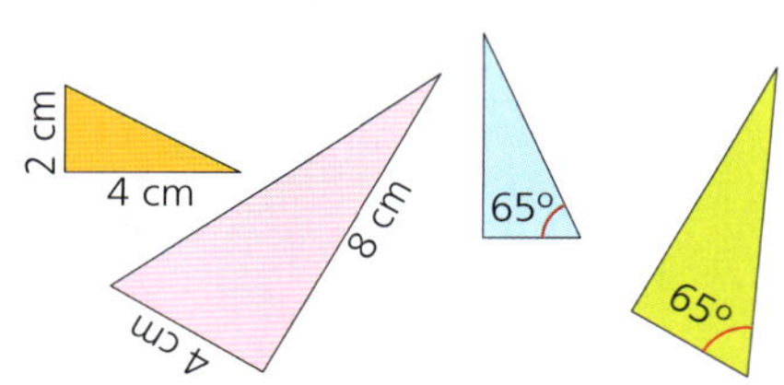

5 PERÍMETRES, ÀREES I VOLUMS DE FIGURES SEMBLANTS

Els rectangles del marge són semblants, ja que tenen els angles homòlegs iguals i els costats homòlegs proporcionals, amb una raó de semblança entre els dos rectangles de r = 1,5.

Aquesta raó de semblança es manté en el cas dels perímetres, les àrees i els volums?

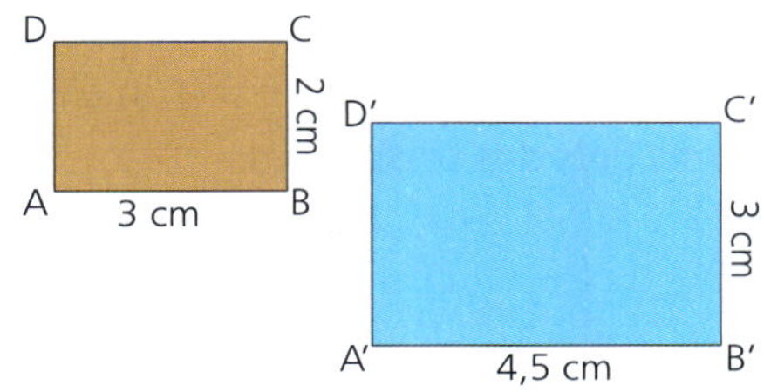

$\widehat{A} = \widehat{A'}$ $\widehat{B} = \widehat{B'}$ $\widehat{C} = \widehat{C'}$ $\widehat{D} = \widehat{D'}$

$$\frac{\overline{A'B'}}{\overline{AB}} = \frac{\overline{B'C'}}{\overline{BC}} = \frac{\overline{C'D'}}{\overline{CD}} = \frac{\overline{D'A'}}{\overline{DA}} = 1,5$$

5.1 PERÍMETRE DE FIGURES SEMBLANTS

El quocient dels perímetres de cadascun dels rectangles anteriors és:

$$\frac{P'}{P} = \frac{\overline{A'B'} + \overline{B'C'} + \overline{C'D'} + \overline{D'A'}}{\overline{AB} + \overline{BC} + \overline{CD} + \overline{DA}} = \frac{4,5 + 3 + 4,5 + 3}{3 + 2 + 3 + 2} = \frac{15}{10} = 1,5 = r$$

Per tant, el quocient dels perímetres dels dos rectangles semblants també coincideix amb la raó de semblança.

La demostració d'aquest resultat per a un parell de quadrilàters semblants seria:

$$\frac{P'}{P} = \frac{\overline{A'B'} + \overline{B'C'} + \overline{C'D'} + \overline{D'A'}}{\overline{AB} + \overline{BC} + \overline{CD} + \overline{DA}} = \frac{r \cdot \overline{AB} + r \cdot \overline{BC} + r \cdot \overline{CD} + r \cdot \overline{DA}}{\overline{AB} + \overline{BC} + \overline{CD} + \overline{DA}} =$$

$$= \frac{r \cdot \left(\overline{AB} + \overline{BC} + \overline{CD} + \overline{DA}\right)}{\overline{AB} + \overline{BC} + \overline{CD} + \overline{DA}} = r$$

Aquesta relació es pot generalitzar per a qualsevol parella de polígons semblants:

> La raó entre els **perímetres** de dos polígons semblants coincideix amb la raó de semblança dels costats homòlegs de dos polígons: $\frac{P'}{P} = r$.

5.2 ÀREA DE FIGURES SEMBLANTS

Quan s'efectua el quocient entre les àrees dels rectangles anteriors, s'obté:

$$\frac{A'}{A} = \frac{\overline{A'B'} \cdot \overline{A'D'}}{\overline{AB} \cdot \overline{AD}} = \frac{4,5 \cdot 3}{3 \cdot 2} = \frac{13,5}{6} = 2,25 = r^2$$

S'observa que el quocient entre les àrees dels dos rectangles semblants és el quadrat de la raó de semblança.

Aquest resultat, doncs, es pot generalitzar per a qualsevol parella de polígons semblants:

> La raó entre les **àrees** de dos polígons semblants és el quadrat de la raó de semblança dels polígons: $\frac{A'}{A} = r^2$.

Recorda

L'**àrea** dels **quadrilàters**, que és la superfície que ocupen, és:

Quadrilàter	Àrea
Quadrat	$A = c^2$
Rectangle	$A = b \cdot h$
Rombe	$A = \frac{D \cdot d}{2}$
Romboide	$A = b \cdot h$
Trapezi	$A = \frac{(B + b)}{2} \cdot h$

5.3 VOLUM DE FIGURES SEMBLANTS

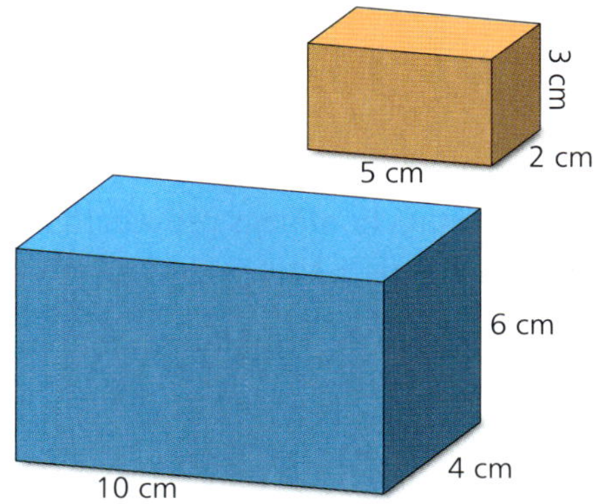

S'aprecia que els prismes de la imatge són cossos semblants, perquè tenen els angles homòlegs iguals i les arestes homòlogues proporcionals; la raó de semblança és $r = \frac{10}{5} = \frac{4}{2} = \frac{6}{3} = 2$.

Tenint en compte que el volum d'un prisma és $V = a \cdot b \cdot c$, el quocient dels volums dels dos prismes és:

$$\frac{V'}{V} = \frac{a' \cdot b' \cdot c'}{a \cdot b \cdot c} = \frac{10 \cdot 4 \cdot 6}{5 \cdot 2 \cdot 3} = \frac{240}{30} = 8 = r^3$$

Així, doncs, és possible generalitzar aquest resultat per a qualsevol parella de prismes semblants:

> La raó entre els **volums** de dos prismes semblants és el cub de la raó de semblança dels prismes: $\frac{V'}{V} = r^3$.

Representa gràficament les dades

En un triangle qualsevol de vèrtexs A, B i C es consideren els punts mitjans de cadascun dels costats: D, E i F. Calcula la raó entre les àrees dels triangles $\widehat{ABC}$ i $\widehat{DEF}$.

El resultat serà vàlid per a qualsevol triangle que es consideri.

Es dibuixa un triangle qualsevol com el de la figura.

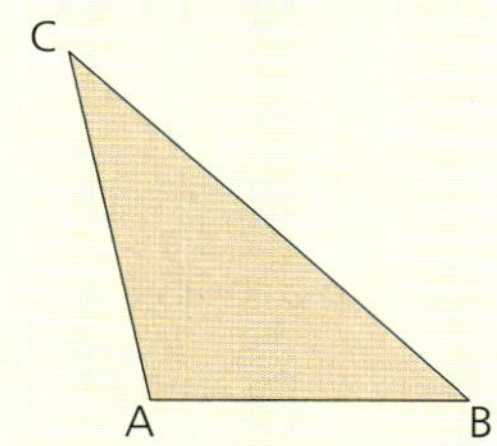

Es marquen els punts mitjans dels tres costats i es prenen aquests punts com a vèrtexs del nou triangle $\widehat{DEF}$:

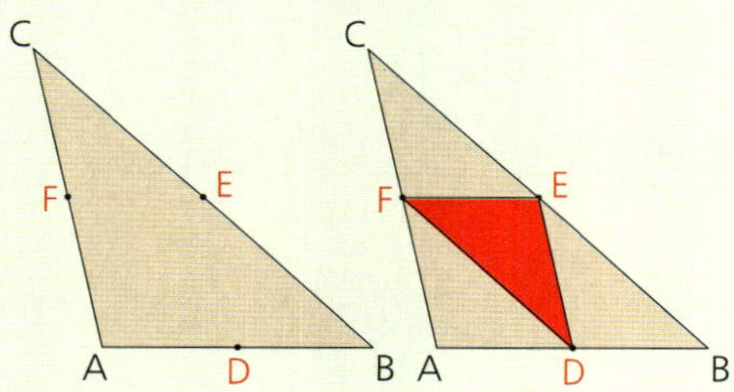

La raó entre els costats dels dos triangles, $\widehat{ABC}$ i $\widehat{DEF}$, és $\frac{1}{2}$, ja que el segment que uneix els punts mitjans de dos costats d'un triangle és paral·lel al tercer i té la meitat de longitud que aquest costat.

Tal com s'aprecia al dibuix, es compleix que:

$$\overline{DE} = \frac{1}{2}\overline{AC} \qquad \overline{EF} = \frac{1}{2}\overline{AB} \qquad \overline{FD} = \frac{1}{2}\overline{BC}$$

És a dir, els dos triangles són semblants, i la raó de semblança és $\frac{1}{2}$:

$$\frac{\overline{EF}}{\overline{AB}} = \frac{\overline{FD}}{\overline{BC}} = \frac{\overline{DE}}{\overline{CA}} = \frac{1}{2}$$

Per tant, la raó de semblança entre les àrees és 4. S'aprecia clarament al dibuix que al triangle $\widehat{ABC}$ hi caben exactament 4 triangles com el $\widehat{DEF}$.

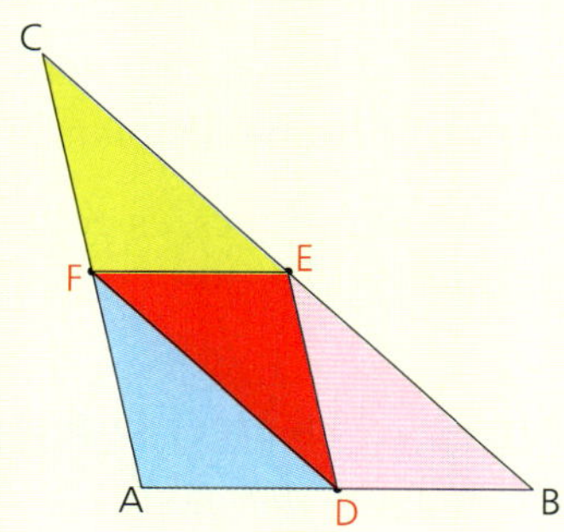

6 APLICACIONS: PLÀNOLS I MAPES. ESCALES

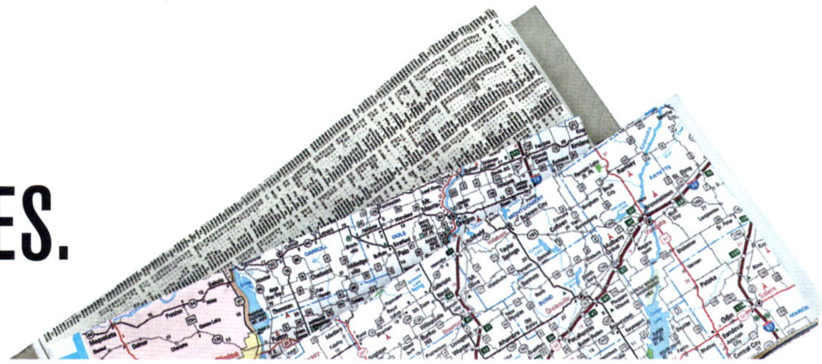

6.1 MAPES

Un mapa és una representació gràfica total o parcial de la superfície terrestre. Per fer aquesta representació, s'utilitza l'**escala**, a través de la qual es representa la realitat al mapa mantenint les proporcions en les distàncies. Per consegüent, tant la realitat com el mapa es consideren figures semblants, perquè mantenen la forma i, a la vegada, la mida varia de manera proporcional.

L'**escala numèrica en un mapa** equival a la raó de semblança que hi ha entre les mesures de la imatge i les mesures de la realitat representada per aquesta imatge. S'expressa de la forma **1:n**. Aquesta expressió significa que a cada unitat mesurada en el mapa hi corresponen n unitats en la realitat.

$$\text{Escala} = \frac{\text{distància mapa}}{\text{distància real}}$$

Observa

Una distància de 8 cm en un mapa d'escala 1:5 000 equival a: $8 \cdot 5000 = 40000$ cm en la realitat, és a dir, a 400 m.

L'escala és adimensional. Això vol dir que és independent de la unitat en què es mesuri al mapa.

També es pot fer servir una **escala gràfica**, que consisteix en un segment dividit en parts iguals que indica quant equival en la realitat cadascuna de les subdivisions.

La relació entre representació i realitat ve donada per la longitud del segment dibuixat (representació) i la distància indicada (realitat).

En aquest exemple, cadascun dels quatre trams representats mesura 1 cm i l'escala indica que cada centímetre del mapa representa 200 km de la realitat.

6.2 PLÀNOLS

Un **plànol** és una representació de qualsevol altra realitat diferent de la superfície terrestre.

L'escala acostuma a ser més gran que la dels mapes i pot abastar superfícies de diferent extensió, com el plànol d'una ciutat o el d'un pis, per exemple.

En efecte, un mapa topogràfic pot estar elaborat a una escala 1:50 000, mentre que una escala raonable per al plànol d'un pis podria ser 1:100.

6.3 ALTRES APLICACIONS

Una altra de les aplicacions del teorema de Tales és la divisió d'un segment donat en parts, tant si es tracta de parts iguals com si són parts proporcionals.

Activitat resolta

Divideix el segment $\overline{AB}$ en 5 parts iguals.

Es traça una semirecta auxiliar amb origen a l'extrem A, i sobre la semirecta es marquen cinc parts iguals amb ajuda d'un compàs:

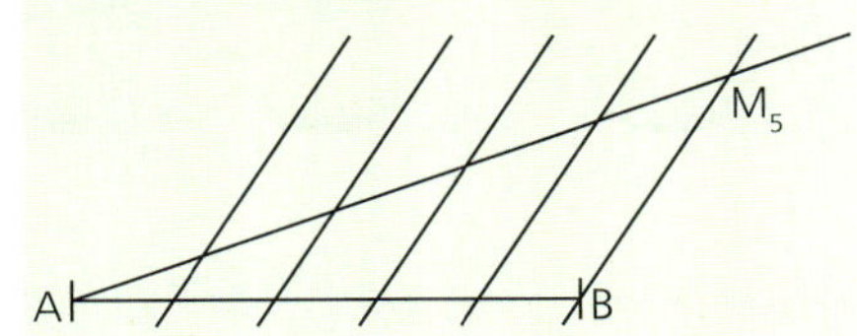

L'última marca s'uneix amb l'altre extrem, B, del segment. Tot seguit, fent servir l'escaire i el cartabó, es tracen paral·leles al segment $\overline{M_5B}$ per cadascuna de les marques.

Aquestes paral·leles, quan tallen el segment $\overline{AB}$, el divideixen en cinc parts. Pel teorema de Tales, són proporcionals a les cinc parts iguals marcades a la recta auxiliar i, per tant, també són iguals entre elles.

ACTIVITATS

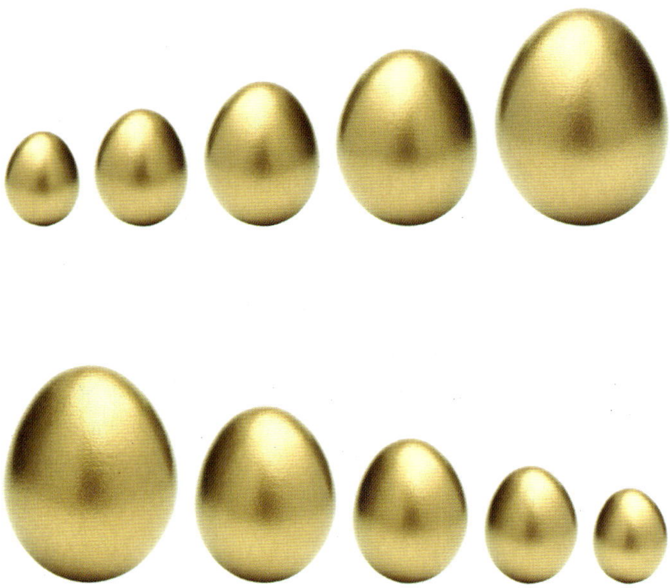

11 SEMBLANÇA. TEOREMA DE TALES

1 Classificació de quadrilàters

1 Classifica els quadrilàters següents segons el paral·lelisme dels costats:

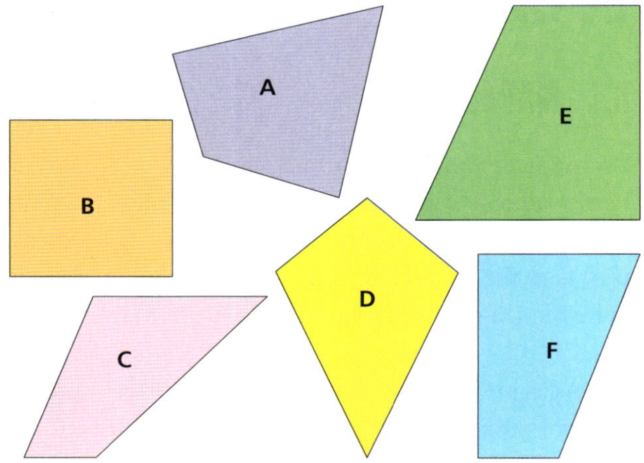

2 Indica el nom d'aquests quadrilàters:

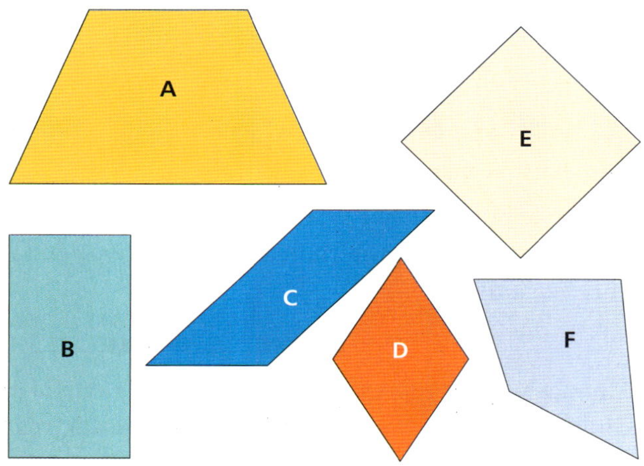

3 ⊞ Calcula el valor dels angles que li falten al paral·lelogram següent:

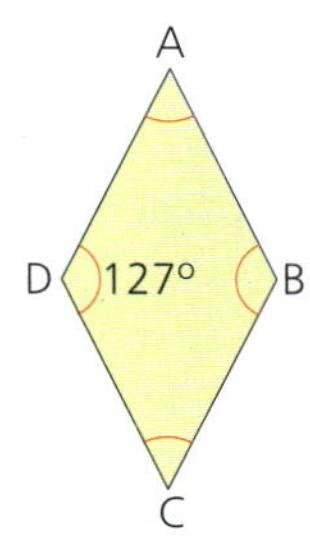

4 ⊞ Determina el perímetre i l'àrea dels quadrilàters que segueixen:

a. Un quadrat de 5 cm de costat.

b. Un rombe les diagonals del qual mesuren, respectivament, 6 cm i 10 cm.

c. Un trapezi isòsceles les bases del qual mesuren 8 cm i 5 cm i que té una altura de 4 cm.

2 Raó i semblança

5 La figura A s'ha ampliat fins a obtenir la figura B. Calcula quin tant per cent s'ha ampliat la imatge. Per fer-ho, mesura dos costats homòlegs.

Figura A

Figura B

6 Dibuixa al teu quadern aquesta figura i, tot seguit, traça'n una altra de semblant el doble de gran. Quina n'és la raó de semblança?

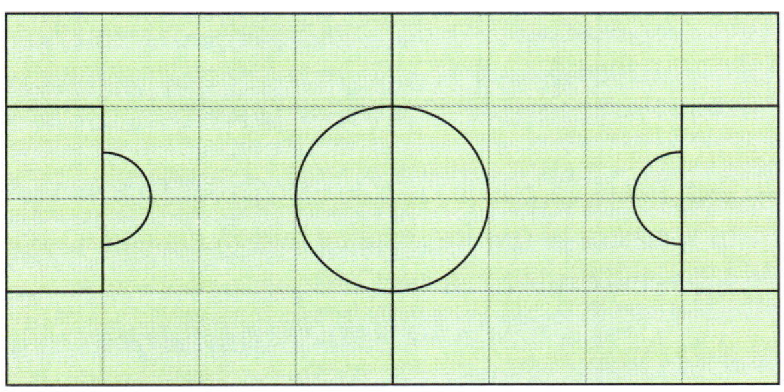

7 L'Álvaro i el Max posen junts en una fotografia, en la qual mesuren 1,6 cm i 1,9 cm, respectivament. Si l'alçada real de l'Álvaro és d'1,56 m:

a. Quina raó de semblança s'ha aplicat a la foto?

b. Quina és l'alçada del Max?

8 La làmina d'una pintura que mesura 60 cm × 40 cm es col·loca en un marc de 7 cm d'ample. Tenint en compte això, el rectangle de la làmina és semblant al rectangle que forma el marc?

9 ⊞ Una fotocopiadora reprodueix figures semblants ampliant o reduint l'original. En un full A4 apareix la imatge d'un televisor que té unes dimensions de 9 cm × 6 cm.

a. Esbrina les dimensions del televisor si a la fotocopiadora se selecciona reduir el 60 %.

b. Calcula les dimensions del televisor si se selecciona ampliar el 180 %.

c. Indica quin percentatge s'ha seleccionat si hem calculat que les dimensions del televisor en una fotocòpia són 10,8 cm × 7,2 cm.

3 Teorema de Tales

10 Calcula el valor del segment *a* de la figura si les mesures estan expressades en metres.

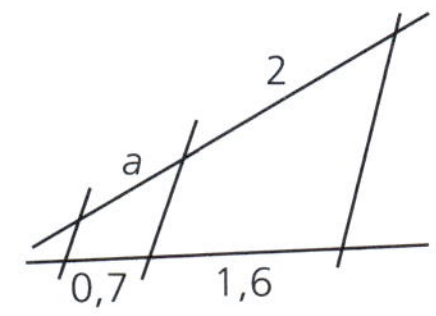

11 Si les rectes que tallen *r* i *r'* són paral·leles, calcula la longitud del segment $\overline{BC}$, tenint en compte que les longituds dels segments $\overline{AB}$, $\overline{A'B'}$ i $\overline{B'C'}$ són, respectivament, 2,8 cm, 2,5 cm i 4 cm.

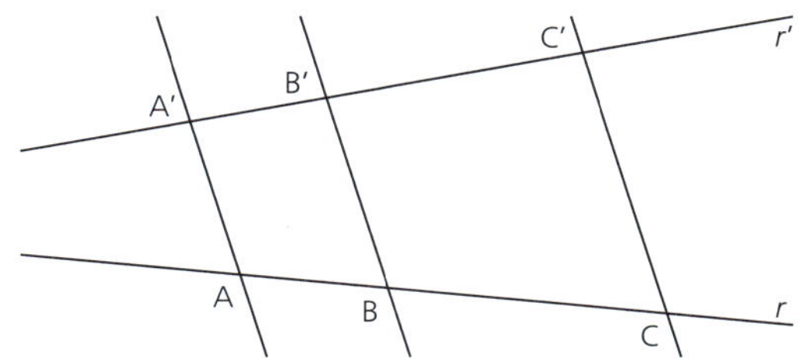

12 TIC Investiga sobre la figura de Tales de Milet i sobre les aplicacions que va fer dels seus coneixements al llarg de la seva vida.

13 ⊞ Calcula el perímetre de cadascun dels triangles formats a la figura següent:

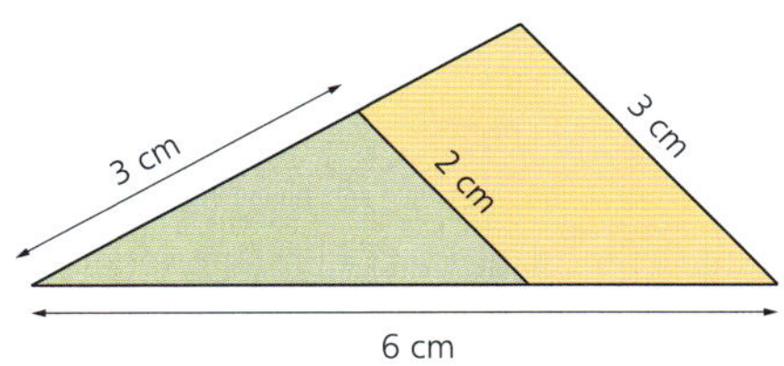

14 ⊞ Calcula les longituds dels costats desconeguts de les figures següents, en què les mesures s'expressen en centímetres:

a.

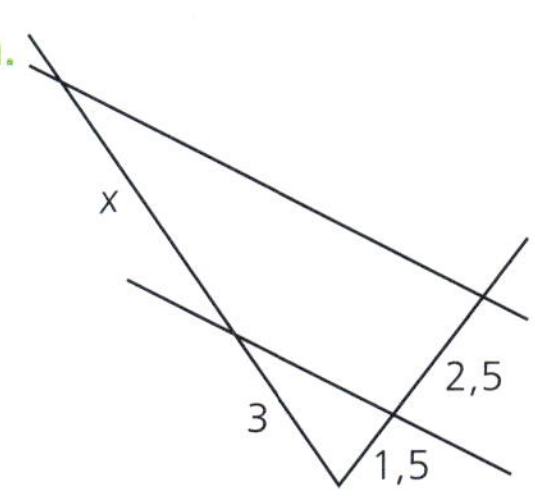

c.

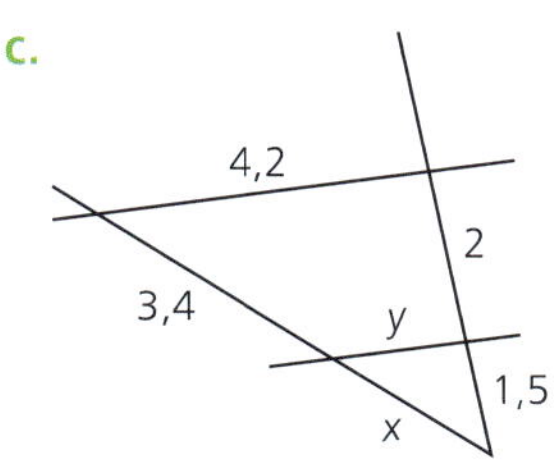

b.

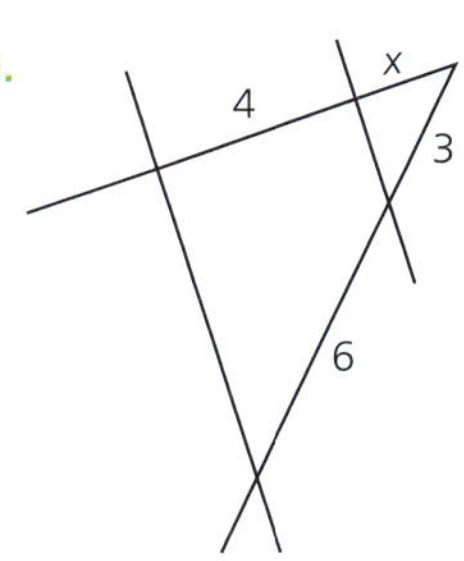

d.

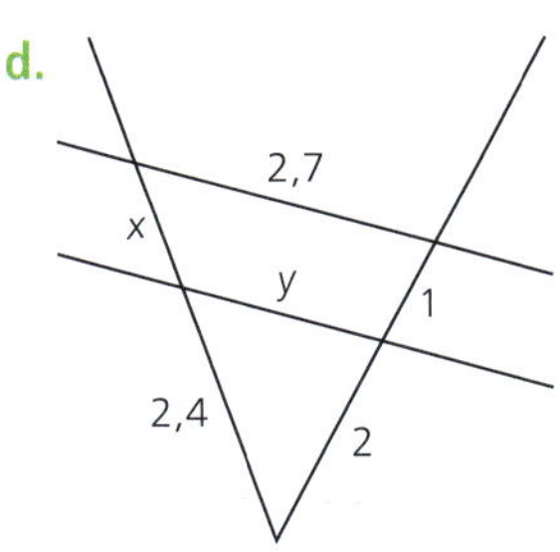

15 ⊞ A partir del triangle de la figura, dibuixa'n un altre al teu quadern que estigui en posició de Tales amb el primer, amb una raó de semblança d'1,25.

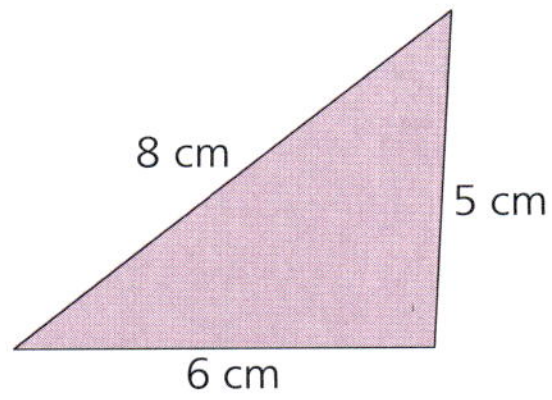

16 ⊞ Si les rectes que tallen *r* i *s* són paral·leles, calcula la longitud de *x*, *w* i *t*.

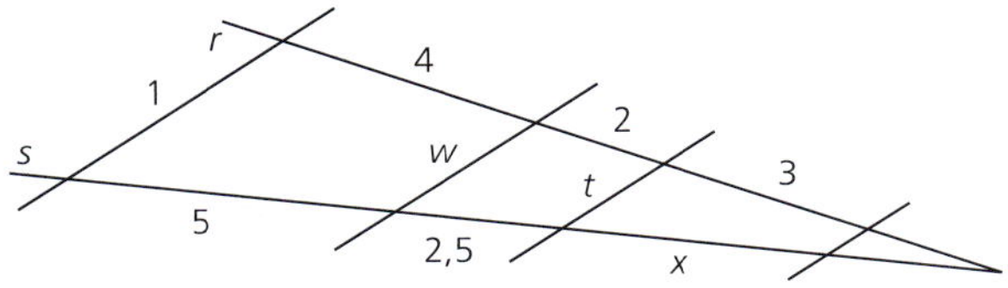

17 ⊞ La Mireia s'ha aturat en un semàfor en vermell per als vianants. L'ombra de la Mireia en aquest moment té una longitud de 2,5 m. Si el semàfor té una alçària de 3,2 m i produeix una ombra de 4,8 m de longitud, quina és l'alçada de la Mireia?

18 ⊞ Calcula la longitud dels segments desconeguts.

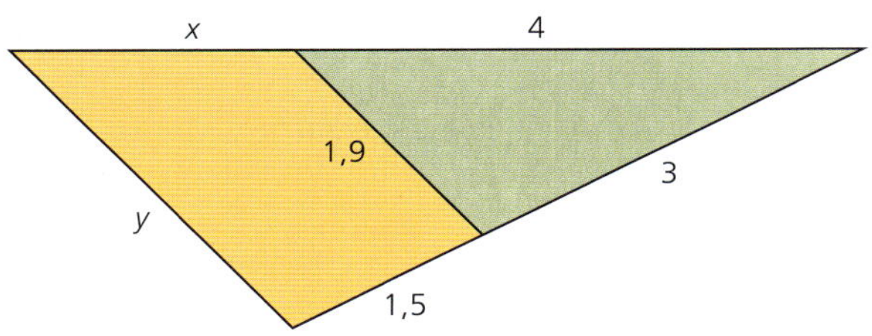

19 ⊞ Calcula el valor de cadascun dels segments dels quals es desconeix la mesura.

a.

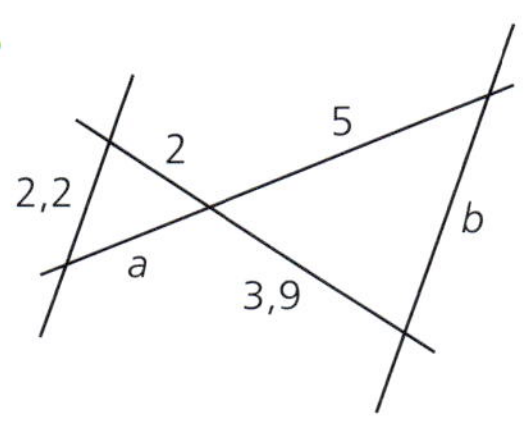

b.

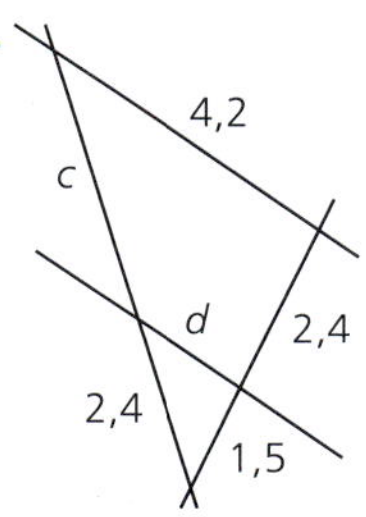

20 ⊞ Es clava un bastó d'1 m de longitud perpendicular a terra i projecta una ombra de 100 cm. Si en aquest mateix instant un edifici contigu projecta una ombra de 30 m, quina n'és l'alçària?

21 TIC S'explica que un sacerdot egipci va preguntar a Tales de Milet (segle IV aC) sobre l'altura de la piràmide de Kheops, i ell la va mesurar fent servir només el seu enginy i sense necessitat d'emprar cap instrument. Investiga de quina manera va procedir i descriu-la al teu quadern. Elabora un dibuix que il·lustri la situació.

22 ⊞ El Dídac és davant d'un arbre la capçada del qual es veu reflectida en un toll que hi ha entre tots dos. Si el Dídac mesura 1,75 m, calcula l'alçària de l'arbre tenint en compte les distàncies que es recullen a la figura següent:

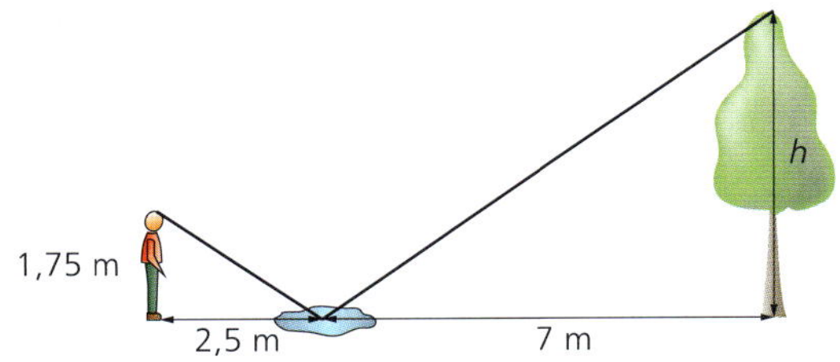

23 ⊞ El Bruno vol calcular l'alçària del campanar del seu poble. Per fer-ho, clava una estaca a terra de manera que en sobresurti 3 m i se situa de tal manera que en la seva visual a la part superior del campanar coincideixin els extrems de l'estaca i del campanar. Si ha pres les mesures que s'indiquen a la imatge, calcula l'alçària del campanar.

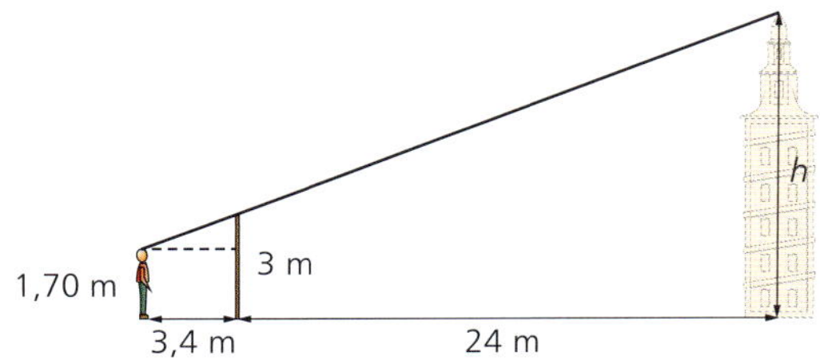

24 ⊞⊞ Dibuixa al teu quadern un triangle equilàter els costats del qual mesurin 8 cm. Tot seguit, dibuixa'n un altre en posició de Tales amb costats de 6 cm.

a. Quina és la raó de semblança dels dos triangles?

b. Quin és el perímetre del triangle nou?

c. Calcula l'àrea de les dues figures.

4 Semblança de polígons. Semblança de triangles

25 Els costats de dos rectangles semblants mesuren, respectivament, 6 m i 8 m, i 14,4 m i 19,2 m. Quina és la raó de semblança entre aquests rectangles?

26 Els costats d'un triangle mesuren 14 m, 15 m i 18 m, mentre que els costats d'un altre triangle semblant són *x* m, 9 m i 10,8 m. Quin és el valor de *x*?

27 Una fotografia mesura 12 cm de llarg per 8 cm d'alt. Si se'n vol fer una ampliació amb una alçada de 12 cm, quina llargada tindrà?

28 La longitud dels costats d'un pentàgon són 0,4 cm, 1,5 cm, 2,1 cm, 5 cm i 4,1 cm, respectivament. Calcula la longitud dels costats d'un altre pentàgon semblant amb una raó de semblança $r = \frac{5}{4}$.

29 Determina la longitud dels costats desconeguts d'aquestes figures semblants, les mesures de les quals estan expressades en centímetres:

a.

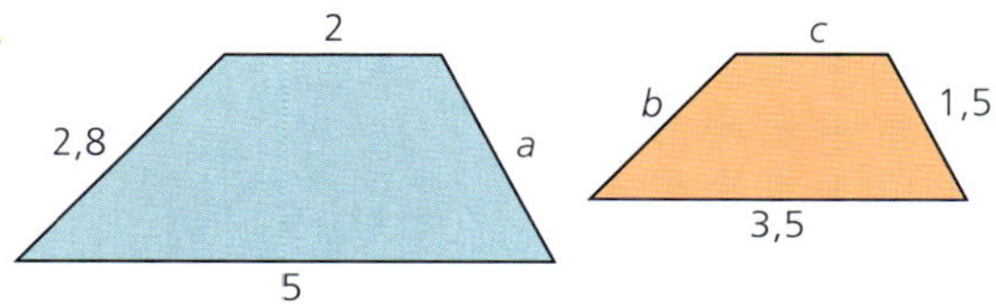

b.

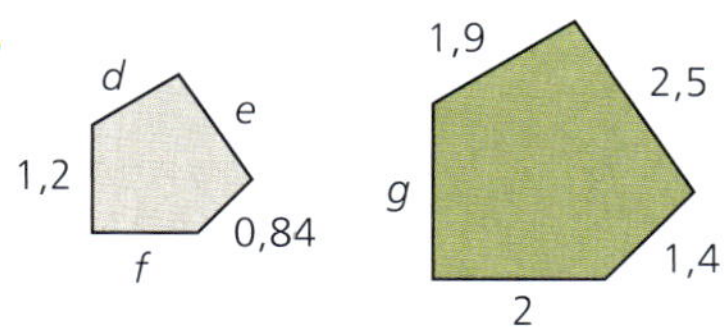

30 Calcula la longitud dels costats desconeguts d'aquests triangles semblants:

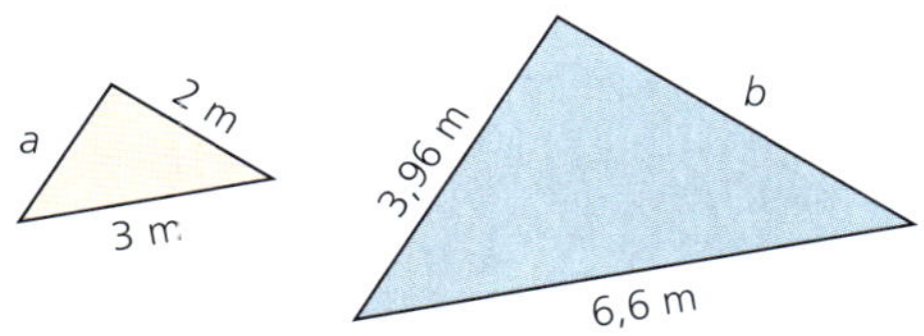

31 Fixa't en aquestes dades de parelles de triangles (angles i costats) i indica si són semblants:

a. Triangle A: 20°, 60°; triangle B: 4 cm, 4 cm, 4 cm

b. Triangle C: 12 m, 16 m, 18 m; triangle D: 9 m, 12 m, 13,5 m

c. Triangle E: 60°, 60°; triangle F: 6 cm, 6 cm, 6 cm

d. Triangle G: 38°, 90°; triangle H: 52°, 38°

32 Raona si els parells de triangles següents són semblants:

a. Dos triangles equilàters diferents.

b. Dos triangles isòsceles diferents.

c. Dos triangles acutangles que tenen un angle igual.

d. Dos triangles isòsceles en què les parelles de costats formen el mateix angle.

33 Dos quadrilàters tenen cadascun els quatre costats iguals i, a més, els costats corresponents mantenen entre ells una raó de semblança $r = 1,5$. Amb aquestes indicacions, es pot assegurar que són semblants? Raona'n la resposta.

34 Raona si les afirmacions següents són certes o falses:

a. Dos triangles rectangles són sempre semblants.

b. Un rectangle els costats del qual mesuren 5 cm i 7 cm és semblant a un altre que té costats d'11,5 cm i 16,1 cm de longitud.

c. La raó entre les altures de dos triangles semblants no és igual a la raó de semblança dels triangles.

d. Unint els punts mitjans dels costats d'un quadrat, se n'obté un altre que no és semblant a l'anterior.

35 Indica, raonant-ne la resposta, tots els triangles semblants que hi ha al dibuix següent:

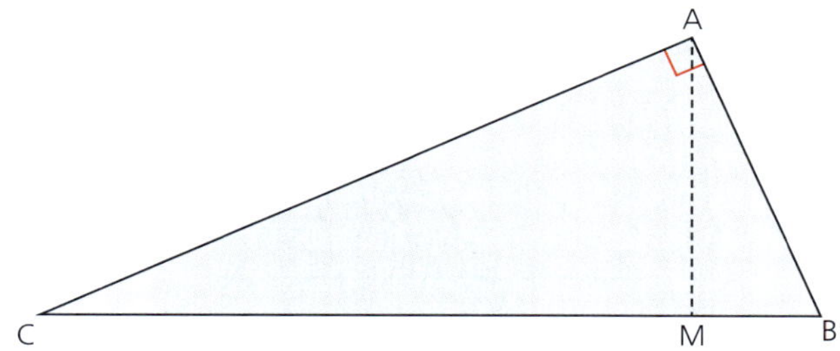

36 Si es prenen els punts mitjans dels dos catets d'un triangle rectangle i s'uneixen amb el vèrtex de l'angle recte, es forma un altre triangle. Aquest últim triangle és semblant al triangle rectangle inicial? Raona'n la resposta.

37 Indica si aquests triangles són semblants:

a.

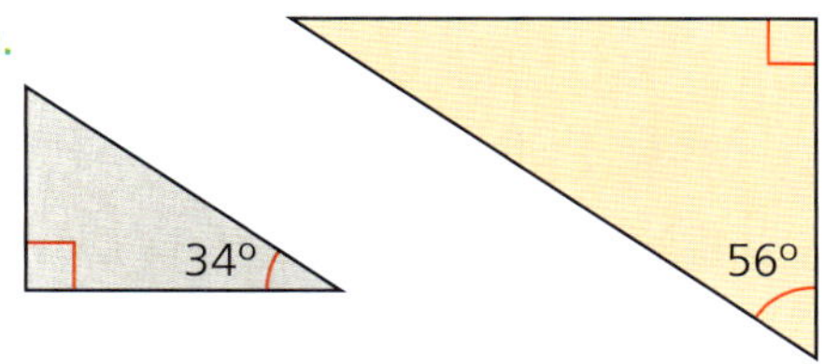

b.

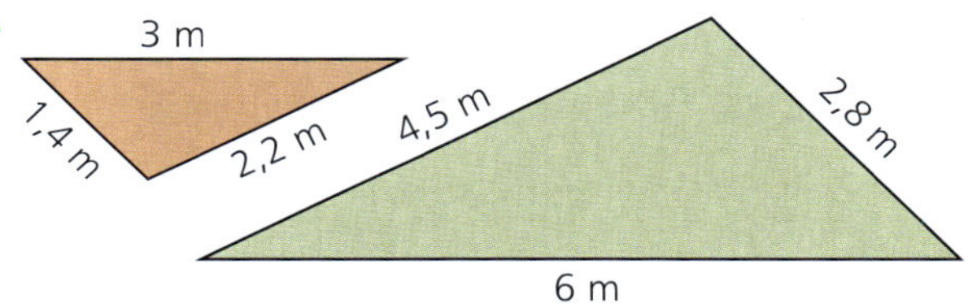

38 En un triangle rectangle isòsceles s'ha inscrit un rectangle l'altura del qual és el doble que la base. Calcula l'àrea del rectangle.

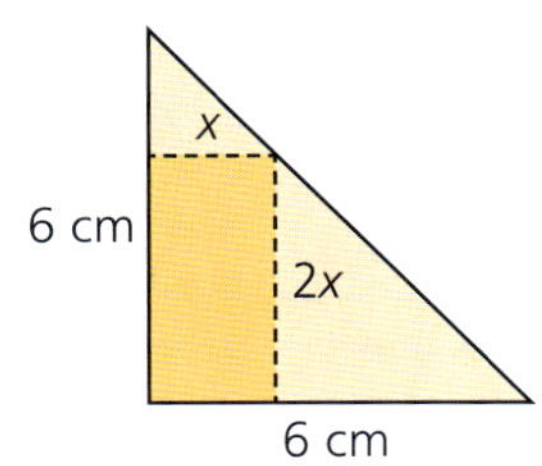

39 En un triangle isòsceles de 4 m de base i 6 m d'altura s'inscriu un rectangle de 4 m d'altura. Determina l'àrea del rectangle.

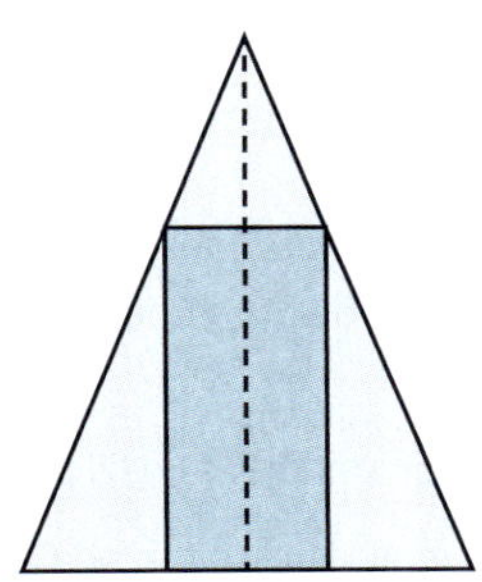

40 ➕➕ En un con de 3 m de radi i 5 m d'altura s'ha fet un tall amb un pla perpendicular a l'altura, i així s'ha generat una secció circular de 2 m de radi. Calcula la distància des del centre d'aquesta secció fins al vèrtex del con.

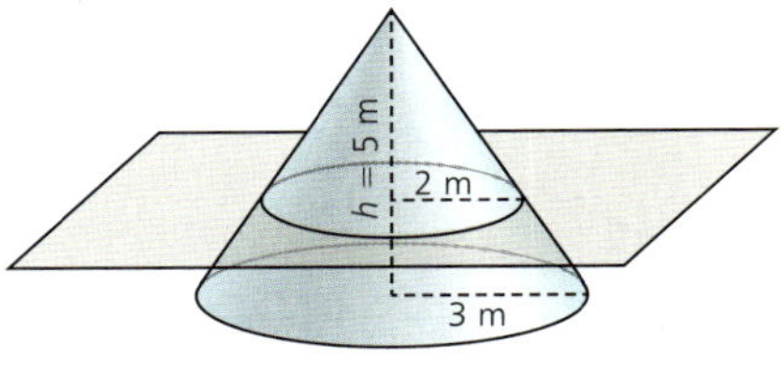

41 ➕➕ Raona si els triangles $\widehat{ABC}$ i $\widehat{MCN}$ són semblants.

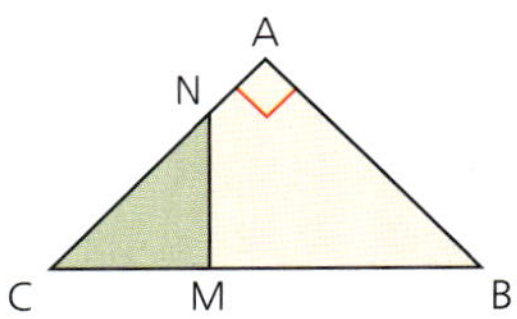

5 Perímetres, àrees i volums de figures semblants

42 Les mesures d'un triangle són 4 dm, 6 dm i 9 dm, i les d'un altre triangle semblant són 6 dm, 9 dm i 13,5 dm.

a. Obtén la raó de semblança dels dos triangles.

b. Calcula el perímetre dels dos triangles.

43 Els costats de dos hexàgons regulars mesuren, respectivament, 8 m i 14 m.

a. Són semblants?

b. En cas afirmatiu, quina n'és la raó de semblança?

c. Quina és la raó entre els perímetres?

44 ➕ De dos triangles semblants se'n coneixen les longituds d'un parell de costats homòlegs: 2,8 cm i 7 cm, respectivament. Si el perímetre del triangle petit és de 9,8 cm i l'àrea val 4,19 cm^2:

a. Quin és el perímetre de l'altre triangle?

b. Quina n'és l'àrea?

45 ➕ D'un quadrilàter se'n coneixen els costats, que mesuren 3 m, 4 m, 6 m i 7 m, respectivament, mentre que d'un altre quadrilàter semblant se sap que el perímetre mesura 46 m.

a. Determina la raó de semblança dels dos quadrilàters.

b. Quant mesuren els costats del segon quadrilàter?

46 ➕ Les àrees de dos pentàgons semblants mesuren, respectivament, 24 cm^2 i 116,16 cm^2, i el perímetre del primer pentàgon, 64 cm.

a. Esbrina la raó de semblança dels pentàgons.

b. Calcula el perímetre del segon pentàgon.

47 ➕ Donats aquests prismes semblants, quina relació hi ha entre la seva raó de semblança i la dels seus volums?

a.

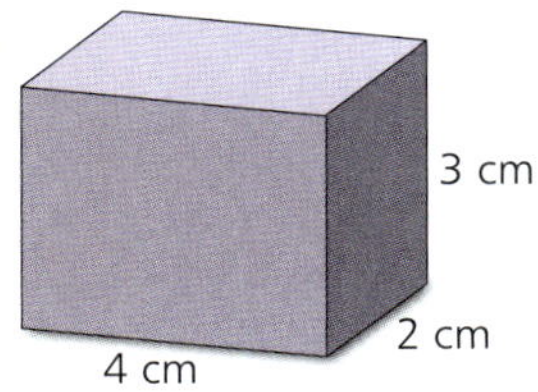

b.

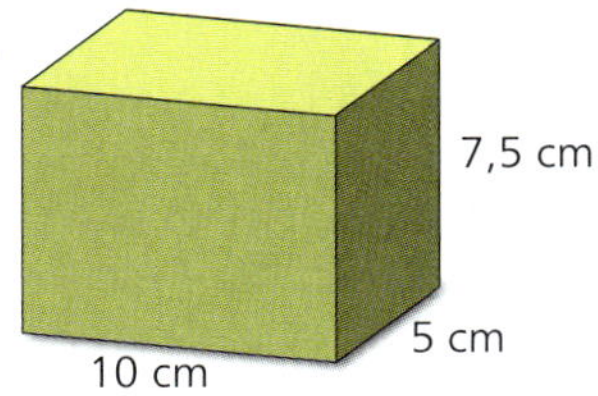

48 ➕ Tot seguit s'indiquen el perímetre i l'àrea d'una sèrie de triangles. Quins són semblants?

a. $P = 12$ cm, $A = 24$ cm^2

b. $P = 24$ cm, $A = 256$ cm^2

c. $P = 18$ cm, $A = 54$ cm^2

d. $P = 15$ cm, $A = 100$ cm^2

49 ➕ El Mario ha de reduir un dibuix que està emmarcat en un quadrilàter que té 21 cm de perímetre i 18 cm^2 d'àrea. A la fotocopiadora fa servir l'opció reduir $\frac{1}{3}$.

a. Determina el perímetre del nou quadrilàter.

b. Calcula'n l'àrea.

50 ➕ El perímetre d'un rectangle mesura 36 m, i l'àrea, 72 m^2. Calcula l'àrea d'un altre rectangle semblant que tingui un perímetre de 27 m.

51 ➕ Calcula l'àrea d'un trapezi semblant al de la figura, amb les dimensions en metres, que tingui un perímetre tres vegades més gran.

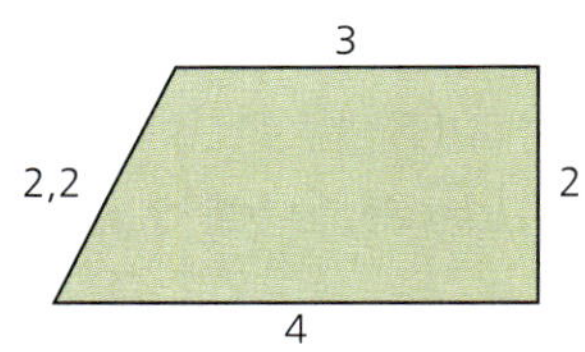

52 ➕ Fixa't en el rectangle de la imatge:

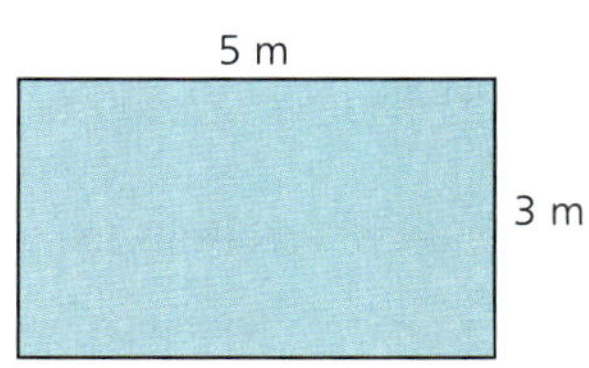

Si es considera un altre rectangle semblant reduït, de manera que les àrees de totes dues figures tinguin entre elles una raó d'$\frac{1}{4}$, indica:

a. El perímetre del rectangle semblant

b. L'àrea del rectangle nou

c. Les dimensions del rectangle semblant

53 El diàmetre d'una circumferència fa 10 cm. Si es considera una circumferència nova el radi de la qual és el doble que el de l'anterior, calcula:

a. Quantes vegades és més gran la longitud de la segona circumferència que la de la primera?

b. Quantes vegades és més gran l'àrea del cercle?

54 Donats dos cubs les arestes dels quals mesuren 4 cm i 6 cm, respectivament:

a. Calcula la raó de semblança dels dos cubs.

b. Determina la raó de semblança dels seus volums.

c. Analitza quina és la relació entre aquestes dues raons.

55 Comprova la relació entre la raó de semblança d'aquestes piràmides i la dels seus volums:

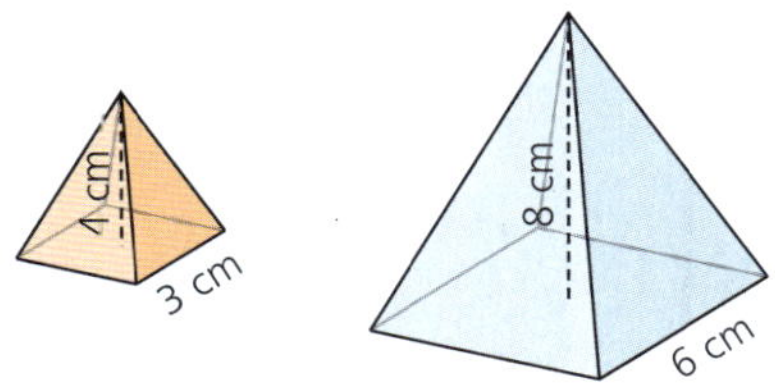

56 Calcula el perímetre d'un rombe semblant al de la figura que tingui una àrea nou vegades més gran.

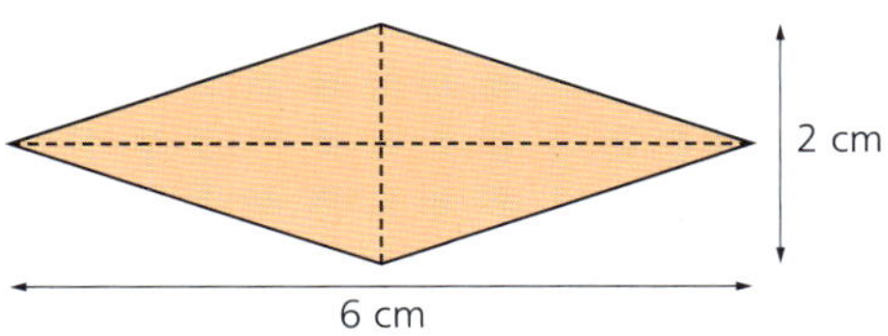

57 Considerant un rectangle com el de la figura, calcula els costats d'un altre rectangle semblant que tingui una àrea de 252 cm^2.

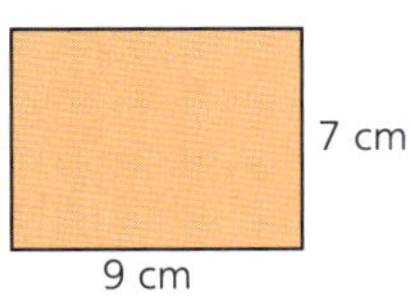

6 Aplicacions: plànols i mapes. Escales

58 Al plànol d'una casa, dibuixat a escala 1:50, el menjador rectangular mesura 12 cm × 8 cm. Assenyala la superfície real del menjador.

59 En un mapa, la distància entre les ciutats de Tallinn i Hèlsinki és de 16 cm. Si en realitat aquestes dues ciutats estan separades per 80 km, a quina escala s'ha elaborat el mapa?

60 En grups de tres, feu un plànol de l'aula. Per dibuixar-lo, trieu una escala adequada i mesureu les dimensions de l'aula per tal de representar-la als vostres quaderns.

61 En aquest plànol d'un pis, fet a una escala 1:300, pren les mesures necessàries per contestar les preguntes que es plantegen tot seguit:

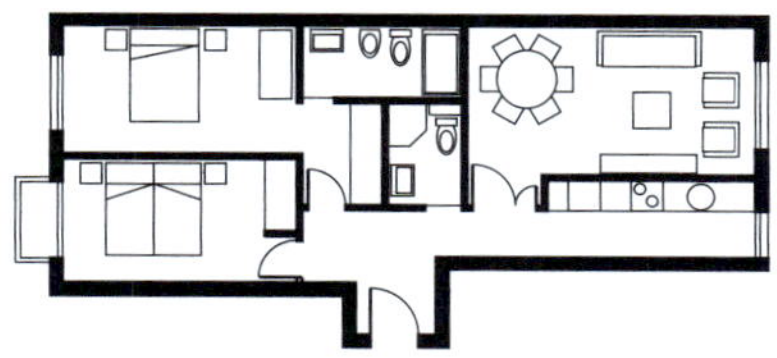

1:300

a. Quines dimensions reals té el menjador?

b. Es vol representar al plànol una taula al menjador amb unes dimensions reals d'1 m × 0,50 m. Quines seran les dimensions del plànol?

62 La cuina d'un pis mesura 3 cm × 2 cm en un plànol elaborat a una escala 1:200. Calcula:

a. Les dimensions de la cuina en la realitat.

b. La superfície de la cuina al plànol i en la realitat.

63 Dibuixa al teu quadern un segment de 8 cm i divideix-lo en 6 parts iguals aplicant el teorema de Tales.

64 S'ha fet la maqueta d'una escultura que té unes dimensions de 2 m × 3 m × 3,4 m. Si l'escala de la maqueta és 1:80, calcula les dimensions de l'escultura a la maqueta.

65 Dues ciutats estan separades per una distància de 120 km. Quan es representen en un mapa, la distància que les separa és de 20 cm.

a. Quina és l'escala del mapa?

b. Quina distància separa dues ciutats que al mapa disten 12 cm l'una de l'altra?

66 Copia al teu quadern el segment *a*. Després, divideix-lo en parts proporcionals als segments *b*, *c* i *d* utilitzant el teorema de Tales.

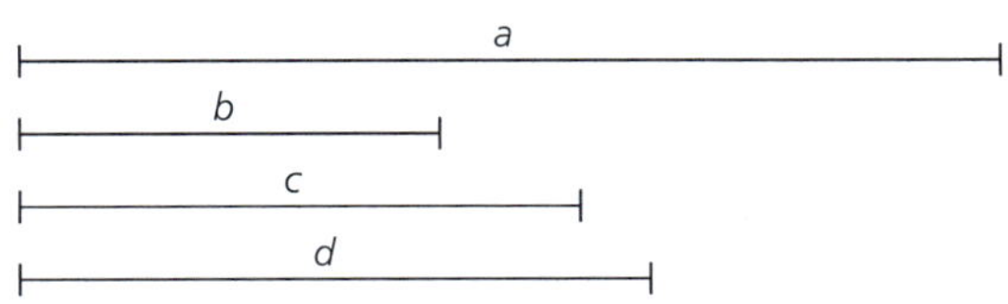

67 Divideix al teu quadern un segment de 10 cm en tres parts iguals.

68 Dibuixa al teu quadern un segment i, aplicant el teorema de Tales, divideix-lo en dues parts de manera que una sigui el doble que l'altra.

TREBALLEM LES COMPETÈNCIES

LA PROPORCIÓ ÀURIA O PROPORCIÓ DIVINA

A la natura, a l'art, a la nostra vida diària, etc., es poden trobar situacions on és present el nombre auri, també anomenat proporció àuria o proporció divina. Aquest nombre es designa amb la lletra fi de l'alfabet grec, i correspon a $\varphi = 1{,}61803398$.

1 Comprova si es compleix la proporció divina en les situacions següents:

a. La relació entre el nombre de femelles i el nombre de mascles d'un rusc d'abelles que té 23 000 abellots i 37 000 abelles obreres.

b. La proporció que hi ha entre l'alçada (19 m) i l'amplada (30,95 m) de la façana del Partenó d'Atenes.

c. Les dimensions d'una targeta de crèdit o d'un DNI, que són de 5,4 cm × 8,7 cm.

TALES DE MILET

Tal com s'ha indicat en una activitat anterior, la llegenda diu que el savi grec Tales de Milet va mesurar l'altura de la piràmide de Kheops amb un mètode senzill.

Va observar que l'ombra que projectava la piràmide era de 85 m des de la base, i va col·locar el seu bastó d'1,46 m al punt on acabava l'ombra. Llavors, va mesurar l'ombra que projectava el bastó, que era de 2 m.

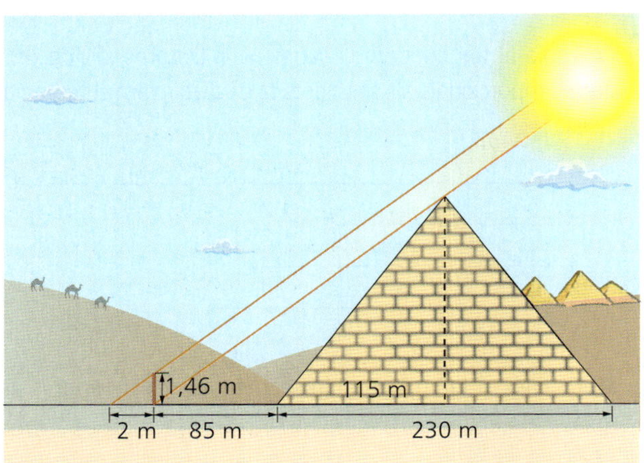

1 A partir d'aquests dades, calcula l'altura de la piràmide de Kheops sabent que té una base quadrada de 230 m de costat.

EL CASTANYER

L'any passat, per celebrar el seu aniversari, a la primavera, l'Aya va plantar un castanyer d'1,8 m d'alçada. En aquell moment projectava una ombra de 60 cm a les 10 del matí.

L'Aya ha tornat a veure l'arbre aquest any, en la mateixa data, i s'ha adonat que l'ombra, mesurada a les 10 del matí, ha crescut 20 cm.

1 Quant ha crescut el castanyer en un any?

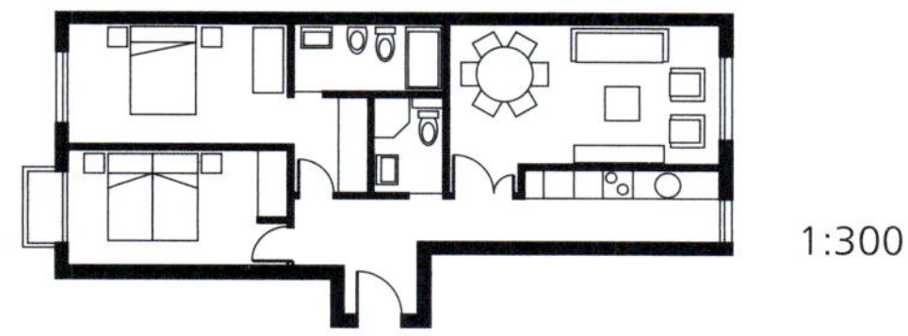

L'ATOMIUM

L'Atomium és un monument construït a Brussel·les (Bèlgica) per a l'Exposició Universal del 1958. Representa un cristall de ferro ampliat 165 milions de vegades.

Té una alçària de 102 m, i cadascuna de les 9 esferes que el componen fa 18 m de diàmetre. Està situat al parc de Heysel.

A la botiga de records de l'Atomium en venen dos tipus de reproducció, de 8 cm i de 20 cm d'alçària.

1. Quina és la raó de semblança que hi ha entre totes dues reproduccions?
2. Quin és el diàmetre de cadascuna de les esferes de les reproduccions?
3. Si la maqueta petita pesa 200 g, quant pesa la gran, si el pes és proporcional als volums de cada reproducció?
4. Per pintar la maqueta gran, calen 400 g de pintura. Quina quantitat de pintura es necessita per pintar la reproducció petita?

EL CAMP DE FUTBOL

Hem fet una fotografia del camp de futbol de l'equip comarcal amb un dron. L'escala a la qual es mostra la imatge és 1:1 400.

1. Mesura les longituds necessàries per trobar la superfície de l'àrea de penal (àrea gran) i la del cercle central.
2. Calcula l'àrea del rectangle de la zona de penal i l'àrea del rectangle petit. Comprova si els dos rectangles són semblants.
3. Troba les dimensions reals del camp de futbol.

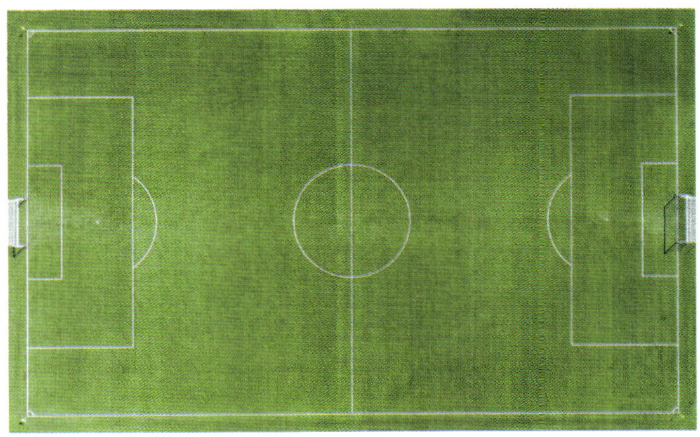

EL *TITANIC*

El *Titanic* va ser un gran transatlàntic britànic que es va enfonsar en el primer viatge, del Regne Unit als Estats Units d'Amèrica, el 1912.

L'any 1997, el director James Cameron va rodar una pel·lícula que tractava sobre el viatge i l'enfonsament del vaixell. Per fer el rodatge, Cameron va fer construir una maqueta del *Titanic* de 15 m de llarg. El vaixell real mesurava uns 270 m de llarg (eslora), 30 m d'ample (mànega) i 53 m d'alçària. A més, pesava 46 000 tones.

1. A quina escala es va construir la maqueta?
2. Calcula quines eres les dimensions de la mànega i l'alçària de la maqueta.
3. Si la maqueta s'hagués construït amb els mateixos materials que el *Titanic* original, quant pesaria?

APLIQUEM LES TIC

FIGURES SEMBLANTS AMB GEOGEBRA

Ara dibuixarem dos polígons semblants, per exemple dos quadrilàters, i comprovarem que la raó de semblança entre ells es manté també als perímetres, però s'eleva al quadrat a les àrees.

En primer lloc, es dibuixa un quadrilàter qualsevol amb vèrtexs A, B, C i D. Per fer-ho, es tria l'eina **Polígon**, 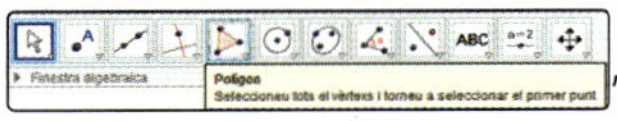, i es dibuixa el quadrilàter (A).

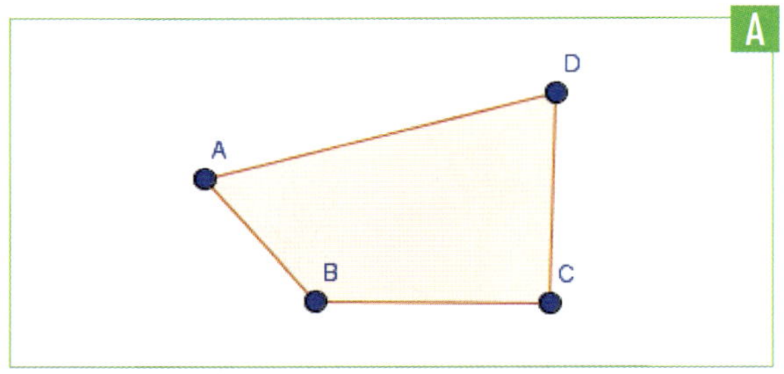

Per traçar un quadrilàter semblant, s'ha d'utilitzar l'eina **Homotècia**, 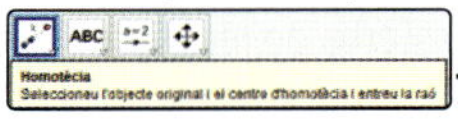.

Una *homotècia* és una transformació que permet construir una figura semblant a una altra de donada, tal que qualsevol punt de la figura original i el seu homòleg de la segona es troben alineats amb un mateix punt, anomenat *centre de l'homotècia*. P

Per tant, cal dibuixar prèviament un punt que sigui el centre des d'homotècia, en aquest cas, el punt E.

Tot seguit, se selecciona l'eina i es clica primer sobre el quadrilàter i, després, sobre el punt; aleshores apareix una finestra emergent en la qual se sol·licita el factor d'escala o raó de semblança (B).

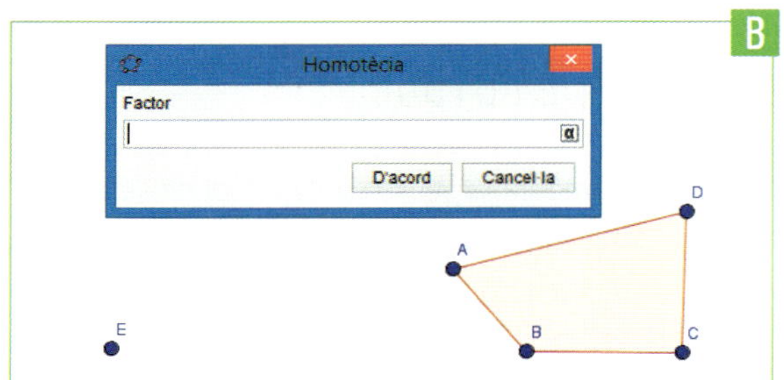

Es tria la raó r = 2 per tal de construir un quadrilàter el doble de gran.

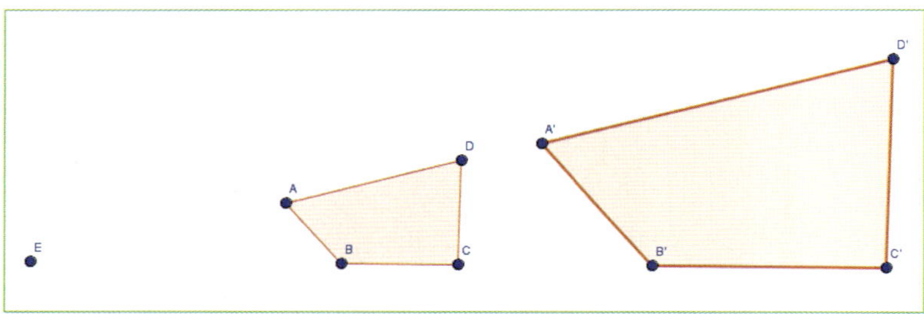

El quadrilàter que es crea té com a raó de semblança r = 2. Comprovem que els perímetres dels dos quadrilàters mantenen la mateixa raó de semblança.

Per fer-ho, es tria l'eina **Longitud, perímetre o distància**, 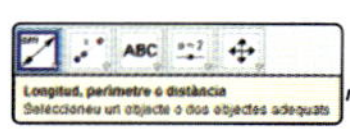, per calcular el perímetre de tots dos quadrilàters.

Se seleccionen els quadrilàters i apareix una etiqueta amb el perímetre de cadascun. Veiem que un és el doble de l'altre, de manera que es manté la raó de semblança.

Amb la finalitat de calcular l'àrea dels dos quadrilàters, es tria l'eina **Àrea**, 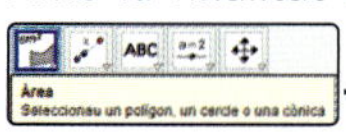. Se seleccionen els dos quadrilàters i apareix una altra etiqueta amb l'àrea de cadascun (C). Veiem que l'àrea del quadrilàter més gran és el quàdruple de l'àrea del més petit, és a dir, el quadrat de la raó, 2^2.

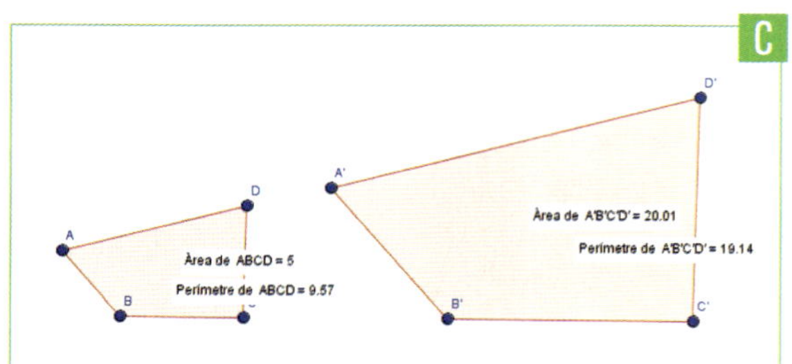

1 Dibuixa dos triangles semblants segons una raó de semblança r = 2,5. Comprova que els seus perímetres tenen la mateixa raó de semblança, i que la raó entre les seves àrees és el quadrat d'aquesta raó.

AVALUACIÓ

1 Calcula la raó entre els segments $\overline{AB} = 2$ cm i $\overline{CD} = 5$ cm.

2 La raó entre dos segments és $\frac{2}{3}$. Troba la longitud de cada un si entre tots dos fan 10 cm.

3 Calcula en cada cas les longituds desconegudes:

a.
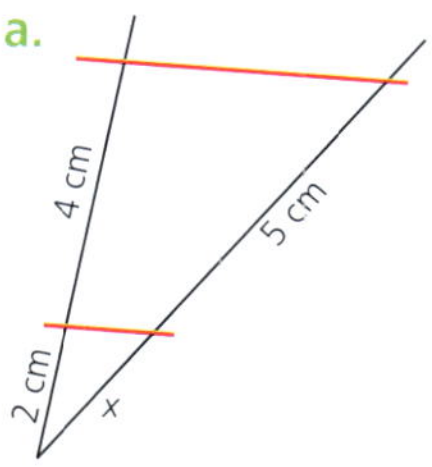

c.
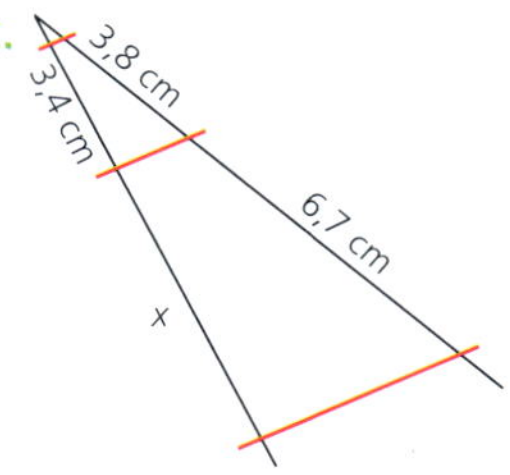

b.
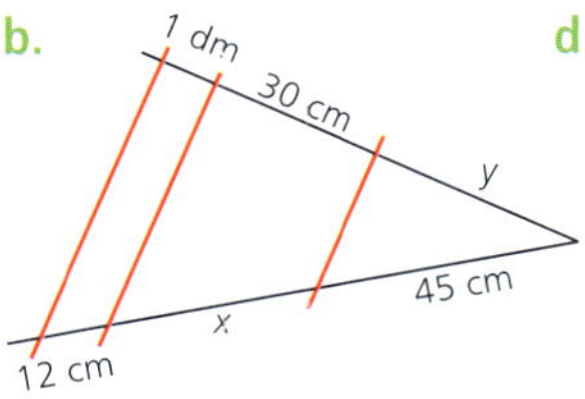

d.
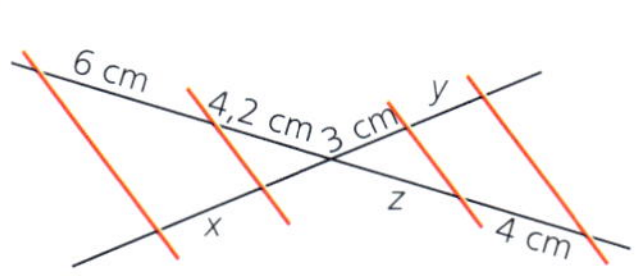

4 Calcula els costats que falten, sabent que els triangles següents són semblants.

a.
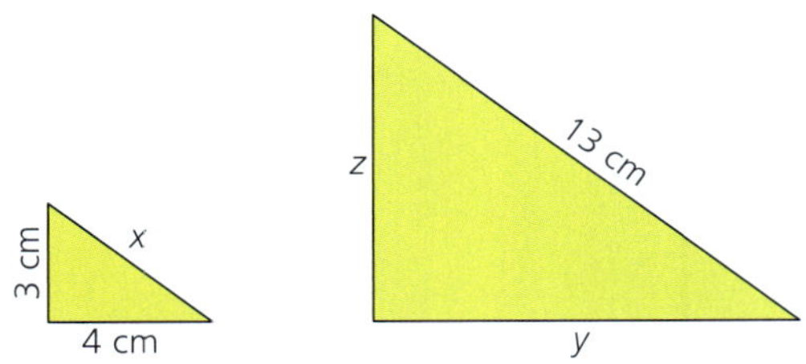

b.
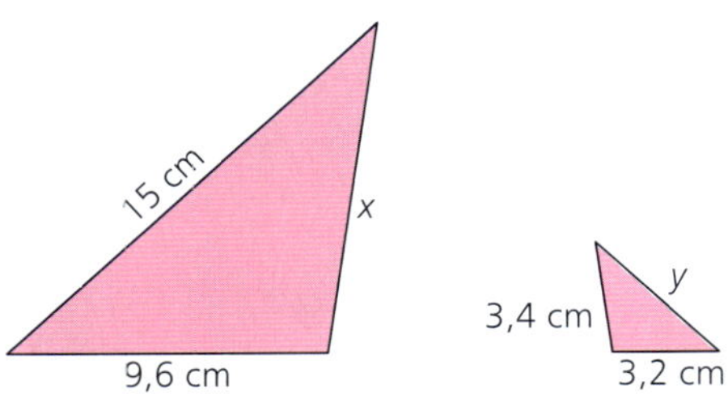

5 Dibuixa un triangle acutangle que faci 5, 4 i 3,5 cm de costats. Construeix un triangle semblant amb una raó de semblança del primer amb el segon de $\frac{4}{5}$.

6 Indica si els triangles següents són semblants.

a. Els costats d'un fan 10 cm, 7 cm i 6 cm, i els de l'altre, 20 cm, 14 cm i 32 cm.

b. Els angles d'un són 20°, 70° i 90°, mentre que l'altre té un angle de 60°.

c. Els dos triangles són isòsceles amb l'angle desigual de 50°.

d. Tots dos triangles són rectangles isòsceles.

7 Identifica, a cada figura, tots els triangles que estiguin en posició de Tales.

a.
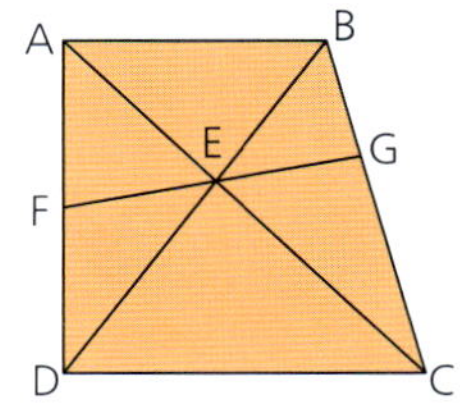

b.
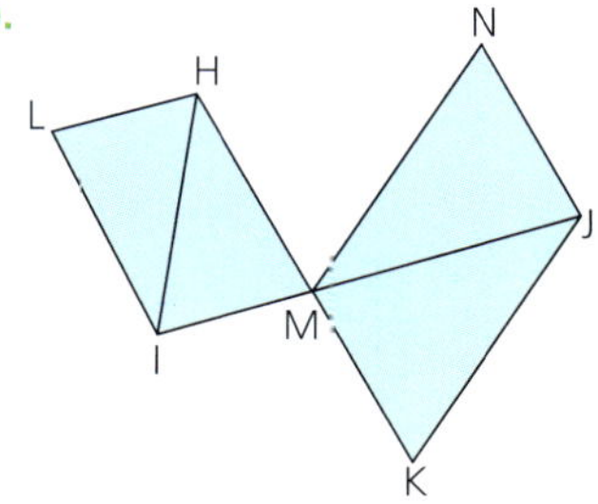

8 Calcula les dimensions d'un rectangle de diagonal 7,5 cm, semblant a un altre de costats 3,6 cm i 4,8 cm.

9 La Nora fa 1,68 m d'alçada, i la seva ombra, 95 cm. Quant mesura l'ombra del Xavi en aquest mateix moment, si fa 1,75 m d'alçada?

10 Observa la figura i calcula el que s'indica.

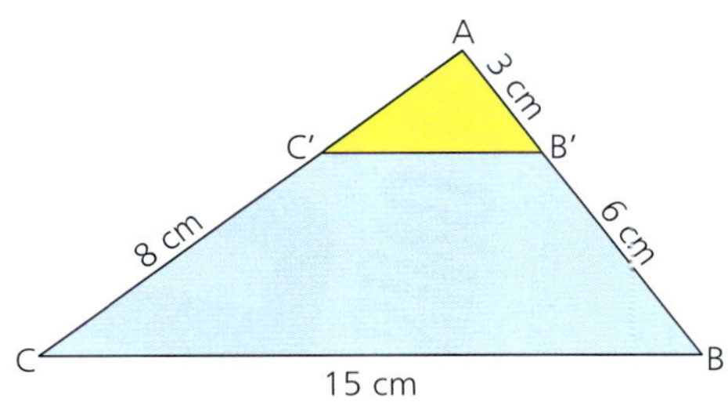

a. La raó de semblança del triangle $\widehat{ABC}$ respecte del $\widehat{AB'C'}$.

b. El valor de l'àrea de cada triangle i la raó de semblança.

c. Els valors dels perímetres de cada triangle i la raó de semblança que s'estableix entre ells.

11 La superfície d'un pentàgon regular és 4 vegades més gran que la d'un altre pentàgon semblant. Si el costat del pentàgon petit mesura 3 cm, quant mesura el perímetre del més gran?

12 A la fotografia d'un paisatge l'Ian fa 2,5 cm d'alçada. Si l'alçada real és d'1,75 m:

a. A quina escala està feta la foto?

b. Si a la mateixa fotografia hi ha un edifici que mesura 15 cm d'alçària, quant mesura en realitat?

c. Si al costat de l'Ian hi havia un arbre de 7 m, quina alçària té a la foto?

13 Divideix gràficament un segment $\overline{AB} = 8$ cm en:

a. 6 parts iguals.

b. 5 parts iguals.

12 GEOMETRIA DE L'ESPAI. POLIEDRES

L'INDIVIDU NO ÉS MAI UN PLA, SINÓ UN POLIEDRE

CAMILO JOSÉ CELA

PRESENTAR

CAPSES SECRETES

Ha arribat al vostre centre d'ensenyament l'equip tècnic encarregat de filmar un programa concurs per a la televisió local. Els presentadors us han explicat en què consistirà la prova: han disposat a l'aula un seguit de capses secretes, una per equip, cadascuna de les quals conté tres figures de fusta que heu de reconèixer. Us han demanat que cada equip obri la seva i en mantingui el contingut fora de la vista dels altres, i que prepareu una exposició senzilla d'uns tres minuts en la qual descrigueu cada peça. La resta dels equips hauran de descobrir de quina figura es tracta. A veure quants misteris podeu revelar d'aquesta capsa tan peculiar!

CREAR

CIUTAT DELS POLIEDRES

De cara a la jornada de portes obertes del centre, el Departament de Matemàtiques vol muntar un estand i us ha encarregat que organitzeu un taller per preparar una maqueta de la ciutat en la qual tant els edificis com el mobiliari urbà estiguin construïts a partir de poliedres. A més, haureu de preparar un dossier amb el nom i les característiques de tots els elements inclosos.

CONÈIXER

ESCULTURES PLATÒNIQUES

Els operaris d'una galeria d'art que tenia la intenció d'organitzar una exposició al vostre institut han descobert amb horror que s'han oblidat de les escultures. Com a solució d'emergència davant d'aquesta gran badada, us han encarregat que esculpiu vosaltres unes quantes obres de manera provisional. Per grups, creeu la vostra pròpia escultura fent servir sòlids platònics. Heu de posar en marxa tot el vostre enginy, ja que el dia de l'exposició els visitants puntuaran cada escultura, i la que obtingui la qualificació més alta serà escollida per exposar-la en un lloc prominent al pati de l'escola.

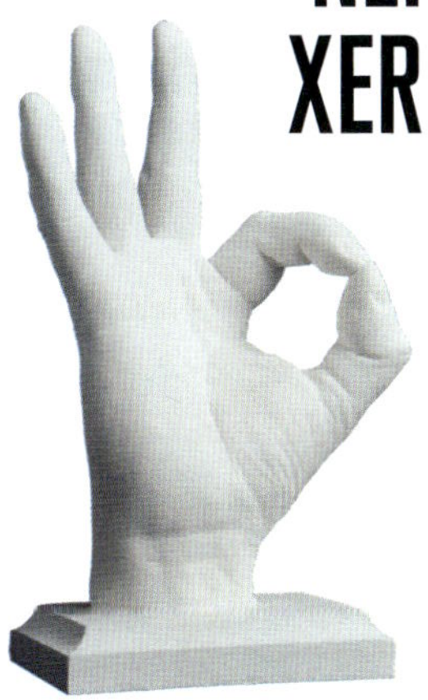

INVESTIGAR

EL TEOREMA D'EULER

Una *youtuber* matemàtica famosa, antiga alumna del vostre centre d'ensenyament, us demana ajuda per enregistrar un vídeo sobre el teorema d'Euler. Doneu-li un cop de mà aportant informació sobre la vida d'aquest matemàtic il·lustre i sobre el seu teorema. Per enfocar-ho de manera atractiva, per tal d'aconseguir una allau de *likes* per a la vostra amiga, a més de subscripcions al seu canal, demostreu aquest teorema amb exemples.

1 POLIEDRES

Un **poliedre** és un cos geomètric tancat, limitat per superfícies planes que són polígons.

Els **elements** d'un **poliedre** són:

Cara: és cadascun dels polígons que el delimiten.

Angle diedre: és el format per dues cares contigües que concorren en una aresta.

Pla diagonal: és cadascun dels plans que conté una diagonal del poliedre.

Angle poliedre: és el format per les cares que concorren en un vèrtex.

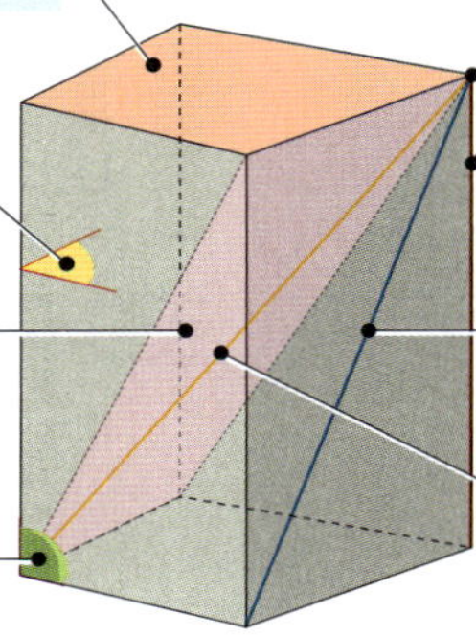

Aresta: és el segment on s'uneixen dues cares.

Vèrtex: és cadascun dels punts comuns a tres arestes o més.

Diagonal d'una cara: és el segment que uneix dos vèrtexs no contigus d'una mateixa cara.

Diagonal del poliedre: és cadascun dels segments que uneixen dos vèrtexs de diferents cares.

Els poliedres es **classifiquen** d'acord amb els criteris següents:

Segons el nombre de cares

Tetraedre

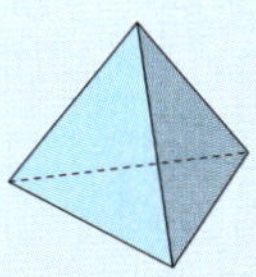

4 cares

Pentaedre

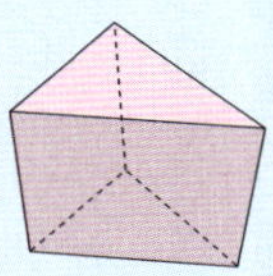

5 cares

Hexaedre

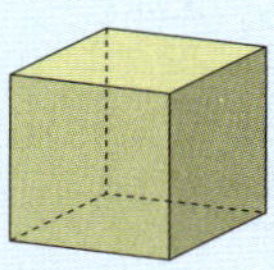

6 cares

Heptaedre

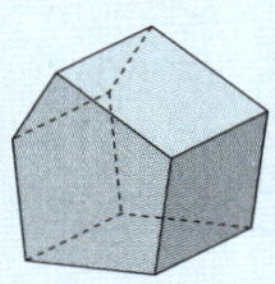

7 cares

Segons el nombre de bases

Prisma

Té dues bases paral·leles.

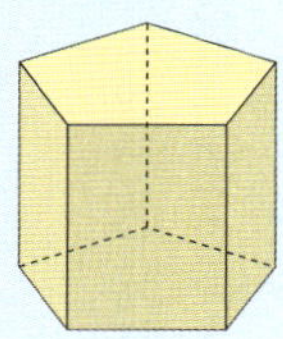

Piràmide

Té una sola base.

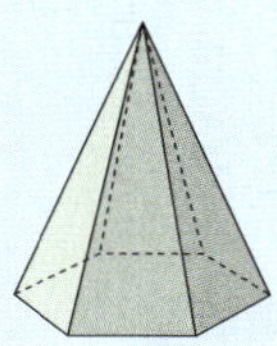

Segons l'angle diedre

Convex

Tot segment que uneix dos punts qualssevol del poliedre hi està contingut.

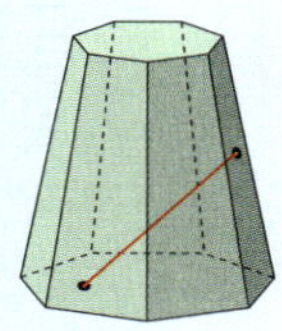

Còncau

Almenys hi ha dos punts del poliedre units per un segment que no hi està contingut.

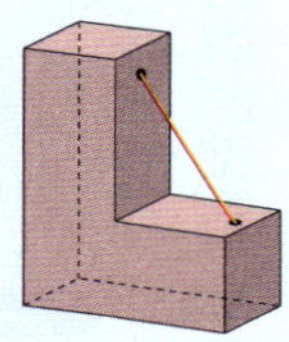

FÓRMULA D'EULER

En tots els poliedres convexos es compleix que el nombre de cares, C, més el nombre de vèrtexs, V, és igual al nombre d'arestes, A, més dos:

$$C + V = A + 2$$

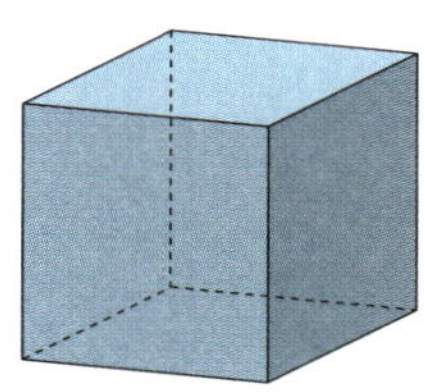

6 cares, 8 vèrtexs i 12 arestes:

$6 + 8 = 12 + 2$

2 POLIEDRES REGULARS

Un **poliedre regular** és el que compleix les tres condicions següents:

- Les cares són polígons regulars iguals entre ells.
- A cada vèrtex hi concorre el mateix nombre de cares, que han de ser almenys tres.
- La suma dels angles que convergeixen a cada vèrtex és inferior a 360°.

En el cas que un poliedre no compleixi alguna d'aquestes propietats, es tracta d'un **poliedre irregular**.

Els cinc poliedres regulars, anomenats **sòlids platònics**, són:

Àrea i volum dels sòlids platònics		
Sòlid	**Àrea**	**Volum**
Tetraedre	$a^2\sqrt{3}$	$\frac{a^3}{12}\sqrt{2}$
Hexaedre	$6a^2$	a^3
Octaedre	$2a^2\sqrt{3}$	$\frac{a^3}{3}\sqrt{2}$
Dodecaedre	$15a^2\sqrt{\frac{5+2\sqrt{5}}{5}}$	$\frac{5a^3}{2}\sqrt{\frac{47+21\sqrt{5}}{10}}$
Icosaedre	$5a^2\sqrt{3}$	$\frac{5a^3}{6}\sqrt{\frac{7+3\sqrt{5}}{2}}$

Tetraedre

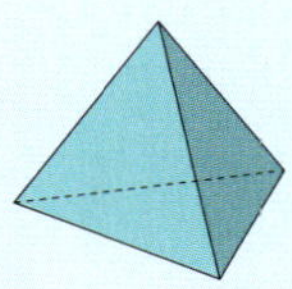

Té 4 cares, que són triangles equilàters.

Cub o hexaedre

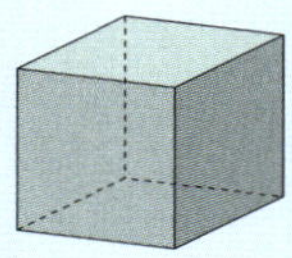

Té 6 cares, que són quadrats.

Octaedre

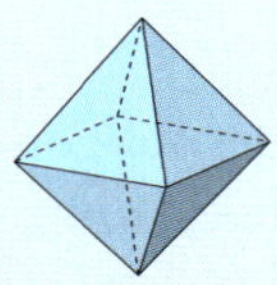

Té 8 cares, que són triangles equilàters.

Dodecaedre

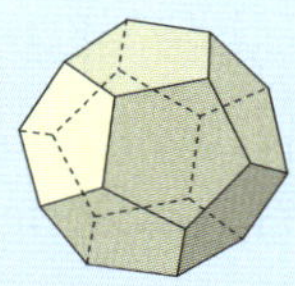

Té 12 cares, que són pentàgons regulars.

Icosaedre

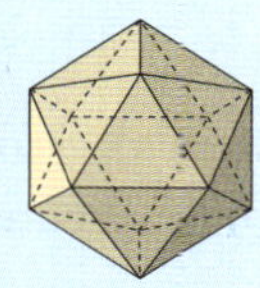

Té 20 cares, que són triangles equilàters.

2.1 SIMETRIA ALS POLIEDRES REGULARS

Els sòlids platònics presenten els elements que segueixen, que en determinen la simetria:

Tenen un punt interior, el **centre de simetria, O**, del qual equidisten els vèrtexs del poliedre.

Tenen **eixos de simetria** respecte a cadascun dels quals cada punt del poliedre té associat un altre punt que equidista d'aquests eixos.

Tenen **plans de simetria** cadascun dels quals passa pel centre de simetria i divideix el poliedre en dues parts iguals.

Tetraedre

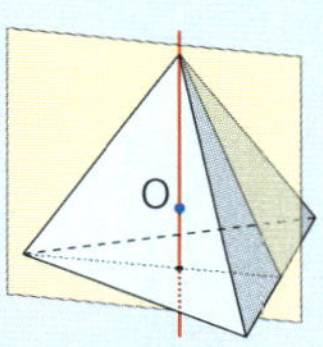

Centre de simetria: O

4 eixos de simetria

6 plans de simetria

Cub o hexaedre

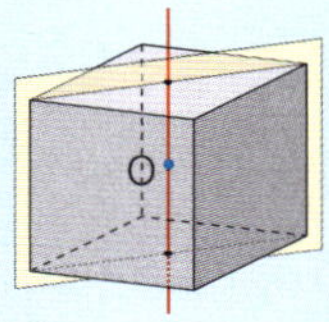

Centre de simetria: O

13 eixos de simetria

9 plans de simetria

Octaedre

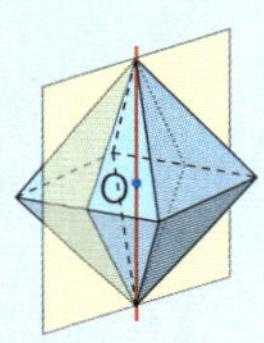

Centre de simetria: O

13 eixos de simetria

9 plans de simetria

Dodecaedre

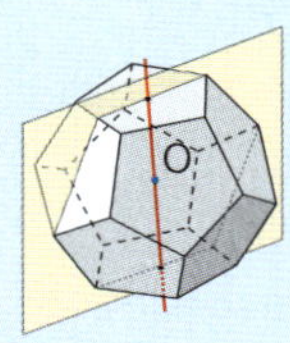

Centre de simetria: O

31 eixos de simetria

15 plans de simetria

Icosaedre

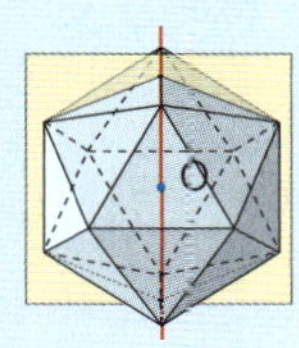

Centre de simetria: O

31 eixos de simetria

15 plans de simetria

3 PRISMES

> Un **prisma** és un poliedre format per dues cares poligonals iguals i paral·leles anomenades **bases**, unides mitjançant paral·lelograms anomenats **cares laterals**.

Paral·lelogram

Un paral·lelogram és un quadrilàter amb cares paral·leles dues a dues.

Els **elements** d'un **prisma** són:

Bases: són cares iguals i paral·leles en forma poligonal.

Aresta de la base: és cadascun dels segments que delimiten la base.

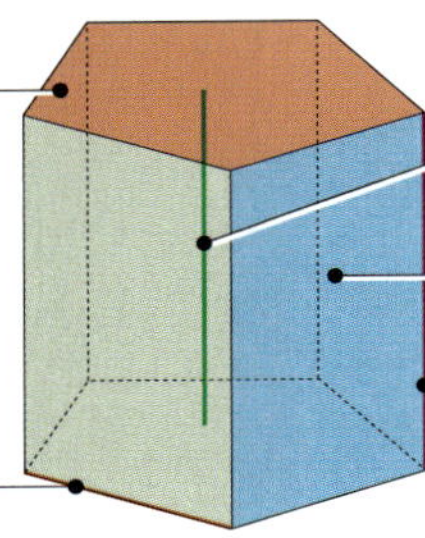

Altura: és la distància entre les bases.

Cara lateral: és cada paral·lelogram que uneix les bases.

Aresta lateral: és el segment que comparteixen dues cares laterals.

Els prismes **s'anomenen** segons el nombre de costats del **polígon** de les **bases**. Així, hi ha prismes triangulars, quadrangulars, pentagonals, etc.

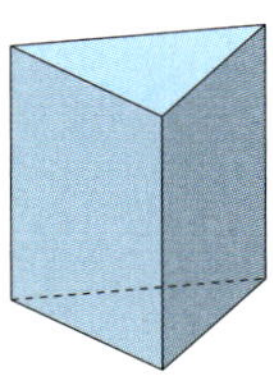

Prisma triangular

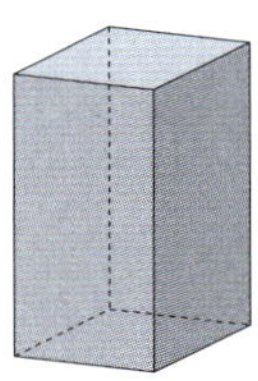

Prisma quadrangular

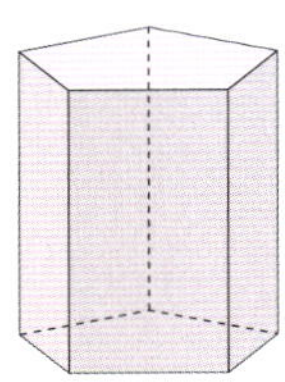

Prisma pentagonal

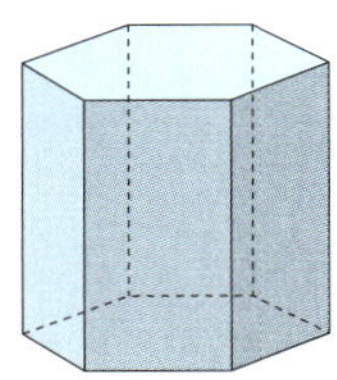

Prisma hexagonal

Es poden **classificar** a partir de la forma de les cares laterals o de la de les bases.

Segons la forma de les cares laterals

Rectes

Les cares laterals són rectangles o quadrats. Les arestes laterals són perpendiculars a les bases, i l'altura mesura el mateix que l'aresta lateral.

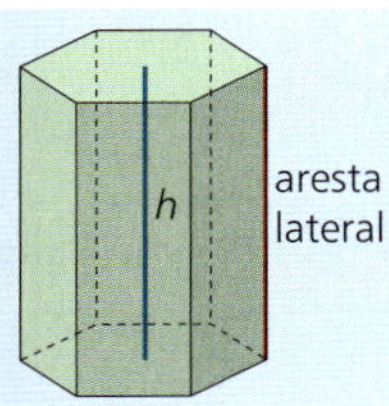

Oblics

Les cares laterals són romboides o rombes. Les arestes laterals no són perpendiculars a les bases, i l'altura és més petita que l'aresta lateral.

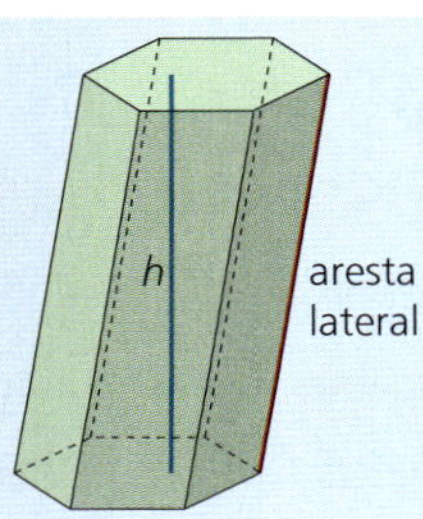

Segons la forma de les bases

Regulars

Les bases són polígons regulars, i les cares laterals són totes iguals entre elles.

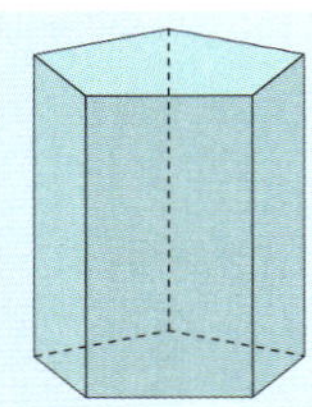

Irregulars

Les bases són polígons irregulars i, com a conseqüència, les cares laterals no són iguals.

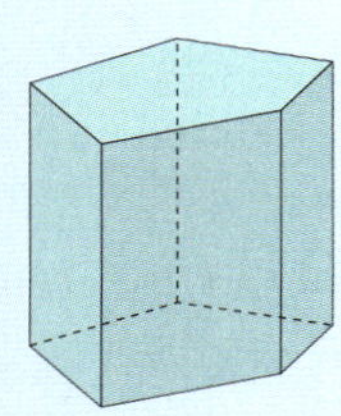

3.1 ÀREA I VOLUM DEL PRISMA

Si es talla un **prisma** per una aresta lateral i se'n separen les bases, s'obté una figura plana anomenada **desenvolupament pla** del prisma. D'això se'n pot deduir que l'àrea total és la suma de les àrees de les bases més l'àrea lateral, que coincideix amb l'àrea d'un rectangle l'altura del qual és l'altura del prisma i la base del qual és el perímetre de la base del prisma.

L'àrea total del prisma és: $A_{prisma} = 2 \cdot A_{base} + A_{lateral}$.

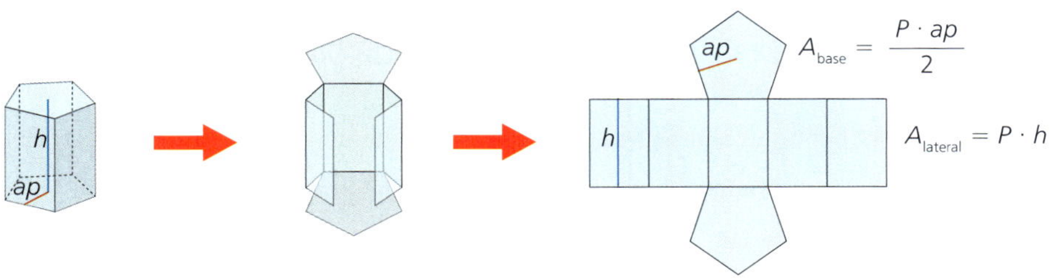

El volum del prisma és: $V_{prisma} = A_{base} \cdot h$.

Recorda

L'**apotema** d'un **polígon regular** es calcula aplicant el teorema de Pitàgores:

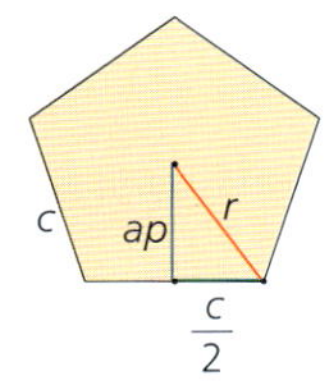

$$r^2 = \left(\frac{c}{2}\right)^2 + ap^2$$

A l'hexàgon regular, el costat i el radi són iguals.

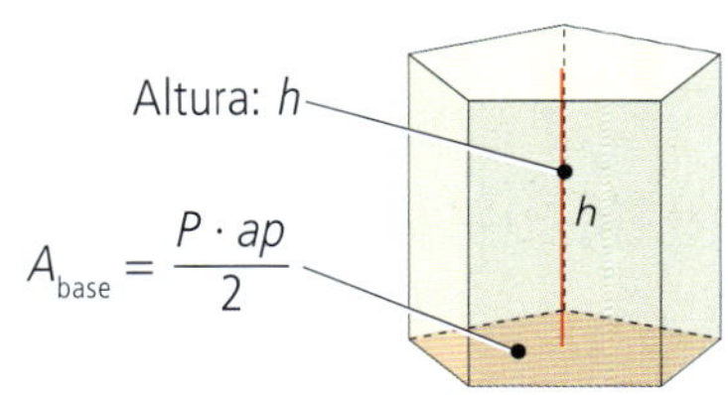

Activitats resoltes

1 **Determina l'àrea total i el volum d'un prisma heptagonal regular de 9 cm d'altura la base del qual té una aresta de 10 cm i una apotema de 10,4 cm.**

La base del prisma és un heptàgon regular; per això, l'àrea total és:

$$A_{total} = 2 \cdot A_{base} + A_{lateral} = 2 \cdot \frac{P \cdot ap}{2} + P \cdot h =$$

$$= 2 \cdot \frac{70 \cdot 10{,}4}{2} + 70 \cdot 9 = 1\,358 \Rightarrow A_{total} = 1\,358 \text{ cm}^2$$

El volum, doncs, és:

$$V = A_{base} \cdot h = 364 \cdot 9 = 3\,276 \Rightarrow V = 3\,276 \text{ cm}^3$$

2 **Calcula l'àrea total i el volum d'un prisma rectangular la base del qual té unes arestes de 12 cm i 9 cm, respectivament, i que té una altura de 5 cm.**

La base del prisma és un rectangle; per això, l'àrea total és:

$$A_{total} = 2 \cdot A_{base} + A_{lateral} = 2 \cdot a \cdot b + P \cdot h =$$

$$= 2 \cdot 108 + 42 \cdot 5 = 426 \Rightarrow A_{total} = 426 \text{ cm}^2$$

El volum del prisma és:

$$V = A_{base} \cdot h = 108 \cdot 5 = 540 \Rightarrow V = 540 \text{ cm}^3$$

3 **Assenyala l'àrea total d'un prisma hexagonal regular d'11 cm d'altura si l'aresta bàsica mesura 8 cm.**

Recorda que en un hexàgon regular el costat i el radi coincideixen. Aplicant el teorema de Pitàgores, es calcula l'apotema, necessària per esbrinar l'àrea:

$$ap^2 = c^2 - \left(\frac{c}{2}\right)^2 \Rightarrow ap^2 = 8^2 - 4^2 \Rightarrow ap^2 = 48 \Rightarrow$$

$$\Rightarrow ap = 6{,}93 \text{ cm}$$

Així, l'àrea total és:

$$A_{total} = 2 \cdot A_{base} + A_{lateral} = 2 \cdot \frac{P \cdot ap}{2} + P \cdot h =$$

$$= 2 \cdot \frac{48 \cdot 6{,}93}{2} + 48 \cdot 11 = 332{,}64 + 528 = 860{,}64 \text{ cm}^2$$

$$A_{total} = 860{,}64 \text{ cm}^2$$

4 **Calcula l'aresta de la base d'un prisma quadrangular que té una altura de 9 m i un volum de 324 m³.**

Aplicant la fórmula del volum, s'obté:

$$V = A_{base} \cdot h = c^2 \cdot h \Rightarrow 324 = c^2 \cdot 9 \Rightarrow c^2 = 36 \Rightarrow c = 6 \text{ m}$$

Per tant, l'aresta bàsica del prisma mesura 6 m.

4 PARAL·LELEPÍPEDES

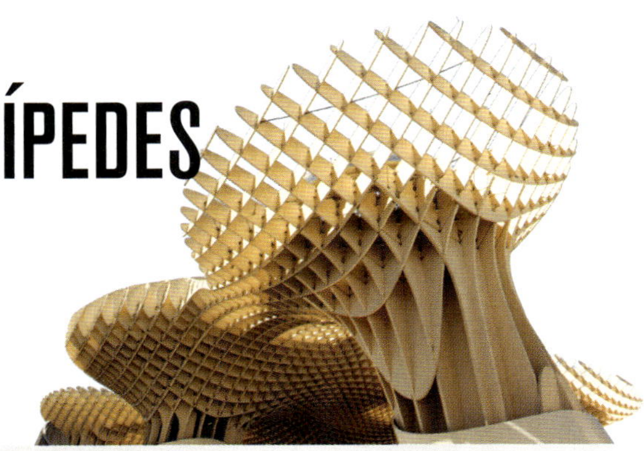

Metropol Parasol de Sevilla

Un **paral·lelepípede** és un prisma de sis cares en forma de paral·lelogram, en el qual cada parell de cares oposades són paral·leles i iguals entre elles.

Els paral·lelepípedes més importants són l'**ortoedre**, el **cub** o **hexaedre** i el **romboedre**.

Ortoedre

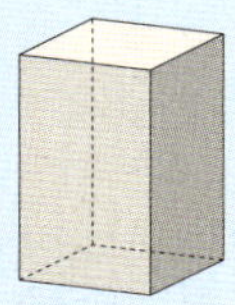

Les cares són rectangles.

Cub o hexaedre

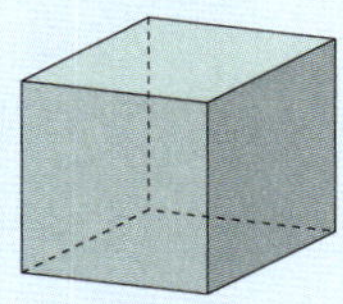

Les cares són quadrats.

Romboedre

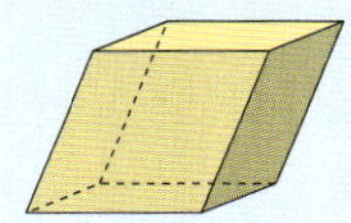

Les cares són rombes.

4.1 TEOREMA DE PITÀGORES A L'ESPAI

Per calcular la longitud de la diagonal, D, d'un ortoedre recte les dimensions del qual són $a \times b \times c$, cal aplicar el teorema de Pitàgores.

Observa a la figura el triangle rectangle $\widehat{MNP}$ de l'ortoedre, la longitud del qual, D, és la diagonal de l'ortoedre. Aplicant el teorema de Pitàgores, resulta:

$$D^2 = d^2 + c^2$$

Així, doncs, la diagonal de l'ortoedre, D, queda expressada en funció de la diagonal de la base, d, i de l'altura de l'ortoedre, que es correspon en aquest cas amb l'aresta c.

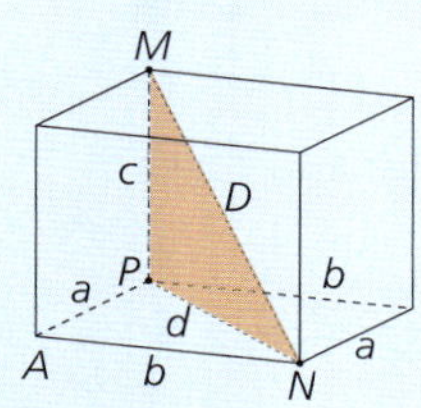

Per obtenir la diagonal de la base, d, es torna a aplicar el teorema de Pitàgores, ara al triangle rectangle $\widehat{APN}$, i s'obté:

$$d^2 = a^2 + b^2$$

Quan se substitueix aquesta última expressió en l'obtinguda per a D del quadre anterior, resulta:

$$D^2 = a^2 + b^2 + c^2 \Rightarrow D = \sqrt{a^2 + b^2 + c^2}$$

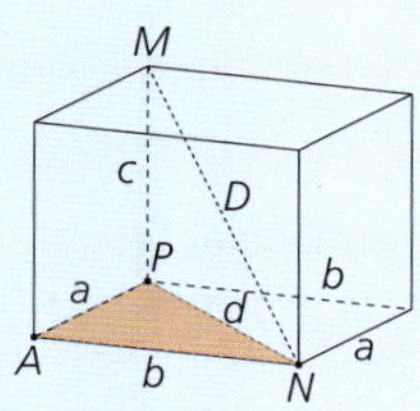

La **diagonal de l'ortoedre recte** és: $D = \sqrt{a^2 + b^2 + c^2}$.

En el cas particular d'un cub, la diagonal és donada per l'expressió: $D = \sqrt{a^2 + a^2 + a^2} = a\sqrt{3}$.

Activitat resolta

Calcula l'àrea total i la diagonal d'un prisma rectangular amb dimensions de 7 cm i 5 cm d'arestes bàsiques i 6 cm d'altura.

L'àrea lateral són quatre rectangles iguals dos a dos:

$$A_{total} = 2 \cdot A_{base} + A_{lateral}$$

$$A_{total} = 2 \cdot 35 + 2 \cdot 42 + 2 \cdot 30 =$$
$$= 214 \text{ cm}^2.$$

Per tant, l'àrea total és de 214 cm^2.

La diagonal del prisma es calcula en funció de les arestes del prisma:

$$D = \sqrt{7^2 + 5^2 + 6^2} = 10{,}49 \text{ cm}$$

Així, doncs, la diagonal del prisma rectangular mesura 10,49 cm.

Activitat resolta

En un aquari en forma d'ortoedre que té unes de dimensions d'1 m × 50 cm × × 75 cm s'hi vol posar una barra que uneixi dos vèrtexs que no comparteixin una cara.

a. Quina serà la longitud de la barra?

b. Quina capacitat d'aigua pot contenir l'aquari?

a. La longitud de la barra coincideix amb la diagonal de l'ortoedre; per tant:

$$D = \sqrt{a^2 + b^2 + c^2} =$$
$$= \sqrt{1^2 + 0{,}5^2 + 0{,}75^2} = \sqrt{1{,}81} =$$
$$= 1{,}35 \text{ m}$$

b. La capacitat d'aigua de l'aquari és el seu volum:

$$V = A_{base} \cdot h = 1 \cdot 0{,}5 \cdot 0{,}75 =$$
$$= 0{,}375 \text{ m}^3 \Rightarrow V = 375 \text{ dm}^3$$

La capacitat de l'aquari és de 375 L.

4.2 ÀREA DE L'ORTOEDRE I DEL CUB

Quan es talla un **ortoedre** per una aresta lateral i se'n separen les bases, al desenvolupament pla s'aprecia que l'àrea total és la suma de les àrees de les bases més la lateral, que coincideix amb l'àrea d'un rectangle l'altura del qual és l'altura del paral·lelepípede, c, i la base del qual és el perímetre de la base del paral·lelepípede:

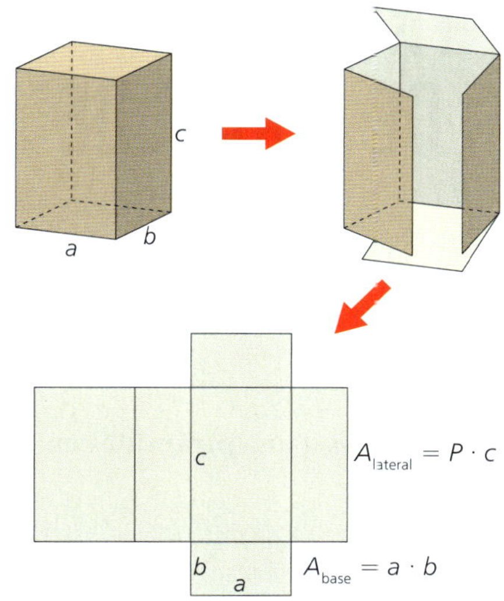

L'**àrea total de l'ortoedre** és: $A_{\text{ortoedre}} = 2 \cdot A_{\text{base}} + A_{\text{lateral}}$.

L'**àrea total del cub** és: $A_{\text{cub}} = 6a^2$.

4.3 VOLUM DE L'ORTOEDRE I DEL CUB

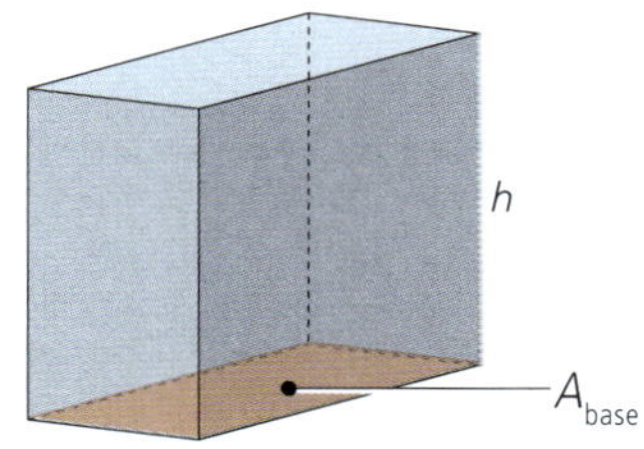

El **volum de l'ortoedre** és el producte de l'àrea d'una de les bases per l'altura: $V_{\text{ortoedre}} = A_{\text{base}} \cdot h$.

El **volum del cub** és: $V_{\text{cub}} = a^3$.

Descompondre el problema en casos més senzills

Calcula l'àrea de la figura del marge, les arestes de la qual mesuren 10 cm.

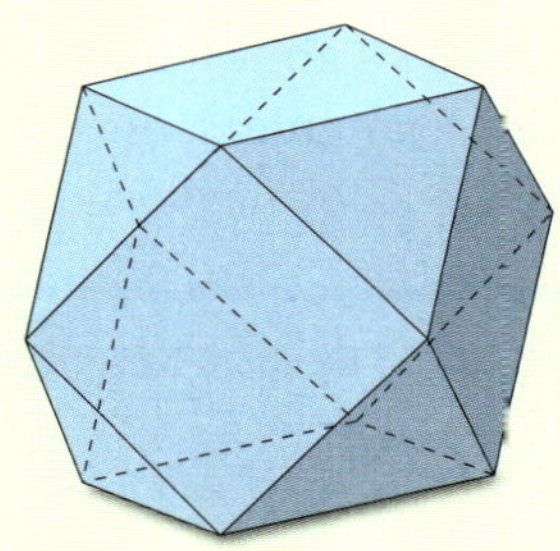

Es dibuixa el desenvolupament pla del paral·lelepípede sobre un full per poder calcular l'àrea utilitzant polígons més senzills dels quals coneixem la fórmula de l'àrea:

S'aprecia que el desenvolupament pla està constituït per 6 quadrats i per 8 triangles equilàters, i que la longitud de cadascun dels costats d'aquests polígons és la mateixa: 10 cm.

Per tant, l'àrea formada pels quadrats és:

$$A_{\text{quadrats}} = 6 \cdot 10^2 = 600 \text{ cm}^2$$

Per calcular l'àrea que cobreixen els triangles equilàters, cal conèixer-ne l'altura. Aplicant el teorema de Pitàgores:

$$10^2 = 5^2 + h^2 \Rightarrow h^2 = 75 \Rightarrow h = 8{,}66 \text{ cm}$$

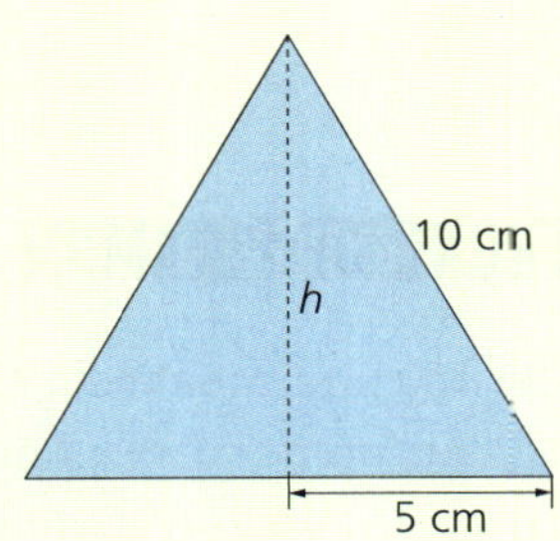

L'àrea dels triangles és, per tant:

$$A_{\text{triangles}} = 8 \cdot \frac{10 \cdot 8{,}66}{2} = 346{,}4 \text{ cm}^2$$

Així, doncs, l'àrea total del poliedre és:

$$A_{\text{total}} = A_{\text{quadrats}} + A_{\text{triangles}} = 600 + 346{,}4 = 946{,}4 \text{ cm}^2$$

5 PIRÀMIDES I TRONCS DE PIRÀMIDE

Una piràmide és un poliedre que està format per una base poligonal i cares laterals triangulars que concorren en un punt anomenat **vèrtex de la piràmide.**

Els **elements** d'una **piràmide** són:

Altura: és la distància del vèrtex de la piràmide al pla que conté la base.

Cara lateral: és cadascun dels triangles que parteixen del vèrtex de la piràmide.

Base: sempre és un polígon.

Aresta de la base: és cadascun dels segments que delimiten la base.

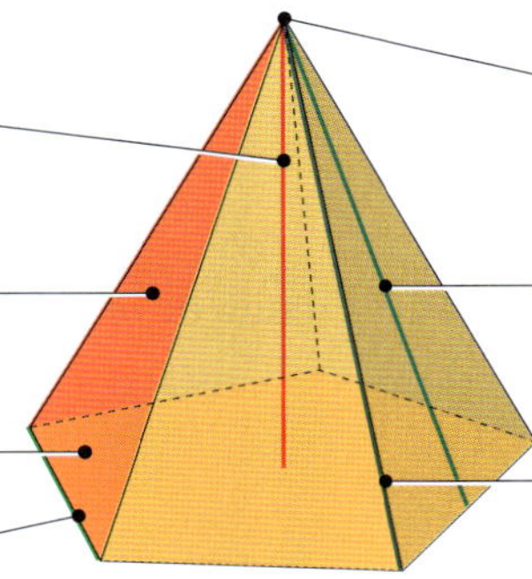

Vèrtex de la piràmide: és el punt on concorren totes les arestes laterals.

Apotema de la piràmide: és l'altura de les cares laterals.

Aresta lateral: és el segment que comparteixen dues cares laterals.

Les piràmides **s'anomenen** segons quin sigui el **polígon** de la **base**. Així, hi ha piràmides triangulars, quadrangulars, pentagonals, etc. Es poden **classificar** d'acord amb la forma de les cares laterals o de la base.

Segons la forma de les cares laterals

Rectes

Les cares laterals són triangles isòsceles o equilàters. L'altura uneix el vèrtex de la piràmide amb el centre de la base.

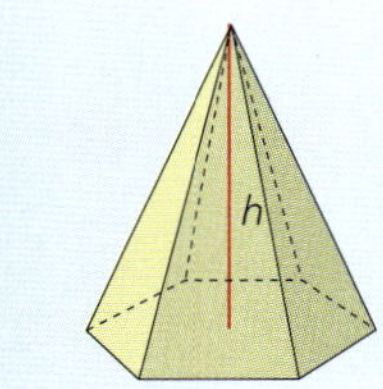

Obliqües

No totes les cares laterals són triangles isòsceles. L'altura no uneix el vèrtex de la piràmide amb el centre de la base.

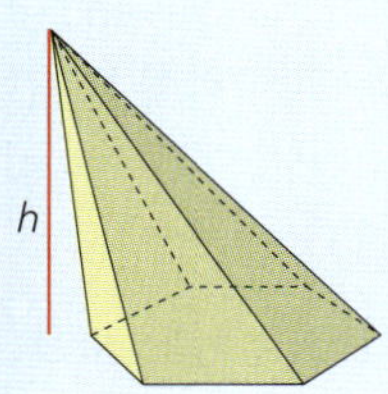

Segons la forma de la base

Regulars

La base és un polígon regular, i les cares laterals són totes iguals entre elles.

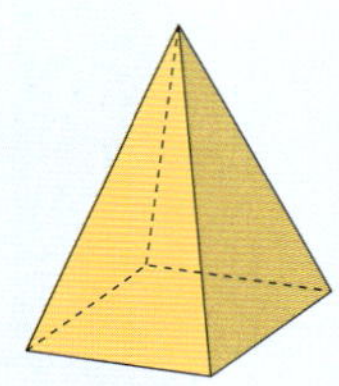

Irregulars

La base és un polígon irregular, i les cares laterals no són iguals.

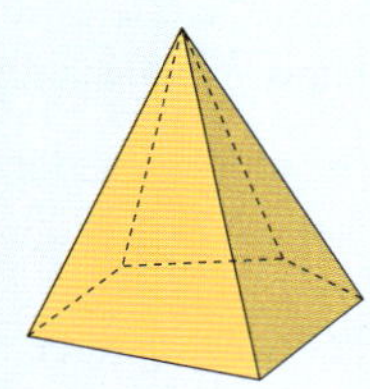

5.1 TRONC DE PIRÀMIDE

Si es talla una piràmide recta regular per un pla paral·lel a la base, s'obté una piràmide corresponent al vèrtex i un tronc de piràmide format per dues bases d'àrea diferent i que té com a cares laterals trapezis isòsceles.

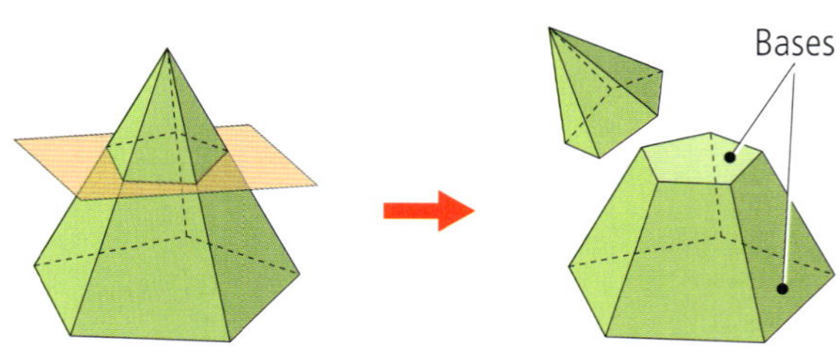

5.2 ÀREA I VOLUM DE LA PIRÀMIDE REGULAR

En el **desenvolupament pla** d'una **piràmide regular** s'aprecia que l'àrea total està formada per l'àrea de la base més l'àrea lateral:

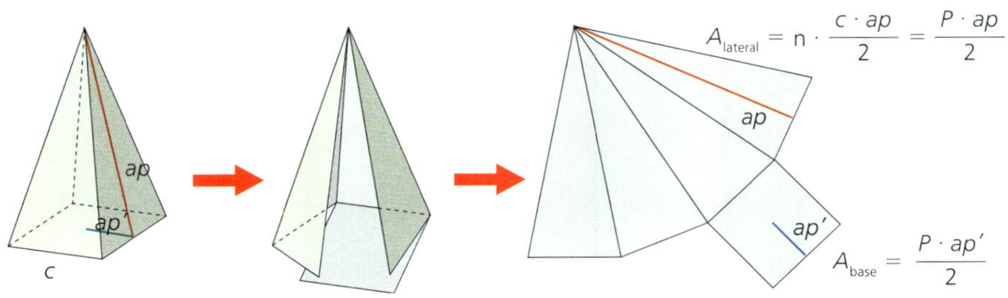

L'àrea total de la piràmide regular és: $A_{piràmide} = P \cdot \frac{ap + ap'}{2}$.

El volum d'una piràmide és la tercera part del d'un prisma amb la mateixa base i la mateixa altura.

El volum de la piràmide és: $V_{piràmide} = \frac{1}{3} \cdot A_{base} \cdot h$.

5.3 ÀREA I VOLUM DEL TRONC DE PIRÀMIDE

En el **desenvolupament pla** d'un tronc de **piràmide regular** s'aprecia que:

L'àrea total del tronc de piràmide és:

$$A_{tronc\ de\ piràmide} = A_{lateral} + A_{base} + A_{base} = n \cdot \frac{(c + c') \cdot ap_c}{2} + \frac{P \cdot ap}{2} + \frac{P' \cdot ap'}{2}$$

El volum del tronc de piràmide és la diferència entre els volums de la piràmide d'origen i la piràmide més petita que en resulta quan es talla la primera:

$$V_{tronc\ de\ piràmide} = V_{piràmide\ gran} - V_{piràmide\ petita}$$

El cub truncat

Dibuixa el desenvolupament pla d'un cub en una cartolina, retalla'l i munta'l. Després, fes talls als vèrtexs per un pla que passi a una distància del vèrtex igual a un terç del valor de l'aresta. El poliedre resultant s'anomena *cub truncat*.

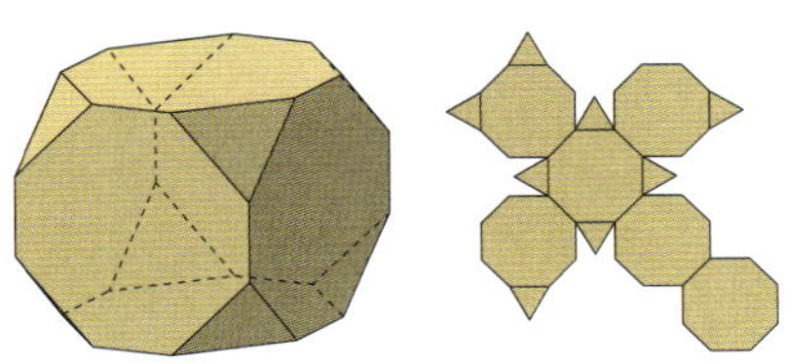

Aplica la mateixa tècnica de tall a un icosaedre i obtindràs l'icosaedre truncat, que s'utilitza com a pilota de futbol.

Apotema de la piràmide

És la distància del vèrtex de la piràmide al punt mitjà de l'aresta de la base d'una de les cares laterals.

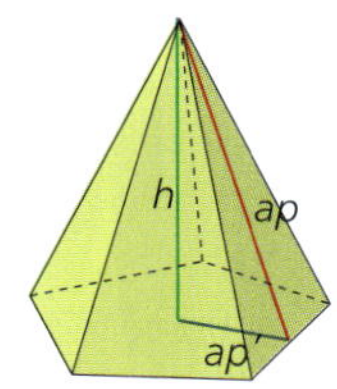

L'apotema de la base, l'apotema de la piràmide i l'altura d'una piràmide recta regular formen un triangle rectangle i, per tant, s'hi pot aplicar el teorema de Pitàgores:

$$ap^2 = h^2 + ap'^2$$

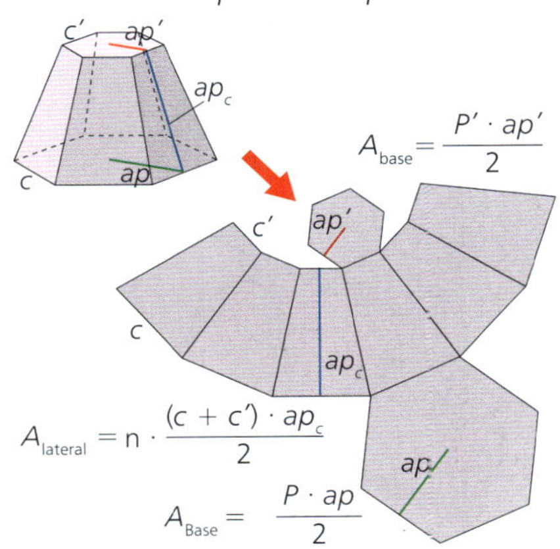

Activitat resolta

Calcula l'altura de la piràmide de la qual prové un tronc de piràmide regular quadrangular de 6 cm d'altura, les bases del qual tenen 10 cm i 4 cm d'aresta, respectivament.

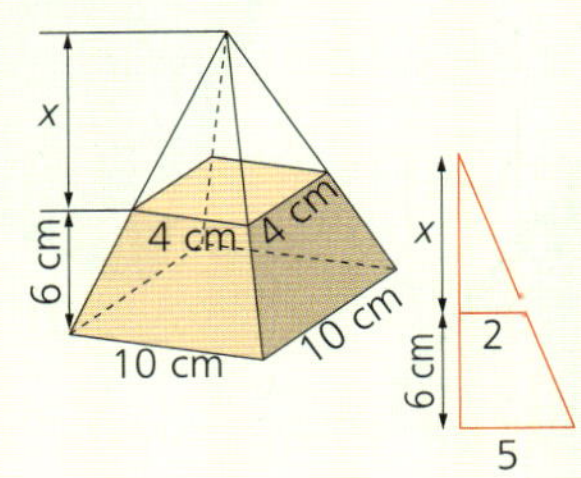

Es considera la relació de semblança:

$$\frac{x + 6}{5} = \frac{x}{2} \Rightarrow 2x + 12 = 5x \Rightarrow x = 4$$

Així, l'altura de la piràmide original és $6 + 4 = 10$ cm.

ACTIVITATS

12 GEOMETRIA DE L'ESPAI. POLIEDRES

1 Poliedres

1 Dibuixa al teu quadern aquests poliedres i assenyala'n els elements:

a. 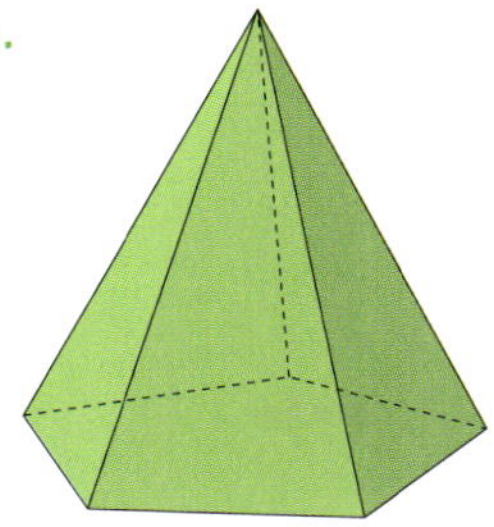

b. 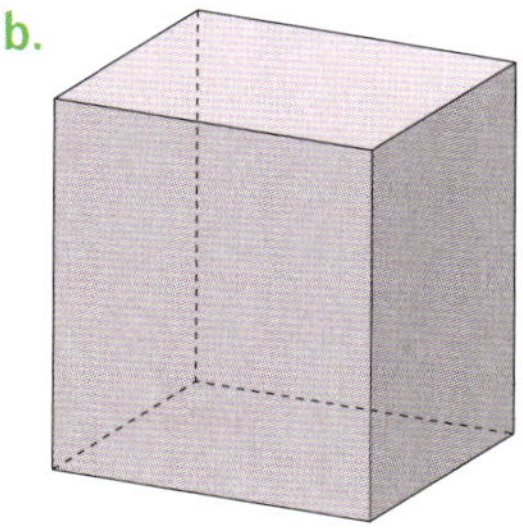

2 Indica quins dels poliedres següents són convexos i quins són còncaus:

a. 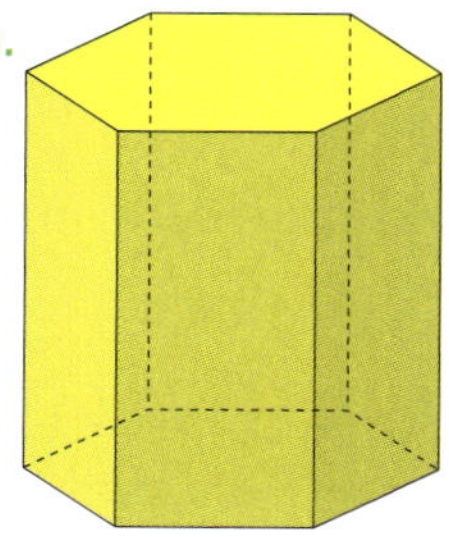

c. 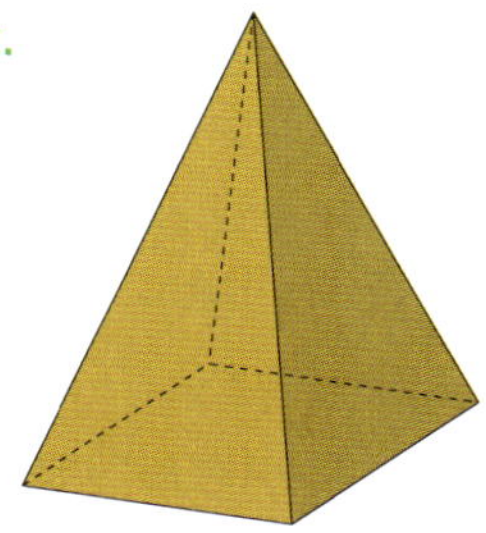

b. 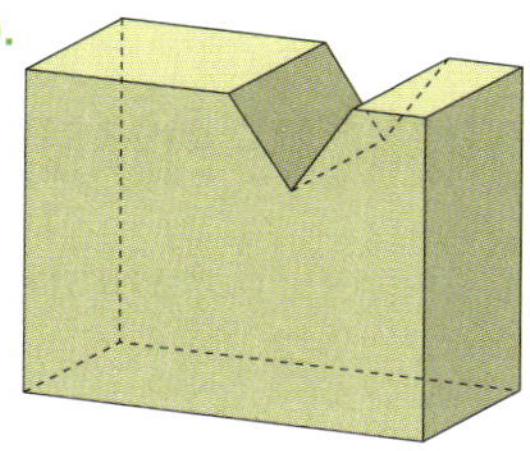

d. 

3 Comprova si es compleix la fórmula d'Euler en cadascun d'aquests poliedres:

a. 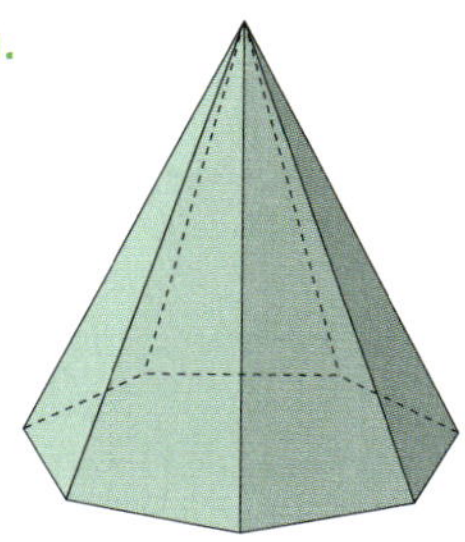

c. 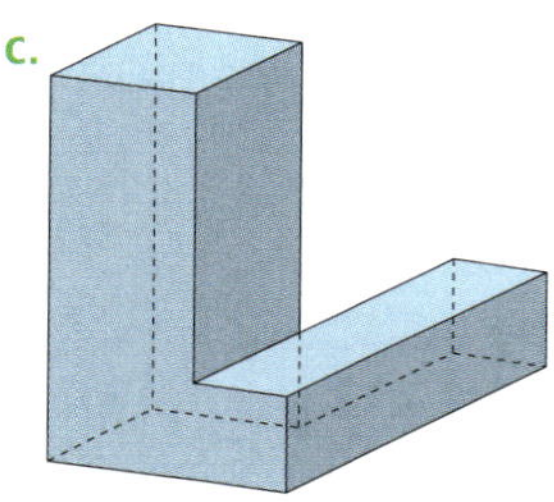

b. 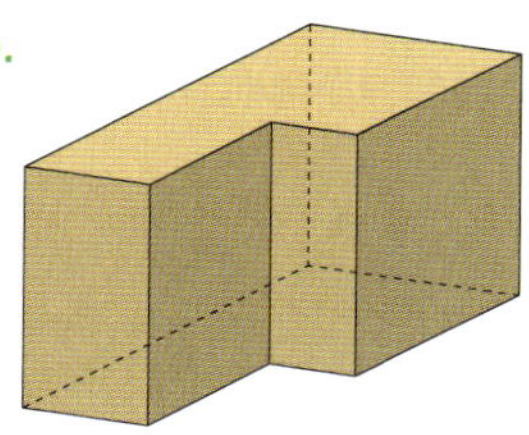

d. 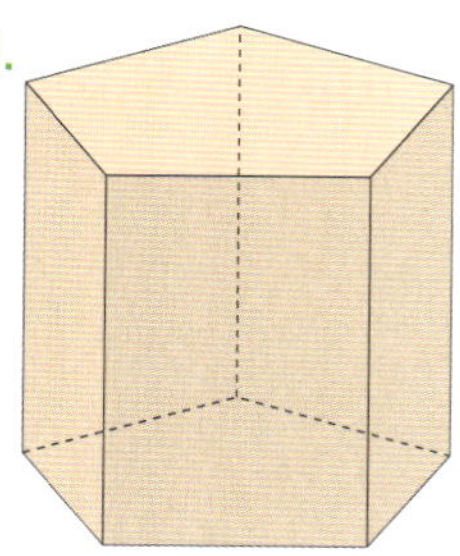

4 Mira al voltant teu i indica tres objectes que siguin poliedres convexos i tres més que siguin còncaus.

5 **+** Indica, raonant-ne la resposta, si les afirmacions següents són certes o falses:

a. La fórmula d'Euler és vàlida per a tots els poliedres.

b. Una diagonal d'un poliedre uneix dos dels seus vèrtexs.

c. Un poliedre convex de 12 cares i 20 vèrtexs té 30 arestes.

d. Les cares d'un poliedre són iguals.

6 **+** Si s'observa la figura des del sentit indicat per la fletxa, quina de les figures es veurà?

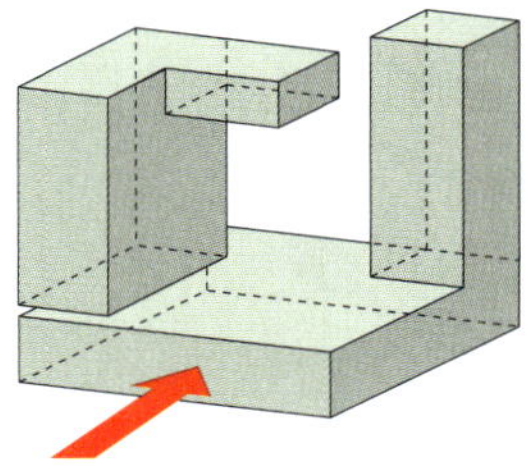

a. 

b. 

c. 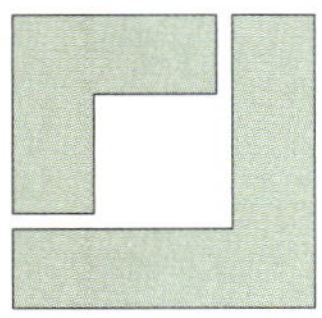

7 **+** Comprova si es verifica la fórmula d'Euler als poliedres següents i classifica'ls en còncaus o convexos:

a. 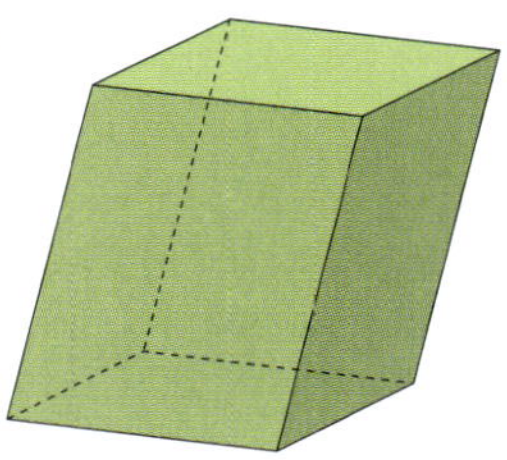

c. 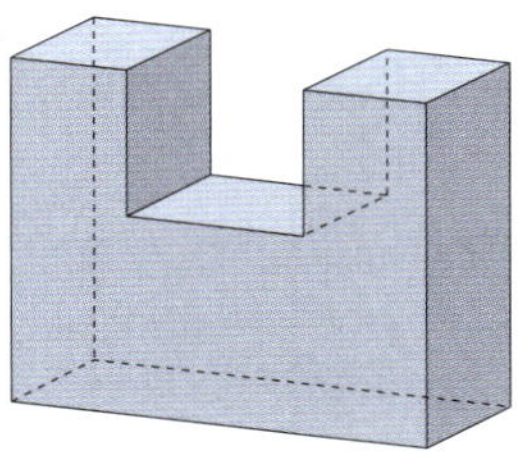

b. 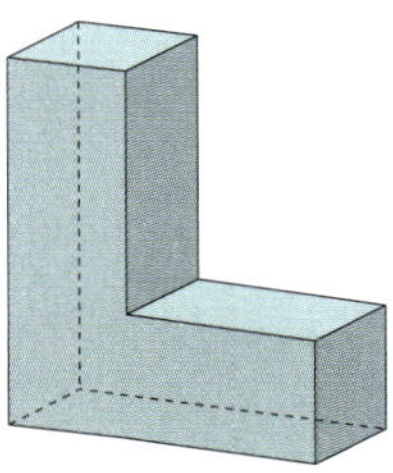

d. 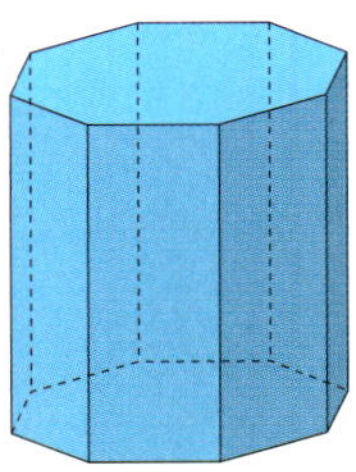

8 **+** Un poliedre convex consta de 8 cares i 6 vèrtexs; quantes arestes té?

9 **+** Dibuixa els poliedres següents al teu quadern, assenyala'n els elements, indica si són còncaus o convexos i comprova si compleixen la fórmula d'Euler:

a. 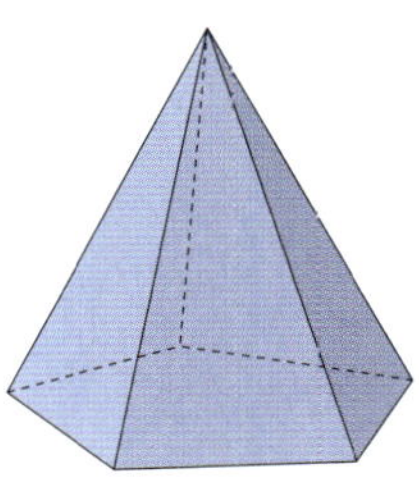

b. 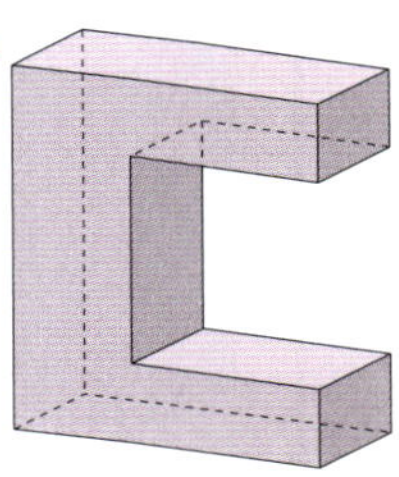

2 Poliedres regulars

10 Mira al teu voltant i indica tres objectes que siguin poliedres regulars.

11 Dibuixa al teu quadern aquests poliedres i assenyala a cadascun el centre de la simetria central, un eix de simetria axial i un pla de simetria:

a. 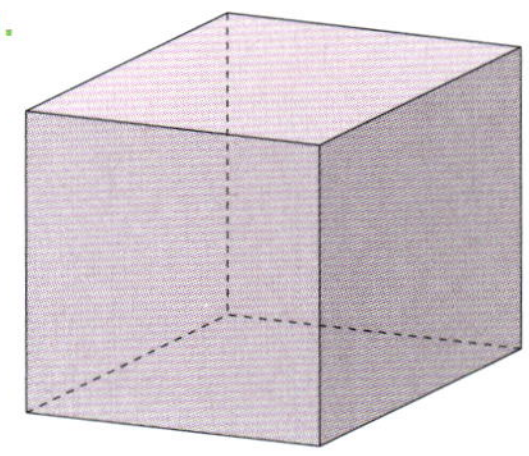

b. 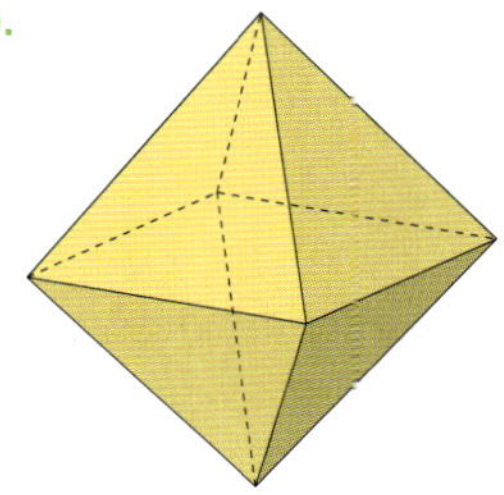

12 Copia al teu quadern la taula següent, completa-la i comprova que la fórmula d'Euler es compleix als sòlids platònics:

	Forma de les cares	Nre. de cares	Nre. d'arestes	Nre. de vèrtexs
Tetraedre				
Octaedre				
Icosaedre				
Cub				
Dodecaedre				

13 Indica quantes cares concorren als vèrtexs de cadascun dels sòlids platònics.

14 Entre el teu company i tu, utilitzeu materials com el *polydron* per construir els sòlids platònics i altres poliedres.

15 TIC Cerca informació sobre la presència dels poliedres regulars a la història i sobre els diferents matemàtics que els han estudiat.

16 Dibuixa el desenvolupament pla d'un cub i d'un tetraedre.

17 **+** Indica, raonant-ne la resposta, si les afirmacions següents són certes o falses:

a. En cadascun dels vèrtexs de l'icosaedre hi concorren quatre triangles equilàters.

b. Per formar el dodecaedre, es combinen pentàgons regulars i triangles equilàters.

c. L'àrea de l'hexaedre de 5 cm d'aresta és de 150 cm^2.

d. La famosa piràmide de Kheops té la forma d'un tetraedre.

e. L'octaedre té 8 cares, 8 vèrtexs i 8 arestes.

f. L'icosaedre té dos centres de simetria.

18 Indica el nom dels sòlids platònics als quals corresponen aquests desenvolupaments plans:

a.

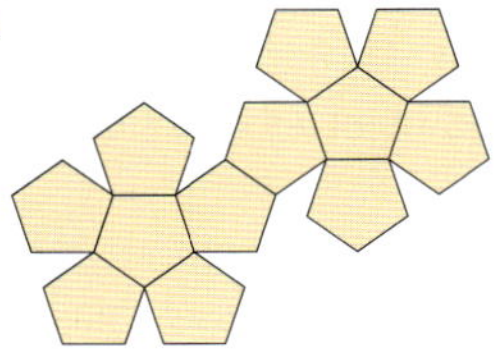

c.

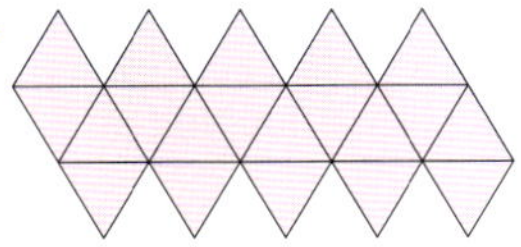

b.

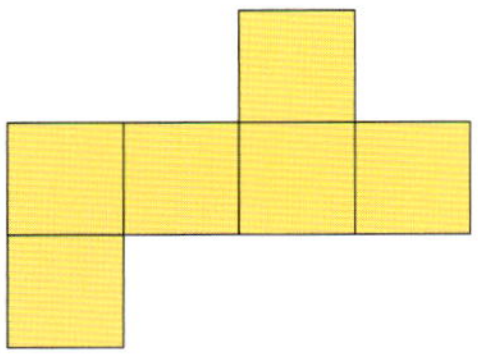

d.

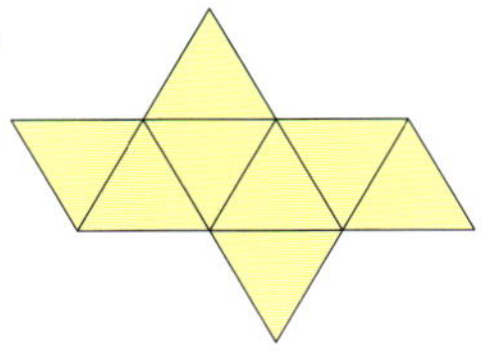

19 **TIC** Considerant els punts mitjans de les cares dels sòlids platònics com els vèrtexs d'un poliedre nou, s'obté el poliedre dual que hi ha inscrit. Investiga aquest concepte més a fons i cerca quins sòlids platònics són duals entre ells.

20 Quin és el nombre mínim de cares que concorren al vèrtex d'un poliedre?

21 ⊞ Quin és el màxim que poden sumar els angles interiors de les cares que concorren al vèrtex d'un poliedre regular?

22 ⊞ Les cares dels sòlids platònics són triangles, quadrats o pentàgons. Per què no hi pot haver poliedres regulars amb cares hexagonals?

23 ⊞ Analitza quin és el poliedre amb menys cares i explica per què no és possible que n'hi hagi cap altre amb menys cares.

24 ⊞ Indica quant sumen els angles de les cares que concorren a cada vèrtex:

a. D'un cub

b. D'un tetraedre

c. D'un octaedre

25 ⊞ Assenyala i dibuixa al teu quadern algun dels eixos i plans de simetria d'un tetraedre regular.

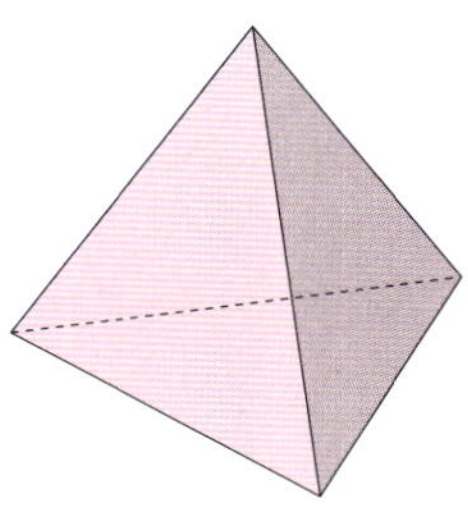

26 Calcula l'àrea i el volum dels sòlids platònics següents:

a. Tetraedre de 5 cm d'aresta

b. Octaedre de 3 cm d'aresta

c. Hexaedre de 4 cm d'aresta

27 Indica quines de les imatges següents corresponen a poliedres regulars, i de quin tipus són:

a.

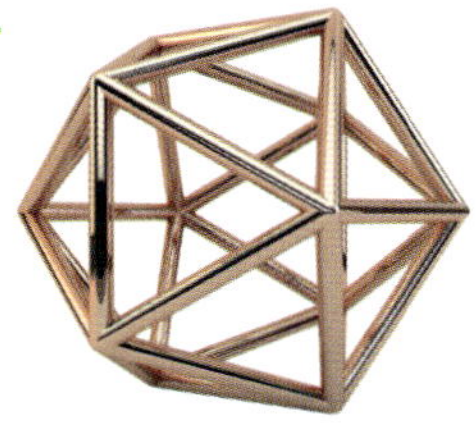

d.

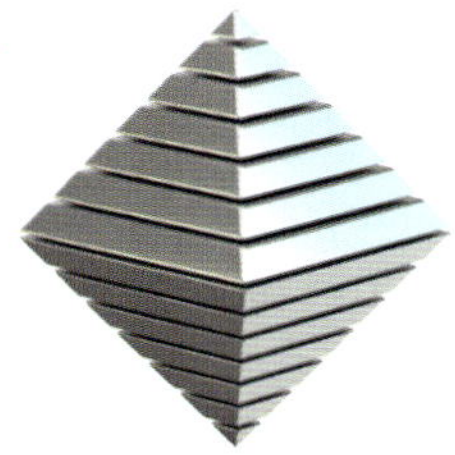

b.

e.

c.

f.

3 Prismes

28 Dibuixa al teu quadern tres objectes en forma de prisma que observis al teu voltant. Assenyala'n els elements i comprova que compleixen la fórmula d'Euler.

29 Determina l'àrea i el volum d'un prisma quadrangular en què l'aresta bàsica mesura 11 cm i que té una altura de 6 cm.

30 Determina l'àrea dels prismes següents:

a.

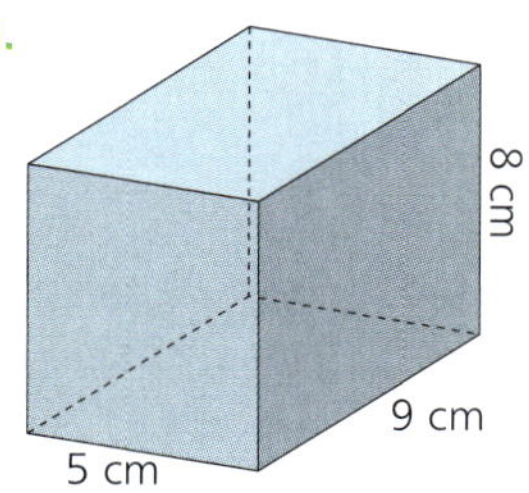

b.

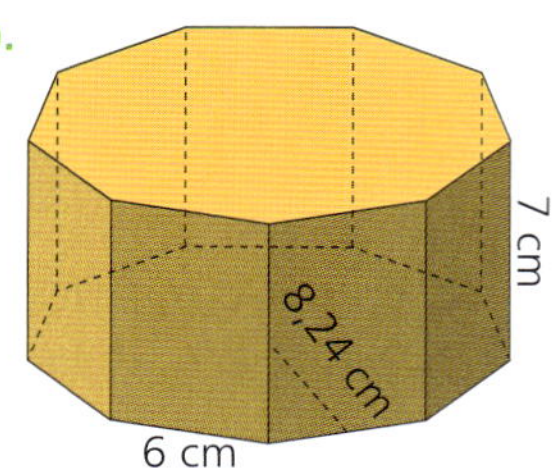

31 ⊞ Calcula l'àrea total i el volum d'aquests prismes:

a.

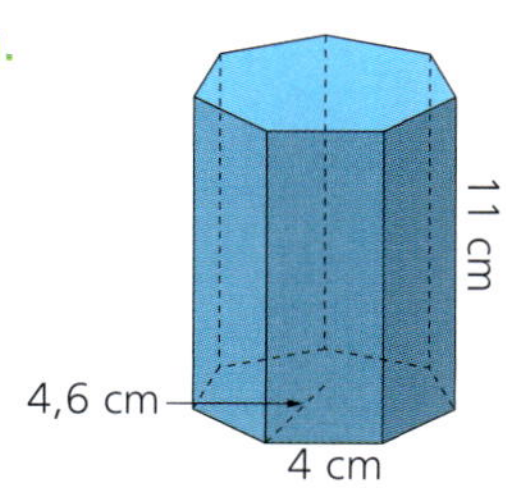

b.

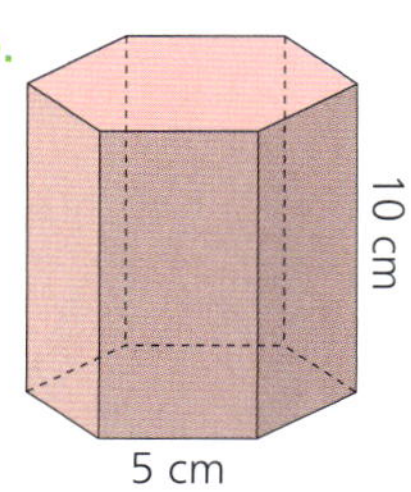

32 Quina capacitat té una piscina en forma de prisma rectangular amb unes dimensions de 8 m × 4 m × 2 m? Quants litres d'aigua pot contenir?

33 Calcula mentalment l'àrea lateral dels prismes següents:

a.

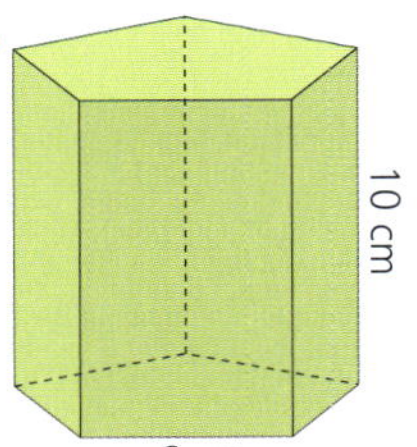

b.

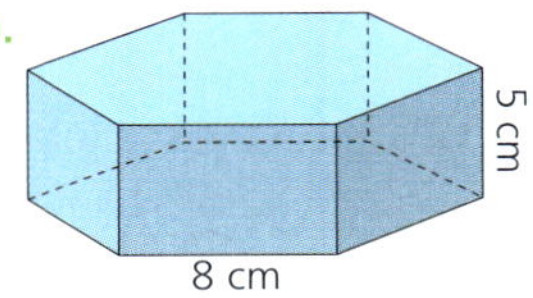

34 Esbrina l'àrea total i el volum d'aquests prismes:

a.

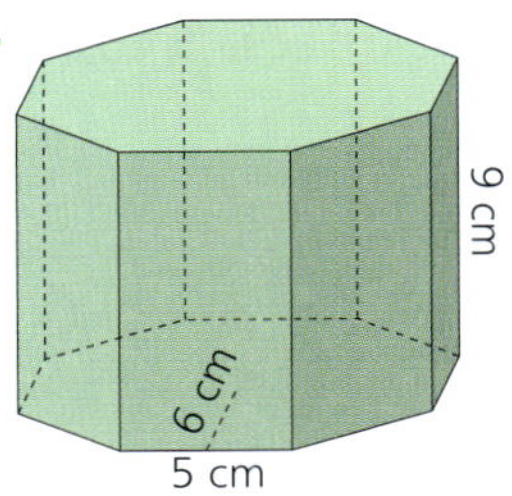

b.

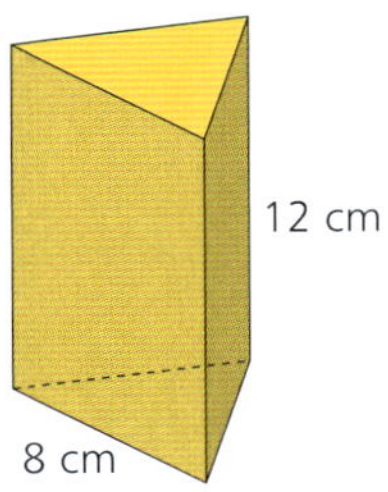

35 Determina l'àrea i el volum d'aquestes figures:

a.

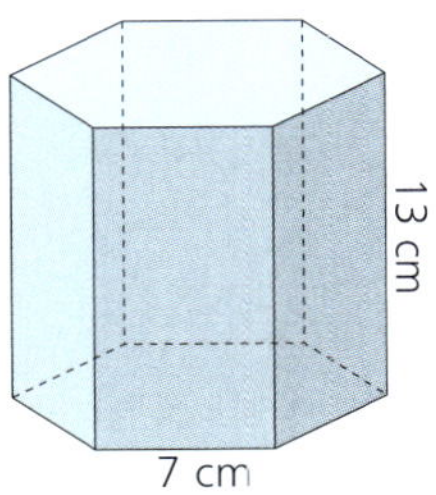

b.

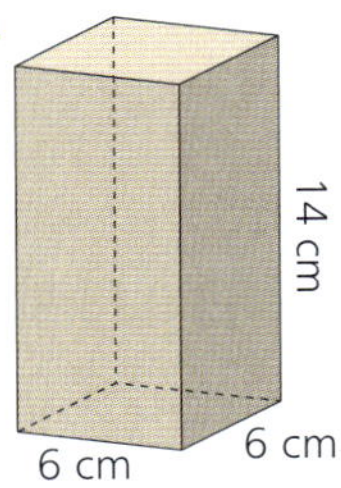

36 Quants litres caben en un dipòsit en forma de prisma rectangular que té unes dimensions, en metres, de 2 × 1 × 2?

37 Calcula el volum d'un prisma heptagonal, sabent que l'àrea lateral mesura 462 cm^2; l'aresta bàsica, 6 cm, i l'apotema, 3 cm.

38 Determina el volum dels cossos següents:

a.

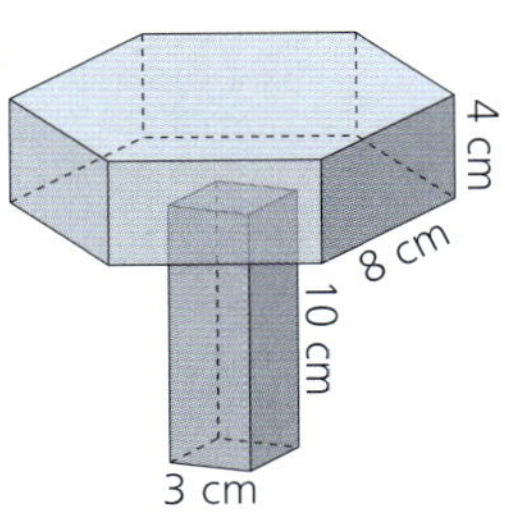

b.

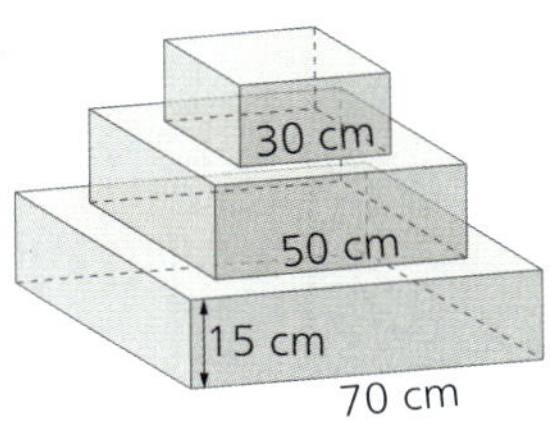

39 A la pizzeria del barri de l'Aitana les pizzes familiars estan dividides en 6 talls, i per això, per transportar-les, es fan servir capses de base hexagonal amb unes dimensions de 20 cm de costat i 4 cm d'alt. Quina quantitat de cartró té cada capsa? Quin volum de pizza pot contenir?

40 Una de les peces més versàtils d'un joc de construccions amb què es distreu molt el Xavi té forma de prisma triangular regular. Aquestes peces tenen una altura d'1 cm, i el triangle que les conforma mesura 3 cm de costat.

a. Quina és la quantitat d'espai que ocupa cada peça?

b. L'Andrea vol regalar al Xavi una capsa que conté només aquest tipus de peces. Si la capsa s'ajusta exactament al seu contingut i hi caben just 12 peces, quant paper de regal necessitarà l'Andrea per embolicar-la?

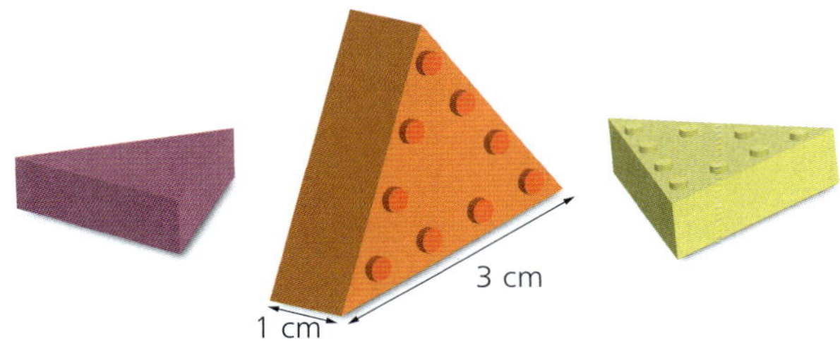

4 Paral·lelepípedes

41 Dibuixa un ortoedre al teu quadern i assenyala'n els elements.

42 Mira al teu voltant i cerca tres objectes que tinguin forma de paral·lelepípede.

43 Determina l'àrea i el volum d'aquests paral·lelepípedes.

a.

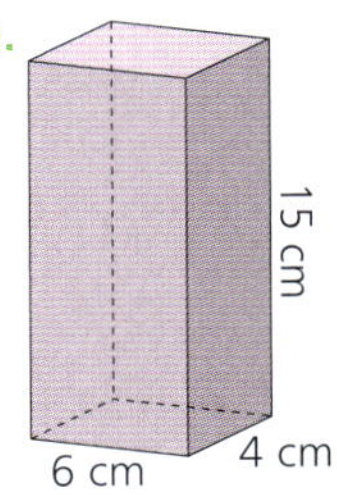

b.

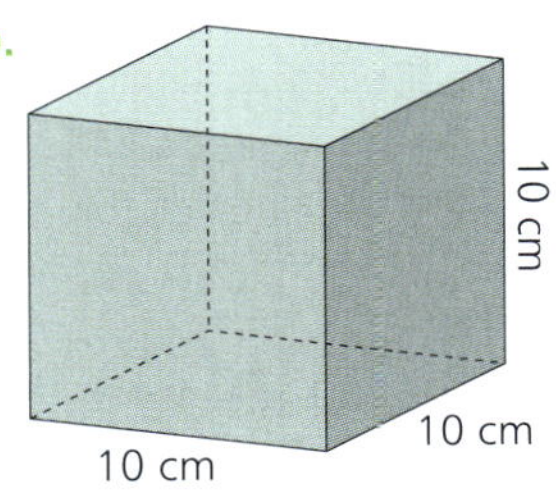

44 Dibuixa el desenvolupament pla d'un cub de 2 cm d'aresta i calcula'n l'àrea i el volum.

45 Dibuixa un ortoedre que tingui unes dimensions de 6 cm × 4 cm × 7 cm i un cub de 5,5 cm d'aresta. Quin dels dos paral·lelepípedes té el volum més gran?

46 Calcula l'àrea total i el volum dels paral·lelepípedes següents:

a.

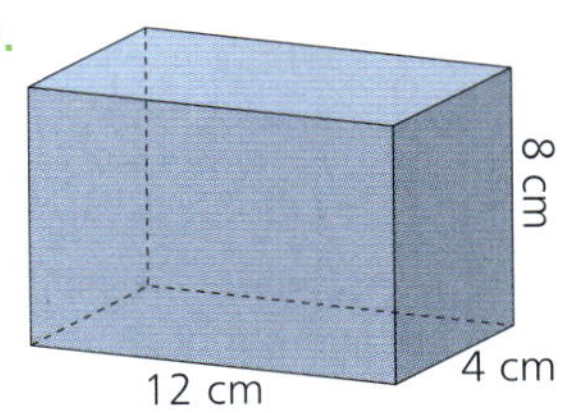

b.

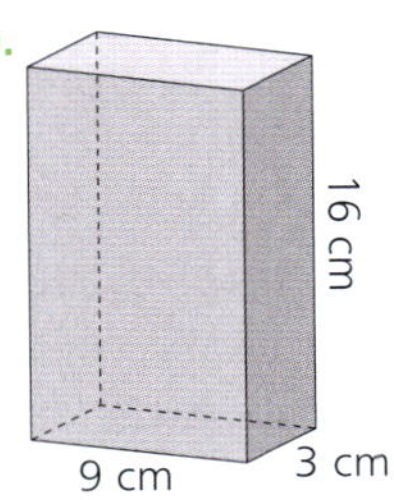

47 Calcula la longitud de la diagonal dels paral·lelepípedes que segueixen:

a.

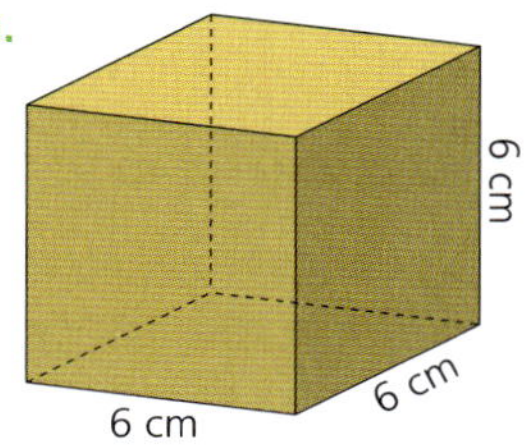

b.

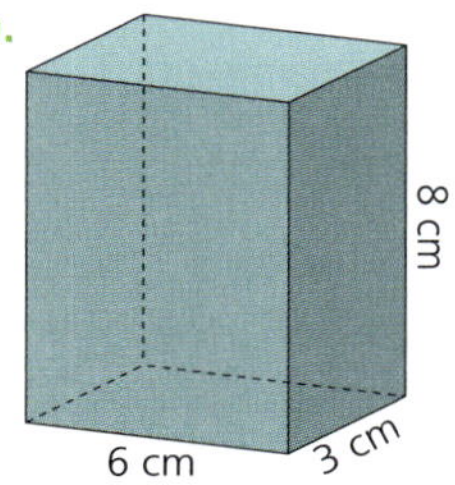

48 Determina la longitud de la corda més llarga que uneix dos vèrtexs d'una habitació ortoèdrica que té unes dimensions, en metres, de $4 \times 6 \times 3$.

49 L'Aaron ha construït un ortoedre de cartró que té unes dimensions, en centímetres, de $80 \times 60 \times 100$ cm d'altura.

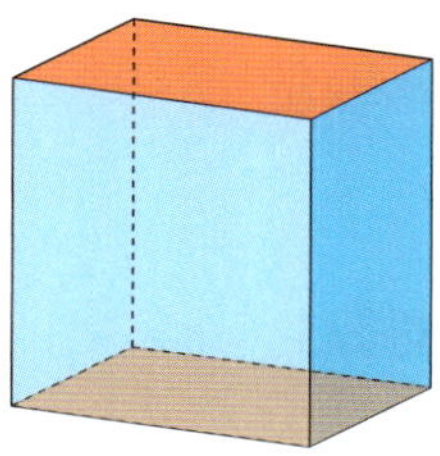

Si vol pintar les bases de l'ortoedre de vermell i les cares laterals de blau, quina superfície correspondrà a cada color?

50 ⊞ Les dimensions d'un armari de fusta són 1 m d'ample, 60 cm de fons i 2 m d'alt.

a. Quina quantitat de suro cal per folrar-lo per dins?

b. Quina capacitat té?

51 ⊞ Calcula l'àrea total i el volum d'un cub que té una àrea lateral de 100 m^2.

52 ⊞ L'àrea lateral d'un ortoedre és de 72 m^2. Si les dimensions de la base són 4 m × 5 m, quant mesuren l'àrea total i el volum?

53 ⊞ Indica l'àrea total d'un romboedre les cares del qual tenen unes diagonals que mesuren 1 dm i 22 cm, respectivament.

54 ⊞ Les cares oposades d'un cub es pinten del mateix color. Es fan servir tres colors: groc, rosa i negre. Indica al teu quadern on ha d'anar cada color.

a.

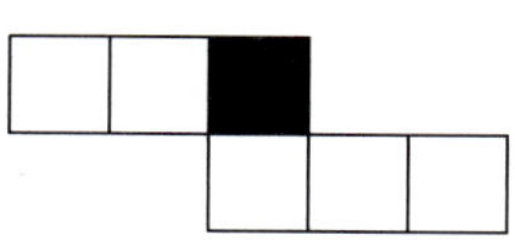

b.

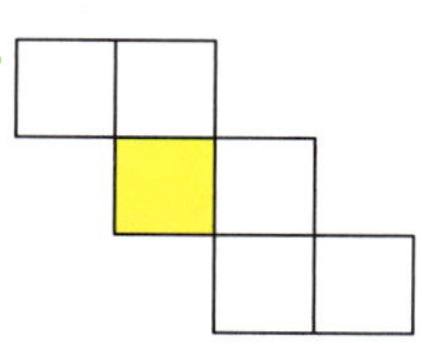

55 ⊞ La Clara vol folrar una capsa sense tapa d'un paper amb figures. Tenint en compte que la capsa té forma d'ortoedre amb una base de 40 cm × 30 cm i una altura de 25 cm, quant paper necessitarà la Clara si se'n perd el 5 % quan es folra?

56 ⊞⊞ La Nerea pintarà la seva sala d'estudi, que té unes dimensions de 3 m × 2,5 m i una altura de 3,6 m. La porta de l'habitació és d'1 m × 2 m i hi ha també una finestra d'1 m × 1,5 m. Quina quantitat de pintura necessitarà la Nerea per a les parets i el sostre si ha d'afegir el 5 % d'aigua a la pintura i amb un litre de mescla pot pintar 10 m^2 de superfície?

57 ⊞⊞ Esbrina l'àrea total i el volum de les figures següents:

a.

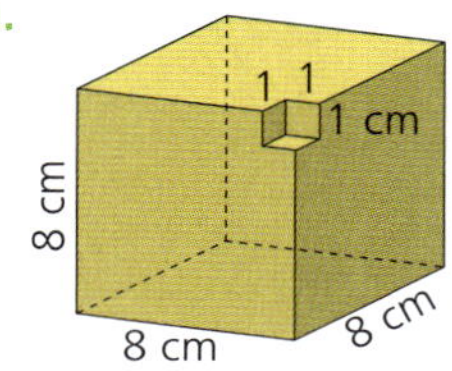

b.

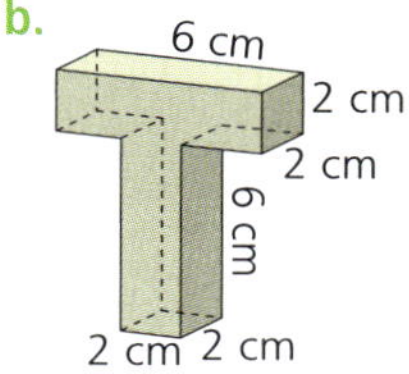

58 ⊞⊞ Calcula l'àrea total i el volum d'aquests cossos geomètrics:

a.

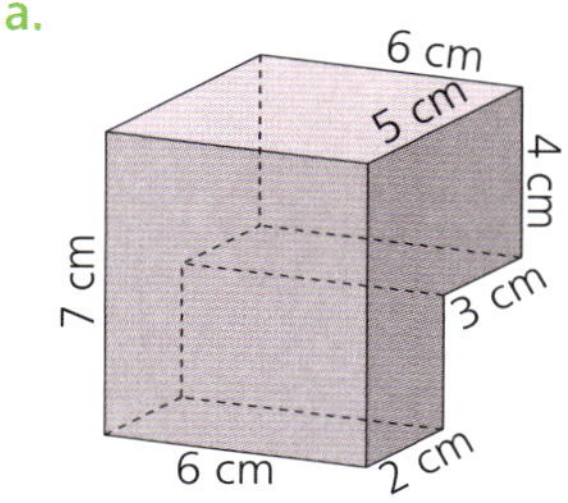

b.

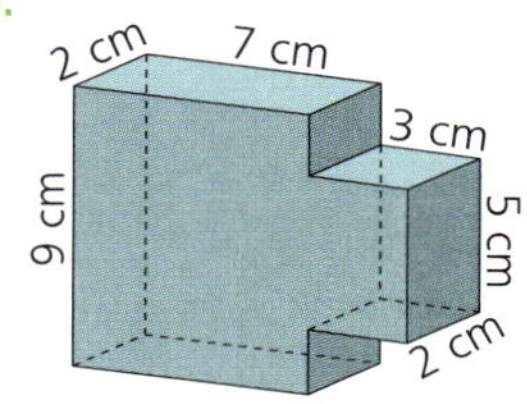

5 Piràmides i troncs de piràmide

59 Indica l'àrea d'una piràmide hexagonal d'11 m d'apotema i 8 m d'aresta bàsica.

60 ⊞ Calcula l'àrea lateral de les figures següents:

a.

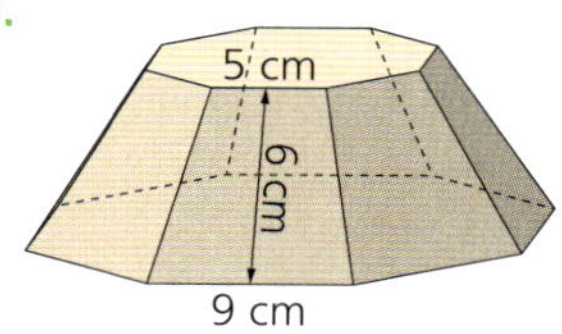

b.

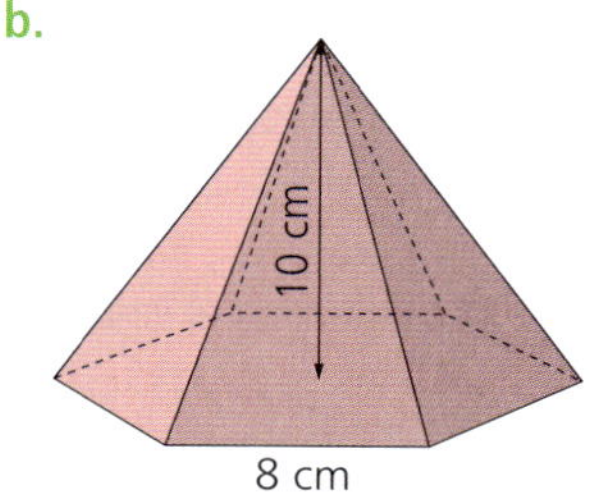

61 ⊞ Quants vèrtexs té una piràmide de 28 arestes?

62 ⊞ Esbrina l'àrea total i el volum dels cossos geomètrics següents:

a.

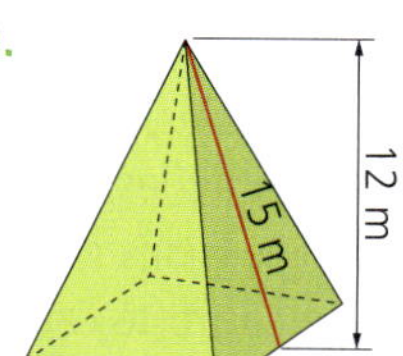

b.

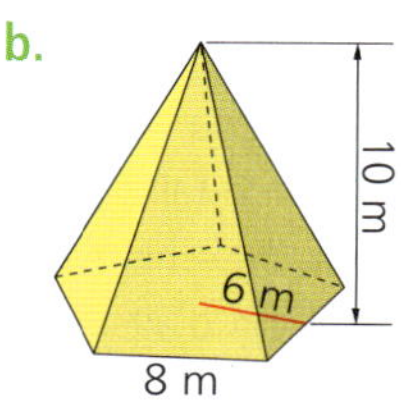

63 Determina el volum de les figures següents:

a.

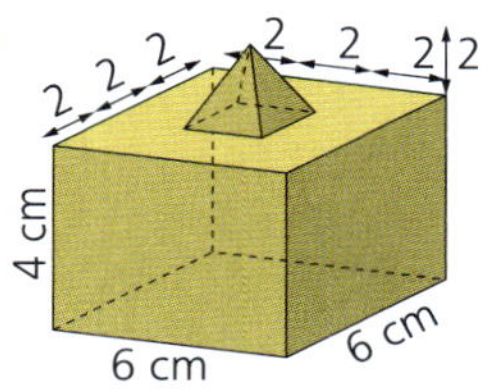

b.

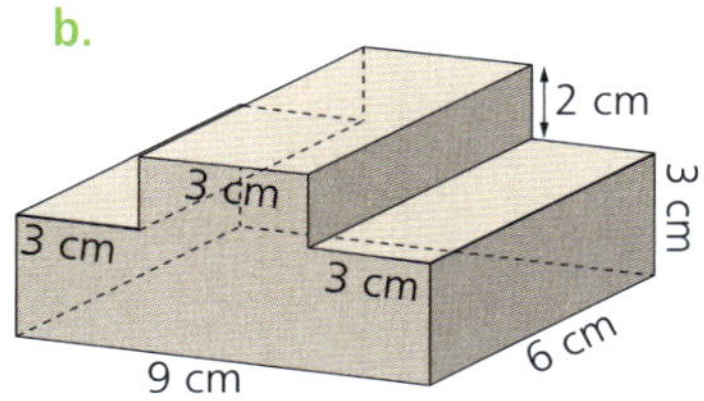

64 Calcula l'àrea i el volum d'aquestes figures, en què les mesures s'expressen en metres:

a.

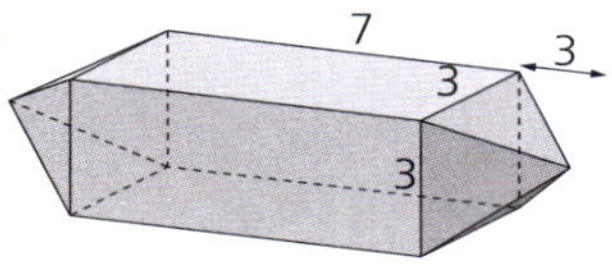

b.

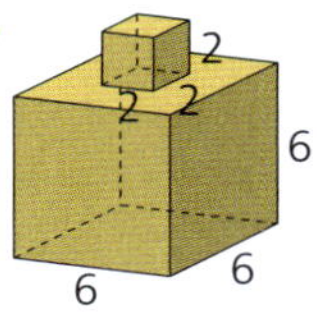

65 Per elaborar una espelma en forma de piràmide quadrangular regular calen 147 cm^3 de cera. Calcula les dades següents:

a. Les dimensions de l'espelma si té una altura de 9 cm.

b. Si es vol embolicar l'espelma, quina és la superfície exacta de paper que fa falta per cobrir-la completament.

66 Calcula el volum d'una piràmide quadrangular que tingui la mateixa base i la mateixa altura que un prisma quadrangular amb una altura de 12 cm i una base d'11 cm de costat.

67 La Carlota ha comprat unes jardineres en forma de tronc de piràmide quadrangular per decorar l'entrada de casa seva. Si les arestes de les bases de les jardineres mesuren 20 cm i 30 cm, respectivament, i l'altura és de 60 cm, indica:

a. Quina quantitat de terra necessitarà per omplir-les fins al 80 %?

b. La Carlota vol pintar les jardineres d'un color més alegre. Quina superfície ha de pintar a cadascuna de les jardineres?

68 Quan s'entra a l'exposició permanent del pintor neerlandès M. C. Escher, a l'Haia, es pot deixar el paraigua en un contenidor en forma de tronc de piràmide de base quadrada. Les arestes de les bases són de 50 cm i 30 cm, respectivament, i l'apotema del tronc mesura 1 m. Calcula l'àrea del contenidor.

69 Determina l'àrea total i el volum d'una piràmide regular quadrangular que té unes dimensions de 8 cm d'aresta basica i 3 cm d'altura.

70 Esbrina la relació de volums entre les tres piràmides de Gizeh, al Caire, tenint en compte que les dimensions aproximades són:

a. Piràmide de Kheops: 230 m d'aresta bàsica, 146 m d'altura.

b. Piràmide de Kefrén: 215 m d'aresta bàsica, 143 m d'altura.

c. Piràmide de Micerí: 105 m d'aresta bàsica, 66 m d'altura.

71 Quin d'aquests tres cossos té el volum més gran:

a.

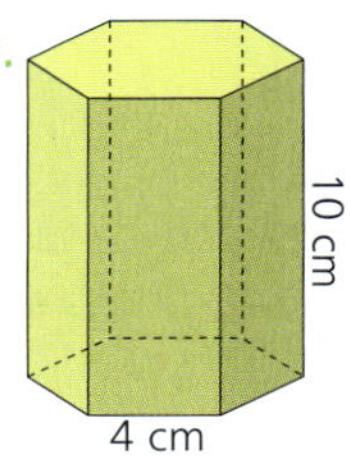

b.

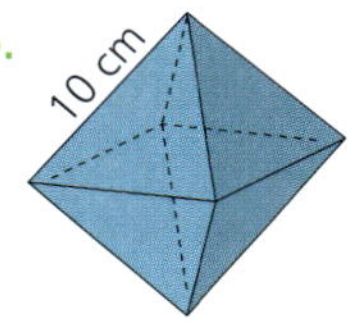

c.

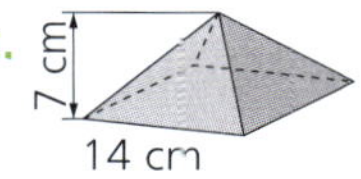

72 A l'Ainara li han regalat unes arracades de plata en forma de piràmide quadrangular regular. Calcula la quantitat de plata que les recobreix si tenen unes dimensions de 8 mm d'aresta bàsica i 2 cm d'altura.

73 Determina la quantitat màxima d'aigua que cap en un recipient en forma de piràmide pentagonal regular si l'aresta bàsica mesura 70 cm; l'apotema, 48,17 cm, i l'altura de la piràmide, 1 m.

74 Una cisterna en forma de tronc de piràmide quadrangular es fa servir per subministrar aigua a un sistema contra incendis. Les arestes de les bases mesuren 1,5 m i 50 cm, respectivament, i l'apotema del tronc, 1,8 m. Si es vol revestir la cisterna per protegir-la, quina superfície caldrà cobrir?

75 A les vuit finestres de casa del Raül s'hi han posat reixes que consten de sis barrots cadascuna. Els barrots tenen forma de tronc de piràmide quadrangular amb una apotema d'1 m de longitud i arestes bàsiques que mesuren 7 cm i 3 cm, respectivament. El Raül es disposa a pintar tots els barrots; quanta pintura necessitarà si la que fa servir té un rendiment d'1 kg per a una superfície de 20 m^2?

76 En un recipient en forma de cub amb aresta de 80 cm que està ple d'aigua al 70 % s'hi han introduït tres objectes en forma de piràmide quadrangular amb una aresta bàsica de 12 cm i una altura d'11 cm. Calcula a quina altura arribarà l'aigua al cub després d'introduir-hi els tres objectes.

77 Es disposa de dos recipients que tenen el mateix volum. Un dels dos és un prisma rectangular de 15 cm d'altura i una base de 8 cm × 6 cm, i l'altre, una piràmide quadrangular de 20 cm d'altura. Determina la mesura de l'aresta de la base de la piràmide.

TREBALLEM LES COMPETÈNCIES

L'OCTAEDRE

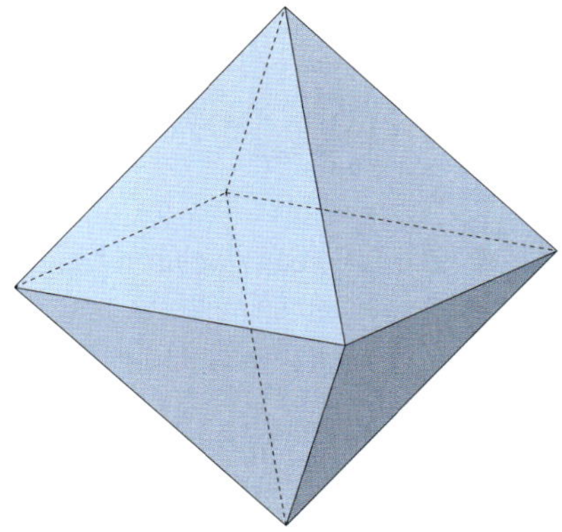

1 Indica per on s'ha de tallar l'octaedre regular de la figura per obtenir les figures següents:

a. Un quadrat

b. El quadrat més gran possible

c. Un trapezi

d. Un hexàgon

e. Un pentàgon

CARES, ARESTES I VÈRTEXS

En general, és relativament senzill comptar el nombre de vèrtexs i d'arestes i el de vèrtexs en un tetraedre, un cub i un octaedre. No obstant això, la cosa es complica amb poliedres amb un nombre superior de cares.

Per comptar el nombre d'arestes d'un dodecaedre, raonem de la manera següent:

- Cada cara té 5 arestes, i n'hi ha 12: $5 \cdot 12 = 60$ arestes.
- Cada dues cares comparteixen una aresta comuna, per tant, el nombre d'arestes ha de ser la meitat: $60 : 2 = 30$.

En el cas de l'icosaedre, es pot veure que cada tres cares comparteixen un vèrtex, per tant, el nombre de vèrtexs és $60 : 3 = 20$.

1 Dibuixa un tetraedre, un cub i un octaedre, compta'n els vèrtexs i les arestes.

2 Calcula els vèrtexs d'un dodecaedre regular i les arestes d'un icosaedre regular.

3 Copia i completa la taula següent amb les dades obtingudes als apartats anteriors:

	Tetraedre	Cub	Octaedre	Dodecaedre	Icosaedre
Cares	4	6	8	12	20
Arestes					
Vèrtexs					

4 Comprova que en els cinc poliedres regulars anteriors es compleix la fórmula d'Euler.

Unitats de volum

El **metre cúbic (m^3)** és la unitat principal de mesura de volum.

Múltiples

1 km^3 = 1 000 000 000 m^3;
1 hm^3 = 1 000 000 m^3; 1 dam^3 = 1 000 m^3

Submúltiples

1 dm^3 = 0,001 m^3; 1 cm^3 = 0,000001 m^3;
1 mm^3 = 0,000000001 m^3

Cada unitat de volum és mil vegades més gran que la immediatament inferior i mil vegades més petita que la immediatament superior.

Les unitats de volum es relacionen amb les unitats de capacitat. D'aquesta manera:

1 m^3 = 1 000 L   1 dm^3 = 1 L

EL MUSEU DEL LOUVRE

El museu del Louvre, a París, té a l'entrada una piràmide de base quadrada de 35 m de costat i 22 m d'altura.

1 Calcula'n l'àrea de la base.

2 Esbrina'n el volum. Després, arrodoneix el resultat a metres cúbics.

3 En un parc d'atraccions, n'han fet una reproducció amb una aresta base de 7 m. Calcula l'altura total de la reproducció reduïda de la piràmide. Quina relació hi ha entre el volum de totes dues piràmides?

LES TENDES ÍNDIES

Una empresa fabrica reproduccions de tipis, tendes pròpies dels pobles indígenes de l'Amèrica del nord.

Les reproduccions tenen forma de piràmide de base hexagonal, de 60 cm de costat i 52 cm d'apotema. D'altra banda, les cares laterals tenen una altura d'1,30 m, i la tenda fa 1,20 m d'altura.

1 Si el material que utilitzen és una tela diferent per a la base que per a les cares laterals, quants metres quadrats de cada tipus de tela calen per fabricar 20 tendes?

FOLREM LA CAPSA

Volem reforçar una capsa de 60 × 60 × 40 cm amb una làmina metàl·lica que la recobreixi, com un folre.

1 Quant costarà fer-ho si la làmina val 18 €/m^2?

2 Volem cobrir les arestes amb una fusta decorativa que val 23 €/m. Quant costarà el folre en total?

EL TRONC DE PIRÀMIDE

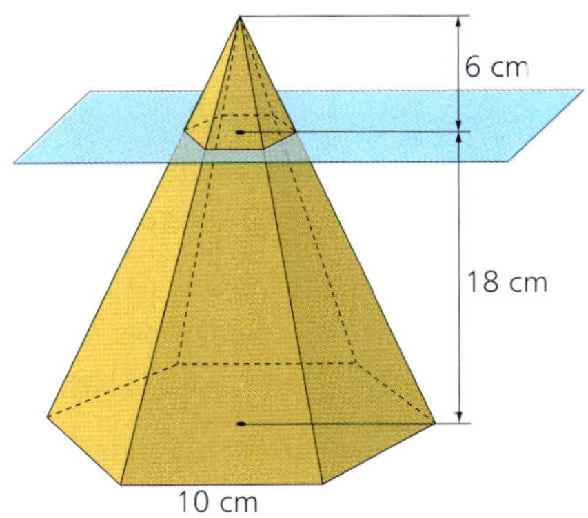

En una fàbrica de barrets han començat a fabricar capses en forma de tronc de piràmide per guardar-los.

El model que es fa servir es va fer de la manera següent. En primer lloc, es va construir una piràmide de base hexagonal regular de 10 cm de costat i 24 cm d'altura. Aquesta piràmide es va tallar amb un pla paral·lel a la base a 18 cm d'aquesta.

1 Calcula l'àrea total i el volum del tronc de piràmide que en resulta.

CAPSA DE DISSENY

Una empresa que fabrica peces de bijuteria encarrega el disseny de joiers metàl·lics amb les especificacions següents:

- Les capses han de tenir forma d'ortoedre de base rectangular, amb una de les dimensions doble que l'altra.
- L'altura de les capses ha de coincidir amb la longitud del costat petit de la base.

1 Fes un esquema que representi la capsa que han encarregat.

2 Calcula la superfície total de la capsa en funció de la mesura del costat en centímetres.

3 S'ha afegit una tercera condició al disseny de la capsa. La superfície total de les sis cares, expressada en centímetres quadrats, ha de coincidir en valor numèric amb el volum, expressat en centímetres cúbics. Quines són les dimensions de la capsa?

APLIQUEM LES TIC

POLIEDRES AMB WIRIS

Aquest programa ens permet dibuixar els diferents poliedres. En aquest cas, dibuixarem un prisma triangular.

A la pantalla inicial del programa se selecciona la pestanya **Geometria** de la barra de menús que hi ha a la part superior.

Just a sota es desplega una finestra d'eines entre les quals cal que triem **dibuixa3d**.

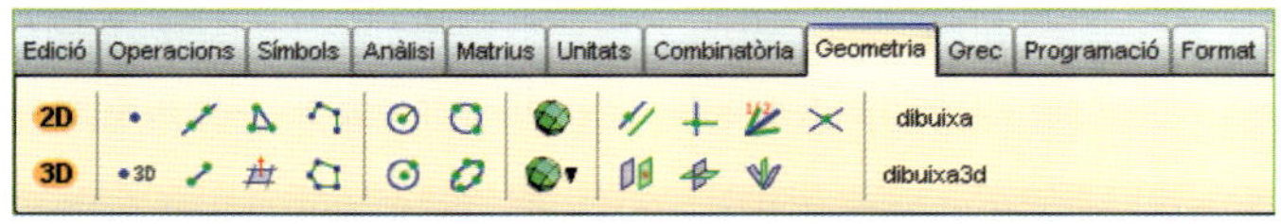

A la finestra algebraica apareix l'ordre dibuixa3d(), que ens permetrà dibuixar el prisma.

CONSTRUCCIÓ D'UN PRISMA

Per construir un prisma triangular, cal seguir aquests passos (A):

1. Es defineix el triangle que serà la base del prisma i es donen les coordenades dels seus vèrtexs:

polig=polígon(punt(1,1,0),punt(–1,0,0),punt(0,–1,0))

2. Es defineix el prisma, amb la base anterior i l'altura:

pri=prisma(polig,9)

3. Es defineix el color que es vulgui, per exemple blau:

dibuixa3d(pri,{color=blau,omplir=cert})

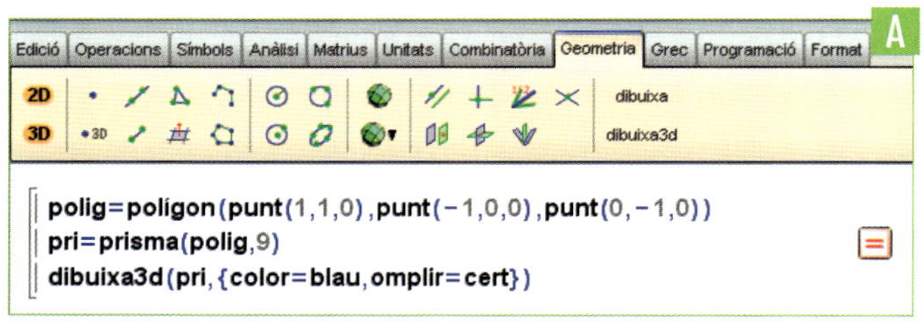

Una vegada escrites totes les instruccions, es clica a la icona i el prisma triangular apareix en una nova finestra, amb la base a les coordenades indicades i amb l'altura indicada. (B)

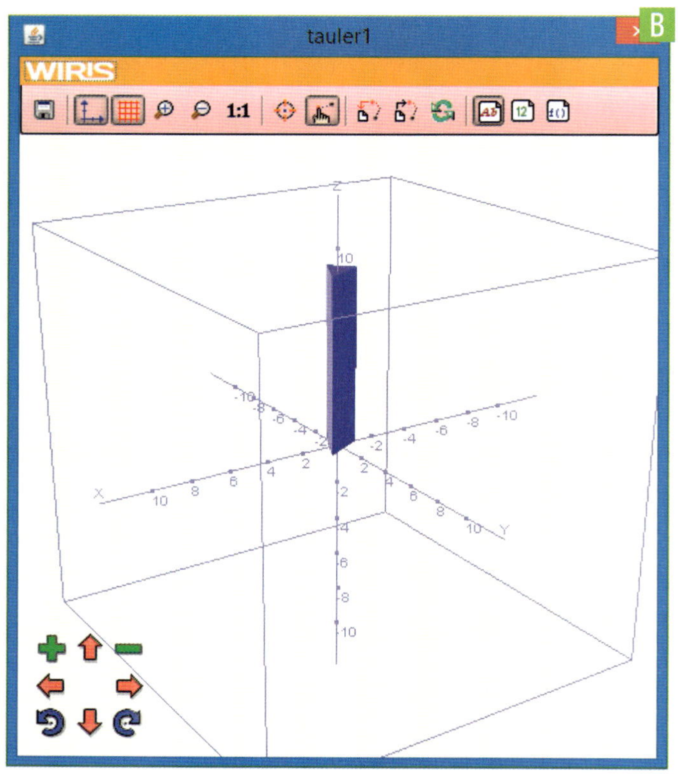

Es pot situar la base del prisma de manera que no estigui centrada respecte a l'origen de coordenades, canviant les coordenades dels vèrtexs del polígon que en forma la base.

Els botons que apareixen al tauler del gràfic permeten augmentar o disminuir la mida del prisma, moure'l en direcció horitzontal i vertical i girar els eixos per veure'l des de diferents perspectives.

Utilitzant un procediment semblant, es pot dibuixar un prisma amb una base diferent.

1 Dibuixa un prisma triangular que tingui 8 unitats d'altura i que sigui de color vermell.

2 Dibuixa un prisma quadrangular en què l'altura mesuri 10 unitats i que sigui de color verd.

3 Dibuixa un prisma hexagonal de 15 unitats d'altura i de color groc.

4 Dibuixa un prisma quadrangular amb una base que no estigui centrada en l'origen de coordenades.

AVALUACIÓ

1 Considera les cares d'un cub com a plans.

a. Quantes posicions de plans paral·lels hi ha?

b. I de plans secants?

2 Considera les arestes d'un cub com a rectes il·limitades. Indica quantes posicions hi hauria:

a. De rectes paral·leles.

b. De rectes secants.

c. De rectes que s'encreuen.

3 Considera les cares d'un cub com a plans, i les arestes, com a rectes.

a. Quantes posicions de rectes paral·leles a un pla hi ha?

b. I de rectes secants a un pla?

c. I de rectes contingudes en un pla?

4 Indica el nom dels poliedres regulars amb les característiques següents:

a. Té 6 cares quadrades.

b. Té 8 cares que són triangles equilàters.

c. Té 4 cares que són triangles equilàters.

d. Té 12 cares que corresponen a pentàgons regulars.

5 Esbrina el nombre de cares, vèrtexs i arestes d'un icosaedre i d'un dodecaedre i comprova que compleixen la fórmula d'Euler.

6 Calcula l'àrea total dels prismes següents:

a. Prisma hexagonal de 5,2 cm d'apotema i 8 cm d'altura.

b. Prisma pentagonal de 8 cm d'aresta base, 12 cm d'altura i 3,44 cm d'apotema.

7 Troba l'aresta de la base i la lateral, i l'àrea total d'un prisma que té com a base un triangle equilàter, si l'àrea lateral és 144 cm^2 i l'aresta bàsica és una tercera part de l'aresta lateral.

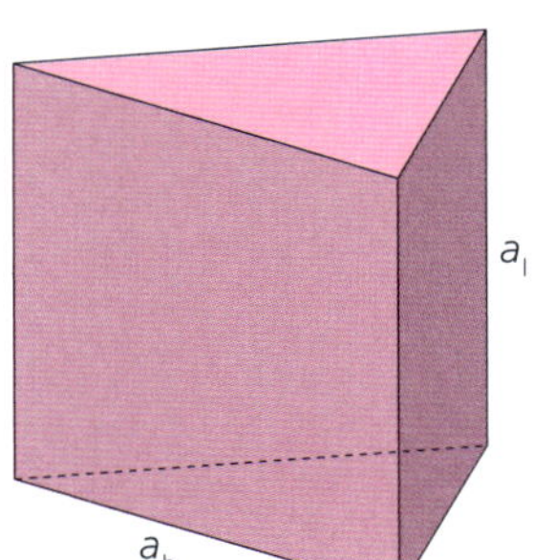

8 Calcula l'aresta de la base d'un tetraedre que té una àrea total de 62,28 cm^2.

9 Troba la diagonal d'un cub d'aresta 4 cm i la diagonal d'una de les cares.

10 Un prisma de base quadrada de 12 cm d'altura té un volum de 146 cm^3. Calcula'n la longitud de l'aresta base.

11 El volum d'un cub és de 343 cm^3. Calcula'n el valor de la diagonal.

12 Esbrina el volum d'un prisma regular de 8 cm d'altura, amb una base hexagonal de 5 cm d'aresta bàsica i 4,3 cm d'apotema.

13 Calcula el volum d'un cub de 18 cm de diagonal.

14 Calcula el volum del cos següent:

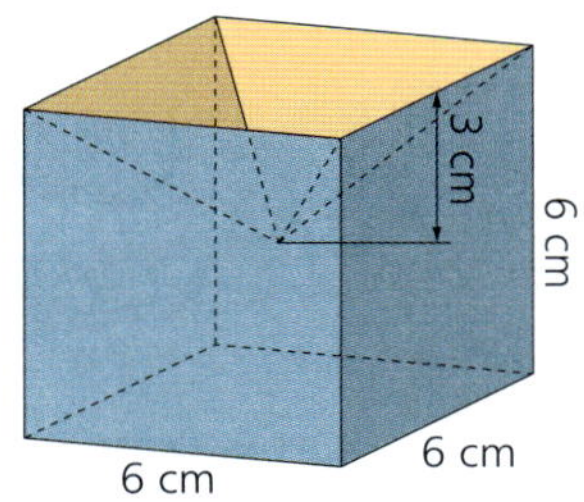

15 Calcula el valor de l'aresta lateral d'una piràmide regular de base quadrada inscrita en un cub que té una superfície total de 486 cm^2.

16 Troba el volum d'una piràmide regular de base quadrada de costat 3 cm i aresta lateral 7 cm.

17 Determina l'aresta lateral, l'àrea total i el volum d'una piràmide regular hexagonal de 4 cm de costat si l'àrea lateral és de 72 cm^2.

18 Quina quantitat de plàstic es necessita per construir una galleda d'escombraries en forma de prisma de base quadrada, de 50 × 50 cm i 1 m d'altura?

19 Una població pateix sequera estacional. El subministrament d'aigua es fa amb camions cisterna de 50 000 L de capacitat. Aquesta quantitat es passa a un dipòsit municipal de forma cúbica i 5 m d'aresta. A quina altura arribarà l'aigua?

20 La piscina de la Ivet té unes dimensions de 6 × 4 × 2 m. Quant tardaran a omplir-la amb dues aixetes que aboquen 85 L per minut cadascuna?

21 Una empresa de construcció vol fer una reproducció d'una de les piràmides d'Egipte per promocionar una nova urbanització. La piràmide és quadrangular regular, de 16 m^2 d'àrea de la base i 9 m d'altura. Faran servir blocs de pedra de forma cúbica de 7 dm d'aresta. Quants en necessitaran?

13 COSSOS DE REVOLUCIÓ

LA VIDA LLISCA COM RIUS AMB CORBES

AÍDA CARTAGENA PORTALATÍN

PRESENTAR

DISSENYS A PROVA

Una empresa dedicada a la construcció de figures geomètriques es proposa fabricar un cos de revolució, però els directius no s'acaben de posar d'acord sobre quin cos triar. Per resoldre-ho, han organitzat un concurs per tal de recopilar informació per prendre la decisió més encertada. Imagineu-vos que us voleu presentar al concurs. Per això, organitzats en grups, trieu un cos de revolució en concret i indiqueu-ne els elements. Ordeneu la informació en una cartolina i assenyaleu-ne tots els elements fent servir colors diferents. Si voleu aconseguir més punts, incloeu-hi, a més, la fórmula de l'àrea i del volum de la figura que heu triat, de manera que sigui més fàcil construir-la. Puntueu les presentacions per seleccionar la que finalment produirà l'empresa.

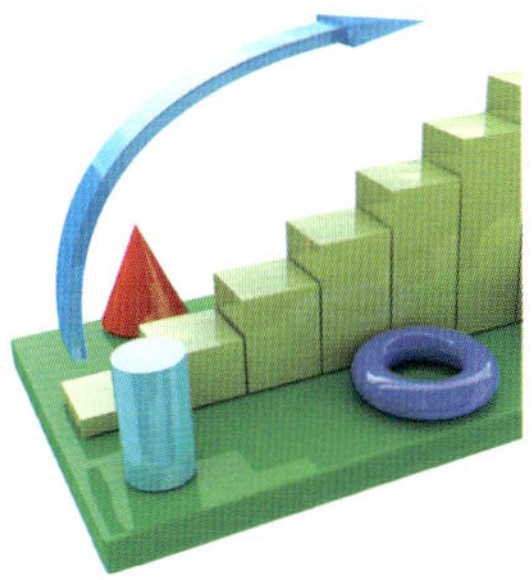

CREAR

OBJECTES REVOLUCIONATS

Un estudi de disseny de videojocs us demana una pluja d'idees per tal de crear un escenari per a la pantalla final d'un dels seus articles. Us ha sol·licitat que presenteu les vostres creacions en un mural, fent servir només cossos de revolució. Pinteu el dibuix de l'escenari proposat i prepareu una presentació en la qual justifiqueu per què l'estudi hauria de triar la vostra idea i no una altra.
Amb aquesta finalitat, heu d'explicar la diversitat i el nombre de figures diferents que heu emprat i per què. L'estudi us demana, finalment, que expresseu la vostra opinió valorant cada mural de manera anònima, per utilitzar per al joc la pantalla que obtingui la puntuació més alta.

CONÈIXER

EXCURSIÓ GEOMÈTRICA

Una acadèmia us proposa una excursió pel barri amb la finalitat de reconèixer, en els objectes que us envolten, diversos cossos de revolució. En una taula recopileu, per grups, tota la informació que pugueu sobre els objectes localitzats, com ara el nom, les mesures, etc. Una vegada hàgiu conclòs la recopilació de dades, haureu d'anotar en targetes independents el nom de l'objecte o dibuixar la silueta i les operacions necessàries per calcular-ne el volum i l'àrea.
Intercanvieu-vos les targetes amb els altres grups i, després, endevineu a quin cos de revolució pertany l'objecte o la silueta. Una vegada identificat, calculeu-ne els volums fins a completar totes les targetes.

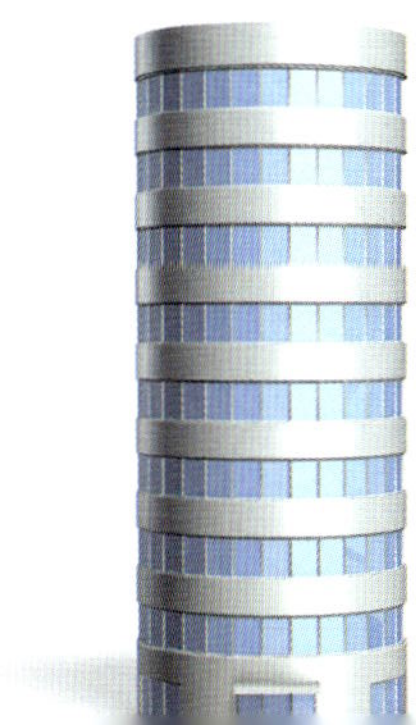

INVESTIGAR

MONUMENTS «REVOLUCIONARIS»

Molts enginyers i arquitectes fan servir cossos de revolució per materialitzar les seves estructures o edificis. En són exemples l'Atomium i el Taj Mahal, entre d'altres. Recull informació sobre aquestes dues construccions i indica de quins cossos de revolució se serveixen, i també on es localitzen i quines dimensions tenen. Després, cerca dues edificacions més que també n'utilitzin i elabora un mural amb tota la informació.

1 COSSOS DE REVOLUCIÓ

Els cossos de revolució tenen una gran presència a la vida quotidiana. En trobem exemples en edificis, escultures i nombrosos objectes, com ara ampolles, gots, llaunes de conserva i un llarg etcètera.

> Els **cossos de revolució** s'originen quan es fa girar una figura plana 360° al voltant d'una recta fixa anomenada **eix de gir.**

Per exemple, si es fa girar la figura A al voltant de l'eix de gir dibuixat, s'obté el cos de revolució de la figura B:

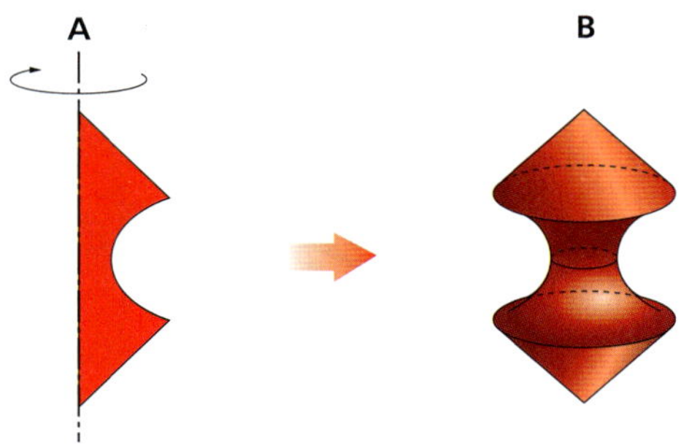

Els **elements** d'un cos de revolució són els següents:

Generatriu: és la línia perimetral de la figura que, quan gira al voltant de l'eix de gir, genera el cos de revolució.

Meridià: és la línia d'intersecció entre el cos de revolució i un pla que contingui l'eix de gir. Tots els meridians d'un cos de revolució són iguals.

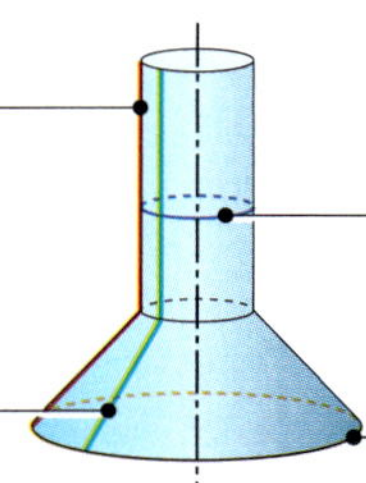

Paral·lel: és cadascuna de les circumferències que descriuen els punts de la generatriu en la seva rotació al voltant de l'eix de gir. Generalment, els paral·lels d'un cos de revolució tenen diferents mides.

Equador: és el paral·lel de radi més gran.

Per cadascun dels punts del cos de revolució hi passen únicament un paral·lel i un meridià, a excepció dels punts que també pertanyen a l'eix, pels quals passen tots els meridians i on el paral·lel es redueix a un punt.

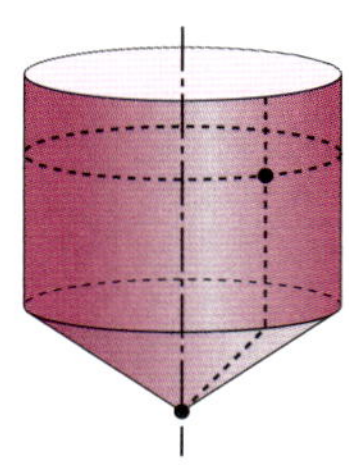

Segons quina sigui la forma de la generatriu, es poden obtenir diferents cossos de revolució:

Cilindre

La generatriu és una recta paral·lela a l'eix de gir.

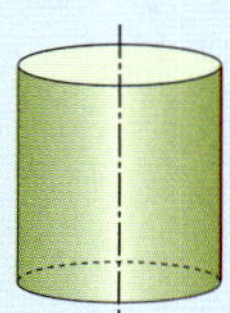

Con

La generatriu és una recta que talla l'eix de gir.

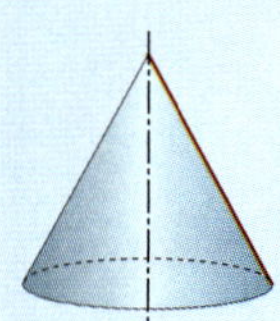

Esfera

La generatriu és un semicercle que té com a diàmetre l'eix de gir.

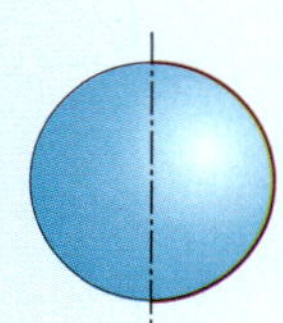

2 CILINDRE

Un **cilindre** és un cos de revolució que s'obté quan es fa girar 360º un rectangle fent servir com a eix de gir un dels costats.

Els **elements** d'un cilindre són els següents:

Altura: és la distància entre les dues bases del cilindre.

Radi: és la distància entre l'eix de gir i la recta generatriu. És el de qualsevol de les bases.

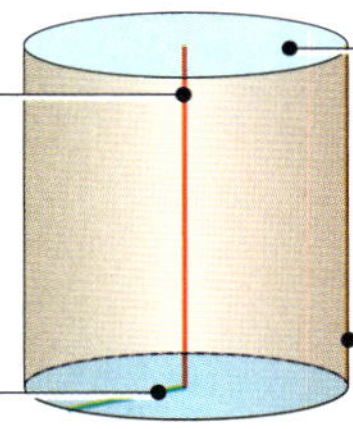

Bases: són els cercles paral·lels i iguals formats pels punts extrems de la generatriu.

Generatriu: és la recta paral·lela a l'eix que, quan gira, origina el cilindre.

Si l'eix és perpendicular a les bases, és un **cilindre recte**; en cas contrari, es tracta d'un **cilindre oblic**.

Als **cilindres rectes**, la longitud de l'altura i la generatriu coincideixen:

$$h = g$$

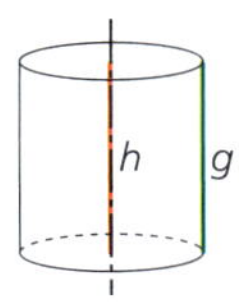

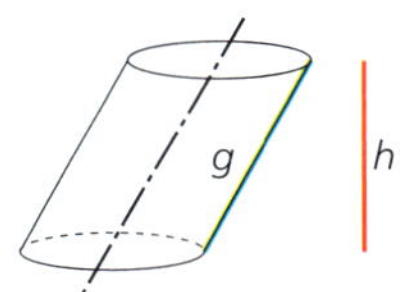

Als **cilindres oblics**, la longitud de l'altura és inferior a la longitud de la generatriu:

$$h < g$$

2.1 ÀREA I VOLUM DEL CILINDRE

Al **desenvolupament pla del cilindre** l'àrea total és la suma de l'àrea de les bases, que són dos cercles, més l'àrea lateral, que correspon a un rectangle que té com a base la longitud del cercle, i com a altura, la del cilindre:

$$A_{\text{total cilindre}} = A_{\text{bases}} + A_{\text{lateral}} = \pi \cdot r^2 + \pi \cdot r^2 + 2 \cdot \pi \cdot r \cdot h = 2 \cdot \pi \cdot r^2 + 2 \cdot \pi \cdot r \cdot h$$

L'àrea total del cilindre és: $A_{\text{total cilindre}} = 2 \cdot \pi \cdot r \cdot (r + h)$.

El volum del cilindre és el producte de l'àrea d'una de les bases per l'altura.

El volum del cilindre és: $V_{\text{cilindre}} = \pi \cdot r^2 \cdot h$.

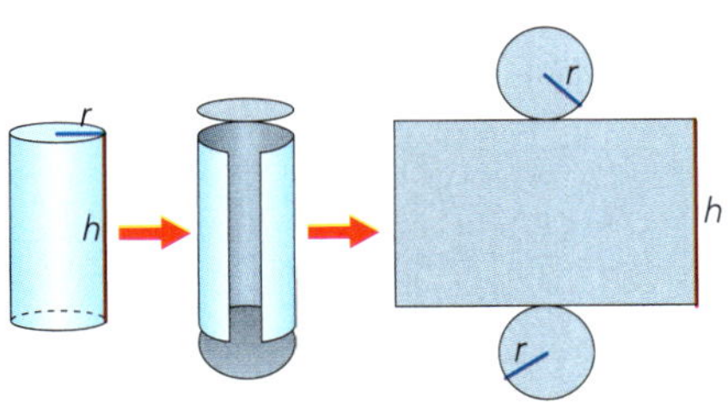

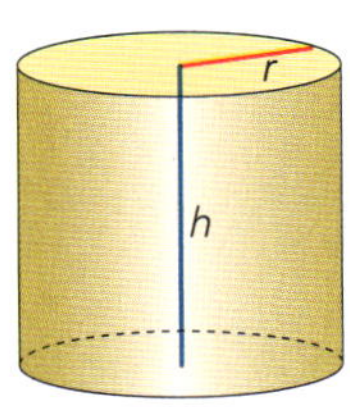

Activitat resolta

Calcula l'àrea total i el volum d'un cilindre que fa 9 cm d'altura i 12 cm de diàmetre.

Es coneix el diàmetre del cilindre; per això, atès que en l'expressió de l'àrea total apareix el radi, s'ha de considerar la meitat d'aquesta longitud.

L'àrea total és, així:

$$A_{\text{total}} = 2 \cdot \pi \cdot r \cdot (r + h) =$$
$$= 2 \cdot \pi \cdot 6 \cdot (6 + 9) = 565{,}49 \text{ cm}^2$$

Tot seguit, es calcula el volum del cilindre fent servir el valor del radi, com en el cas de l'àrea:

$$V_{\text{cilindre}} = \pi \cdot r^2 \cdot h = \pi \cdot 6^2 \cdot 9 =$$
$$= 1\,017{,}88 \text{ cm}^3$$

El volum del cilindre és, per tant, 1 017,88 cm³.

3 CON

Un **con** és un cos de revolució que s'obté quan es fa girar 360º un triangle rectangle al voltant d'un dels catets.

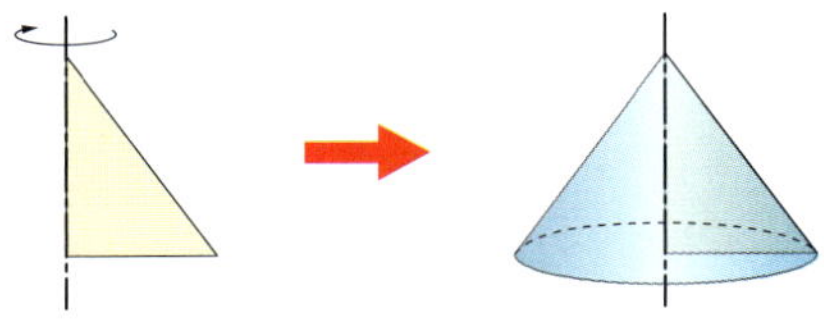

Els **elements** d'un con són els següents:

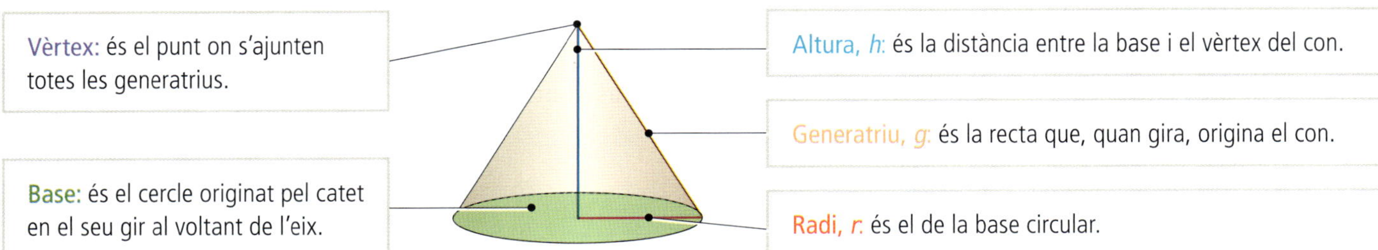

Si l'eix de gir és perpendicular a les bases, es tracta d'un **con recte**; en cas contrari, és un **con oblic**.

L'altura, la generatriu i el radi del con formen el triangle rectangle que gira al voltant de l'eix; per tant, verifiquen el teorema de Pitàgores: $g^2 = h^2 + r^2$.

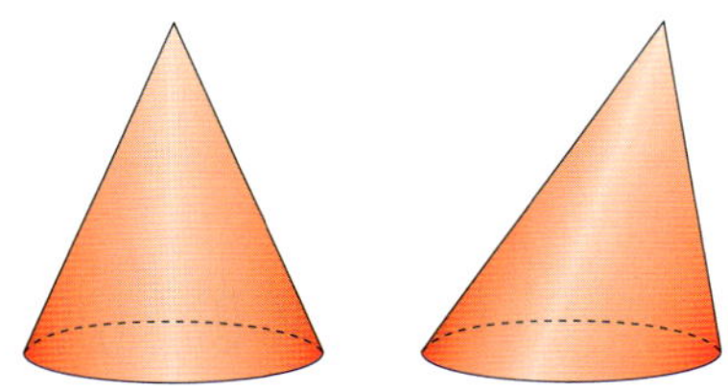

3.1 ÀREA DEL CON

Al **desenvolupament pla del con** s'aprecia que l'àrea total del con és la suma de l'àrea de la base, que és un cercle, més l'àrea lateral, que és la del sector circular.

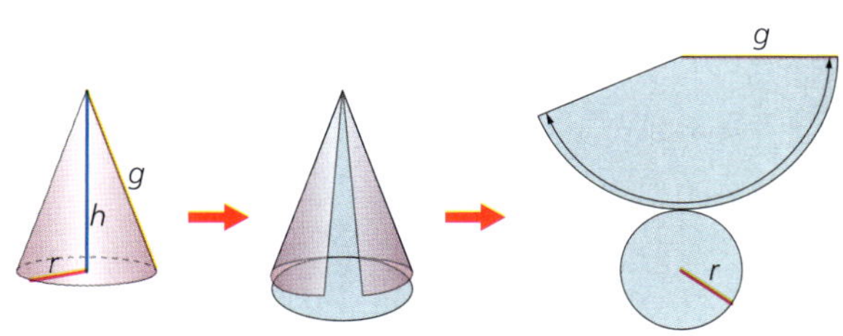

Per calcular l'àrea lateral corresponent al sector circular, s'aplica la relació de proporcionalitat que hi ha entre la longitud de la circumferència i l'àrea del cercle del qual forma part el sector circular de radi g, d'una banda, i la longitud de l'arc i l'àrea del sector pròpiament dit, de l'altra.

$$\frac{l_{\text{circumferència}}}{A_{\text{cercle}}} = \frac{l_{\text{arc}}}{A_{\text{sector circular}}} \Rightarrow \frac{2 \cdot \pi \cdot g}{\pi \cdot g^2} = \frac{2 \cdot \pi \cdot r}{A_{\text{sector circular}}}$$

$$A_{\text{sector circular}} = \frac{2 \cdot \pi \cdot r \cdot \pi \cdot g^2}{2 \cdot \pi \cdot g} = \pi \cdot r \cdot g$$

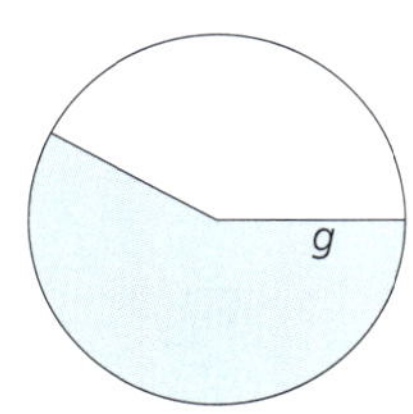

Així, l'àrea total és: $A_{\text{total con}} = A_{\text{base}} + A_{\text{lateral}} = \pi \cdot r^2 + \pi \cdot r \cdot g = \pi \cdot r \cdot (r + g)$.

L'àrea total del con és: $A_{\text{total con}} = \pi \cdot r \cdot (r + g)$.

3.2 VOLUM DEL CON

El volum d'un con és la tercera part de l'àrea de la base per l'altura.

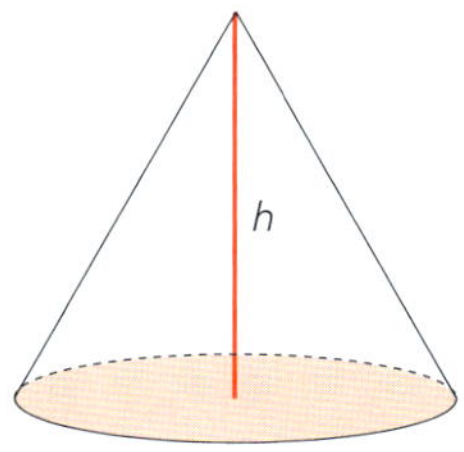

El volum del con és: $V_{con} = \frac{1}{3} \cdot \pi \cdot r^2 \cdot h$.

Activitat resolta

Calcula l'àrea total i el volum d'un con de 10 cm d'altura que té una base de 14 cm de diàmetre.

Com que en l'expressió de l'àrea es fa servir el radi i l'enunciat ens proporciona el diàmetre, hem de calcular la meitat del diàmetre. Així, doncs, l'àrea de la base és:

$$A_{base} = \pi \cdot r^2 = \pi \cdot 7^2 = 153{,}94 \text{ cm}^2$$

Per calcular l'àrea lateral, cal conèixer el valor de la generatriu. Apliquem el teorema de Pitàgores:

$$g^2 = h^2 + r^2 \Rightarrow g^2 = 10^2 + 7^2 \Rightarrow g = 12{,}21 \text{ cm}$$

$$A_{lateral} = \pi \cdot r \cdot g = \pi \cdot 7 \cdot 12{,}21 = 268{,}51 \text{ cm}^2$$

Per tant, l'àrea total és:

$$A_{total} = A_{base} + A_{lateral} = 153{,}94 + 268{,}51 = 422{,}45 \text{ cm}^2$$

També és possible aplicar directament l'expressió:

$$A_{total} = \pi \cdot r \cdot (r + g) = \pi \cdot 7 \cdot (7 + 12{,}21) = 422{,}45 \text{ cm}^2$$

El volum és: $V = \frac{1}{3} \cdot \pi \cdot r^2 \cdot h = \frac{1}{3} \cdot \pi \cdot 7^2 \cdot 10 = 513{,}13 \text{ cm}^3$.

Observa

El volum d'un con és la tercera part del volum d'un cilindre amb el mateix radi i la mateixa altura.

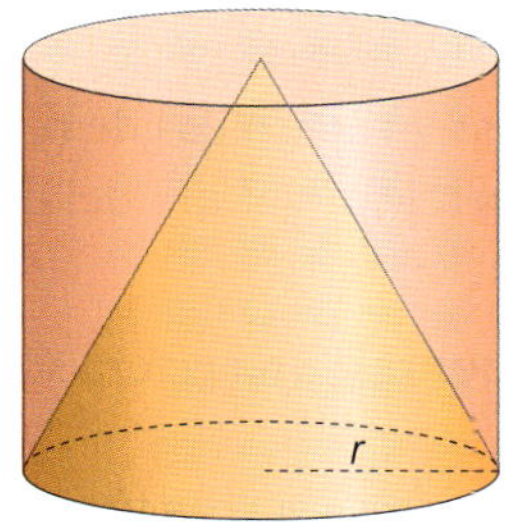

Què és més gran: un con o un cilindre?

Comprova que el volum d'un con és tres vegades més petit que el d'un cilindre que tingui la mateixa altura i el mateix radi.

Fes servir la plantilla d'un con i d'un cilindre que tinguin les mateixes dimensions, és a dir, la mateixa altura i el mateix radi.

Abans de muntar els dos cossos de revolució, fes-los un petit orifici a la base. Després, a través de l'orifici hi introduiràs sucre, sal o sorra per comprovar la relació entre els dos volums.

Quan hagis acabat de muntar els cossos, primer omple del tot el con de sal. Després traspassa aquesta sal al cilindre a través de l'orifici que li has practicat abans.

Una vegada buidat el con, repeteix dues vegades més l'operació d'omplir el con i de traspassar la sal al cilindre.

Comprovaràs que, quan hagis acabat els tres traspassos de sal del con al cilindre, aquest darrer està completament ple. Hauràs demostrat així, de manera pràctica, que el volum del cilindre és tres vegades més gran que el del con.

Si disposes d'un joc de cossos de revolució que inclogui un con i un cilindre, podràs fer la pràctica utilitzant aigua.

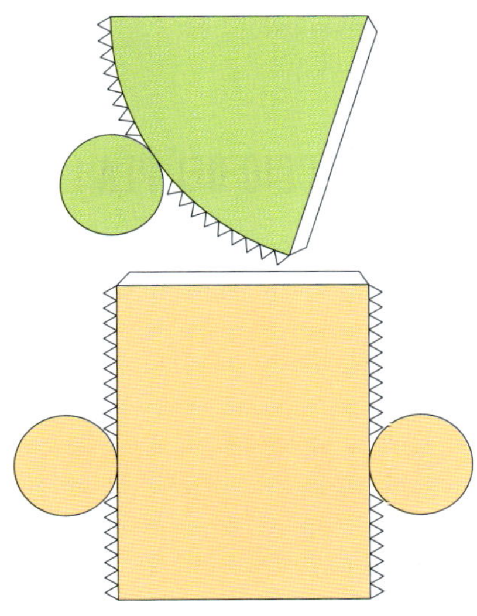

4 ESFERA

Una **esfera** és un cos de revolució que s'obté quan es fa girar 360° un semicercle al voltant del diàmetre.

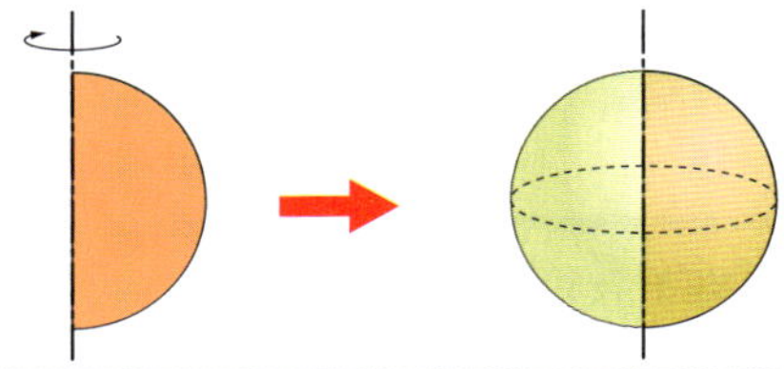

Els **elements** d'una esfera són els següents:

Radi: és el segment que té com a extrems el centre i un punt qualsevol de la superfície esfèrica.

Generatriu: és la corba que, quan gira, origina l'esfera.

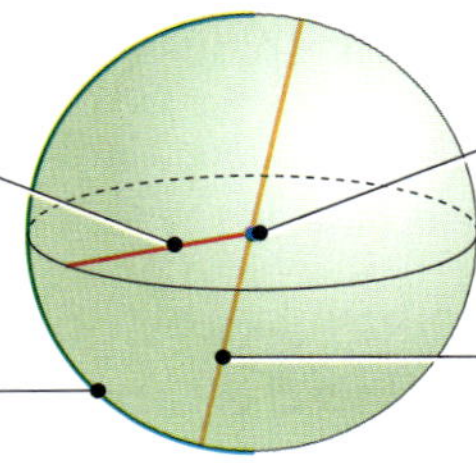

Centre: és el punt que equidista de tots els de la superfície esfèrica.

Diàmetre: és el segment que uneix dos punts de la superfície esfèrica passant pel centre. La longitud del diàmetre és el doble que la del radi.

La superfície que delimita l'esfera s'anomena **superfície esfèrica**.

4.1 ÀREA I VOLUM DE L'ESFERA

L'esfera no té desenvolupament pla; per això, per calcular la superfície esfèrica s'ha d'aproximar a la d'un altre cos. S'observa que, si s'inscriu una esfera en un cilindre del mateix radi i la mateixa altura, la seva superfície es pot aproximar per l'àrea lateral del cilindre.

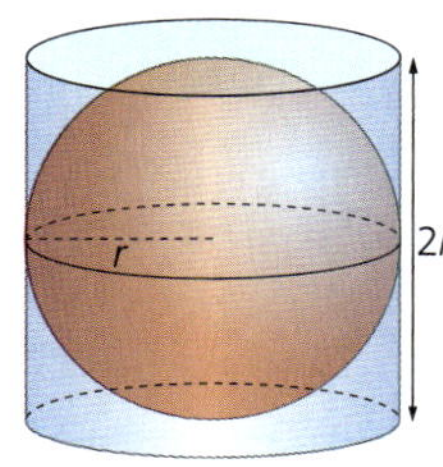

El volum de l'esfera és igual als dos terços del volum del cilindre del mateix radi en el qual es pot inscriure.

L'àrea de la esfera és: $A_{\text{esfera}} = A_{\text{lateral cilindre}} = 2 \cdot \pi \cdot r \cdot (2 \cdot r) = 4 \cdot \pi \cdot r^2$.

El volum de la esfera és: $V_{\text{esfera}} = \frac{2}{3} \cdot V_{\text{cilindre}} = \frac{2}{3} \cdot \pi \cdot r^2 \cdot 2 \cdot r = \frac{4}{3} \cdot \pi \cdot r^3$.

4.2 INTERSECCIÓ DEL PLA I L'ESFERA

Si es talla una esfera per un pla o per dos, s'obtenen les figures esfèriques següents, depenent de si el tall es produeix pel centre o no:

Semiesfera

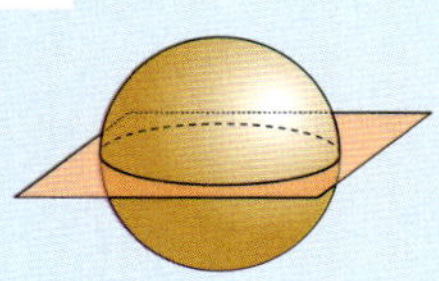

Si el pla passa pel centre, produeix dues **semiesferes**, la superfície de les quals s'anomena **hemisferi**.

Casquet esfèric

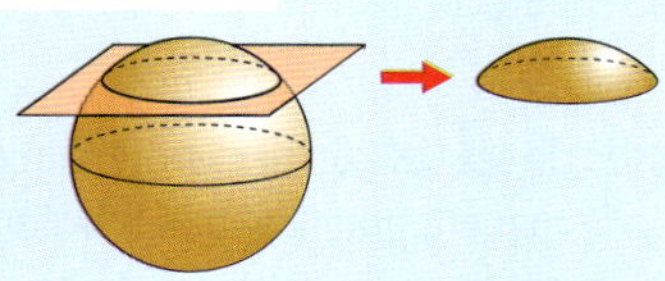

Si el pla no passa pel centre, es produeixen dos **segments esfèrics**, la superfície dels quals s'anomena **casquet esfèric**.

Zona esfèrica

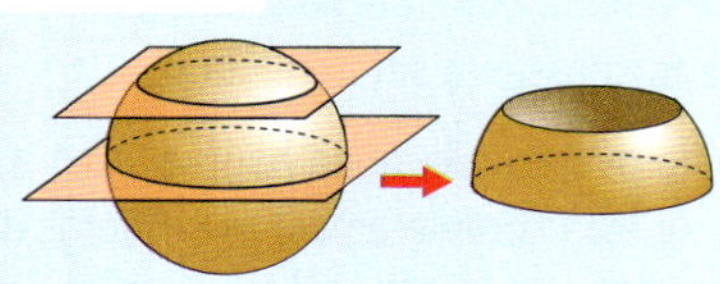

Si els plans són paral·lels, s'obté entre ells un **segment esfèric** de dues bases, anomenat **zona esfèrica**.

Activitats resoltes

1 Calcula l'àrea total d'una esfera de 12 cm de diàmetre.

Com que es necessita el radi i l'enunciat proporciona el diàmetre, es considera la meitat del diàmetre. L'àrea de l'esfera és, així:

$$A_{\text{esfera}} = 4 \cdot \pi \cdot r^2 = 4 \cdot \pi \cdot 6^2 = 452{,}39 \text{ cm}^2$$

2 En un cilindre que té unes dimensions de 5 cm de radi i 10 cm d'altura hi cap exactament una esfera, de manera que l'esfera és tangent a les bases i a la cara lateral del cilindre. Calcula l'àrea total i el volum de l'esfera.

Perquè l'esfera es pugui inscriure exactament en el cilindre, els radis de tots dos cossos han de coincidir; per tant, el radi de l'esfera mesura 5 cm.

L'àrea de l'esfera és:

$$A_{\text{esfera}} = 4 \cdot \pi \cdot r^2 = 4 \cdot \pi \cdot 5^2 = 314{,}16 \text{ cm}^2$$

I el volum de l'esfera és:

$$V_{\text{esfera}} = \frac{4}{3} \cdot \pi \cdot r^3 = \frac{4}{3} \cdot \pi \cdot 5^3 = 523{,}60 \text{ cm}^3$$

Transformar el problema en un altre de més senzill

En un recipient cilíndric de 7 cm de radi i 15 cm d'altura ple d'aigua fins a la meitat es durà a terme un experiment consistent a anar-hi introduint esferes de 6 cm de diàmetre fins que l'aigua sobreïxi del recipient cilíndric. Quantes esferes caldran?

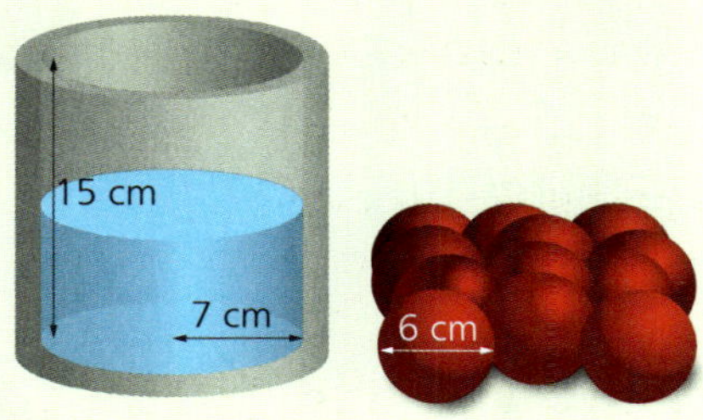

Analitzem i organitzem les dades

Hi intervenen dos tipus de cossos de revolució:

- Un recipient cilíndric.
- Diverses esferes.

Busquem un cas més senzill

S'han de calcular els volums de cada cos i anar afegint volums d'esferes al volum del líquid fins a completar el del recipient cilíndric.

Per tant, en primer lloc s'ha de calcular el volum de líquid que hi ha al recipient:

$$V_{\text{cilindre}} = \pi \cdot r^2 \cdot h = \pi \cdot 7^2 \cdot 15 = 2\,309{,}08 \text{ cm}^3$$

Com que només està ple d'aigua fins a la meitat, al recipient queda per omplir un volum igual a $\frac{2\,309{,}08}{2} = 1\,154{,}54 \text{ cm}^3$.

D'altra banda, el volum de cada esfera és:

$$V_{\text{esfera}} = \frac{4}{3} \cdot \pi \cdot r^3 = \frac{4}{3} \cdot \pi \cdot 3^3 = 113{,}10 \text{ cm}^3$$

Per esbrinar quantes esferes cal introduir-hi perquè l'aigua sobreïxi, cal dividir el volum buit del recipient entre el volum d'una esfera. Així:

$$\text{Nre. d'esferes} = \frac{V_{\text{buit}}}{V_{\text{esfera}}} = \frac{1154{,}54}{113{,}10} = 10{,}2$$

Per això, podem concloure que el nombre d'esferes necessàries perquè el líquid sobreïxi és d'11.

ACTIVI TATS

13 COSSOS DE REVOLUCIÓ

1 Cossos de revolució

1 Dibuixa al teu quadern aquests cossos de revolució i assenyala'n els elements:

a.

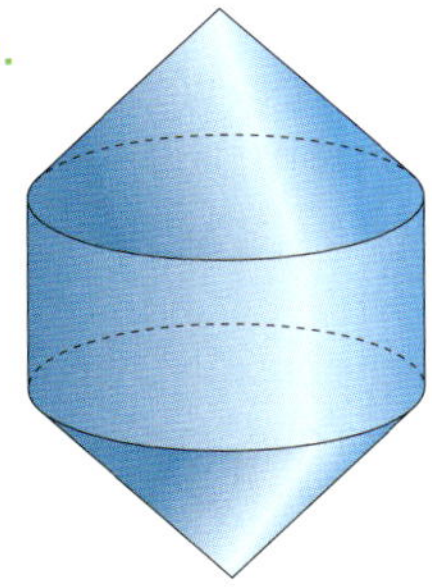

b.

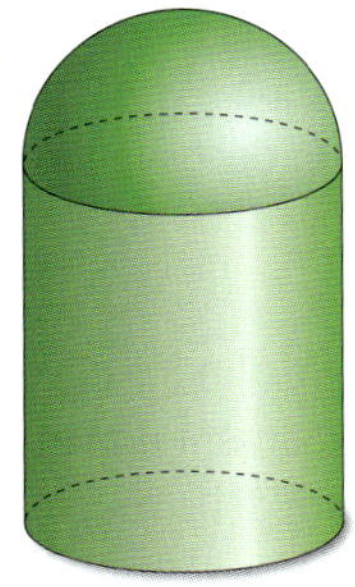

2 Dibuixa al teu quadern els cossos de revolució que s'obtenen quan es fan girar les figures indicades al voltant de l'eix.

a.

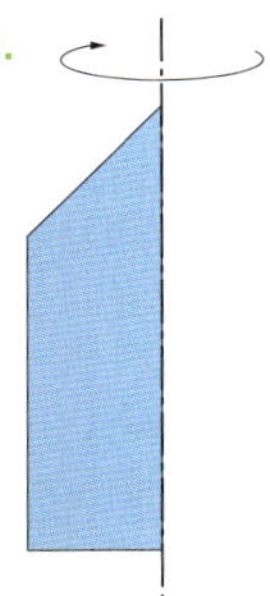

b.

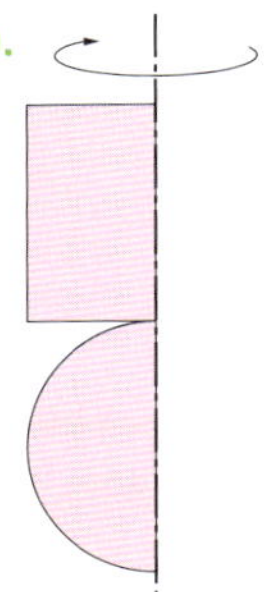

3 Dibuixa al teu quadern la línia que, amb un gir de 360° sobre l'eix, origina aquests cossos de revolució:

a.

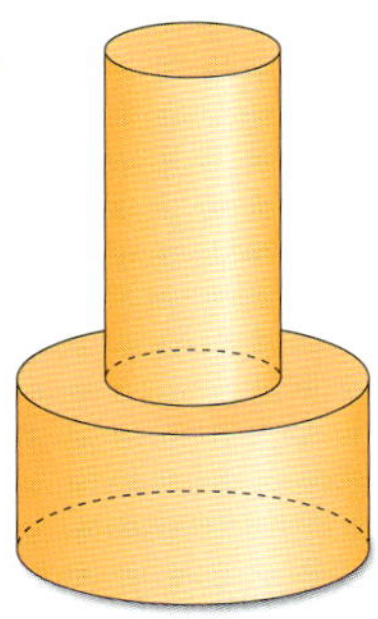

b.

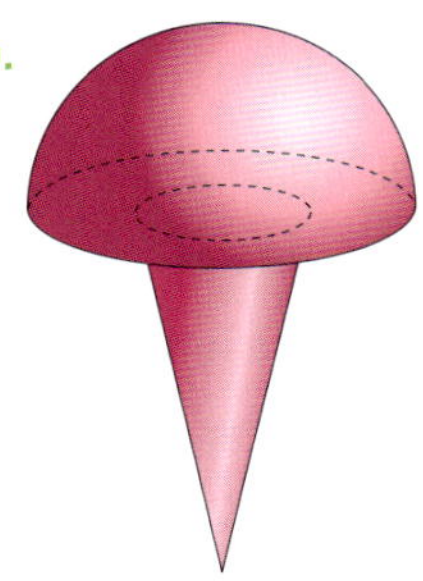

4 Relaciona al teu quadern cada figura amb el cos de revolució corresponent.

a.

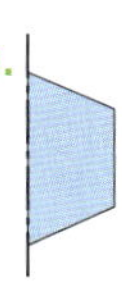

b.

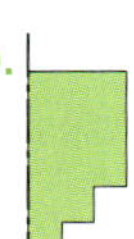

c.

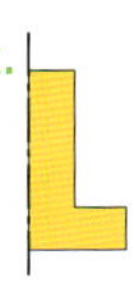

d.

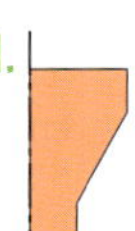

I.

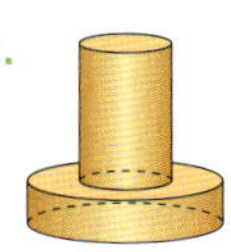

II.

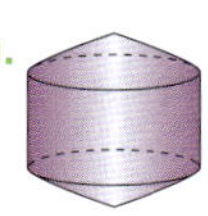

III.

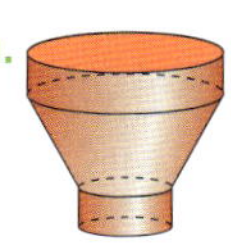

IV.

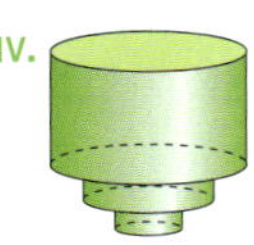

5 Quins punts de la generatriu que origina un cos de revolució formen paral·lels que es redueixen a un punt?

6 Dibuixa al teu quadern els cossos de revolució que s'obtenen quan giren les generatrius indicades al voltant de l'eix. Assenyala un paral·lel, l'equador i un meridià a cada un dels cossos de revolució següents.

a.
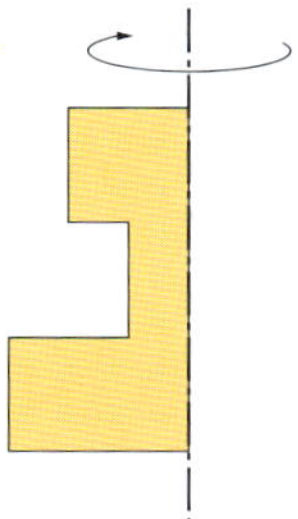

b.
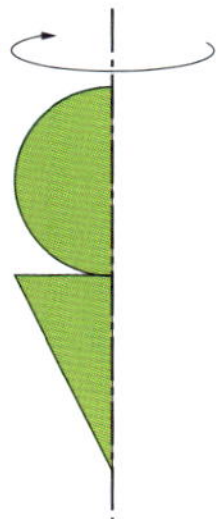

7 Indica quins d'aquests cossos són de revolució i dibuixa al teu quadern la generatriu que els origina:

a.
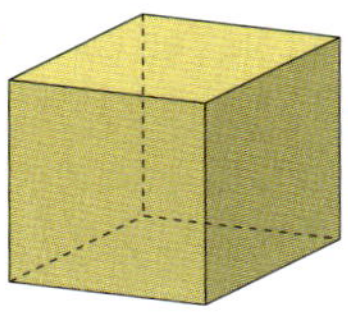

b.
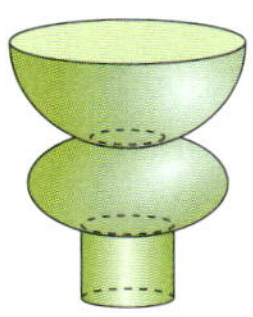

c.
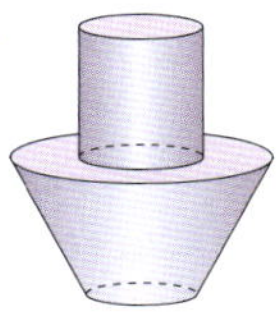

d.
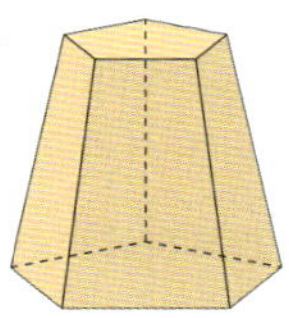

8 Dibuixa al teu quadern els cossos de revolució que s'obtindran si es fan girar les figures respecte a l'eix marcat.

a.
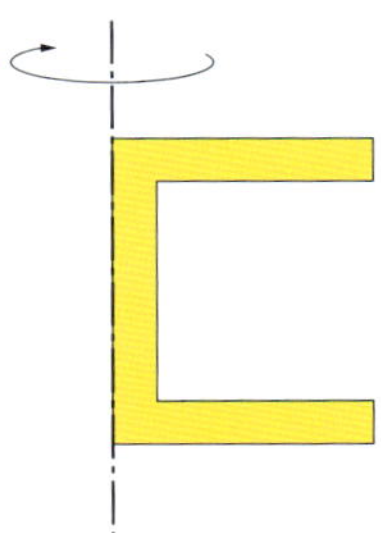

b.
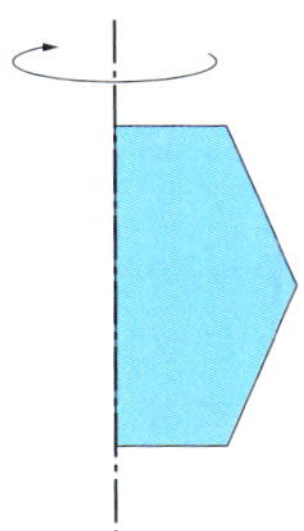

9 TIC Formeu grups de quatre persones i busqueu fotografies de cossos de revolució presents al vostre entorn. Elaboreu una presentació i expliqueu a classe les diferents figures.

10 Indica quins dels desenvolupaments plans següents corresponen a cossos de revolució:

a.
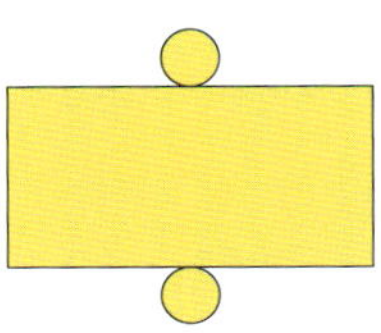

b.
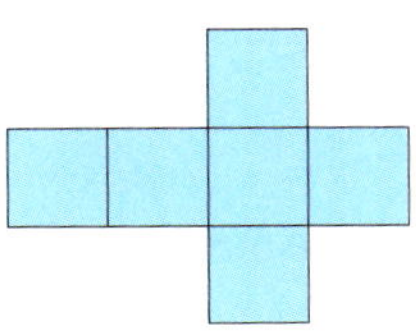

c.
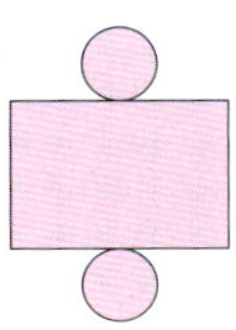

d.
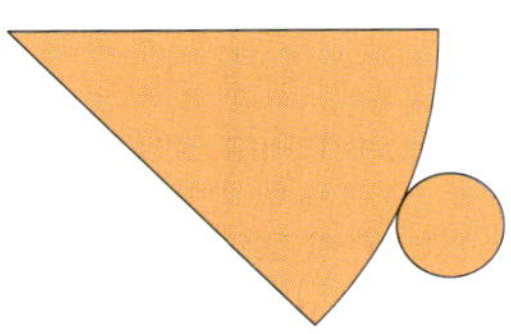

11 Dibuixa al teu quadern els cossos de revolució que s'obtenen quan es fan girar les figures indicades al voltant de l'eix i assenyala-hi un paral·lel, un meridià i l'equador.

a.
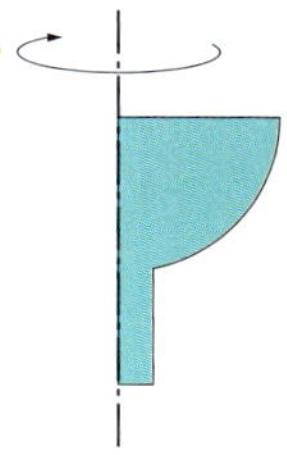

b.
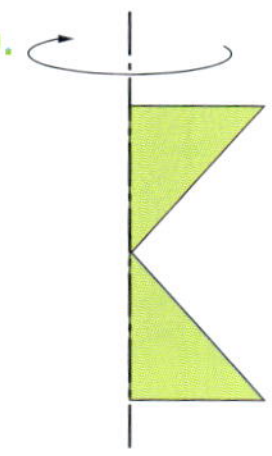

12 Dibuixa al teu quadern la figura que, amb un gir de 360°, origina aquests cossos de revolució:

a.
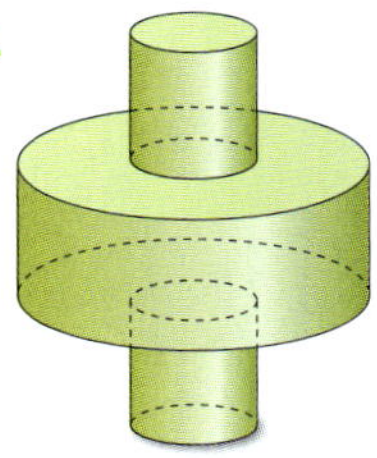

b.
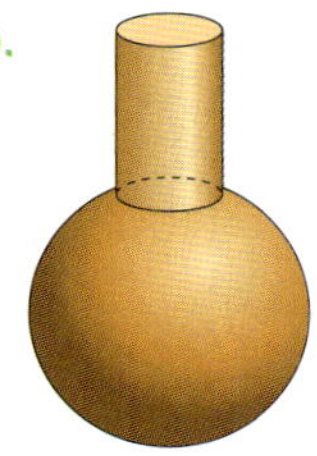

13 Completa al teu quadern les oracions amb la paraula adequada perquè siguin correctes.

generatriu – meridians – paral·lels

a. Tots els ..... són iguals entre ells.

b. Els ..... són circumferències amb centre a l'eix de gir.

c. La recta ..... origina un cos de revolució.

2 Cilindre

14 Dibuixa al teu quadern aquests cilindres i assenyala'n els elements:

a.
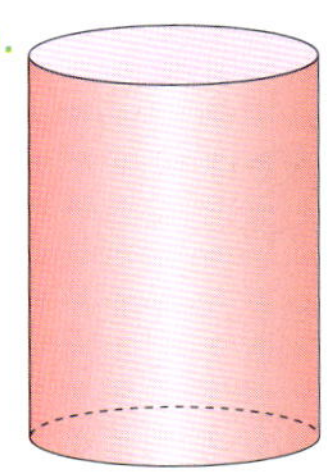

b.
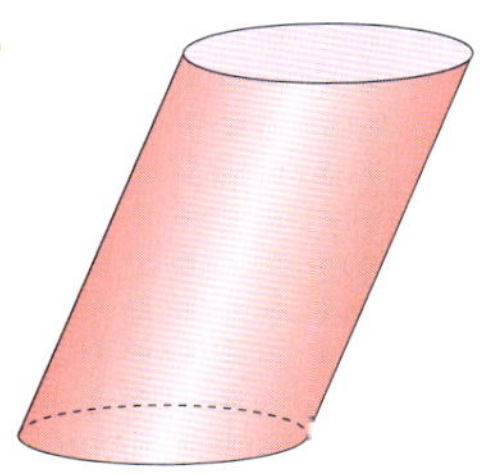

15 Mira al teu voltant i indica tres objectes que siguin cilindres.

16 Calcula l'àrea de la base, l'àrea lateral i l'àrea total dels cilindres següents:

a.
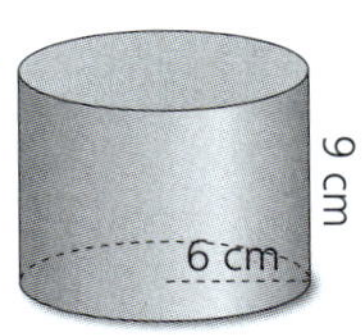

b.
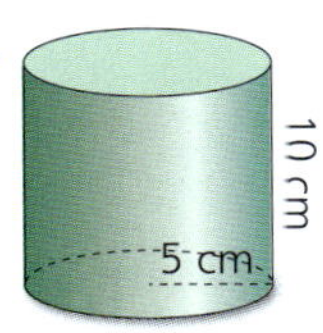

17 Determina l'àrea total i el volum d'aquests cilindres:

a.

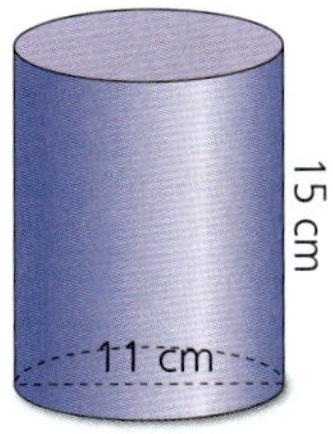

b.

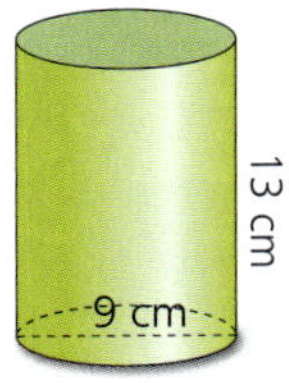

18 Assenyala l'àrea total i el volum dels cilindres següents:

a.

b.

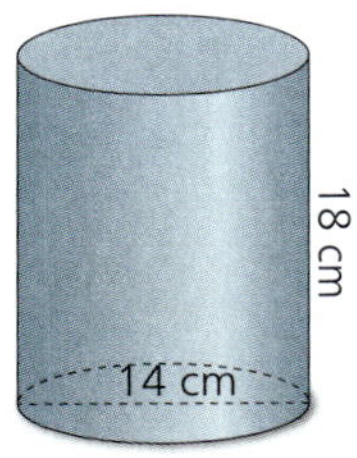

19 Una llauna cilíndrica de refresc té unes dimensions de 7 cm de diàmetre i 15 cm d'altura.

a. Assenyala l'àrea lateral de la llauna.

b. Calcula el volum, en litres, de la llauna.

c. Quantes llaunes calen per envasar 10 L?

20 + Per guardar els seus estris de dibuix, l'Òscar vol construir un pot cilíndric amb unes dimensions d'11 cm d'altura per 6 cm de diàmetre. Quina quantitat de cartolina farà servir?

21 En un dipòsit cilíndric que té unes dimensions de 18 cm de diàmetre i 32 cm d'altura, quants litres d'aigua hi caben?

22 + Calcula mentalment l'àrea total i el volum, expressats en funció de π, dels cilindres següents:

a.

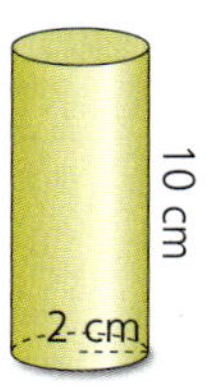

b.

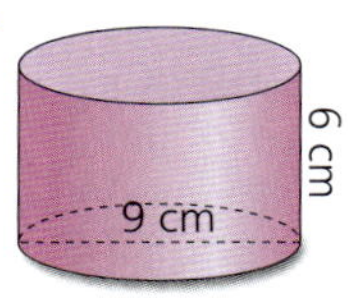

23 + En la fabricació d'una canonada cilíndrica s'han emprat 628 cm^2 de material. Si la canonada té un diàmetre de 2 cm, quina n'és la longitud?

24 + Quin d'aquests dos cilindres té més capacitat?

a.

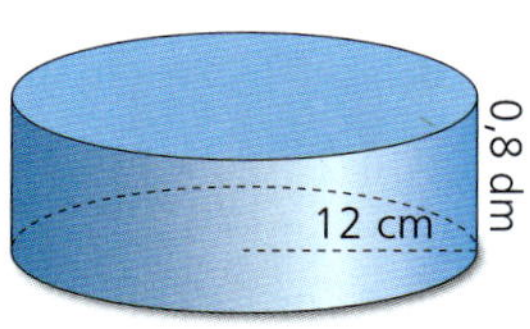

b.

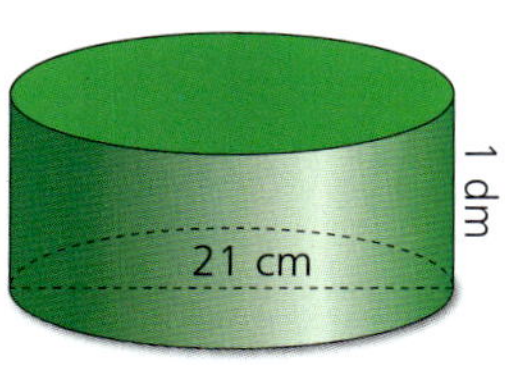

25 + La Ivet treballa conduint un camió cisterna que transporta llet. El dipòsit cilíndric del camió té unes dimensions de 5 m de llarg i 2 m de diàmetre. Per garantir algunes condicions de seguretat i temperatura, només es pot omplir el 85 % de la capacitat total del dipòsit. Quants litres de llet pot transportar la Ivet?

26 + Si es fa girar un rectangle per la base o per l'altura tal com indica la figura, s'obtenen cilindres diferents. Són iguals l'àrea total i el volum dels dos cilindres? Comprova-ho.

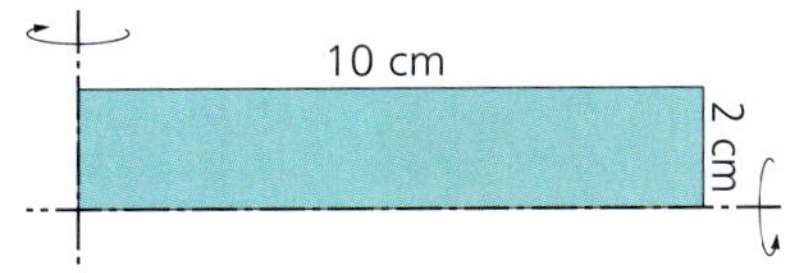

27 + La reixa de l'entrada de casa del Nicolàs es compon de 15 barrots de ferro sense tapes de 2 m d'altura i 3 cm de diàmetre. Per evitar que s'oxidi, el Nicolàs els pintarà amb una capa de mini. Si la pintura val 18 €/m^2, quant diners es gastarà el Nicolàs per pintar la reixa?

28 ++ Un dispensador d'aigua de forma cilíndrica té unes dimensions de 40 cm d'altura per 30 cm de diàmetre.

a. Quina quantitat màxima d'aigua pot contenir?

b. Si es consumeix l'aigua a raó d'1,5 L cada hora, expressa en hores, minuts i segons el temps que tardarà a buidar-se el dispensador ple.

29 ++ Quina és l'àrea d'un cilindre que té un volum de 1 194,6 m^3 i la base del qual té un diàmetre de 13 m?

30 ++ Es disposa d'un got cilíndric de 6 cm de diàmetre i 9 cm d'altura. Si es vol tenir la màxima quantitat de refresc possible, què caldria triar: un got el doble d'alt o un el doble d'ample? Justifica la teva resposta.

31 ++ Calcula el volum de les figures següents:

a.

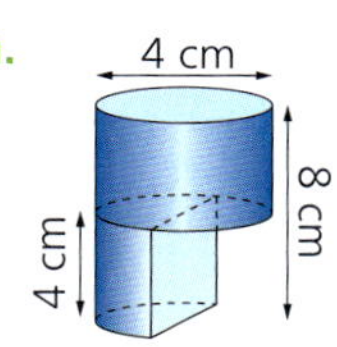

b.

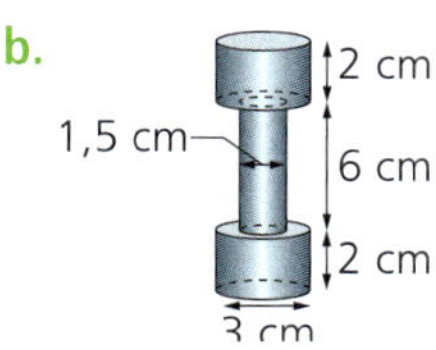

32 ++ El líquid del primer recipient es trasllada al segon:

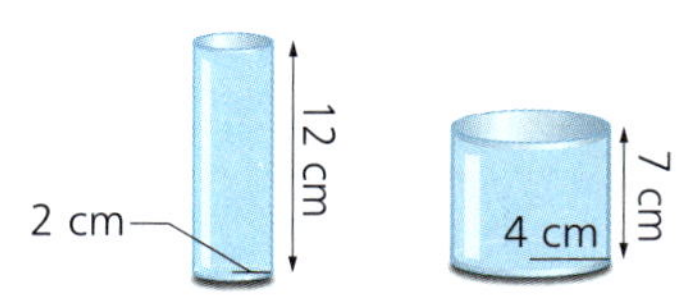

a. S'omplirà aquest segon recipient?

b. En el cas que no s'ompli el recipient, a quina altura arribarà el líquid?

3 Con

33 Dibuixa un con al teu quadern i assenyala-hi els elements.

34 Mira al teu voltant i indica tres objectes que siguin cònics.

35 Esbrina el volum dels cons següents:

a. 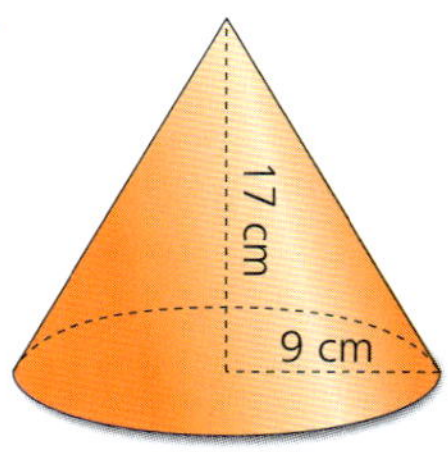

b. 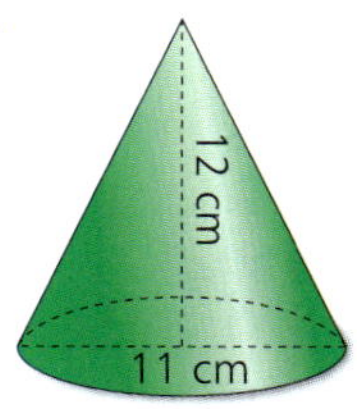

36 Calcula l'àrea total i el volum d'aquests cons:

a. 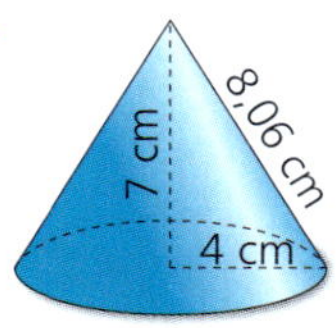

b. 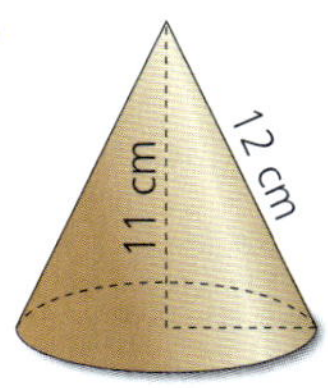

37 Determina l'àrea total dels cons següents:

a. 

b. 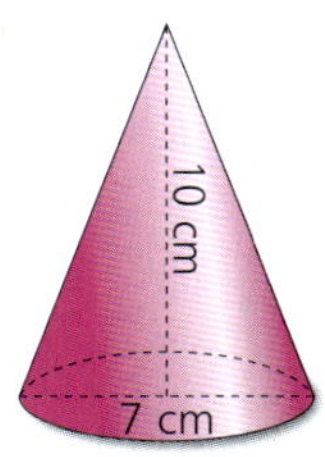

38 ⊞ El dipòsit isotèrmic de la figura es fa servir per emmagatzemar-hi llet. Té un diàmetre de 800 mm. D'altra banda, la part cilíndrica té la mateixa altura que la part cònica, i les dues mesuren en total 1 700 mm. Quina capacitat d'emmagatzematge té el dipòsit en metres cúbics?

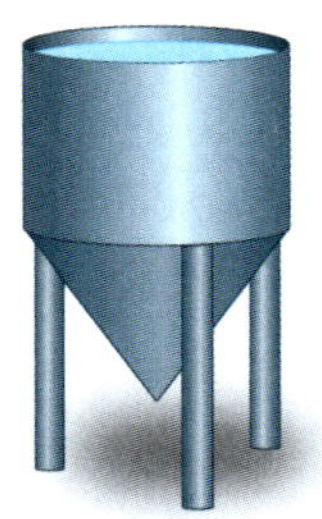

39 ⊞ La torre d'un castell té la teulada en forma cònica amb unes dimensions de 3 m d'altura i un diàmetre de 5 m. Calcula l'àrea lateral de la teulada.

40 ⊞ Una ampolla cònica de colònia té unes dimensions de 9 cm de diàmetre i 12 cm d'altura.

a. Indica l'àrea lateral de l'ampolla.

b. Calcula el volum, en litres, que cap a l'ampolla.

c. Quantes ampolles calen per envasar 1 L de colònia?

41 ⊞ Les patates preferides de l'Isaac les venen en pots cilíndrics que tenen unes dimensions de 7 cm de diàmetre i 22 cm d'altura.

a. Quin és el volum del pot?

b. Si es vol enganxar una etiqueta que envolti el pot, quant paper fa falta?

c. Per donar un aire nou a la forma del pot, s'ha canviat la tapa per una altra en forma de con amb una altura de 2 cm; quant material cal per fabricar-la?

42 ⊞ Calcula mentalment el volum dels cons següents i expressa'ls en funció de π:

a. 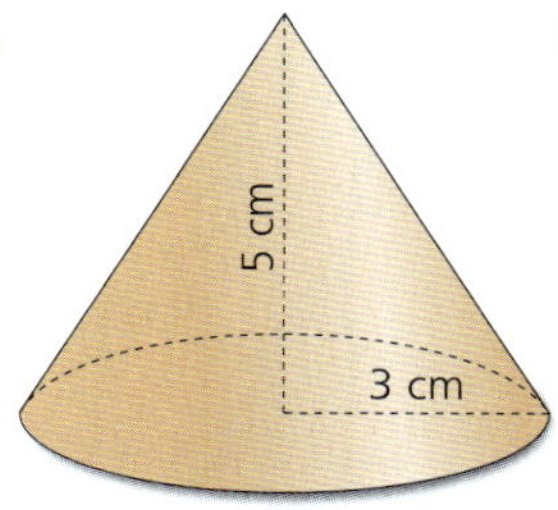

b. 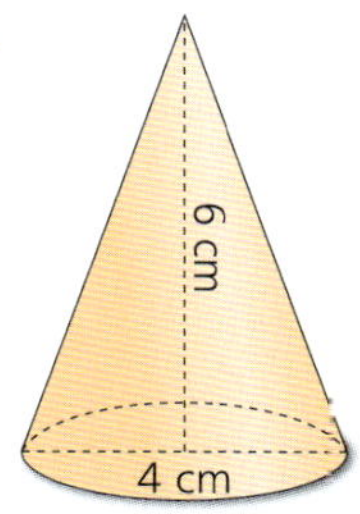

43 ⊞ Per decorar un ninot de neu, la Judit li ha posat com a nas un objecte en forma de con que té una àrea lateral de 100,5 cm^2 de material. Si l'objecte té una base amb un diàmetre de 4 cm, quin n'és el volum?

44 Quin d'aquests dos cossos de revolució té més capacitat?

a. 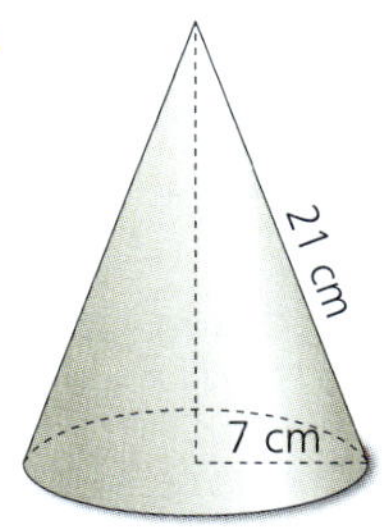

b. 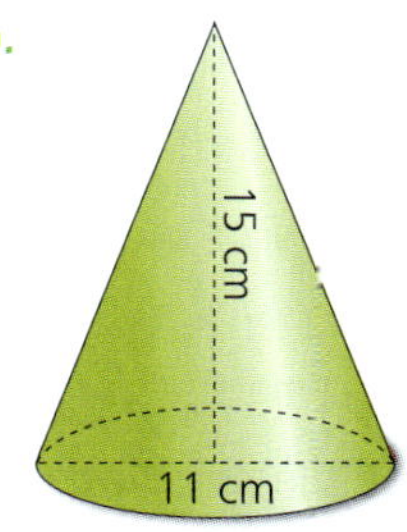

45 ⊞ Quina és l'àrea d'un con que té un volum de 55,97 m^3 i una altura de 7 m?

46 Calcula l'àrea total i el volum dels cons següents:

a. 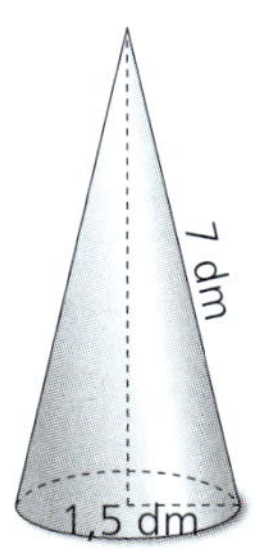

b. 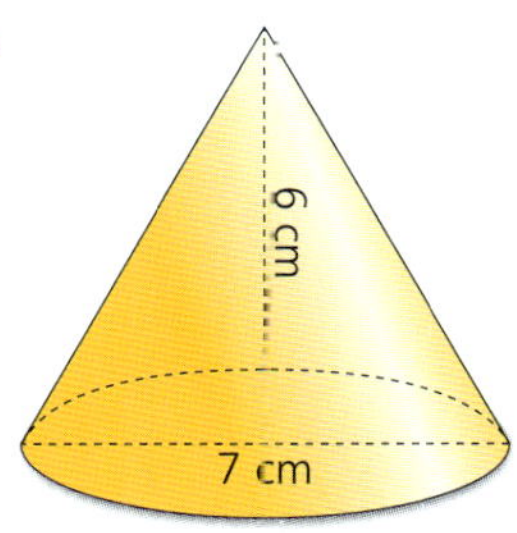

47 ⊞ Una espelma cilíndrica de 15 cm d'altura i 8 cm de diàmetre es consumeix a raó d'1 cm cada mitja hora. Quin és el volum de la part de l'espelma que queda després d'estar 3 hores encesa?

48 ⊞ Si es fa girar un triangle rectangle per la base o per l'altura tal com indica la figura, s'obtenen cons diferents. L'àrea total i el volum d'un con i de l'altre són iguals? Comprova-ho.

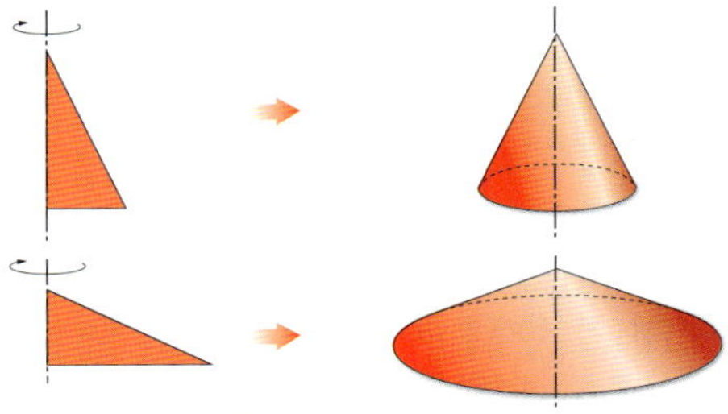

49 ⊞ Determina el volum dels cossos de revolució que es generen en la rotació de cadascuna d'aquestes figures al voltant dels eixos indicats:

a.

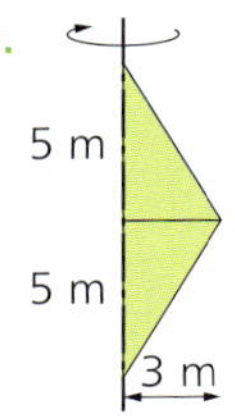

b.

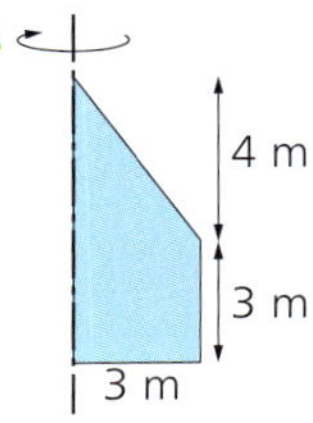

50 ⊞⊞ L'àrea total d'un con és de 267,03 m^2, i el diàmetre, de 10 m. Calcula el volum del con.

51 ⊞⊞ Un rellotge de sorra de 18 cm d'altura es compon de dos recipients cònics iguals de 4 cm de diàmetre cadascun. La sorra ocupa un 85 % d'un dels dos i tarda exactament 3 min a caure íntegrament de l'espai superior a l'inferior.

a. Quin volum té el rellotge?

b. Quin volum ocupa la sorra?

c. Quant temps marcaria el rellotge si un dels recipients estigués ple completament?

d. Si disposessis de dos rellotges de sorra, un de 5 min i un altre de 4 min, com aconseguiries cronometrar 3 min exactament?

4 Esfera

52 Determina l'àrea i el volum de les esferes següents:

a.

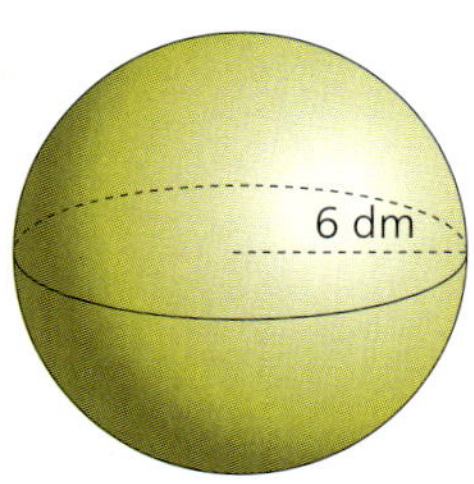

b.

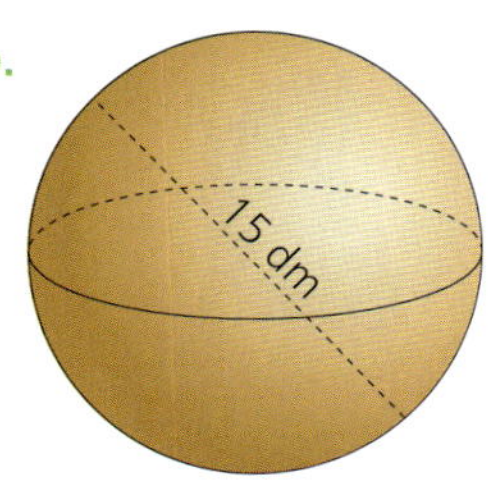

53 La Blanca s'ha preparat una amanida amb productes frescos en un bol de forma semiesfèrica que té un diàmetre de 30 cm. Calcula la superfície del bol.

54 ⊞ Partint d'una esfera de 4 cm de radi:

a. Com es pot obtenir un cercle màxim?

b. I un cercle més petit?

c. Per on s'ha de tallar una esfera amb un pla per obtenir dos segments esfèrics?

55 ⊞ Al joc del billar americà s'utilitzen 15 boles numerades i una bola blanca. Totes les boles, incloent-hi la blanca, mesuren el mateix: tenen un diàmetre de 57 mm.

a. Quina és la superfície esfèrica de cada bola?

b. Quin volum de material necessitem per construir totes les boles del billar?

56 ⊞ Un bastó de fusta té forma cilíndrica amb una longitud de 120 mm i un radi de 2 cm i està rematat a la part superior amb una esfera. Sabem que l'esfera té el mateix diàmetre que la part cilíndrica. Quina quantitat de fusta s'ha fet servir per construir-lo?

57 ⊞ Quin d'aquests cossos té més superfície?

a.

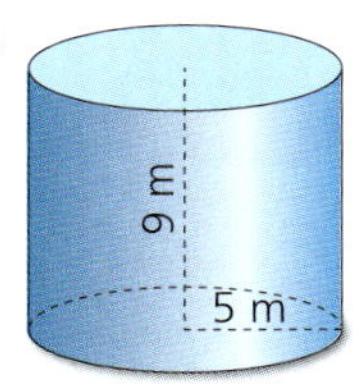

b.

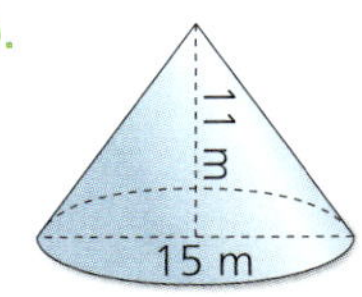

c.

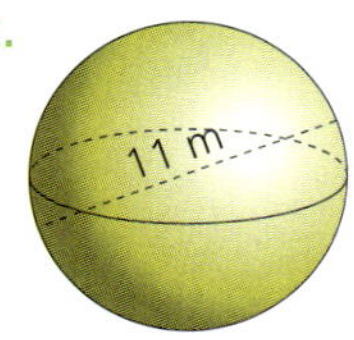

58 ⊞ Calcula el volum d'aquestes figures:

a.

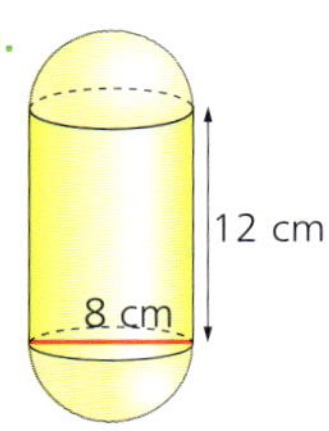

b.

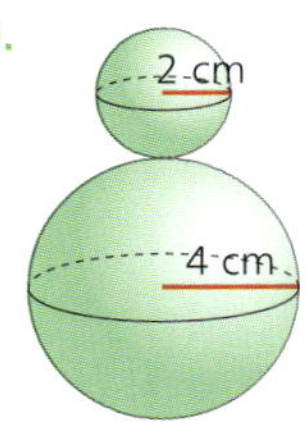

59 ⊞ Dibuixa al teu quadern els cossos de revolució següents i calcula'n l'àrea total i el volum:

a. Un cilindre de 6 cm de radi i 8 cm d'altura.

b. Un con de 7 cm de radi i 9 cm d'altura.

c. Una esfera de 10 cm de diàmetre.

60 ⊞ Esbrina el volum de les figures següents, que tenen els buits indicats:

a.

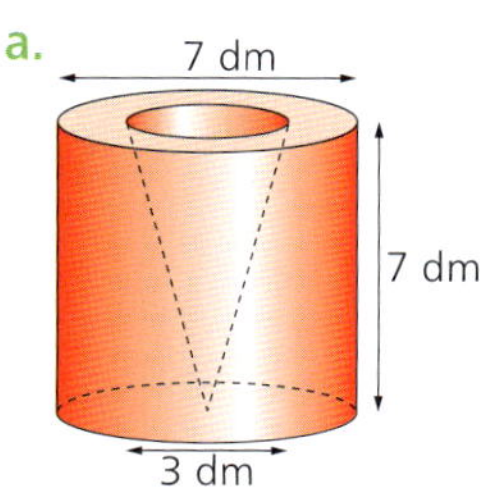

b.

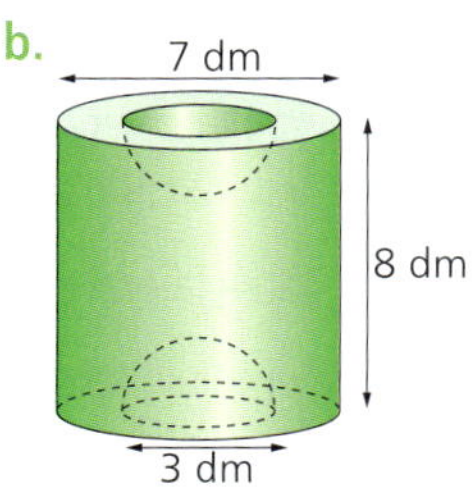

61 Quin radi ha de tenir com a mínim el cèrcol d'una cistella de bàsquet perquè hi càpiguen les pilotes si tenen una àrea de 3 629,84 cm^2?

62 Calcula el volum que queda entre les figures que apareixen a continuació:

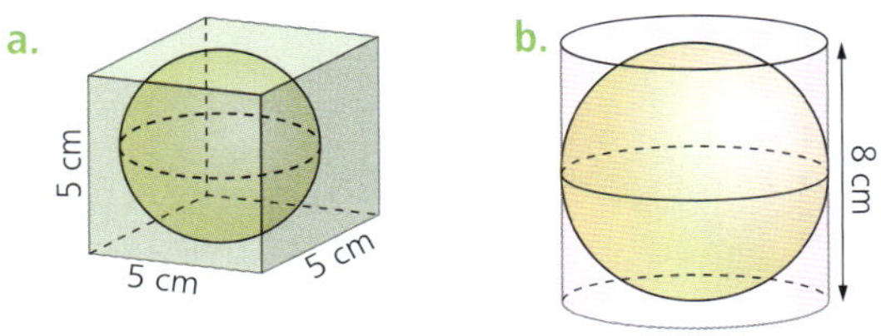

63 Amb un recipient cilíndric, de 27 cm d'altura i 12 cm de diàmetre, ple d'aigua fins al 80 %, es volen omplir dipòsits esfèrics amb un diàmetre d'11 cm. Quants dipòsits es podran omplir d'aigua?

64 Es disposa d'una cassola cilíndrica, amb unes dimensions de 30 cm de diàmetre i 20 cm d'altura, plena de sopa fins al 90 %, amb la qual se servirà un seguit de comensals, els plats dels quals tenen forma de bol semiesfèric de 8 cm de diàmetre. A quants comensals es podrà servir sopa si s'omplen els bols al 95 %?

65 Un recipient cilíndric de 28 cm d'altura i 5 cm de radi és ple d'aigua fins a una altura de 26 cm. Si s'hi introdueix una bola de vidre de 8 cm de diàmetre, quin és el volum d'aigua que vessarà del recipient?

66 El diàmetre aproximat del planeta Venus és de 12 100 km. Quin volum té?

67 En un recipient en forma de cilindre amb una base de 90 cm de diàmetre i una altura de 60 cm s'hi han introduït dues boles de 12 cm de diàmetre. Calcula el volum d'aigua necessari per omplir el recipient.

68 Pintar per la part externa el lateral d'un dipòsit cilíndric de 3 m d'altura i 5 m de diàmetre val 600 €. Si es manté aquesta proporció entre cost i superfície pintada, calcula:

a. Quant val pintar l'exterior d'un dipòsit esfèric que mesura 3 m de diàmetre?

b. Quant cal pagar per pintar l'exterior d'un dipòsit semiesfèric de 2 m de radi?

69 Al Lluc li ha caigut la pilota a la piscina i s'adona que hi queda surant amb la meitat aproximadament fora de l'aigua. Si la pilota té un diàmetre de 34 cm, calcula:

a. La superfície de la pilota que queda dins de la aigua.

b. El volum de la pilota per sobre de la superfície de l'aigua.

70 L'àrea d'una esfera mesura 201,06 cm^2; quin n'és el volum?

71 La Gisela i la Cristina tenen dos recipients del mateix volum. Si la Gisela té un recipient cilíndric de 25 cm d'altura i 8 cm de diàmetre, calcula el radi del recipient esfèric de la Cristina.

72 Calcula de manera aproximada la superfície esfèrica de la Terra suposant que és una esfera perfecta amb un radi de 6 371 km.

73 L'Eloi fa un treball sobre els cossos celestes del sistema solar i es basa en les dimensions que es recullen a la taula següent:

Cos celeste	Radi mitjà (km)
Terra	6 371
Lluna	1 737,1
Mart	3 389,5
Júpiter	69 911
Saturn	58 232
Sol	696 340

a. Determina quantes vegades és més gran el volum de Júpiter, que és el planeta més gran del sistema solar, que el de la Terra.

b. Calcula quantes vegades és més gran la superfície de la Terra que la del nostre satèl·lit.

c. Quantes esferes com el nostre planeta hi podrien cabre dins el Sol?

d. Determina quantes vegades és més gran la superfície de Saturn que la de Mart.

74 El Carlos tria el cucurutxo de gelat més gran de la gelateria, que té forma cònica, amb una altura de 12 cm i 5 cm de diàmetre. Calcula:

a. El volum de la bola de gelat més gran que es pot posar al cucurutxo.

b. El volum que quedarà sense gelat a l'interior del cucurutxo.

75 En una caixa en forma de cilindre, de 80 cm d altura i 20 cm de diàmetre, s'hi guarda una esfera de 10 cm de radi. Calcula el volum buit de la caixa.

TREBALLEM LES COMPETÈNCIES

ERATÒSTENES

Eratòstenes va ser un savi grec que va viure a Egipte entre els segles III i II aC. Les seves investigacions el van dur a fer descobriments importants que van ajudar a desxifrar els misteris que en la seva època envoltaven la ciència, com ara mesurar la longitud de la Terra.

Per fer el càlcul de la longitud del planeta, va suposar que la Terra tenia forma esfèrica i en va calcular la longitud de la circumferència i, en conseqüència, el radi. El sistema va consistir a mesurar la inclinació dels rajos solars en dues ciutats, Syene (l'actual Assuan) i Alexandria, coneixent la distància entre totes dues. Segons els càlculs d'Eratòstenes, el radi de la Terra era aproximadament de 6 320 km. L'aproximació va ser prou bona, perquè el radi real del planeta és de 6 370 km.

1 Quin percentatge d'error va cometre Eratòstenes?

2 Calcula la superfície del nostre planeta fent les aproximacions del nombre π que apareixen a la taula següent, i completa-la.

Valor de π	3	3,14	3,1416	π
Superfície del planeta (mesura d'Eratòstenes)				
Superfície de la Terra (mesura real)				

LA TORRE DE PISA

L'anomenada *torre inclinada de Pisa*, a Itàlia, és el campanar de la catedral de Pisa. La van construir l'any 1173. Va començar a inclinar-se gairebé des del principi.

1 Quin cos de revolució es pot considerar que és?

2 La torre té una altura de 56 m i un diàmetre d'uns 20 m. Quina superfície total té, aproximadament?

3 Si se'n volgués fer una remodelació, i enrajolar-la amb rajoles petites quadrades de 50 × 50 mm, quantes se n'haurien de fer servir?

LA COPA

A casa de l'Helena tenen un joc de copes de cava que pertanyien a la seva besàvia. Les copes tenen forma cònica, de 8 cm de diàmetre de la base i 6 cm d'altura. Normalment, en servir el cava, les omplen fins a la meitat del volum.

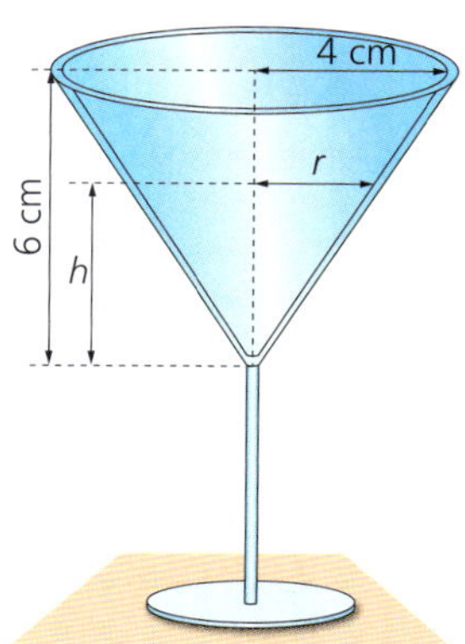

1 Quina altura assoleix el líquid?

2 Alguns còctels se serveixen en aquest tipus de copa. En aquest cas, se solen omplir fins a les dues terceres parts de la capacitat. Quina altura assolirà el líquid en aquest cas?

EL BOL DE LA HUAN

Al restaurant de la família de la Huan serveixen el menjar en bols en forma de tronc de con.

1 Troba el volum del bol sabent que els radis de les bases mesuren 10 i 15 cm, i l'altura, 12 cm.

EL TÚNEL DE FORMIGÓ

A la ciutat de la Sandra estan fent un túnel per travessar la muntanya que la separa de la vila veïna. L'empresa constructora ha fet arribar a les associacions veïnals l'esquema de la primera part del túnel.

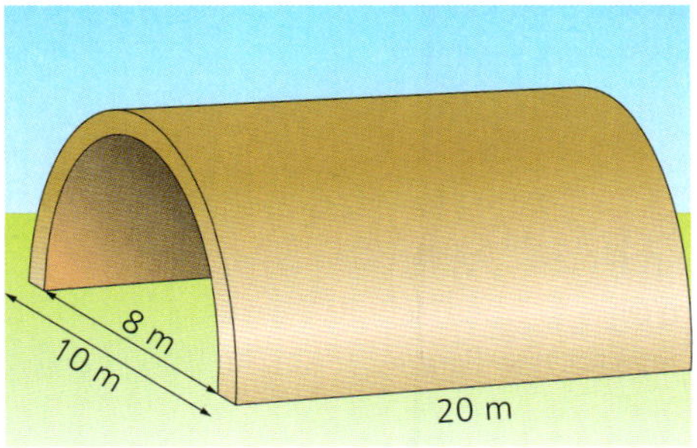

1 Calcula el volum de formigó que cal per fer aquesta part del túnel.

2 Un cop estigui construït, caldrà pintar el túnel per dins. Troba la superfície que s'haurà de pintar.

ENVASOS PER A REFRESCOS

Hem anat de visita a una fàbrica de refrescos per conèixer com és el procés d'elaboració d'aquests productes. La professora de matemàtiques ens ha fet una explicació genèrica. Després, ens ha plantejat algunes preguntes per comprovar si ho havíem entès.

1 En un moment de la visita hem vist dipòsits cilíndrics d'1 m de diàmetre i 2 d'altura. Quants litres de refresc caben en un dipòsit?

2 Els refrescos es comercialitzen en envasos de diferent capacitat. Ens han donat una taula amb cada tipus d'envàs, però no ens han dit quants envasos de cada es poden omplir amb la quantitat que hem calculat a l'apartat anterior. Completa la taula amb les dades:

Capacitat dels envasos	2 L	1/2 L	40 cL	250 cL	200 mL
Quantitat d'envasos					

3 Per comercialitzar el refresc de llimona, l'envàs més utilitzat és un cilindre metàl·lic de 33 cm^2 de base i 10 cm d'altura. Quina quantitat de refresc hi cap, a cada envàs?

4 Un dels envasos que es fan servir és cilíndric, de 3,25 cm de radi i 10 cm d'altura. Si en dupliquem el radi i l'altura, quin volum té? I si reduïm a la meitat les mesures originals?

APLIQUEM LES TIC

CONSTRUCCIÓ D'UNA ESFERA AMB WIRIS

Aquest programa ens permet dibuixar els diferents cossos de revolució. En aquest cas dibuixarem una esfera.

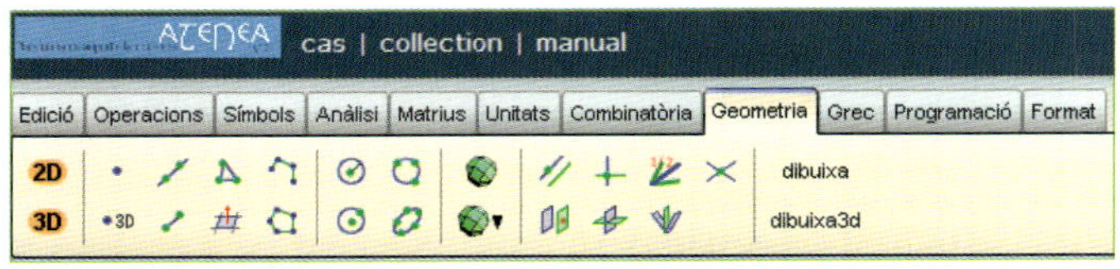

Per fer el dibuix, se selecciona la pestanya **Geometria** de la barra de menús que hi ha a la part superior. Just a sota es desplega una finestra d'eines, entre les quals triem **dibuixa3d**.

A la **finestra algebraica** apareix l'ordre `dibuixa3d()`, que ens permetrà dibuixar l'esfera.

CONSTRUCCIÓ D'UNA ESFERA

L'esfera es construeix amb aquest programa com una aproximació d'un poliedre, de manera que, com més cares tingui el poliedre, més semblarà una esfera. És una situació semblant al que passa amb les pilotes de futbol.

Per construir una esfera, cal seguir aquests passos:

1. S'afegeix a l'ordre **dibuixa3d** l'argument, és a dir, el text que va entre parèntesis. Per fer-ho, se situa el cursor dins els parèntesis i se selecciona a la finestra d'eines la icona del poliedre: . Del menú desplegable es tria l'esfera polièdrica, de manera que l'ordre queda així:

   dibuixa3d(esfera_polièdrica(n,radi))

2. La funció esfera polièdrica té 2 arguments: ***n***, que és el nombre de cares que tindrà el poliedre que s'aproxima a l'esfera, i **radi**, que és el radi de l'esfera.

Si es parteix d'un valor de n petit i s'augmenta progressivament el nombre de cares, s'aprecia com el poliedre es va convertint en l'esfera corresponent.

Amb un valor del radi igual a 5 i triant el color marró, s'obté:

dibuixa3d(esfera_polièdrica(10,5),{color=marró})

n = 10

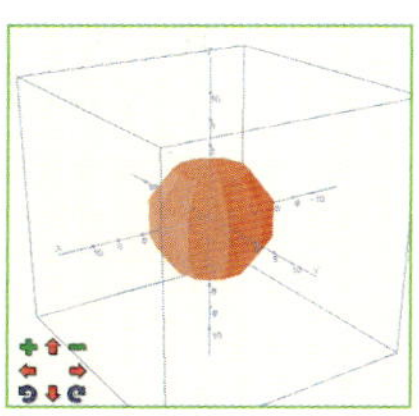

n = 20

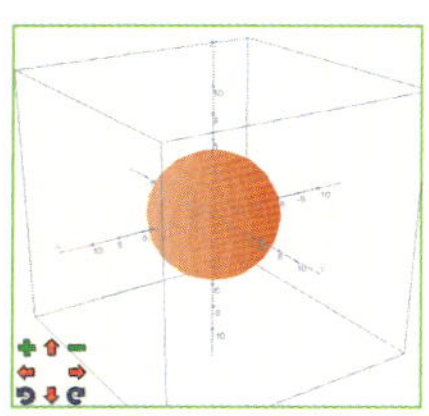

n = 50

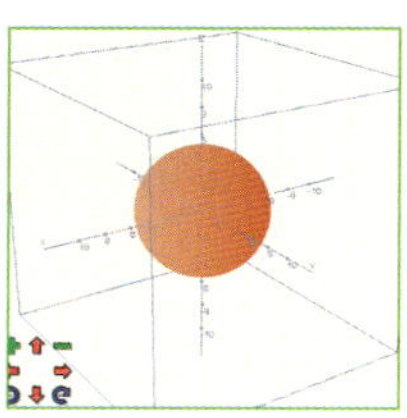

n = 100

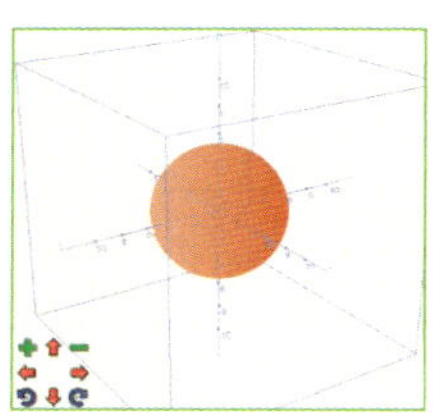

1 Dibuixa una esfera de radi 8 i de color blau. Fes-ho en tres passos per als valors de n següents: 10, 50 i 100.

AVALUACIÓ

1 Determina el radi de la base d'un cilindre que té 175,84 cm^2 d'àrea lateral i una altura de 7 cm.

2 Calcula l'àrea total i el volum de la figura següent:

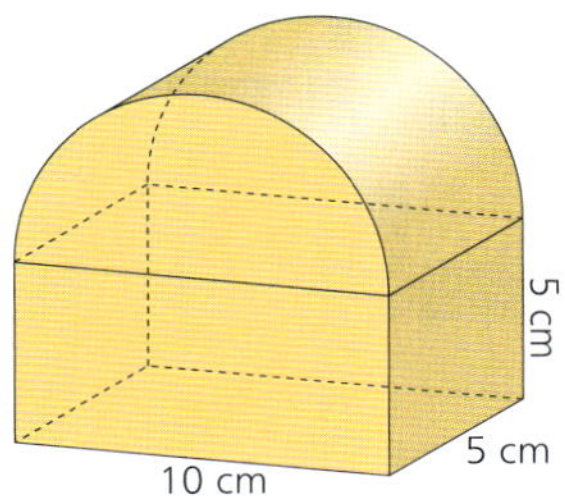

3 Quin és el volum d'un cilindre que té una superfície total de 251,2 cm^2 i en el qual l'altura és igual al diàmetre?

4 Calcula quin és el volum contingut entre un cilindre inscrit en un prisma regular hexagonal que té 4,5 cm de costat i 9 cm d'alçada.

5 Dibuixa el desenvolupament pla d'un con de 4 cm d'altura i 3 cm radi.

6 Troba el radi de la base d'un con sabent que la generatriu és el doble del radi i l'àrea total és 233,5 cm^2.

7 Calcula el volum d'un con inscrit en un cilindre de 4 cm de radi de la base i altura 8 cm.

8 Calcula l'àrea d'una esfera de radi 5 cm.

9 Calcula el radi d'una esfera de 1 133,04 m^2.

10 Quin és el diàmetre d'una esfera de 904,32 cm^3?

11 El diàmetre de la base i l'altura d'un cilindre són iguals i fan 16 cm. Troba el volum contingut entre el cilindre i l'esfera que hi està inscrita.

12 Calcula la superfície total dels cossos següents:

a.

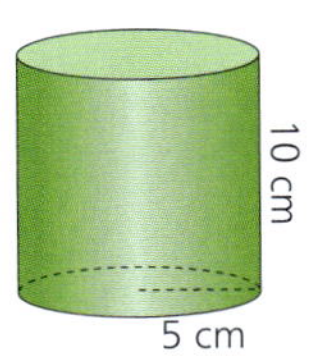

b.

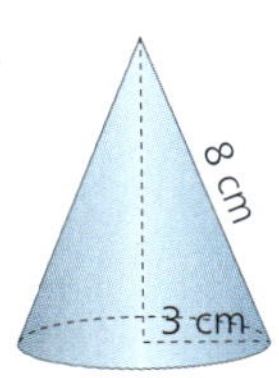

c.

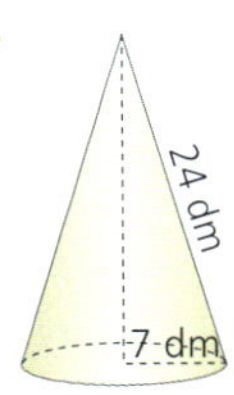

d.

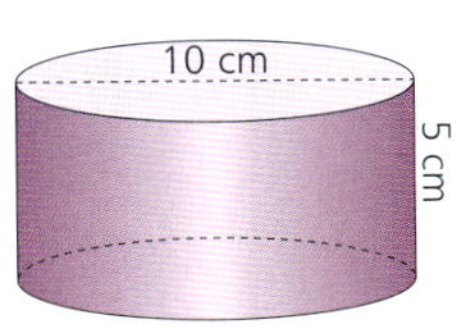

13 Calcula el volum de les figures següents:

a.

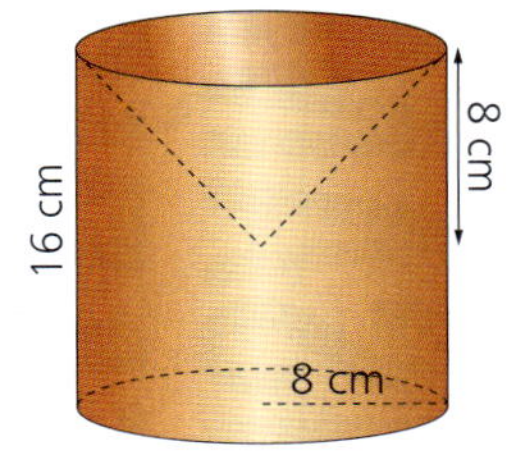

b.

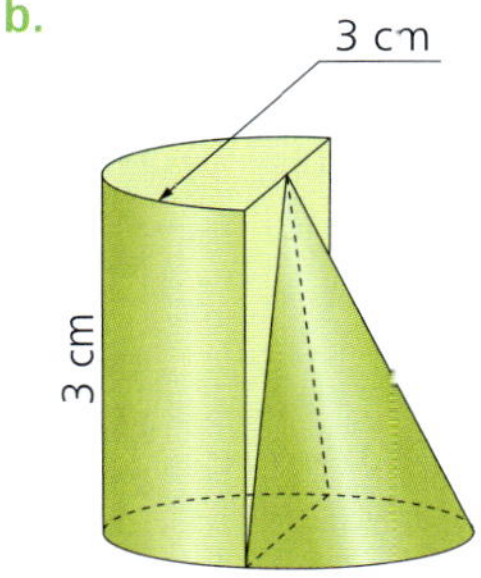

14 Una llauna de tomàquet fa 12 cm d'altura i 8 de diàmetre. Calcula quina quantitat de paper es necessita per fer una etiqueta que cobreixi la part lateral de la llauna.

15 La cúpula de la catedral de Florència, obra de Filippo Brunelleschi, té un diàmetre aproximat de 44 metres. Si s'hagués construït a base de rajoles rectangulars de 20 × 10 cm, quantes rajoles s'haurien fet servir per construir-la?

16 Una empresa d'emmagatzematge i repartiment de gas butà té un dipòsit cilíndric acabat en els extrems amb dues semiesferes. El diàmetre del cilindre és de 2 m, i la longitud total del dipòsit és de 8 m.

a. Calcula el volum de gas que hi cap, en metres cúbics.

b. Expressa en notació científica la capacitat del dipòsit i indica-la en litres.

17 Un dipòsit esfèric de gas es fa servir per emmagatzemar nitrogen sota pressió. Quina quantitat de gas es pot introduir en un dipòsit de 12 m de radi si pot contenir fins a 33 vegades més que el seu equivalent en metres cúbics?

18 L'Adriana compra pilotes de tennis que van desades de tres en tres dins d'un recipient cilíndric. Si les pilotes tenen un diàmetre de 8 cm, quin és el volum d'aire que queda entremig de les pilotes i el recipient?

19 La densitat del plom és d'11,4 g/cm^3. Quin és el pes d'una bola esfèrica de plom de 15 cm de radi?

20 La galeta dels gelats que ven el Mario té forma cònica i una capacitat de 9,42 cL. Si l'altura del con és de 10 cm, quin n'és el diàmetre de la base?

21 Es vol pintar un dipòsit cilíndric que té 6,8 m de radi i 12 m d'altura.

a. Quina quantitat de pintura es gastarà?

b. Quant costarà si té un preu de 12 €/m^2?

14 ESTADÍSTICA

ALGUN DIA EL PENSAMENT ESTADÍSTIC SERÀ TAN NECESSARI COM L'HABILITAT DE LLEGIR I ESCRIURE

H. G. WELLS

CONÈIXER

SOM BONS LECTORS?

A una prestigiosa editorial li han caigut les vendes i us ha contractat per dur a terme un estudi de mercat que aclareixi la seva situació. Amb aquesta finalitat, heu pensat que podeu fer una enquesta entre els vostres companys sobre el nombre de llibres que han llegit els últims sis mesos i el gènere al qual pertany cadascun. Amb les dades recopilades, confeccioneu una taula de freqüències i efectueu els càlculs oportuns per extreure'n conclusions que ajudin l'editorial.

CREAR

EL PODER D'UNA IMATGE

Per tal que els resultats del vostre estudi de mercat siguin més complets i clars, representeu-los mitjançant un diagrama de barres que en faciliti la interpretació. Podeu fer servir cartolines de diferents colors o bé algun programa informàtic.

INVESTIGAR

GRÀFICS A LA BABALÀ

Per aprofundir en la vostra anàlisi i plasmar d'una manera més clara els resultats obtinguts, busqueu altres maneres de representar les dades amb l'objectiu final que l'editorial pugui prendre les decisions més encertades. Podeu fer servir algun programa informàtic per processar aquestes dades, però no us oblideu que han de quedar totes recopilades en un mural.

PRESENTAR

COMPARTIM IMPRESSIONS

Amb les dades recollides i les taules i els gràfics elaborats, prepareu una presentació per a la directiva de l'editorial. Usant una terminologia adequada, exposeu de manera clara les conclusions obtingudes i proposeu suggeriments per millorar els índexs de vendes. Segur que no es penedeixen d'haver-vos contractat.

1 POBLACIÓ I MOSTRA

L'**estadística** és la branca de les matemàtiques que estudia conjunts de dades amb l'objectiu de resumir-les, organitzar-les, representar-les i analitzar-les i, d'aquesta manera, facilitar-ne la interpretació.

Un estudi estadístic és el procediment mitjançant el qual es fa la recollida de les dades referents a una característica que s'investiga, el tractament d'aquestes dades i l'anàlisi i la representació posteriors.

S'anomena **caràcter estadístic** cada característica o propietat objecte d'estudi; si el caràcter és quantitatiu, rep el nom de **variable estadística**. Els caràcters estadístics es classifiquen en els tipus següents:

Tipus		Propietats	Exemples
Qualitatiu		El caràcter classifica els individus segons una qualitat i agrupa les dades en modalitats.	• Nom: Júlia, Marc, Álex... • País de naixement: la Xina, el Marroc, França...
Quantitatiu Els valors del caràcter expressen una quantitat numèrica.	Discret	L'escala dels valors possibles que pot prendre el caràcter està formada per valors aïllats.	• Nombre de matèries en les quals has tret més d'un 7: 1, 2, 3... • Nombre de peces de fruita que menges al dia: 0, 1, 2...
	Continu	Les dades poden adoptar molts valors diferents, però propers entre ells, perquè entre dos valors qualssevol és possible trobar-ne d'altres d'intermedis.	• Alçada d'una persona en centímetres: 186 cm, 177 cm... • Longitud assolida en el llançament de javelina: 73,65 m; 84,18 m...

Cada entitat, persona o objecte sobre els quals es pot dur a terme un estudi estadístic és un **individu**. El conjunt dels individus s'anomena **població**.

De vegades, dur a terme l'estudi sobre tota la població requereix massa esforç. Aleshores, en lloc de la població, se'n pot utilitzar un subconjunt, que rep el nom de **mostra**.

D'altra banda, la **grandària** és el nombre total d'individus que es considerarà per a l'estudi. La grandària es designa mitjançant la lletra **N**. Així, doncs, com que N es refereix a la grandària del conjunt triat per dur a terme l'estudi estadístic, serà, segons el cas, la **grandària de la població** o la **grandària de la mostra**.

Sondeig d'opinió

És un mesurament estadístic de les dades recollides a partir de qüestionaris breus que es fan per conèixer l'opinió pública sobre una qüestió determinada.

El sondeig s'efectua a una mostra de la població que representa la totalitat de l'opinió pública i, posteriorment, aquestes dades s'extrapolen al conjunt de la població de manera proporcional.

Fes un estudi estadístic a la teva classe

Formeu equips de dues o tres persones i trieu un caràcter estadístic per dur a terme l'estudi. Pot ser de qualsevol dels tres tipus.

Trieu la població sobre la qual fareu l'estudi; per exemple, la vostra classe.

Elaboreu una mostra aleatòria de 8 individus per mitjà d'una llista numerada amb tots els individus de la població. Si és la classe, ordeneu els alumnes, per exemple, alfabèticament.

Per triar els 8 integrants de la mostra, podeu aplicar diversos mètodes. En el cas de la classe, introduïu en una bossa tantes paperetes numerades com alumnes hi hagi i extraieu-ne vuit, o genereu 8 nombres aleatoris mitjançant la funció *random* (Ran#) de la calculadora o amb l'ordinador (investigueu la manera de fer-ho) i després seleccioneu els alumnes que corresponguin a aquests nombres.

Una vegada que tingueu la mostra, pregunteu a aquests alumnes sobre els aspectes abordats en el vostre estudi estadístic.

2 TAULES DE FREQÜÈNCIES

Una vegada recollides les dades de l'estudi estadístic, es procedeix a tabular-les, és a dir, a organitzar-les de manera clara i ordenada en una **taula de freqüències**. La taula de freqüències facilitarà el procés posterior de representació i càlcul dels paràmetres estadístics.

2.1 TAULA DE FREQÜÈNCIES DE CARÀCTER QUANTITATIU DISCRET O QUALITATIU

Quan el caràcter objecte de l'estudi és quantitatiu discret o qualitatiu, les dades es recullen a la taula de freqüències ordenades numèricament o alfabèticament.

Activitat resolta

S'ha preguntat als 30 alumnes d'una classe pel nombre d'observacions astronòmiques que han fet amb telescopi. Les respostes es recullen al requadre del marge. Elabora una taula estadística amb aquestes dades.

Nre. d'observacions astronòmiques									
3	2	1	3	0	1	3	4	1	3
2	3	1	4	2	3	0	1	2	4
3	2	2	0	3	1	3	3	0	1

Les dades s'agrupen en una taula de freqüències formada per les columnes següents:

1. S'ordenen, de més petit a més gran, els valors que pot prendre el **caràcter estadístic**, x_i.
2. Es calcula el nombre de vegades que es repeteix cada valor, que s'anomena **freqüència absoluta**, n_i.
3. Se sumen totes les freqüències absolutes dels valors més petits o iguals que el valor corresponent, i així s'obté la **freqüència absoluta acumulada**, N_i.
4. Es divideix la freqüència absoluta entre la mida. Aquest quocient rep el nom de **freqüència relativa**, f_i.
5. Es calculen els **percentatges**, p_i, multiplicant per 100 la freqüència relativa.

1 Variable, x_i	2 Freqüència absoluta, n_i	3 Freqüència absoluta acumulada, N_i	4 Freqüència relativa, $f_i = \frac{n_i}{N}$	5 Percentatges, p_i
0	4	4	$\frac{4}{30} = 0,1\widehat{3}$	$13,\widehat{3}$ %
1	7	11	$\frac{7}{30} = 0,2\widehat{3}$	$23,\widehat{3}$ %
2	6	17	$\frac{6}{30} = 0,20$	20 %
3	10	27	$\frac{10}{30} = 0,\widehat{3}$	$33,\widehat{3}$ %
4	3	30	$\frac{3}{30} = 0,10$	10 %
Total	**N = 30**		**1**	**100 %**

La suma de totes les freqüències absolutes sempre és el nombre total de dades, N.

La suma de totes les freqüències relatives sempre és 1.

La suma de tots els percentatges sempre és 100 %.

2.2 TAULA DE FREQÜÈNCIES DE CARÀCTER QUANTITATIU CONTINU

Les dades d'una variable estadística quantitativa contínua poden ser molts valors diferents, però propers entre ells. Una bona manera de resumir aquesta informació és agrupar les dades en intervals i comptar només el nombre de vegades que cada valor està dins del seu interval. Així s'evita construir una taula de freqüències que inclogui tots els valors diferents. Aquests intervals s'anomenen **classes**.

Activitats resoltes

S'ha preguntat en 25 llars triades a l'atzar quina quantitat d'aigua per persona, segons la seva estimació, poden consumir en un dia normal. Elabora una taula estadística amb aquestes dades.

Litres d'aigua consumits								
13	29	19	35	30	22	31	24	18
25	26	30	10	14	28	33	30	15
	12	34	20	26	12	20	31	

Les dades s'agrupen en una taula de freqüències.

El primer interval comença amb el valor més petit o un valor exacte proper i inferior.

1 El **nombre d'intervals** s'obté calculant l'arrel quadrada de la mida (o una aproximació quan l'arrel no sigui exacta). Com que la mida és 25, en resulta $\sqrt{25} = 5$, de manera que s'agafen cinc intervals.

2 L'**amplitud** dels intervals ha de ser la mateixa per a tots. D'aquesta manera, és el quocient entre la diferència dels valors extrems de la variable i el nombre d'intervals. Així, en el nostre exemple és:

$$\frac{35-10}{5}=5$$

3 Els valors de la variable, x_i, s'agrupen en intervals tancats per l'esquerra i oberts per la dreta, amb excepció de l'últim interval, en el qual els dos extrems són tancats.

4 Es calcula el valor mitjà dels extrems de cada interval. Aquest valor rep la denominació de **marca de classe**. Per exemple, a l'interval [10, 15) la marca de classe és:

$$\frac{10+15}{2}=12,5$$

3 Variable, x_i	**4** Marca de classe, c_i	Freqüència absoluta, n_i	Freqüència absoluta acumulada, N_i	Freqüència relativa, $f_i = \frac{n_i}{N}$	Percentatges, p_i
[10 , 15)	12,5	5	5	$\frac{5}{25} = 0,20$	20 %
[15 , 20)	17,5	3	8	$\frac{3}{25} = 0,12$	12 %
[20 , 25)	22,5	4	12	$\frac{4}{25} = 0,16$	16 %
[25 , 30)	27,5	5	17	$\frac{5}{25} = 0,20$	20 %
[30 , 35]	32,5	8	25	$\frac{8}{25} = 0,32$	32 %
Total		**N = 25**		**1**	**100 %**

1 Nombre d'intervals

2 Amplitud

3 GRÀFICS ESTADÍSTICS

Les dades organitzades en una taula estadística de freqüències es poden representar mitjançant gràfics estadístics que mostren la informació d'una manera més clara, directa i senzilla.

Per representar aquesta informació, hi ha diversos tipus de gràfics: diagrama de barres, polígon de freqüències, pictograma, diagrama de sectors i histograma.

Segons la classe de caràcter estadístic que es vulgui representar, serà més apropiat fer servir un tipus de gràfic o un altre.

Prenguem l'exemple d'una enquesta feta a cinquanta persones per conèixer el tipus d'esport que els agrada practicar a l'estiu, de la qual s'han obtingut els resultats que pots veure a la taula del marge. Representarem aquestes dades en els diferents gràfics estadístics.

Esport	Freqüència absoluta, n_i
Cursa	18
Natació	11
Patinatge	6
Vòlei platja	15

3.1 DIAGRAMA DE BARRES I POLÍGON DE FREQÜÈNCIES

S'utilitzen per representar caràcters qualitatius i quantitatius discrets. Es fan servir rectangles, anomenats **barres**, que tenen com a bases els valors que pren el caràcter, i com a altures, les freqüències d'aquests valors.

A l'eix d'ordenades se situen les freqüències dels valors, per exemple, les absolutes, n_i.

A l'eix d'abscisses se situen els valors del caràcter, x_i.

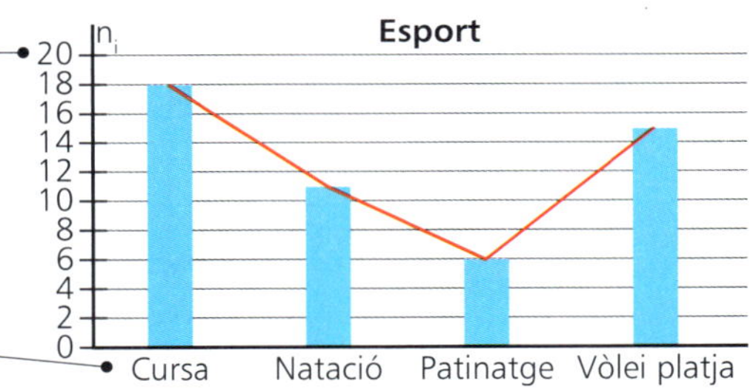

El **polígon de freqüències** és la línia poligonal que s'obté quan s'uneixen els punts mitjans dels extrems superiors de cada barra.

Pictograma

És la representació gràfica que resulta quan se substitueixen els rectangles per figures en què la mida varia segons els valors del caràcter.

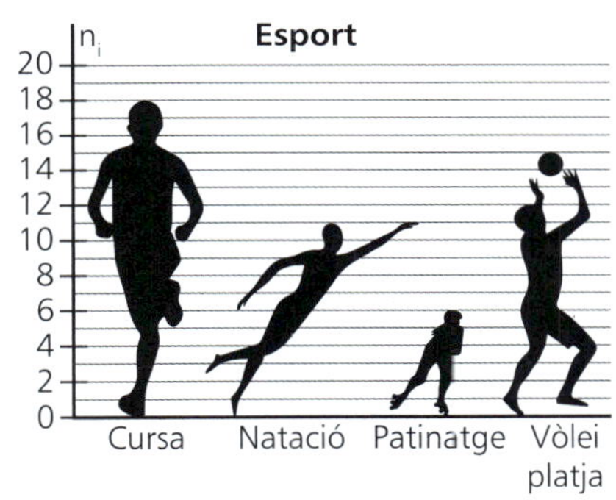

3.2 DIAGRAMA DE SECTORS

És una representació en la qual es divideix un cercle en sectors. Cadascun representa els diferents valors que adopta el caràcter. L'amplitud de cada sector s'obté multiplicant per 360° la freqüència relativa.

Esport, x_i	Freqüència absoluta, n_i	Freqüència relativa, f_i	Amplitud del sector
Cursa	18	0,36	0,36 · 360° = 129,6°
Natació	11	0,22	0,22 · 360° = 79,2°
Patinatge	6	0,12	0,12 · 360° = 43,2°
Vòlei platja	15	0,30	0,30 · 360° = 108°
Total	**50**	**1**	**360°**

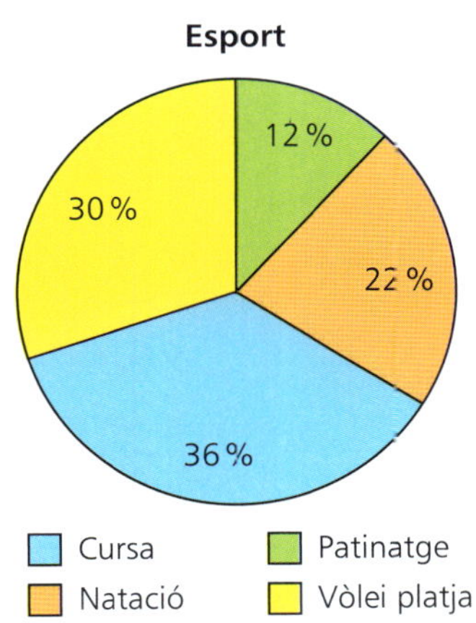

3.3 HISTOGRAMA

S'utilitza per representar variables quantitatives contínues. Es fan servir rectangles adossats que tenen com a bases els intervals en què s'agrupen les dades, i com a altures, les freqüències dels valors.

Així, l'histograma de les dades representades de la taula de la dreta és:

Dades, x_i	Freqüència absoluta, n_i
[0 , 5)	5
[5 , 10)	2
[10 , 15)	7
[15 , 20)	1
[20 , 25]	4

A l'eix d'ordenades se situen les freqüències dels valors, per exemple, les absolutes, n_i.

A l'eix d'abscisses se situen els valors de la variable, x_i.

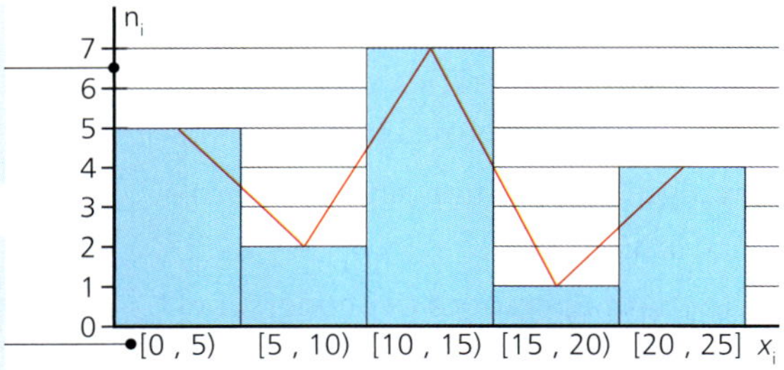

Activitat resolta

Al diagrama de sectors següent es representen els diferents INR (índex que indica el temps de coagulació de la sang) d'un grup de 140 persones que prenen acenocumarol per evitar la formació de trombes.

a. Elabora'n una taula de freqüències.

b. Representa les dades mitjançant un histograma.

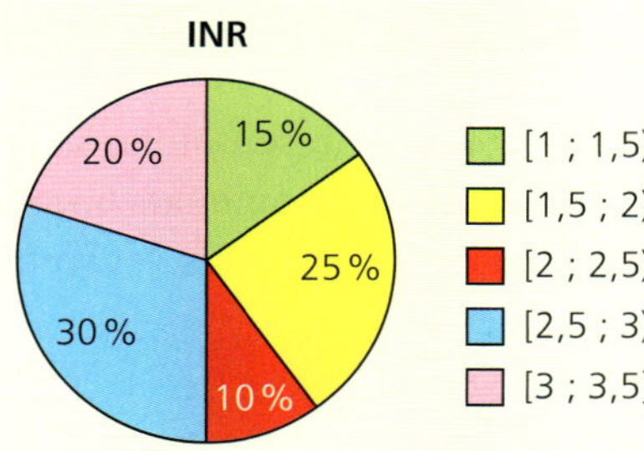

a. Aplicant el percentatge de cada sector a la mida de la població, 140 persones, s'obtenen les freqüències absolutes de cadascuna de les dades i el resultat s'arrodoneix a la unitat. A partir d'aquí, es pot completar la taula de freqüències.

Variable, x_i	Marca de classe, c_i	Freqüència absoluta, n_i	Freqüència absoluta acumulada, N_i	Freqüència relativa, $f_i = \frac{n_i}{N}$	Percentatge, p_i
[1 ; 1,5)	1,25	$\frac{15 \cdot 140}{100} = 21$	21	$\frac{21}{140} = 0{,}15$	15 %
[1,5 ; 2)	1,75	$\frac{25 \cdot 140}{100} = 35$	56	$\frac{35}{140} = 0{,}25$	25 %
[2 ; 2,5)	2,25	$\frac{10 \cdot 140}{100} = 14$	70	$\frac{14}{140} = 0{,}10$	10 %
[2,5 ; 3)	2,75	$\frac{30 \cdot 140}{100} = 42$	112	$\frac{42}{140} = 0{,}30$	30 %
[3 ; 3,5]	3,25	$\frac{20 \cdot 140}{100} = 28$	140	$\frac{28}{140} = 0{,}20$	20 %
Total		**N = 140**		**1**	**100 %**

b. L'histograma seria:

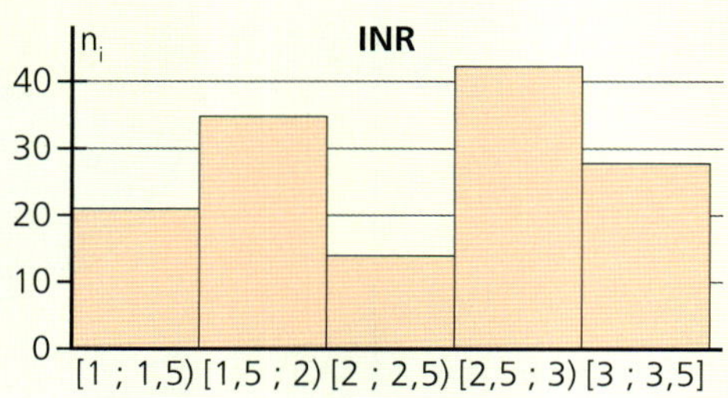

4 PARÀMETRES DE CENTRALITZACIÓ

Els **paràmetres de centralització** són mesures estadístiques al voltant de les quals se situen les dades del caràcter. Els més importants són:

Moda, M_o

La **moda** és el valor del caràcter que es repeteix més vegades, és a dir, el que té la freqüència més alta. Si la variable és quantitativa contínua, la freqüència absoluta més alta correspon a un interval anomenat **interval modal**.

A més, si la distribució té més d'una moda, s'anomena *bimodal, trimodal...*

Mitjana aritmètica, $\overline{x}$

La **mitjana aritmètica** és el valor central al voltant del qual se situen els valors del caràcter.

S'obté mitjançant la suma dels productes de cada valor per la seva freqüència absoluta i dividint després el resultat pel nombre total de dades:

$$\overline{x} = \frac{x_1 \cdot n_1 + x_2 \cdot n_2 + \ldots + x_n \cdot n_n}{N}$$

La mitjana només s'obté per a caràcters quantitatius.

- Si les dades estan agrupades en intervals de classe, la mitjana es calcula fent servir les marques de classe.

Mediana, M_e

La **mediana** és un valor central que, una vegada ordenades les dades, està situat a la meitat.

Per obtenir la mediana, s'ordenen les dades de més petita a més gran i:

- Si el **nombre de dades** és **senar**, la mediana és la dada central.
- Si el **nombre de dades** és **parell**, la mediana és la mitjana aritmètica de les dues dades centrals.
- Si el caràcter és quantitatiu continu, aquest valor correspon a un interval, anomenat **interval medià**.

No és tan sensible com la mitjana als valors extrems.

Activitat resolta

En una escola de ball s'ha obert un grup per ensenyar swing a joves. S'hi han apuntat 20 adolescents amb edats compreses entre 15 i 18 anys. Calcula els paràmetres de centralització de les edats dels alumnes, que són:

17 16 17 15 18 15 16 18 17 15 17 15 17 15 16 15 16 18 15 17

Dades, x_i	Fr. absoluta, n_i	$x_i \cdot n_i$	Fr. absoluta acumulada, N_i
15	7	105	7
16	4	64	11
17	6	102	17
18	3	54	20
Total	**20**	**325**	

La moda és $M_o = 15$, perquè és el valor registrat amb la freqüència més alta (7 vegades).

- La mitjana és: $\overline{x} = \frac{105 + 64 + 102 + 54}{20} = \frac{325}{20} = 16{,}25$.
- La mediana és la primera dada que presenta la freqüència absoluta acumulada més gran que el valor $\frac{N}{2} = \frac{20}{2} = 10$. Observant la taula, veiem que: $M_e = 16$.

Observa

En els caràcters estadístics qualitatius, l'únic paràmetre que es pot calcular és la moda.

5 PARÀMETRES DE DISPERSIÓ

Els **paràmetres de dispersió** indiquen el grau de concentració de les dades al voltant dels paràmetres de centralització. Els més importants són:

Rang, R

El **rang** o **recorregut** és la diferència entre el valor màxim i el valor mínim de les dades.

$$R = x_{\text{màxim}} - x_{\text{mínim}}$$

Com més agrupades estan les dades, més petit és el rang.

L'inconvenient és que depèn únicament dels valors extrems i, si algun d'aquests valors està molt allunyat dels valors centrals, s'obté un rang molt ampli, encara que la resta dels valors no estiguin gaire dispersos.

Variància, V (*x*) o σ^2

La diferència entre un valor i la mitjana de tots els valors del caràcter s'anomena **desviació d'un valor respecte a la mitjana**: $d_i = |x_i - \overline{x}|$.

La **variància** és la mitjana dels quadrats de les desviacions dels valors respecte a la mitjana:

$$\sigma^2 = \frac{(x_1 - \overline{x})^2 \cdot n_1 + (x_2 - \overline{x})^2 \cdot n_2 + \ldots + (x_n - \overline{x})^2 \cdot n_n}{N} = \frac{\sum_{i=1}^{n} d_i^2 \cdot n_i}{N} = \frac{\sum_{i=1}^{n} x_i^2 \cdot n_i}{N} - \overline{x}^2$$

Com menys disperses estan les dades, més baixa és la variància.

L'inconvenient és que aquest paràmetre s'expressa amb una unitat diferent de la de les dades; es tracta d'unitats al quadrat, i això impedeix que es puguin establir comparacions.

Desviació típica, S (*x*) o σ

La **desviació típica**, σ, és l'arrel quadrada positiva de la variància:

$$\sigma = +\sqrt{\sigma^2}$$

S'expressa en les mateixes unitats que les dades.

Activitat resolta

S'ha fet el mateix examen de matemàtiques en dos grups diferents de 2n d'ESO. Els resultats obtinguts en cada grup es recullen a la taula de la dreta. Calcula la mitjana i la mediana i els paràmetres de dispersió per a cada grup.

Notes 2n A	Nre. alumnes	Notes 2n B	Nre. alumnes
6	8	5	8
7	8	7	8
8	8	9	8

La mitjana de les dues classes coincideix. Es calcula així:

$$\overline{x_A} = \frac{6 \cdot 8 + 7 \cdot 8 + 8 \cdot 8}{24} = 7 = \overline{x_B}$$

En tots dos casos, la mediana de les notes coincideix amb el valor central, que és el mateix: $M_e = 7$.

Això significa que els dos grups són iguals? És evident que no, i per això es defineixen els paràmetres de dispersió, que mesuren el grau de representativitat dels paràmetres de centralització.

Notes 2n A, x_i	Nre. alumnes, n_i	Desviació de la mitjana, $d_i = x_i - \bar{x}$	$d_i^2 = (x_i - \bar{x})^2$	$d_i^2 \cdot n_i$
6	8	6 − 7 = −1	1	8
7	8	7 − 7 = 0	0	0
8	8	8 − 7 = 1	1	8
Total	**24**			**16**

Notes 2n B, x_i	Nre. alumnes, n_i	Desviació de la mitjana, $d_i = x_i - \bar{x}$	$d_i^2 = (x_i - \bar{x})^2$	$d_i^2 \cdot n_i$
5	8	5 − 7 = −2	4	32
7	8	7 − 7 = 0	0	0
9	8	9 − 7 = 2	4	32
Total	**24**			**64**

Així, el rang de tots dos cursos és $R_A = 8 - 6 = 2$ i $R_B = 9 - 5 = 4$, la variància és $\sigma_A^2 = \frac{16}{24} = 0{,}67$ i $\sigma_B^2 = \frac{64}{24} = 2{,}67$, i la desviació típica és $\sigma_A = 0{,}82$ i $\sigma_B = 1{,}63$.

Veiem que els paràmetres de dispersió de 2n A són bastant més baixos, i això indica que les dades estan molt més agrupades al voltant dels seus paràmetres de centralització.

Activitat resolta

En una cursa de cotxes teledirigits, les distàncies que els vehicles han recorregut, en metres, fins a col·lidir amb un obstacle es mostren a la taula de la dreta. Calcula els paràmetres de dispersió d'aquestes dades.

Distàncies recorregudes pels cotxes abans de col·lidir							
3,6	4,7	5,1	4,0	5,8	6,6	5,9	5,3
5,9	6,8	3,4	5,8	4,2	4,8	3,8	5,5
4,3	6,1	4,1	5,9	6,0	5,3	4,3	4,2
	3,7	4,9	6,3	5,4	3,3	3,6	

Les dades es recullen en una taula de freqüències:

x_i	c_i	n_i	$c_i \cdot n_i$	$c_i^2 \cdot n_i$
[3,3 ; 4)	3,65	6	21,9	79,93
[4 ; 4,7)	4,35	6	26,1	113,54
[4,7 ; 5,4)	5,05	6	30,3	153,02
[5,4 ; 6,1)	5,75	8	46	264,5
[6,1 ; 6,8]	6,45	4	25,8	166,41
Total		**30**	**150,1**	**777,40**

El rang o recorregut és: $R = 6{,}8 - 3{,}3 = 3{,}5$.

La mitjana és: $\overline{x} = \dfrac{150{,}1}{30} = 5$.

La variància és: $\sigma^2 = \dfrac{777{,}40}{30} - 5^2 = 0{,}91$.

La desviació típica és: $\sigma = 0{,}96$.

Organitzar dades en taules

Les puntuacions obtingudes per dues jugadores d'un equip de bàsquet en les sis últimes jornades són:

Lucía: 23, 20, 17, 16, 20 i 24 Paula: 20, 37, 38, 3, 2 i 20

Calcula la dispersió d'aquestes dades emprant la desviació típica.

Amb anterioritat, hem definit la variància com la mitjana aritmètica dels quadrats de les desviacions. Per tant, en una columna s'han de calcular les desviacions, en una altra s'eleven al quadrat, i en l'última es multipliquen per les freqüències absolutes corresponents per calcular-ne la mitjana.

En aquest cas, hi ha poques dades i seria senzill fer-ho sense taula. Tanmateix, quan les dades són nombroses, és imprescindible treballar amb taules com les de la dreta.

x_i	n_i	d_i	d_i^2	$d_i^2 \cdot n_i$
16	1	−4	16	16
17	1	−3	9	9
20	2	0	0	0
23	1	3	9	9
24	1	4	16	16
Total	**6**			**50**

La variància per a les dades de la Lucía és: $\sigma^2 = \dfrac{50}{6} = 8{,}33$.

La variància per a les dades de la Paula és: $\sigma^2 = \dfrac{1226}{6} = 204{,}33$.

x_i	n_i	d_i	d_i^2	$d_i^2 \cdot n_i$
2	1	−18	324	324
3	1	−17	289	289
20	2	0	0	0
37	1	17	289	289
38	1	18	324	324
Total	**6**			**1 226**

Com ja hem vist, la variància es mesura en unitats al quadrat; per tant, s'ha de calcular l'arrel quadrada per obtenir la desviació típica:

La desviació típica de les dades de la Lucía és: $\sigma = \sqrt{8{,}33} = 2{,}89$.

La desviació típica de les dades de la Paula és: $\sigma = \sqrt{204{,}33} = 14{,}29$.

Es constata que la desviació típica de la Paula és molt més alta, i això significa que les seves dades estan més disperses, menys concentrades al voltant de la mitjana, que les dades de la Lucía. Així, doncs, en el cas de la Paula, la mitjana és menys representativa de les puntuacions obtingudes que en el de la Lucía.

Aquest resultat era previsible veient les puntuacions de les dues jugadores.

ACTIVITATS

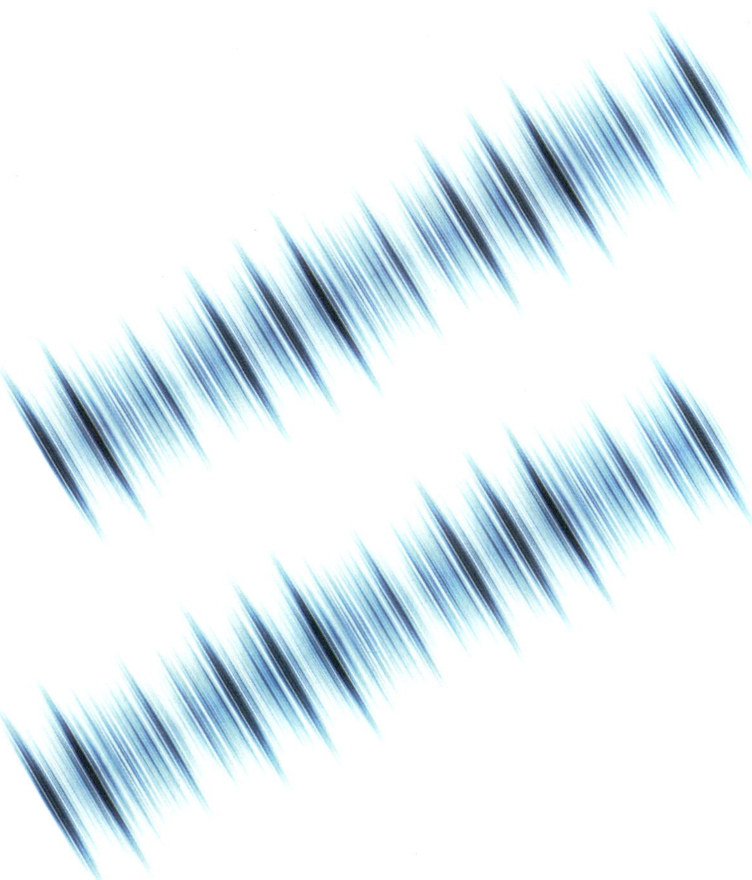

14 ESTADÍSTICA

1 Població i mostra

1 Escriu tres exemples de població sobre els quals es pugui fer un estudi estadístic.

2 D'aquests caràcters estadístics, indica quins són qualitatius, i quins, quantitatius:

a. El teu menjar preferit.

b. El temps mitjà d'espera per agafar el metro.

c. Els aniversaris als quals has assistit fins avui.

d. El teu actor favorit.

e. El nom del teu millor amic.

3 Indica tres caràcters qualitatius i tres de quantitatius sobre els quals es pot dur a terme un estudi estadístic.

4 Es vol conèixer l'interès per apuntar-se a un club esportiu dels 500 joves que resideixen a prop de les instal·lacions d'aquest club.

a. Quina n'és la població? I la mida?

b. Resultaria convenient fer l'estudi sobre una mostra? Per què? Com elaboraries la mostra?

5 Explica els avantatges i els desavantatges de treballar amb mostres en lloc de fer-ho amb tota la població.

6 Indica quines d'aquestes afirmacions són certes i corregeix les errònies:

a. La grandària d'una mostra sempre és inferior que la de la població corresponent.

b. Una mostra es fa servir quan la població de l'estudi és molt gran.

c. Qualsevol mostra és representativa de la seva població.

d. Les variables quantitatives contínues poden adoptar valors intermedis entre dos valors consecutius.

7 **TIC** Cerca informació sobre la importància de l'estadística a la vida quotidiana i analitza la informació que ofereix el web de l'Institut d'Estadística de Catalunya (Idescat). Para atenció als termes estadístics que s'hi fan servir.

8 Amb un grup de companys, tria un caràcter estadístic determinat, com ara l'edat o la massa corporal. Considerant la població dels alumnes del teu centre, escull una mostra, fes una enquesta i registra les dades referents al caràcter estadístic que hagis elegit.

9 En una empresa multinacional de 2 000 empleats es duu a terme un estudi per conèixer el grau de satisfacció dels empleats amb la seva feina.

a. Quin n'és el caràcter estadístic? Quina n'és la població?

b. Faries l'estudi sobre la població o sobre una mostra?

c. Quines són les preguntes que plantejaries per obtenir la informació necessària?

10 Indica el caràcter estadístic, de quin tipus és i la població en cadascun d'aquests casos:

a. La varietat de peix que es ven més en una peixateria.

b. El temps d'espera a la consulta del metge de capçalera.

c. El nom més posat a les mascotes que visiten una clínica veterinària determinada.

11 ⊞ Un fabricant de bombetes ha de fer un estudi de la durabilitat del producte. Amb aquesta finalitat, de cada 1 500 unitats se'n trien 3 a l'atzar i es comprova que sobrepassen el temps mínim de durada establert. Si es disposa de 90 000 bombetes:

a. Quina n'és la població? I la mida?

b. Quina n'és la mostra? I la mida?

c. Quin n'és el caràcter estadístic? De quin tipus és?

12 ⊞⊞ L'informe PISA (Programa Internacional per a l'Avaluació dels Alumnes) analitza el rendiment dels estudiants. Per fer-ho, s'executen unes proves estandarditzades a estudiants de 15 anys d'arreu del món. L'any del darrer informe es van examinar 510 000 alumnes de tots els països. Indica el caràcter estadístic, la població i la mostra d'aquest estudi.

13 ⊞⊞ En un congrés internacional de joves investigadors es duu a terme un estudi per conèixer l'edat mitjana dels investigadors i el percentatge que treballen en el camp de la genètica. Per recollir les dades, es passa una enquesta als congressistes europeus. Indica quins són els caràcters estadístics d'aquest estudi, la població i la mostra.

2 Taules de freqüències

14 En un control de velocitat de vehicles que s'ha fet en una zona limitada a 70 km/h s'han obtingut els registres següents:

62 78 59 74 82 65 71 77 63 74 80 72

69 55 78 69 81 70 85 67 58 76 62 75

56 68 57 74 83 75 72 73 81 74 80 66

Fes un recompte de les dades i elabora'n la taula de freqüències corresponent.

15 En una enquesta que s'ha fet en acabar una activitat de *snorkel* prop d'un escull s'ha demanat a tots els participants que indiquin el nombre de peixos pallasso que recorden haver vist. Les respostes recollides han estat les següents:

4 4 5 3 5 4 4 4 4 5 3 4

5 6 4 5 3 4 5 3 4 4 4 5 4

Elabora'n una taula de freqüències.

16 El Pol té un ramat d'ovelles i segueix la norma de pesar els xais de llet quan han complert les dues primeres setmanes de vida. Els 30 últims registres, expressats en quilograms, són:

5,8 6,1 5,9 7,0 6,4 5,8 6,2 7,5 7,1 6,5

6,5 6,3 5,5 5,8 7,0 5,8 7,2 7,4 6,1 6,9

5,8 7,4 5,9 6,3 5,8 5,8 6,9 7,0 5,9 6,3

Elabora'n una taula de freqüències i agrupa les dades mostrades en cinc intervals d'amplitud 4.

17 S'està duent a terme un estudi sobre l'assistència de públic a alguns museus de Catalunya. En una enquesta que s'ha dut a terme a peu de carrer es demana a les persones enquestades que indiquin quina d'aquestes instal·lacions han visitat més vegades. Els museus són el de la Basílica de la Sagrada Família (S), el Teatre-Museu Dalí (D), el Museu del futbol del F. C. Barcelona (F) i el CosmoCaixa (C). Les respostes han estat:

F D F C S F S D C F S D

F D S C S S F S D S C S

Elabora'n una taula estadística i respon aquestes preguntes:

a. Quin percentatge de persones han triat el CosmoCaixa?

b. Quin museu ha tingut la freqüència relativa més alta?

18 ⊞ Copia al quadern aquesta taula de freqüències i completa-la amb els resultats correctes:

x_i	n_i	N_i	f_i	p_i
5	10			
6		25		
7			0,4	
8				30 %
9		100		

19 Les notes de les classes de 2n C i 2n D d'un institut en la matèria d'anglès són:

2n C: 9 7 5 5 9 8 9 5 7 3 6 3 9 3 6 9 7 9
7 8 9 6 5 9 3 7 3 9 7 6

2n D: 9 3 8 7 8 6 8 5 9 3 9 5 8 5 9 8 7 3

a. Elabora'n una taula de freqüències per a cada curs.

b. Calcula la freqüència absoluta de suspensos per a cada curs i indica en quin dels dos et sembla que hi ha uns resultats pitjors.

c. Repeteix la mateixa operació analitzant la freqüència relativa dels suspensos per a cada curs.

20 L'esperança de vida en diferents països del món és:

82 81 84 82 80 83 84 82 81 82 84

85 85 82 81 84 80 82 82 80 82 81

a. Elabora'n una taula estadística de freqüències.

b. A quants països l'esperança de vida no supera els 81 anys? Quina dada de la taula ens ho indica?

c. A quants països l'esperança de vida supera els 82?

21 Completa al teu quadern la taula de freqüències que segueix:

Dades	Fr. absoluta	Fr. absoluta acumulada	Fr. relativa	Percentatges
A				10
B			0,2	
C		15		
D	5			
Total	**20**			

22 Els resultats dels 40 llançaments d'un dau de sis cares s'han recollit a la taula següent. Per error, no s'ha indicat la freqüència del 6; sabries dir quina és?

1	2	3	4	5	6
0,1	0,2	0,3	0,1	0,1	

Ara respon si són certes o falses les afirmacions següents i corregeix les errònies:

a. El 2 ha sortit 20 vegades.

b. La freqüència absoluta del 3 és 12.

c. El 5 ha sortit en l'1% dels llançaments.

3 Gràfics estadístics

23 S'ha preguntat a 30 persones pel mitjà de comunicació amb el qual s'informen habitualment: ràdio (R), televisió (T), diari (D) o internet (I), i les respostes han estat:

I D R I T R I T R I I I R I D

I D R R T I I D T I R I I T R

Representa les dades en un diagrama de barres i traça el polígon de freqüències.

24 S'ha agafat una mostra dels habitants d'un municipi per fer un estudi sobre els quilograms de residus recollits al cap de l'any. S'han obtingut aquestes dades:

484 476 481 477 476 488 472 471

486 480 478 470 472 477 475 478

483 484 474 479 475 486 472 490 483

Representa les dades en un histograma en què el primer interval sigui [470 , 474).

25 S'ha dut a terme una enquesta en 30 llars per conèixer quina és l'afició familiar a la qual dediquen més temps durant el cap de setmana.

Afició familiar, x_i	Activitat a l'aire lliure	Activitat cultural	Activitat esportiva	Activitat lúdica a la llar
Freqüència absoluta, n_i	5	15	6	4

Representa aquestes dades en un diagrama de sectors.

26 Després d'enquestar 40 famílies sobre el seu país de vacances preferit, s'ha recollit la informació següent:

Noruega	Alemanya	EUA	Japó	Nova Zelanda
10	4	15	8	3

Elabora'n una taula de freqüències i representa les dades mitjançant un diagrama de sectors.

27 Per acabar l'any i aconseguir un augment de les vendes, s'ha llançat una campanya de promoció en un concessionari de vehicles. Com a resultat, s'han aconseguit les xifres de vendes següents:

Esportiu	Turisme	SUV	Monovolum	Gamma alta
6	14	9	5	2

Representa gràficament les dades en un diagrama de barres.

28 Representa mitjançant un diagrama de sectors la distribució d'escons que han obtingut els partits polítics que s'han presentat a les eleccions generals de Lil·liput.

Partits polítics	Escons
CAS	67
MI	12
PAL	102
PRIS	89
SUV	35

29 Abans del sorteig de la loteria de Nadal s'ha preguntat a un grup de persones que sortien d'una administració de loteries per la terminació del dècim amb què participen al sorteig. Les respostes han estat les següents:

0 3 4 2 0 5 2 0 1 1 1 0 2

0 1 0 2 1 1 0 2 1 0 1 3 2 2

a. Organitza les dades en una taula estadística.

b. Tot seguit, representa-les en un diagrama de barres amb polígon de freqüències.

30 El temps, en minuts, que ha durat l'entrevista personal que han mantingut els candidats a un lloc de treball de director de producció amb el responsable de recursos humans de l'empresa han estat els següents:

9 5 19 11 16 7 10 8 20 6 13 9 12

16 17 9 12 15 7 19 14 13 11 18 10

a. Elabora una taula de freqüències fent una agrupació de les dades facilitades en intervals de 3 min d'amplitud, començant pel valor 5.

b. Representa les dades agrupades en l'apartat anterior en un histograma.

31 Contesta si les afirmacions sobre el gràfic següent són certes o falses i corregeix aquestes últimes:

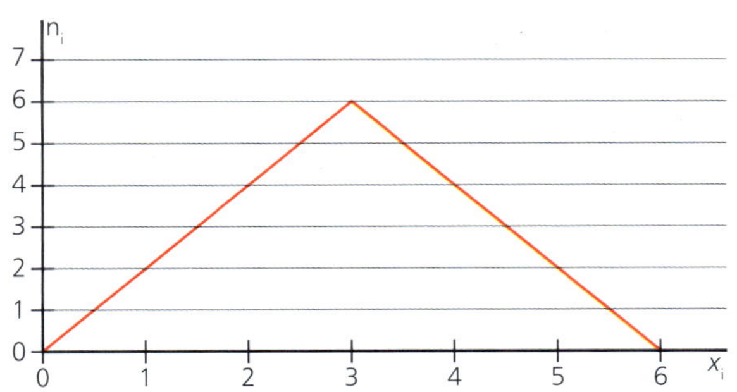

a. La freqüència absoluta del 2 és 4.

b. És un gràfic de freqüències relatives.

c. La mida de la mostra és 6.

d. La presència del 2 és del 40 %.

32 Indica a quina de les recopilacions de dades següents pertany aquest diagrama de sectors:

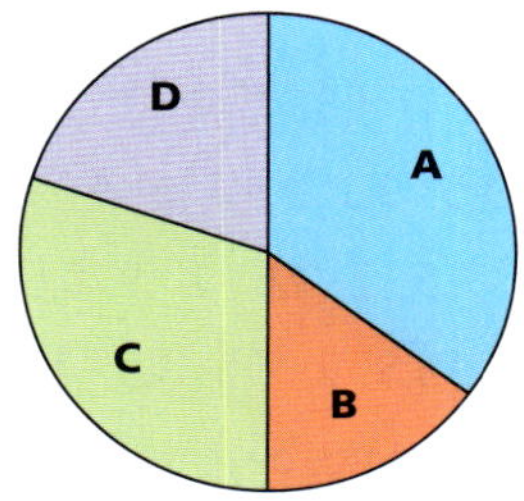

I	II	III	IV
A: 75	A: 100	A: 150	A: 80
B: 25	B: 100	B: 50	B: 20
C: 60	C: 120	C: 120	C: 70
D: 40	D: 80	D: 80	D: 30

4 Paràmetres de centralització

33 La Laia sol anar els caps de setmana a fer alguna ruta per la muntanya. Les últimes caminades que ha fet tenien les longituds següents, en quilòmetres:

16 14 17 15 18 16 16 17 15 16

14 17 18 16 15 17 18 15 16 15

Calcula els paràmetres de centralització de les dades.

34 S'ha dut a terme una enquesta per conèixer els gustos sobre colors d'un col·lectiu determinat. Els resultats han estat els següents:

Colors, x_i	Freqüència absoluta, n_i
Blau	9
Vermell	14
Verd	10
Groc	6
Rosa	11

Obtén els paràmetres de centralització que es pugui d'aquestes dades.

35 S'han enquestat 25 persones sobre la superfície de l'habitatge on resideixen. Els resultats obtinguts, en metres quadrats, són:

77 85 96 79 92 88 80 96 84 83 89 97

77 86 94 76 96 89 90 92 78 98 85 91 84

Calcula els paràmetres de centralització d'aquestes dades.

36 S'han registrat les hores que dediquen diàriament els fills i els pares de diverses famílies a mirar la televisió. Els resultats són els següents:

Pares: 0 1,5 1 1,5 1 2 0 0,5 1 1 1,5
0,5 1,5 0,5 1 2 1 1 1,5 2 2

Fills: 0 2 1,5 2 1,5 2 1 0,5 1,5 1 2
2 0,5 1,5 2 1,5 1,5 2 2 2 0,5

a. Qui passa més temps de mitjana davant del televisor?

b. Determina la mitjana i la moda de totes dues distribucions.

37 El nombre de tasses de cafè que es prenen els empleats d'una oficina al llarg d'un dia és de:

3 2 1 5 4 3 1 2 4 3 5 2 1 3 3
1 2 4 3 5 3 1 5 3 1 2 4 5 1 2

a. Organitza les dades en una taula estadística.

b. Representa-les en un diagrama de barres.

c. Calcula'n els paràmetres de centralització.

38 En una granja s'han pesat 36 ous i s'han obtingut els valors següents, expressats en grams:

63	75	68	70	61	52	60	69	58	53	69	62
65	62	79	63	79	62	55	71	72	70	67	69
68	80	69	61	72	50	65	74	62	65	78	77

a. Efectua el recompte de les dades i elabora una taula estadística de freqüències agrupant-les en intervals.

b. Representa-les gràficament mitjançant el diagrama de barres corresponent.

c. Calcula la moda, la mitjana i la mediana de les dades.

39 ⊞ Obtingues la moda, la mitjana aritmètica i la mediana de les dades representades al diagrama de barres següent:

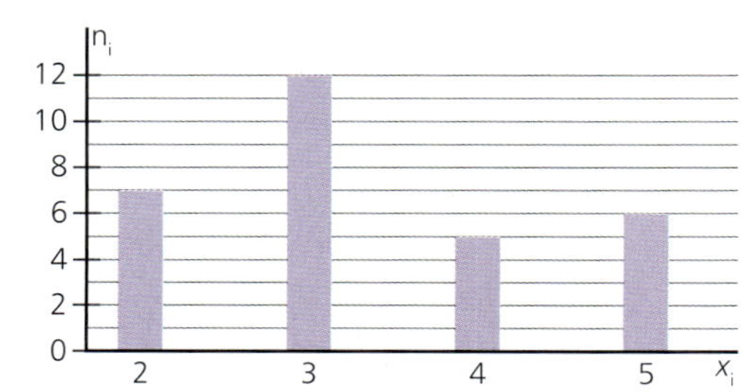

40 ⊞ El gràfic recull les qualificacions d'una prova de llengua en una classe de 2n d'ESO. Elabora'n una taula de freqüències i respon les qüestions que es plantegen.

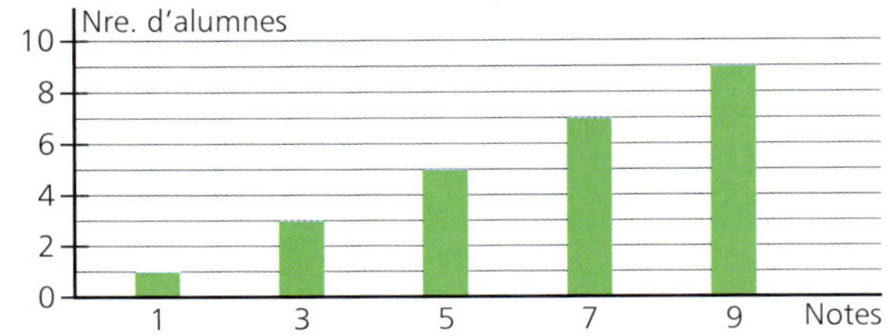

a. Quants alumnes hi ha a la classe?

b. Quants alumnes han suspès la prova?

c. Quants alumnes han tret un excel·lent?

d. Calcula la moda, la mitjana i la mediana de les dades.

41 ⊞ El Pau s'ha compromès a col·laborar amb els seus pares en les feines de casa i vol animar els seus companys a fer el mateix. Per això, els pregunta el nombre de vegades a la setmana que ajuden en alguna tasca domèstica a casa. Les respostes obtingudes s'han representat en aquest diagrama de barres:

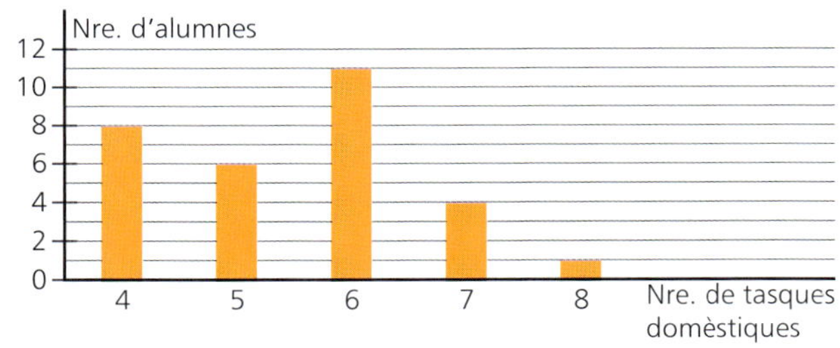

a. Quants alumnes hi ha a la classe del Pau?

b. Algun alumne no ha fet cap feina?

c. Representa les dades en un diagrama de sectors.

d. Calcula la mitjana d'activitats dutes a terme.

42 ⊞ En un estudi per conèixer si es fa un consum òptim de calories per dia s'obtenen aquests resultats, en milers de quilocalories:

3,3 2,7 4,5 5,0 2,9 3,1 4,6 3,4 3,0 4,2 3,7
3,9 2,5 3,5 3,8 3,6 4,4 3,7 3,1 3,3 4,8 3,1

a. Organitza les dades en una taula de freqüències amb cinc intervals de 0,5 d'amplitud.

b. Representa-les en un histograma.

c. Calcula'n els paràmetres de centralització.

43 ⊞ El grup de música Els Fugaços, en el qual la Maria toca el saxo, ha tingut un gran èxit en els cinc anys que fa que funciona. Si els quatre primers anys el grup de la Maria va tocar en 6, 9, 11 i 14 concerts, respectivament, quants concerts ha fet aquest últim any, si la mitjana ha estat de 15 concerts anuals?

44 D'una llista de cinc nombres enters positius no se'n coneix cap, però sí que se sap que la mitjana aritmètica és 32. Indica quin és el nombre enter més gran que podria aparèixer en aquesta llista:

a. Si els nombres es poden repetir.

b. Si els nombres no es poden repetir.

5 Paràmetres de dispersió

45 Calcula la variància del conjunt de dades que apareixen a continuació:

6 4 9 10 8 9 7 11

46 Segons dades de l'Idescat, la mitjana del nombre de persones que conviuen a casa dels catalans és de 2,3. En una enquesta que s'ha fet a un col·lectiu de persones, s'obtenen les dades següents:

4 3 5 1 4 3 2 2 3 1 2

2 5 1 4 3 2 1 4 3 2 2

5 1 2 2 5 1 3 1 4 3 3 4

a. Comprova si la mitjana d'aquestes dades coincideix amb la que indica l'Idescat.

b. Calcula els paràmetres de centralització i dispersió de les dades anteriors.

47 Les edats de tres grups diferents de persones són les següents:

A: 17 12 14 16 14 13 18 13 15 12

B: 22 27 30 25 29 23 26 28 22 23

C: 30 34 33 34 35 38 34 34 33 34

a. Determina el rang de cadascun dels grups.

b. Indica en quin dels tres grups anteriors les dades estan més concentrades.

c. Analitza com afecta el rang a l'hora de quantificar l'agrupament de les dades.

48 Per a quin tipus de caràcters estadístics no és possible calcular els paràmetres de centralització i dispersió? Per quin motiu passa això?

49 Els llançaments de pes, en metres, registrats en una competició d'atletisme han estat:

12,5 14,5 13,0 13,2 13,8 14,0 14,2 13,3

13,9 13,4 13,5 13,2 13,8 12,1 14,5 14,3

12,6 14,1 13,0 12,0 13,3 13,2 13,1 13,9

Calcula els paràmetres de dispersió de les marques de la competició d'atletisme.

50 En una enquesta sobre planificació familiar s'avalua l'edat a la qual es casen les parelles. Els resultats obtinguts han estat:

30 28 29 26 27 29 30 27 31 30 28 29 27

30 28 26 29 28 27 30 31 26 29 30 28 29

a. Elabora una taula de freqüències amb les dades.

b. Representa-les en un diagrama de barres.

c. Obtén els paràmetres de dispersió.

51 Les puntuacions de dos alumnes en cadascuna de les matèries que cursen han estat:

Alumne 1: 6 10 7 8 7 9 6 10 8 8 7 9 6 10

Alumne 2: 5 9 6 10 5 9 7 10 6 10 7 10 6 10

a. Calcula la mitjana i la desviació típica de les notes de cada alumne.

b. Quin dels dos et sembla que té una mitjana de notes més representativa? Per què?

52 La Carla i la Martina han preguntat a vint-i-un companys de les classes respectives a quina edat van tenir el primer mòbil. Les respostes han estat:

Classe de la Carla:

13 12 13 15 14 13 11 12 14 13

15 12 11 13 14 15 12 11 11 15 14

Classe de la Martina:

13 11 13 15 11 13 11 15 15 13

15 15 11 13 15 15 11 11 13 11 13

a. Quina és la moda i quina és la mitjana d'aquestes dues distribucions de dades?

b. En quina distribució et sembla que són més representatius aquests paràmetres? Per què?

c. Calcula la desviació típica de les dues distribucions i interpreta'n el valor.

53 El professor de matemàtiques que imparteix classe als dos grups de segon d'ESO ha indicat a la taula següent unes particularitats relatives a les notes obtingudes en aquestes dues classes:

	2n A	2n B
Mitjana	5	5
Desviació típica	2,9	0,7

Veiem que la nota mitjana de totes dues classes és l'aprovat, però:

a. En quina de les dues classes el rendiment dels alumnes és més regular?

b. En quina de les dues classes hi ha alumnes amb notes més altes? Raona'n les respostes.

TREBALLEM LES COMPETÈNCIES

LA LLIBRERIA

A la llibreria del barri, el nombre de llibres que han venut tres dependents en una setmana de feina han estat els següents:

	Dl.	Dt.	Dc.	Dj.	Dv.	Ds.
Clàudia	4	2	7	3	8	3
David	5	4	6	6	4	3
Alba	4	4	4	4	4	4

1 Calcula la mitjana, la moda i la mediana del nombre de llibres que ha venut cada treballador.

2 Troba el valor del rang i la desviació mitjana corresponent a cadascun dels dependents.

3 L'amo de la botiga ha contractat un quart dependent, l'Arnau. Quants llibres ha de vendre dissabte per tenir la mateixa mitjana que el David?

	Dl.	Dt.	Dc.	Dj.	Dv.	Ds.
Arnau	5	3	6	2	4	?

EL RECICLATGE

L'Àrea de Medi Ambient de l'Ajuntament ha publicat un estudi sobre el reciclatge a la seva població. Cada ciutadà ha aportat una mitjana de 14,9 kg d'envasos lleugers, 35,8 kg de vidre, i 20,1 kg de paper i cartró en un any.

1 Quantes tones de cada residu s'han reciclat si la població és de 125 000 habitants?

2 En un municipi veí, que té 45 000 habitats, han reciclat 823,5 tones d'envasos. Analitza quina població ha estat més conscienciada en la gestió d'aquests residus.

EL TEST

Als estudiants de la classe de l'Èric els han preguntat pels punts que han obtingut en un test de quatre preguntes. Els resultats han estat:

	Noies	Nois	Total
0	1	4	5
1	4	7	11
2	6	3	9
3	5	0	5
4	4	2	6
TOTAL	20	16	36

1 Troba la mitjana i la mediana de les noies, dels nois i del conjunt total.

2 Quina proporció de noies ha obtingut més de dos punts? I de nois?

3 Quina conclusió en treus, dels resultats dels apartats anteriors?

ESTUDI SOBRE L'HABITATGE

Un diagrama de punts és un tipus de gràfic estadístic que es fa servir quan la mostra té un nombre petit de dades. Un dels avantatges que té és que mostra de manera visual la concentració o la dispersió de les dades.

1 TIC Investiga les característiques i la utilitat dels diagrames de punts.

El diagrama de punts següent mostra la superfície dels habitatges d'un grup de famílies, en metres quadrats.

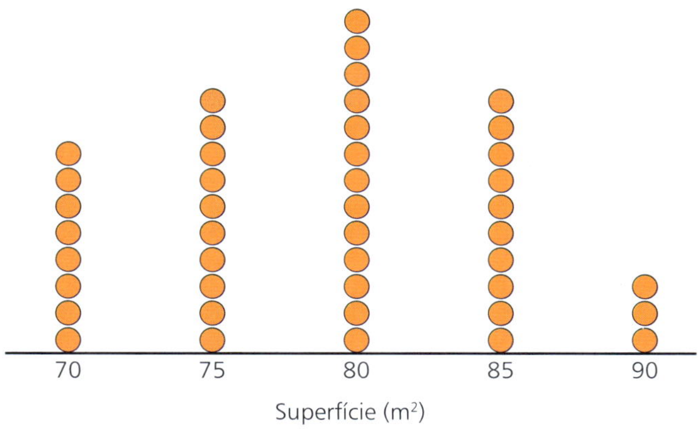

2 Quantes famílies s'han enquestat?

3 Quantes famílies viuen en un habitatge de més de 80 m^2?

4 Quina és la superfície mitjana dels habitatges?

5 Quina és la mediana de les dades representades? I la moda?

EL FESTIVAL DE MÚSICA

En un festival de música han tocat cinc grups. A la sortida del recinte, s'ha passat una petita enquesta en la qual es pregunta pel nombre de concerts a què han assistit els visitants. Els resultats han estat els següents:

Nre. de concerts	Nre. de persones
1	63
2	185
3	167
4	32
5	13

1 Quanta gent ha participat en l'enquesta?

2 Fes una taula amb les freqüències absolutes i relatives.

3 Quin percentatge de gent ha estat en menys de 4 concerts? I en més de 3 concerts?

4 Quin percentatge de gent ha assistit almenys a 2 concerts?

L'HOTEL

A l'hotel Mar i Cel anoten cada dia el nombre d'habitacions que tenen ocupades. Les dades del darrer mes són les següents:

3	4	2	3	5	5
4	3	3	4	2	2
3	5	4	4	4	3
4	5	4	5	3	1
3	2	4	2	4	5

1 Fes-ne una taula de freqüències absolutes i relatives.

2 Representa les dades en un diagrama de barres.

3 Dibuixa el diagrama de punts corresponent.

APLIQUEM LES TIC

GRÀFICS ESTADÍSTICS AMB EL FULL DE CÀLCUL

La moda també influeix a l'hora de triar els noms de les persones. Els darrers anys els que han tingut més acceptació són Marc i Martina.

En aquesta secció es representen gràficament amb un diagrama de barres els noms triats per als nounats dels enquestats. Les dades recollides són:

Pol	Marc	Martina	Júlia	Biel	Ona
2	10	12	8	6	4

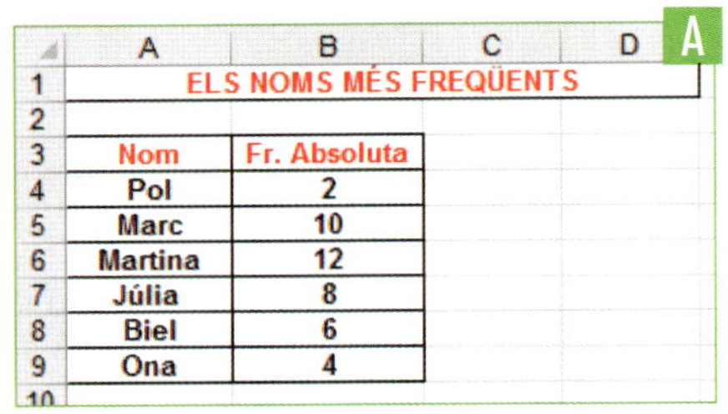

Obre un full de càlcul i escriu l'encapçalament de l'estudi i les dades aportades, i dona-li el format que apareix a la figura (A).

DIAGRAMA DE BARRES

Selecciona el rang A4:B9 per marcar totes les dades, els noms i les seves freqüències. Amb aquest rang seleccionat, prem l'opció **Inserció** de la barra superior d'eines. En aquesta barra, activa la icona **Columna** a la barra d'eines d'accés ràpid i selecciona, en el desplegable, la primera opció de **Columna en 2-D** (B).

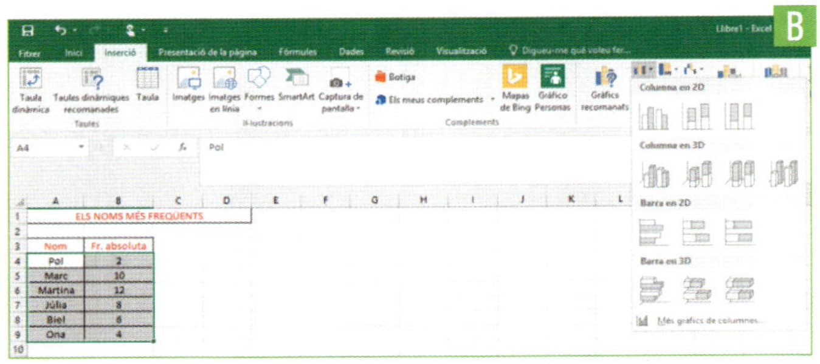

Apareix automàticament una finestra amb el diagrama de barres corresponent a les dades seleccionades (C).

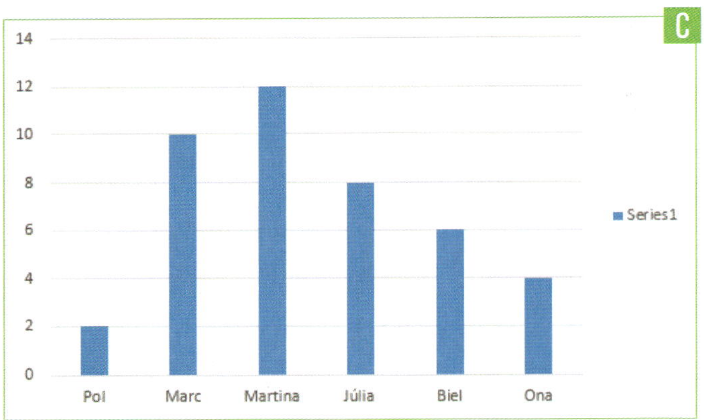

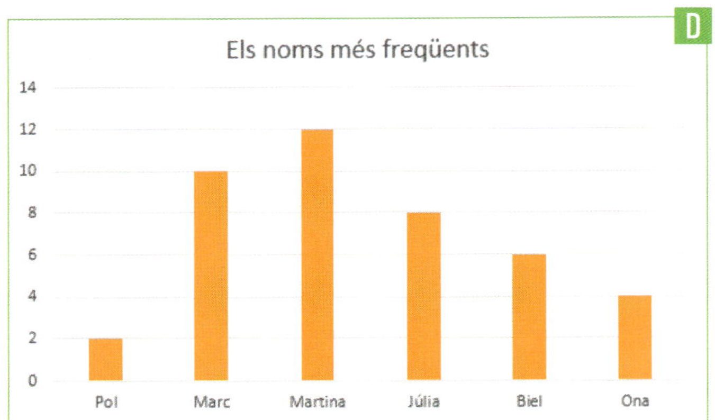

El diagrama de barres generat es pot personalitzar amb diferents opcions seleccionant l'opció de **Disseny** de la barra superior d'eines.

Canviem al color taronja, triem un disseny preestablert, posem el títol «Els noms més freqüents» i eliminem l'etiqueta **Series1** (D).

1 Representa en un diagrama de barres les dades recollides en aquesta taula, que mostra el nombre d'avions que han aterrat en un aeroport provinents de les ciutats indicades:

Barcelona	Nova York	París	Roma	Viena
8	11	10	9	6

AVALUACIÓ

1 Indica quin tipus de caràcter estadístic (qualitatiu o quantitatiu discret o continu) correspon a cada una de les situacions següents:

a. Nombre de cosins

b. Perímetre cranial

c. Professió

d. Grup sanguini

e. Pes d'una síndria

f. Destinació de vacances

2 Per fer un estudi estadístic sobre el gènere musical preferit dels joves i el temps que dediquen a escoltar música durant la setmana, n'hem consultat 80 dels 330 que estudien a l'institut.

a. Especifica la població i la mida de la mostra.

b. Determina el tipus de variables que s'estudien i classifica-les.

c. Si el 60 % dels joves de l'institut són noies, quants nois i noies conformen la població?

3 Les puntuacions que han obtingut els alumnes de 2n d'ESO en una prova de tipus test han estat:

8	4	10	3	2	5	3	0	4
6	4	6	7	8	4	5	7	9

A partir de les qualificacions anteriors, completa la taula:

Notes	f_i	F_i	h_i	H_i	%

4 En un laboratori clínic s'ha determinat el grup sanguini de 40 persones.

Grup sanguini	Nre. de persones
A	18
B	8
AB	2
O	12

Representa aquestes dades en un diagrama de sectors.

5 Una companyia de serveis telefònics ha fet un estudi sobre el nombre de mòbils venuts durant un any en una de les seves botigues.

Mesos	G	F	M	A	M	J
Vendes	45	10	12	25	18	20
Mesos	J	A	S	O	N	D
Vendes	32	15	25	20	30	70

a. Representa les dades de la taula en un diagrama de línies.

b. Crea un diagrama de barres amb les dades anteriors.

6 Les edats dels socis i sòcies d'un club de vela són:

15	22	35	16	24	31	42	28	20	25
35	40	16	18	25	18	25	29	34	25
45	37	25	30	28	23	32	20	17	43

a. Calcula l'edat mitjana dels socis del club.

b. Quina n'és la mediana? I la moda?

c. Calcula el percentatge de socis que tenen menys de 30 anys i els que superen aquesta edat.

d. Quins són el rang i la desviació típica d'aquestes dades?

7 Observa el diagrama de sectors següent, en el qual es representen els resultats d'una enquesta feta a 5 000 persones sobre la qualitat de l'aigua de la seva localitat.

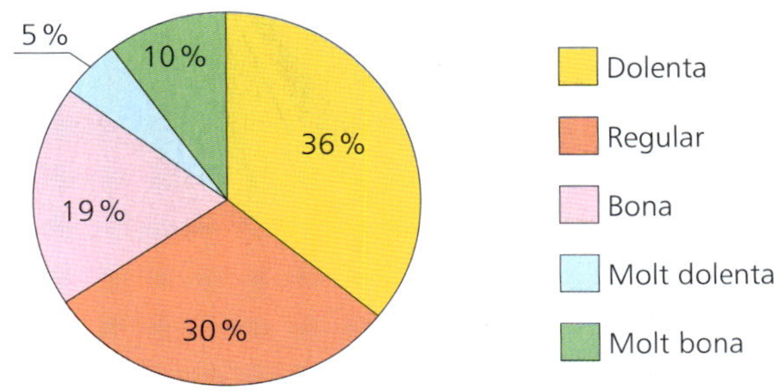

a. Elabora una taula de freqüències absolutes i relatives de cada opinió. Inclou-hi també les freqüències acumulades.

b. Analitza el resultat que presenta el gràfic. Quantes persones consideren que l'aigua és molt dolenta? I que és dolenta o regular? Quantes creuen que és bona o molt bona?

8 L'alçada dels meus companys de l'esplai, en centímetres, és la següent:

158	158	158	158	159	159	160	162	158	158
159	159	160	162	158	158	158	158	159	160
158	158	159	159	160	162	158	158	158	158

a. Construeix una taula de freqüències.

b. Determina'n la mitjana aritmètica, la moda i la mediana.

c. Calcula'n el rang, la variància i la desviació típica.

9 Les temperatures diàries (en °C) obtingudes a la central meteorològica del barri durant el mes de juny van ser les següents:

18	19	22	16	21	20	19	18	17	22
21	23	25	19	20	19	22	21	20	24
23	21	19	14	23	19	18	19	20	21

a. Calcula'n les mesures de centralització.

b. Troba'n les mesures de dispersió i interpreta-les.

15 PROBABILITAT

EL SABER
NO S'OBTÉ
PER ATZAR.
CAL BUSCAR-LO
AMB AFANY I ALIMENTAR-LO
AMB DILIGÈNCIA

ABIGAIL ADAMS

CONÈIXER

EL MILLOR PLA

Per planejar què faran quan es vegin el cap de setmana, una part dels teus amics sempre proposen jugar a pedra, paper o tisora perquè ho decideixi qui guanyi, mentre que n'hi ha alguns que prefereixen fer-ho a parells o senars. Quina de les dues opcions et sembla que és més beneficiosa quan juguis per poder triar el que prefereixes? Podries trobar un truc per sortir-hi guanyant? Series capaç de predir algun resultat? Responeu totes aquestes preguntes i d'altres que se us acudeixin sobre aquest tema.

PRESENTAR

DEBAT ENTRE AMICS

Organitzareu un debat per tal d'abocar llum sobre les conclusions obtingudes després de l'estudi que heu dut a terme sobre la conveniència de jugar a pedra, paper o tisora, o a parells o senars per decidir els plans del cap de setmana. El vostre professor de matemàtiques s'ha ofert a fer de moderador. Heu d'utilitzar vocabulari especialitzat quan parleu del tipus d'experiment que esteu tractant i proporcionar la màxima informació possible respecte a tots els passos que heu seguit en el vostre estudi i sobre els resultats obtinguts. Segur que el debat resultarà molt esclaridor!

INVESTIGAR

LA PLANTA DEL PÈSOL

Alguna vegada et deus haver preguntat per què algunes plantes tenen flors i unes altres no i per què hi ha flors de diferents colors en un mateix tipus de planta. Per poder trobar la resposta d'aquestes incògnites busqueu informació a internet sobre les lleis de Mendel, que plasmen els diferents tipus de característiques que pot tenir una planta filla segons les que presenten les plantes progenitores. Trobeu l'esquema que ho resumeix i feu un estudi amb els càlculs de la probabilitat que es doni cadascun dels diferents casos.

CREAR

FONS D'ARMARI

Amb la finalitat de fer front a l'excés de consumisme i reduir la despesa en roba, traureu el màxim partit del que ja teniu al vostre armari. Perquè us resulti més entretingut, podeu fer servir goma EVA o cartolines de colors per tal de dibuixar-hi les vostres peces i complements preferits i veure de quantes maneres els podeu combinar sense repetir conjunt. Ànims!, potser no us cal comprar més roba aquesta temporada.

1 EXPERIMENTS ALEATORIS. ESPAI MOSTRAL

Hi ha situacions en les quals es pot saber *a priori* quin serà el resultat final. Fixa't en els següents:

L'Hugo fica una ampolla amb aigua al congelador durant tota la nit. Està a una temperatura de –15 °C. L'endemà, quan la treu del congelador, està congelada.	Quan surt a passejar pel bosc, a la Clàudia li agrada anar recollint pedres per després llançar-les al centre del llac. Sempre torna sense cap pedra, perquè totes s'enfonsen al llac.

> Un **experiment determinista** és aquell el resultat del qual es pot predir abans de dur-lo a terme.

Tanmateix, hi ha altres situacions per a les quals el resultat no es pot saber ni predir, com per exemple, les següents:

Cinc amics escriuen cadascun el seu nom en un tros de paper, que després pleguen i introdueixen en una urna. Tot seguit, n'extreuen un per conèixer l'amic invisible al qual hauran de fer un regal.	L'Iker jugarà una partida de parxís amb altres amics i sap que ha de treure un cinc per començar a moure les fitxes.

En cap d'aquests dos experiments és possible predir-ne el resultat: no se sap quin nom traurà cadascun dels amics ni en quin llançament li sortirà un cinc a l'Iker. Aquest tipus d'experiments es coneixen com a *experiments aleatoris*.

> Un **experiment aleatori** és aquell el resultat del qual no es pot predir abans de dur-lo a terme.
> L'**espai mostral** d'un experiment aleatori és el conjunt dels resultats possibles d'aquest experiment. Aquest espai s'anomena amb la lletra E, i els seus elements es representen entre claus i separats per comes.

Activitats resoltes

1 Indica l'espai mostral de l'experiment aleatori «llançar un dau de sis cares».

E = {⚀, ⚁, ⚂, ⚃, ⚄, ⚅}

2 L'Alba, l'Ariadna, l'Oriol, l'Adrià i el Gerard es disposen a jugar a l'amic invisible fent servir una urna per introduir-hi els paperets. Indica l'espai mostral de l'experiment «extreure un paperet de l'urna» per a l'amic invisible.

E = {Ariadna, Adrià, Gerard, Alba, Oriol}

2 ESDEVENIMENTS. TIPUS D'ESDEVENIMENTS

Un **esdeveniment** és qualsevol subconjunt de l'espai mostral d'un experiment aleatori.

Els esdeveniments s'anomenen amb una lletra majúscula, excepte la E, que està reservada per a l'espai mostral, i els seus elements s'escriuen entre claus i separats per comes.

En l'experiment aleatori llançar un dau de sis cares, que té com a espai mostral E = {1, 2, 3, 4, 5, 6}, es poden formar nombrosos esdeveniments com, per exemple:

A = «treure un 2» = {2} B = «treure un nombre parell» = {2, 4, 6}

Fixa't que tots els esdeveniments anteriors contenen elements de l'espai mostral i, en conseqüència, tots en són subconjunts.

Es pot assignar un adjectiu a un esdeveniment d'acord amb la possibilitat més o menys alta que passi. Així, el resultat d'un experiment aleatori pot ser impossible, poc possible (o poc probable), possible, molt possible (o molt probable) i segur. L'assignació d'un d'aquests adjectius és fa en base a una estimació no numèrica a ull en funció del coneixement que es té dels possibles resultats d'un experiment aleatori en particular.

2.1 TIPUS D'ESDEVENIMENTS

Es poden distingir els tipus d'esdeveniments següents quan es duu a terme un experiment aleatori:

Esdeveniment elemental

És cadascun dels elements que formen part de l'espai mostral.

{1}, {2}, {3}, {4}, {5}, {6}

Esdeveniment compost

És el que està format per diversos esdeveniments elementals.

A = {1, 2, 3, 4}

Esdeveniment segur

És el que es verifica sempre que es duu a terme l'experiment. Coincideix amb l'espai mostral.

E = «sortir un nombre més petit de 7» = = {1, 2, 3, 4, 5, 6}

Esdeveniment impossible

És l'esdeveniment que no es verifica mai. No té cap element o no pertanyen a l'espai mostral. Es designa amb el símbol del conjunt buit, ∅.

∅ = «sortir el nombre 7»

Activitat resolta

S'extreu una bola d'una urna amb cinc boles numerades de l'1 al 5. Indica:

a. Un esdeveniment elemental.

b. Un esdeveniment compost.

c. L'esdeveniment contrari al de l'apartat **b**.

a. Esdeveniment elemental: A = «obtenir el nombre 3» = {3}

b. Esdeveniment compost: B = «obtenir un nombre parell» = {2, 4}

c. Esdeveniment contrari de B: B^c = «obtenir un nombre senar» = {1, 3, 5}

Si es fa una comparació entre dos esdeveniments, cal distingir-ne els següents:

Esdeveniment contrari d'un altre

L'esdeveniment contrari d'un esdeveniment A és el que està constituït per tots els elements de l'espai mostral que no pertanyen a A. Es designa mitjançant A^c o $\bar{A}$.

A = «sortir un nombre més petit de 5» = = {1, 2, 3, 4}

$A^c = \bar{A}$ = {5, 6}

Esdeveniments incompatibles

Són esdeveniments que no tenen cap element en comú, és a dir, no poden passar alhora.

D = «sortir el 3 i el 5» = {3, 5}

F = «sortir un nombre parell» = {2, 4, 6}

Esdeveniments compatibles

Són els esdeveniments que tenen algun element en comú, és a dir, poden passar alhora.

G = «sortir un nombre parell» = {2, 4, 6}

H = «sortir un múltiple de 3» = {3, 6}

3 FREQÜÈNCIA D'UN ESDEVENIMENT

Per comptabilitzar el nombre de vegades que es repeteix un esdeveniment en un experiment aleatori, s'empren les mateixes eines que quan es fa el recompte dels valors d'una variable estadística, les **freqüències**.

3.1 FREQÜÈNCIA ABSOLUTA D'UN ESDEVENIMENT

Els quatre jugadors d'una partida de parxís llancen el dau buscant obtenir un cinc per poder treure fitxa. En els primers deu llançaments, entre tots han obtingut els resultats següents:

Llançament	1r	2n	3r	4t	5è	6è	7è	8è	9è	10è
Nombre obtingut	3	1	4	2	3	1	6	4	5	3

El concepte de *freqüència absoluta d'un esdeveniment* és anàleg al corresponent a la freqüència de les dades d'una variable estadística; per tant, es defineix així:

> La **freqüència absoluta**, n_i, d'un esdeveniment, A, és el nombre de vegades que es produeix l'esdeveniment quan es fa l'experiment.

Nre. obtingut	Freqüència absoluta, n_i
1	2
2	1
3	3
4	2
5	1
6	1

Taula de freqüències absolutes de l'experiment

En l'exemple, l'esdeveniment A = «obtenir un 5 quan es llança el dau» ha passat una vegada; per tant, la freqüència absoluta de l'esdeveniment A és 1.

3.2 FREQÜÈNCIA RELATIVA D'UN ESDEVENIMENT

La freqüència absoluta aïllada no proporciona informació fiable segons les dades, ni permet comparar un mateix esdeveniment en dos experiments diferents. Per exemple, se sap que en una classe han aprovat matemàtiques 7 persones, i en una altra classe, 5. Amb aquestes freqüències absolutes no se sap quin resultat és millor, perquè no es fa referència al total de la classe.

Ara bé, si se sap que a la classe de 7 aprovats hi ha 30 alumnes i a la de 5 aprovats n'hi ha 20, aquestes freqüències relatives permeten deduir que el millor resultat és l'últim, perquè $\frac{7}{30} < \frac{5}{20}$.

> La **freqüència relativa** d'un esdeveniment A, f_i (A), és el quocient entre la freqüència absoluta de l'esdeveniment A i el nombre de vegades que es duu a terme aquest experiment:
>
> $$f_i(A) = \frac{\text{Freqüència absoluta de A}}{\text{Nre. de vegades que s'efectua l'experiment}} = \frac{n_i}{N}$$

Nre. obtingut	Freqüència relativa, f_i
1	$\frac{2}{10}$
2	$\frac{1}{10}$
3	$\frac{3}{10}$
4	$\frac{2}{10}$
5	$\frac{1}{10}$
6	$\frac{1}{10}$

Així, la freqüència relativa de l'esdeveniment A = «obtenir un 5 quan es llança el dau» és $\frac{1}{10}$, i això vol dir que, dels 10 llançaments que s'han fet, en 1 ha sortit el 5. Fixa't en totes les freqüències relatives de l'experiment a la taula del marge.

4 PROBABILITAT

En el nostre llenguatge són molt comunes frases que expressen diferent grau d'incertesa o falta de seguretat que es produeixi un esdeveniment determinat:

- Aquesta setmana he estudiat molt per a l'examen, però no sé si l'aprovaré.
- És impossible que puguis arribar a temps sortint a aquestes hores de casa.
- Segurament no podrà continuar jugant; s'ha donat un cop fortíssim.

El grau de possibilitat que passin aquestes situacions és molt diferent. Per això cal preguntar: existeix algun tipus d'escala que mesuri la possibilitat que es produeixin?

4.1 LLEI DE L'ATZAR. FREQÜÈNCIA RELATIVA I PROBABILITAT

Els jugadors d'una partida de parxís han decidit llançar el dau 1 000 vegades per comprovar la freqüència amb la qual surt el nombre 5. El recompte de les vegades que ha sortit aquest nombre a cada tanda de 100 tirades s'ha recollit a la taula del marge.

Nre. de llançaments	Freqüència absoluta, n_i	Freqüència relativa, f_i
100	12	0,120
200	29	0,145
300	54	0,180
400	68	0,17
500	79	0,158
600	96	0,160
700	118	0,169
800	131	0,164
900	151	0,168
1 000	166	0,166

A la taula s'aprecia que, a mesura que va augmentant el nombre de llançaments, la freqüència relativa de l'esdeveniment consistent a treure el nombre 5 va oscil·lant, fins a estabilitzar-se al voltant d'un valor proper al nombre 0,166.

Aquest fet és el que recull la **llei de l'atzar**, o **dels grans nombres**, que afirma que, si un experiment aleatori es repeteix de manera successiva, la freqüència relativa d'un esdeveniment anirà fluctuant fins a estabilitzar-se en un valor fix. Aquest valor rep el nom de *probabilitat de l'esdeveniment*.

> La **probabilitat d'un esdeveniment A, P (A)**, és el nombre al qual s'aproxima la seva freqüència relativa quan l'experiment es repeteix un gran nombre de vegades.

Per tant, la probabilitat que es tregui un 5 és P (A) = 0,166.

Aquesta probabilitat també s'anomena *probabilitat empírica* o *probabilitat experimental*, perquè s'ha obtingut per mitjà de la realització de l'experiment.

Cara o creu

Dueu a terme l'experiment aleatori següent: «cada alumne llança una moneda i anota el resultat obtingut». Repetiu l'experiment 20 vegades i indiqueu:

a. Quina és la freqüència absoluta d'obtenir cara? I la d'obtenir creu?

b. Quina és la freqüència relativa de cadascun dels valors anteriors?

Tot seguit, formeu grups de cinc membres, unifiqueu les dades de cada alumne en una sola taula i torneu a respondre les dues preguntes anteriors.

Finalment, recolliu els resultats de tota la classe en una única taula i torneu a respondre les dues preguntes. Fixeu-vos com han variat les respostes en cadascuna de les fases. Cap a on s'aproximen les freqüències relatives de cadascun dels dos valors?

4.2 PROPIETATS DE LA PROBABILITAT

La probabilitat s'ha definit respecte a la freqüència relativa d'un esdeveniment; per això, les seves propietats estan molt vinculades a les de les freqüències relatives.

Propietat 1

La **probabilitat** d'un **esdeveniment** qualsevol, A, és un nombre positiu comprès entre 0 i 1: $0 \leq P(A) \leq 1$. Per tant:

- La **probabilitat** d'un **esdeveniment impossible** és 0: $P(\varnothing) = 0$.
- La **probabilitat** d'un **esdeveniment segur** és 1: $P(E) = 1$.

Propietat 2

La **suma** de les **probabilitats** de tots els **esdeveniments elementals** és 1. Si A i B formen l'espai mostral, es compleix que:

$$P(A) + P(B) = 1$$

Propietat 3

- La probabilitat que es produeixin **dos esdeveniments incompatibles** és la suma de les probabilitats de cadascun:

$$P(A \cup B) = P(A) + P(B)$$

Com a conseqüència d'aquesta propietat, cal deduir que la suma de la probabilitat d'un esdeveniment i la del seu contrari és 1:

$$P(A) + P(A^c) = 1$$

- La probabilitat que es produeixin **dos esdeveniments compatibles** és la suma de les probabilitats d'aquests esdeveniments menys la probabilitat de l'esdeveniment intersecció dels dos:

$$P(A \cup B) = P(A) + P(B) - P(A \cap B)$$

Activitats resoltes

1 Amb una bossa que conté boles numerades de l'1 al 4 es duu a terme l'experiment aleatori «extreure'n una bola i comprovar-ne el nombre». Es coneixen les probabilitats d'alguns esdeveniments de l'experiment: la d'extreure una bola numerada amb el nombre 1 és de 0,2, la de treure una bola amb el nombre 2 és de 0,3, i la probabilitat que la bola tingui el nombre 4 és de 0,1.

a. Quina és la probabilitat d'extreure una bola numerada amb el nombre 3?

b. Quantes boles hi ha amb cada nombre si en total n'hi ha menys de 12?

a. Es compleix que la suma de les probabilitats de tots els esdeveniments elementals és 1:

$$P(1) + P(2) + P(3) + P(4) = 1$$

$$0{,}2 + 0{,}3 + P(3) + 0{,}1 = 1 \Rightarrow P(3) = 1 - 0{,}6 \Rightarrow P(3) = 0{,}4$$

b. L'única possibilitat que els percentatges corresponents a les probabilitats, és a dir, 20 %, 30 %, 40 % i 10 %, respectivament, d'una quantitat més petita de 12 donin com a resultat un nombre exacte de boles és que el valor sigui 10.

Segons això, hi hauria dues boles numerades amb l'1, tres boles amb el 2, quatre boles amb el 3 i una sola bola amb el 4.

2 Es disposa de dues cançons de swing, tres de blues, una de jazz i quatre de pop-rock. Si en triem una a l'atzar:

a. Quina és la probabilitat de triar una cançó de *swing*?

b. Comprova que totes les probabilitats estan compreses entre 0 i 1.

a. La probabilitat que la cançó triada a l'atzar sigui de swing és de 2 entre les 10 cançons de què es disposa en total; per això, la probabilitat és de $\frac{2}{10} = 0{,}2$, que està entre 0 i 1.

b. La probabilitat que la cançó triada sigui de blues és de 3 entre 10; per tant, la probabilitat és de $\frac{3}{10} = 0{,}3$, que també està entre 0 i 1.

La probabilitat que la cançó sigui de jazz és d'1 entre 10; en conseqüència, la probabilitat és d'$\frac{1}{10} = 0{,}1$, valor localitzat entre 0 i 1.

Finalment, la probabilitat que la cançó sigui de pop-rock és de 4 entre 10; així, doncs, la probabilitat és de $\frac{4}{10} = 0{,}4$, que està entre 0 i 1.

La suma de les probabilitats de tots els esdeveniments elementals és 1: $0{,}2 + 0{,}3 + 0{,}1 + 0{,}4 = 1$.

5 REGLA DE LAPLACE

Hem definit el concepte de *probabilitat d'un esdeveniment* a partir de la realització reiterada de l'experiment. Això presenta dos inconvenients:

- En primer lloc, cada vegada que es volgués calcular la probabilitat d'un esdeveniment caldria repetir l'experiment nombroses vegades, per exemple 1 000.
- En segon lloc, no se sap quantes reiteracions de l'experiment s'han de fer perquè el resultat sigui fiable: 1 000, 2 000, 5 000, etc.

Això ha impulsat la recerca sobre com es pot calcular la probabilitat d'un esdeveniment d'una manera més rigorosa, exacta i còmoda.

En els seus plantejaments, Pierre-Simon de Laplace va partir de les premisses següents:

Pierre-Simon de Laplace (1749-1827). Aquest matemàtic i astrònom francès va contribuir al desenvolupament del càlcul probabilístic.

1 Els esdeveniments elementals de l'experiment han de ser **esdeveniments equiprobables**, és a dir, tots han de tenir la mateixa probabilitat de succeir.

2 S'anomenen **casos possibles** d'un experiment tots els resultats que es poden obtenir quan es duu a terme.

3 Els **casos favorables** d'un esdeveniment, A, són els resultats que s'obtenen si es verifica aquest esdeveniment.

La **regla de Laplace** diu que:

> La **probabilitat** que es produeixi un esdeveniment A, P (A), és igual al quocient entre els casos favorables que verifiquen l'esdeveniment i els casos possibles de l'experiment:
>
> $$P(A) = \frac{\text{Nre. de casos favorables}}{\text{Nre. de casos possibles}}$$

Així, doncs, segons la definició teòrica de la probabilitat:

$$P(\text{treure 5 en un dau}) = \frac{1}{6}$$

Això vol dir que, teòricament, de cada sis llançaments amb el dau, en un sortirà 5.

Activitat resolta

Fixa't en el contingut de l'urna. Si se n'extreu una bola a l'atzar, calcula:

a. La probabilitat que sigui una bola vermella.

b. La probabilitat que sigui una bola blanca.

c. La probabilitat que no sigui una bola verda.

Cadascuna de les boles té la mateixa probabilitat de ser extreta que qualsevol altra; per tant, es tracta d'esdeveniments equiprobables i es pot aplicar la regla de Laplace.

a. El nombre de casos favorables és 2, ja que de les nou boles només 2 són vermelles; per tant:

$$P(\text{extreure bola vermella}) = \frac{\text{Nre. de boles vermelles}}{\text{Nre. total de boles}} = \frac{2}{9}$$

b. El nombre de casos favorables és 4, perquè a l'urna només hi ha 4 boles blanques; en conseqüència:

$$P(\text{extreure bola blanca}) = \frac{\text{Nre. de boles blanques}}{\text{Nre. total de boles}} = \frac{4}{9}$$

c. El nombre de casos favorables és 6, ja que hi ha 2 boles vermelles i 4 de blanques; així, doncs:

$$P(\text{extreure bola no verda}) = \frac{\text{Nre. de boles no verdes}}{\text{Nre. total de boles}} = \frac{6}{9} = \frac{2}{3}$$

6 DIAGRAMA D'ARBRE

Un **diagrama d'arbre** és una representació gràfica en la qual s'organitza la informació. Permet fer un recompte de totes les possibilitats que poden ocórrer en un experiment d'una manera clara, ordenada i senzilla. Aquesta representació es fa servir per obtenir l'espai mostral.

El diagrama d'arbre s'aplica a experiments que es poden descompondre en uns altres de més simples. Es construeix marcant, com si fossin branques d'un arbre, les diferents possibilitats que hi ha en el primer experiment simple en què es descompon l'experiment original. De cadascuna d'aquestes branques en parteixen unes altres de noves, tantes com possibilitats hi hagi en el segon experiment simple, i així successivament fins a esgotar els experiments simples en què s'hagi descompost l'experiment aleatori inicial.

Reunint totes les possibilitats de les quals prové cadascuna de les branques finals, s'obté l'espai mostral de l'experiment.

Activitat resolta

A la Noa li encanten els gelats. Una tarda calorosa s'acosta a una gelateria i es planteja demanar un dels gustos del dia: mango, xocolata o merenga. Quan s'ha decidit pel gust, el dependent li pregunta si el vol en cucurutxo o en terrina. De quantes maneres diferents podrà triar el gelat?

L'experiment es descompon en dos experiments més simples: l'elecció del suport (cucurutxo o terrina) i la tria del gust (mango, xocolata o merenga).

1. En el primer experiment hi ha dues possibilitats d'elecció: cucurutxo o terrina.
2. En el segon experiment hi ha tres possibilitats de tria: gust de mango, de xocolata o de merenga.
3. En l'última columna es representa l'espai mostral de l'experiment.

El nombre total d'elements de l'espai mostral s'obté comptant les branques finals o, més ràpidament, efectuant el producte del nombre de branques de cada experiment simple.

Així, en el nostre exemple, l'espai mostral està format per:

2 (2 suports) · 3 (3 gustos) = 6 (elements de l'espai mostral)

L'espai mostral de les diferents alternatives és:

E = {(cucurutxo, mango), (cucurutxo, xocolata), (cucurutxo, merenga), (terrina, mango), (terrina, xocolata), (terrina, merenga)}

Organitzar dades en un diagrama d'arbre

S'extreu una bola d'una urna que té una bola vermella i una altra de verda, s'anota el color de la bola extreta i es torna a l'urna. Es repeteix l'experiment tres vegades. Calcula l'espai mostral i la probabilitat que les tres vegades surti la bola verda.

L'ordenació de dades en diagrames d'arbre és una tècnica molt útil a l'hora d'organitzar-les. Aquests diagrames es fan servir sobretot en la resolució de problemes de probabilitat, no només per calcular probabilitats, sinó també per determinar l'espai mostral.

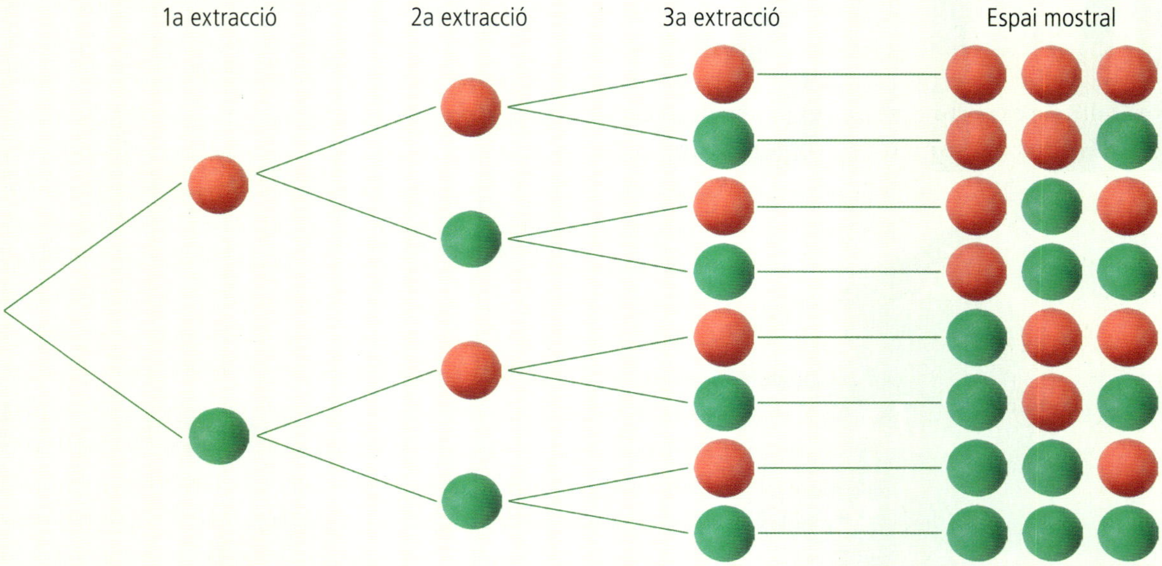

Aplicant la regla de Laplace, resulta que la probabilitat que la bola verda surti les tres vegades és d'$\frac{1}{8}$, perquè només hi ha un cas favorable de vuit possibles; a més, aquests vuit casos són equiprobables. En casos com aquest, en els quals es torna l'element extret, les extraccions es fan amb reemplaçament i l'arbre adquireix en cada extracció tantes branques com esdeveniments elementals hi hagi. Per contra, si l'element no es torna, les extraccions són sense reemplaçament i l'arbre perd una branca en cada extracció.

Fixa't ara com serien el diagrama d'arbre i l'espai mostral d'un experiment que consisteix a extreure, sense reemplaçament, 3 boles d'una urna que conté una bola vermella, una bola blava i una bola verda:

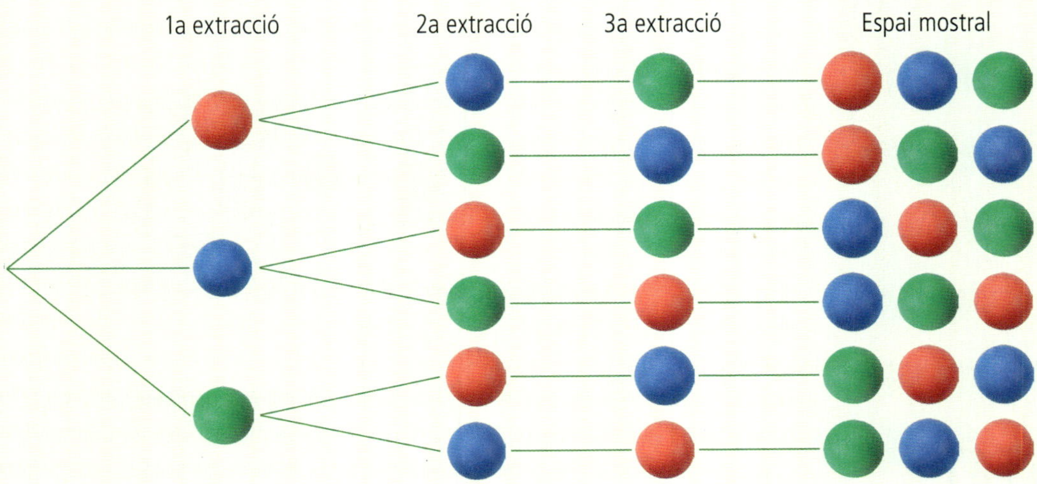

ACTIVI TATS

15 PROBABILITAT

1 Experiments aleatoris. Espai mostral

1 Indica quins dels experiments següents són aleatoris i quins deterministes:

a. Mesurar la massa d'un litre d'aigua.

b. Extreure un paperet d'una urna amb tres paperets blancs i veure de quin color és.

c. Triar sense mirar una peça d'escacs.

d. Predir qui seran els golejadors en el partit del teu equip de futbol preferit.

e. Predir qui guanyarà les eleccions que es faran el mes vinent.

2 Escriu l'espai mostral d'aquests experiments aleatoris:

a. Introduir totes les fitxes del parxís en un gobelet, extreure'n una i anotar de quin color és.

b. Agafar un cartró de llet dels tres tipus emmagatzemats (desnatada, semidesnatada i sencera) en funció del greix que conté.

c. Triar a l'atzar un dels cossos sòlids platònics.

3 Es fa girar una ruleta com la de la figura i s'apunta el nombre del sector que surt.

a. És aleatori aquest experiment?

b. Escriu-ne l'espai mostral.

4 Considera l'experiment «anotar en un moment donat el color del llum encès en un semàfor». Escriu-ne l'espai mostral.

5 S'extreu una bola de l'urna següent i s'anota de quin color és:

a. És un experiment aleatori? Raona'n la resposta.

b. Escriu-ne l'espai mostral.

6 En una bossa hi ha 7 boles de colors numerades de l'1 al 7. Les boles amb nombre parell són vermelles, i les de nombre senar són blaves. Si s'extreu de la bossa una bola a l'atzar, indica l'espai mostral d'aquest experiment.

7 Escriu l'espai mostral dels experiments aleatoris següents:

a. Triar a l'atzar un color dels que integren l'arc de Sant Martí.

b. Seleccionar a l'atzar un dels mesos de l'any.

c. Extreure una bola d'un bombo amb 10 boles numerades del 0 al 9.

d. Triar un múltiple del nombre 13 que sigui més petit de 100.

8 Escriu l'espai mostral d'un experiment aleatori que consisteix a llançar dos daus cúbics i anotar el resultat de restar el nombre més gran obtingut menys el més petit.

2 Esdeveniments. Tipus d'esdeveniments

9 Es duu a terme un experiment consistent a endevinar el cavall guanyador d'una cursa en la qual participen 8 cavalls numerats de l'1 al 8. Indica'n:

a. L'espai mostral

b. Un esdeveniment elemental

c. Un esdeveniment compost

d. Un esdeveniment segur

e. Un esdeveniment impossible

f. Dos esdeveniments compatibles

10 Tenint en compte l'urna de la figura, es duu a terme l'experiment de treure'n una bola i comprovar de quin color és. Escriu els elements que componen:

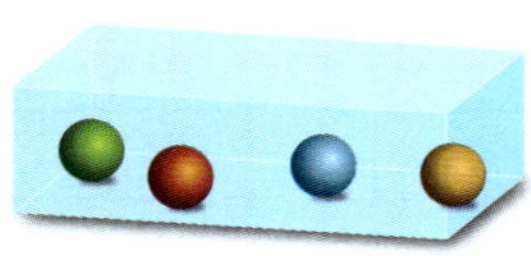

a. L'espai mostral

b. Un esdeveniment elemental

c. Un esdeveniment compost

d. Un esdeveniment segur

e. Un esdeveniment impossible

f. Dos esdeveniments incompatibles

11 Considera l'experiment consistent a llançar dues vegades una moneda. Determina'n l'espai mostral, i també els elements que formen els esdeveniments següents:

a. A = «treure dues cares»

b. B = «treure almenys una cara»

c. C = «no treure dues cares»

12 Considera l'experiment que consisteix a llançar un dau cúbic i classifica els esdeveniments següents:

a. A = «obtenir un nombre divisor de 10»

b. B = «obtenir un nombre SENAR més gran que 5»

c. C = «no obtenir un 1»

d. D = «obtenir un múltiple de 4»

13 Es fa girar una ruleta com la de la figura i s'anota el nombre del sector al qual apunta la fletxa:

Escriu els elements que componen:

a. L'espai mostral

b. L'esdeveniment A = «sortir un múltiple de 3»

c. L'esdeveniment B = «sortir un divisor de 6»

d. L'esdeveniment C = «sortir un nombre més petit de 3»

14 Considera l'experiment «triar a l'atzar una lletra de l'abecedari». Inventa els esdeveniments següents:

a. Dos esdeveniments que siguin compatibles.

b. Dos esdeveniments que siguin incompatibles.

c. Un esdeveniment i el seu contrari.

15 En el diagrama següent es representa l'espai mostral, E, i dos esdeveniments, A i B:

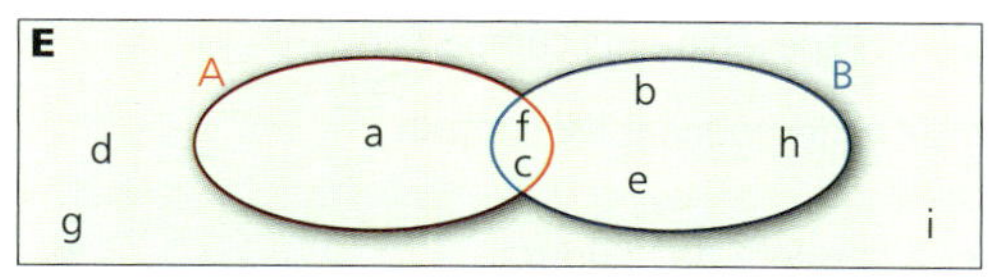

a. Escriu l'esdeveniment A.

b. Escriu l'esdeveniment B.

c. Escriu l'esdeveniment contrari de A.

d. Són compatibles els esdeveniments A i B?

16 Es tria a l'atzar una fitxa d'entre les 28 que formen un joc complet de dòmino. Escriu els elements que integren els esdeveniments següents:

a. A = «treure una fitxa doble»

b. B = «treure una fitxa amb una blanca»

c. C = «treure una fitxa amb almenys un 6»

d. D = «treure una fitxa en què els dos nombres sumin 4»

17 Es llancen enlaire dos daus cúbics i se sumen els valors que es mostren a la cara superior. Escriu els components de cadascun dels esdeveniments següents i classifica'ls:

a. A = «obtenir un 8»

b. B = «obtenir un quadrat perfecte»

c. C = «obtenir un divisor de 17»

d. D = «obtenir un múltiple de 9» i I = «obtenir un divisor de 16»

18 Si s'extreu una bola de l'urna següent, indica:

a. L'espai mostral

b. Un esdeveniment compost

c. Un esdeveniment i el contrari

d. Un esdeveniment segur

19 Es considera l'experiment «triar aleatòriament un nombre de dos dígits». Indica'n:

a. L'espai mostral

b. Un esdeveniment compost

c. Dos esdeveniments compatibles

d. Un esdeveniment i el contrari

20 Per a la ruleta de la figura, indica'n:

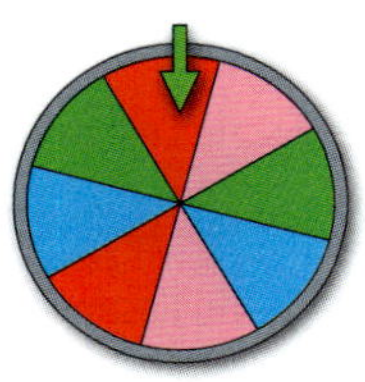

a. L'espai mostral

b. Un esdeveniment elemental

c. Un esdeveniment compost

d. Un esdeveniment segur

e. Un esdeveniment impossible

21 Considera un experiment aleatori, respon les preguntes següents i posa'n un exemple:

a. El contrari d'un esdeveniment segur és un esdeveniment impossible?

b. El contrari d'un esdeveniment impossible és un esdeveniment segur?

22 Els conceptes d'*esdeveniment contrari* i *esdeveniment incompatible* no són equivalents, però mantenen una relació que els vincula sempre en un sentit. Considera l'experiment consistent a llançar un dau i contesta les preguntes següents, posant un exemple que doni suport a la teva resposta.

a. Els esdeveniments contraris són sempre incompatibles?

b. Els esdeveniments incompatibles són sempre contraris?

23 Els esdeveniments A i A^c junts completen sempre l'espai mostral? Considera l'experiment del llançament d'un dau de 6 cares i posa un exemple que il·lustri la teva resposta.

24 D'una urna com la de la figura se n'extreuen dues boles sense introduir-hi la primera i s'anota de quin color són.

a. Indica un esdeveniment elemental i el seu contrari.

b. Indica dos esdeveniments compatibles.

c. Indica un esdeveniment impossible i el seu contrari.

3 Freqüència d'un esdeveniment

25 S'ha preguntat a 40 treballadors quin dia de la setmana prefereixen entrar una hora més tard. Els resultats obtinguts són:

Dia	Freqüència absoluta, n_i
Dilluns	7
Dimarts	11
Dimecres	8
Dijous	3
Divendres	11

Si es considera l'esdeveniment A = «triar el divendres»:

a. Quina n'és la freqüència absoluta?

b. Quina n'és la freqüència relativa?

26 Els resultats de llançar 100 vegades un dau de 6 cares són:

Dau	Freqüència absoluta, n_i
1	15
2	22
3	10
4	16
5	13
6	24

Si considerem l'esdeveniment A = «obtenir un 6»:

a. Quina n'és la freqüència absoluta?

b. I la freqüència relativa?

27 En una safata s'han barrejat diversos tipus de fruita tallada: plàtan, poma, meló, préssec i mango. S'agafen aleatòriament 50 talls de fruita, i els resultats s'exposen a la taula següent:

Fruita	Freqüència absoluta, n_i
Plàtan	13
Poma	6
Meló	12
Préssec	11
Mango	8

a. Quin és l'espai mostral de l'experiment?

b. Quina és la freqüència absoluta de cadascun dels esdeveniments elementals?

c. Quina és la freqüència relativa dels esdeveniments elementals anteriors?

28 S'introdueixen en una capsa totes les fitxes del parxís. Se n'extreu una a l'atzar, s'anota de quin color és i es torna a la capsa. Aquest experiment aleatori es repeteix 1 000 vegades i s'obtenen els resultats següents:

Fitxes	Freqüència absoluta, n_i
Vermella	263
Verda	241
Groga	252
Blava	244

a. Quina és la freqüència absoluta de cadascun dels colors?

b. Calcula la freqüència relativa de cada color.

c. Indica un nombre que s'aproximi a totes les freqüències relatives de cadascun dels colors.

29 ➕ Es fa girar 30 vegades la ruleta següent i s'anota el nombre que marca la fletxa cada vegada que es para:

a. Quin és l'espai mostral de l'experiment?

b. Quant sumen les freqüències absolutes de cadascun dels nombres obtinguts?

c. Quant sumen les freqüències relatives d'aquests nombres?

d. Pot ser 0,6 la freqüència relativa del nombre 5? I 1,2?

e. Indica dos esdeveniments compatibles i dos d'incompatibles.

30 En una calculadora es prem a l'atzar una de les quatre operacions algebraiques que efectua. Aquest experiment es duu a terme 30 vegades i s'obtenen aquestes dades:

Operacions	Freqüència absoluta, n_i
+	12
−	6
×	3
/	9

a. Quin és l'espai mostral de l'experiment?

b. Calcula la freqüència relativa de cada operació algebraica.

31 S'introdueixen les diferents peces d'uns escacs en una capsa i se n'extreu una a l'atzar, s'anota quina peça és i es torna a la capsa. Aquest experiment aleatori s'ha repetit 40 vegades i s'han obtingut els resultats següents:

	Peó	Torre	Cavall	Alfil	Rei	Reina
Freqüència absoluta, n_i	7	5	10	3	8	7

a. Quin és l'espai mostral de l'experiment?

b. Quina és la freqüència absoluta de cadascuna de les peces?

c. Calcula la freqüència relativa de cada peça.

32 L'experiment de l'activitat anterior es repeteix fins a arribar a les 3 000 reiteracions. Ara s'han obtingut aquests resultats:

Freqüència absoluta, n_i	Peó	Torre	Cavall	Alfil	Rei	Reina
1 000	150	173	159	181	166	171
2 000	329	332	330	340	331	338
3 000	491	505	496	507	499	502

a. Calcula les freqüències relatives de les peces a cada tram de llançament.

b. Analitza si les freqüències relatives tendeixen cap a algun nombre concret.

4 Probabilitat

33 Es fa una enquesta per conèixer l'activitat més requerida pel públic d'entre les següents: *spinning*, pilates, ioga, musculació i *kick-boxing*. Es registren les 200 respostes que recull aquesta taula:

Respostes	Freqüència absoluta, n_i
Spinning	50
Pilates	100
Ioga	30
Musculació	9
Kick-boxing	11

a. Calcula la freqüència relativa de cadascun dels esdeveniments.

b. Assigna-hi una probabilitat experimental.

c. Totes les probabilitats pertanyen a l'interval [0 , 1]?

d. Calcula la suma de totes les probabilitats. Quin és el resultat que obtens?

e. Determina la suma de la probabilitat de triar ioga i la probabilitat de no triar ioga. Quin resultat obtens?

34 L'Adam ha fet l'experiment aleatori següent: «llançar dues monedes enlaire i anotar el nombre de cares obtingudes». L'experiment l'ha repetit 500 vegades i ha recollit els resultats a la taula següent:

Nre. cares \ Nre. llançaments	100	200	300	400	500
0 cares	17	47	76	98	126
1 cara	69	111	151	205	250
2 cares	14	42	73	97	124

Determina la freqüència relativa de cada esdeveniment i indica la probabilitat experimental d'aquests esdeveniments:

a. A = «no obtenir cap cara»

b. B = «obtenir una cara»

c. C = «obtenir dues cares»

d. D = «no obtenir cap creu»

35 Explica, de manera raonada, quins dels valors següents no poden correspondre a la probabilitat d'un esdeveniment:

a. 40 %

b. −0,9

c. $\frac{3}{8}$

d. 2,2

e. 1,03

f. $\frac{5}{4}$

36 Es disposa de dos daus cúbics, l'un vermell i l'altre blau, un dels quals està trucat. Per esbrinar quin és, es fan 1 000 llançaments amb cadascun. A la taula següent es recull el nombre de vegades que ha sortit el 5:

	Dau vermell	Dau blau
Nre. de llançaments	1 000	1 000
Nre. de vegades que surt el 5	175	400

Fixa't en els resultats i raona quin dels dos és el dau trucat.

37 En un experiment aleatori, la probabilitat d'un esdeveniment, A, és P (A) = 0,83. Calcula la de l'esdeveniment contrari.

38 La probabilitat d'un esdeveniment, A, en un experiment aleatori és P (A) = 0,60, i la probabilitat d'un altre esdeveniment, B, és P (B) = 0,40. Amb aquestes dades, es pot deduir que els esdeveniments A i B són contraris? Raona'n la resposta i posa un exemple que il·lustri el teu raonament.

39 En l'experiment consistent a anotar quin mitjà de locomoció, entre bicicleta elèctrica o patinet, empren els qui passen per un punt determinat s'han obtingut aquests resultats després d'anotar 100 casos:

Mitjà de transport	Freqüència absoluta, n_i
Bicicleta elèctrica	78
Patinet	22

a. Quina probabilitat experimental assignaries a l'esdeveniment A = «desplaçar-se amb bicicleta elèctrica» segons les dades de la taula?

b. Quina probabilitat diries que té l'esdeveniment B = «desplaçar-se amb patinet»?

40 En una prestatgeria hi ha col·locats CD de dos tipus: música clàssica i música pop. Quan la Jana i la Laura són a punt de triar un CD a l'atzar, la Jana diu: «La probabilitat d'agafar-ne un de música clàssica és de $\frac{9}{22}$», i la Laura respon: «Però la probabilitat d'agafar-ne un de música pop és de $\frac{7}{11}$.»

a. Poden ser certes totes dues afirmacions?

b. Si només tingués raó la Jana, quina seria la probabilitat de triar un CD de música pop?

41 ⊞ El Roger i el Joan es disposen a jugar a la loteria. Tenen dos números per triar, un acabat en 00 i l'altre en 34. El Roger diu que no vol el primer perquè la terminació 00 té menys possibilitats de sortir. El Joan replica que ell prefereix l'acabat en 00 perquè l'altra terminació va resultar agraciada la setmana passada i, per això, té menys possibilitats de sortir aquesta. Tu què en penses? Qui té raó ? Raona'n la resposta.

42 Una tómbola de la fira del poble del Joel té el joc següent: un jugador paga 1 € i extreu una bola d'una urna que conté 1 bola vermella, 3 boles verdes i 6 de negres. Segons quin sigui el color de la bola extreta, es procedeix de la manera següent:

- Si és vermella, el jugador guanya 3 €.
- Si és verda, el jugador guanya 2 €.
- Si és negra, el jugador perd el que ha apostat.

a. Formeu grups a classe i simuleu la pràctica del mateix joc o un de semblant.

b. Repetiu l'experiment 50 vegades i extraieu-ne conclusions.

c. Ajunteu els resultats de cada grup i analitzeu-ne la informació. Qui surt beneficiat en el joc?

43 Un dau tetraèdric trucat té la característica següent: la probabilitat d'obtenir cadascun dels nombres parells és idèntica i igual a 0,35. Si se sap que la probabilitat d'obtenir cadascun dels nombres senars també és la mateixa, calcula la probabilitat de treure un 3.

5 Regla de Laplace

44 A la classe de l'Anna hi ha 14 alumnes morens, 8 de rossos, 7 de castanys i 1 de pèl-roig. Si es tria un alumne a l'atzar, calcula la probabilitat dels esdeveniments següents:

a. Tenir el cabell ros

b. Tenir el cabell castany

c. Tenir el cabell morè

d. Tenir el cabell pèl-roig

45 Se seleccionen aleatòriament 50 persones i se'ls pregunta pel seu dia preferit de la setmana. Els resultats obtinguts són:

Dia preferit	Freqüència absoluta, n_i
Dilluns	3
Dimarts	5
Dimecres	6
Dijous	7
Divendres	14
Dissabte	10
Diumenge	5

Calcula la probabilitat dels esdeveniments següents:

a. A = «triar el divendres»

b. B = «triar cap de setmana»

c. C = «triar un dia que acabi en *e*»

d. D = «triar un dia que contingui una *a*»

46 Les notes de final de curs de la classe de la Marta han estat les següents: 3 alumnes han suspès 3 matèries, 5 han suspès 2 matèries, 2 han suspès 1 matèria i 15 les han aprovades totes. Si es tria un alumne a l'atzar, calcula la probabilitat dels esdeveniments següents:

a. A = «ho ha aprovat tot»

b. B = «ha suspès 2 matèries»

c. C = «ha suspès més d'una matèria»

d. D = «no ho ha aprovat tot»

47 L'Aleix vol comprar un marcador fluorescent que val 70 ct. i al moneder porta les monedes següents:

Si agafa a l'atzar una sola moneda del moneder, quina és la probabilitat que hi ha que pugui comprar el marcador amb aquesta moneda?

48 Una urna conté boles de colors. No se sap quina quantitat de boles hi ha ni de quins colors són, però sí que la probabilitat d'extreure'n una bola blava és de $\frac{2}{5}$. Això significa que a l'urna hi ha 5 boles i que 2 de les boles són blaves? Raona'n la resposta.

49 Deu amics estan organitzant les seves vacances. D'ells, 3 han mostrat predilecció per una destinació de platja, 4 s'han decidit per la muntanya, 2 prefereixen fer turisme d'interior i 1 es decanta per un balneari. Calcula la probabilitat dels esdeveniments següents.

a. A = «preferir platja»

b. B = «preferir turisme d'interior»

c. C = «preferir muntanya o turisme d'interior»

d. D = «preferir balneari»

50 El Jordi i l'Izan juguen amb aquesta ruleta:

El joc consisteix a triar un color i fer girar la ruleta. Guanya el que ha seleccionat el color on s'atura la fletxa. Calcula la probabilitat de guanyar si es tria:

a. A = «el color vermell»

b. B = «el color groc»

c. C = «el color blau»

d. D = «un color que no sigui blau»

51 **TIC** En grups de cinc companys, construïu un dau trucat. Hi ha diferents maneres senzilles de fer-ho. Investigueu sobre aquest tema. Després, dueu a terme un nombre elevat de llançaments amb aquest dau i analitzeu quina és la probabilitat que té de sortir cadascuna de les cares i la diferència respecte a les d'un dau sense trucar.

52 Indica si les probabilitats dels esdeveniments següents són correctes i, en cas contrari, rectifica-les:

a. P (1) = 0,6

b. P (2) = 0,25

c. P (3) = 0,125

d. P (senar) = 0,5

53 L'Abril fa servir molt la targeta bancària; l'empra per comprar en diversos comerços, treure diners dels caixers, etc. La seva targeta té una clau de quatre dígits del 0 al 9. Està preocupada per la seguretat d'aquesta clau i pensa que pot ser fàcil d'endevinar en el cas que la perdi:

a. Quantes claus diferents es poden crear?

b. Quina és la probabilitat d'encertar la seva clau en un sol intent?

c. I si sabéssim que comença per 3?

54 A la safata de dolços de Nadal, la Berta hi té 5 polvorons, 4 massapans i 7 talls de torró. Si el seu pare n'agafa un dolç a l'atzar, indica la probabilitat que hagi triat:

a. Un polvoró.

b. Un massapà.

c. Un dolç que no és un polvoró.

d. Un dolç que no és un tall de torró.

55 Dels 25 alumnes de la classe de l'Emma, 15 han aprovat totes les matèries, a 5 els n'ha quedat una, 3 n'han suspès dues, i a 2 els n'han quedat tres o més. Si es tria un alumne a l'atzar, calcula la probabilitat que:

a. Ho hagi aprovat tot.

b. Hagi suspès una matèria.

c. Hagi suspès més d'una matèria.

d. Hagi suspès alguna matèria.

56 En una urna s'introdueixen targetes amb cadascuna de les lletres de les paraules:

RAMAT PERSIANA BANYERA PERSONA

S'extreu una targeta de l'urna a l'atzar.

a. Quin tipus de lletra té més probabilitat de sortir: una vocal o una consonant?

b. Quina lletra és més probable que surti?

c. Quines lletres tenen la mateixa probabilitat de ser extretes?

Després de treure les lletres que formen la paraula TOSIR, quina lletra és més probable que surti: la R o la P?

6 Diagrama d'arbre

57 La Irene, el Víctor i el Guillem disposen de tres instruments: clarinet, saxofon i violoncel per distribuir-se'ls i interpretar una composició musical. Mostra en un diagrama d'arbre de quines maneres es podrien repartir els instruments.

58 Es disposa de quatre colors, vermell, verd, blanc i groc, per formar una bandera amb tres zones en vertical. Si no es pot repetir el color, indica la probabilitat que, si es tria una bandera a l'atzar, la combinació:

a. Sigui vermell, blanc, groc.

b. No comenci amb vermell.

c. Acabi amb groc.

d. Comenci amb verd i acabi amb vermell.

59 A la butxaca dels pantalons, l'Ivan hi porta 2 monedes de 20 ct., 2 monedes de 50 ct. i 1 moneda d'1 €. Primer treu una moneda de la butxaca i, després, una altra. Fent servir un diagrama d'arbre, calcula la probabilitat que:

a. Hagi agafat una moneda d'1 € i una altra de 50 ct.

b. Hagi agafat la moneda d'1 €.

a. Se situen en aquest ordre: la Sofia, el Mohamed i la Marina.

60 Representa en un diagrama d'arbre els resultats que es poden obtenir quan es llança un dau de 6 cares dues vegades. Calcula les probabilitats següents:

a. Treure dos sisos

b. Treure almenys un cinc

61 En el joc de «parells o senars», dos jugadors trien parell o senar, per, tot seguit, estirar alhora el nombre de dits que vulguin d'una de les seves mans, incloent-hi la possibilitat de no estirar-ne cap. Es fa el recompte de dits estirats i guanya el jugador que hagi triat l'opció correcta.

a. Representa les diferents possibilitats del joc en un diagrama d'arbre.

b. Calcula la probabilitat que treguin parell els dos jugadors.

c. Indica la probabilitat que la suma dels dits extrets sigui senar.

62 Per l'aniversari del Nil, cada convidat pot triar per dinar entre hamburguesa o frankfurt, aigua o refresc com a beguda i pastís o gelat per postres. Considera l'experiment «triar el menú compost per les tres opcions».

a. Calcula la probabilitat de triar el menú format per hamburguesa, refresc i gelat.

b. Determina la probabilitat d'escollir un menú en el qual no hi hagi gelat.

63 Amb els dígits 0, 1, 2, 3 i 4 es formen nombres de tres xifres diferents (no poden començar amb 0). Estableix la probabilitat de:

a. Formar el nombre 321.

a. Sortir el 23.

b. Extreure un múltiple de 3.

c. Triar un nombre més petit de 20.

64 La Daniela s'ha d'entrenar dos dies a la setmana per recuperar-se d'una lesió, sense comptar dissabtes ni diumenges. Si tria els dies a l'atzar, indica quina és la probabilitat que:

a. S'entreni dimarts i dijous.

b. No s'entreni dilluns.

c. S'entreni dos dies seguits.

d. S'entreni un divendres.

Nota: no es considera l'ordre dels dies.

65 La Sofia, la Marina i el Mohamed han comprat entrades per anar al cinema a veure la seva pel·lícula preferida. Quan arriben a les butaques no saben com col·locar-se, de manera que ho triaran a l'atzar. Calcula les probabilitats següents:

a. Se situen en aquest ordre: la Sofia, el Mohamed i la Marina.

b. Se situa primer el Mohamed.

c. No es col·loca la Marina en últim lloc.

d. Seuen junts la Sofia i el Mohamed, independentment de l'ordre.

66 L'Alejandro vol posar un test en cadascun dels quatre graons que hi ha a l'escala d'entrada de casa seva. Disposa de quatre testos: un de geranis, un altre de petúnies, un tercer de margarides i l'últim de lliris. Si col·loca els quatre testos a l'atzar, quina probabilitat hi ha que:

a. Al primer graó hi hagi un test de geranis.

b. L'ordre sigui geranis, petúnies, margarides, lliris.

c. No estiguin junts els testos de geranis i petúnies.

d. El quart graó no tingui petúnies.

e. El test de margarides i el de lliris estiguin els primers.

67 ⊞ La Núria i el Sergi juguen a dards i han consensuat que el guanyador serà qui obtingui primer dues victòries.

a. Representa els resultats en un diagrama d'arbre.

b. Quina és la probabilitat que el joc acabi en dues partides?

c. I que acabi en tres partides?

d. Si la Núria hagués guanyat la primera partida, quina seria la probabilitat que guanyés el joc?

68 ⊞ Amb les xifres 1, 2, 3 i 4 es formen nombres de dues xifres diferents. Si se'n selecciona un a l'atzar, esbrina la probabilitat de:

a. Sortir el 23

b. Extreure un múltiple de 3

c. Triar un nombre més petit de 20

69 ⊞ El Lucas i la Mar llancen un dau cúbic cadascun.

a. Quina és la probabilitat que el Lucas tregui una puntuació més alta que la Mar?

b. Quina és la probabilitat que empatin?

70 ⊞ Dos amics juguen a llançar un dau tetraèdric cadascun. Guanya qui obté el resultat més alt. Si els amics fan servir daus amb els nombres següents a les cares:

Dau del jugador 1: 5 4 3 2

Dau del jugador 2: 6 3 2 1

a. Quina és la probabilitat que guanyi el jugador 1?

b. I que guanyi el jugador 2?

c. Amb quin dau preferiries jugar?

71 ⊞⊞ Es llança un dau cúbic dues vegades i se sumen els resultats obtinguts a la cara superior. Si la suma és 6, 7, 8 o 9, guanya el jugador A; en la resta dels casos, el vencedor és el jugador B. Qui té més possibilitats d'aconseguir el triomf?

TREBALLEM LES COMPETÈNCIES

LA CAIXA FORTA

A la caixa forta d'una entitat bancària hi ha bitllets des de 5 fins a 500 €. Durant el matí un caixer de l'entitat ha fet el recompte del nombre de bitllets. El resultat obtingut és el següent:

Valor dels bitllets (€)	5	10	20	50	100	200	500
Recompte	110	160	90	75	45	15	5

1 Calcula quina probabilitat hi ha que, en agafar dos bitllets a l'atzar:

a. En tregui dos de 50 €.

b. En tregui un de 5 € i un de 100 €.

c. No en tregui cap de 500 €.

d. El valor total dels dos bitllets sigui de 250 €.

L'INSTITUT

L'equip docent d'un institut està format per 45 educadors repartits en tres departaments: el tecnològic, l'humanístic i l'artístic.

1 Completa al teu quadern la taula de contingència que classifica els educadors del centre:

	Professors	Professores	Total
Tecnològic	12		
Humanístic		15	21
Artístic			4
Total	19		45

2 S'escull un membre de l'equip docent a l'atzar perquè s'encarregui de la preparació del Dia dels Docents. Calcula la probabilitat que:

a. Sigui del Departament humanístic.

b. Sigui professora i faci classes d'art.

c. Ensenyi tecnologia i sigui home.

d. No sigui professor ni professora d'art.

L'HOSPITAL

En un hospital s'observa que, durant l'hivern, el 40 % de les urgències són degudes a la grip.

1 Si una persona entra al servei d'urgències en aquest període, quina probabilitat hi ha que no tingui la grip?

2 Durant aquests mesos han passat per urgències 1 250 persones. Quantes han estat diagnosticades de la grip? I d'altres patologies?

3 El principal medicament antigripal receptat presenta algun efecte secundari en el 2 % dels casos. Quantes persones n'hauran patit els efectes secundaris?

LA CAPSA DE BOMBONS

En una capsa de 20 bombons n'hi ha sis de xocolata negra; dos, de xocolata blanca; quatre, de xocolata farcida d'avellana, i la resta, de xocolata amb llet.

1 La Leire agafa un bombó a l'atzar de la capsa. Calcula la probabilitat que:

a. Sigui de xocolata negra.

b. Sigui de xocolata amb llet.

c. No sigui de xocolata blanca.

2 Si en comptes d'agafar un bombó n'agafa dos, quina serà la probabilitat d'agafar-ne:

a. Dos de xocolata farcida d'avellana?

b. Un de xocolata blanca i un de negra?

L'ESCOLA DE MÚSICA

A l'escola de música Musicart, els alumnes s'han de matricular en l'estudi d'un de dos instruments, guitarra o piano. La taula següent recull les matriculacions d'alumnes de 15 anys:

	Nois	Noies
Guitarra	x	6
Piano	9	12

1 Calcula el nombre de nois que estudiaran guitarra si corresponen al 25 % d'alumnes matriculats.

2 Es tria un alumne a l'atzar perquè participi en el concert de cloenda de la temporada. Calcula la probabilitat dels esdeveniments següents:

a. Que sigui noi.

b. Que estudiï guitarra.

c. Qui sigui noia i estudiï piano.

d. Que no sigui noi i estudiï guitarra.

EL LLIBRE

En un club de lectura han comptabilitzat el nombre d'errades a cadascuna de les 120 pàgines del llibre de la setmana:

Nre. d'errades	Nre. de pàgines
0	58
1	42
2	16
3	3
4	1

Triem una pàgina a l'atzar.

1 Quina és la probabilitat que no tingui cap errada?

2 Calcula la probabilitat que tingui exactament dues errades.

3 Quina és la probabilitat que tingui alguna errada?

4 I que en tingui més de tres?

LA FESTA D'ANIVERSARI

El Bernat vol muntar la festa d'aniversari de la seva germana. Ha pensat a decorar una sala amb globus de colors. El gràfic següent mostra el nombre de globus de cada color de què disposa:

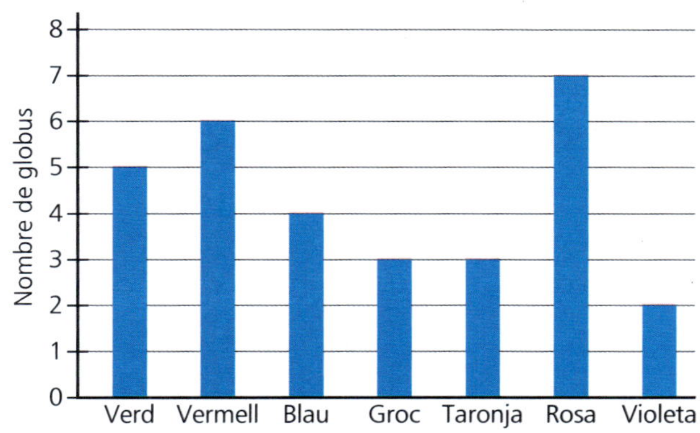

1 El Bernat agafa un globus de la bossa sense mirar, per començar a inflar-los. Calcula quina és la probabilitat que el globus que treu el Bernat:

a. Sigui vermell?

b. No sigui verd?

c. Sigui groc o taronja?

d. No sigui ni violeta ni blau?

APLIQUEM LES TIC

SIMULACIÓ DEL LLANÇAMENT D'UN DAU AMB LA CALCULADORA

La probabilitat experimental d'un esdeveniment en un experiment aleatori és el nombre al voltant del qual s'estabilitza la freqüència relativa d'aquest esdeveniment quan l'experiment s'ha dut a terme un nombre molt elevat de vegades.

Molt sovint, efectuar l'experiment un nombre tan alt de vegades suposa una dificultat molt gran; per això, és molt útil substituir l'experiment real per un altre d'igual, però que es pugui dur a terme més fàcilment.

La calculadora és una eina que permet simular una gran quantitat d'experiments i obtenir, així, els mateixos resultats que es podrien generar amb l'experiment mateix.

La immensa majoria de les calculadores inclouen una funció amb la qual es pot crear una seqüència de nombres aleatoris entre els valors de 0 i 1, sense incloure-hi el 0 i l'1. Es tracta de la funció RAN o RAND, de l'anglès *random*, 'aleatori'. En la calculadora de la imatge, aquesta funció es presenta com una funció secundària que s'obté prement la tecla SHIFT i, tot seguit, la tecla RAN [·].

Cada vegada que es fa servir aquesta funció, la calculadora genera un nombre de l'interval (0 , 1). Per aconseguir una simulació del llançament d'un dau, s'ha de dur a terme aquesta seqüència d'operacions:

1. Escriu un nombre, per exemple 0,634, i després prem SHIFT RAN [·] seguit de la tecla [=].
2. Multiplica per 6 el nombre generat, ja que aquest és el nombre de resultats possibles quan es llança el dau. En el nostre exemple resulta 3,804.
3. Queda't amb la part entera del nombre obtingut, i negligeix la part decimal. En l'exemple, t'has de quedar amb el 3.
4. Suma 1 a la part entera anterior. En l'exemple, 3 + 1 = 4.
5. El nombre obtingut és la simulació del llançament del dau.

L'explicació de l'algorisme és la següent:

La funció RAN [·] produeix un nombre de l'interval (0 , 1); quan el multipliquem per 6, aquest nombre pertanyerà a l'interval (0 , 6).

Quan es negligeix la part decimal, els nombres enters que poden resultar són 0, 1, 2, 3, 4 i 5. Finalment, només queda sumar 1 per obtenir tots els nombres del dau, de l'1 al 6.

D'aquesta manera és possible generar una llista amb una gran quantitat de resultats.

Aquest procediment permet simular una enorme diversitat d'experiments, encara que no siguin numèrics, perquè es pot establir una relació entre cadascuna de les possibilitats de l'experiment i un dels nombres enters obtinguts.

Agafem com a exemple l'experiment aleatori de resultats no numèrics consistent a llançar una moneda. El seu espai mostral és {cara , creu}. Si aquests resultats es vinculen als elements {0 , 1}, aleshores es pot tornar a simular amb la calculadora un experiment l'espai mostral del qual sigui A = {0 , 1}.

En aquest cas, l'algorisme consisteix a generar un nombre aleatori amb RAN [·], multiplicar-lo per 2 i quedar-se amb la part entera.

1 Simula l'experiment aleatori de llançar un dau tetraèdric, amb les quatre cares numerades de l'1 al 4. Determina la probabilitat que s'assignaria a l'esdeveniment {obtenir un 3} simulant 50 llançaments.

2 Simula l'experiment aleatori de formar nombres de dues xifres extraient dues boles de dos bombos diferents. Del primer bombo, que conté 9 boles numerades de l'1 al 9, s'extreuen les desenes del nombre, mentre que del segon, que conté 10 boles numerades del 0 al 9, se n'extreuen les unitats. Simulant 50 extraccions, estableix la probabilitat que s'assignaria a l'esdeveniment {obtenir un nombre parell}.

AVALUACIÓ

1 Classifica els experiments següents en deterministes o aleatoris.

a. Extreure una carta d'una baralla i observar-ne el número i el coll.

b. Esbrinar els gols que farà un jugador de futbol en un partit de lliga abans que jugui.

c. Determinar l'arrel quadrada de 49.

d. Determinar el pròxim color que mostrarà un semàfor si ara està verd.

e. Saber el sexe del primer fill d'una parella.

2 Escriu l'espai mostral associat a cadascun dels experiments aleatoris següents:

a. Extreure una bola d'una bossa amb boles de tres colors primaris.

b. Extreure un bitllet d'una caixa forta d'un banc i observar-ne el valor i també el color.

c. Extreure una bola de bingo i anotar-ne el número.

d. Tirar dos daus de 4 cares i anotar el producte dels nombres de les cares que s'obtinguin.

3 En l'experiment de llançar un dau cúbic i anotar-ne la quantitat de vegades que surt el 4, s'han obtingut els resultats que segueixen:

Nombre de llançaments	10	50	100	150	200
Vegades que surt 4	2	9	16	26	33

Determina, mitjançant el càlcul de freqüències relatives, la probabilitat assignada a l'esdeveniment «sortir 4».

4 En una urna hi ha 20 boles de colors: cinc de verdes, vuit de vermelles, i la resta, negres. Calcula quina probabilitat hi ha que, en agafar una bola, sigui:

a. Verda

b. Vermella

c. Negra

d. Verda o vermella

e. Blava

f. Verda o negra

5 S'ha trucat un dau de 6 cares, de manera que la probabilitat d'obtenir un nombre primer és el doble que la d'obtenir un nombre no primer. Calcula la probabilitat d'obtenir cada nombre.

6 Traiem a l'atzar una de les 28 fitxes d'un joc de dòmino. Troba la probabilitat que:

a. Sigui una fitxa doble.

b. La suma dels punts sigui 10.

c. La diferència dels punts sigui 4.

d. El producte dels punts sigui 6.

7 Llancem una moneda a l'aire quatre vegades.

a. Fes un diagrama d'arbre de l'experiment.

b. Quina és la probabilitat que tots els resultats siguin cara? I que siguin tots creu?

c. Calcula la probabilitat que almenys hagi sortit una cara.

d. I que hagin sortit dues creus?

e. Quina és la probabilitat que, en l'últim llançament, hagi sortit cara?

8 En una urna tenim cinc paperets blancs i tres de negres, i en traiem tres. Si cada vegada que se'n treu un es torna a introduir a l'urna, calcula:

a. La probabilitat que tots tres siguin blancs.

b. La probabilitat que tots tres siguin negres.

9 En un pot queden cinc agulles d'estendre la roba, una de fúcsia i quatre de verdes, i n'hem d'agafar dues per estendre un jersei. Descriu l'espai mostral i calcula la probabilitat que quan les agafem:

a. Siguin fúcsies, si retornem la primera agulla al pot (és a dir, amb devolució).

b. Siguin fúcsies sense retornar la primera agulla (sense devolució).

c. Siguin verdes amb devolució i sense.

10 En l'experiment de llançar un dau de 10 cares, numerat de l'1 al 10, expressa el resultat de la unió i la intersecció dels esdeveniments següents:

a. Obtenir nombre parell i més petit que 5

b. Obtenir múltiple de 2 o senar

c. Obtenir nombre senar i més gran que 9

d. Obtenir divisor de 10 o més petit que 6

11 La cap de la redacció d'un diari local de Girona té curiositat per saber amb quina mà escriuen els redactors que hi treballen. Els fa una enquesta i aquests en són els resultats:

	Dretans	Esquerrans
Dones	15	5
Homes	22	8

Si s'escull a l'atzar un redactor, calcula la probabilitat:

a. Que sigui home.

b. Que sigui dona esquerrana.

c. Que no sigui home esquerrà.

12 En una fàbrica fan servir una màquina que té dos motors independents, amb una probabilitat de funcionar correctament, cadascun, de 0,89. Quina és la probabilitat que s'hagi d'aturar la producció perquè no funciona cap dels dos motors?